식품영양실험핸드북

-영양편-

한국식품영양과학회 편

도서출판 효 일

편 찬 위 원 회

위 원 장 : 최 홍 식 (부산대학교)
부위원장 (식품) : 권중호 (경북대학교)   부위원장 (영양) : 조성희 (대구가톨릭대학교)
간　　사 (식품) : 정신교 (경북대학교)   간　　사 (영양) : 이명숙 (성신여자대학교)
　　　　　　　　배만종 (경산대학교)

편찬위원 겸 책임집필위원

〈 식품편 〉	〈 영양편 〉
고정삼 (제주대학교)	김대중 (충북대학교)
권중호 (경북대학교)	김정인 (인제대학교)
김경수 (조선대학교)	김현숙 (숙명여자대학교)
김미라 (경북대학교)	김혜경 (한서대학교)
김영찬 (한국보건산업진흥원)	박태선 (연세대학교)
김희연 (식품의약품안전청)	서정숙 (영남대학교)
문광덕 (경북대학교)	송영선 (인제대학교)
박양균 (목포대학교)	송영옥 (부산대학교)
박종철 (순천대학교)	오승호 (전남대학교)
배만종 (경산대학교)	유리나 (울산대학교)
성창근 (충남대학교)	이명숙 (성신여자대학교)
심기환 (경상대학교)	정차권 (한림대학교)
정덕화 (경상대학교)	조성희 (대구가톨릭대학교)
정중교 (경북보건환경연구원)	차연수 (전북대학교)
조래광 (경북대학교)	최명숙 (경북대학교)
차용준 (창원대학교)	최미자 (계명대학교)
함승시 (강원대학교)	

감수 및 자문위원

고무석 (전남대학교)	권용주 (전북대학교)	김상애 (신라대학교)	김정수 (호남대학교)
김혁일 (계명대학교)	노숙령 (중앙대학교)	류병호 (경성대학교)	박인식 (동아대학교)
변재형 (부경대학교)	서화중 (조선대학교)	오흥록 (충남대학교)	윤종국 (계명대학교)
이갑랑 (영남대학교)	이규한 (단국대학교)	이숙희 (부산대학교)	장명숙 (단국대학교)
정순택 (목포대학교)	조수열 (영남대학교)	최진호 (부경대학교)	하영득 (계명대학교)

집 필 위 원

발 간 사

　식품과학의 학문적 본질은 영양과학의 학문영역과 밀접한 관계가 있다고 하겠습니다. 그
것은 식품이 생명의 아버지라 한다면 영양은 생명의 어머니 역할을 한다는 절대적인 진리가
이를 뒷받침해 주고 있기 때문입니다. 식품과학의 영역은 생명의 유지에 필요한 식품을 생
산하고 가공하며 분석한 다음 먹거리의 소재로 공급하는 것이요, 영양과학은 그러한 소재가
생체 내에서 신진대사에 어떤 영향을 미치는가를 추적하며, 건강에 대한 효과를 평가한 다
음 식품의 영양적 가치를 종합적으로 판단하는 학문영역으로 식품과학과 영양과학은 원천적
인 뿌리를 같이 한다라고 말할 수 있겠습니다.

　이와 같은 사실은 최근 식품의 3대 기능연구분야에서도 알 수 있듯이 1차 기능에서는 생
체 에너지 대사조절로서의 식품, 또는 생체 리듬과 식품의 영양기능 발현, 단백질 소화에 의
하여 발현되는 영양기능 등 생명유지에 관련되는 고도의 실험테크닉을 필요로 하며, 2차 기
능에서는 식품의 향미성분에 의한 감각응답의 정량적 측정, 식품의 시각과 미각의 특성인지
에 대한 뇌의 메커니즘, 후각과 미각의 상호관련, 섭식조절에 관여하는 식품인자 추적 등 실
험기술의 다양성을 필요로 합니다. 3차 기능인 생체 조절기능은 생체의 방어, 리듬조절, 노
화억제, 질환방지, 질병회복, 기타 항알러지성, 항암성 그리고 식품성분 중의 잠재적 생리활
성 물질탐색 등 실험방법에 대한 종합적인 기술을 필요로 하기 때문에 이와 같은 분야의 실
제적인 학문연구가 바로 식품·영양과학의 실험과정이라 하겠습니다.

　학문이란 이론과 실제가 병행됨으로써 본질을 파악할 수 있기 때문에 대학 교육과정에서
나 교수들의 연구수행에서 실험과정이라는 것이 얼마나 중요하다라는 것은 재론할 필요가
없다고 하겠습니다. 자연과학에서 실험의 중요성이란 바로 실사구시(實事求是)의 학문적 바
탕이 실험결과에 근거를 두고있기 때문입니다. 그러나 지금까지 식품분석 실험서 등 각종
서적이 시중에 범람하고 있지만 식품과 영양과학의 전 분야를 연계시켜 실용성을 강조한 전
문서적은 아직 출판되지 않은 상태입니다.

　한국식품영양과학회에서는 2001년 본회 창립 30주년 기념사업의 일환으로 식품영양실험핸
드북을 편찬하게 되었습니다. 따라서 이 책은 식품과 영양 과학분야에서 연구·교육하시는

교수는 물론이요, 대학원생, 정부연구기관 및 기업체 부설연구소의 전문가들에게 필요한 지식을 보급하는 한편 분석방법이나 임상실험실무에 요긴하게 활용되도록 최신 내용을 담아 편찬하였으므로 편이성 높은 지침서가 될 것으로 판단됩니다.

　본 핸드북은 약 250명의 집필자들이 각 전문분야를 집필하여 식품편과 영양편으로 나누어 편집하였으므로 일부 오류가 있을 것으로 예상됩니다. 독자께서는 미진한 부분을 서슴없이 지적해 주시면 재판시 이를 수정·보완하여 보다 나은 실험서로 다듬어 나갈 것을 약속 드립니다.

　아무쪼록 본 핸드북이 발간되기까지 집필에 참여하신 모든 집필위원, 편찬위원 여러분, 그리고 출판을 담당하신 모든 분들의 노고에 깊은 감사를 드리면서 발간사에 대신합니다.

2000년 10월

한국식품영양과학회　2000년도 회 장　이　상　영
2001년도 회 장　김　을　상
30주년 기념사업추진위원회　조직위원장　조　수　열

서 문

　우리 학회 창립 30주년을 기념하고 식품영양과학 분야의 획기적인 발전을 도모하고자 기획·추진해왔던 「식품영양실험핸드북」을 이제 발간하게 되었습니다. 우리 회원 등 약 250명이 참여하여 만든 총 1,600여 쪽의 방대한 이 발간사업은 우리 학회는 물론 관련 학계, 연구기관, 산업계에서 그 동안 가져왔던 숙원사업의 하나였던 것입니다.

　이 발간사업은 그 내용의 방대함, 참여 집필자의 수, 발간기간, 내용의 선정, 집필, 조정과 보완, 그리고 편집과 교정 등에서 짐작했던 것처럼 큰 어려움이 있었습니다. 그러나 많은 분들의 적극적인 참여와 협조, 그리고 충분한 이해가 있었기에 모든 어려움을 극복하고 이제 출판하게 된 것입니다. 특히 이 핸드북은 전문 집필위원(195명), 편찬위원 겸 책임집필위원(33명), 감수위원 및 자문위원(20명), 그리고 이 일에 시종 적극적으로 관여한 편찬위원회 간사, 부위원장 등 많은 분들의 노력으로 이루어진 결실이라 생각됩니다.

　이미 여러 차례 강조하였습니다만, 본 핸드북의 편찬은 여러분들의 의견을 참조하여 다음과 같은 큰 테두리 안에서 진행되었습니다.

▶ 금년도 임원진의 발의로 편찬위원회를 구성하고 동 위원회에서 회원의 의견을 종합하여 핸드북 발간에 따른 세부방침을 정했으며, 이를 평의원회 및 이사회의 동의를 얻은 바 있습니다.

▶ 핸드북은 가능한 우리 분야의 모든 영역을 포함시키되 최근에 주목되고 있는 여러 내용도 깊게 다루도록 하였습니다. 그리고 단행본의 성격을 지니되, 분량을 고려하여 식품과학 분야와 영양과학 분야로 나누어 각각 별책으로 발간하기로 하였습니다.

▶ 편찬위원회에서 분야별로 총 28장으로 나누어 책임집필자를 위촉하였으며 책임집필자와 함께 해당 전문집필자를 의뢰·선정하였습니다. 그리고 전문집필자 선정과정에서 모든 분들의 적극적인 참여를 위해 수차에 걸친 공문으로 전문집필자의 자발적인 참여를 유도하였습니다.

▶ 집필 및 출판단계에서의 세부분야별 사항은 책임집필위원 주관 하에 해당 분야의 점검과 책임을 갖도록 하였습니다.

▶ 집필자는 관련 실험방법 가운데 학생강의용(학부포함) 및 연구용을 함께 다루도록 하되, 관련내용 모두를 다룰 수는 없으므로 현실적으로 가장 많이 이용할 수 있는 방법들을 선정하여 서술하였습니다.

▶ 수고해 주신 집필위원들의 명단 등은 여러 가지 상황을 고려하여 핸드북의 앞쪽에 수록하였습니다. 그리고 집필위원의 명단은 학회 사무실에 비치하여 필요시 집필내용에 관한 문의와 토론을 가능하게 하고, 또 관련정보를 서로 교환하고 중개할 수 있도록 하였습니다.

▶ 여러 가지 부족한 점이 있으리라 생각되며, 앞으로 핸드북에 관한 여러분의 의견을 널리 수렴하여 이를 수정·보완할 예정입니다.

▶ 회원이나 학계의 요청이 있고 적당한 때가 되면 핸드북 내용 중 일부를 학부용 실험서로 재편집 발간할 수도 있을 것입니다. 이에 대하여 학회와는 물론, 출판사와도 충분한 협의가 이루어진 후에 추진되어야 할 것입니다.

▶ 본 핸드북의 발행 및 집필에 관여한 어떠한 분에게도 본 서적과 관련된 혜택이 부여되지 않으며, 모든 재정적 수입 등은 학회의 수익으로 돌리도록 약정되어 있음도 재삼 말씀드리는 바입니다.

아무쪼록 학계 여러분과 회원님들, 감수 및 자문위원 여러분, 그리고 집필자 여러분과 편찬위원회 여러분들의 지원과 격려에 깊은 감사의 말씀을 드립니다. 아울러 핸드북의 발간에 적극적으로 나서 주신 도서출판 효일의 사장님과 여러분들께도 감사를 드립니다.

우리의 숙원사업인 실험핸드북의 발간을 진심으로 다시 한 번 축하드립니다.

2000년 10월

한국식품영양과학회 「식품영양실험핸드북」 편찬위원회

위 원 장 최 홍 식

차 례

〈 영양편 〉

편찬위원회 3

발간사 4

머리말 6

제14장   영양화학실험의 방법론 **49**

제1절   동물실험 **49**

1. 동물실험의 필요성과 특성 49
2. 동물실험 사육 및 취급법 50
   1) 동물실험 사육법 / 50   2) 실험동물의 취급법 / 54
3. 시료채취 및 분석법 56
   1) 시료채취 / 56   2) 시료분석법 / 61

제2절   세포배양 **68**

1. 일반특성 68
2. 배양실의 레이아웃 및 기기 68
   1) 세포배양 시설 / 69   2) 세포배양 관련기기 / 70
3. 배지 조성 제조방법 70
   1) Dulancod salt solution / 70   2) 배지 / 70
   3) 혈청 / 71   4) 배지 제조방법 / 71
4. 배양방법 72
   1) 무균 조작법 / 72   2) 세포의 해동 / 72
   3) 세포의 분주 / 73   4) 세포의 동결법 / 74

제3절 인체실험 ·· **75**

　1. 인간을 연구대상으로 할 경우 지켜야 할 기본적 도덕 윤리론 ········· 75

　　1) 인간의 존엄성 / 75　　　　　　2) 선행 / 76

　　3) 공정성 / 76

　2. 인체 대상연구의 실험계획 ·· 76

　　1) IRB에 제시할 일반적인 형식 / 76

　　2) 피험자의 선정기준, 제외기준, 목표한 피험자수 및 그 근거 / 77

　　3) 시험방법 / 79

　　4) 관찰항목, 검사항목 및 관찰검사법 / 80

　　5) 중지 및 탈락 기준 / 84

　　6) 효과 평가기준, 평가방법 및 해석방법 / 85

　　7) 안전성의 평가기준, 평가방법 및 보고방법 / 86

　　8) 피험자의 동의서 양식 / 89

　　9) 피험자의 안전보호에 관한 대책 / 90

　　10) 기타 시험을 안전하고 과학적으로 실시하기 위해 필요한 상황 / 93

　3. 시료의 수집 및 분석 ··· 93

제4절 방사성 동위원소 사용법 ··· **94**

　1. 방사성 동위원소의 특성 및 상호반응 ·· 94

　　1) 방사성 동위원소의 특성 / 94

　2. 방사능 측정 및 정량 ··· 100

　　1) 방사능 계측기 / 100　　　　2) 기타 방사능 측정 / 115

　　3) 배경 방사능 / 116　　　　　4) 방사성 동위원소의 응용 / 116

제5절 면역분석법 ··· **121**

　1. 항원·항체반응 ·· 121

　2. 정성반응 ··· 122

　　1) Gel diffusion / 122　　　　2) Immunoelectrophoresis / 130

　3. 정량 측정방법 ·· 114

　　1) Radioimmunoassay / 132

　　2) Enzyme-linked Immunosorbent Assay / 136

제15장 당질 및 식이섬유소 측정 ·················· **145**

제1절 당질의 정성시험 ·················· **145**

1. Fehling 시험 ·················· 145
2. 요오드 반응 ·················· 146
3. Benedict 시험 ·················· 147
4. Tollen 반응 ·················· 149

제2절 탄수화물의 정량 시험 ·················· **150**

1. Benedict법 ·················· 150
2. DNS법 ·················· 151
3. 포도당 정량법 ·················· 153

제3절 다당류의 분리 ·················· **155**

1. 글리코겐의 분리 ·················· 155
2. 녹말의 가수분해 ·················· 156
   1) 산에 의한 녹말의 가수분해 / 156
   2) 효소에 의한 녹말의 가수분해 / 157

제4절 이당류의 조성물 정량법 ·················· **159**

1. 페놀-황산 실험 ·················· 159
2. 환원당에 대한 네오쿠프로인 실험 ·················· 161
3. 포도당 산화효소 실험 ·················· 163

제5절 크로마토그래피에 의한 당 분석 ·················· **166**

1. 종이 크로마토그래피를 이용한 당 분석 ·················· 166
2. HPLC를 이용한 당 분석 ·················· 166
3. GC를 이용한 당 분석 ·················· 166

제6절 식이섬유소 분석 ·················· **167**

1. 효소 중량법 ·················· 167

1) 효소제역 역가 측정 / 168

2. 화학적 방법에 의한 식이섬유소 평가 ·· 172

1) 중성 세제 계면 활성제법 / 172

2) 산성 세제 계면 활성제법 / 173

3) 리그닌, 셀룰로우즈, 헤미셀룰로우즈의 정량 / 175

4) 펙틴의 정량 / 177

제16장 아미노산 및 단백질 ·· **179**

제1절 아미노산의 분리 및 정량 ·································· **179**

1. 종이 크로마토그래피를 이용한 아미노산의 확인 ·························· 179

2. HPLC를 이용한 아미노산의 분리 및 정량 ······························ 181

3. 아미노산 전용분석기를 이용한 아미노산의 분리 및 정량 ···········187

제2절 단백질의 특성시험 및 정량 분석 ······················ **192**

1. 단백질의 침전실험법 ·· 192

1) 진한 염용액에 의한 침전법 / 192

2) 알칼로이드 용액에 의한 침전법 / 192

3) 유기용매에 의한 침전 / 193

2. 뷰렛반응에 의한 단백질 정량 ·· 194

3. Lowry법에 의한 단백질 정량 ·· 196

4. Bio Red 시약을 이용한 단백질의 정량 ·································· 198

5. 분광광도법에 의한 단백질의 정량 ·· 200

제3절 비단백질소 물질의 정량 ································ **202**

1. 비단백질소의 정량 ·· 202

1) Nessler 시약에 의한 미량법 / 202

2. 요소의 정량 ·· 204

1) Urease-Indophenol법 / 204   2) Urease-GLDH법 / 206

3) Oxime 법 / 207   4) Urease-Nessler법 / 208

3. 크레아틴 및 크레아티닌의 정량 ·· 209

제17장 핵 산 ·· **211**

　　제1절　Competent Cell의 제조 ·· **211**

　　제2절　형질전환 ··· **213**

　　제3절　플라스미드 분리 ·· **214**

　　제4절　DNA 농도 측정 ·· **218**

　　　　1. 분광광도계를 이용한 방법 ·· 218
　　　　2. Ethidium Bromide plate를 이용한 방법 ······························· 219

　　제5절　DNA의 절단 및 분리동정 ··· **222**

　　제6절　PCR에 의한 DNA 증폭 ··· **226**

　　제7절　동물조직에서의 RNA 분리 ·· **228**

　　　　1. 쥐의 간에서 total RNA의 분리 ··· 228
　　　　2. 배양된 동물조직 세포에서의 RNA분리 ································ 229

　　제8절　RNA 정량 및 전기영동법에 의한 분석 ···························· **231**

제18장 지방질 ··· **233**

　　제1절　지질의 추출 및 분리 ·· **233**

　　　　1. 지질의 추출 ·· 233
　　　　　1) 적혈구 및 혈장 / 233　　　　　　　2) 세포분획물 / 234
　　　　2. TLC에 의한 지질의 분리 ·· 235
　　　　3. HPLC에 의한 혈장 및 조직에서 지질의 분리 ······················· 240

제2절 혈중지질 ··· 244

1. 콜레스테롤 측정 ··· 244
   1) 효소측정법 / 244　　　　　　　2) 총 콜레스테롤 함량 / 245
   3) HDL-콜레스테롤 / 247
2. 중성지방 ··· 248
   1) 효소측정법 / 248　　　　　　　2) Acetylacetone법 / 249
3. 인지질정량 ··· 251
   1) TLC에 의한 조직의 복합 스핑고지질 분리 / 251
   2) 각종 인지질의 정량 / 253
   3) HPLD에 의한 유리 스핑고지질 분리 및 정량 / 255

제3절 지방산 조성 측정 ··· 257

1. 가스크로마토그래피법 ··· 240
   1) 지질 추출 / 258　　　　　　　2) Transmethylation / 259
   3) 가스크로마토그래피법 / 260

제4절 혈중지단백질 및 아포지단백질 분리 ··· 263

1. 지단백질 분리 및 정량 ··· 263
   1) 전기영동법 / 263　　　　　　　2) 초고속 원심 분리법 / 265
   3) ELISADP 의한 Lipoprotein(a) 정량 / 268
2. 아포지단백질 분리 및 정량 ··· 270
   1) 전기영동법 / 270

제5절 지질 관련효소 분석 ··· 274

1. 콜레스테롤 에스터레이즈 분리 및 활성 측정 ··· 274
   1) 콜레스테롤 에스터레이즈 분리 / 274
   2) 췌장 콜레스테롤 에스터레이즈 활성측정 / 275
2. 배양세포의 Phospholipase C활성측정 ··· 276
3. Phospholipase D 활성도 측정 ··· 278

제19장 무기질 성분분석 ·· **281**

제1절 ICP와 AAS를 이용한 무기질 분석원리 ··· **281**

   1. ICP원리 및 기본구성 ·· 282
     1) 원자방출 / 282
   2. ICP의 장단점 ··· 283
     1) 장점 / 283   2) 단점 / 284
   3. AAS와 ICP의 사용법 ·· 284
     1) 원자 흡광 광도계법 / 284
     2) 유도결합 플라즈마 방출분광법 / 285
   4. 사람이나 동물에서 혈중, 대소변, 조직 및 뼈에서의 무기질 측정 ······· 286
     1) 혈액 및 소변 시료채취 방법 / 286
     2) 다량원소 및 미량원소 분석을 위한 뼈조직(흰쥐)의 전처리 / 287
   5. 각 미량원소 연구시 유의할 점 ·· 288
     1) Zn / 288   2) Ca과 P / 289
   6. ICP 사용의 주의점 ··· 290

제2절 기타 다른 방법을 이용한 다량무기질 분석방법 ·························· **292**

   1. 칼슘 ··· 292
     1) 과망간산칼륨 적정법 / 292   2) 킬레이트 적정법 / 294
   2. 인 ·· 296
     1) Molybdenum blue 흡광광도법 / 296
   3. 철분 ··· 298
     1) O-Phenanthroline 비색법 / 298

제20장 비타민 성분분석 ·· **301**

제1절 지용성 비타민 ··· **301**

   1. 비타민 A 정량 ·· 301
     1) HPLC를 이용한 정량법 / 301

2. 혈장 카로티노이드 ·· 306

　1) HPLC를 이용한 정량법 / 306

　2) 분광광도법에 의한 분석법 / 310

3. 비타민 D의 정량 ·· 312

　1) HPLC를 이용한 정량법 / 313

4. 비타민 E의 정량 ·· 316

　1) HPLC에 의한 방법 / 317　　　　2) Emmerie-Engel법 / 319

5. 비타민 K의 정량 ·· 320

　1) HPLC에 의한 비타민 K정량법 / 320

　2) 분광광도법에 의한 비타민 K의 정량 / 323

제2절　수용성 비타민 ·· **324**

1. 비타민 B_1의 정량 ··· 324

　1) HPLC에 의한 정량법 / 324

2. 비타민 B_2의 정량 ··· 307

　1) HPLC에 의한 정량법 / 326

3. 비타민 B_6의 정량 ··· 327

　1) 미생물학적 방법 / 327　　　　2) 효소법 / 330

　3) HPLC법 / 331

4. 엽산의 정량 ·· 333

　1) 미생물학적 방법 / 333

5. 판토텐산의 정량 ·· 336

　1) RIA에 의한 정량법 / 337

6. 비타민 B_{12}의 정량 ··· 341

7. 비타민 C의 정량 ·· 344

　1) 혈청 중의 비타민 C / 344　　　　2) Indophenol 적정법 / 347

　3) Hydrazine 비색법 / 349

제3절　비타민 유사물질 ·· **351**

1. 콜린의 정량 ·· 351

　1) GC/MS를 이용하여 측정하는 방법 / 351

2. 카르니틴의 정량 ·· 356

　1) 동위원소를 이용한 효소법 / 356

제21장 효소정량 및 활성 ·················· 363

제1절 효소활성 측정의 원리 ·················· 363

제2절 동물세포의 분획분리와 표지효소 ·················· 365

제3절 세포 분획별 효소활성 측정 ·················· 366

1. Na-K ATPase ·················· 366
2. Cytochome c 산화효소 ·················· 368
3. Glucose 6-phosphatase ·················· 369
4. Acid phosphatase ·················· 371
5. Catalase ·················· 373
6. Lactate dehydrogenase ·················· 374

제4절 항산화작용 효소활성 측정 ·················· 377

1. 적혈구 Superoxide Dismutase ·················· 377
2. Catalase 활성 ·················· 380
3. Glutathione peroxidase ·················· 381
   1) 직접측정법 / 381   2) 간접측정법 / 383

제22장 영양상태 판정 ·················· 387

제1절 조사방법론 ·················· 387

1. 조사방법의 종류 ·················· 388
2. 조사방법의 적용 ·················· 389

제2절 신체계측법 ·················· 390

1. 신장-체중 지수 ·················· 390
   1) 비만지수 / 391   2) 상대체중 / 391

3) 비체중 / 391　　　　　　　　　4) 체질량지수 / 392

5) 폰더럴지수 / 393　　　　　　　6) 뢰러지수 / 394

7) 카우프지수 / 394

2. 체지방량 측정 ··· 394

1) 피부두겹집기 / 395　　　　　　2) 생체전기저항법 / 398

제3절　식사섭취 조사법 ·· 400

1. 식사섭취 조사방법 ·· 400

1) 24시간 회상법 / 400

2) 식사기록법 / 401

3) 실측법 / 401

4) 식품섭취 빈도조사법 / 402

5) 식사력 조사법 / 403

6) 식사섭취 조사방법의 타당도 검사 / 404

2. 영양소 섭취량 환산 ·· 404

3. 영양소 섭취량의 판정 ·· 404

1) 영양소 섭취량의 권장량에 대한 백분율 / 404

2) 영양소 적정 섭취비율 / 405

3) 영양밀도 지수 / 405

4. 식품 섭취 평가 ·· 405

1) 식품군 섭취 패턴 / 405　　　　2) DDS / 406

3) DVS / 406

제4절　생화학적 조사법 ·· 407

1. 비타민 A 영양상태 판정 ·· 407

1) 혈청 비타민 A 수준 / 408

2) 투여반응 시험 / 408

3) 간 비타민 A 저장량 측정 / 409

2. 비타민 B_2 영양상태 판정 ·· 409

1) 적혈구 글루타치온 환원효소 활성 / 409

2) 뇨의 리보플라빈 배설 / 411

3) 혈액 리보플라빈 농도 / 412

제23장 대사율 ……………………………………………………………… **413**

제1절 에너지대사 …………………………………………………… **413**

1. 에너지 측정 원리 …………………………………………………… 413
2. 에너지 측정법 ………………………………………………………… 414
　1) 호기의 채취 및 분석 / 416　　　2) 에너지 발생량 산출 / 416
3. 기초대사 측정법 …………………………………………………… 418
4. 활동대사 측정법 …………………………………………………… 418
5. 1일 소비열량 측정법 ……………………………………………… 418
　1) 체성분 변화측정 / 419　　　2) 대사에너지 측정 / 419
　3) 1일 에너지 소비량 산출 / 420

제2절 단백질 대사 …………………………………………………… **421**

1. 생물가 ………………………………………………………………… 421
2. 단백질 효율비 ……………………………………………………… 422
3. 질소평형 ……………………………………………………………… 423
4. 요소 …………………………………………………………………… 424
5. 소변중의 creatinine ………………………………………………… 426

제24장 소 화 ……………………………………………………………… **427**

제1절 위액 및 담즙의 성분조사 ………………………………… **427**

1. 위 산 ………………………………………………………………… 427
2. 빌리루빈 ……………………………………………………………… 429
3. 담즙산 ………………………………………………………………… 430

제2절 소화효소 ……………………………………………………… **432**

1. 펩신 …………………………………………………………………… 432
2. 아밀라제 ……………………………………………………………… 433
3. 트립신 ………………………………………………………………… 434
4. 리파아제 ……………………………………………………………… 435

제3절 분변검사 ·· **437**

    1. 잠혈 ·· 437

    2. 지질 ·· 438

    3. 박테리아 ·· 439

제4절 소화율 ··· **443**

제5절 소화관 이동속도 ··· **444**

    1. 황산바륨을 이용한 법 ·· 444

    2. 염료를 이용한 측정법 ·· 445

제6절 소장 및 대장조직 관찰 ······································ **446**

제25장 요 검사 ·· **449**

제1절 요의 일반성상 ··· **449**

    1. 요량 ·· 449

    2. 색깔 및 혼탁도 ··· 450

      1) 색깔 / 450   2) 요의 혼탁 / 450

    3. 냄새 ·· 451

    4. 비중 ·· 451

    5. pH 및 적정산도 ·· 451

      1) pH / 451   2) 적정산도 / 452

    6. 요의 선별검사 ·· 452

제2절 당 뇨 ··· **454**

    1. 요중 당의 정성검사 ·· 456

      1) Benedict법 / 456   2) 효소법 / 456

    2. 요중 포도당 함량의 측정 ···································· 457

　　　　1) Benedict법 / 457

　　　　2) 글루코오스 산화효소법 / 458

제3절 단백뇨 시험 ··· **461**

　　1. 요중 총단백 측정법 ·· 461

　　　　1) Lowry법 / 461

　　　　2) Coomassie brilliant blue G-250 / 462

　　　　3) Bicinchoninic acid 방법 / 462

　　2. 단백뇨 ··· 462

　　　　1) 단백뇨의 정의 / 463　　　　2) 단백뇨의 검사방법 / 464

제4절 빌리루빈뇨 시험 ·· **472**

　　1. 산화검사법 ·· 472

　　2. Diazotization test법 ·· 473

　　3. Shake test ·· 473

제5절 케톤뇨 시험 ·· **474**

　　1. Lange법 ··· 474

　　2. Rothera-길천번 ··· 475

제6절 케토스테로이드의 정량 ··· **476**

　　1. 케토스테로이드 정량 ·· 476

제7절 총질소 정량 ·· **478**

　　1. 요 총질소 정량법 ·· 478

제8절 크레아틴 및 크레아티닌의 정량 ·································· **480**

　　1. 뇨 크레아티닌 정량 ··· 480

　　　　1) Folin-Wu 법 / 480　　　　2) 변형된 방법 / 482

　　3. 뇨 크레아틴 정량 ·· 480

제26장 질병 관련 인자 487 .... **479**

제1절 빈혈 및 혈액응고 관련 인자 **487**

1. 헤모글로빈 487
2. 헤마토크리트 490
3. 철 결핍성 빈혈 491
4. Euglobulin lysis level 측정 494
5. Tissue-type plasminogen activator 활성 측정 495
6. 혈소판 응집능 검사 497

제2절 고지단백혈증과 심장질환 **499**

1. 고지단백혈증 분류 검사 499
2. Creatine phosphokinase 500

제3절 간기능검사 **503**

1. 빌리루빈의 정량 503
2. Ammonia 504
3. Transaminase 505
　　1) GOT / 506　　　　　　　　　　　 2) GPT / 507

제4절 당뇨병 **508**

1. 당뇨병 실험동물 모델 및 유발법 508
　　1) 당뇨병 실험동물 모델의 종류 / 508
　　2) Streptozotocin에 의한 당뇨병 유발법 / 509
2. 당부하 검사 510
　　1) 경구 당부하검사 / 511　　　　　 2) 정맥 당부하검사 / 511
　　3) 복강 당부하검사 / 512　　　　　 4) 혈당 측정 / 513
3. 정상혈당 인슐린클램프 검사 515
4. 혈중 β-Hydroxybutyrate 검사 517
5. 인슐린과 글루카곤 측정 519

1) 인슐린 측정 / 519   2) 글루카곤 측정 / 521
6. 췌장 관류법 ·· 523

제5절 신장기능 및 조직 검사 ·· **525**

1. 신장기능 검사 ·· 525
1) 사구체여과율의 측정 / 525   2) 신세뇨관 기능의 평가 / 526
2. 신장 조직 검사 ·· 529

제6절 고혈압 ··· **532**

1. 자발성 고혈압 흰쥐를 이용한 효력검색법 ······························ 532
2. NAME 투여에 의한 고혈압모델에서 효력검색 ······················· 533

제7절 골다공증 ·· **535**

1. 골다공증 ·· 535
2. 골밀도 측정 ·· 537
1) 골의 생화학지표 / 540

제8절 위궤양 모델 ·· **545**

1. Shay 결찰 동물모델을 이용한 항궤양제 효력검색법 ··············· 545
2. 인도메타신 유발법을 이용한 항궤양제 효력검색법 ················· 546
3. 염산-에탄올을 이용한 항궤양제 효력검색법 ························· 547
4. 수침구속 유발법을 이용한 항궤양제 효력검색법 ··················· 548
5. 시스테아민 유발법을 이용한 항궤양제 효력검색법 ················· 549
6. 초산 유발법을 이용한 항궤양제 효력검색법 ························· 550

제9절 비만모델 ·· **551**

1. 사료섭취량, 체중 측정법을 이용한 항비만물질 효력검색법 ········ 551
2. 지방조직무게측정법을 이용한 항비만물질 효력검색법 ············ 552
3. 혈중 중성지방, 콜레스테롤 측정법을 이용한 항비만물질 효력 검색법 ······ 553
4. 비만유전자 발현 측정법을 이용한 항비만물질 효력검색법 ········ 554

제27장 면역반응 검사 ……………………………………………………… **557**

제1절 면역세포 분리 및 배양 ……………………………………………… **557**

　1. 사람 면역세포 …………………………………………………………… 557
　　1) 임파구의 분리 / 557　　　　　　2) 호중구 분리 / 559
　　3) 단핵구의 분리 / 560
　　4) MACS를 이용한 면역세포 분리 / 561
　2. 마우스 면역세포 ………………………………………………………… 562
　　1) 마우스 비장세포의 분리 / 562
　　2) 마우스 비장에서 T세포 분리 / 563
　　3) 마우스 비장에서 B임파구 분리 / 565
　　4) 마우스 복강에서 대식세포 분리방법 / 568

제2절 면역세포 활성 측정 ………………………………………………… **570**

　1. 임파구 활성 ……………………………………………………………… 570
　　1) 항체생산세포의 검출 / 570　　　2) 임파구 증식 활성 / 576
　2. 대식세포 활성 …………………………………………………………… 577
　　1) 일산화질소 생산 측정방법 / 577　2) 탐식능 / 580
　3. 호중구 활성 ……………………………………………………………… 582
　　1) Myeloperoxidase 활성 / 582　　2) Microbicidal assay / 583
　2. 기타면역세포 활성 ……………………………………………………… 587
　　1) 자연살해세포 활성 측정 / 587
　　2) LAK 세포 활성 측정 / 588
　　3) 동종이계 이식편에 대한 세포성 면역반응 측정 / 589

제3절 면역항체, 보체, 사이토카인 분석 …………………………………… **590**

　1. 응집반응 …………………………………………………………………… 590
　2. 용혈반응 …………………………………………………………………… 590
　3. ELISA ……………………………………………………………………… 593

제4절 알레르기 실험 ………………………………………………………… **596**

　　　1. 즉시형과민증 반응 ·· 596
　　　　1) Passive cutaneous anaphylaxis 반응 / 596
　　　2. 지연형 과민증 반응 ·· 598
　　　　1) 마우스의 Foodpad reaction 실험 / 598
　　　　2) 아나필락시스 / 599
　　　　3) Arthus 현상 / 600

제28장　안전성 평가를 위한 독성시험법 ···························· **603**

제1절　일반독성시험 ··· **603**

　　　1. 단회투여 독성시험 ·· 603
　　　2. 반복투여 독성시험 ·· 604

제2절　피부독성시험 ··· **608**

　　　1. 피부 일차자극시험 ·· 608
　　　2. 안점막 자극시험을 위한 토끼 안구검사법 및 검체 투여 방법 ······· 611
　　　3. 인체 첩포 시험법 ·· 614
　　　4. Alamar blue를 이용한 세포독성 평가법 ·························· 616

제3절　유전독성시험 ··· **617**

　　　1. 박테리아를 이용한 복귀돌연변이시험 ···························· 617
　　　2. 포유동물 배양세포를 이용한 염색체 이상 시험 ················ 620
　　　3. 설치류를 이용한 소핵시험 ·· 623

제4절　발암성 시험 ··· **627**

제5절　중기 발암성 시험 및 암예방 시험 ····························· **632**

　　　1. 위암 시험법 ··· 632
　　　　1) 랫드 전위부암 시험법 / 632　　　2) 랫드 선위부암 시험법 / 634

2. 간암 시험법 ·· 635

    1) 랫드 간암 시험법 / 635

    2) 마우스 간암 시험법 / 637

3. 대장암 시험법 ·· 638

    1) 랫드 대장암 시험법 I / 638

    2) 랫드 대장암 시험법 II / 640

    3) 마우스 대장암 시험법 I / 641

    4) 마우스 대장암 시험법 II / 643

    5) 형질전환 실험동물 발암성 시험법 / 645

4. 유선암 시험법 ·· 646

    1) 랫드 유선암 시험법 I / 646

    2) 랫드 유선암 시험법 II / 648

    3) 랫드 유선암 시험법 III / 650

5. 다장기 시험법(랫드) ·· 651

    1) 랫드 다장기 시험법 / 651

6. 다장기 시험법(마우스) ·· 653

    1) 마우스 다장기 시험법 / 653

부록 ··· 654

찾아보기 ··· 705

〈 식품편 〉

편찬위원회 ·· 3

발간사 ·· 4

머리말 ·· 6

제 1 장 식품분석개론 ·· **49**

제 1 절 식품분석의 기초 ·· **49**

1. 시약의 조제 및 농도 ·· 49

   1) 단위 / 41   2) 용액의 농도 / 50

   3) 용액의 묽힘 / 51

2. 기초적인 실험조작 ·· 53

   1) 가열과 건조 / 53   2) 여과, 추출 및 분리 / 54

   3) 증류와 재결정 / 56

3. 용량분석 ·· 57

   1) 시료의 조제와 적정 / 57   2) 중화적정법 / 58

   3) 산화환원적정법 / 63   4) 킬레이트 적정법 / 64

   5) 침전적정법 / 65   6) 요오드적정법 / 66

4. 중량분석 ·· 67

   1) 중량분석의 기본조작 / 67   2) 침전법 / 67

5. 분광분석법 ··· 68

   1) 분광분석법의 원리 / 69

   2) 기기장치 / 70

   3) 흡광도 측정에 의한 정량분석 및 응용 / 70

   4) 측정시 주의사항 / 71

6. 크로마토그래피 ··· 72

   1) 원리와 종류 / 72   2) 종이 크로마토그래피 / 73

   3) 박층 크로마토그래피 / 75   4) 컬럼 크로마토그래피 / 77

   5) 가스 크로마토그래피 / 81   6) 고성능 액체 크로마토그래피 / 85

제2장 식품일반성분의 분석 ……………………………………………………… **89**

제1절 시료의 채취, 조제 및 보존 …………………………………………… **89**

   1. 시료의 채취 ………………………………………………………………… 89

      1) 과채류와 같이 상자에 담겨있는 식품 / 90

      2) 모양이 길거나 평평한 식품 / 90

      3) 곡식과 같이 불균일한 작은 입자로 된 식품 / 90

      4) 여러 종류가 혼합된 식품 또는 액상의 식품 / 91

   2. 시료의 조제 ………………………………………………………………… 91

      1) 분쇄 / 92   2) 체 / 94

      3) 마쇄 / 94

   3. 시료의 보존 ………………………………………………………………… 94

제2절 식품일반성분의 분석 ………………………………………………… **96**

   1. 수분의 정량 ………………………………………………………………… 96

      1) 상압가열건조법 / 96   2) 상압가열건조법의 변법 / 99

      3) 감압가열건조법 / 102   4) 증류법 / 104

      5) Karl Fischer법 / 106

   2. 조회분의 정량 ……………………………………………………………… 108

      1) 직접회화법 / 108

      2) 밀가루의 신속회분정량법 / 111

      3) Microwave Furnace를 이용한 회분 정량법 / 112

   3. 조단백질의 정량 …………………………………………………………… 114

   4. 조지방의 정량 ……………………………………………………………… 124

      1) Soxhlel 정량법 / 124

      2) Soxtec에 의한 조지방 분석 / 127

   5. 조섬유의 정량 ……………………………………………………………… 128

      1) 일반 조섬유 정량법 / 128

      2) Fibertec에 의한 조섬유 정량 / 130

   6. 가용성 무질소물의 정량 …………………………………………………… 132

   7. 탄수화물 정량 ……………………………………………………………… 132

   8. 식품의 에너지 분석 ………………………………………………………… 133

제3절 각종 식품의 일반성분분석 ·· **136**

　1. 과일 및 채소류 ··· 137

　　1) 시료조제 / 136　　　　　　　　2) 수분의 정량 / 137

　　3) 조단백질의 정량 / 138　　　　　4) 조지방의 정량 / 140

　　5) 과실류의 당류 / 142

　2. 곡류 및 두류 ··· 143

　　1) 시료조제 / 143　　　　　　　　2) 수분의 측정 / 143

　　3) 조회분의 정량 / 144　　　　　　4) 조단백질의 정량 / 144

　　5) 조지방의 정량 / 144　　　　　　6) 조섬유의 정량 / 145

　　7) 가용성 무질소물의 정량 / 146

　3. 우유 및 낙농제품 ·· 146

　　1) 수분의 정량 / 146　　　　　　　2) 조회분의 정량 / 148

　　3) 조단백질의 정량 / 149　　　　　4) 조지방의 정량 / 150

　　5) 유당의 정량 / 155

　4. 축육식품 ··· 159

　　1) 수분의 정량 / 160　　　　　　　2) 조지방의 정량 / 161

　　3) 조단백질의 분량 / 163　　　　　4) 조회분의 정량 / 165

　5. 수산제품 ··· 166

　　1) 시료조제 / 166　　　　　　　　2) 수분의 측정 / 167

　　3) 조회분의 정량 / 168　　　　　　4) 단백질의 정량 / 168

　　5) 조지방의 정량 / 168　　　　　　6) 조섬유의 정량 / 168

　　7) 가용성무질소물의 정량 / 169

제3장　식품 구성성분의 분리 및 분석 ······························· **171**

제1절　단백질의 분리 및 분석 ·· **171**

　1. 단백질의 정량분석 ··· 171

　　1) 분광학적 정량법 / 171　　　　　2) Lowry법 / 173

　　3) Bradford 법 / 174

　2. 단백질의 분리 ··· 176

　　1) Chromatography를 위한 binding test / 177

2) 이온교환 크로마토그래피 / 178

3) 겔 크로마토그래피 / 179

3. 단백질의 전기영동 179

1) 비변성 electrophoresis / 180

2) SDS-PAGE / 181

3) 저분자량의 peptide을 위한 SDS-PAGE / 183

4) Silver Staining / 185

4. 순단백질의 정량 188

1) 일반적인 방법 / 188

2) 삼염화아세트산에 의한 침전법 / 190

5. 비단백태 질소 화합물의 정량 190

1) 비단백태 질소 정량법 / 191

2) 암모니아태 질소 정량법 / 191

3) 아미드태 질소정량법 / 193

4) 아미노태 질소 정량법 / 194

제2절 지방질의 분리 및 분석 **201**

1. 총지질의 추출 201

2. 지방의 물리화학적 시험법 202

1) 지방의 물리적 시험법 / 202

2) 지방의 화학적 시험법 / 202

3. 지방산의 분석 205

4. 콜레스테롤의 정량 207

제3절 탄수화물의 분리 및 분석 **209**

1. 당류의 정성반응 209

1) 일반당류의 반응 / 209

2) 케토오스의 반응 / 210

3) 헥소오스의 반응 / 213

4) 펜토오스의 반응 / 215

5) 단당류와 이당류의 판별반응 / 216

6) 환원당의 정성반응 / 217

2. 환원당의 정량반응 ·· 217

　1) Bertrand법 / 217　　　　　　　2) Somogyi법 / 220

3. 크로마토그래피를 이용한 당 조성 분석 ······································· 222

　1) 종이 크로마토그래피에 의한 당 분석 / 222

　2) HPLC를 이용한 당 분석 / 225

　3) GC를 이용한 당 분석 / 227

제4절　식품의 무기성분의 분석 ·· 229

1. AAS나 ICP를 이용한 무기질 분석방법 ····································· 229

　1) 건식분해법 / 230　　　　　　　2) 습식분해법 / 232

　3) 원자흡광분광도계법 / 233

2. Na과 K 분석 ··· 234

3. ICP법 ··· 236

　1) 검량선 작성 / 236　　　　　　　2) 분석조건 / 236

제5절　비타민 분석 ··· 238

1. 비타민 A의 정량 ··· 238

　1) 삼염화 안티몬에 의한 정량법 / 238

2. 비타민 D의 정량 ··· 240

3. 비타민 E의 정량 ··· 243

4. 비타민 K의 정량 ··· 244

　1) 4-디니트로페닐히드라진 법에 의한 비타민 K의 정량 / 244

　2) Diethyl dithiocarbamate에 의한 정량 / 245

5. 비타민 B_1의 정량 ··· 246

　1) 디아조법 / 246　　　　　　　　2) Thiochrome 형광법 / 248

　3) HPLC에 의한 정량법 / 250

6. 비타민 B_2의 정량 ··· 252

　1) 루비플라빈 형광법 / 252　　　　2) HPLC에 의한 정량법 / 254

7. 비타민 C의 정량 ··· 256

　1) Indophenol 적정법 / 257　　　　2) Hydrazine 비색법 / 258

　3) HPLC에 의한 정량법 / 260

제4장 식품의 기호적 특성의 분석 **263**

제1절 향기성분의 분석 **263**

1. 시료조제 263
2. 향기성분 분리방법 264
   1) Headspace법 / 264
   2) 동시수증기증류추출법 / 266
   3) 초임계유체추출법 / 267
3. 각 휘발성 성분의 그룹별 분리 268
4. 휘발성 물질의 농축 268
5. Gas chromatography에 의한 휘발성 물질의 분석 269
   1) 분리용 칼럼 / 269   2) 시료 주입방법 / 269
   3) 검출기의 종류 / 270
6. SPME법에 의한 향기성분의 분석 269
   1) SPME의 구성 / 271   2) 분석방법 / 272
7. GC-olfactometry에 의한 향기성분의 분석 273
   1) GC/O 구조 및 방법 / 273
8. 휘발성 물질의 동정 274
   1) 머무름 지수의 수립 / 274
   2) GC/MS에 의한 휘발성 물질의 분석 / 275
   3) 휘발성 물질의 확인 / 276

제2절 색소 및 색의 측정 **277**

1. 색소의 정의 및 색의 측정 277
   1) C.I.E. 색체계 / 277   2) 먼셀 색체계 / 278
   3) 헌터 색체계 / 278
2. 클로로필 색소 279
   1) 총 클로로필과 클로로필 a,b의 정량 / 279
   2) 박층 크로마토그래피에 의한 클로로필 분리 / 281
3. 카로티노이드 282
   1) 총 카로틴의 정량 / 282
   2) 박층 크로마토그래피에 의한 분리 동정 / 283

　　4. 플라보노이드 분석 ··· 285

　　　1) 감귤류 과실 중의 분광학적 방법에 의한 플라노이드의 정량 / 286

　　　2) HPLC 방법에 의한 플라노이드의 정량 / 287

　　　3) 안토시아닌 실험 / 289

　　5. 육색소 정량 ·· 291

제3절　식품의 물성측정 ·· **293**

　　1. Texture와 Rheology의 정의 ·· 293

　　　1) Texture 정의 / 293　　　　　　　2) Rheology의 정의 / 293

　　2. 식품의 물성측정법 ·· 294

　　3. Texture 측정 ··· 295

　　　1) Texturometer / 295

　　　2) Texturometer에 의한 측정값과 관능평가와의 관계 / 296

　　4. 농산물의 물성측정 ·· 298

　　5. 액상식품의 물성 ··· 301

　　　1) 측정법 / 301

　　6. 식품의 점탄성 측정 ·· 305

　　7. 식품의 파괴특성 측정 ·· 307

　　8. 전분질 식품의 호화점도 측정 ·· 309

　　　1) 아밀로그래프에 의한 측정 / 309

　　　2) 신속점도계에 의한 측정 / 312

제4절　신미, 고미 및 삽미의 분석 ·· **316**

　　1. 유기산의 분석 ··· 316

　　　1) 고속액체크로마토그래프에 의한 유기산 분석 / 316

　　　2) 가스크로마토그래프에 의한 유기산 분석 / 317

　　2. 카페인 분석 ··· 319

　　　1) 고속액체크로마토그래프에 의한 카페인 분석 / 319

　　3. 탄닌분석 ··· 3200

　　　1) 탄닌의 정량 / 320

제5절　지미성분의 분석 ·· **322**

1. L-글루탐산 및 L-글루탐산나트륨 ································· 322

2. Disodium 5′-Inosinate ··· 324

3. Disodium 5′-Guanylate ··· 326

4. 호박산과 그의 염류 ··· 328

1) 가스크로마토그래피법에 의한 호박산의 분석 / 329

2) 효소법에 의한 호박산의 분석 / 330

제6절 관능검사 ··· **333**

1. 맛 인지 실험 ··· 333

2. 향미 실험 ··· 335

3. 최소감미량 시험법 ··· 337

4. JND 측정 실험 ··· 339

1) Ad libitum mixing / 339   2) 고정자극을 이용한 방법 / 340

5. 상대감미도 ··· 342

6. 평점시험법 ··· 344

1) 순위시험법 / 345   2) 항목 척도법 / 346

3) 선 척도법 / 347   4) 크기추정 척도법 / 349

7. 차이식별법 ··· 351

1) 이점 차이 비교법 / 351   2) 일-이점 대비법 / 352

3) 삼점 대비법 / 353

8. 묘사분석법 ··· 358

1) 정량묘사분석법 / 358   2) 정량 묘사분석법 / 360

3) 스펙트럼법 / 362   4) 자유선택프로필 / 363

9. 소비자 검사 ··· 368

1) 이점 기호도 실험 / 368   2) 기호도 검사법 / 371

제5장 식품미생물 및 식품효소 실험 ······················· **375**

제1절 식품미생물 실험 ··· **375**

1. 염색법 ··· 375

1) 단순염색 / 375   2) 그람염색 / 377

3) 아포염색 / 379

2. 배지 및 미생물 접종·배양방법 ··· 381

1) 영양 한천배지의 제조 / 381

2) 사면배지 및 액체배지 접종법 / 383

3) 평판배지 접종법 및 분리 배양 / 384

4) 감자 엑스의 제조 / 387

5) 배양방법 / 387

6) 배양온도에 의한 발육 영향 실험 / 390

3. 미생물 배양 ·· 392

1) 세균수 측정법 / 392　　　　　　2) 막 여과법 / 393

3) 식품내 세균수의 측정 / 394　　　4) 젖산균의 분리배양 / 396

5) 초산균의 분리배양 / 399　　　　6) 효모의 분리와 배양 / 400

7) 곰팡이의 슬라이드 배양 / 402

4. 동정법 ·· 404

1) Polymerase chain reactio / 404

2) MIDI를 이용한 미생물 신속동정 / 405

3) MIDI를 이용한 미생물 신속동정방법 / 407

4) ATP bioluminescence 기술을 이용한 미생물 및 위생상태 검사 / 408

5) 혈청응집반응 검사법 / 409

제2절　식품효소실험 ·· **411**

1. 거대 분자 물질의 분해실험 ·· 411

1) 전분 가수분해 실험 / 411

2) 젤라틴 가수분해 실험 / 412

3) IMVIC 실험 / 413

4) Catalase, Oxidase 효소 실험 / 417

2. Transglutaminase ·· 420

1) Guinea pig liver로부터의 TGase의 정제 / 420

2) 미생물 유래의 TGase 정제방법 / 422

3) TGase 효소활성의 측정 / 423

3. 산화효소의 실험 ··· 424

4. Sucrase의 실험 ··· 425

5. 알코올에 의한 Sucrase의 분리 실험 ··· 426

6. Aldehyde Oxidase(schardinger enzyme) 실험 ························· 426

7. 사진 Film의 Trypsin에 의한 분리 실험 ························· 427

8. 효소의 분리실험 ························· 428

9. 타액 아밀라제험 ························· 429

10. 감자 아밀라제실험 ························· 429

11. Pepsin의 분리 실험 ························· 429

12. Trypsin의 분리 실험 ························· 430

제6장 식품첨가물의 분석법 ························· 431

제1절 보존료시험법 ························· 431

1. 데히드로초산, 소르빈산, 안식향산, 파라옥시안식향산 및 그 염류 ······· 431

1) 박층크로마토그래피에 의한 정성 / 431

2) 자외선흡수스펙트럼에 의한 정량 / 433

3) 가스크로마토그래피에 의한 정성 및 정량 / 435

2. 프로피온산 및 그 염류 ························· 437

1) 가스크로마토그래피에 의한 정성 및 정량 / 437

3. 소르빈산, 안식향산 및 그 염류 ························· 437

1) 고속액체크로마토그래피에 의한 정성 및 정량 / 438

제2절 인공감미료시험법 ························· 440

1. 사카린나트륨 ························· 440

1) 박층 크로마토그래피에 의한 정성 / 440

2) HPLC에 의한 정성 및 정량 / 441

제3절 산화방지제시험법 ························· 443

1. 부틸히드록시아니졸, 디부틸히드록시톨루엔 ························· 443

1) 가스크로마토그래피에 의한 정성 및 정량 / 443

2. 몰식자산프로필 ························· 444

1) 정성시험 / 444   2) 정량시험 / 444

3. 나트륨 EDTA, 칼슘EDTA ··· 446

    1) HPLC에 의한 정성 및 정량 / 446

4. 부틸히드록시아니졸, 디부틸히드록시톨루엔, 터셔리부틸히드로퀴논

    및 몰식자산프로필 ··· 447

    1) HPLC에 의한 정성 및 정량 / 447

제4절　착색료시험법 ·· **449**

1. 타르색소 ··· 449

    1) 모사염색법에 의한 분리·정성법 / 449

2. 유용성 색소 ··· 452

    1) 시험용액의 조제 / 452　　　　　　2) 시험조작 / 452

제5절　아황산, 차아황산 및 그 염류시험법 ························· **454**

1. 정성시험 ··· 454

    1) 요오드산칼륨·전분지법 / 454　　2) 아연분말환원에 의한 법 / 454

2. 정량시험 ··· 455

    1) 모니어·윌리암스변법 / 455

제7장　식품용수의 분석 ··· **457**

제1절　시료의 채취와 보존 ·· **458**

1. 일반 이화학시험용 시료 ··· 458

2. 일반세균 및 대장균군 시험용 시료 ····································· 459

3. 시안시험용 시료 ·· 459

4. 트리할로메탄 및 휘발성 유기화학물질 시험용 시료 ················· 459

제2절　식품용수의 미생물 시험 ······································· **460**

1. 일반세균수 ··· 460

2. 대장균군 ·· 462

제3절 유해 무기물질 분석 ·· 465

1. 유해금속류 ··· 465
   1) 납 / 465   2) 비소 / 467
   3) 세레늄 / 469   4) 수은 / 470
   5) 6가 크롬 / 472   6) 카드뮴 / 473
2. 유해무기이온 ··· 475
   1) 불소 / 475   2) 시안 / 478
   3) 암모니아성 질소 / 480   4) 질산성질소 / 482

제4절 유해 유기물질 분석 ·· 484

1. 휘발성 유기물질 ··· 484
   1) 페놀 / 484
   2) 총 트리할로메탄, 테트라클로로 에틸렌, 1.1.1-트리클로로에탄,
      트리클로로에틸렌 / 487
   3) 기타 휘발성 유기화합물 / 489
2. 농약류 ··· 493
   1) 유기인계 농약 / 493   2) 카바릴 / 496

제5절 심미적 영향물질의 분석 ·· 499

1. 금속류 ··· 499
   1) 동 / 500   2) 아연 / 501
   3) 철 / 502   4) 망간 / 504
   5) 알루미늄 / 505
2. 이온류 및 기타물질 ··· 507
   1) 경도 / 508   2) 색도 / 509
   3) 탁도 / 510   4) 수소이온 농도 / 511
   5) 맛 / 512   6) 냄새 / 512
   7) 과망간산칼륨소비량 / 513   8) 세제 / 514
   9) 증발잔류물 / 516   10) 염소이온 / 516
   11) 황산이온 / 518   12) 잔류염소 / 519

제8장 식품의 비파괴분석 ··· **525**

제1절 비파괴분석법의 원리 ·· **525**

제2절 비파괴분석법의 이점 ·· **527**

제3절 비파괴분석법의 응용 ·· **529**

1. 광학적 방법 ·· 529

    1) 자외광선의 이용 / 529   2) 가시광선의 이용 / 530

    3) 적외광선의 이용 / 533   4) 근적외광선의 이용 / 534

2. 방사선적 방법 ·· 536

3. 전자기학적 방법 ·· 537

    1) 생체전위의 이용 / 537   2) 전기 전도도의 이용 / 537

    3) 유전율의 이용 / 538   4) 임피던스의 이용 / 539

    5) 이온전극의 이용 / 540   6) 핵자기공명의 이용 / 541

    7) 전자스핀공명의 이용 / 542

4. 역학적 방법 ·· 543

    1) 초음파에 의한 방법 / 543   2) 진동여기에 의한 방법 / 544

    3) 비틀림 진동에 의한 방법 / 545   4) 타음에 의한 방법 / 545

5. 근적외 분광분석법의 응용 ·························· 547

    1) 인삼의 원산지 판별 / 547

    2) 참깨의 원산지 판별 / 548

    3) 쌀의 품종 판별 / 549

    4) 식용유의 과산화물가, 산가, 요오드가, 비누화가 및
       지방산 조성 측정 / 550

    5) 식육중의 헴철과 비헴철의 분별정량 / 552

    6) 단백질과 전분중의 부동수 측정 / 553

    7) 사과의 품질측성 / 554

    8) 고추장의 품질측정 / 556

    9) 참기름의 진위판별 / 558

제9장 식품위생검사 ·· 567

제1절 식품위생검사의 개요 ··· 567

1. 목적 및 분류 ··· 567
   1) 식품위생검사의 목적 / 567
   2) 식품위생검사의 분류 및 검사항목 / 568
2. 검체 채취 및 관리 ··· 569
   1) 검체 채취의 의의 / 569   2) 검체채취의 방법 / 569
   3) 채취시료의 취급방법 / 571

제2절 미생물학적 검사 ·· 573

1. 검체채취 ·· 573
   1) 채취방법 / 573   2) 시험용액의 조제 / 573
2. 배지 및 살균 ·· 575
   1) 배지 / 575   2) 멸균 / 577
3. 세균검사 ·· 578
   1) 일반세균 / 578   2) 대장균군 / 581
   3) 대장균 / 286   4) 대장균 O157:H7 / 587
   5) 살모넬라 / 587   6) 리스테리아 / 588
   7) 황색포도상구균 / 589   8) 장염비브리오 / 590

제3절 이화학적 검사 ·· 592

1. 잔류농약 ·· 592
   1) 유기인제 / 592   2) 유기염소제 594
   3) 카바마이트계 농약 / 596   4) 보존제 농약분석 / 599
2. 항균성 물질 ··· 600
   1) 항생제 / 601   2) 합성항균성 물질 / 604
3. 중금속 ·· 608
   1) 비색법 / 608   2) 기기분석 / 609
4. 공업약품 ·· 611
   1) 메탄올 / 611
5. 아플라톡신 ··· 612

　　　　1) 박층크로마토그래프에 의한 정성 및 정량 / 613

　　　　2) 고속액체크로마토그래프에 의한 정성 및 정량분석 / 614

　　　　3) Kit에 의한 아플라톡신 시험 / 615

제4절 포장용기 · 기구 검사 ·· **617**

　　1. 재질시험 ·· 617

　　　　1) 납 및 카드뮴 / 617　　　　　　2) 휘발성 물질 / 618

　　　　3) 비스페놀 A / 619

　　2. 용출시험 ·· 620

　　　　1) 증발잔류물 / 620　　　　　　2) 과망간산칼륨소비량 / 621

　　　　3) 중금속 / 621　　　　　　　　4) 비스페놀 A / 622

제5절 식품의 선도 판정 ·· **623**

　　1. 어패류 및 가공품 ·· 623

　　　　1) 관능적 판정법 / 623　　　　　2) 세균학적 판정법 / 624

　　　　3) 물리적 판정법 / 624　　　　　4) pH의 측정 / 625

　　　　5) 휘발성 염기질소 / 625　　　　6) 휘발성 아민 및 암모니아 / 626

　　　　7) 단백질 침전반응 / 628　　　　8) ATP분해생성물 / 629

　　2. 우유 ·· 630

　　　　1) 자비시험 / 631　　　　　　　2) 알코올 시험 / 631

　　　　3) 산도시험 / 632　　　　　　　4) 메틸렌 블루 환원시험 / 633

　　　　5) Resazurin 환원시험 / 634

　　3. 식육 및 가공품 ·· 635

　　　　1) 관능검사 / 635　　　　　　　2) Nitrazine yellow 시험 / 636

　　　　3) 메틸렌 블루 환원시험 / 637　　4) 트리메틸아민 검사 / 638

제6절 HACCP ·· **640**

　　1. HACCP 제도 ·· 640

　　2. HACCP의 실시 ·· 640

제10장 식품의 신 기능성 검정 ················· 647

제1절 항산화성 및 유리라디칼 소거능 ················· 647

  1. Thiobarbituric acid value에 의한 항산화성 검정 ················· 647
  2. Rancimat method에 의한 항산화성 검정 ················· 647
  3. DPPH 라디칼 소거능 실험 ················· 649
  4. 수퍼옥사이드 라디칼 포촉활성 분석 실험 ················· 652
  5. 하이드록시 라디칼 포촉능 분석 실험 ················· 624
  6. 퍼록실라디칼 소거능 분석 실험 ················· 656
  7. GSH/GSSG 비율 분석에 의한 산화적손상의 분석 ················· 657
  8. V79 세포를 이용한 항산화성 실험 ················· 660

제2절 항고혈압 활성 ················· 662

  1. 안지오텐신 전환 효소 활성 측정 ················· 661
    1) 효소반응 / 662   2) 효소 활성 저해율의 계산 / 663
    3) 조효소액 준비 / 663
  2. 고혈압 동물모델 ················· 664
    1) 실험동물 / 664   2) 실험동물의 혈압측정법 / 665

제3절 항균성 ················· 666

  1. Disk 확산법 ················· 666
  2. MIC 측정법 ················· 667

제4절 니트로소 화합물의 분석과 생성억제작용 ················· 669

  1. 개요 ················· 669
  2. 니트로소아민의 생성 ················· 669
  3. 니트로소아민의 생성억제 ················· 670
  4. 발암성 ················· 671
  5. 니트로소아민의 분석 ················· 671

제5절 항혈소판응집성 ·· **673**

   1. 개요 및 원리 ·· 673

   2. 혈소판응집 저해활성의 측정순서 ·· 673

   3. 혈소판응집의 유도제 ··· 675

   4. 저해활성의 평가 ·· 675

제6절 항돌연변이원성 ·· **676**

   1. Salmonella균을 이용한 항돌연변원성 시험법 ································· 676

     1) 개요 / 676　　　　　　　　　2) 준비 / 677

   2. 방법 ··· 678

   3. 결과 ··· 678

제7절 In vivo 항암성 실험 ·· **680**

   1. Sarcoma-180 cell을 이용한 종양형성저지실험 ······························· 680

     1) Sarcorma-180 cell의 계배배양 / 680

     2) Viability test / 680

     3) 종양성장저지실험 / 680

     4) 간조직 중 lipid peroxide와 GSH 함량과 GST 활성측정 / 681

   2. Colo 320 HSR cell을 이용한 종양형성억제실험 ······························· 682

   3. Experimental tumor metastosis ·· 683

제8절 식품의 면역기능성 ·· **684**

   1. 생체면역의 종류 ·· 684

   2. 면역증강 가능성 식품 ··· 686

제9절 암세포를 이용한 In vitro 항암성 실험 ······························· **688**

   1. 암세포 증식억제, DNA 합성저해, sulforhodamine 및 MTT 실험 ··· 688

     1) 암세포 배양 / 688　　　　　　　2) 암세포 증식억제실험 / 688

     3) DNA 합성저해효소 / 689　　　　4) Sulforhodamine B assay / 689

     5) 3-(4,5-dimethylthiazol-2-yl)-2,5-diphenyltetrazolium bromid assay / 689

2. Flow cytometry를 이용한 cell cycle analysis ·································· 690

3. 암세포의 apoptosis 관찰 ·· 690

    1) DAPI staining을 이용한 apoptosis의 관찰 / 690

    2) DNA fragmentation assay / 690

    3) Comet assay / 691

제11장 수입식품의 검지 및 안전성 평가 ···································· **693**

제1절 방사선 조사식품 검지방법 ·· **693**

1. 물리적 검지방법 ·· 693

    1) PSL 검지방법 / 693　　　　　　2) TL 검지방법 / 695

    3) ESR 검지방법 / 698

2. 화학적 검지방법 ·· 701

    1) Hydrocarbon류 검지방법 / 701

    2) 2-Alkylcyclobutanone류 검지방법 / 704

3. 생물학적 검지방법 ··· 706

    1) DNA Comet assay / 706

4. 기타 검지방법 ··· 709

    1) Viscosity 측정법 / 709　　　　　　2) ELISA법 / 712

제2절 유전자 재조합 식품검지방법 ·· **716**

1. 유전자 재조합 식품 검출전략 및 시료채취 ································· 716

2. 효소면역학적 검지방법 ·· 720

3. 정량 PCR 검지방법 ··· 725

제3절 내분비계장애물질의 검지방법 ······································ **733**

1. 생선 및 육류중의 PCBs 분석방법 ··· 733

2. 용기포장재에서 이행되는 프탈레이트 분석법 ····························· 739

    1) 적외흡수스펙트럼에 의한 정성 / 739

    2) 박층크로마토그라피에 의한 정성 / 740

    3) 가스크로마토그라피에 의한 정량 / 741

제12장 특정식품성분 **743**

제1절 농산식품 **743**

1. 인삼류 식품 743
   1) 인삼 진세노사이드의 검출 / 744
   2) 인삼 진세노사이드의 정량 / 744
   3) 총 파낙사디올의 정량 / 745
2. 버섯류 식품 747
   1) 복령의 분석 / 747   2) 운지버섯 / 747
3. 감귤 함유 식품 750
4. 감 초 753
   1) 성분분석 / 753   2) 글리시리진의 정량 / 754
5. 오미자 756
6. 갈 근 757
   1) 갈근 푸에라린의 검출 / 757   2) 푸에라린의 정량 / 758
7. 유채종자로부터 총 glucosinolate 및 phytate 분석 759
   1) isothiocyanate의 정량 / 760   2) phytate의 정량 / 761
8. 겔화 단백질 중 ε-(γ-glutamyl) lysine 762

제2절 축산식품 **766**

1. 질산염과 아질산염 766
   1) 아질산염 / 766
   2) 염지제와 염지액중의 아질산염 / 768
   3) 질산염 측정 / 769
2. 인산염 771
2. 소시지의 전분질 정량 773
3. 근육의 중간대사물의 측정 774
   1) 근육조직의 냉동 / 774
   2) 근육조직의 분쇄 / 774
   3) 근육의 추출 / 775
   4) 젖산의 측정 / 776
   5) Glucose-6-phosphate, Adenosine triphosphate의 측정 / 777

6) Glycogen의 측정 / 778

4. 원료육의 기능적 특성 ·· 780

1) 보수력 / 780   2) 유화용량 측정 / 781

3) 유화안정성 측정 / 782

제3절　수산식품 ·· **786**

1. 어패류 중의 휘발성염기질소의 측정 ····························· 786

2. 어류의 ATP 관련화합물의 정량 ··································· 789

1) 비색법에 의한 ATP 관련화합물의 총량 및 (HxR + Hx)량의 측정 / 789

2) HPLC에 의한 ATP 관련화합물의 개별 정량 / 790

3. 히스타민의 이온교환크로마토그래피에 의한 정량 ················· 792

4. 수산물로부터 콜라겐의 분획 및 정량 ·························· 796

5. 수산식품중의 N-nitrosamine 정량 ······························ 799

제4절　발효식품성분 ·· **804**

1. 에탄올 ··· 804

2. 메탄올 ··· 805

3. 총 산 ··· 807

4. 총질소 및 조단백 ·· 808

5. 순추출물 ··· 810

6. 아미노산성 질소 ·· 811

제13장　특수식품성분 ··· **813**

제1절　특수식품성분의 추출 및 분리 ················· **813**

1. 식품식물재료 ·· 813

2. 식품성분의 추출 ·· 814

3. 분리 ··· 814

제2절　성분의 화학구조 분석에 대한 고찰 ··········· **815**

1. 개 요 ……………………………………………………………… 815

2. 물리·이화학적인 성질 조사 …………………………………… 815

3. 각종 spectral data에 의한 구조분석 ………………………… 817

   1) 적외선 흡수 스펙트럼 / 817

   2) 자외선 흡수 스펙트럼 / 818

   3) 핵자기 공명 스펙트럼 / 818

   4) 현대 NMR 분석기법을 응용한 천연물화학적연구 / 820

   5) 질량분석 / 821

   6) 천연물 입체화학 / 822

제3절　사포닌 성분의 분석 …………………………………… **827**

제4절　플라보노이드 성분의 분석 …………………………… **830**

제5절　탄닌 성분의 분석 ……………………………………… **835**

제6절　알칼로이드 성분의 분석 ……………………………… **840**

부록 ………………………………………………………………… 873

찾아보기 …………………………………………………………… 875

14

영양화학실험의 방법론

제1절 동물실험

1. 동물실험의 필요성과 특성

인간의 영양에 대한 연구가 필요할 경우라도 인간을 실험대상으로 실험하기 힘든 경우, 흔히 동물실험을 이용한다. 동물을 이용한 영양실험은 대사, 생식, 생리 및 독성연구에 이용되고 있다. 여기에 사용되는 실험동물들은 주로 생쥐, 흰쥐, 몰모트, 토끼, 돼지, 개나 고양이 등이 많이 이용되고 있는데, 실험동물의 선택은 실험목적과 여건에 따라 이루어지고 있다.

실험동물을 이용하는 동물실험이란 동물에 실험처치를 하고 그 결과로서 나타나는 동물의 생체반응을 관찰·측정·해석하는 것이다. 한편 생물검정(biological assay, bioassay)이란 약물, 화학물질, 생물학적 재제 등의 효력의 단위, 혹은 역가(potency)에 관해서 동물을 사용하여 정성·정량적으로 검정하는 것을 말한다. 그러므로 동물실험에 사용하는 동물은 정도와 재현성이 높아야 하므로 이에 알맞게 만들어진 동물이어야 한다. 따라서 실험동물이란 검정, 진단, 제조, 교육을 포함하는 모든 연구에 중요하므로 실험 목적에 맞게 구성, 번식, 생산된 동물을 말한다.

이러한 실험동물은 영어로 laboratory animals가 일반적으로 쓰여지지만, experimental animals라고 하는 용어도 자주 쓰여진다. 이 두 가지 단어는 동일하다고 보아도 되지만, 실험동물과 실험용 동물의 구별은 확실히 해야 될 줄로 안다. 즉 실험동물이란 마우스, 랫드, 기니픽, 토끼, 특정 종류의 개나 고양이 등이 이에 속한다. 그렇지만 동물실험에 사용되는 동물은 이보다 훨씬 많아서 가축(소, 말, 면양, 산양, 돼지, 닭, 개, 고양이 등), 야생동물(원숭이류, 설치류, 조류, 파충류, 양서류, 어류, 곤충류) 등도 많이 사용되기 때문에 이러한 모든 것들을 총칭해서 실험용 동물이라고 부른다.

이러한 연구목적을 위해서 만들어진 실험동물이 가축이나 야생동물과 다른 점은 갖가지 연구를 할 때에 그 용도에 맞게 그리고 실험동물을 사용한 동물실험에 정도와 재현성을 높이기 위하여 알맞게 개발되거나 개량된 동물이라는 특성이 있다.

2. 동물실험 사육 및 취급법

실험을 위해 흰쥐를 선택할 때는 계통이 확실한 것을 사용하는 것이 실험 성적의 오차를 줄일 수 있는 한 방법이다. 실험 목적에 따라 유전적인 요인, 성별, 연령, 질병 상태를 고려하여 선택한다. 적당한 수용 밀도를 유지하며 위생상태를 잘 유지하여야 한다. 그러므로 실험동물 각각에 적절한 온도, 습도를 유지하도록 하며 조명. 소음 정도 등을 조절하고 필요한 영양소를 공급한다.

실험동물의 수는 실험여건에 따라 다르겠으나 한 군당 많을수록 좋고, 한 군에 10마리 이상씩 선택하는 것이 바람직하다.

1) 동물실험 사육법

(1) 동물실험에 영향을 미치는 주요인과 그의 컨트롤

동물실험이나 생물검정의 특징으로서, 실험이나 검정의 성적에 영향을 미치는 변동요인이 상당히 많고, 그 변동요인의 인위적 컨트롤이 매우 어려운 것이다.

동물실험이나 생물검정을 할 때에는 이와 같은 특징을 잘 이해하여 대책을 세울 필요가 있다. 그렇게 하기 위해서는 우선 실험결과에 대해서 본질적으로 영향을 줄 수 있는 요인을 미리 컨트롤한 후에 시험을 행함으로써 신뢰성과 재현성이 있는 결과를 기대할 수 있게 된다. 그러나 실험에 영향을 미칠 수 있는 제요인을 컨트롤했다고 해도 아직도 동물실험에서는 그 결과로서 표면적으로 오차가 생겨나기 때문에 그것들을 처리하기 위하여 통계적 방법이 필요하게 된다. R. Fisher의 실험계획법이 동물실험에 있어서도 필요한 이유가 여기에 있는 것이다.

동물실험·생물검정의 결과에 영향을 줄 수 있다고 생각되는 제요인에 대해서 살펴보면 표 14-1과 같이 분류할 수 있으며, 실험동물의 생물학적 지표는 부록 14-a를 참조한다.

동물실험에 영향을 주는 제요인을 동물측의 요인, 동물을 둘러싼 환경측의 요인으로 크게 분류하고, 다시 그 요인을 몇 가지씩으로 나누어 정리해 보았는데, 이들 제요인은 지금까지 많은 동물실험이나 생물검정에 있어서 변동요인이 된다고 보아 온 것이다.

현재 실험동물에 영향을 주는 주요한 요인의 컨트롤로서는 주요 유전컨트롤(genetic control), 질병컨트롤(disease control), 환경컨트롤(environmental control)이 있으며 그에 대한 컨트롤방법이 검토되고 있다.

동물실험을 시작하기 전에 실험하고자 하는 내용에 따른 관찰 사항들을 면밀히 검토하여 계획하여야 한다. 그리고 실험자는 매일 일정한 각 동물에 대한 식이섭취량, 체중변화, 외견상의 변화 등을 기록하여야 하며 동물 사육기간동안 주의 깊게 과정을 지켜본다. 식이섭취량과 순체중증가량으로부터 식이효율과 단백질 효율 등을 계산할 수 있다. 동물을 취급할 때 동물이 불안감과 경계심을 갖지 않도록 한다. 쥐를 취급할 때는 철망 위에 올려놓고 꼬리의 중간 부분을 약하게 잡아당기면서 붙잡는다. 엄지와 검지로 목 주위를 잡고 나머지 손가락으로 등 부분을 잡아 복부를 윗쪽으로 고정시킨다. 쥐를 사용하여 잠시 실험할 때 꼬리

표 14-1 동물실험에 영향을 미치는 주요인

(1) 동물측의 요인	1) 유전적요인 - 동물의 종이나 계통
	2) 성별요인 - 자, 웅
	3) 연령요인 - 태생기, 이유기, 성육기, 성시기, 노령기
	4) 질병요인 - 각종 병원체에 의한 질병
(2) 동물을 둘러싼 환경측의 요인	1) 영양요인 - 사료, 물
	2) 기후요인 - 온도, 습도, 기압, 바람
	3) 물리·화학요인 - 소리, 조명, 냄새
	4) 주거요인 - 건물, 케이지, 깔짚 등
	5) 동종동물간의 요인 - 사회적 측면, 투쟁, 수용도
	6) 이종동물간의 요인 - 바이러스, 세균, 기생충 등의 감염원, 사람 및 타종동물

를 붙잡는 것은 무방하나 꼬리를 위쪽으로 향하게 하여 1~2초 이상 들어 올려 취급하는 것은 삼가야 한다. 쥐는 소리와 냄새에 민감하여 금속 소리를 대단히 싫어한다.

영양실험에 사용되는 사료는 조사료, 정제사료가 있다. 정제사료는 실험목적에 따라 번식용 사료, 무균사료, 특정 영양소 결핍사료, 저단백 사료 등을 고형, 과립, 분말, 액체 사료 등으로 성분을 혼합하여 조제할 수 있다. 특히 영양실험에서는 영양소의 조성과 분량 조절이 중요하다. 공급되는 물은 수돗물을 사용할 수 있으나 무기질 실험을 할 때는 탈이온수(deionized water)와 증류수로 공급해 주어야 한다. 평균적으로 쥐는 하루에 12~15g의 사료와 35㎖의 물을 섭취하며 사육실 온도, 임신, 포유 등 생리 상태에 따라 섭취량이 달라진다.

일정기간 사육 후에 동물을 희생하여 각 장기를 절취한다. 장기 중량 등으로부터 장기 발육도를 비교 관찰하고 실험목적에 맞는 각종 검사를 실시한다. 실험 목적에 따라 채혈하거나 대변, 소변을 받아 실험을 행하기도 한다.

(2) 사육관리

① 시설

실험동물의 사육관리는 실험동물의 '생산유지'의 측면과 '동물실험·생물검정'의 측면에서 검토되어야 한다.

전자의 경우는 실험동물이 건강을 유지하여 생산유지가 지장 없이 이루어지는 시설, 사육환경, 사육관리작업은 어떤 것인가가 검토되는 것이며, 후자의 경우는 실험동물이 건강을 유지하여 동물실험·생물검정을 하는데 있어서 재현성이 있는 생체 반응치가 얻어질 수 있는 시설, 사육환경, 사육관리 작업이 검토되는 것이다. 전자와 후자가 동일한 조건 아래에서 사육관리 되어지는 경우도 있지만 동물실험·생물검정의 종류에 따라서는, 또 미생물 제어조건(earm free, gnotobiote, SPF, conventional)의 차이에 따라서는 각기 다른 조건 아래에서 사육관리되는 경우도 있다.

실험동물의 사육관리는 각종 실험동물의 생리, 생태, 습성 등을 잘 이해하여 과학적인 입장에서 검토되지 않으면 안된다. 한편으로는 세계 각국에서 이미 법률로 써 실시되고 있듯이, 동물애호의 관점에서 실험동물에 심한 고통, 불안 등을 주어서는 안되므로, 이제부터는 과학적이면서도 한편, 윤리적인 입장에서 실험동물의 사육관리와 동물실험기술이 검토되어야 할 필요가 있다.

재현성 있는 동물실험을 하기 위해서는 각 시설별로 실험목적에 맞는 사육관리의 표준작업순서를 작성하여, 그 순서에 따라 관리하는 것이 중요하다.

표 14-2 실험동물 시설에 있어서 환경요인의 기준치

동물종 / 환경요인	마우스, 랫드, 햄스타, 기니픽	토끼, 원숭이, 고양이, 개
온 도	20~26℃	18~26℃
습 도	40~60%(30% 이하 70% 이상이 되어서는 안된다.)	
환기횟수	10~15회/시	
기류속도	13~18cm/초	
기 압	정압차로 5mm H₂O 높게 한다(SPF barrier 구역) 정압차로 15mm H₂O 높게 한다(isolator)	
진 애	class 10.000*(동물을 사육하고 있지 않는 barrier구역)	
낙하세균	3개 이하**(동물을 사육하고 있지 않는 barrier구역) 30개 이하(동물을 사육하고 있지 않는 통상구역)	
취 기	암모니아 농도가 20ppm을 넘지 않음	
조 명	150~310lx (상상 40~85cm)	
소 음	60폰을 넘지 않음	

* 미국 항공우주국에 의한 class 분류

** 9cm 직경의 샤레를 30분간 개방(혈액 한천 48시간 배양)

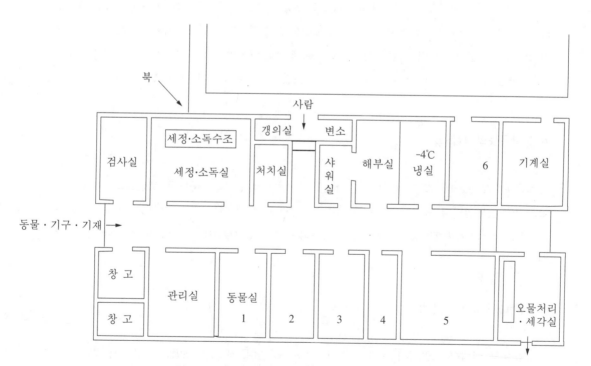

그림 14-1 일반적인 보통 실험동물시설(March, 1971)

실험동물시설을 건축할 경우에는 동물관계의 기술자, 실험자, 설계자 및 사무 관계자간에 충분한 토의를 걸쳐 추진해야 할 것이다. 일반적인 실험동물시설의 일례를 그림 14-1에 나타내고 있다.

실험동물시설의 건축 및 설비의 guideline으로 표 14-2와 같은 수치가 제시되어 있다.

② 사육실

사육실 온도는 18~24℃, 습도는 50% 내외가 유지되도록 한다. 환기는 1시간에 5회이상 순환시켜야 하며, 소음은 될 수 있는 대로 없애야 한다. 흰쥐는 야행성 동물로서 밤에 음식 섭취량이 많으며, 생체 기능은 낮과 밤의 변동에 따르므로, 조명의 색, 강도 시간 등을 보절하여 낮과 밤의 상태를 조절해 줄 필요가 있다.

사육 cage는 세척과 소독이 쉽고 동물이 도망가지 못하면서 실험목적에 맞게 동물을 잘 관찰할 수 있고 쾌적한 환경을 유지할 수 있는 것을 선택해야 한다.

동물의 안락과 보온을 위해 cage밑에 깔짚을 사용하는데 재료의 청결상태, 보온 상태, 가격 등을 참고로 볏짚, 톱밥, 파지, 대패밥 등이 사용되고 있다. cage와 급수병은 일주일 1, 2회 정도 교환한다.

질병의 예방을 위해 오염물은 매일 청소하고 cage, 깔집, 사료, 급수병, 실험자의 작업복 등을 약물소독(크레졸, mikro quat 등 이용), 멸균(고압증기 멸균, 건열 멸균 등) 한 것을 사용하도록 한다. 면역부전동물 실험 등 엄격한 미생물학적 청정도가 요구되는 실험에서는 사육용, 수술용 isolator나 clean rack system 등을 이용할 수 있다(부록 14-b 참조).

2) 실험동물의 취급법

동물실험에 있어서 그 동물의 건강상태를 안다는 것이 가장 중요한 포인트의 하나이다. 일상적인 사육관리에 있어서 작업 중에 해야 하는 관찰항목을 보면 표 14-3과 같다. 이것은 동물종, 실험내용과 관계없이 공통되게 이용되는 항목이므로 사육기술로써 반드시 몸에 익힐 필요가 있다.

(1) 실험동물 개체 식별법

실험동물 개체를 식별하기 위해서 표시를 하기도 한다. 색소 도포법은 머리, 등, 허리, 대퇴부, 다리 등의 피모에 색소를 칠해 구별하는 방법이며, 색소로는 picnic acid(황색), fuch-

표 14-3 사육관리에 있어서의 관찰항목과 관찰의 포인트

항 목	관찰의 포인트
전 신	야윔, 살찜, 외상, 헌데
피 모	털결, 광택, 더러워짐, 탈모
비 강	콧물, 출혈
눈	눈곱, 눈물, 빈혈, 충혈, 안검폐쇄, 안구이상
귀	외상, 헌데, 빈혈, 충혈
구 강	침, 출혈, 치아의 이상
항 문	더러워짐, 출혈
생 식 기	기형, 외상, 분비물, 출혈
행 동	활동성, 횡와, 선회, 경련
사 료 물	소비량의 급변
배 설 물	형태, 색, 냄새, 경도, 양의 변화

sin(적색), methylene blue(청색)들이 쓰인다. 먹물을 주입하여 문신하는 것과 같은 입흑법도
있다.

귀에 구멍을 뚫어서 식별하는 ear punch법으로 1~99까지 식별이 가능하다. 발가락을 절
단하여 표시하는 방법도 있다.

개, 고양이, 원숭이 등에는 번호가 찍힌 알루미늄판을 목에 걸어 주는 표시판을 상용하기
도 한다.

(2) 실험동물의 사료와 물

실험동물이 생명과 건강을 유지하고 성장, 번식, 비유 등의 생리기능을 발휘하기 위해서
영양적으로 결함이 있는 사료의 급여는 동물의 건강에 직접 영향을 미치는 것 이외에도 동
물실험의 결과를 왜곡되게 하여, 재현성이 있는 정확한 성적을 얻을 수가 없게 된다. 또한
실험동물을 생산하는 곳에서는 성장, 번식, 비유 등의 생산력을 충분히 발휘할 수가 없게 되
어 영양적으로 만족한 사료가 아니면 생산효율을 올릴 수가 없다.

사료는 일반적으로 각종 성분이 일정비율로 배합된 고형사료가 사용되어지고 있다. 고형
사료는 필요한 영양소를 함유하며, 취급하기 편리하며, 위생적이고, 먹은 후 흘리는 것을 적
게 하도록 가공되어 있다.

각종 동물의 배합사료의 영양소 함유량에 대하여 부록 14-c를 참고한다. 동물체는 2/3가
물로 구성되어 있으므로, 물은 동물의 생명유지에 불가결한 요소이다. 수분은 동물의 영양섭

표 14-4 각종 실험동물의 사료섭취량과 음수량

	체 중(g)	사료섭취량(g)	음 수 량(mℓ)
마 우 스	20~30	3~5	5~7
랫 드	250~300	20~25	20~25
골든햄스타	90~110	10	10~15
기 니 픽	400~600	20~30	80~120
토 끼	1,500~2,500	80~150	150~200

취, 순환, 배설의 매개가 되며, 각종의 생체내 반응을 원활히 하고 체온조절에 관여하는 등 동물의 생리작용을 영위하는데 필수적인 것이다. 동물은 사료 중의 수분만으로는 부족하기 때문에 급수에 의하여 그것을 보급해 주지 않으면 안된다. 물의 필요량은 여러 가지 사정에 따라서 일정하지 않는데, 대개 사료 전체분량의 2~10배 정도로 계산한다.

표 14-4는 각종 실험동물의 음수량을 나타낸 것이다. 마우스, 랫드에서는 사료섭취량과 거의 같은 양이나 배 양의 물을 마시는 것으로 되어 있다.

3. 시료채취 및 분석법

1) 시료채취

(1) 투여법

실험동물에게 시료를 투여하는 것은 가장 기본적인 조작의 하나이다. 영양실험에서는 주로 경구투여법과 정맥, 복강, 근육, 피하에 주사하는 방법 등이 사용되고 있다. 동물에게 시료를 투여할 때 동물을 흥분시키거나 놀라게 하면 실험에 지장을 가져오므로 유의하여야 한다.

경구투여시 존데(zone)를 사용하여 쥐의 어깨쪽을 단단히 잡고 혀가 아랫쪽으로 가게 하여 10~20mℓ/kg의 양을 1회 투여하는 것이 적절하다.

주사기를 이용하여 정맥내 투여하고자 하는 경우 쥐는 후지말초정맥과 미동맥이 많이 이용된다. 복강내에도 주사할 수 있는데 장내 기관을 다치지 않게 주의하는 것이 필요하다. 근육내 주사할 경우 둔부나 대퇴부를 사용하며, 피하투여시에는 목부위, 등부위, 좌우복부 등에 주사한다.

(2) 마취법

마취는 동물의 고통을 덜어주기 위해서 하는 것이지만, 실험자에게는 동물의 취급, 관찰, 수술 등을 용이하게 해주는 하나의 수단이다.

마취에는 전신마취 및 국소마취가 있는데, 실험용 소동물(마우스, 랫드, 햄스타 등)에는 국소마취 하지 않는다.

전신마취법에는 마취제를 투여하는 방법과 마취제의 기화가스를 흡입시키는 방법의 두 가지 종류가 있다.

마취제투여의 경우는 장시간의 심마취기를 얻을 수 있으나 동물종, 계통, 주령, 성, 건강상태 등에 따라 투여량을 잘 고려하지 않으면 죽게 되는 결점이 있으며, 흡입 마취는 심마취가 짧고 보조마취를 병용해야 하는 번거러움이 있다.

어떠한 경우이건 마취의 도가 넘으면 죽고, 부족하면 목적의 달성이 어려워지므로 여러번 실제로 해 보아서 자기가 직접 체득할 필요가 있다.

마취 중에 기관의 점액성 분비물이나 타액이 들어차서 호흡이 곤란해져 질식사하는 수가 있는데, 이것을 방지하기 위해서 마취제의 투여 전에 황산 아트로핀 0.01% 용액을 0.5㎖/100g 피하투여하면 좋다.

① 전신 마취법

■ 투여량 : 마취약은 보통 pentobarbital sodium(넴부탈)을 이용하며 그 투여량은 표 14-5와 같다.

마취제 투여량은 동물종, 계통, 성별, 주령, 건강상태에 따라서 달라지기 때문에 본 실험 전에 예비실험을 해보아 실험동물의 감수성에 대해서 확실히 알아두도록 해야한다.

표 14-5 펜토바비탈 투여량과 지속시간

동 물 종	마취시간(min)	투여량(mg/kg)	투여경로
마 우 스	30	30-40	복 강
	60	50-60	
랫 드	30	30-40	
	60	40-50	
기 니 픽	30	20	
	60	30	
토 끼	30	25	정 맥
	60	30	

Pentobarbital sodium은 추가 투여에 의한 효과가 낮으며, 과잉투여로는 죽기 때문에 실험중에 각성기가 올 경우에는 흡입 마취로 보충한다.

■ 투여방법 : Pentobarbital sodium의 투여방법은 생리식염수로 2~10배 희석하여 아주 서서히 투여한다. 투여경로는 복강내 투여가 많이 이용되는데, 실험목적에 따라서는 드물기는 하지만 피하 및 정맥내 투여를 하기도 한다. 마취약을 복강내로 투여한 후에 1~2분 지나면 동물은 완전히 옆으로 쓰러져서 전신에 힘이 빠져 있으며, 핀셋으로 사지나 꼬리를 꼬집어도 반응을 보이지 않는다. 이 상태가 심마취로서 수술에 가장 적합한 시기이다. 투여 후 약 4~5분만에 이 상태에 도달된다. 각성기가 가까워지면 사지를 움직이거나 수염을 쫑긋거린다.

수술중에 동물이 경련하거나 배뇨를 하는 경우는 마취가 좀 지나쳐서 죽음에 임박했을 때이다. 이때 빨리 보온을 해주거나 동통 등의 자극을 주어 회복에 임하는 것이 좋은데 결과는 좋지 않다.

② 흡입마취법

주로 에테르를 사용하는데 마취용을 사용하면 더욱 좋다. 크고 작은 밀폐 가능한 유리병 (마우스용 500㎖, 랫드용은 2ℓ 정도의 용적)의 밑에 5~10㎖의 에테르를 적신 탈지면을 놓고, 그 위에 쇠망을 놓아 동물을 넣는다. 처음에는 동물이 병 위로 기어오르려고 노력하지만 20~30초 후에 전신의 힘이 빠져서 쇠망 위에 쓰러진다. 옆으로 쓰러져서도 잠깐 동안은 사지를 움직이며 일어나려 하지만, 마취병에 넣고 약 1분 정도 지나면 무저항 상태로 된다. 이때가 심마취기이다.

이때의 보조마취는 원심침전관, 시험관 등에 약솜을 넣고 역시 에테르를 적셔 동물의 코에 갖다대는 방법을 사용한다.

에테르의 흡입마취 후 실험성적의 평가에는 주의할 필요가 있는데, 예를 들어 에테르마취를 한 것만으로도 혈중 ACTH, 코티코스테론, 프로락틴 농도의 증가가 나타난다. 시상하부의 corticotropin방출인자(CRF)의 상승은 1분 후에 나타나며, 5분 후에는 60%정도 증가하며 정상으로 되돌아오기까지는 3시간 가깝게 걸린다. 에테르마취의 지속중에는 혈중 ACTH가 평균의 10배 이상으로, 코티코스테론도 2~3배로 증가된 상태가 계속된다. 또 단지 30초간 에테르마취를 시키고, 2분만에 깨어난 조건에서도 뇌내 세레토닌의 대사회전은 현저하게 촉진되므로 세레토닌 대사와 관련된 실험에는 에테르의 흡입마취가 적합하지 않다는 보고가 있다.

(3) 채혈법

실험동물을 일정한 기간 사육 후에 채혈하여 혈액 성분을 분석하는 경우가 많다. 동물의 혈액 성분은 사료섭취에 의해 크게 영향을 받는다. 따라서 채혈시기는 충분히 검토한 후 결정하여야 하며, 혈액의 이용 목적에 따라 채혈량을 결정한다. 채혈 부위와 채혈량은 표 14-6과 그림 14-2를 참조하고, 소량의 혈액(0.3㎖ 전후)을 채취하고자 할 때에는 꼬리부분이나

표 14-6 채혈 부위와 채혈량

		채 혈 량(㎖)			
	채혈부위	생쥐	흰쥐	토끼	채혈 전 처치
부분채혈	미정맥	0.03-0.05	0.3-0.5		
	미동맥	0.1 - 0.3	0.5-1.0		
	안와정맥총	0.05- 1.0	0.5-5.0		
	이개정맥			2-5	
	경정맥	0.5 - 1.0	3-5		마취, 수술
	경동맥			100-150	마취, 수술
전 채 혈	두부절단		5-10		마취(무마취도 가능)
	심 장	0.5 - 1.0	3- 5		마취, 수술
	복부대정맥	0.5 - 0.8	2- 4	80-100	마취, 수술
	복부대동맥	0.5 - 1.0	5- 8		마취, 수술

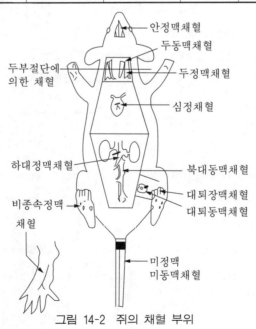

안정맥채혈
두동맥채혈
두부절단에 의한 채혈
두정맥채혈
심정채혈
하대정맥채혈
북대동맥채혈
대퇴장맥채혈
대퇴동맥채혈
비종속정맥 채혈
미정맥 미동맥채혈

그림 14-2 쥐의 채혈 부위

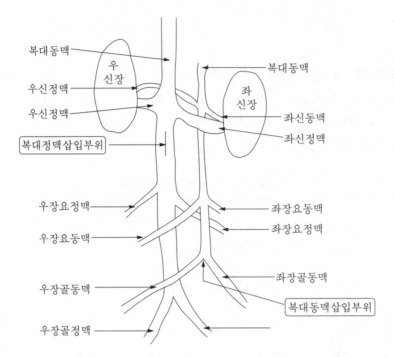

그림 14-3 랫드의 후대정맥과 복대동맥에서 채혈시 알아두어야 할 주요한 혈관주행 모식도

발톱을 잘라 채혈 할 수 있다. 혈액 채취에 있어 전혈, 혈장, 혈청 중 어떤 것이 필요한지 확인하도록 한다. 실험동물의 혈액학적 지표와 기준치는 부록 14-d와 부록 14-e를 참조한다.
■ 후대정맥 또는 복대동맥 채혈법 : 이 채혈법은 원칙적으로 마취를 시키고 나서 실시하는데 채혈부위는 복강을 열어서 그림 14-3에 나와 있는 혈관을 찾아서 주사침으로 채혈을 한다.

(4) 채뇨법

마우스, 랫드의 채뇨법은 신선뇨를 미량 채취하는 1회 뇨채취법과 대사케이지에 의해서 일정 시간 동안의 뇨를 모아서 채취하는 방법이다. 실험의 목적, 필요로 하는 뇨량, 검출하는 물질의 성질 등에 따라서 결정한다.

1회 뇨채취법은 주로 뇨검사용 시험지에 의한 임상진단을 위해 실시한다.

대사케이지에 의한 뇨채취는 배뇨량의 측정, 투여물질의 뇨중 배설의 유무, 생체 대사물질의 검출 등에 이용한다.

(5) 희생법

동물을 희생할 때 사용할 방법은 희생 후에 사용되는 장기나 조직에 따라, 또 시료에서 측정할 성분에 따라서 결정한다. 희생법에는 크게 화학적 처리와 물리적 처리가 있다. 화학적 처리에는 마취제 과량 투여, 탄산가스 흡입법 등이 있고 물리적 처리에는 척추탈골, 단두 방혈법 등이 있다. 어떤 방법을 사용하든지 동물에게 불안감을 주지 않도록 조용하고 부드럽게 다루며, 순간적으로 의식을 잃어 고통의 시간을 단축하고 장기, 조직 등의 내분비계에 영향을 적게 미치도록 한다.

(6) 해부 및 장기 절제

동물을 해부할 때 여러 가지 수술도구와 조작 방법을 알아두어야 한다. 동물은 다음과 같은 순서로 해부한다.

① 해부판에 탈지면과 흰 종이를 놓고 마취된 쥐의 배가 위로 향하도록 하여 사지를 고정시킨다.
② 복부가죽을 핀셋트로 잡아당긴 후 가위로 가슴을 향해 중앙으로 잘라 올라간다.
③ 가위로 근육을 자른 후 내장 전체가 드러나도록 하고 해부도에 따라 수술한다. 장기를 절제할 경우 단두법으로 희생시키고, 충분히 방혈한 후에 목적하는 장기를 상처 나지 않도록 해부하여 재빨리 꺼내 즉시 얼음으로 식힌다. 장기중의 혈액을 완전히 제거하려면 등장액으로 transfusion할 수 있고 장기는 차가운 등장액에 넣은 후 실험 목적에 따라 실험을 한다.

2) 시료분석법

(1) PER test

단백질의 질을 평가하는 방법에는 아미노산 가(amino acid score)를 측정하는 화학적 방법과 단백질이 체내에서 이용되는 효율을 측정하는 방법인 생물학적 방법이 있다.

생물학적 방법 중에서 가장 손쉬운 방법인 단백질 효율(protein efficiency ratio, PER) 실험을 통해 서로 다른 단백질의 질을 평가하여 보자. PER은 성장하는 실험동물이 섭취한 단백질 1g당 얻은 체중의 비를 의미한다.

$$\text{PER} = \frac{\text{체중증가량(g)}}{\text{단백질섭취량(g)}}$$

실험개요

이유 직후의 체중이 비슷한 실험용 흰쥐를 대상(보통 50~100g의 체중인데 생존률을 고려하여 100g정도의 체중을 가진 쥐를 선택한다)으로 사료에서 섭취한 단백질 양과 체중 증가량으로 단백질 효율을 측정한다.

시약 및 기구

- 쥐사육용 cage
- 먹이통(Feeder)
- 물병
- 식이성분 : 전분, 포도당, 식용유,
    - −단백질 : casein, egg albumin, gelatin, soy protein, zein
    - −셀룰로오즈
    - −동물 사육용 비타민 mix
    - −동물 사육용 무기질 mix
- 저울
- 흰쥐(100g 내외) 40~50마리

실험방법

1 흰쥐 한 마리당 1일 먹이 섭취량을 20g 정도로 간주하고 3~4주 사육할 것을 예상하여 그에 상당하는 식이량을 계산한다. 3주(21일) 사육할 경우 20g×21일=420g이 된다.

2 500g을 제조할 경우 아래 표와 같은 양의 각 식이성분을 사용하며, 더 많이 필요할 경우는 그에 비례하여 증가시킨다. 단백질은 casein, egg albumin, gelatin, soy protein, zein 중에서 하나를 선택하여 casein식, egg albumin식, gelatin식, soy protein식 및 zein식으로 각기 따로 만든다.

3 각 식이성분의 무게를 잰 뒤 비타민 mix, 무기질 mix, 셀룰로오즈 등 적은 량의 성분에 전분을 조금씩 첨가하여 잘 섞고, 또 전체를 같이 잘 섞는다. 잘 섞기 위하여 식이 mixer를 사용할 수도 있고, 또는 손으로 잘 부빈 다음 체에 비벼서 걸러도 된다.

4 제조한 분말식이는 냉장 보관한다.

식이성분	분 량(g)
전 분	250 g
포 도 당	80 g
단 백 질	100 g
식 용 유	25 g
무기질 mix	25 g
비타민 mix	5 g
셀룰로오즈	20 g
계	500 g

5 단백질 공급원이 다른 식이에 따라 쥐를 나누어(한 단백질군에 10마리 정도 쥐를 배당한다) 한 cage 당 한 마리씩 넣는다. cage가 부족할 경우, 두 마리를 한 cage에 넣어도 되나 이때는 두 마리를 구별할 수 있도록 표시를 한다.

6 해당 식이를 feeder에 넣어 물과 함께 공급하며 3~4주 사육기간 동안 매일 먹이 섭취량을 측정하고 쥐의 체중은 2~3일에 한번씩 측정하여 성장상태를 관찰한다.

7 사육기간이 끝나면 총 체중 증가량을 단백질 섭취량으로 나누어 각 식이단백질의 PER을 계산한다.

(2) 생체 조직의 분획분리

쥐의 여러 조직들을 실험 목적에 따라 다양한 생화학적 실험방법을 이용하여 분석할 수 있다. 그 중 간은 영양소의 대사에 중요한 역할을 하는 조직으로 여러 영양학적 연구에 사용되고 있다. 여러 가지 실험들을 할 수 있겠으나 본 실험에서는 간세포의 세포 성분이나 분획을 분리하는 생화학적 방법을 실험하고자 한다.

① 원심분리법에 의한 분획분리 원리

원심분리는 일정한 각속도를 유지하며 원운동하는 물질이 밖으로 향하게 하는 원심력(F)을 받고 있고 그 원심력의 크기는 운동하는 물질의 질량(m), 각속도(ω), 회전 반지름(γ)에 의해 결정된다.

$$F = m\omega^2\gamma$$

어떤 입자가 특정 용매에 들어 있을 경우 입자에 작용하는 원심력은 용매 내에 있으면 부력으로 인해 감소된다. 순수 원심력에 의해 용매 내에서 이동하는 입자는 같은 정도의 마찰력을 받게 된다. 원심력장에서 입자에 작용하는 힘의 관계는 아래 식과 같다.

원심력 − 부력 = 마찰력

입자의 침강속도는 분자량에 비례하며 원심력이 클수록 침강속도가 커진다.

원심분리기는 1㎖ 정도의 소량의 시료를 처리하는 분석용 원심분리기와 다량의 시료(10~
2.000㎖)를 처리하는 제조용 원심분리기가 있다. 제조용 원심분리기는 시료의 생물학적 활성
의 감소와 온도차에 의한 대류 현상을 줄이기 위해 항온 냉동장치를 갖고 있고 초고속 원심
분리기는 공기저항과 그 결과 생기는 온도 변화를 최소로 줄이기 위해 진공 장치도 갖추고
있다. 20.000rpm 보다 빠른 속도에서 회전자와 공기마찰에 의한 열의 원인을 회전자 chamber
를 진공으로 만들어 주어 제거한다.

속도침강법은 가장 많이 쓰이는 방법이다. 고정각 회전자(fixed-angle rotor)를 이용하여 일정
한 시간 동안 일정한 속도로 회전시켜 침강시킨다.

일정 속도에서 고정각 회전자의 원심분리관의 중심부분에서 받는 원심력은 중력의 배수로
표시할 수 있으며 1,000×g 또는 1,000×중력으로 나타낸다. 모든 고정각 회전자는 주어진
최대 회전 속도를 갖고 있으므로 그 이상 속도로 회전자를 작동시키면 회전자의 폭발 가능
성이 있어 위험하다.

편차 원심분리(differential centrifugation)는 속도침강법의 일종이다. 크기가 다른 입자들이
혼합되어 있을 때 속도나 중력 배수를 증가시키면서 여러 차례 원심분리하면 혼합된 물질이
나 입자가 서로 분리되며 상층액 부분과도 분리된다. 편차 원심분리법을 이용하면 세포에
존재하는 세포소기관 입자들을 쉽게 분리할 수 있다.

대개의 제조용 원심분리기들은 기울기 원심분리(gradient centrifugation)를 위한 여러 가지
의 수평회전자(swinging bucket rotor)들을 사용할 수 있게 되어 있다. 수평회전자들을 밀도
기울기침강(density gradient sedimentation)과 평형밀도 기울기 원심분리(equilibrium dansity
gradient centrifugation)로 쓰일 수 있다.

밀도 기울기침강은 속도 침강의 일종이다. 설탕(sucrose)나 글리세롤과 같은 수용성 미활
성 유기물질의 선형 혹은 지수형 기울기(linear or exponential gradient)의 표면 위에 시료를
층이 생기게 첨가한다. 비활성 기울기 형성체는 원심분리 후 시료가 용액상에 서로 다른 크
기의 입자들의 띠가 침강속도 법칙에 따라 기울기를 통과하면서 분리하기 쉽게 해 준다. 아
래로 내려갈수록 증가하는 밀도는 분별 분리를 쉽게 한다. 가용성 효소나 단백질 등의 분리,
분자량 결정 등에 사용된다.

평형 밀도 기울기 원심분리법은 분리하고자 하는 시료들의 밀도를 모두 포함할 수 있는
더 밀도가 높은 염용액(CsCl 등)을 사용하여 원심분리하여, 각 시료(용질)는 침강하다가 자
신의 밀도에 상응하는 부력밀도를 가진 염용액 부분에 도달하면 평형을 이루고 그곳에 축적
하게 된다. 예를 들어 DNA는 약 1.7g/㎖의 밀도, RNA는 약 1.9g/㎖의 밀도에 축적됨을 이

표 14-7 세포분획을 원심분리하기 위한 개략적인 조건

원심분리 조건(g)	침강된 분리들
1,000 × g에서 5분	대부분의 진핵세포
4,000 × g에서 10분	엽록체
	대부분의 진핵세포 파편들
15,000 × g에서 20분	미토콘드리아, 박테리아
	대부분의 박테리아 파편들
30,000 × g에서 30분	리소좀
100,000 × g에서 3시간(1시간)	리보솜과 폴리솜(마이크로좀)

용하여 분리할 수 있다.

세포분획을 할 때 개략적인 원심분리 조건은 표 14-7과 같다.

(3) 간세포 소기관의 분리 및 균질화

세포 안의 거대분자들의 배열은 이들의 촉매활동 뿐만 아니라 세포 기능에 중요하다. 세포 소기관으로 구분 지어 있으므로 연관된 물질들은 가까이 있으며 또 방해하는 물질과는 떨어져 있게 된다.

본 실험에서는 쥐의 간에서 세포 소기관들을 분리하고 이들의 특성을 조사하는 실험을 하겠다. 이는 영양소 섭취 변화에 따라 달라지는 간세포 성분들을 연구하는 데 기초가 되는 생화학적 실험 방법이다.

실험개요

세포 소기관을 분리하기 위해서 편차 원심분리를 사용한다. 본 실험과정은 파괴되지 않은 미토콘드리아를 얻기 위해 회수율이 비교적 낮아도 온화한 방법을 설명하겠다.

분리된 소기관의 활성은 실험 대상이 된 쥐의 식이, 나이, 성별, 희생되기 전에 단식여부 등에 따라 달라진다.

모든 과정동안 시료를 얼음에 보관하여 낮은 온도를 유지하도록 한다. 그리고 두 사람이 한 조로 실험한다

시약 및 기구

■ 쥐

■ 가위

■ 해부기

■ 균질화 용액
 － 1mM EDTA/0.25M sucrose 용액
 － Potter-Elvehjem 파쇄기
 － 1mM EDTA/0.34M sucrose용액
■ 냉장원심분리기(20,000rpm)
■ 초원심분리기
■ 시험관
■ 3mM CaCl₂/0.25M sucrose용액

실험방법

1 파쇄액 만들기

① 쥐의 머리를 쳐 기절시킨 후 가위 등으로 머리를 자르고, 흐르는 물아래에서 1분간 방혈시킨다. 빠르게 간을 빼내어 얼음 바구니 안에 차가운 1mM EDTA/0.25M sucrose 용액이 들어 있는 비이커에 넣는다.

② 티슈로 간의 물기를 조심스럽게 제거하고 무게를 아는 비이커를 이용하여 간의 무게를 측정하여 기록한다. 그리고 차가운 1mM EDTA/0.25M sucrose 용액에 간이 잠기도록 한다.

③ 용액 내에서 약 2g 정도의 간을 취하여 간을 가위로 잘게 자르고 용액을 따라버린다. 그리고 1mM EDTA/0.25M sucrose 용액을 새로 넣어 다시 잘게 자르고 같은 용액으로 3~4회 세척을 반복하여 적색의 혈액 흔적이 거의 없도록 한다.

④ 10㎖의 냉균질화 용액을 첨가하여 파쇄기에 옮겨 테프론 막자로 2~3번 균일하게 현탁시킨다. 너무 많이 파쇄시키거나 온도가 올라가면 미토콘드리아가 손상된다. 파쇄액 전체의 부피를 기록한 후 얼음에 채워두거나 냉장해 둔다.

2 미토콘드리아 분리

⑤ 상기의 간 파쇄액을 냉장원심분리용 시험관(15㎖ 또는 50㎖)에 넣고 600×g에서 10분간 원심분리한다. 회전자의 서로 반대되는 위치에 무게 균형을 맞춘 한쌍의 시험관을 넣는 것을 명심해야 한다.

⑥ 미토콘드리아가 포함된 상층액을 다른 시험관에 옮겨 15,000×g로 10분간 원심분리한다(⑤에서 얻어지는 침전은 핵과 미파괴 세포들이다).

⑦ 상층액은 마이크로좀 분리를 위하여 다른 시험관에 보관한다. 침전에 균질화용액 5~10㎖를 가하여 현탁시킨다. 현탁시킨 미토콘드리아액을 ⑥, ⑦의 과정을 반복하여 세척한다. 단 10,000×g에서 시행한다. 핵분리 실험을 하고자 하는 경우에는 다음의 실험방법을 택하도록 한다.

3 핵 분리

⑧ ⑥단계에서 얻은 핵을 포함한 침전이 든 각 시험관에 3mM CaCl₂/0.25M sucrose 용액 10㎖씩을 넣어 침전을 현탁시키고 가제 두 장을 통해 거른다. 여기에 3mM CaCl₂/0.25M sucrose 용액 10㎖로 씻은 후 가제 위에 남은 연결조직과 세포조각들은 버린다. 거른 액은 1,500×g에서 10분간 원심분리한다.

⑨ 상층액을 버리고 침전을 모아 10㎖의 3mM $CaCl_2$/0.25M sucrose 용액에 현탁시킨 후 동일한 양으로 4개 나누어 냉동한다. 이것이 분리된 핵이다.

4 세포질과 마이크로좀 분리

⑩ ⑦번에서 미토콘드리아 분리시 얻은 상층액의 부피를 재어 기록하고 이를 10,000×g로 1시간 원심분리한다.

⑪ 상층액(세포질)은 부피를 재고 다음 실험을 위해 보관한다. 이것이 세포질(cytosol)인데 핵, 미토콘드리아, 세포막이 파괴되어 방출된 물질들이 오염되어 있을 수 있다.

⑫ 침전(마이크로좀)은 모아 균질화용액에 현탁시켜 여러 개로 나누어 냉동한다.

제 2 절 세포배양 (Tissue culture, cell culture)

1. 일반특성

조직배양은 20세기초에 도입되었으며, 처음에는 실험중 발생하는 스트레스나 항상성유지를 위한 체내 적응현상 등의 영향을 받지 않고, 독립적으로 동물세포 자체의 행동을 연구하기 위한 방안으로 사용되었다. 또한 조직을 해체하지 않고 절편자체를 주로 이용하였기 때문에 '조직배양'이라는 용어가 사용되었다. 1950년대에 들어서야 세포단위로 해체하여 연구하고자 하는 시도가 본격화되었고, 이것이 오늘날의 '세포배양'이다. '기관배양'이 생체내 3차원적인 상태를 가능한 유지하는 형태의 배양모델인 반면, 세포배양은 생명체의 세포와 세포간 상호작용이나 개체차원에서의 상호조율이 완전히 배제된 상태이므로 in vivo 상황과는 여러 가지 측면에서 차이가 있다. 배양세포도 조직으로 떼어내어 낱개로 분리시켜 1회용으로 사용하는 1차 배양(primary culture)과 계대배양이 가능한 세포주를 사용하는 배양 방법이 있다. 오늘날 세포배양의 적용범위는 대단히 넓으며 대표적인 예를 보면 다음과 같다.

① 세포내 활동연구(핵산 합성, 에너지 대사, 약물 대사)
② 세포내 물질이동 연구(신호전달 과정, 각종 단백질들의 이동)
③ 환경적인 상호작용(영양, 감염, 발암, 약물의 작용, ligand-receptor 상호작용)
④ 세포 - 세포간 상호작용(세포간 접착, 침투, 세포분화 및 발달)
⑤ 세포의 생산물 및 분비 연구
⑥ 유전학(유전분석, 유전자조작, transformation, immortalization)
⑦ 면역학, 바이러스학, 종양학

특히 세포배양 기법은 바이러스 백신의 개발이나 종양연구에 기여한 바가 크며, 실험동물의 사용으로부터 오는 시간적, 경제적, 윤리적 문제를 상당부분 해결해 주었다.

세포배양의 장점은 배양환경의 조절이 가능하고, 세포가 균일하게 유지되고 경제적인 것을 들 수 있다. 반면 단점으로는 다량의 시료를 얻기 힘들며 염색체가 불안정하고 숙련된 기술이 필요하다는 것이다.

2. 배양실의 레이아웃 및 기기 (Layout and equipments)

1) 세포배양 시설 (Facilities)

세포배양실을 구상할 때 가장 염두에 두어야 할 사항은 세균감염을 최소화하는 것이다. 보통 세포는 성장속도가 느리며, 배지는 미생물이 생육하기에 최상의 조건을 가지고 있기 때문에 실험자는 초기단계부터 오염가능성을 낮출 수 있도록 배양실을 세심하게 설계하는 것이 매우 중요하다. 먼저 배양실은 공기 정화시설이 갖추어져 있고 청소가 쉽도록 설계되어야 한다. 바닥은 비닐 장판을 하는 것이 좋으며, 문쪽을 향하여 경사지도록 설계하는 것이 물로 청소할 때 편리하다.

표 14-8 세포배양 시설

주요 시설 요건	권장 시설
무균 공간	에 어 컨
미생물실이나 동물사육실로부터 격리된 곳	실험용 탁자
실험 준비 공간	분리된 멸균실
세척 공간 (싱크대 등)	bulk plastic 보관창고
Incubator 공간	폐기물 보관 창고
저장공간 (액체, 유리기구 플라스틱 기구 등 보관)	현미경실
액체질소통 비치 공간	암 실
	Vacuum line

표 14-9 세포배양에 필요한 기기

필수적인 기기	권장 기기	유용한 기기
CO_2 incubator	Cell counter	$-70℃$ deep freezer
Autoclave	vacuum pump	Glassware washing machine
Dry oven	Balance	Colony counter
냉장고	pH meter	High-capacity centrifuge
역상현미경	위상차 및 형광 현미경	Controlled rate cooler
Pipette washer	Pipette plugger	간섭현미경
초순수 제조장치	Pipette aid	Confocal microscope
Bench top centrifuge		Fluorescence-activated cell sorter
액체질소 통		
Clean bench		

2) 세포배양 관련기기 (Equipments)

세포배양에 필요한 기기들은 필수적인 것, 필수적이지는 않지만 있으면 작업효율을 높일 수 있는 것, 작업환경이나 실험자의 편의를 높여주는 것 등으로 구분할 수 있다(표 14-9).

3. 배지조성 및 제조방법 (Media components and preparation)

1) Balanced salt solution (BSS)

BSS는 무기염($NaHCO_3$, 포도당 등 포함하기도 함)으로 이루어져 있다. 대표적인 BSS 조성은 표 14-10과 같다.

2) 배지 (Defined media)

세포배양 배지는 일반적으로 세포가 자라는데 필요한 대부분의 영양소를 함유하고 있다.

표 14-10 Balanced salt solution components

Component	Earle's BSS (g/L)	Dubecco's PBS (g/L)	Hank's BSS (g/L)	Spinner salt solution (Eagle)(g/L)
$CaCl_2$	0.02		0.14	
KCl	0.4	0.2	0.40	0.4
KH_2PO_4		0.2	0.06	
$MgCl_2 \cdot 6H_2O$			0.10	
$MgSO_4 \cdot 7H_2O$	0.2		0.10	0.2
NaCl	6.68	8.0	8.0	6.8
$NaHCO_3$	2.2		0.35	2.2
$Na_2HPO_4 \cdot 7H_2O$		2.16	0.09	
$NaH_2PO_4 \cdot H_2O$	0.14			1.4
D-glucose	1.0		1.0	1.0
Phenol red	0.01		0.01	0.01
Gas phase	5% CO_2	10% CO_2	air	5% CO_2

즉, 필수 및 비필수 아미노산, 비타민, 무기질, 핵산, linoleic acid, TCA 회로 중간대사물 등을 함유하고 있다. 영양소농도는 Ham's F12 배지가 비교적 낮고, Dulbecco's modified Eagle's medium(DMEM)이 높다. 영양소 요구량은 세포마다 조금씩 다르기 때문에 세포공급자(ATCC나 한국세포주 은행)에서 제시한 배지를 사용하거나 참고문헌에 나타난 배지를 사용하면 된다. 배지 종류별 영양소 조성은 공급자의 카타로그(예, Gibco-BRL Catalog)나 일반 세포배양 관련 서적에 자세히 소개되어 있다. 일반적으로 Eagle's MEM, DMEM, α-MEM, RPMI 1640, Ham's F12 등의 배지가 세포배양에 많이 사용된다(부록 14-f 참조).

3) 혈청 (Serum)

배지에 함유된 영양성분만으로는 세포가 잘 자라지 않기 때문에 보통 fetal bovine serum (FBS), calf serum, horse serum, human serum 등이 추가로 배양액에 사용된다. 혈청 중에는 각종 성장촉진인자, 호르몬 등이 함유되어 있어 세포의 생육을 도와주는 것으로 생각된다. FBS이나 calf serum이 가장 많이 사용되지만 batch 간 serum 조성의 차이가 염려된다면 batch 간 차이가 비교적 적은 horse serum을 사용하는 것이 권장된다. 혈청에 함유된 성분들이 실험결과에 주요한 영향을 줄 가능성이 있는 경우는 조성이 구체적으로 밝혀진 대용 혈청이나 serum-free 배지를 사용하는 것이 권장된다.

4) 배지 제조방법 (Media preparation)

실험목적에 따라 다양한 배지 제조방법이 있을 수 있겠지만 여기서는 가장 많이 사용되는 DMEM 배지 1ℓ를 만드는 방법을 소개하고자 한다.

① 멸균된 1ℓ 메스실린더를 준비하고 멸균한 탈이온수를 약 800㎖ 부어 넣는다

② 배지에 NaHCO₃가 포함되지 않은 경우, 2.2g를 달아 넣는다.

③ DMEM 배지 분말을 10g 저울에 달아 넣는다. 이때 자석식 교반기에서 서서히 교반하면서 분말 배지를 조금씩 넣는다. 배지가 녹으면서 분홍색~적색을 띠게 된다.

　이는 배지에 함유된 지시약(phenol red)에 의한 것으로 산성에서 노란색을 띠며, 중성에서는 적색, 알칼리성에서는 분홍색~자색을 띤다. 따라서 배지의 색깔로써 제조된 배지의 pH를 추측할 수 있다.

④ 배지가 다 녹으면 pH meter로 배지의 pH를 측정하고 산 또는 염기를 가하여 pH 7.4가 되도록 조정한다.

⑤ Fetal bovine serum(FBS) 100㎖를 첨가하여 5~10분간 서서히 교반한 다음, sterilizing filter (pore size : 0.22 μ)에서 여과하여 살균한다. 이때 조작은 clean bench안에서 실시하는 것이 오염 가능성을 줄일 수 있다. FBS는 필요한 경우 열처리(55℃, 90분)하여 사용할 수 있다.

⑥ 배지를 미리 멸균해 둔 100㎖ 배지병에 나누어 담고 냉장고에 보관하면서 사용한다.

4. 배양방법 (Method of cell culture)

1) 무균 조작법 (Aseptic technique)

세포배양에서 가장 큰 고민거리중의 하나가 미생물에 의한 오염문제이다. 특별한 경우를 제외하고는 배지제조시 항생제를 투여하기도 하지만 배양 중 오염되는 것을 완전히 차단하는 것은 쉽지 않다. 세균, mycoplasma, 효모, 곰팡이 등의 오염은 다양한 경로를 거쳐 발생한다. 작업자의 기구 조작 미숙으로 pipetting이나 기타 작업 중 오염되는 경우, 살균처리가 충분히 안된 용액을 사용하거나 반복하여 사용하는 도중, 오염된 용액을 사용하는 경우, 청결하지 못한 실험실 공간 및 작업대, 작업자의 청결의식 부족 등으로부터 오는 경우 등 실로 오염경로는 다양하다. 대표적인 오염경로와 방지 방법은 부록 14-b를 참조하시오.

2) 세포의 해동 (Thawing of frozen cells)

보통 세포를 구입하게 되면 동결된 상태로 운송되는데, 이를 바로 해동시켜 배양을 시작할 수도 있고, 액체질소통에 보관해두었다가 사용할 수도 있다. 세포를 부유상태(suspension)에서 자라는 것과 plate의 바닥에 붙어 자라는 것(monolayer)으로 나눠지는데, 다음은 monolayer로 자라는 세포에 대하여 동결상태에서부터 해동하여 배양을 시작하는 방법이다.

① 동결된 세포가 담겨진 vial을 가능한 빨리 해동시킨다. 보통 장갑을 낀 손으로 꽉잡고 있으면 5~10분이면 해동된다.

② Vial의 뚜껑을 개열하고 세포를 8㎖의 배지를 미리 담아둔 culture flask나 plate(면적:

55cm^2)에 옮긴다.

③ CO_2 incubator(CO_2 농도 : 5%, 온도 : 37℃)에 넣고 3~4시간 배양한 후 현미경하에서 세
포가 plate 밑바닥에 부착되었는지 확인한다. 80% 이상 부착된 것이 확인되면 배지를 멸
균한 pasteur pipette을 이용하여 aspiration하여 제거하고 새로운 배지를 10㎖ 넣고 배양
을 계속한다.

3) 세포의 분주 (Cell passaging)

세포가 plate 밑바닥에 가득 자라면 대부분 경우 세포들끼리 contact inhibition을 하게 되면
서 성장이 멈추고 죽게된다. 따라서 이 상태에 이르기 전에 세포들을 떼어내어 다른 plate로
옮기는 작업이 필요하다. 다음은 세포를 분주하는 방법을 단계적으로 설명한 것이다.

① Plate에 있는 배지를 pasteur pipette으로 aspiration하여 모두 제거한다.

② 멸균된(autoclaved) phosphate buffered saline(PBS) 용액 10㎖를 가하여 plate를 씻어준다.
이 작업을 한번 더 반복하여 수행한다.

③ Plate에 멸균된 trypsin-EDTA 용액(0.1% trypsin, 50㎎/ℓ EDTA)를 가하여 1~3분간 방
치하고 현미경하에서 세포가 plate 밑바닥에서 분리되었는지 확인한다.

④ 세포를 약 5~10㎖ 배지로 15㎖(또는 50㎖) centrifugal tube에 옮긴다.

⑤ Pipette으로 세포를 배지에 잘 분산시킨 다음, 일부를 취하여 hemocytometer에서 세포농도

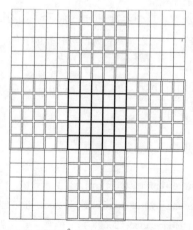

굵은 선 안의 부피가 0.1mm^{3}이며, 여기에 있는 세포수만 헤아린다

그림 14-4   현미경하에서 본 hemocytometer의 격자 모양

를 측정한다. Hemocytometer에 cover glass를 올려놓고 세포가 함유된 배지를 약 $20\mu\ell$ 취하여 cover glass의 가장자리에 갖다 대어 모세관작용으로 세포액이 Hemocytometer와 cover glass사이로 스며들어가도록 한다. 현미경하에서 격자 안에 있는 세포수를 헤아린다. 보통 hemocytometer는 chamber의 부피가 $0.1mm^3$이므로 헤아린 세포수에 10,000을 곱하면 세포액 $1m\ell$에 함유된 세포수가 된다.

⑥ Culture plate수와 plate당 세포수를 결정한 다음, 필요한 세포수에 해당하는 세포액을 취하여 $15m\ell$(또는 $50m\ell$) centrifugal tube에 넣고 필요한 plate수를 감안하여 적정량의 배지를 넣는다. 잘 섞은 다음 각 plate에 $10m\ell$씩 넣고, CO_2 incubator에 넣어 배양한다.

4) 세포의 동결법 (Cell freezing)

세포를 장기간 보관하고자 할 때는 배양하고 있는 세포를 plate로부터 분리시켜 냉동 vial에 담아 동결시킨 다음, 액체 질소에 보관한다. 다음은 monolayer로 자라는 세포를 동결하는 방법이다.

① Plate에 있는 배지를 pasteur pipette으로 aspiration하여 모두 제거한다.

② 멸균된(autoclaved) phosphate buffered saline(PBS) 용액 $10m\ell$를 가하여 plate를 씻어준다. 이 작업을 한번 더 반복하여 수행한다.

③ Plate에 멸균여과한(filter-sterilized) trypsin-EDTA 용액(0.1% trypsin, $50mg/\ell$ EDTA)를 가하여 $1\sim3$분간 방치하고 현미경하에서 세포가 plate 밑바닥에서 분리되었는지 확인한다.

④ 세포냉동용 vial(cryogenic vial)에 $0.2m\ell$의 dimethylsulfoxide(DMSO)를 넣어둔다.

⑤ Plate에 배지 약 $2m\ell$를 가하여 세포를 부유시키고 이 가운데 $1.8m\ell$를 취하여 cryogenic vial에 넣고, 마개를 닫은 다음 조심스럽게 흔들어 DMSO와 배지가 섞이도록 한다. 약 15분간 실온에서 방치한다.

⑥ $-20℃$ 냉동고에서 $3\sim4$시간 동결시킨 다음, $-70℃$ 심온 냉동고에서 하룻밤이상 동결시킨다. 이후 액체질소에 옮겨 보관한다.

참고문헌

1 Freshney, I. R. : Curture of animal cells, 3rd ed, Wiley-Liss, New York(1994)

2 ATCC : ATCC cell lines and hybridomas, 8th ed, Rockville(1994)

3 Gibco BRL products & reference guide(2000)

제 3 절 | 인체실험

일반적인 인체실험(human experiment)은 광범위하게는 인간을 대상으로 하는 모든 분야의 연구 실험을 의미하며 본 절에서는 주로 영양대사와 관련된 이론을 검정하는 실험과 질병과 식이인자와의 상호 관련성을 연구하는 실험에 핵심을 두고자 한다. 사람을 대상으로 하는 모든 실험은 피험자의 동의를 얻는 것이 필수사항인데, 피험자의 협조를 얻기 어려운 실험 내용이나 피험자에게 불리한 상황을 초래하는 실험계획은 피해야 하므로 그 범위가 매우 제한적이다.

미국에서는 1972년 7월에 이미 인간을 대상으로 하는 생명의과학과 행동과학 분야연구의 국가연구시행령(National Research Act, Public Law 93348)으로서 국가위원회를 "National Commission for the Protection of Human Subjects of Biomedical and Behavioral Research"로 칭하였다. 이 위원회에서는 인간을 실험대상으로 하는 연구의 보호책으로 도덕 윤리론과 그 지침(Ethical principles and guidelines for the protection of human subjects of research)을 보고하였다.

1. 인간을 연구대상으로 할 경우 지켜야 할 기본적 도덕 윤리론

1) 인간의 존엄성 (Respect for Person)

인간을 대상으로 하는 대부분의 연구에서는 대상자의 자율성에 근거하여 지원자가 선택되어야 한다. 연구에 앞서 대상자들은 인간의 존엄성을 근거로 한 대우를 받아야 하는데, 법적으로 자율성을 박탈당한 집단에서도 연구참여의 자율성을 부여하여야 하며, 정상집단에서는 스스로 연구참여 여부를 선택하도록 해야 한다. 과거에는 형을 집행 받은 죄수들이 특정실험에 반강제적으로 동원된 경우도 있었으나 이는 인간의 자율성을 무시한 처사로 인정되어 비난을 받은 바 있다.

2) 선행 (Beneficence)

선행이란 대상자를 배려하는 의미로서 대상자에게 해를 끼치지 않는다(do not harm)는 의미와 가능한 이익은 최대화하고(maximize possible benefits) 가능한 해는 최소화한다(minimize possible harms)는 일반적인 도덕성을 의미한다.

3) 공정성 (Justice)

연구 대상집단을 선택하는데 있어 관련되는 사항으로 단지 연구추진의 편리성과 용이성을 우선으로 하여 특정 집단을 임의로 선택하는 것을 자제하고 모든 대상자들을 공평하게 고려하여, 특별집단이 유리하게 되고 상대적인 집단에 불리하게 되는 것을 피해야 함을 의미한다.

2. 인체 대상연구의 실험계획

사람을 대상으로 한 모든 (임상)연구실험은 해당 기관에 속해 있는 연구 심의위원회중 IRB(Institutional Review Board)의 승인을 얻은 후에 연구추진이 가능하다. IRB가 구성되지 않았던 과거에는 인체 대상연구가 별다른 규제 없이 쉽게 이루어질 수 있었으나, 최근 국내 대부분의 연구기관에서는 피험자의 권익을 보호하기 위해 국외의 IRB제도를 도입하였다. 대부분의 의과대학 부속병원과 연구소에서는 해당기관의 필요성에 따라 IRB 위원회를 구성할 수 있으며 약물실험이나 기능성 식품의 효능 검정시험을 실시하기에 앞서 IRB의 승인을 얻어야한다. IRB에 제출할 내용은 다음과 같은 일반적인 형식을 갖추며 필요에 따라 그 내용을 변경할 수 있다. 또한 IRB는 회의 결과에 따라 필요한 경우에 제출된 시험계획의 일부를 수정 및 보완하는 요구를 할 수 있다.

1) IRB에 제시할 일반적인 형식

연구책임자, 참여하는 모든 연구자 및 시험의뢰자의 소속을 제기하고 본 시험의 목적 및 시험실시와 관련된 연구배경과 시험의 타당성을 제기한다. 또한 대상자에게 시험할 시험물질(test material)과 대조물질(placebo)의 품명, 원료물질 및 분량을 제시하고 포장방법과 대상자에게 공급하는 방법을 서술한다. 그 외 연구대상자의 건강상태 및 질환에 대한 서술을 내용으로 한다.

2) 피험자의 선정기준, 제외기준, 목표한 피험자수 및 그 근거

(1) 피험자의 선정기준

① 피험자의 연령, 성별
② 피험자의 건강상태에 대한 지표 기준
③ 본인이 연구참여에 서면동의 한 사람

(2) 피험자의 제외기준

피험자의 범위에서 제외되어야 할 사람의 기준을 제시한다.

(3) 목표한 피험자수 결정법

시험군과 대조군간에 차이가 유의적으로 판정될 비율을 기준으로 피험자의 수를 결정한다. 피험자를 결정하는 산출법중 한 예를 들면 아래와 같다.

본 시험에서 시험군에 과일추출물질(시험물질), 대조군에 placebo를 투여하여 8주 후에 혈장 지질 농도를 측정하여 두 집단에서 개선으로 판정될 비율을 기준으로 피험자의 수를 결정한다.

① 의사에 따른 효과와 성별효과를 제거하고 순수한 시험물질의 효과를 뚜렷하게 밝혀내기 위하여 의사와 성별을 block인자로 한 반복된 렌덤화완전블락설계(replicated randomized complete block design)를 사용한다.
② 각 피험자의 시험군과 대조군의 배정은 block별로 독립적으로 동수로 임의배정한다.
③ 시험물질의 효과가 유의하다고 잘못 설명하는 위험확률(유의수준) = α
시험물질의 효과가 유의하지 않다고 잘못 설명하는 위험확률(β-오류) = $1-\beta$
본 연구에서는 $\alpha=0.05$, d=0.02, $\beta=0.2$라 둔다. 즉, 유의수준은 5%이며 시험군과 대

조군의 효과의 차이가 20%일 때의 검정력이 $1-0.2 = 0.8$이다.

④ 피험자의 수는 다음과 같이 이중표집법(double sampling)을 사용한다.

p_1 : 시험물질(시험군)의 치료효과

p_2 : 대조군의 치료효과

m_1, m_2 : 1단계, 2단계에서의 시험군의 피험자수

n_1, n_2 : 1단계, 2단계에서의 대조군의 피험자수

$m = m_1+m_2$: 시험군의 최종적인 피험자수

$n = n_1+n_2$: 대조군의 최종적인 피험자수

　귀무가설　H0 : $p_1 \leq p_2$

　대립가설　H1 : $p_1 \geq p_2+d$

　$m_1 = n_1 = 20$: 1단계에서의 피험자수는 시험군과 대조군에 각각 20명씩으로 한다.

⑤ 1단계 시험 후 다음과 같이 2단계시험을 한다.

　$\widehat{p_{11}}$: 1단계 시험에서 시험군의 효과

　$\widehat{p_{21}}$: 1단계 시험에서 대조군의 효과

$$D = \frac{z_\alpha\sqrt{\dfrac{m_1+n_1}{m_1 n_1}}\sqrt{\widehat{p_0}(1-\widehat{p_0})}-d}{\sqrt{\dfrac{(\widehat{p_{21}}+d)(1-\widehat{p_{21}}-d)}{m_1}+\dfrac{\widehat{p_{21}}(1-\widehat{p_{21}})}{n_1}}}$$
$$= \frac{z_\alpha\sqrt{2\widehat{p_0}(1-\widehat{p_0})}-0.2}{\sqrt{(\widehat{p_{21}}+0.2)(1-\widehat{p_{21}}-0.2)+\widehat{p_{21}}(1-\widehat{p_{21}})}}$$

여기서

$$\widehat{p_0} = \frac{m_1\widehat{p_{11}}+n_1\widehat{p_{21}}}{m_1+n_1} = \frac{\widehat{p_{11}}+\widehat{p_{21}}}{2}$$ 이다.

⑥ 결정방법으로는, 만일 $D < -z_\beta = -0.84$이면 시험을 종료한다. 따라서 이 경우는 피험자수는 m_1+n_1이며 검정력은 $\phi(D)$이다. 단, $\phi(\cdot)$는 표준정규분포의 누적분포함수이다. 이때,

$$\widehat{p_{11}}-\widehat{p_{21}} > z_\alpha\sqrt{\frac{m_1+n_1}{m_1 n_1}}\sqrt{\widehat{p_0}(1-\widehat{p_0})} \text{ 이면}$$
$$= 1.645\sqrt{\frac{\widehat{p_0}(1-\widehat{p_0})}{10}}$$

시험물질의 효과가 통계적으로 유의수준 5%에서 유의하다고 결론내린다.

⑦ 만일 $D \geq -z_\beta = -0.84$이면 2단계 시험을 행한다.

시험군과 대조군에서 각각 m_2와 n_2명의 피험자를 선택한다. 편의상 $m_2 = n_2 = 10$으로

한다. 그러면 최종적으로 피험자수는 시험군에서 $m = m_1 + m_2$이며 대조군에서 $n = n_1 + n_2$가 된다. 또한,

$$\widehat{p}_1 - \widehat{p}_2 > z_a \sqrt{\frac{m+n}{mn}} \sqrt{\widehat{p}(1-\widehat{p})} \quad \text{이면}$$

$$= 1.645 \sqrt{\frac{\widehat{p}(1-\widehat{p})}{15}}$$

시험물질의 효과가 통계적으로 유의수준 5%에서 유의하다고 결론내린다. 여기서

$\widehat{p}_{12}$: 2단계 시험에서 시험군의 효과

$\widehat{p}_{22}$: 2단계 시험에서 대조군의 효과

$$\widehat{p}_1 = \frac{m_1 \widehat{p}_{11} + m_2 \widehat{p}_{12}}{m_1 + m_2} \quad : \text{시험군에서의 최종효과}$$

$$\widehat{p}_2 = \frac{n_1 \widehat{p}_{21} + n_2 \widehat{p}_{22}}{n_1 + n_2} \quad : \text{대조군에서의 최종효과}$$

$$\widehat{p} = \frac{m \widehat{p}_1 + n \widehat{p}_2}{m + n}$$

이며 시험물질의 효과가 d일 때의 검정력은 $\Phi(D^*)$이다. 여기서

$$\left(\text{여기서, } D^* = \frac{1.645 \sqrt{2 \widehat{p}(1-\widehat{p})} - 6}{\sqrt{(\widehat{p}_2 + 0.2)(1 - \widehat{p}_2 - 0.2) + \widehat{p}_2(1 - \widehat{p}_2)}} \text{ 이다} \right)$$

3) 시험방법

(1) 시험디자인

시험군을 배정할시 사용되는 일반적인 방법은 무작위 배정, 비공개 및 비교시험으로 한다. 비공개시험으로 실시할 경우 담당연구자 등에 의한 인적요인의 영향을 받을 수 있다. 이같은 대상군선정에 따른 삐뚤림(selection bias) 등의 가능성을 최소화시키고 최대한의 객관성을 유지하기 위해서는 무작위 배정법을 통한 대상군을 선정한다. 예를 들어 블록의 크기가 4인 block randomization을 이용하여 4명의 대상자를 하나의 block으로 배정할 경우 한 block내에서 시험군과 대조군의 비율을 1 : 1로 하여 배정하는 가능한 방법은 6가지가 된다. 이 방법은 시험이전에 난수표를 이용하여 무작위로 block을 선택하여 미리 고안한다. 연구자는 선정 및 제외기준에 맞는 피험자를 선정한 후 시험에 참여하는 순서대로 배정번호(allocation number)를 부여한다. 이러한 방법으로 연구자는 코드명으로 시험물질 또는 대조물질을 처방

하고 처방전을 받은 관리자는 처방전 코드에 해당하는 식품 또는 시험물질을 피험자에게 정확히 지급한다.

(2) 투여량 및 투여방법

시험물질과 대조물질의 제조형태, 제공량 및 복용방법을 제시한다.

(3) 투여기간

시험물질과 대조물질의 투여기간을 제시한다.

(4) 병용방법

대상자의 식이요법, 운동량, 안정요법 병용여부를 제시한다. 그외 시험기간 동안 금지해야 할 여타의 시험용 물질 등을 서술한다. 만약 시험기간동안 복용한 물질이 있다면 그 이유를 증례기록지에 반드시 기록하여야 하며 목적이 분명한 것만 사용하도록 한다.

4) 관찰항목, 검사항목 및 관찰검사법 (예시)

(1) 관찰

① 실험실 검사
- 혈액학적 검사 : WBC, RBC, Hemoglobin, Hematocrit, WBC differential count (Neutro, Eosino, Baso, Lympho, Mono)
- 혈액생화학적 검사 : Creatinine, AST, ALT, Alkaline posphatase, Glucose, Total cholesterol (TC), HDL-cholesterol, LDL-cholesterol(Friedewald 공식을 이용하여 측정), Triglyceride(TC)

Friedewald 공식(mg/dL): LDL-C = TC−HDL-C−TG/5

（ 평가일 : 예정일 ± 7일 ）	치　료　기（ Treatment ）		
연 구 기 간	Visit 1 0 Week	Visit 2 6 Week	Visit 3 12 Week
서 면 동 의	○		
기 초 조 사[1]	○		
병력 / 약물복용력	○		
활력징후(vital sign)	○	○	○
신 체 진 찰	○		○
초음파 및 골밀도 검사[2]	○		○
혈 청 보 관	○		○
실험실 검사	○		○
선정 / 제외 기준	○		
피험자번호 부여	○		
병용약제 조사		○	○
이상반응 조사		○	○
시험물질 / 대조물질 처방	○	○	
순응도 평가		○	○
기타검사	○		○

1) 기초조사: 생년월일, 주소, 전화번호 등의 인적사항
2) 연구목적에 따라 특수장비를 이용하는 검사

② 초음파, 골밀도 등의 검사

　이 검사는 피험자의 적격 여부를 판별할 때와 유효성 평가를 위해 실시한다. 모든 검사는 시험자의 의뢰에 따라 동일 검사소에서 검사를 수행한다.

③ 순응도(compliance) 평가

　피험자들에게 투여시작 후 일정한 시점에 빈 시험식품 용기나 복용하지 않은 것을 가져오도록 요청해야 한다. 연구자는 반납된 시험물질 수를 조사하여 복용상태를 기록하고, 문진을 병행하여 치료에 대한 순응도를 평가한다.

$$\text{순응도} = \frac{\text{실제 투여 또는 복용 횟수}}{\text{총 투여해야하는 횟수}} \times 100$$

(2) 시기별 treatment 및 검사계획 (예시)

① visit 1 ; 0 주
- 서면동의 : 시험 시작 전 피험자에게 충분히 설명한 후 서면동의서를 작성한다.
- 기초조사 : 피험자의 생년월일, 성별, 주소, 전화번호, 신장, 체중, 흡연여부, 알코올 섭취 여부, 치료력을 문진하여 증례기록지에 기록한다.
- 피험자번호 부여
- 병력 및 약물복용력 : 치료기를 기준으로 지난 1년간 혹은 현재 가지고 있는 질환, 복용하는 약물에 대하여 문진하여 그 내용을 증례기록지에 기록한다.
- 활력징후(vital sign) : 체온, 혈압, 맥박을 측정하여 기록한다.
- 신체진찰 : 각 기관에 대한 이상여부를 검사하고 이상이 있을 경우 그 내용을 증례기록지에 기록한다.
- 초음파 또는 골밀도 등의 검사 : 특정한 질환 개선 판별에 실시한다.
- 특정 혈청검사 : 예를 들면 초음파 검사소견상 지방간으로 판별된 환자로서 AST 또는 ALT가 정상 상한치의 1.3배 이상인 환자에 실시한다.
- 실험실 검사 : 혈액학적 검사, 혈액생화학적 검사를 실시한다.
- 선정/제외기준 판정 : 선정기준을 모두 만족하고 제외기준에 한가지도 해당되지 않을 경우 본 시험의 피험자로 선정될 수 있다.
- 시험물질 / 대조물질 지급

② visit 2 ; 6 Week
- 활력징후
- 병용약제 조사 : 치료기 방문 이후 복용한 약물에 대해 문진하여 그 내용을 증례기록지에 기록한다.
- 이상반응 조사
- 순응도 평가 : 연구자는 반납된 시험물질 / 대조물질 수를 조사하여 복용상태를 잘 기록하고 문진을 병행하여 치료에 대한 순응도를 평가한다.
- 시험약물질 / 대조물질 지급

③ visit 3 ; 12 Week
- 활력징후
- 평가 : 초음파 검사

- ■혈청보관
- ■실험실 검사 : 혈액학적 검사, 혈액생화학적 검사를 실시한다.
- ■신체진찰 : 각 기관에 대한 이상여부를 검사하고 이상이 있을 경우 그 내용을 증례기록지에 기록한다.
- ■병용약제 조사 : 지난 방문 이후 복용한 물질에 대해 문진하여 그 내용을 증례기록지에 기록한다.
- ■이상반응 조사
- ■순응도 평가 : 연구자는 반납된 시험물질/대조물질의 분량을 조사하여 복용상태를 잘 기록하고 문진을 병행하여 치료에 대한 순응도를 평가한다.

④ 일정에 없는 방문

시험기간 중 일정에 없는 방문을 한 피험자에 대해서는 방문 사유와 연관이 있는 임상검사 결과와 치료내용 등을 모두 조사한다.

(3) 예측 부작용 및 사용상 주의사항

① 복용 중 또는 복용 후에 예측되는 부작용은 없을 것이지만 만약 이 물질을 복용후 발진, 발작, 가려움 등이 일어날 때는 담당의사와 상의할 것

② 복용시 다음 사항에 주의할 것
- ■정해진 용법, 용량을 잘 지킬 것
- ■이 물질의 복용으로 이상증상이 나타날 경우에는 즉시 복용을 중지하고 담당의사와 상의할 것

③ 보관 및 취급상의 주의
- ■소아의 손이 닿지 않는 곳에 보관할 것
- ■직사일광을 피하고 되도록 습기가 적고 서늘한 곳에 보관할 것
- ■오용을 피하고 품질을 보호유지하기 위해 다른 용기에 넣지 말 것

5) 중지 및 탈락 기준

(1) 시험의 중지

① 시험 책임자는 시험 과정에서 관찰된 결과에 비추어 시험을 지속하는 것이 현명하지 않다고 판단될 경우 임상시험 의뢰자와 협의하여 시험의 일부 혹은 전부를 중지시킬 수 있다.

② 임상시험 의뢰자는 안전성 혹은 관리상의 이유로 임상시험의 일부 혹은 전부를 중지시킬 수 있다.

(2) 시험중지의 처리

① 임상시험이 중지된 경우 임상시험 책임자는 중지된 시점까지 진행된 피험자에 대한 증례기록지, 임상시험 진행 현황 및 결과를 정리하여 임상시험 의뢰자에게 전달하며 모든 시험관련 자료(완성, 미완성 혹은 미기재된 증례기록지 및 시험물질 및 investigator's brochure 등)를 임상시험 의뢰자에게 반납한다.

② 임상시험이 중지된 경우 임상시험 책임자는 시험중지 사실을 중지사유와 함께 IRB에 서면으로 통보한다.

(3) 피험자의 중도탈락 기준

① 피험자가 시험물질 투여의 중단을 요구한 경우
② 심각한 부작용이 발생한 경우
③ 환자가 시험도중 내원하지 않은 경우
④ 시험도중 시험계획서상 위반되는 복용법을 실시한 경우
⑤ 기타 담당의사 또는 관리자가 판단했을 때 시험지속이 곤란하다고 판단되는 경우(피험자의 임신 등)

(4) 피험자의 중도탈락 처리

① 중도탈락일 경우 대상자의 시험을 중지하고 시험중지일, 이유, 처치 및 임상증상에 대한 소견을 증례기록지에 기재한다.

② 시험도중에 피험자가 방문하지 않는 경우 혹은 피험자의 방문이 명확하게 불규칙한 경우에는 편지, 전화 등에 의해 피험자의 건재 여부를 확인하고 그 이유를 분명하게 한다.

6) 효과 평가기준, 평가방법 및 해석방법 (통계분석 방법)

(1) 유효성 평가 대상

임상계획서의 위반과는 상관없이 환자의 선정/제외 기준에 적합하여 본 임상시험의 피험자로 무작위 배정된 환자들을 대상을 하는 Intention-to-treat analysis를 원칙으로 하나 계획서에 따라 시험을 완료한 피험자를 대상으로 하는 Per-protocol analysis도 하여 그 결과를 비교한다. 이 때 시험완료된 피험자에 대한 정의는 선정/제외 기준에 적합하여 임상시험의 피험자로 무작위 배정된 환자들 중 금지된 약물의 복용이 없었고, 계획서의 중대한 위반 없이 투여해야 할 물질의 적어도 75 % 이상을 복용하였으며 마지막 방문까지 관찰이 이루어진 환자를 말한다.

(2) 유효성 평가기준 (예시)

① 시험물질 투여군이 대조군에 비해 초음파 검사상 normal, fatty liver(mild, moderate, severe)를 각각 0, 1, 2, 3으로 scoring하여 개선효과를 비교한다.
② 시험물질 투여군이 대조군에 비해 혈청 AST 또는 ALT 활성도 감소비율이 유의적임을 검정한다.

(3) 통계분석방법 (예시 : 인구통계학적 기초자료)

본 임상에 포함된 모든 환자의 자료를 각 치료군별로 평가하며 연속형 자료는 평균, 표준편차, 최소, 최대치 등을 구하고 범주형 자료의 경우는 절대 및 상대빈도를 구한다.
두 시험군간의 인구 통계학적 자료를 비교평가한다. 연속형 변수는 시험군과 시험기관별로 ANOVA에 의해 비교한다. 범주형 변수는 시험군과 시험기관별로 Mantel-Haenszel test를 이용하여 비교한다. 만일 두 군간의 유의한 차이가 인정되면 치료군간의 이질성을 보정하기 위해 유효성 분석에서 공분산분석 등을 실시한다.

7) 안전성의 평가기준, 평가방법 및 보고방법

(1) 정의

① 이상반응

바람직하지 않거나, 기대하지 않았던 신체구조상·기능상·화학적 변화 또는 기존상태의 악화가 시험물질 투여 후에 나타난 것으로서 임상시험용 물질을 투여한 것과 반드시 인과론적으로 연관을 가져야 하는 것은 아니다.

② 중대한 이상반응(Serious adverse events)
■ 사망
■ 생명에 위협을 주는 경우
■ 입원을 요하거나 기존의 입원기간을 연장시키는 경우
■ 지속적 또는 중요한 불구/무능한 상태를 초래하는 경우
■ 시험물질 복용 피험자의 자손에서 선천적인 이상이 나타난 경우
■ 암

(2) 평가대상

임상시험용 물질을 한 번이라도 투여 받은 피험자는 모두 안전성 평가에 포함시킨다.

(3) 평가기준 및 방법

① 피험자의 baseline 또는 시험 전 상태와의 변화가 임상적으로 유의성이 있을 때 임상시험의 기인여부에 관계없이 일단 기록한다.
② 비교 임상시험 : 신체검사 및 임상검사를 기초로 하여 투여군별 부작용 발생건수는 two-sample t-test를 이용하여, 한 건 이상 부작용이 발생한 피험자비율은 비율차 검정 등의 통계적 방법을 이용하여 비교, 평가하여 군내에서 부작용 발생건수의 95% 신뢰구간을 구한다.

(4) 이상반응 발생에 대한 대책

① 이상반응이 발생하였을 경우 피험자는 연구자에게 이를 보고하며 연구자는 전시험기간 동안 부작용의 발현시작, 그 정도, 소멸시간을 증례기록지와 피험자의 차트에 기록한다. 적절한 처치가 필요한 경우 전문의의 검진과 치료를 통하여 곧 회복되도록 하며 그 결과를 증례기록지와 피험자의 챠트에 기록한다.

② 임상시험연구자는 사용상의 주의사항을 숙지하여 주의 깊게 관찰하고 신체진찰을 시행하여 이상여부를 평가한다.

③ 시험도중에 검사를 받기 위해 방문할 때마다 피험자가 문제점을 호소할 시간을 가진 후 연구자는 다음과 같은 질문으로 이상반응의 발생유무에 대하여 조사해야 한다.

■ 지난번 방문 이후 의학적으로 어떤 새로운 문제가 있습니까?

■ 지난번 방문 이후 본 시험에서 주어진 시험물질이외에 다른 약물을 복용하신 적이 있습니까?

④ 이상반응을 경험한 모든 피험자에 대해서는 증상이 가라앉고 비정상적 임상검사치가 정상치로 회복되거나, 혹은 관찰된 변화에 대해 충분한 설명이 될 때까지 모니터 해야 한다.

⑤ 시험담당자는 시험기간중에 발생한 모든 중대한 이상반응에 대해 임상시험용 물질과의 인과관계에 상관없이 발생 후 24시간 이내에 연구책임자 및 관리 담당자에게 보고하며, 전화보고 후에 문제의 이상반응에 대한 상세한 정보를 서면으로 보고해야 한다.

⑥ 시험종료 후 발생한 이상반응이라도 시험물질 투여에 기인한 것으로 여겨지는 이상 반응은 상기한 절차에 따라 보고해야 한다

(5) 판정기준

이상반응의 정도 및 관련성은 다음의 구분으로 판정한다.

중 등 도	1. 경 도(Mild)	이상반응은 있지만 일상생활에 지장을 주지 않고 진행할 수 있는 정도
	2. 중등도(Moderate)	이상반응 때문에 일상생활에 불편함이 있고 치료를 필요로 하는 정도
	3. 중 증(Severe)	이상반응 때문에 일상생활을 수행하지 못하고, 시험용 물질의 투여를 중지해야하는 정도

시험물질 투여변경	1. 투여 계속
	2. 투여 중지
치 료 여 부	1. 아니오
	2. 예 (→ 치료내용 기재)
인 과 관 계	**명확히 관련이 있음**(definitely related) : 이상반응과 시험물질 투여 시점 사이에 시간적 관련이 있고, 투여를 중지하면 완화되고 재투여하면 다시 나타나며 이미 알려진 이상반응과 일관된 양상을 보이는 경우
	관련이 있다고 생각됨(probably related) : 이상반응의 발현과 시험물질 투여 시점 상의 연관성이 있고, 투여중지로 이상반응이 완화되며, 다른 이유보다 시험물질 투여에 의해 더욱 개연성 있게 설명되는 경우
	관련이 있을 가능성이 있음(possibly related) : 이상반응의 발현과 시험물질 투여 시점상의 연관성은 있으나, 시험물질에 기인함이 다른 가능성 있는 원인들과 같은 수준인 경우
	관련이 없다고 생각됨(probably not related) : 이상반응에 대해 시험물질보다 가능성 있는 다른 원인이 있으며, 투여중지나 재투여 등으로 인해 그 결과가 변하지 않거나 모호한 경우
	모르겠음(unknown) : 이상반응과 시험물질과의 연관성을 알 수 없는 경우
결 과	1. 후유증 없이 해결 2. 후유증 있으나 해결 3. 해결되지 않음 4. 사 망 5. 미 상

8) 피험자의 동의서 양식

본 시험 시작 전 연구자는 본 시험에 대한 설명을 하고, 환자로부터 본 시험 참여에 대한 서면동의를 받아야 한다(부록 14-g, 임상시험동의서 참조).

연 구 제 목 : 시험물질이 간질환 개선에 미치는 영향평가 시험

1 임상시험의 목적

간기능 개선 시험 : 지방간 환자를 대상으로 시험물질을 12주간 투여한 후 간기능 개선정도를 초음파검사와 혈액 생화학 지표로 평가한다.

2 연구방법

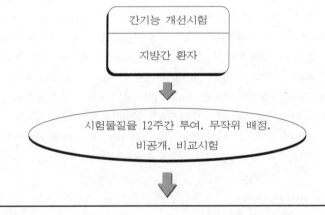

3 예측되는 효능, 효과 : 본 과제에서 연구개발하고자 하는 농산물 소재 간기능 개선용 기능성 식품성분은 지방간에 대한 개선효과가 예상된다. Flavonoid 계열인 silymarin(flavonoid silibinin) 이 이미 간세포 보호기능에 일부 효과가 있는 것으로 밝혀져 간질환 치료제로서 사용되고 있으나, 그 원료가 모두 수입되고 있는 상황이다. 간세포 보호용 기능성 식품은 간염 자체의 치료약제로서는 효능이 적지만, 과도한 간손상을 방지하거나 간경변증으로 이행되는 것을 지연시키거나 혹은 간암발생을 예방하는 등 종래의 치료개념과는 다른 관점에서 장기간 지속적으로 복용될 수 있다. 농산물 소재의 본 시험물질은 그러한 관점과 부합하는 성분으로 성공적으로 개발될 수 있을 것으로 전망되며, 이러한 활성성분의 산업화는 보다 용이하게 전개될 수 있을 것으로 전망된다.

4 부작용 및 환자의 안전성에 대한 배려 : 본 연구의 시험물질(화학물질명 표시)은 미국 식품의 약청에 의해 "generally recognized as safe(GRAS)"로 분류되어 현재 식품첨가물로 사용되며,

보고된 부작용은 아직까지 없다. 연구기간 중 의료진은 환자의 안전에 만전을 기할 것이며, 예측가능한 이상반응을 포함한 심각한 이상반응 발생시는 신속하고 적절한 조치를 취하여 가능한 그 이상반응을 최소화 할 것이며, 본 시험에 의해 피해가 발생했을 경우에는 임상시험 의뢰자가 피해자 보상규약에 규정된 보상절차에 의해 피해보상할 것이다(부록 14-d 피해자 보상에 대한 규약참조).

5 자발적 참여 : 본 시험에 참가하는 것은 자의이며 환자 자신이 자발적으로 참여를 결정할 수 있다. 만일 참가에 동의하지 않더라도 추후의 치료에 전혀 불이익을 받지 않는다. 연구기간 중 환자가 원할 경우 언제라도 중단할 수 있으며 중단 후라도 다음 치료에 불이익을 받지 않을 것이다(부록 14-e 임상증상의 기록용지 양식 참조).

6 피험자준수사항 : 연구의 성공을 거두기 위해서 뿐만 아니라 정확한 과학적 시험에 기여하기 위해서도 반드시 담당연구자 및 전문가의 지시를 따라 주시기 바란다.
시험기간 중에는 시험물질이외에 여타의 약품, 항바이러스 제제, 전신 세포독성 제제, 전신성 부신피질 호르몬제, 생물학적 조절제, 면역조절제 등 의사와 상의하지 않은 약물을 복용해서는 안되며 기타 다른 치료를 받아서는 안된다. 만일 이러한 절차가 불가피한 경우에는 가능한 빨리 담당자 및 전문가에게 알려야 한다. 또한, 시험물질 복용 후 매 방문시마다 빈 용기나 미복용한 시험물질은 반납해 주시고 시험물질 이외의 약물을 다른 의사로부터 처방받거나 약국에서 구입한 경우, 시험물질 투여를 중단한 경우, 시험도중 부작용이 의심되거나 본 시험과 관련된 손상이 나타날 경우에는 즉시 담당자에게 알려주시기 바란다.

7 비밀보장 : 본 시험에 참여한 피험자의 비밀은 보장되며 다만, 학문적인 목적에 의해서만 피험자의 신원이 밝혀지지 않게 열람되고 연구될 것이다.

9) 피험자의 안전보호에 관한 대책

본 임상시험은 헬싱키 선언에 입각하여 환자의 권리와 복지에 기초를 둔 것으로 임상시험에 들어가기 전에 피험자에게 시험 내용 및 예측되는 효과, 이상반응 및 안전성에 관한 모든 사항을 환자가 이해할 수 있는 언어로 충분히 설명하여 자발적인 동의를 받은 후 임상시험에 들어간다.

(1) 임상시험실시기관

본 시험계획서에 규정된 대로 임상시험이 적절히 진행될 수 있도록 임상시험에 필요한 설비와 전문인력을 갖추고 피험자의 안전보호에 만전을 기하도록 한다.

(2) 이상반응 발생시 조치

이상반응 발생시 즉시 내원하여 임상시험연구자로부터 필요한 검사 및 치료를 받을 수 있도록 관리하며, 증상이 소실될 때까지 follow-up하도록 한다. 임상시험 중 중대한 이상반응 발생시 임상시험책임자, 임상시험담당자, 임상시험심사위원회, 의뢰자의 임무는 다음과 같다.

① 임상시험책임자의 임무

임상시험책임자는 임상시험 중 중대한 이상반응이 발생한 때에는 즉시 임상시험위원회 및 임상시험 의뢰자에게 보고하고 별도의 지시가 있을 때까지 해당 시험물질에 대한 임상시험의 일부 또는 전부를 중지하여야 한다.

② 임상시험담당자의 임무

담당자는 계획서에 명시된 예측 이상반응 및 사용상의 주의사항 등에 대하여 사전에 숙지하고 임상시험실시중에 중대한 이상반응 등이 발생한 경우에는 즉시 임상시험책임자 및 임상시험 의뢰자에게 보고해야 한다.

③ 임상시험심사위원회의 임무

임상시험심사위원회는 중대한 이상반응이 나타난 경우에는 임상시험의 일부 또는 전부에 대하여 중지명령 등 필요한 조치를 임상시험책임자에게 하여야 한다.

④ 의뢰자의 임무

의뢰자는 임상시험책임자 또는 임상시험담당자로부터 중대한 이상반응을 보고 받은 경우 이상반응보고서에 임상시험책임자 또는 임상시험담당자로부터 제출 받은 보고서 사본을 첨부하여 즉시 식품의약품안전청에 제출하여야 한다.

(3) 임상시험용 의약품 및 식품

① 임상시험용 의약품은 임상시험연구자의 처방에 의해서만 투약될 수 있으며, 조제된 시험물질은 투여직전 확인하고 임상시험 이외의 목적으로 사용하여서는 아니된다.
② 의뢰자는 임상시험용 물질을 임상시험책임자와 협의하여 직접 관리약사에게 교부하여야 하며 인수증을 받아 보관하여야 한다.
③ 의뢰자는 임상시험의 중지 및 종료 또는 임상시험연구자가 계획서에 따라 시험을 실시하지 않은 경우 미사용 임상시험물질을 폐기하여야 한다.

④ 피험자는 사용하지 않고 남아 있는 모든 시험물질의 수량을 연구자에게 알려 기록하고, 남아 있는 모든 시험물질은 관리약사에게 반납한다. 관리약사는 임상시험책임자와 협의 후, 미사용 임상시험용 물질을 의뢰자에게 반납하고 반납증을 보존하여야 한다.

⑤ 대조군 및 시험군에게 투여되는 임상시험용 물질은 다음의 사항을 기재하여 실시기관측에 공급된다.

- "임상시험용"이라는 표시
- 제품의 코드명 또는 주성분의 일반명
- 시험물질 제조번호 및 사용기한
- 시험물질 제조업자의 상호
- 저장방법
- 배정번호
- "임상시험외의 목적으로 사용할 수 없음"이라는 표시
- 예측 효능·효과

⑥ 임상시험용 시험물질에 대한 맹검 및 맹검의 해제

- 의뢰자는 각 피험자의 시험군이 적혀 있는 봉합된 봉투를 연구자에게 지급하고 무작위 배정계획은 의뢰자가 보관한다. 연구자에게 지급된 봉투와 의뢰자가 보관하는 무작위 배정계획은 응급 상황을 제외하고는 봉합된 상태로 유지되어야 한다. 만일 피험자의 안전에 관련된 응급상황이 발생할 경우, 연구자는 즉시 의뢰자에게 알려야 하나, 즉각적인 연락이 불가능한 경우에 연구자는 해당 피험자의 무작위 배정 계획이 들어 있는 봉투를 개봉하여 피험자가 배정된 시험군을 확인할 수 있다. 이 때, 연구자는 피험자의 투여군을 확인하는 즉시 의뢰자에게 개봉 사실을 알려야 한다. 본 임상시험이 종료되면 연구자는 개봉여부에 관계없이 모든 봉투를 의뢰자에게 반납한다.

- 피험자 및 연구자는 마지막 피험자가 완전히 연구물질 투여를 끝낼 때까지 각 피험자의 치료물질 배정에 대하여 맹검 상태로 있어야 한다. 피험자에게 심각한 이상반응이 발생한 경우에 한하여 연구자와 의뢰자가 피험자의 권익과 안전을 위하여 반드시 필요하다고 판단하는 경우에만 맹검을 해제할 수 있다.

10) 기타 시험을 안전하고 과학적으로 실시하기 위해 필요한 상황

① 임상시험연구자와 시험의뢰자는 협의를 통해서 본 시험계획서의 내용을 변경해야 한다.
② 임상시험계획서의 변경/수정사항은 임상시험심사위원회의 승인을 받은 후 모든 피험자에게 적용한다.

3. 시료의 수집 및 분석

피험자로부터 혈액 또는 뇨를 수집할 시는 의료 전문가의 도움을 받아야 하며 수집한 생체 시료의 분석은 임상시험의 종류에 따라 다양하게 분석된다. 일반적으로는 혈액 또는 뇨를 이용하여 필요한 분석 자료를 얻을 수 있는데, 최근에는 자동분석기를 이용하고 대량시료를 신속히 분석할 수 있으며 임상분석실에 의뢰할 수 있다. 이러한 시설의 이용이 어렵거나 특정한 지표분석이 필요한 경우엔 본 식품영양실험서에 제시된 혈액과 뇨를 이용한 다양한 시료분석방법의 사용을 권장한다.

제 4 절 방사성 동위원소 사용법

1. 방사성 동위원소의 특성 및 상호반응

　방사성 동위원소 및 방사성 동위원소로 표지된 화합물(labelled compound)은 생체 내에서
일어나는 복잡한 대사과정을 연구하는 데 있어서 미세한 양도 검출하는 장점이 있어 대단히
중요하게 사용되고 있다. 생화학 분야의 연구에서 방사성 표지된 화합물을 널리 사용하는
이유는 크게 다음의 세 가지이다. 첫째, 방사성 표지된 화합물은 방사성 표지가 되어 있지
않은 동일의 화합물과 똑같은 방식으로 대사 되기 때문에 화학적으로 구별이 되지 않는 물
질들을 물리적으로 구별할 수 있게 한다. 둘째, 방사성 표지된 화합물은 아주 미량이 있어도
감지될 만큼 감지도가 높다(방사성 물질에 따라서는 picomole, 즉 10^{-12}M 범위에서도 감지가
가능함). 셋째, 방사성 표지된 화합물을 이용한 연구는 복잡한 생체내 연구에서 특정의 한
두 화합물에 대한 추적을 가능하게 한다. 방사성 동위원소의 이용은 대사물질의 운반, 이동
경로, 생합성 단계, 분포상태, 그리고 대사 메커니즘 등을 밝히는데 크게 이용되고 있다. 본
절에서는 방사성 동위원소의 근원, 특성, 감지 등과 생화학적 응용에 관해 살펴보기로 한다.

1) 방사성 동위원소의 특성 (Properties of Radioactivity)

(1) 방사성 핵의 붕괴

　방사능(radioactivity)은 불안정한 동위원소의 자발적인 핵 붕괴로부터 생성된다. 일반적
원자의 구조가 그림 14-5에 나타나 있는데 수소의 경우 양자(proton) 하나로만 구성되어 있
는 수소핵(hydrogen nucleus)은 $_1^1$H로 표기된다. 그 외에 수소핵에 한 개의 양자와 한 개 또
는 두 개의 중성자(neutrons)를 가지는 경우의 수소가 있는데 이 경우의 수소는 각각 $_1^2$H와
$_1^3$H로 표시된다. 일반적으로 이중수소(deuterium)와 삼중수소(tritium)로 불리어지는 이 원소
들의 경우를 수소(hydrogen)의 동위원소라고 한다. 동위원소는 양자(proton)의 수는 같아서
원소번호는 같지만, 중성자의 수가 틀려서 원소량이 틀려지는 경우이다. 이들 두 가지 형태

(a) Hydrogen-1, H   (b) Hydrogen-2,   (b) Hydrogen-3,
                        deuterium, ^{2}H   tritium, ^{3}H

원자는 중앙에 양자(proton)와 중성자(neutron)로 구성된 핵이 있고 핵 주위에 양자에 해당하는 수
의 전자가 위치한다.

그림 14-5 원자의 구조

의 수소 동위원소 중 삼중수소(tritium)만이 방사성 성격을 띤다.

핵(nucleus)의 안전성은 중성자의 양자에 대한 비율에 달려 있다. 어떤 핵들은 불안정해서
자발적인 핵 붕괴를 거치면서 입자를 방출하는데 대체로 방사성 동위원소들은 이러한 불안
정한 핵 붕괴를 하게된다. 핵 붕괴 동안에는 세 가지 주요 방사성 입자가 방출되는데 있는
데 α 입자, β 입자, 그리고 γ 선이다. 생화학적 실험에서 주로 쓰이는 방사성 동위원소는 β
방사체(β emitter)들이다. 두 가지 형태(β^+, positrons와 β^-, electrons)로 주로 존재하는
β 입자는 일정한 범위의 에너지를 가진 방사성 동위원소로부터 방출된다. β 입자를 내는 각
각의 원소는 그 원소 특유의 β 입자 평균에너지(mean energy)를 내며, 이 평균에너지를 이
용하여 특정의 동위원소를 계측할 수 있다. 즉, 한 방사성 화합물에 두 가지의 방사성 물질
이 있어도 각각을 계측해 낼 수 있다(그림 14-6). 식 1과 2는 두 β 방사체들의 붕괴(disin-
tegration)를 나타낸다. 여기에서 Ve는 antineutrino를 나타내고, Ve는 neutrino를 나타낸다.

$$^{32}_{15}P \rightarrow {}^{32}_{16}S + \beta^- + \overline{V}e(antineutrino) \qquad (식 1)$$

$$^{65}_{39}Zn \rightarrow {}^{65}_{29}Cu + \beta^+ + \overline{V}e(neutrino) \qquad (식 2)$$

몇몇 방사성 동위원소들은 γ 방사체들로서, γ 선을 방출하며, 이러한 γ 선의 방출은 β 방
출(emission) 붕괴 후에 주로 일어나며, 식 3에서 보는 것처럼 동위원소 ^{131}I가 이러한 γ 방사
체의 한 예이다.

$$^{131}_{53}I \rightarrow {}^{131}_{54}Xe + \beta^- + {}^{131}_{54}Xe + \gamma \qquad (식 3)$$

이처럼 생화학의 연구에서 중요하게 이용되는 방사성 동위원소는 자발적으로 방사선을 내
면서 붕괴하는 동위원소 핵(nucleus)을 가리킨다. 방사성 핵의 붕괴는 무작위적으로 일어나

는 1차 반응(a first-order process)이다. 원소 N의 방사성 붕괴율(-dN/dt, 시간 t에 있어서 원소 N의 변화, 즉 단위시간당 붕괴계수)은 그 시간에 존재하는 방사성 원자의 수에 비례한다(식 4).

$$-(dN/dt) = \lambda N \qquad \text{(식 4)}$$

$-dN/dt$ = 방사성 원자의 붕괴율. 즉, 시간 t에 따른 N의 변화
λ = 붕괴상수(decay or disintegration constant)
N = 시간 t에 존재하는 방사성 원자의 수
붕괴율 앞의 마이너스는 원자의 수가 시간이 지남에 따라 감소함을 나타냄

식 4는 t=0과 t=t 범위 내에서 정리해서 지수함수의 형태로 고치면 다음 식 5와 같다.

$$N = N_0 \, e^{-\lambda t} \qquad \text{(식 5)}$$

N_0 = 맨 처음 시간 0에 존재하던 원자의 수
N = 경과된 시간 t에 있어서의 원자의 수

식 5를 자연 로그형태로 고치면 다음 식 6과 같다.

$$N/N_0 = -\lambda t \qquad \text{(식 6)}$$

식 5와 6을 합하면 반감기(half-life, $t_{1/2}$)에 대한 정의가 나온다. 반감기는 샘플 중에 들어 있던 맨 처음 방사성 원소 양이 절반이 되는 때를 가리킨다. 방사성 핵의 붕괴속도는 λ에 의해서 결정되지만, 보통은 반감기로 나타내는 것이 실용적이다. 맨 첫번째 반감기의 마지막 시기쯤 되면 식 6에 의해 시료 중의 원자수는 반정도($1/2 \, N_0$)가 되며, 이를 다시 정리하면, 아래 식 7과 8처럼 된다.

$$(1/2N_0)/N_0 = -\lambda t_{1/2} \qquad \text{(식 7)}$$
$$1/2 = -\lambda t_{1/2}$$
$$t_{1/2} = 0.693/\lambda \qquad \text{(식 8)}$$

식 6과 8을 이용하면 어느 시간에서든지 N/N_0를 측정할 수 있다. 특히 반감기가 짧은 방사성 동위원소일 경우 이 계산은 매우 의미가 깊다. 방사성 동위원소의 반감기는 실험을 계획할 때 고려해야 할 중요한 특성이다. 반감기가 짧은 동위원소(예를 들면, ^{24}Na의 경우 반감기는 15시간)의 경우는 실험이 중요하게 진행되어야 하는 중에 벌써 방사능을 읽어버릴 수 있기 때문에 실험하기가 어려운 경우이다. 따라서 실험하기 전과 후에 방사능을 재어서

반감기에 의해 잃어버린 만큼 계산으로 보정해 주어야만 한다. 생화학 연구 분야에서 많이 쓰이는 ^{32}P는 비교적 짧은 반감기(14일)를 가지는데 따라서 반감기가 지난 경우라면 식 7과 8을 써서 방사능 측정 절대량의 계산을 고쳐 주어야만 한다.

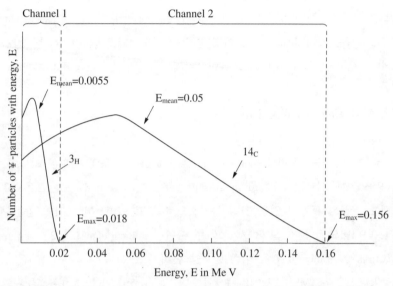

점선은 discrimination counting을 위한 upper limit과 lower limit를 나타냄

그림 14-6 β 방사체인 ^{3}H와 ^{14}C의 에너지 스펙트럼

표 14-11 방사성 동위원소의 특성

Isotope	Decay	particle emitted	Maximum Energy of Emitted Particle (MeV)*	Half-Life $(t_{1/2})$
^{3}H	$^3_1H \rightarrow\ ^3_2He + e^-$	β^-	0.018	12.3 years
^{14}C	$^{14}_6C \rightarrow\ ^{14}_7N + e^-$	β^-	0.155	5,568 years
^{32}P	$^{32}_{15}P \rightarrow\ ^{32}_{16}S + e^-$	β^-	1.71	14.2 days
^{35}S	$^{35}_{16}S \rightarrow\ ^{35}_{17}Cl + e^-$	β^-	0.167	87.1 days
^{40}K	$^{40}_{19}K \rightarrow\ ^{40}_{20}Ca + e^-$	β^-	1.33	1.3×10^9 years
^{45}Ca	$^{45}_{20}Ca \rightarrow\ ^{45}_{21}Sc + e^-$	β^-	0.254	164 days

*MeV $= 10^6$ electron volts.

(2) 생화학에서 많이 쓰이는 방사성 동위원소 (Isotopes in biochemistry)

생화학 연구에서 많이 이용되는 대표적 방사성 동위원소를 표 14-11에 나타내었다. 보는 바와 같이 이들 중 대부분이 β 방사체이다.

이들 대부분의 동위원소는 방사성 원소의 핵으로부터 나온 전자로부터 β 입자를 방출하는 β 방사체들이다. ^{32}P의 경우는 고에너지 β 방사체이며, ^{14}C의 경우는 중에너지의 β 방사체, 그리고 ^{3}H는 저에너지의 β 방사체의 대표적 동위원소들이다. 각 β 방사체들은 모두 똑같은 에너지를 내는 것이 아니라 고유의 특유한 에너지 스펙트럼을 나타낸다(그림 14-6).

(3) 방사능 단위 (Unit of radioactivity)

방사능의 기본단위는 큐리(Ci, curie)이다. 원래 1 Ci는 1.0g의 순수한 라듐이 붕괴되는 붕괴수를 나타냈는데 지금은 3.7×10^{10}dps(disintegrations per second) 또는 2.2×10^{12}min^{-1}의 방사능을 내는 방사성 물질의 양을 가리키는 것으로 쓰고 있다. 이 단위의 양은 사실 많은 방사능 양을 나타냄으로 실제 실험에서 쓰이는 단위는 millicurie(mCi, 2.2×10^{9}min^{-1})와 micro-curie (μCi, 2.2×10^{6}min^{-1}) 같은 미량 방사능 단위가 쓰인다.

미터 - 킬로그램 - 초(MKS) 체계의 방사능 단위는 becquerel(Bq)이다. 우라늄 방사학을 연구한 Antoine Becquerel를 기념하여 만들어진 단위 becquerel(Bq)는 바로 dps(disintergration per second)를 나타내는 것이다. 즉 1 Bq는 1 dps가 되는 셈이다. 1 Ci는 보통 3.7×10^{10}Bq이다. Bq 단위는 매우 작은 양을 나타내는 단위이므로 실험실에서 쓰이는 방사능 단위로서는 가끔씩 MBq(mega, 10^{6})이나 TBq(tera, 10^{12}) 등으로 표기되기도 한다. Ci, dps, Bq 및 dpm 의 관계가 아래 식 9에 나타나 있다.

$$1Ci = 3.7 \times 10^{10}dps = 3.7 \times 10^{10}Bq = 2.2 \times 10^{12}dpm \qquad \text{(식 9)}$$

방사성 물질이 들어 있는 샘플의 붕괴 정도는 그 방사성 물질이 들어 있는 샘플의 순도(purity) 곧, 방사성물질 샘플 중에 들어 있는 방사성 동위원소의 수와 그 방사성 동위원소의 붕괴 상수(λ)에 따라 붕괴정도가 틀려진다. 따라서 방사성 붕괴는 시료에 따라 다른 이와 같은 방사선 방출량의 정도를 방사성원소의 기본적 단위 양에 대한 붕괴율을 나타내는 비례방사능(specific activity)으로 나타내기도 한다. 일반적인 비례방사능 단위는 mCi/mmole, μCi/mole 같이 방사성 물질의 기본 양에 대한 dpm 또는 cpm 단위로 표시할 수 있으며, 경우에 따라서는 mCi/mg 또는 cpm/g 등으로 나타낼 수도 있다.

원래 방사능은 단위 시간당 방사성 원소의 핵 붕괴율의 관점에서 정의되지만, 실험실에서는 이러한 절대 방사능(A)의 단위는 거의 쓰이지 않는다. 실제로 방사능을 계측하는 기계는 전체 방사능을 내는 입자들 중 일부만 감지한다. 실제 계측에서는 counts per minute(cpm) 단위로 많이 재고 있다. 그래서 보통 계측한 cpm은 시료의 실제 dpm 보다는 적은 값을 나타내게 되며, 이 상대 방사능(R)의 단위는 만약에 방사능 계측기의 계수효율(counting efficiency)을 알고 있으면 dpm으로 바꿀 수 있다. 즉 cpm은 다음의 식으로 나타낼 수 있다.

$$cmp(측정값) = dmp(절대값) \times 계수기의 \ 계수효율(counting \ efficiency)$$

(식 10)

절대방사능 A(=−dN/dt)는 특정한 시간에 존재하는 방사성 원자의 수 N에 비례하는데, 상대방사능 R도 방사능 계측시의 기하학적 위치와 계측효율 등이 변하지 않는 한 시료에 존재하는 방사성 원자수에 비례한다. 여기서 A의 단위는 Ci, mCi, μCi, dps(disintegration per second), dpm(disintegration per minute) 등으로 표시되고, R의 단위는 cps(count per second), cpm(count per minute) 등으로 표시된다.

계측기는 방사능을 모두 검출하지 못하며 방사능의 일부만 검출하기 마련이고, 계측기가 측정해 내는 상대방사능은 그 계측기의 계수효율에 따라 다르기 마련이다. 이들 절대방사능과 상대방사능 사이의 관계는 계수효율로 표현되는데 그들의 관계는 식 11과 같다.

방사능 계측기의 percent efficiency는 방사능이 얼마 정도인지 미리 알고 있는 표준 방사성 물질을 측정해서 얻을 수 있는데, 즉 표준 방사성 물질을 방사성 계측기로 측정해서 얻은 cpm의 정도(detected activity, observed cpm)의 그 표준 방사성 물질의 실제 방사능(dpm)에 대한 비율로 알 수 있고, 1μCi 표준 방사성 물질을 이용해서 percent efficiency를 계산하는 공식은 식 11과 같다.

표 14-12 방사능 단위(Units of radioactivity)

Units name	Multiplication factor (relative to curie)	Activity (dps)
Curie(Ci)	1.0	3.70×10^{10}
Mullicurie(mCi)	10^{-3}	3.70×10^{7}
Microcurie(μCi)	10^{-6}	3.70×10^{4}
Nanocurie(nCi)	10^{-9}	3.70×10
Becquerel(Bq)	2.7×10^{-11}	1.0
Megabecquerel(MBq)	2.7×10^{-5}	1.0×10^{6}

$$\% \text{ efficiency} = (\text{observed cpm of standard/dpm of } 1\,\mu\text{Ci of standard}) \times 100$$
$$= (\text{observed cpm/2.2} \times 10^6) \times 10\text{dpm} \qquad (\text{식 11})$$

방사능에 관한 여러 단위가 표 14-12에 요약되어 있다.

2. 방사능 측정 및 정량(Detection and measurement of radioactivity)

방사능을 재는데는 두 가지 기본 측정방법이 있는데, Geiger-Muller 계측(α와 β입자 측정)와 액체섬광계측(liquid scintillation counting, β와 γ입자 측정)이 있고, 방사능 계측을 응용한 방법으로서 자체방사성기록법(autoradiography, α와 β입자 측정)이 많이 쓰이고 있다. 생화학연구 분야에서 사용되는 대부분의 방사성 동위원소는 β방사체인데, β입자를 재는 대표적 방법으로는 섬광계측법(scintillation counting)과 가이거-뮬러 계측법(Geiger-Muller counting)이다. 가이거-뮬러 계측은 강한 β선을 검출하는 데 주로 쓰이며 섬광계측은 낮은 에너지의 β선도 비교적 잘 측정한다.

1) 방사능 계측기

(1) Liquid scintillation counting

방사선이 플루오르(fluor)라고 불리는 형광물질과 작용하면 섬광이라고 불리는 잠시 번뜩이는 가시광선이 발생한다. 이 섬광을 이용하여 방사능을 계측하는 계기를 섬광계측기라고 하는데, 이때 사용하는 플루오르의 종류에 따라 섬광계측기(scintillation counter), 액체섬광계측기(liquid scintillation counter) 등으로 크게 구별한다. 생화학에서 많이 이용되는 섬광계측기는 저에너지 β 선원인 ^{3}H, ^{14}C, ^{35}S 등의 β 방사선을 측정하는 액체섬광계측기이다.

액체섬광계측을 하기 위해서 샘플은 다음의 성질을 가지고 있어야 한다. (1) 방사성 물질이어야 하고, (2) 샘플이 방향성 용매 중에 녹거나 떠 있어야 하고, (3)유기 형광 물질이 들어 있어야 한다. (2)와 (3)은 액체섬광계측(liquid scintillation system)을 위해서 꼭 필요한 조건이다. 방사성 물질이 들어있는 샘플로부터 방출된 β 입자는 섬광계(scintillation system)

와 반응해서 아주 작은 빛이나 섬광을 만들어 낸다. 즉 fluor 물질의 형광(fluorescene, 빛이나 섬광의 번쩍임)이 이 빛은 액체섬광계측기 안의 광전증배관(photomultiplier tube, PMT)에 의해 감지되며, 이 PMT로부터 만들어진 전기파(electronic pulses)는 증폭되어서 스케일러(scaler)라고 불리는 계측장치에 의해 등록된다.

액체섬광계측에서는 방사성 동위원소로부터 방출된 β 입자가 용매분자를 들뜨게 한 뒤, 들뜬 용매분자가 다시 원래의 상태로 되돌아 올 때 광양자(photon)가 방출된다. 액체섬광계측에서는 fluor라는 화합물이 첨가되는데 이 fluor는 방출된 광양자를 흡수해서 파장이 조금 더 긴 광양자의 형태로 흡수한 에너지를 재방출하게 한다. Fluor를 첨가해 주는 이유는 용매분자에 의해 방출된 파장은 너무 짧아서(260~340nm), 대부분의 광양자탐지기(photodetectors)에 의해 감지될 수가 없다.

액체섬광계측은 β 입자를 측정하는데 가장 효율적인 방법인데 이는 방사성 시료가 섬광계수용액과 잘 섞이기 때문이다. 일반적으로 섬광계수용액으로는 toluene과 dioxane이 많이

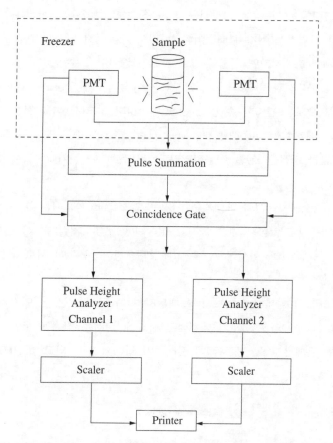

그림 14-7 동시회로가 장치되어 있는 액체섬광계측기의 모형도

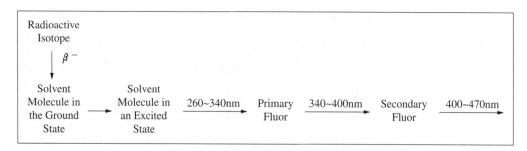

그림 14-8 액체섬광의 원리(principles of liquid scintillation)

쓰이고 있으며, 액체섬광계측에 관한 총체적인 원리가 그림 14-7과 그림 14-8에 나타나 있다.

탈륨으로 활성화시킨 요오드화나트륨[NaI(Tl)]과 같은 결정섬광체를 이용한 섬광계측기는 저에너지 β 입자를 계측하는데는 별 쓸모가 없다. 결정섬광체는 투과력이 강한 감마선 같은 방사선의 검출에는 유용하지만 투과력이 약한 저에너지의 β 입자의 계측에는 부적합하기 때문이다. 왜냐하면 투과력이 약한 방사선은 자기 흡수 또는 주위의 물질에 의해 흡수되므로 섬광체와 작용할 기회가 없어지기 때문이다. 따라서 저에너지 방사선의 경우에는 방사성 시료를 직접 섬광체에 흡수시키면 검출의 효율을 크게 증가시킬 수 있다.

방사성 원자의 붕괴결과 방출되는 β 입자가 액체섬광체와 작용하면 대단히 작은 불빛을 내게 되는데, 육안으로는 감지할 수 없을 만큼 미미하다. 따라서 이를 검출하기 위해서 결정섬광체를 이용할 때처럼 광전증배관(photomultiplier tube ; PMT)를 사용하여 증폭시킨다. 비록 이러한 민감한 광전증배관을 이용하더라도 불빛은 대단히 미미하므로 이를 증폭시키거나 보충해야 한다.

그림 14-7에서 gate는 특정의 에너지를 가지는 펄스(pulse)에 대한 컷-오프(cut-off) 수준이다. 액체섬광계측기에 있어서 이중 표지된 실험의 경우에서처럼 한 시료 화합물에 들어있는 여러 종류의 동위원소를 동시에 잴 수 있게 하는 것이 바로 이 서로 다른 channels 때문이다.

섬광과정을 조금 더 상세히 살펴보면, 용매분자(S)에 들어 있는 β 입자가 방출되어 붕괴하면서 시작된다(식 12). β 입자가 액체섬광체 내에서 하는 작용을 보면, 먼저 β 입자가 일부의 에너지를 용매분자(S_1, 톨루엔)에 전해주면 들떠서 S^*가 되고 β 입자는 처음보다 에너지를 덜 가지게 된다.

$$\beta + S_1 \rightarrow S^* + \beta \text{ (less energetic)} \qquad (\text{식 } 12)$$

바닥상태의 에너지 ν가 있는 β 입자와 용매분자(S)가 만나게 되면 용매 분자를 들뜨게 하는데 필요한 에너지는 β 입자의 에너지에 비해서 작기 때문에 β 입자(β-E)는 자신의 에너지를 모두 상실할 때까지 많은 용매분자를 들뜨게 할 것이다. 따라서 궁극적으로 들뜨게 되는 용매분자의 수는 β 입자의 에너지에 비례하게 된다. 이렇게 에너지 전이가 일어나서, 용매분자가 들뜸상태(S^*)가 된다. 방향성 용매가 사용되는 이유는 이러한 용매는 용매분자의 전자가 쉽게 들뜸상태의 궤도에 올라갈 수 있게 만들기 때문이다. β 입자는 한번의 붕괴 (one collision) 이후에도 여전히 다른 얼마간의 용매 분자를 들뜨게 할 수 있는 충분한 에너지를 가지고 있다. 보통 들뜬 용매 분자는 광양자(photon)을 방출하면서 바닥상태로 돌아온다. 즉, $S^* \rightarrow S + h\nu$가 된다. 전형적인 방향족 용매로부터 나온 광양자는 파장이 짧아서 photocells로 측정하기는 어렵다. 이 문제를 풀기 위한 한 방법으로서 형광물질(fluorescent substances)을 섬광 혼합물(scintillation mixture)에 넣어 준다. 들뜬 용매 분자는 식 13에서와 같이 제1차 fluor(primary fluor), F_1과 반응한다.

$$S^* + F_1 \rightarrow S + F_1^* \qquad\qquad (식\ 13)$$

에너지는 들뜬 용매(S^*)에서부터 flour(F_1)로 이동되고, 용매분자(S)는 바닥 상태로 다시 돌아오며, 대신에 flour 분자(F_1)가 들뜨게 된다(F_1^*). 들뜬 flour 분자(F_1^*)는 형광을 띠고 들뜬 용매(S^*) 보다도 더 긴 파장의 빛을 방출한다(식 14).

$$F_1^* \rightarrow F_1 + h\nu_1 \qquad\qquad (식\ 14)$$

이와 같이 들뜬 용매분자는 들뜸에너지를 다른 용매 분자에게 전달하게 되며 결국 1차 flour분자 F_1에 에너지를 전달하게 되고 들뜬 F_1^*은 형광광자($h\nu$)를 낸 후 바닥상태로 떨어지게 된다.

만약에 제1차 flour(F_1^*)의 붕괴 동안에 방출된 빛의 파장이 여전히 너무 짧아서 PMT 측정에 의한 계측효율이 안 좋을 경우, 제2차 fluor, F_2를 넣어준다. F_1^*로부터의 에너지를 받은 제2차 fluor(F_2)를 섬광계(scintillation system)에 넣어주어 측정한다. 식 15와 16은 에너지 이동의 과정과 F_2^* 형광에 관해 보여주고 있다.

$$F_1^* + F_2 \rightarrow F_1 + F_2^* \qquad\qquad (식\ 15)$$
$$F_2^* \rightarrow F_2 + h\nu_2 \qquad\qquad (식\ 16)$$

들뜬 1차 flour로부터 방출된 $h\nu_1$은 파장이 350nm 정도로 비교적 짧다. 이 정도 파장의 광자는 광전증배관에서의 광전자를 발생시키는 데 있어서 효율이 별로 좋지 못하다. 그러나 이 $h\nu_1$이 2차 flour에 흡수되어서 F_2^*이 되고, 이어서 $h\nu_2$를 방출하게 된다. 이때 방출된

hν₂의 파장은 약 420nm 정도로서 hν₁의 파장에 비해서 길므로 광전증배관에서 광전자를 튕겨내는데 훨씬 민감하게 작용하게 된다. 즉, 2차 플루오르는 1차 플루오르에서 내는 광자의 파장을 길게 만들어 광전증배관에서 광전자를 튕겨내는 효율성을 높인다고 할 수 있다.

$$h\nu_1 + F_2 \rightarrow F_2^*$$
$$F_2^* \rightarrow F_2 + h\nu_2$$

즉, F_2^*로부터 나온 빛 $h\nu_2$는 F_1^*로부터 나온 빛 $h\nu_1$보다 파장이 길어서 PMT에 의해 효과적으로 감지될 수 있다. 널리 사용되고 있는 1차, 2차 fluor은 350nm에서 최대 방출을 하는 2,5-diphenyl-oxazole(PPO)와 420nm에서 최대 방출을 하는 1,4-bis-2-(5-phenyloxazolyl) benzene(POPOP) 등이 많이 쓰이고 있다. 일반적으로 널리 이용되고 있는 액체 섬광체의 조성은 PPO(2,5-diphenyloxazole) 3~4g, POPOP [1,4-bis-2-(5-phenyloxazolyl)-benzene] 100mg 그리고 톨루엔을 채워서 1000mg을 만들어 쓰고 있다.

액체섬광기에서의 가장 기본적인 요소 둘은 PMT라는 pulse amplifier와 스케일러(scaler)라고 불리는 계측기이며, 이 두 가지 부분이 방사능 계측에 사용된다. 실제 계측시에 많은 문제점이 있으며, 이러한 문제 해결점들을 다음에 열거하였다.

① 광전증배관(Photomultiplier tubes)에 있어서의 열로 인한 잡음(Thermal noise)

대부분의 β 방사체에서 나오는 β 입자의 에너지는 매우 낮다. 이는 fluors로부터 방출되는 저에너지 광양자와 PMT에서의 저에너지 전기펄스를 만든다. 게다가, 광전증배관은 형광물질을 내는 광양자와 관련된 에너지의 25~30%에 해당하는 thermal background noise를 만든다. Fluor 자체의 자발적인 들뜸 등에 기인하는 background noise를 줄이기 위해서는 계측기를 냉동기(0~5℃)에 저장하여 thermal noise를 줄이거나, 다른 전기펄스를 피하기 위해 동시회로를 사용하기도 한다. 동시회로의 모형이 그림 14-7에 나타나 있다. 샘플과 PMT를 −5~−8℃의 냉동기에 보관함으로써 이 thermal noise을 줄일 수 있다.

광전증배관에 있어서의 thermal noise를 줄이기 위한 또 다른 방법은 방사능 계측을 위해 두 개의 광전증배관를 사용하는 것이다. 광전증배관에 의해 감지된 각각의 빛은 동시회로(coincidence circuitry)로 보내지고 동시회로는 두 광탐지기(photodetectors)에 동시에 도착한 빛만을 계측한다. 열로 인해 생긴 잡음(thermal noise)에 의해 생긴 전기펄스가 동시에 광전증배광에 도달하는 경우는 적으므로, 열로 인한 배경 잡음을 예방할 수 있다. 동시회로가 장치된 전형적 섬광계측기의 모형이 그림 14-7에 나타나 있다. 동시회로장치는 매우 낮은 β 입자를 내는 ³H나 ¹⁴C를 재기에는 효율이 낮다.

② 시료 중 한 개 이상의 동위원소를 잴 때(Counting more than one isotope in a sample)

동시회로 장치가 있는 액체섬광기의 일반적 형태는 원래 한 종류의 동위원소만 측정할 수가 있다. 그러나 경우에 따라서는 한 샘플에서 한 종류 이상의 동위원소를 측정해야 하는 경우가 있다(이중표지 실험의 경우, double labelled experiment). 일반 기본적 섬광계측기는 각기 다른 에너지에서 나온 전기펄스를 구별할 수 없다.

Photocell에서 만들어진 전류의 크기는 펄스를 만들어내는 β 입자의 에너지 양에 비례한다. 각기 다른 종류의 동위원소로부터 방출되는 β 입자들일지라도 평균에너지를 포함하는 특정의 에너지 스펙트라가 있다(그림 14-6). 최근의 섬광계측기는 펄스높이분석장치(pulse height analyzers)가 장치되어 있는데, 이 장치는 전기펄스의 크기를 측정하고, 판별기(discriminator)에 의해 미리 셋팅이 되어 있는 에너지 범위내에서의 펄스만 측정한다. 펄스높이분석장치(pulse height analyzers)와 β 입자의 에너지 판별에 필요한 회로(circuitry)가 그림 14-7과 14-8에 잘 나타나 있다. 판별기(discriminators)는 전가 "창"(windows)인 셈이다. 채널이라고 불리는 특정 에너지나 voltage 범위 내에서의 β 입자를 측정하도록 조정하면 된다. Channels는 lower limit와 upper limit로 셋팅이 되며, 이들 limit 범위내에서의 모든 voltage가 측정된다. 그림 14-6을 보면 한 샘플내에서 ^{3}H와 ^{14}C의 측정을 위한 판별기의 기능을 보여주고 있다. 판별기 채널 1는 ^{3}H에서 방출된 β 입자를 받아들이도록 되어 있고, 채널 2는 ^{14}C에서 방출된 β 입자를 받아 들이도록 되어 있다.

두 가지의 동위원소로 표지된 화합물을 측정하여 보면 펄스높이 분석(pulseheight analysis)의 중요성을 파악할 수 있다. 두 가지 동위원소의 최대에너지의 비가 4~5배가 넘을 경우에는 전압을 조절함으로써 한쪽 채널(channel)에서는 한 가지 동위원소를 효율적으로 계측하고, 다른 채널에서는 다른 동위원소를 효율적으로 계측함으로써 각 채널에 있어서의 각 동위원소의 측정효율을 알고 있으면 한 용액 내의 두 가지 동위원소의 방사능을 동시에 알아낼 수가 있다. 그림 14-7은 두 개의 채널이 있는 계수기의 모형도를 보여주고 있고 그림 14-6은 이중표지 화합물에서 나오는 방사선을 보여주고 있다.

③ 소광(Quenching)

사용된 화합물이나 실험조건 등의 여러 가지 원인에 의해 섬광계측의 효율이 떨어져 실제보다 낮은 수준의 계측을 하게 되는 경우를 소광(quenching)이라고 한다. 따라서 소광 때문에 계측효율은 떨어지게 된다(그림 14-9).

소광은 1차 또는 2차 플루오르(fluor, scintillator)로부터의 형광량(fluorescence)이 줄어들거

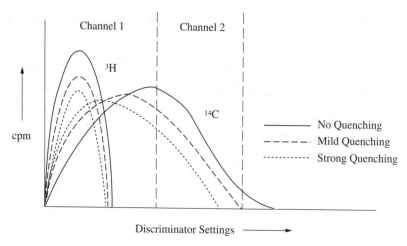

그림 14-9 β 입자 에너지 스펙트럼에 있어서의 소광의 영향

나 PMT를 활성화시키는 빛의 양이 감소하는데 그 원인이 있다. 소광의 경우는 다음의 종류가 있으며, 그 원인과 해결방법은 다음과 같다.

- 색소광(color quenching) : 섬광계수용액(scintillation mixture) 안에 2차 플루오르로부터 나오는 광자를 흡수하는 화합물이 있을 때 일어나게 된다. 보통 2차 플루오르는 가시광선 영역범위인 410~420nm에서 빛을 내기 때문에 색깔이 있는 화합물은 2차 플루오르로부터 나온 빛 광자가 photocell에 의해 감지되기 전에 이를 흡수해 버릴 수가 있다. 즉, flour로부터의 광양자가 시료 중의 chromophore에 의해 흡수되어버려서 소광이 일어난다. 따라서 방사성 측정 샘플은 섬광계수용액에 넣기 전에 반드시 정제하여 시료의 색깔을 제거해야만 한다. 만약 측정하려는 샘플이 빛깔을 띠고 있을 경우에는 시료 색소량을 최소량으로 제한하는 수밖에 없다.

- 화학소광(chemical quenching) : 섬광계수용액 안에 있는 화합물이 들뜬 상태의 용매 또는 플루오르 분자와 화학적으로 반응하여 계측효율을 낮추는 것이다. 즉 계수용기 안에 있는 화합물이 들뜬 상태의 용매나 flour와 반응하여 화합물의 에너지를 소멸시켜버리는 것이다. 화학소광을 줄이기 위해서는 시료를 잘 정제하고 flour의 농도를 증가시킨다. 최신의 섬광계측기는 색소소광과 화학소광을 보완할 수 있는 컴퓨터 프로그램이 내장되어 있다.

- 점소광(point quenching) : 방사성 시료가 섬광계수용액에 완전히 용해되지 않기 때문에 일어나게 된다. 섬광계측이 효과적으로 이루어지기 위해서는 시료가 섬광계수용액(scintillation cocktail)인 유기용매에 완전히 용해되어 각각의 분자로 떠다녀야만 하는데 생물체내의 물질 중에는 물을 함유하고 있거나 친수성 분자들이 많기 때문에 톨루엔이 기본 용매가 되

는 섬광계수용액에는 용해가 잘 되지 않는 경우가 많다. 방출된 β 입자는 계수용액 분
자와 반응할 사이도 없이 흡수되어 버린다. 즉 β입자가 불용성 시료 물질에 의해 흡수되
어 버리기 때문이다. 점소광을 줄이기 위해서는 ⅰ) Cab-O-Sil이나 Thixin 같은 용해제
(solubilizing agents)를 넣어줌으로써 섬광계측기를 젤(gel) 상태로 만들어 점소광을 줄일
수 있다. ⅱ) 많은 물과 그에 수반되는 친수성 화합물을 수용하는 섬광계수용액을 사용하
는 것이다. 예를 들면, Bray 용액(PPO 4g, POPOP 0.2g, 나프탈렌 60g, 에틸렌 글리콜
20㎖, 메탄올 100㎖, 여기에 다이옥산(dioxane)을 채워 1 ℓ 로 만든다)은 친수성 물질을 비
교적 잘 용해시킨다. ⅲ) 물에 녹지 않는 나프탈렌을 함유하고 있는 섬광계수액이 폐기하
는데 문제가 있는 단점을 보완한 섬광계수용액으로서, 톨루엔이 기본용매로 되어 있는 섬
광계수용액에 용해촉진제 또는 합성세제를 첨가하는 것이다. 시판되고 있는 있는 것들로는
수산화하이아민(Hyamine hydroxide), NCS, 솔루엔-100(Soluene-100), 아쿠아솔(Aquasol) 및
비오솔브(Bio-solve) 계열 등이 있다. ⅳ) 조직박편 속에 들어 있어서 계측하기가 곤란한 ^{3}H
나 ^{14}C는 상품화된 "시료산화제"를 써서 ^{3}H₂O나 ^{14}CO₂로 전환시켜 계측하는 것이다. 시료산화
제를 이용하여 시료를 조절된 조건하에서 태운 다음 ^{3}H₂O나 ^{14}CO₂를 분리하여 적절한 섬광계
측용액에 넣어 측정한다. 이처럼 시료를 산화시키면 색소광의 문제도 아울러 해소된다.

■ 희석소광(dilution quenching) : 많은 양의 액체 방사능 시료를 섬광계수용액에 첨가할 때 일
어난다. 대개의 경우, 이러한 희석소광은 해결 방법이 없지만, 다음과 같이 보정할 수 있
다. 즉, 소광은 방사성 동위원소의 측정과정 중에 일어나기 때문에 계측 효율이 얼마만큼
줄어들었는지를 알아보는 것이다.

내부표준비례법(internal standard ratio method)은 시료 X를 먼저 계측(Cx)한 후에 농도
를 알고 있는 표준방사성용액을 시료에 가하여 다시 계측한다(Ct). 표준 방사성용액을 가
하기 전의 원래 시료의 절대방사능값 Ax는 식 17과 같이 나타낼 수 있다.

$$Ax \;=\; As \,\times\, (Cx \,/\, Cs) \qquad\qquad\qquad (식\ 17)$$

Ax = 시료 X의 절대방사능
Cx = 시료 X의 측정된 상대방사능
As = 표준방사선물질의 절대방사능
Cs = 표준방사선물질의 측정된 방사능

Cs의 값(absolute values)은 식 18에 의해 결정된다.

$$C_T \;=\; Cx \,+\, Cs \qquad\qquad\qquad\qquad (식\ 18)$$

CT = 시료와 표준방사선물질로부터 측정된 총 상대방사능

따라서 식 17은 식 19로 나타낼 수 있다.

$$Ax = \frac{(A_S \times C_X)}{(C_T \times C_S)} \qquad (\text{식 } 19)$$

소광을 줄이기 위한 내부표준비례법에 의한 보정은 시간이 많이 걸리고 시료도 파괴되어 이상적인 보정법은 아니다. 최근의 섬광계측기는 대개 γ 선을 내는 표준방사선원을 계측기 안에 장착하고 있어서 섬광계수용액 밖에서 계측을 하게 되는 셈이다. 계측작업이 시작되면 표준방사선원이 시료를 담고 있는 용기의 옆으로 옮겨져서 시료와 표준방사선원의 합쳐진 방사능이 계수된다. 표준방사선원으로부터 나온 γ 선이 시료의 용매분자와 충돌하여 들뜸으로서 섬광이 일어나서 계측할 수 있도록 하며, 이 경우 γ 입자의 붕괴에 의한 섬광만을 계수할 수 있도록 만들어져 있다. 이러한 소광보정법을 외부표준법(external standard method)이라고 부르며 이 외부표준법은 빠르고 정확하다.

따라서 기계에서 계측된 cpm은 계측효율(counting efficiency)을 고려하여 실제의 dpm으로 바꿔 주는 것이 필요하다. 이렇게 하는데는 internal standard method나, 채널비율보정법(channels ratio method)(그림 14-10)이나, external standard 방법이 있다.

■ 섬광계수용액과 시료 준비(Scintillation cocktails and sample preparation) : 위에서 언급한 소광문제도 실험 측정 준비가 잘 된다면 조금은 줄일 수도 있다. 대개의 소광문제는 시료 준비를 주의해서 하면 제거할 수 있다. 액체 또는 고체의 방사성시료(radioactive samples)는 용매와 섬광체(fluor)의 혼합물인 섬광계측용액(scintillation cocktail)에 섞어 계측한다. 방사성 시료(radioactive samples)와 섬광용액은 유리용기나 폴리에틸렌(polyethylene), 폴리

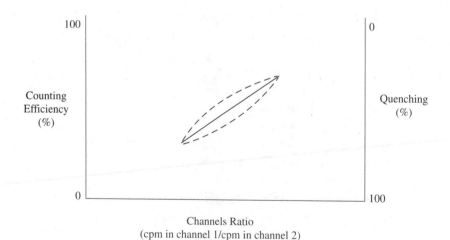

그림 14-10 채널비율보정법(Channels ratio quench correction method)

프로필렌(polypropylene), 폴리에스테르(polyester), 폴리카아보네이트(polycarbonate) 같은 플라스틱 용기에 담아서 계측한다. 일반적 계측 용기는 20㎖ 표준용기, 6㎖ 소형용기, 1㎖ eppendorf tube, 또는 200μ microfuge tube 등이 있다. 유리용기를 사용하는 경우에는 필히 유리의 칼륨(K)의 농도가 낮은 것을 선택해야 하는데 유리에 원래 존재하는 ^{40}K가 β 방사체이기 때문이다. 섬광계수용액은 크게 두 가지인데 물과는 섞이지 않는 유기시료만 용해시키는 것과 수용성의 시료를 녹일 수 있는 것이 있다. 액체섬광계측의 초기시대에는 톨루엔(toluene)과 자일렌(xylene)이 유기시료의 용매로, 다이옥산(dioxane)이 수용성시료의 용매로 많이 사용되었다. 이러한 용매들은 계측효율은 높지만 인화성이 높고(발화점이 4~25℃), 독성이 강하고 폐기비용이 많이 드는 단점이 있다. 뿐만 아니라 이러한 용매들은 플라스틱 용기를 꿰뚫는 특성이 있어서 실험실 환경적으로도 위험하다. 이런 단점을 보완하기 위해 알킬기가 많이 붙어 있는 방향성(aromatic) 용매의 biosafe liquid scintillation cocktails이 개발되었는데 이는 CO_2와 H_2O로 완전한 생분해가 가능하고, 인화점이 높으며(발화점이 120℃), 높은 계측효율을 가지고 있다. 또한 사용 후 소각처리가 가능하며, 무독성이다.

고체 방사성(radioactive) 시료이거나 수용성, 유기용매 어느 섬광용액에도 녹지 않는 시료인 경우에는 고체 지지판(거름종이나 셀룰로오스 막)에 모아서 섬광계측용매(cocktail)에 넣어 측정한다. 이러한 시료의 경우에는 지지판 종류에 따라 계측효율이 달라지지만 대개의 경우 균질인 시료의 경우보다 계측효율이 낮다.

액체섬광측정(liquid scintillation counting)은 특히 ^{3}H, ^{14}C, ^{35}S 등과 같이 약한 성질의 β 방사체의 경우에 유리하다. ^{32}P같은 고에너지의 β 선 방출을 하는 경우에는 β 선이 광전증배관(potomultiplier tube : PMT)에 직접 감지되기 때문에 fluor를 사용할 필요가 없다. ^{32}P를 함유하고 있는 시료는 수용액상(water solution)에서도 비교적 계수효율이 높다. 이렇게 직접 측정하는 것을 Cerenkov counting이라고 한다.

(2) 가이거 – 뮬러 계측(Geiger-Muller Counting of Radioactivity)기에 의한 동위원소측정

개요 및 원리

방사성을 재는 또 다른 방법의 하나는 기체 이온화 원통(gas ionization chamber)을 사용하는 것이다. 이러한 원리를 이용해서 방사성을 재는 가장 보편적인 장치가 Geiger-Muller tube(G-M tube)이다. β 입자가 가스를 통과할 때, β 입자는 원자와 충돌해서 가스 원자로부터 전자를 방출하게 된다. 이것은 음으로 전하된 전자와 양으로 전하된 원자로 이루어진 이온쌍을 만들게 된다. 만약 이 이온화 현상이 두 전하를 띤 전극(양극과 음극) 사이에서 일어난다면, 전자는 양극에 이끌릴 것이고, 양이온은 음극에 이끌 것이다. 이렇게 되면 전극시스템 안에서 조그마한 전류가 발생하게 된다. 단지 양극과 음극 사이에 저전압 차이가 생기게 되면 이온쌍은 천천히 이동할 것이고 대부분의 경우에는 중성의 원자와 결합하게 된다. 즉, 이럴 경우 전기회로 내에는 펄스가 생겨나지 않는데 개개의 이온이 각각의 전극에 도달하지 않았기 때문이다. 고전압에서는 전하된 입자가 전극 쪽으로 가속이 되어 이온화되지 않은 가스 원자와 여러 차례 충돌하게 된다. 이렇게 되면 광범위한 이온화 현상이 일어나서 다량의 이온이 방출된다. 만약 전압이 충분히 높다면(대부분의 G-M관 경우 1000V) 모든 이온들이 전극에 모이게 된다. G-M 계측 시스템은 이온 가속과 감지를 위해 이 같이 높은 전압 범위를 쓰고 있다. 전형적인 G-M관 모형이 그림 14-11에 나타나 있다.

G-M관은 방사능 근원으로부터 β 입자를 받아들이기 위한 mica window, 그 아래쪽 관의 중앙에 양극, 벽면 안쪽에 음극으로 구성이 되어 있다. 고전압은 전극 사이에 적용하게 된다. 전자의 양극으로의 이동으로 생겨나는 전류는 증폭되고 cpm 단위로 측정된다. 실린더는 쉽게 이온화되는 아르곤, 헬륨, 네온 등과 같은 불활성 가스과 불활성 가스의 지속적인 이온화를 줄이

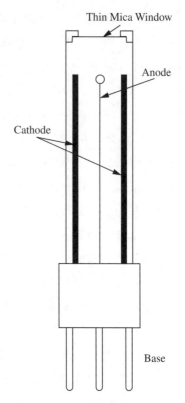

그림 14-11 A Geiger-Muller 계측기

기 위해 Q gas, 보통은 부탄을 소광가스로 쓰고 있다. ^{24}Na, ^{32}P, ^{40}K과 같은 원소로부터 방출된 고에너지의 β 입자는 mica 창을 통해 실린더로 쉽게 들어오나, ^{14}C나 ^{3}H 같은 약한 β 방사체로부터 나온 입자들은 chamber 안에서의 이온화를 일으킬 만큼 효과적으로 mica 창을 통과하지 못한다. Flow window tubes라고 불리는 얇은 Mylar window가 장착된 변형 G-M관은 이러한 약한 β 방사체를 측정할 수 있게 한 장치이다.

G-M 계측은 액체섬광계측에 비해 몇 가지 불리한 점이 있다. G-M 시스템의 계측효율은 그렇게 높지 않다. G-M관의 반응시간은 광전증배관보다 길므로 방사성이 높은 시료의 경우는 G-M관에 의해 효과적으로 측정이 되지 않는다. 따라서 조심스럽고 예민하게 측정해야 하는 경우에는 G-M관은 거의 쓰이지 않는다. 주로 실험실이나 기구 등의 오염 모니터에 쓰이고 있다. Geiger-Muller 계측기는 보통 50% 정도의 계측효율을 가지고 있다.

G-M관의 전형적인 특성 곡선은 그림 14-12와 같다. 측정하려는 시료를 G-M 관의 창 밑에 놓고 관에 걸리는 전압을 서서히 증가시켜보면 G-M관이 계측을 시작하는 전압에 도달하게 된다. 이것이 개시전압(starting vortage)이다. 이때부터는 전압을 약간만 올려도 계측률(count rate)은 급격히 증가하게 되며, 계속 전압을 올리면 급격한 계측률의 증가가 없어지는 전압에 도달하는데 이 전압을 문턱전압(threshold)이라고 한다. 일단 문턱전압을 넘어서면 전압을 더 올려도 상당한

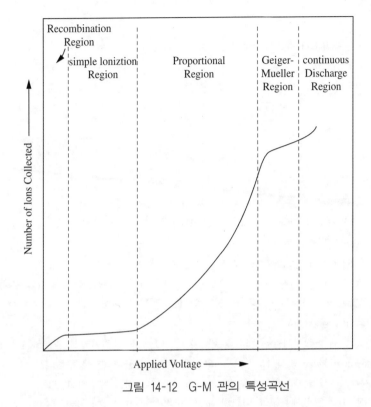

그림 14-12 G-M 관의 특성곡선

범위에 걸쳐 계측률은 별로 변하지 않는다. 문턱전압 이후부터의 안정된 계수율을 이용하여 방사선량을 측정한다. 이 영역은 플라토(plateau)로서 질이 좋은 G-M 관은 전압을 지나치게 올리면 크게 손상되므로 주의해야 한다.

G-M관을 원래의 조용한 상태로 소광하는 한가지 방법은 고전압을 단속적으로 켰다 껐다 하는 일이다. 이러한 일은 전자회로를 차단함으로써 할 수 있는데, 이러한 소광방식을 외부소광(external quenching)이라 한다. 그러나 현재 널리 이용되고 소광방식은 내부소광(internal quenching)으로써 헬륨이나 아르곤 기체 속에 소량의 다원자 기체를 섞어 넣음으로써 이온화의 결과로 생긴 이온쌍 에너지의 일부를 흡수하도록 하는 것이다. 이러한 과정에서 다원자 기체 분자는 흡수된 에너지에 의해 분해되어 버린다. 알코올 또는 부탄과 같은 물질을 소광제로 이용하는 관을 유기물 소광형 관(organic-quenched tube)이라고 하는데, 소광물질 분자들이 비가역적으로 분해되므로 이러한 G-M관의 유효수명은 10^8번의 계측 정도 밖에 되지 않는다. 이와는 달리 염소, 브롬 또는 이들의 화합물을 소광제로 이용하는 관을 할로겐 소광형 관(halogen-quenched tube)이라고 하는데, 대부분의 원자들은 재결합하여 원래의 모습으로 돌아오므로 관의 수명은 훨씬 길어지게 된다.

시약 및 기구

- ^{3}H, ^{14}C, ^{32}P, ^{35}S 동위원소가 1nCi씩 들어있는 수용액 0.5mℓ
- 시료용기
- Geiger-Muller 계측기
- 유리판
- 종이보드판

실험방법

1 시료 용기에 각 동위원소가 들어 있는 수용액을 0.5mℓ씩 넣는다.

2 Geiger-Muller 계측기의 전원을 켜고 20~30분 지난 후 고전압 출력 전원을 켠 다음 서서히 전압을 올려 작동 전압에 고정시킨다.

3 각 시료로부터 20cm 이내 거리에서 1분간씩 3~5번 측정하여 평균 계측값을 구한다.

4 이번에는 시료로부터 1m 거리를 두고서 각 시료를 1분간씩 3~5번 측정하여 평균값을 구한다.

5 이번에는 시료를 일정거리에서 유리판과 종이보드판으로 각각 차단시킨 후 각 시료를 1분간 씩 3~5번 측정하여 평균 계측값을 구한다.

6 시료의 계측이 끝나면, 방사성 동위원소를 넣지 않은 빈 시료 계측용기를 측정하여서 배경계 측(background counting)을 역시 1분간씩 3~5번 측정하여 평균계측값을 구한다.

7 3번 시료의 계측값에서 6번의 배경계측값을 뺀 값이 실제 방사능 계측값이 된다.

8 3번의 계측값과 4, 5번의 계측값을 비교해 보고 거리와 차단제가 방사능계측에 미치는 영향 을 논의해 보자.

결과 및 고찰

표 14-13   가이거-뮬러 계측기에 의한 방사능 계측

Radioisotope	배경계측값	시료계측값	실제계측값[a]	1m거리 간격을 두고 재었을 때의 계측값	유리판으로 차단했을때의 계측값	종이보드판으로 차단했을 때의 계측값
^{3}H ^{14}C ^{32}P ^{35}S						

a. 시료계측값-배경계측값

(3) 방사능 측정 시료준비

G-M 계측기 또는 섬광계측기로 β 입자의 방사능을 측정할 때 측정효율은 시료의 두께와 시료의 용해도 등 여러 가지 요인에 따라 크게 달라진다. 그러므로 시료를 제조함에 있어서는 각별한 주의가 요구된다. 시료접시에 시료를 담아서 측정하는 방법은 편리하고 재현성이 높으며 가격도 비교적 저렴하다. 시료접시는 시료를 넣어 측정할 수 있는 작은 그릇을 가리킨다. 시료접시는 유리, 플라스틱 또는 여러 가지 금속으로 만들어져 있으며 크기와 모양도 다양한 것이 시판되고 있다. 시료를 시료접시의 중앙에 담아 건조시킨 다음 방사능을 측정한다. $Ba^{14}CO_3$과 같은 고체는 분말로 만들어 아세톤에 현탁시키고 일정량을 떠서 시료접시에 옮긴 다음 건조시켜서 측정한다.

시료를 효과적으로 건조시키기 위해서는 시료가 든 시료접시 위에 적외선등을 고정하여 쪼이는데, 이때 주의할 일은 적외선등을 시료에 너무 가깝게 놓으면 플라스틱 시료접시 같은 경우에는 접시가 오그라들어 시료가 많이 들어 있을 경우에는 넘쳐 흐를 우려가 있다. 건조기로 뜨거운 바람을 보내면서 건조시키면 많은 도움이 된다. 시료를 건조시키는 동안 시료접시를 회전시키면 시료를 좀 더 균일하고 재현성이 있게 고루 퍼지게 할 수 있다.

시료가 시료접시에 고루 젖어 들지 않을 경우에는 합성세제로 0.1% 듀파놀(dupanol)을 사용하는데, 이를 시료에 한 방울 떨어뜨리면 시료접시 표면에 시료가 균일하게 퍼지는 적절한 효과를 거둘수 있다. 또한 시료의 증발을 막을 필요가 있을 경우에는 방사선 성분을 고정시킬 수 있는 특수한 시약을 한 방울을 떨어뜨리면 된다. 요오드 같은 것이 증발하는 원소의 대표적 예로서, 요오드의 증발을 막고자 다음과 같은 시약을 쓸 수 있다.

NaOH	0.8g
$Na_2S_2O_3$	0.5g
KI	0.03g
증류수(채워서)	1000㎖

(4) 액체섬광계측기에 의한 이중표지(doubled-labelled) 화합물의 측정

실험개요

액체섬광계측기로 ^{14}C과 ^{32}P로 이중표지(doubled-labelled)가 되어있는 화합물을 측정한다.

시약 및 기구

- 액체섬광계측기
- 액체섬광계측기용 용기
- 2,5-diphenyloxazole(PPO)
- 1,4 bis-2-(5-phenyloxazolyl)benzene(POPOP)
- toluene
- 표준 ^{14}C-벤조산, ^{32}P-톨루엔

실험방법

1 표준 섬광계측용액을 PPO 3g, POPOP 100mg, 톨루엔 1000㎖ 조성으로 만든다.

2 표준 ^{14}C-벤조산이 들어있는 표준섬광계측용액을 50㎖ 만들어 용액 A이라 한다.

3 표준 ^{3}H-톨루엔이 들어있는 500ppm 표준섬광계측용액 5㎖를 만들어 용액 B라고 한다.

4 다음과 같이 4 종류의 계측용 시료를 만든다.

시료① (용액 A, 5㎖),

시료② (용액 B, 5㎖),

시료③ (용액 A, 5㎖ + 용액 B, 5㎖),

시료④ (방사성물질을 넣지 않은 시료),

각 시료 용기에 표준섬광계측용액으로 채워서 부피가 15㎖가 되도록 한다.

5 시료② 용기를 액체섬광계측기에 넣고, 아래 선별기(discriminator)를 10volt로, 가운데 선별기를 약 60volt로, 그리고 위 선별기를 무한대에 놓는다. 아래 선별기와 가운데 선별기 사이의 아래 채널에서 최대의 계수율이 기록되도록 가운데 선별기 사이의 아래 채널에서 최대의 계측율이 기록되도록 가운데 선별기를 50과 60 사이에서 조절하면서 ^{3}H 펄스가 위 채널에서는 기록이 되지 않는 전압을 결정한다.

6 단일 동위원소 측정을 위해 시료①과 ② 및 ④의 방사능을 계측한다. ^{14}C와 ^{3}H 시료의 측정효율을 아래 채널과 위 채널 각각에 대해서 계산한다(표 14-14).

7 두 가지 방사성 동위원소가 포함되어 있는 시료③의 방사능을 두 채널에서 측정한다. 배경방사능을 빼고 시료 내에 있는 ^{14}C와 ^{3}H의 방사능을 계산한다. 계산은 다음과 같이 한다.

전형적인 값을 쓸 경우 $\quad Ac = \dfrac{Ru}{0.363}$

$$A_H = \frac{R_L - (0.254Ac)}{0.088}$$

실제 측정치를 쓸 경우 $\quad Ac = \dfrac{Ru}{\varepsilon_2}$

$$Ac = \frac{R_L = (\varepsilon_1 Ac)}{\varepsilon_3}$$

R_L : 아래 채널에서 기록된 순 방사능

R_U : 위 채널에서 기록된 순 방사능

A_C : 14C의 계산된 방사능(dpm)

A_H : 3H의 계산된 방사능(dpm)

이 계산된 방사능의 값을 이론적 값과 비교해 본다.

결과 및 고찰

표 14-14 액체섬광계측기의 아래·위 채널에서의 ^{3}H와 ^{14}C의 방사능 계측

채널 \ 측정값	전형적인 값			실제 측정값		
	배경 계측값 (cpm)	효율		배경 계측값 (cpm)	효율	
		^{3}H	^{14}C		^{3}H	^{14}C
아래 채널						
위 채널						

2) 기타 방사능 측정

(1) γ 선 계측 (Scintillation counting of γ rays)

^{24}Na과 ^{131}I는 모두 β 와 γ 방사체로서 생화학 연구에서 자주 사용된다. 이와 같이 경우에 따라서는 γ 선을 측정한 방사능을 실험에 쓰게 되는데, γ 선은 β 입자보다 에너지가 더 높기 때문에 γ 선이 흡수되기 위해서는 보다 밀도가 높은 물질이 필요하다. γ 계수기는 시료구멍(sample well), 플루오르의 역할을 하는 NaI 결정(sodium iodide crystal), 그리고 PMT로 이루어져 있다(그림 14-13). 높은 에너지의 γ 선은 섬광계수용액이나 시료용기에 흡수되지 않고 결정형의 플루오르와 상호작용하여 섬광을 발생한다. 섬광은 PMT에 의해 감지되고 전기적으로 계수된다.

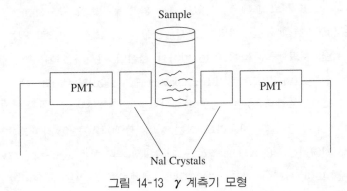

그림 14-13 γ 계측기 모형

3) 배경 방사능 (Background radiation)

모든 방사능 계측은 계측기 주위에 특정의 또는 직접적인 방사능의 원인물질이 없어도 계측을 하는 수가 있다. 이것이 바로 배경 방사능(background radiation)이다. 이 배경 방사능은 자연적 방사능(natural radioactivity), 우주로부터의 방사선(cosmic rays), 계측기 자체의 구성 성분에 있는 동위원소, 계측기 가까이 저장되어 있는 방사성 화합물, 시료 용기나 계측기구의 방사능 오염 등이 원인이다. 섬광계측기 내의 방사능 계측은 사용하는 섬광계수용액에 달려있는데 보통은 30~50cpm이다. 자연적 원인물질에서의 배경 방사능은 완전히 제거할 수 없지만, 방사능 오염으로부터 오는 배경 방사능은 실험실과 기구를 깨끗이 하면 줄일 수가 있다. 따라서 배경 방사능을 자주 측정해 보는 것은 중요하다. 배경 방사능을 측정하는 전형적인 방법은 방사능 시료를 측정한 다음, 같은 방사능 계측기로 방사성 동위원소를 함유하고 있지 않은 배경시료를 측정하는 것이다. 방사성 시료로부터 얻은 계수치로부터 배경 계측치를 뺀 값이 실제의 정확한 방사능 값이다.

4) 방사성 동위원소의 응용 (Applications of radioisotopes)

생화학연구에 있어서 방사성 동위원소의 응용방법은 여기에서 설명하기에는 너무나 다양하지만 그 중에서 가장 널리 사용되는 자체방사선기록법(autoradiography)에 대해 간단히 설명하겠다. 이 방법은 생체조직, 세포 또는 세포 소기관 내의 방사성분자와 원자를 검출하고 그 위치를 알 수 있게 해 준다. 간단히 설명하면, 방사선을 내는 물질을 사진 필름에 밀착시키거나 직접 접착시키면 시료 중에 들어 있는 방사성 동위원소가 방사선을 내고, 사진 필름의 할로겐화 은(AgX) 결정이 활성화되어 방사성물질의 모습을 사진으로 얻는 것이다. 사진 필름을 현상해 보면, 시료 중에 들어 있는 방사성 물질의 위치와 양에 관한 정보를 감광형태로부터 알아낼 수가 있다. 밀도계측기(densitometer)를 사용하면 각 위치에서의 방사성물질을 자체방사선기록으로 스캔할 수도 있고 양에 대한 정량적 분석도 할 수 있다. 생화학과 분자생물학 분야에서 가장 많이 사용하고 있는 방법 중의 하나는 폴리아크아마이드나 아가로오스 젤에서 전기영동한 ^{32}P-표지된 핵산을 검출해서 정량하는 방법이다(그림 14-14). 방사선자체기록법은 또한 세포나 세포소기관에서의 생체분자의 농도와 위치연구에 유용하게 쓰이고 있다.

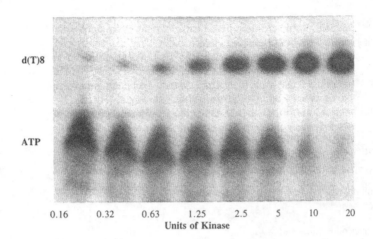

시료를 30분간 반응시킨 후 20%의 폴리아크릴아마이드, 7M 유레아(urea) 젤에서 전기영동한 후 자체방사선기록을 하였다. 카이네이즈(kinase)의 사용 농도가 높을수록 더 많은 양의 32P-표지 폴리뉴클레오티드가 만들어졌다. 검게 감광된 부분이 32P가 위치하는 곳이다.

그림 14-14 γ-^{32}P 표지된 ATP의 ^{32}P가 폴리뉴클레오티드(polynucleotie)(dT)$_8$의 5'말단으로의 이동을 보여주는 자체방사선기록(autoradiograph).

(1) RNA 기질의 방사성 ^{32}P 표지

실험개요

RNA는 ribozyme에 의해 sequence-specific cleavage가 일어나는데, 15 ribonucleotide 염기(a 15-mer) RNA 기질에 GTP를 첨가해서 robozyme을 넣어 주면 10-mer과 6-mer 크기의 ribonucleotide가 생긴다. 이러한 oligomeric ribonucleotide는 시료 중에 색소원이 없어서 spectrophotometry로 측정을 하지 못하고 전기영동을 해야만 한다. 이러한 경우 전기영동을 하기 전에 감지와 정량을 위해 ribonucleotide의 5' 끝을 ^{32}P로 표지를 해야만 한다. 이 경우 polynucleotide kinase (PNK)로 반응을 촉매 시켜준다.

$$5'HO\text{-}GGGACUCUCUAAAAA + [\gamma\text{-}^{32}P]ATP$$
$$\rightarrow (PNK) \rightarrow {}^{2-}_{3}O^{32}P\text{-}O\text{-}GGGACUCUCUAAAAA + ADP$$

그런 다음 ribozyme으로 가수분해를 시키면 10-mer 만이 ^{32}P표지 되어 있으므로 전기영동을 하여 분리해서 정량할 수 있다.

주의점

Ribonuclease는 도처에 산재해 있으며, ribozyme을 분해해서 활성을 잃게 만들므로 RNA 분해효소 ribonuclease가 오염되지 않도록 특별히 주의한다. 실험하는 동안에는 장갑을 끼고, 모든 시약은 실험하는 동안 얼음에 보관하면서 사용하고, 기구를 깨끗이 하여 사용하고 조심스러우면서도 빠른 시간 내에 실험을 하도록 한다.

시약 및 기구

- RNAzyme Tet 1.0 kits, RNAzyme Tet 1.0
- Substrate : 5′ GGGACUCUCUAAAAA
- TMN buffer : 0.5M Tris, 0.1M MgCl₂, 0.1M NaCl, pH 7.5
- GTP : 1mM, Urea : 7.5M
- Stop solution : 95% formamide, 0.02M EDTA, 0.05% xylene cyanol, 0.05% bromophenol blue, pH 8.0
- T4 Polynucleotide kinase(PNK)
- T4 PNK reaction buffer : 0.5M Tris, 0.05M dithiothreitol, 0.1M MgCl₂, 1mM spermidine, pH 7.5
- RNA diluent : sterile H₂O
- Radiolabelled ATP, [γ -³²P]ATP, dir 1000 Ci/mmole
- NaCl : 2.5M
- Ethanol : absolute 또는 95%
- Microcentrifuge : 1.5㎖ tube사용 가능. 12,000×g
- Polyprophlene centrifuge tubes : 1.5㎖
- Gel electrophoresis apparatus : glass plates(8.5×10cm), 0.75-mm plastic spacers, 8샘플을 장착할 수 있는 comb, power supply(500V), Scotch electrical 2-inch tape, 기타 vertical electrophoresis에 필요한 기구
- Polyacrylamide gels을 위한 용액들 : TBE buffer(0.1M Tris, 0.08M boric acid, 5mM Na₂EDTA, pH 8.0), acrylamide solution(40% acrylamide, 2% bisacrylamide, 7M urea in H₂O), TEMED (0.02M N,N,N′N′-tetramethylethylenediamine, 7M urea in TBE buffer), ammonium persulfate: 0.010M ammonium persulfate, 7M urea in H₂O)
- Teamperature baths : 37℃ and 50℃
- Micropipettors and tips
- 기타 autoradiography를 위한 기구 및 설비 : 필름, 필름홀더, 현상액, 암실 등

실험방법

1 방사성물질 ³²P로 RNA 기질을 표지함 : Cleavage하기 전에 15-염기 RNA 기질은 5′ 끝을 다음과 같이 표지한다.

① 다음의 모든 시약을 1.5㎖ polyprophylene microcentrifuge 튜브에 넣어 잘 섞는다; 10㎕ PNK reaction buffer, 55㎕ RNA diluent(steril H₂O), 10㎕ ribonucleotide substrate(50pmoles), 20㎕ [γ -³²P]ATP(60pmole, 3000Ci/mmole, 10mCi/mL), 5㎕ polynucleotide kinase(30units/㎕ 또는 150units)

② ①의 kinase 혼합물을 37℃ water bath에서 30분간 반응시킨다.

③ 2.5M NaCl(11$\mu\ell$)과 ethanol(330$\mu\ell$)을 포함해서 표지된 RNA을 침전시킨다. 이 때는 잘 흔들어서 −20℃에서 1시간 방치해 두면 침전이 된다.

④ 4℃에서 30분간 12,000×g에서 원심분리한다.

⑤ 상층액을 방사성 폐기통에 버린다. 차게 식힌 70% ethanol 1.0$m\ell$를 더해서 아래위로 흔들어 침전한 RNA pellet을 씻어낸 후, 다시 4℃에서 30분간 12,000×g에서 원심분리한다.

⑥ 상층액을 취해서 방사성 폐기통에 버린다.

⑦ RNA pellet을 실온이나 진공상태하에서 15분간 건조시킨 다음, RNA diluent(20$\mu\ell$)나 H$_2$O에 용해시킨다. 표지된 기질은 다음 실험인 cleavage reaction을 시킬 때까지 −20℃에서 수일간의 저장이 가능하다.

2 Cleavage Reaction

① 다음의 반응 혼합물을 두 개의 1.5$m\ell$ centrifuge tube에 준비한다.

Complete reaction mixture: ^{32}P 표지된 RNA 기질(실험 **1**로부터의), 2.5$\mu\ell$

   TMN buffer, 2.5$\mu\ell$

   GTP(최종농도 1mM), 5.0$\mu\ell$

   7.5M urea(최종농도 2.0 mM), 5.0$\mu\ell$

   RNAzyme Tet 1.0, 1unit

RNA diluent 또는 sterile H$_2$O(반응 혼합물에 첨가해서 최종 부피 25$\mu\ell$를 만든다)

Control reaction mixture: 32P 표지된 RNA 기질(실험 **1**로부터의), 2.5$\mu\ell$

   TMN buffer, 2.5$\mu\ell$

   GTP (최종농도 1mM), 5.0$\mu\ell$

   7.5M urea (최종농도 2.0mM), 5.0$\mu\ell$

   RNA diluent 또는 sterile H$_2$O(최종 부피 25$\mu\ell$)

② 두 반응혼합물을 50℃에서 30분간 반응시킨다.

③ dye를 포함하는 stop solution(25$\mu\ell$)을 각각의 반응혼합물에 첨가한 뒤, 80℃에서 1분간 열을 가한다.

④ 반응혼합물을 −20℃에서 수일간 저장하거나 곧 바로 전기영동한다.

3 전기영동

① 20% polyacrylamide gel(acrylamide-bisacrylamide=20:1, 7M urea)를 준비한다.

② 0.5~0.75 mm 두께의 젤을 만든다 : 40$m\ell$의 acrylamide solution을 다음의 조성으로 만든다(20 $m\ell$ acrylamide- bisacrylamide, 7M urea solution; 10$m\ell$ TEMED, 7M urea solution; 10$m\ell$ ammonium persulfate, 7M urea solution).

③ 위 용액을 잘 섞은 후 젤을 위한 두 개의 유리판 사이에 붓는다.

④ 플라스틱 comb을 유리판 사이 젤에 끼우고 acrylamide가 굳을 때까지 둔다(30~45분).

⑤ Comb을 조심히 꺼내고, TBE buffer로 젤의 well을 잘 씻어낸다.

⑥ gel이 굳은 유리판 채로 전기영동 장치에 장착시킨다.

⑦ TBE buffer로 전기영동 탱크를 채운다.

⑧ 샘플(5~10μℓ을 well에 조심히 올린 뒤, 300V에서 30분간 또는 가장 빨리 움직이는 dye bromophenol blue가 3cm 가량 움직일 때까지 전기영동한다.

⑨ 젤을 자체방사선기록법(autoradiography)으로 영구 보존할 수 있도록 한다.

⑩ 사용한 젤을 '고체용 방사성 폐기물' 수거통에 버린다.

결과 및 고찰

1 방사성물질 ^{32}P로 RNA 기질을 표지함: 이 실험에서 왜 ^{32}P의 표지가 필요한가?

2 전기영동 : 자체방사선사진(autoradiogram)에 나타난 밴드의 모양에 관해 얘기해 보라. 왜 6-mer nucleotide에 상당하는 밴드는 없는가? 만약에 dye가 모두 젤 판을 빠져나갈 때까지 전기영동을 한다면 어떤 현상이 일어날까?

참고문헌

1 Billington, D., Jayson, G. and Maltby, P. : *Radioisotopes*, Bios Scientific Publishers(Oxford)

2 Boyer, R. F. : Modern Experimental Biochemistry, 2nd ed., Benjamin/Cummings(Redwood City, CA) p.173(1993)

3 Evans, E. and Oldham, K. : *Radiochemicals in Biomedical Research*, Wiley(Chichester)1988

4 WHahn, E. : Autoradiography-A review of Basic principles, *Am. Lab*. 15, p.64(1983)

5 ZStenesh, J. : *Experimental Biochemistry*, Allyn and Bacon(Boston), p.437(1983)

제 5 절 면역분석법

면역분석(immunoassay)은 항체(antibody)와 항원(antigen) 사이의 특이적이며 친화력이 높은 결합(binding)에 근거한 분석기술이다. 항체는 고등 척추동물(vertebrate)에서 항원에 의해 유도되는데 항체에 대한 특이성(specificity)은 매우 높다. 항체를 생성시킬 수 있는 항원물질은 유기분자들에서부터 거대분자들(macromolecules)에 이르기까지 매우 다양하므로 면역분석으로 정량할 수 있는 물질의 수는 막대하다. 지난 25년 동안 이 분석법은 혈액이나 소변 등의 인체 시료 중의 호르몬, 효소, 미생물, 의약품, 마약 등을 분석하는 임상의학 진단에 광범위하게 이용되어 왔으며 점차로 수의학, 환경 및 식품 분석에도 응용되고 있다. 이 분석법은 GC, TLC, HPLC, electrophoresis와 같은 종래의 분석법에 비해 신속하고 경제적이고 감도 및 선택성에 있어서 비슷하거나 더 우월하며 운용이 쉽고 결과의 해석이 단순하다. 또한 면역시약의 높은 특이성으로 인하여 선택성이 매우 높고 전처리과정을 거의 또는 전혀 필요로 하지 않는다는 장점을 가진다. 그러므로 매력적이며 잠재력이 큰 물질분석법이라고 말할 수 있다.

1. 항원 · 항체반응

모든 면역분석의 기본이 되는 반응은 항체-항원 반응이다. 단지 한개의 antigenic determinant 부위를 가지는 단순한 hapten의 경우에 항체-항원 상호작용은 다음과 같이 나타낼 수 있다.

$$[Ab] + [Ag] \xrightarrow[K_d]{K_a} [Ab-Ag]$$

여기서 [Ab]는 항체의 농도(M), [Ag]는 univalent 항원의 농도, 그리고 [Ab−Ag]은 항체-항원 복합체(complex)의 농도를 나타낸다. K_a와 K_d는 각각 association과 dissociation 속도상수이다. K_a/K_d의 비율은 평형상수 또는 친화도 상수(K)이며 항체와 항원이 안정한 복합체를 형성하고자 하는 경향을 나타낸다. 이 값이 클수록 항체가 어떤 농도의 Ab−Ag 복합체를 형성하는데 필요한 항원의 농도가 낮으며 따라서 면역분석의 감도가 높아진다. 친화도 상수는 보통 항체의 항원결합부위가 절반정도 결합되어 평형에 도달되었을때 유리상태 항원의 농도의 역수로 표현된다. K값은 $10^3 \sim 10^{14}$L/mol 범위의 값이 보고된 바 있으며 면역분석에서 사용되는 항체는 일반적으로 적어도 $10^6 \sim 10^8$L/mol 값을 가진다.

Ab - Ag 복합체를 안정화시키는 분자간 인력은 수소결합, 소수성 결합, 정전기적 인력, 그리고 van der waals 인력 등이 있다. 이런 모든 힘은 상호작용하는 원자단 사이의 거리에 반비례하기 때문에 antigenic determinant 부위가 항체 결합부위에 가까울수록 친화성 상수가 더 커질 것이다. 항체 생성의 유도와 항원에 대한 항체의 친화력은 면역원의 antigenic determinant의 구조와 위치에 의해 결정된다. 효과적인 구조는 보통 면역원의 표면으로부터 멀리 위치해 있으며 항체의 결합부위에 방해받지 않고 가까이 접근할 수 있도록 잘 노출되어 있는 구조이다. 그러므로 면역화를 위한 hapten-protein conjugate를 만들때 hapten은 spacer arm을 거쳐 단백질 carrier에 결합시키는 것이 보통이다.

면역분석의 특이성과 감도는 항체의 친화성 상수에 직접적으로 관련된다. 일반적으로 고친화성 항체는 저친화성 항체에 비해 관련되는 화합물과의 cross-reactivity가 더 낮으며 target 항원에 대해서는 더 높은 감도를 나타낸다. 그러므로 면역분석법을 개발할 때 가능한 한 높은 친화성을 가진 항체를 사용해야 한다. 일부 고친화성 항체는 D- 그리고 L-tartrate 처럼 단지 한개의 탄소원자 주위의 configuration이 다른 분자들을 식별할 수 있다.

항체-항원 반응을 측정하기 위한 여러 가지 방법이 개발되었으며 그에 따라 면역분석의 format도 다양하게 개발되었다.

2. 정성반응

1) Gel diffusion

기본원리

항체(antibody, Ab)와 항원(antigen, Ag)의 특이적 결합은 면역학의 기본적인 반응이다. 항체와 항원 농도가 적절한 상태에서 항체와 항원은 큰 복합체, 또는 격자(lattice)를 형성하며 이들은 녹지 않고 용액으로부터 침전한다(그림 14-15). 이와 같은 침전물 형성은 Ab - Ag 시스템을 이용한 정성, 정량 분석을 가능하게 한다. 이러한 침전 분석(precipitation assays)은 감도가 매우 좋고 실험이 비교적 빠르며 용이하다.

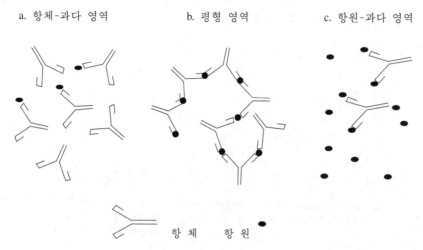

a. 항체-과다 영역   b. 평형 영역   c. 항원-과다 영역

항체   항원

그림 14-15 침전 형성에 있어 항원과 항체의 상대적인 농도의 중요성

침전분석(precipitation assays)은 용액이나 agarose와 같은 gel에서 수행할 수 있다. 단백질을 agarose gel속에서 잘려진 well안에 넣으면 단백질이 well로부터 gel을 통해서 모든 방향으로 확산되는데, 이때 단백질의 농도와 well과의 거리가 반비례하는 단백질 분자의 농도 기울기가 만들어지게 된다. 만약 항체와 항원이 gel 상의 다른 영역의 well 안에 존재한다면 이들은 모든 방향으로 이동할 뿐 아니라 서로를 향해서 이동할 것이고 이들의 확산 전선(diffusion front)이 만나는 곳에 불투명한 침전 band(precipitin lines)가 형성될 것이다(그림 14-16a). 최대 침전(maximum precipitation)은 항체와 항원 분자의 농도가 적절한 비율로 존재하는 gel 부위상에서 일어날 것이다(equivalence zone; 그림 14-16b). 항체 well에 가까울수록 항체의 농도는 침전을 형성하기에는 너무 높을 것이고(antibody excess zone; 그림 14-16a) 항원 well에 가까울수록 항원 농도는 침전을 형성을 하기에 너무 높을 것이다(antigen excess zone; 그림 14-16c).

한 가지 항원은 gel diffusion assay에서 그 자신이 유도한 항체(homologous 항체)와 결합하여 단일 침전선(precipitin lines)을 형성하게 될 것이다. 두 개의 항원이 존재할 때, 각각은 서로 독립적으로 행동한다. 침전선의 위치는 주로 항원의 크기와 gel에서의 그들의 확산 속도에 의존할 것이다. 따라서 침전선의 수는 존재하는 항원-항체 시스템의 수를 나타낸다(그림 14-16b).

위에서 설명한 과정. 즉 항원과 항체 분자 모두가 다 well로부터 확산하는 이중확산(double diffusion)은 항원들에 대해 동일한 또는 교차 반응을 하는 결정자(cross-reacting determinants)의 수를 비교하기 위해 사용된다. 만약 항원 용액이 두 개의 인접한 well에 위치하고, 항체는 두 개의 항원 well과 같은 거리에 있다면, 형성되는 두 개의 침전선은 가장 가까운 말단에서 합쳐져 융합될 것이다. 이것은 동일성(identity)의 반응으로 알려져 있다(그림 14-17a). 관련이 없는 항원들이 인접한 well에 존재하고 중심 well은 두 항원과 반응하는 항체로 채워져 있을 때, 침전선은 서로 독립적으로 형성되고 교차될 것이다. 이것은 비동일성(non-identity) 반응으로 알려져 있다(그림 14-17b). 만약 하나의 항원이 항체 sample(homologous 항원)을 생성하기 위해 사용되고, 두 번째 항원이 homologous 항원과 항체에 의해 인지되는 특이성의 일부를 공유한다면, 두 개의 침

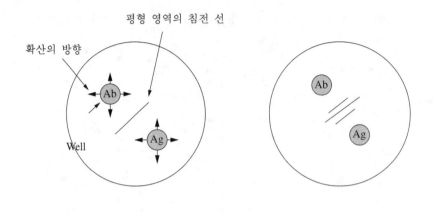

a. gel에서 침전선의 형성   b. 항원과 항체 복합체
혼합물로부터 다중 침전선

그림 14-16   항원·항체의 확산과 침전 선의 형성

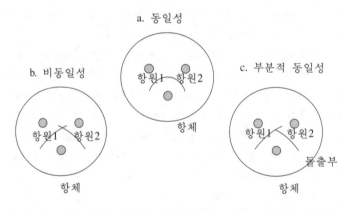

그림 14-17   이중 확산 과정에 의해 증명될 수 있는 항원들 사이의 관계

전선은 융합될 것이다. 그러나 부가적인 돌출부(spur)가 교차반응 항원(cross-reacting antigen) 쪽으로 돌출될 것이다(그림 14-17c). 돌출부는 homologous 항원과 교차반응 항원과 결합하지 않는 항체 분자 사이의 반응을 나타낸다.

본 실험에서는 토끼 혈청 단백질(rabbit serum proteins)에 대해 염소에서 생성된 항체를 사용하여 이중 확산 분석(double diffusion assay)을 행할 것이다. 토끼 혈청에 존재하는 단백질은 염소의 면역계에 의해 외부물질(foreign)로 인식되고 개개의 혈청 단백질에 대해 항체가 생성된다. 항체를 생성하기 위해 사용된 전혈청(whole serum)과 알부민(albumin)이나 immunoglobulin 같은 개개의 혈청 단백질을 포함하는 여러 다른 항원들 사이의 관계가 조사될 것이다. 양, 염소, 토끼는 면역학 연구(immunology research)에서 항혈청(antiserum)과 혈청(serum)을 얻기 위해 흔히 사용된다. 그 이유는 이들은 생쥐나 흰쥐에 비해 사육하기 쉽고 더 많은 양의 혈청을 얻을 수 있으며 다양한 항원을 주사했을 때 일반적으로 좋은 항체 반응을 나타내기 때문이다.

시약 및 기구

- 1% agarose : buffered saline 용액(pH 7.4)에 녹여 60℃ 항온수조에 보관
- 95% ethanol
- 절단된 well을 위한 형판(template)
- Tube A : 토끼의 전혈청(whole rabbit serum)에 대하여 생성된 항체를 포함(Antibody, 또는 Ab)
- Tube B : 토끼의 전혈청을 포함(Antigen B 또는 AgB)
- Tube C : 토끼 혈청 albumin을 포함(Antigen C 또는 AgC)
- Tube D : 토끼 혈청 immunoglobulin을 포함(Antigen D 또는 AgD)
- 0.1M Tris buffer, pH 7.5,
- 50:40:10 물:methanol:acetic acid,
- 0.1% Coomassie blue in 50:40:10 물:methanol:acetic acid
- 토끼 혈청에 대하여 염소에서 생성된 항혈청, 약 2㎖
- 토끼 혈청, 대략 2㎖
- 토끼 albumin 0.01㎎/㎖, 대략 2㎖
- 토끼 immunoglobulin(IgG) 0.01㎎/㎖, 대략 2㎖
- 직접 만들거나(recipe 아래에 있음) 구입한 Phosphate-buffer saline(200㎖)
- Agarose 1.8g
- Well cutter(10) : 빨대 자른 조각, pasteur pipet 가는 부분 잘라내고 fire-polished 한 것
- Plastic 또는 유리 pan
- 종이 towel : Pan에서 1/2 inch 높이로 쌓아올릴 수 있어야 함
- Practice loading solution : 식용 색소(optional)같은 착색 용액
- Tris 0.01M, pH 7(optional)
- Staining solution : 0.1% Coomassie blue용액(용매, 물:methanol:acetic acid 50:40:10)(optional)
- Destain : 물:methanol:acetic acid 50:40:10(optional)

실험방법

1 시간계획 : 배양시점까지의 agarose-coated slide와 well의 loading 준비는 2시간의 실험시간내에 끝낼 수 있다. 그 다음 결과의 관찰과 분석은 그 다음 실험시간(만약 slide가 냉장고에 저장되었다면 한 주 후에) 또는 하루나 이틀 후의 수업시간 동안에 계획되어질 수 있다.

2 실험 전 준비 : 1% agarose의 조제

① Phosphate-buffered saline의 제조 : 150㎖ 증류수에 2.19g NaCl, 1.28g KH_2PO_4, 2.63g Na_2HPO_4 ·$7H_2O$를 녹이고 pH 7.2로 맞추어 증류수로 최종 부피가 250㎖가 되게 한다.

② 1% agarose 용액

　㉠ 250㎖ flask에 180㎖의 phosphate-buffered saline과 1.8g의 agarose를 넣고 큰 덩어리가 분

산될 때까지 저어준다.

ⓛ Agarose를 녹이기 위해 hot plate를 사용하여 가열한다. 가끔씩 flask를 hot plate에서 들어내어 agarose의 작고 투명한 입자가 녹았는지 확인하라. 모든 입자가 녹아서 최종 용액이 맑아질 때까지 계속 가열한다. microwave oven을 사용할 때는 고온에서 2분 동안 또는 용액이 끓기 시작할 때까지 가열하고 agarose가 끓어 넘치지 않도록 주의한다.

ⓒ Agarose 용액을 열이 고루 분산되도록 저어주면서 60℃까지 냉각시킨다.

ⓔ 필요한 경우 여러 그룹에 나누어주기 위해 녹인 agarose를 더 작은 flask에 나누어 담는다.

ⓜ 녹인 agarose는 고체화를 방지하기 위해 60℃의 항온수조에 보관한다. 만약 agarose가 다시 고화되면 뜨거운 water bath나 microwave oven에서 다시 녹인다.

③ 필요하면, 항혈청과 항원 sample를 label된 tube에 나누고 tube를 재료의 list에 따라 표기한다.

④ 유리접시나 플라스틱 접시의 바닥에 1cm 정도의 두께로 paper towel을 깔아 incubation chamber를 준비한다. paper towel은 증류수로 적셔둔다. paper towel 위에는 어떤 층의 용액도 없어야 하며 모든 용액은 paper towel에 흡수되어야 한다. Chamber를 plastic wrap으로 덮거나 접시에 뚜껑이 있다면 덮어둔다.

❸ Slide위에 Sample Wells 만들기

① 각 실험조는 실험을 위해 3개의 slide를 사용한다. 필요하면 부가적인 slide가 sample loading을 위해 준비될 수 있다. 모든 slide에 소량의 알코올을 떨어뜨려 paper towel로 깨끗이 닦아 건조시킨다. cleaning한 후에는 손가락으로 표면을 만지지 않도록 한다.

② 실험에 사용될 3개의 slide 끝에 조이름과 숫자 1, 2, 3을 연속적으로 표기하고 손가락으로 표면을 만지지 않도록 주의한다.

③ 5mℓ pipet을 사용해서 녹인 agarose를 약간 냉각시켜 3.5mℓ를 조심스럽게 취하여 slide의 중심을 따라 pipet tip를 움직이면서 agarose가 분산되도록 slide위에 pipeting한다. 녹인 agarose가 slide의 가장자리를 흘러내리지 않고 표면에 고르게 펴지도록 해야 한다. 나머지 두 개의 slide에도 이 과정을 반복한다.

④ Agarose를 굳힌다. 약 10분 정도의 시간이 걸리는데 굳으면 gel은 약간 불투명하게 된다.

⑤ 실험에 사용될 3개의 slide에 대해 형판의 pattern이 slide의 중심에 오도록 slide 하나 아래에 형판(template)을 놓는다. well들 사이의 거리는 중요하므로 가능한 한 정확하게 형판을 따르도록 한다.

⑥ Well cutter로 5개의 well을 조심스럽게 잘라낸다. 이쑤시개나 spatula로 가장자리를 들어올려

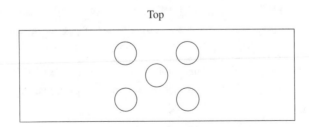

Top

그림 14-18 well을 잘라내기 위한 형판(template)

agarose plug를 제거한다.

⑦ 남아있는 두 개의 slide에도 5와 6의 단계를 반복한다.

4 Samples의 Loading

① 세 개의 slide 중심 well에 transfer pipet으로 항혈청(Ab, tube A)을 3 방울(약 30㎕)씩을 채운다. 세 개의 중심 well을 채우는데 동일한 pipet을 사용하여 다음과정을 따른다.

  ㉠ Pipet속으로 용액이 천천히 빨려들어 오도록 pipet bulb를 압착한다. sample용액은 pipet의 아래 부분에 있어야 한다.

  ㉡ Sample 용액이 담긴 tube 위에 pipet tip을 유지하면서 sample이 거의 pipet tip의 입구에 올 때까지 천천히 pipet bulb를 압착한다.

  ㉢ Pipet tip을 sample well 바로 위에서 sample 용액이 pipet속으로 되끌려 들어가는 것을 막기 위해 pipet bulb에 압력을 유지한다.

  ㉣ Sample 3 방울을 배출하기 위해 pipet bulb를 천천히 압착한다. well은 가득 찬 것처럼 보여야한다. well을 너무 채워서 agarose 표면에 흘러나오지 않도록 주의한다. 이러한 흘림은 결과에 영향을 미칠 수도 있다.

② 각 항원을 깨끗한 transfer pipet을 사용하여 항원(tube B, C, D) 3방울씩을 바깥쪽의 well들을 다음과 같이 채운다.

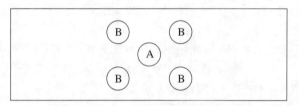

Slide 1
모든 다른 well들은 whole serum(AgB)로 채 운다.

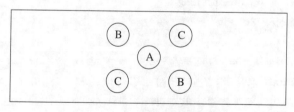

Slide 2
왼쪽 위 well – whole serum(AgB)
오른쪽 위 well – albumin(AgC)
왼쪽 아래 well – albumin(AgC)
오른쪽 아래 well – whole serum(AgB)

그림 14-20

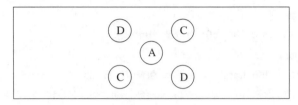

Slide 3
왼쪽 위 well – lgG(AgD)
오른쪽 위 well – albumin(AgC)
왼쪽 아래 well – albumin(AgC)
오른쪽 아래 well – lgG(AgD)

그림 14-21

③ Slide들을 항온 chamber속의 젖은 paper towel 층위에 둔다. plastic wrap으로 chamber를 덮고 침전선(precipitin line)이 형성되도록 실온에서 overnight동안 배양한다. 침전선은 24시간 내에 볼 수 있어야 한다.

④ Introduction에서 주어진 정보와 항원들 사이의 관계에 근거하여 침전선에 의해 형성될 pattern을 예상해 보라. 위의 세 개의 slide의 그림에 예상한 것을 그려보라.

결과 및 고찰

1 Slide를 실내등(또는 가능하다면 light box속에 slide를 넣어) 불빛이 통과해 비추어질 수 있도록 위쪽으로 조심스럽게 들어 보면 침전선이 각 slide에 불투명한 흰색의 호가 보일 것이다. 이것이 항원과 항체의 복합체가 침전된 것이다.

2 각각의 slide에서 관찰된 침전선의 pattern을 그려라. 침전선은 쉽게 보일 것이다. 예상된 결과가 그림 14-22에 나와있다. 그러나 선의 교차점은 가끔 희미하여 보기가 더 어려운데, 이것이 결과의 해석을 어렵게 한다. Coomassie blue staining은 선의 선명도를 증가시키기 위해 권장된다. 침전선이 전혀 보이지 않는 것은 다음의 이유 때문일 수 있다. 즉,

① Well 사이에 균형 잡히지 않은 pipetting
② Well 사이의 일정하지 않은 거리
③ 비활성 항혈청
④ 항원 sample 준비에서의 error, 즉 잘못된 농도

3 얻어진 결과 pattern을 그림 14-17에서 묘사된 것과 비교하라. 각각의 slide에 있어 결과에 의해 나타난 항원 사이의 관계를 결정하라. 결과는 항원 사이의 동일성, 부분적 동일성 또는 비동일성을 나타내는가?

4 침전선의 pattern에 의해 나타난 관계는 각각의 항원 sample의 내용에 근거하여 예상했던 것과 일치하는가? 설명하라.

Slide 1. 동일성의 반응

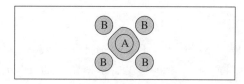

Slide 2. 부분적 동일성 반응

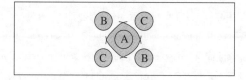

Slide 3. 비동일성 반응

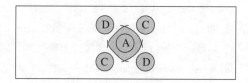

그림 14-22　이중 확산 실험에서 예상된 결과

주의사항

1 Agarose를 특히 microwave로 녹일 때 주의하라. 녹은 gel은 플라스크 위로 끓어 넘칠 수도 있다. 뜨거운 flask를 다룰 때는 손가락을 보호하고, 처음에는 뜨거운 flask를 조심스럽게 저어라.

2 Coomassie blue와 destain으로 작업할 때는 장갑과 실험복, 그리고 보안경을 착용하라. destain 용액은 독성을 지닌 methanol과 부식성의 acetic acid를 포함한다. 부가적으로, stain을 엎지르면 피부와 옷을 얼룩지게 할 것이다.

3 Glass slide를 세척할 때는 가장자리와 구석 부분이 날카로우므로 주의하라.

4 음식이나 음료를 실험실에서 사용하지 않도록 하라.

5 표준 실험실 안정성 과정(standard lab safety procedures)외에 다른 특별한 안정성이나 처리 문제는 요구되지 않는다.

2) Immunoelectrophoresis

실험원리

Immunoelectrophoresis는 electrophoretic 반응과 immunological 특성을 기본으로 단백질을 분리하고 동정하는 연구실과 임상에서 이용하는 하나의 방법이다. 염소에게 rabbit serum protein(항원 혹은 면역원)과 같은 단백질들의 도입은 host(염소)에게 항체(immunoglobulins)로 알려진 다른 단백질의 생성을 유도한다. 항원과 항체의 상호작용은 매우 강하고 특이성이 높다. Equivalence point로 알려진 특이적인 비율에 대해, 만약 항원의 solution과 항체가 다른 비율로 혼합된다면, 결합은 최대화가 되고 항원-항체 혼합물의 침전물이 형성된다. 임상연구실에서 이런 기술은 진단용으로 이용된다. 이것은 특히 immunoglobulins와 관련하여 serum의 비정상성을 조사하는데 이용하고, 또한 urine, cerebrospinal fluid, pleural fluid 등의 semi-quantitative protein분석에 이용된다. 연구를 위한 실험실에서 이런 기술은 monitor antigen, antibody 정제, 불순물을 검출하기 위해, plant와 animal tissue와 microbial extracts의 soluble antigen을 분석하기 위해 이용한다.

Immunoelectrophoresis에서 단백질은 먼저 전기장에 들어가고 다른 charge와 mass 비율을 기본으로 zone elctrophoresis에 의해 분리된다. 다음으로 전기장은 차단되고 단백질에 대한 항체는 system내로 도입된다. 항원과 항체의 확산이 일어나고 특정 위치인 equivalence point는 침전의 결과로 도달하게 된다. 다수의 다른 배열은 강도에 따라 단백질을 분리하고, 특징 짓고, 정량하기 위해 개발되어져왔다. 고전적인 immunoelectrophoresis에서 항체는 전기영동 후 electrophoretic gel을 잘라낸 홈에 첨가한다.

이런 모듈은 항원-항체 상호작용의 특이성을 실험할 뿐 아니라 단백질의 혼합물(rabbit serum)을 분리하고 특징 짓기 위한 immunoelectrophoresis의 이용을 보여주기 위한 것이다.

시약 및 기구

- Agarose 2g
- pH 8.0의 TAE(Tris-Acetate-EDTA) buffer 500㎖
- Rabbit serum 10㎕
- Goat anti-rabbit serum 200㎕
- Rabbit albumin 10㎕
- Goat anti-rabbit IgG 200㎕
- 수평의 전기영동 장치

실험을 위해 요구되는 모든 중요한 시약을 포함하고 있는 kit는 EDVOTEK(1-800-EDVOTEK)으로부터 구입할 수 있다.

- Pre-lab Preparation
- TAE(50×stock, 1liter)
- 242g Tris base
- 57.1㎖ glacial acetic acid

- 37.2g Na$_2$EDTA-H$_2$O
- pH 8.5
- 만약 필요하다면 TAE에 있는 antiserum을 희석

실험방법

1 아래와 같이 buffer을 준비 : Stock solution－450㎖ deionized water에 121g trishydroxymethyl-amino-methane(Tris)와 17g ethylenediaminetetracetate, disodium salt(EDTA)를 용해시킨다. 차가운 acetic acid(25㎖)로 pH를 8.0으로 조정한다. water로 500㎖를 맞춘다.
Working buffer - stock을 50배 희석한다.

2 아래와 같이 agrose gel을 준비 : 0.5g agarose와 희석한 TAE buffer 50㎖를 250㎖ Erlenmeyer flask에서 혼합한다. Microwave oven이나 hot plate에서 끓이면서 녹인다. Gel의 온도가 50℃ 정도 될 때까지 냉각시킨다. 만약 gel이 slide에 머물러 있지않거나, 가장자리가 흘러나오면 alcohol로 slide를 세척한다. 용해시킨 gel의 온도가 50℃가 되는 것이 중요하다.

3 작은 brush로 2% agar solution을 넣어 glass plate를 입힌다.

4 두께가 1~2mm될 정도로 용해시킨 gel을 부어서 glass plate 위에 gel을 cast하고 냉각시킨다.

5 Water aspirator와 연결한 pasteur pipete을 이용하여 agarose gel에 구멍을 내고 2개 혹은 그 이상의 작은 구멍을 잘라낸다.

6 Gel을 전기영동 장치에 옮기고 gel이 충분히 덮힐 정도의 buffer를 넣어준다.

7 Rabbit albumin과 rabbit serum solution 전체에 bromophenol blue solution 2방울을 넣는다.

8 왼쪽 well에 rabbit albumin을 오른쪽 well에 rabbit serum을 micropipette 혹은 모세관 tubing으로 load한다.

9 전기영동 buffer solution 위로 2~3mm에 slide를 올린다. Electrophoresis buffer로 미리 적신 filter paper의 심지로 buffer와 agarose사이를 접촉시킨다. 심지의 끝을 gel의 끝과 3~4mm 겹쳐지게 하고 다른 끝부분은 electrophoresis buffer내에 넣는다.

10 50V, 30mA에서 1시간동안 전기영동한다.

11 전기영동 chamber로부터 gel을 조심스럽게 제거한다. 두 개의 well사이와 오른쪽의 whole serum well인 두 개의 홈을 잘라낸다. 홈을 윤곽이 확실하도록 날카로운 면도칼을 이용하고, 잘라낸 gel을 제거하기 위해 pasteur pipete tip을 이용한다.

12 왼쪽 홈에는 goat anti-rabbit whole serum을 오른쪽 홈은 goat anti-rabbit IgG을 load한다.

13 습기가 있는 paper towels이 들어있는 잠겨진 축축한 chamber내에 gel을 두고 24시간동안 혹은 침전물의 형성이 관찰될 때까지 확산이 일어나도록 내버려둔다.

결과 및 고찰

1 Gel에서 침전물의 arcs의 형성을 기록한다.

2 다수의 침전물의 arcs로부터 rabbit whole serum에서 단백질의 수를 확인한다.

3 순수 albumin과 순수 anti-IgG단편과 비교하여 rabbit serum에서의 albumin과 IgG를 확인한다.

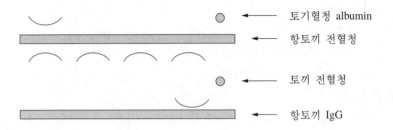

침전물의 arcs의 실제 수는 rabbit serum의 source와 분리의 효율성에 의존 할 것이다. 그러나 아래의 일반적인 pattern(모형)이 관찰되어진다.

Agarose를 끓이는 과정에서 튈 수가 있어 심한 화상을 초래할 수 있다. Agarose를 가열할 때에는 보안경(safty goggles)과 내열성 장갑(hot gloves)을 착용한다. 특히 용액이나 methylene blue가 함유된 gel을 다룰 때에 latex gloves가 실험과정 중에 닳게 된다. 전기영동 전원을 켜기 전에, chamber가 수평인지 그리고 실험대가 건조한지를 확인한다. 전기영동 장치를 작동할 때는 장갑과 보안경을 착용한다.

3. 정량 측정방법

1) Radioimmunoassay (RIA)

개 요

생화학적으로 유의한 분자들은 대체로 생체물질 중에 극미량으로 존재한다. 펩티드, 스테로이드 호르몬, 프로스타글란딘, 약물, 그리고 여러 가지 대사물들은 nanogram(10^{-9}g) 내지 picogram(10^{-12}g) 수준으로 존재하므로 대부분의 분석방법들은 이와 같은 범위에서는 사용할 수 없다. 방사면역분석법(radioimmunoassay, RIA)은 방사성동위원소 측정의 고감도와 항원-항체 면역반응의 특이성을 조합한 분석법으로서 혈액, 소변, 조직액 중에 극히 미량으로 존재하는 여러 가지 생체물질을 감지하고 정량하기 위해 충분한 감도를 가진 분석방법이다.

RIA의 기본원리는 다음 반응식과 같다. 여기서 Ag는 항원, Ag*는 방사성 동위원소로 표지된 항원, Ab는 항체, Ag*-Ab 또는 Ag-Ab는 항원-항체의 복합체를 나타낸다.

$$Ag^* + Ag + Ab \underset{\longleftrightarrow}{\overset{\nearrow Ag^*\!-\!Ab}{\searrow Ag\!-\!Ab}}$$

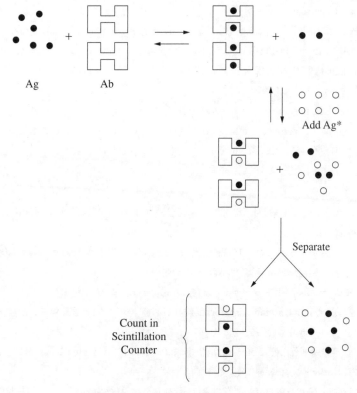

그림 14-23 RIA의 기본원리

RIA의 기본 단계는 그림 14-23에 나타나 있다. 즉 우선 제한된 양의 항체(Ab)를 여러 포화수준의 항원(Ag)과 반응시킨 후 방사성 동위원소로 표지된 항원(Ag*)을 반응액에 첨가해 주면 Ag는 free Ab와 결합하여 반응의 평형상태를 변화시키게 되며 두가지 형태의 항원-항체 복합체(Ag*-Ab와 Ag-Ab)가 존재하게 된다. 즉 2가지 형태의 항원, Ag와 Ag*가 제한된 수의 항체에 대해 경쟁하게 된다. Ag/Ag* 비율이 증가할수록 유리상태의 표지항원(Ag*)의 농도가 증가한다. 항원-항체 복합체를 물리적으로 유리상태 항원들로부터 분리하여 Ag*-Ab 복합체 분획의 방사능량을 liquid scintillation counter로 측정한다. 방사능 측정 데이터를 이용하여 표준곡선을 수립한다. 초기에 존재하던 Ag량의 log 값에 대한 결합 Ag의 %값의 plot은 미지 시료중의 Ag량을 추정하는데 이용된다.

실험재료

■ 혈장시료 : 헤파린 또는 EDTA 처리된 tube에 채혈하여 1시간 이내에 사용한다. 미리 채혈할 경우에는 −20℃에서 1주일간 안정하다.
■ Rabbit antiPGF-BSA serum
■ Potassium phosphate buffer : 0.01M phosphate, pH 7.4, 0.15M NaCl, 0.1% NaN₃, 0.1% BSA 함유

- Dextran-coated charcoal
- Standard PGF : 5가지 농도의 표준액(2.5ng/mℓ, 1.25ng/mℓ, 0.63ng/mℓ, 0.31ng/mℓ, 0.15ng/mℓ)
- Tritiated PGF : tritiated PGF(50-100 Ci/mmole) phosphate buffer용액 50,000~100,000dpm/mℓ)
- Scintillation liquid : PPO, POPOP, toluene, Triton X-100 함유
- Scintillation vials
- 추출용액 : ethyl acetate, isopropanol, 0.1M HCl(3 : 3 : 1)
- 이외 유리 원심튜브, petroleum ether, ethyl acetate, vortex mixer, 냉장원심분리기(7500rpm), 작은 시험관 몇 개, 항온수조(50~60℃), 순수질소가스 탱크

실험방법

1 혈액 3mℓ를 5000×g(4℃)에서 15~20분간 원심분리하여 혈장(상층액)을 유리관에 담아 얼음 위에서 보관한다.

2 혈장 1mℓ씩을 2개의 눈금있는 원심관에 옮겨 담은 후 각각에 petroleum ether 3.0mℓ씩을 첨가하고 잘 흔들어 혈장으로부터 중성지질을 추출한다.

3 두층이 분리되게 하여 위의 petroleum 층을 1회용 pipet으로 제거한다.

4 수용성 혈장층에 ethyl acetate : isopropanol : 0.1M HCl(3 : 2 : 1) 혼합액 3.0mℓ를 첨가하여 15초씩 두 번 vortex한다.

5 각 튜브의 혼합액에 ethyl acetate 2.0mℓ, 물 3.0mℓ를 더하여 vortex로 잘 섞고 1,000rpm에서 10분간 원심분리하여 층을 분리한다.

6 위의 유기용액층을 2개의 작은 시험관으로 옮기고 잘소가스 아래의 50~60℃의 항온수조에서 가열하여 유기용매를 휘발시키고 잔여물을 다음 실험에서 사용한다.

7 10개의 시험관을 표 14-15와 같이 준비한다. 표의 시험관 11, 12는 위에서 준비한 잔여물을 포함한다.

8 혈장 0.1mℓ를 시험관 9와 10에 담고 표지되지 않은 PGF 표준액 0.1mℓ씩을 시험관 4-8에 담는다. 즉, 시험관 4에 2.5ng/mℓ, 5에 1.25ng/mℓ, 6에 0.63ng/mℓ, 7에 0.31ng/mℓ, 8에 0.15ng/mℓ를 담는다.

9 시험관 1, 2, 3, 11과 12에 표에서와 같이 phosphate buffer을 첨가한다.

표 14-15 Prostaglandins F의 RIA를 위한 Tube의 준비

Reagents	Tube 1	2	3	4	5	6	7	8	9,10	11,12
Blood plasma	—	—	—	—	—	—	—	—	0.10	—
Plasma extract	—	—	—	—	—	—	—	—	—	residue
Standard PGF2α	0.1								—	—
Phosphate buffer	0.60	0.90	0.10	—	—	—	—		—	0.10
Antiserum	—	—	0.5							

⑩ 시험관 1과 2를 제외한 모든 시험관에 항혈청 0.5㎖씩을 더한다.

⑪ 모든 시험관을 4℃에서 30분간 incubation한다.

⑫ 모든 시험관(1～12)에 ^{3}H-PGF 용액 0.1㎖씩을 더하여 4℃에서 60분간 incubation한다.

⑬ 시험관을 4℃로 유지하면서 2번을 제외한 모든 관에 0.2㎖의 dextran-coated 활성탄 용액을 첨가한다.

⑭ 모든 시험관을 4℃, 3000rpm에서 15분간 원심분리한다.

⑮ 원심분리하는 동안 12개의 scintillation vial을 준비하여 6㎖씩의 scintillation fluid를 가하고 1～12의 번호를 매긴다.

⑯ 각 시험관마다 별도의 pipet을 사용하여 원심분리 상층액 0.5㎖씩을 해당 scintillation vial에 옮겨 담는다.

⑰ 각 시료를 liquid scintillation counter에서 5～10분간 측정한다.

결과 및 고찰

1 다음과 같은 결과표를 준비한다.

시험관 번호	Gross count	CPM	Net CPM	% Bound	Relative % Bound

2 각 sample에 대한 gross count를 표에 넣고 각 gross count를 측정시간으로 나누어 cpm을 계산한다.

3 시험관 2(total)를 제외한 모든 시험관들로부터 1번 시험관(blank)의 값을 감해주어 net cpm을 계산한다.

4 시험관 3-8에 대해 각각의 net count를 시험관 2(total)의 count로 나누어줌으로써 %bound를 계산한다. % bound는 가능한 총 count(시험관 2)에 대한 각 시험관의 상대적인 count를 나타낸다.

5 다음 식을 사용하여 각 standard 시험관(4～8)에 대해 상대적 %bound를 계산한다.

$$\text{Relative \% bound} = \frac{\text{net cpm in sample}}{\text{net cpm in zero countrol}} \times 100$$

zero control = tube 34

6 각 시험관(4～8)의 PGF값의 log 값에 대해 y축에 relative % bound 값을 plot하여 standard curve를 만든다. 이 량은 각 standard tube에 첨가한 비표지 표준 PGF이다.

8 미지시료중의 relative % bound를 계산하고 standard curve를 사용하여 혈장중의 PGF 농도를 알아낸다.

2) Enzyme-linked Immunosorbent Assay (ELISA)

기본원리

신체의 면역계는 이물질에 대한 숙주의 방어 기작에서 중요한 역할을 한다. 감염에 대한 면역계의 주요 반응은 감염의 인자, 즉 항원에 반응해서 항체(예를 들면, 면역글로불린 즉, Ig)를 생성하는 것이다. 생성된 항체는 항원에 대해 특이적으로 반응하며, 특정 감염인자와 다른 것들은 eradication 된다. 항체 단백질은 혈류를 통해 순환하며 감염된 사람의 혈청에서 검출될 수 있다.

면역분석에는 면역침전법(예를 들면, gel diffusion), 응집법(agglutination test), 보체고정법(complement fixation test), 면역형광법(immunofluorescence test), 방사능면역 분석법(radioimmunoassay :RIA), 효소결합면역흡착분석법(enzyme-linked immunosorbent assay:ELISA), Western immunoblot 법 등이 있다. 이들 면역분석법을 이용해서 감염에 대한 항체반응을 알 수 있고, 얻어진 그 결과는 감염을 진단하는데 사용될 수 있다. 예를 들면, HIV(AIDS virus)에 대한 혈청 항체의 검출은 혈청 양성 반응인 감염된 사람을 가려내는 믿을 수 있는 기준으로 이용된다.

높은 특이성과 감도로 인해 면역분석은 실험에서 항체와 항원 분석물(예를 들면, 호르몬, 약 등) 측정에 보편적으로 사용된다.

효소라벨은 값비싼 장비가 요구되는 형광물질이나 생체에 위험하고 불안정한 방사성 동위원소보다 일반적으로 더 선호된다. 따라서, 최근에는 일반적으로 효소결합면역흡착분석법으로 명명되는 효소면역분석법이 광범위한 분야에서 적용되고 있다. 방사능면역분석과 같이 효소결합면역흡착 분석법은 2가지 기본 방법이 있다.

(1) 항체의 검출이나 정량을 위한 직접결합분석법

(2) 항원의 검출이나 정량을 위한 경쟁적 효소면역분석법

효소결합면역흡착분석(직접결합분석법)은 (1)항원(BSA)과 항체(anti-BSA)사이의 특이적 상호반응을 관찰하거나 (2)BSA 항원으로 면역화시킨 토끼에서 얻은 혈청의 anti-BSA 항체의 양을 역가에 의해 결정할때 사용된다. 실험의 총 소요시간은 3시간 2회이며, 다음과 같은 과정을 거쳐야 한다. 첫번째 lab period에서는 (1)항원 용액을 준비하고 항원을 96-well. microtiter plate에 코팅한다. (2)토끼혈청 희석용액을 준비한다. 두번째 lab period에서는 (1)항원이 코팅된 plate에 항체를 첨가하고 항원-항체 상호반응을 시킨다. (2)효소가 결합된 2차 항체(예를 들면, 토끼 항혈청에 특이적인, peroxidase 효소가 결합된 염소 항체); anti-Ig라고 불리는 2차 항체는 앞과정에서 형성된 항원-항체 결합체와 반응할 것이다. (3)기질용액을 첨가한다. 이는 효소 conjugate와 반응해서 유색 생성물을 만들 것이다. 이론적으로 흡광도는 항혈청 sample에 있는 anti-BSA 항체의 양에 비례한다. 만약 토끼의 혈청 속에 anti-BSA 항체가 존재하지 않는다면 유의적인 색변화는 관찰되지 않을 것이다.

실험디자인

1 Lab period 1

① 기본 지식과 실험방법에 대한 실험 전 토의

② microtiter plates에 항원을 코팅

③ 토끼 혈청의 단계적 희석

2 Lab period 2

① 실험전 토의

② 항원 plate의 포화

③ 1차 항체의 첨가

④ 2차 항체-효소 conjugate의 첨가

⑤ 기질 첨가

⑥ 결과 해석

3 효소결합면역흡착분석법의 도식도는 그림 14-24와 같으며 내용을 요약하면 4가지 기본단계가 있다.

① 항원 결합 : BSA 또는 gelatin이 결합한 것을 microtiter plate의 well에 각각 넣는다.

② 항체 첨가 : plate를 씻는다. BSA에 대한 항체를 포함한 토끼 혈청 A와 토끼 혈청 B(BSA에 대한 항체가 없는 normal한 토끼 혈청)를 단계적으로 희석하여 ELISA plate의 각 well에 첨가한다. 항원-항체 상호 반응이 일어나도록 incubation 시킨다.

③ Conjugate 첨가 : plate를 다시 한번 씻는다. 이것은 plate에 결합된 항원과 반응하지 않은 항체를 씻어낼 것이다. Conjugate(anti Ig 또는 2차 항체에 결합한 효소)를 첨가한다. Conjugate B는 쥐 항체에 결합한다. 이 경우에 2가지 conjugate가 horseradish peroxidase에 결합되어 있다. 다시 plate를 incubation 시킨다.

④ 기질 첨가 : 다시 결합되지 않은 물질은 씻어 낸다. 효소기질(이 경우에 발색시키는 chro-mogen)을 첨가한다. 이것이 conjugate와 반응해서 색을 나타내며, 이는 반응을 나타내는 것이다.

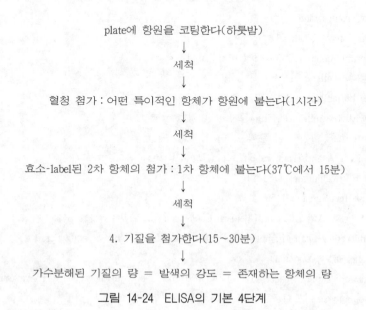

plate에 항원을 코팅한다(하룻밤)

↓

세척

↓

혈청 첨가 : 어떤 특이적인 항체가 항원에 붙는다(1시간)

↓

세척

↓

효소-label된 2차 항체의 첨가 : 1차 항체에 붙는다(37℃에서 15분)

↓

세척

↓

4. 기질을 첨가한다(15~30분)

↓

가수분해된 기질의 량 = 발색의 강도 = 존재하는 항체의 량

그림 14-24 ELISA의 기본 4단계

■ PBS : Phosphate buffered saline(PBS)은 10배의 농축된 상태로 준비한다. 500㎖의 눈금이 있는 실린더에 10×PBS 50㎖를 첨가한다. 증류수로 500㎖까지 채워 working 용액으로 사용한다(선택 : 1×PBS ℓ당 0.5㎖의 Tween 20을 첨가한다).

■ PBS(3% milk) : Blocking 용액은 1×PBS 100㎖에 nonfat dry milk 3g을 넣어서 만든다.

■ Carbonate buffer 0.05M : 0.02%의 sodium azide가 들어 있는 sodium carbonate buffer, pH 9.6

■ Antigen I 1% Bovine Serum Albumin(BSA) : BSA 0.1g이 들어 있는 vial을 준비한다. Carbonate buffer 10㎖를 넣어 잘 섞어 working solution Antigen I 으로 사용한다.

■ Antigen II 1% Gelatine : 10㎖의 carbonate buffer에 0.1g을 용해시킴으로써 1%용액을 준비한다.

■ Rabbit serum A : BSA에 대한 항체를 가진다. 1:10 희석액 0.1㎖가 담긴 유리병을 준비한다. 이를 다음과 같이 PBS(3% milk) 9.9㎖로 희석한다. vial의 내용물을 15㎖ 시험관에 옮긴다. PBS(3% milk) 9.9㎖를 재어라. 그 중 소량을 유리병을 헹구는데 사용한다. 이것과 남은 PBS용액을 15㎖ 시험관에 넣는다. 혼합한 뒤 tube에 #1 rabbit serum A 1:1000이라는 라벨을 한다

■ Rabbit Serum B Normal Rabbit Serum : BSA에 대한 항체를 가지지 않는다. Rabbit serum A와 같은 방법으로 #8 rabbit serum B로 라벨을 한다.

■ Anti-Rabbit Ig Conjugate : 0.2㎖를 준비한다. 사용 전까지 냉동고에 보관한다. 50㎖ tube에 19.8㎖의 PBS(3% milk)로 희석시킨다. Rabbit Conjugate라고 라벨을 한다.

■ Anti-Mouse Ig Conjugate : Horseradish peroxidase가 결합된, mouse Ig에 특이적 항체 Anti-Rabbit Ig Conjugate와 같은 방법으로 희석하고 저장한다. Mouse Conjugate라고 라벨 한다.

■ TMB Substrate : 용액 A와 B를 준비한다. 사용하기 직전에 준비한다. 용액 A 30㎖와 용액 B 30㎖를 혼합한다. TMB라고 라벨 한다. 어두운 곳에 보관한다.

■ 250㎕ microcuvette이 갖추어진 분광광도계, ELISA Micro plate reader

■ 96 well Microtiter plate

■ Multichannel pipet (optional)

■ Bovine Serum Albumin(BSA) 용액, Antigen I

■ Gelatin 용액, Antigen II

■ Phosphate buffer saline(PBS),10×

■ PBS 1×with 3% milk, blocking 용액과 혈청 희석액

■ Carbonate buffer, 항원 코팅 용액

■ rabbit anti : BSA antiserum, rabbit serum A, 1:10 희석

■ Anti-rabbit Ig conjugate, 1:50 희석

■ Anti-mouse Ig conjugate 1:50 희석

■ TMB 기질 용액 A와 B(Sigma Chemical Co에서 제품으로 만든 것을 구할 수 있다)

■ 96 well microtiter plate (Immulon 1, Dynach Laboratories, Inc. or equivalent)

■ Multichannel pipet (optional)

■ ELISA microtiter plate reader (BIO-TEK Instruments or equivalent) : Micro cuvettes이 갖추어진 spectrophotometer를 사용할 수도 있다.

■ Pre-lab Preparation

㉠ Phosphate-buffered Saline (PBS), 10×

2.3g NaHPO₄ (anhydrous) (1.9mM)

11.5g Na₂HPO₄(anhydrous) (8.1mM)

90.0g NaCl (154mM)

800㎖까지 증류수를 넣는다.

1M NaOH 또는 1M HCl을 사용하여 pH (7.2 to 7.4)를 맞춘다.

물을 1ℓ까지 넣는다.

㉡ Carbonate buffer

Na₂CO₃ (15mM) 1.6g

NaHCO₃ (35mM) 2.9g

NaN₃ (3.1mM) 0.2g

1ℓ까지 물을 넣는다.

pH 9.5를 맞춘다.

주의 : Sodium azide는 독성이 있으므로 장갑을 착용한다.

㉢ 3% milk가 함유된 PBS(1×)

100㎖ PBS에 nonfat milk powder 3g을 용해시킨다. 사용하는 당일 준비한다.

㉣ 1% Bovine Serum Albumin 용액(Antigen Ⅰ)

10㎖ carbonate buffer에 0.1g BSA(Sigma Chemical의 제품)를 녹인다.

또는 BSA 0.1g이 든 vial을 준비하여도 된다.

㉤ 1% Gelatin 용액(Antigen Ⅱ)

10㎖ carbonate buffer에 0.1g gelatin(Sigma Chemical의 제품)을 녹인다.

대신 gelatin 0.1g이 든 vial을 준비하여도 된다.

㉥ Rabbit anti-BSA antiserum 1:10 (Rabbit, Serum A)

Rabbit anti-BSA antiserum(Sigma Chemical의 제품) 0.1㎖을 0.9㎖의 1×PBS와 섞는다.

Vial에 0.1㎖씩 넣어 냉동시킨다.

㉦ Normal rabbit serum 1:10 (Rabbit Serum B)

위와 같이 준비한다. 0.1㎖씩 냉동 보관한다

㉧ Anti-Rabbit Ig Conjugate, 1:50

Horseradish peroxidase가 결합된 염소의 anti-rabbit Ig를 준비한다(Jackson immmuno Research Lab, Inc. 제품).

3% milk가 함유된 1×PBS 4.9㎖와 위의 0.1㎖를 혼합한다. 0.2㎖씩 담아 냉동보관 한다.

(실험과 공급원에 따라 희석배수를 조정한다.)

㉨ Anti-Mouse Ig conjugate 1:50 Horseradish peroxidase가 결합된, rabbit anti-mouse Ig를 준비한다. 그리고 위와 같이 희석을 한다. 0.2㎖씩 냉동보관한다.

㉩ TMB 기질 용액

용액 A : 1ℓ 부피의 flask에 Tetramethylbenzidine(TMB) (Sigma Chemical의 제품) 0.1g을

600㎖ methanol로 용해시킨다. Glycerol로 1.0 ℓ 까지 맞춘다. 호일로 싼 유리병에 넣어 4℃에서 보관한다

용액 B : 1 ℓ flask에 증류수 500㎖로 K₂HPO₄ 22.82g, Citric Acid 19.2g, 30% H₂O 1.34㎖를 용해시킨 후 증류수로 10 ℓ 까지 채운다. Thimerosal(0.01%)은 보존제로 사용될 것이다. Sigma Chemical사에서 상품화 시약을 사용할 수도 있다.

방 법

1 Lab Period 1

① Antigen Application to plate

  ㉠ C-6과 같은 방법으로 antigen Ⅰ(BSA)와 antigen Ⅱ(gelatin)를 준비한다.

  ㉡ Pipetman을 사용하여 ELISA A, B, C, D행의 1-5, 5-12열의 각 well에 항원 100㎕를 넣는다.

  ㉢ 깨끗한 pipet tip을 사용하며, ELISA plate의 E, F, G, H행의 1-5, 8-12열의 well에 항원Ⅱ 100㎕을 넣고 chart에 적는다.

  ㉣ Plastic wrap으로 ELISA plate를 밀봉한 뒤 37℃에서 1시간 동안 incubation한다(실온 incubation 가능. 냉장 온도에서는 하룻밤 동안 incubation시킨다).

② Antibody Dilution in Tubes

  ㉠ C-6과 같은 방법으로 토끼혈청 A(라벨 tube#1)와 토끼혈청 B(라벨 tube #2)의 stock 용액을 준비한다.

  ㉡ 15㎖ 시험관 8개를 다음과 같이 라벨 한다 : 2, 3, 4, 5, 9, 10, 11, 12

  ㉢ 5㎖ pipet을 사용해서 dry milk가 함유된 phosphate buffered saline(PBS : 3% milk) 4㎖를 8개의 시험관에 넣는다.

  ㉣ Rabbit serum A를 담은 tube 1을 사용한다. 5㎖ pipet으로 다음과 같이 단계적 희석을 한다.

    • 4㎖의 rabbit serum A를 tube 1에서 tube 2로 옮긴다. 수회, 아래위로 흔들어 잘 혼합한다.

    • 4㎖를 tube 2에서 덜어 tube 3으로 옮긴다.

    • 4㎖를 tube 3에서 덜어 tube 4로 옮긴다.

    • 4㎖를 tube 4에서 덜어 tube 5로 옮긴다.

  ㉤ Rabbit serum B가 있는 #8 tube를 이용해서, 위와 같은 방법으로 tube 9에서 tube 12까지 단계적 희석을 반복한다. 모든 tube를 잘 봉하여 필요시까지 냉장보관한다.

2 Lab Period 2

Antibody Addition to plate

  ㉠ ELISA plate의 내용물을 개수대에 버린다. Paper towel에 두드린다 .

  ㉡ PBS milk로 ELISA plate의 각 well을 가득 채운다 : 15분간 incubation시킨다. 위와 같이 버린다(이 단계는 각 well의 비특이적 결합장소를 포화시키려는 목적이다).

  ㉢ Plate를 턴후 PBS만으로 well을 다시 채운다. 2분 동안 둔다. 위와 같이 버리고 두드린다. 여러번 반복한다.

  ㉣ Pipetman을 사용하여 각 well에 희석된 rabbit serum 100㎕를 넣는다. Tube의 숫자는 ELISA plate의 행에 상응한다. 각 토끼 혈청(A와 B)에 하나의 깨끗한 pipet tip을 사용한

다. 모든 정보를 chart에 기록한다(만약에 pipetman 이용이 불가능하다면 dropping pipet을 사용해서 각각의 혈청 2방울을 넣는다).

ⓜ Plate를 덮고 실온에서 1시간 동안 incubation시킨다.

ⓗ ELISA plate 내용물을 개수대에 버린다. 종이 towel에 턴다.

ⓢ ⑤과정과 같이 씻는다. 총 3번을 씻는다.

ⓞ 100㎕의 rabbit conjugate를 A와 B, E, F행의 1-5, 8-12열의 well에 넣어라. Mouse conjugate 100㎕를 C와 D, G, H행의 1-5열, 8-12열의 well에 넣어라. Plate를 덮는다. Chart에 기록한다.

ⓥ 37℃에서 15분간 incubation한다.

③ Substrate Addition to Plate

ㄱ C-6에서 설명한 대로 TMB 기질을 준비한다. 기질의 working 용액은 사용 바로 직전에 준비되어야만 한다.

ㄴ Plate를 비우고 lab period 2 ⓜ, ⓗ단계와 같이 씻는다.

ㄷ A, B, C, D, E, F, G, H 행의 1-5열, 8-12열의 well에 기질 용액 200㎕을 첨가한다. 몇 분 후의 무색에서 파란색의 색변화는 양성의 항원-항체의 반응임을 나타낸다.

ㄹ 15분과 30분 후 ELISA plate reader를 사용해서 흡광도를 읽는다. 또는 각각의 well의 product 반응물을 microcuvett으로 옮기고 분광광도계를 사용해서 650nm파장에서 흡광도를 읽는다. Plate reader나 분광광도계가 이용 가능치 않다면 ELISA plate를 index card 또는 흰종이 위에 놓고 색변화를 관찰한다. 15분과 30분 사이에 관찰해서 아래와 같이 기록한다.

+++ 매우 반응 있음   ++ 비교적 반응이 있음

\+   약간의 반응이 있음   -   반응 없음

■Chart에 결과를 기록한다.

결과 및 고찰

1 결과를 table에 요약한다. Table에 제목을 적는다.

2 위의 table의 data를 사용해서 anti-BSA와 normal 혈청 control의 활성을 비교하기 위해 그래프를 그린다. 그래프에 제목을 적는다(어떤 format, table, 그래프가 결과를 보여주기에 가장 효과적인가?).

3 Data를 해석한다. Test system(anti-BSA, BSA, Rabbit conjugate)과 control(normal Serum, gelatin, mouse conjugate)을 사용해서 얻은 결과에 대해 고찰하는 것이 중요하다. Anti-BSA 혈청의 특이성과 역가에 대해 뭐라고 할 수 있는가?

4 결과에서 찾을 수 있는 문제만 아니라 실험중 일어날 수 있는 문제에 대해 토의한다.

5 실험의 결론을 도출한다. 당신이 생각하기에 실험에서 목표한 것을 이루었는가? 설명한다.

화학물질의 일부는 자극적이며 유해한 반응을 야기 시킬 수 있다. 실험 전에 실험복을 입고 보안경, 비닐 장갑을 꼭 착용해야 한다. 어떠한 시약도 눈/피부에 접촉하지 않게 하고 삼켜서는 안된다. 붉어지면 최소한 15분간 흐르는 물에 헹구어라. 어떤 사고라도 지시자에게 보고하라. 매일 종료시에는 실험 안전 수칙에 따라 폐기물을 처리하며 실험실을 나오기 전에 손을 깨끗이 씻어라.

화학물질과 생물적 sample을 다루기 위한 일반적인 실험안전수칙은 이와 같다. 학생들은 실험시 반드시 실험복 혹은 앞치마를 입어야 하며, 보안경과 장갑을 착용하여야 한다. 강력한 발암 물질인 TMB를 포함한 기질용액과 유기용매는 주의해서 다루어야 한다.

결과분석

1 일반적이며 기대되는 결과는 아래의 chart에 제시되어 있다. 정확한 결과는 사용된 반응물질에 따라서 다양할 것이다.

	Rabbit serum A						Rabbit Serum B					
	Antigen I(1% BSA)											
	1	2	3	4	5	6	7	8	9	10	11	12
R-A	+++	++	++	+	−			−	−	−	−	−
R-B	+++	++	++	+	−			−	−	−	−	−
M-C	−	−	−	−	−			−	−	−	−	−
M-D	−	−	−	−	−			−	−	−	−	−
Antigen II(1% gelation)												
R-E	−	−	−	−	−			−	−	−	−	−
R-F	−	−	−	−	−			−	−	−	−	−
M-G	−	−	−	−	−			−	−	−	−	−
M-H	−	−	−	−	−			−	−	−	−	−

+++ : 반응성이 매우큼   M : mouse conjugate
 ++ : 반응성이 보통임   B : rabbit conjugate
  + : 반응성이 매우 약함
   : 가시적인 항원−항체 반응

2 효소결합면역흡착분석법의 최종결과는 육안으로 또는 "yes" 또는 "no"라고 답함으로써 주관적으로 평가된다. 양성결과는 음성 control의 무색(혹은 아주 엷은 색) well과 구별될 수 있는 유색 반응에 의해 나타난다.

유색반응 생성물은 최대 흡광 파장에서 그것의 흡광도(optical density)를 좀 더 정확히 측정하기위해 ELISA microplate reader나 분광광도계로 측정하는 것이 선호된다. 한계값(control에서 보여진 흡광도 값의 상한치)은 결정되고, 한계값 이상의 흡광도(negative control의 2~3배)를 나타내는 test sample을 양성으로 결정한다.

효소반응의 속도는 다양하기 때문에 최종 결과는 30분 동안 5~10분 간격으로 가능한 빨리 읽어야 한다. 만약 반응이 너무 빠른 경우는 염산용액 50μl를 각 well에 넣으므로써 반응을 종결시킨다(HF, 1:400의 희석).

결과는 end point titration 또는 O.D 측정에 의해 두 가지로 나타낼 수 있다.

3 이 과정은 대부분의 상품화된 제품(항원, 토끼 혈청, enzyme conjugate 등)을 사용할 수도 있고, 농도는 공급원에 따라 조정될 필요가 있다.

4 항체의 incubation 속도를 단축시켜야 한다면, 결합의 일부 손실은 일어나지만 항체의 incubation 시간을 30분까지 감소시킬 수 있다. 37℃에서 incubation하는 것은 반응을 빠르게 할 수는 있지만 높은 background를 나타내는 비특이적 결합을 증가시킬 수 있다.

5 양성 반응이 일어나지 않았을 때 - 문제의 이유

a. BSA 항원 : 항원 용액의 농도와 제조날짜를 검토한다.

　　　　　: coating에 쓰인 plate를 검토한다.

　　　　　: 항원 코팅 buffer를 검토한다.

b. Rabbit Anti-BSA serum : 항체 용액의 날짜와 희석 배수를 검토한다.

　　　　　: Antibody의 농도를 증가시킨다 : 공급원에게 문의하라.

c. Anti-rabbit Ig conjugate : Conjugate의 날짜와 희석 배수를 검토한다. Conjugate의 농도를 증가시킨다. : 공급원에게 문의하라.

d. TMB 기질 : 사용 바로 직전 working standard를 만든다.

　　　　　Stock 용액 A와 B를 검토한다.

e. TMB working 용액과 희석된 conjugate $100\mu\ell$를 혼합함으로 (c)와 (d)를 검토한다. 유색반응이 나타나야 한다.

6 High background-문제의 이유

a. 포화되지 않은 plate : 포화 Buffer(PBS milk)를 검토한다.

　　　　　: milk 농도를 증가시킨다.

　　　　　: 10% normal goat 혈청과 같은 다른 carrier protein을 사용해 본다.

b. 반응이 빨리 일어났거나 결과를 너무 늦게 본 경우

　　　　　: 기질 첨가 후 곧 결과를 읽는다. : 염산으로 반응을 중지시킨다.

c. 너무 진한 농도의 conjugate : Conjugate를 더욱 희석한다.

　　　　　: 공급원에게 문의하라.

d. 너무 진한 농도의 Sera. 항혈청을 희석하고 normal 혈청도 더욱 희석한다.

　　　　　: 공급원에게 문의하라.

참고문헌

1 Boyer, R. F : Modern Experimental Biochemistry. The Benjamin/Cumming pub Co. p.531 (1986)

2 Chirikjian, J. G. : Biotechnology, Theroy and Techniques Vol. 1. Jones and Bartlett Pub. Inc. p.103(1995)

3 Diamandis, E. P. and Christopoulos, T.K. : Immunoassay, Academic press(1996)

4 Law, B. : Immunoassay. A practical Guide. Taylor & Francis. p.96(1996)

15

당질 및 식이섬유소

제1절 당질의 정성시험

1. Fehling 시험

개요

Fehling 시험은 탄수화물의 환원성에 기초를 둔 시험법이다. Fehling 시험에 있어서 $CuSO_4$는 알칼리와 반응하여 $Cu(OH)_2$로 되고 이것이 환원성을 가진 탄수화물에 의해 환원되어 적갈색의 Cu_2O로 변한다.

$$2Cu(OH)_2 \longrightarrow Cu_2O + H_2O + [O]$$

Fehling 시험에서는 $CuSO_4$용액(용액A)과 타르타산 나트륨칼륨(Na-K-tartarate)의 알칼리성 용액(용액B)을 각각 따로 만들어 두었다가 시험하기 직전에 이 두 용액을 똑같은 부피씩 취하여 섞어 쓴다. 타르타르산과 같은 알코올성 OH기를 가진 유기화합물은 일반적으로 2가의 구리 화합물과 함께 가용성 착화합물을 만들며, 따라서 이것을 쓰면 $Cu(OH)_2$의 용해도가 커지고 시약의 안정성도 커진다.

Fehling 시험은 환원성 탄수화물을 확인하는 고전적 방법으로서 널리 이용되어 왔으나, 지금은 그 대신에 주로 Benedict 시험이 많이 이용되고 있다. Fehling 시약은 소변 속에 있는 뇨산과도 반응할 만큼 예민하기 때문에 소변에 포함되어 있는 포도당을 검출하는 데는 부적당하다. 또 과량의 암모니아나 암모늄염도 이 시험을 방해하는 요인이 된다.

1%의 당 용액을 만든다.

시약 및 기구

- Fehling 용액 A : $CuSO_4 \cdot 5H_2O$ 35g을 물에 녹여 500㎖가 되게 한다.
- Fehling 용액 B : 타르타르산 나트륨칼륨(Rochelle염) 173g과 NaOH 50g을 물에 함께 녹여 500 ㎖가 되게 한다.
- 시험관

방법(조작)

시험관에 Fehling 용액 A의 일정량을 취하고 같은 부피의 용액 B를 첨가한 다음 5방울 정도의 시료 용액을 넣고 끓이면서 색깔의 변화를 관찰한다.

결과 및 고찰

Fehling 반응에 있어서 $CuSO_4$는 알칼리와 반응하여 $Cu(OH)_2$로 되고, 이것이 환원성을 가진 탄수 화물에 의해 환원되어 적갈색인 Cu_2O로 변한다. 시료액이 강한 산성일 경우 중화시킨 다음 반응 시킨다. 시료액 중의 당량이 너무 작을 경우 과잉의 알칼리에 의해 당이 분해될 수 있다.

	가열전과 가열후 변화	색의 변화
2배 희석한 1% glucose	→	푸른색 → 황색
4배 희석한 1% glucose	→	푸른색 → 황색
10배 희석한 1% glucose	→	푸른색 → 황색

2. 요오드 반응

개 요

요오드는 다당류에 흡착되어 착색물질을 만든다. 녹말은 청남색을 나타내고, 글리코겐 및 녹말의 부분적 가수분해물인 덱스트린은 분자의 크기에 따라 적색 내지 갈색을 나타내거나 발색반응을 하지 않는다.

시료조제

녹말, 글리코겐, 덱스트린, 셀룰로오스 각각의 수용액을 시료로 사용한다.

시약 및 기구

- 용액 : 0.05 N 요오드를 포함한 3% 수용액으로 조제한다.
- 시험관
- 항온 수조

방법(조작)

시료에 묽은 염산을 한 방울 넣은 후 요오드 용액 두 방울을 가하여 나타나는 색을 비교한다. 시료대신 증류수로 동일한 실험을 하여 그 색을 비교한다. 요오드에 의한 착색물질을 가열하였을 때와 다시 식혔을 때 색의 변화를 관찰한다.

결과 및 고찰

다당류의 검출에 흔히 사용되는 요오드 반응은 녹말과 반응하여 청남색을 나타내지만 가열 처리시 녹말이 부분적으로 분해되어 색을 띠지 않게 된다.

	반 응	색의 변화	가열후
starch	→	청남색	청남색 없어짐
cellulose	→	변화없음	변화없음
dextrin	→	변화없음	변화없음
glycogen	→	변화없음	변화없음

3. Benedict 시험

개 요

Benedict 시험은 Fehling 시험과는 달리 한 가지 시약을 사용하므로 편리하다. 뿐만 아니라 Benedict 시약은 Fehling 용액에 비해 알칼리성이 훨씬 약하므로 더 안정하며 환원성을 가진 탄수화물에 대하여 선택적으로 작용한다.

시료조제

1%의 당 용액을 만든다.

시약 및 기구

- Benedict 시약 : 173g의 시트르산 나트륨(sodium citrate)과 무수 $NaCO_3$ 90g을 600㎖의 미지근한 물에 함께 녹여 주름진 거름종이를 써서 거른 후 거른액에 물을 더하여 850㎖가 되게 한 용액을 첫째 용액에 저으면서 천천히 섞어서 만든다.
- 시험관
- 항온 수조

방법(조작)

시험관에 2㎖의 Benedict 시약을 취하고 시료용액 5방울을 넣어 끓는 물 속에 5분 동안 담가 둔다. 1% 포도당 용액을 2배, 4배, 10배로 묽게 한 용액에 대해서 Benedict 시험과 Fehling 시험을 실시하여 어느 시약이 환원성 탄수화물의 확인 시약으로서 더 예민한 반응을 나타내는지를 비교한다.

결과 및 고찰

Benedict 시험은 탄수화물의 환원당을 정성 분석하는 실험 중 한 가지 방법으로, 환원당인 glucose의 OH기가 $CuSO_4 \cdot 5H_2O$와 반응하여 적갈색으로 변하게 되며, 환원성을 나타내지 않는 당의 경우 색깔 변화 없이 푸른색으로 원래의 색을 유지하게 된다.

	가열전과 가열후 변화	색 깔 변 화
2배 희석한 1% glucose	→	푸른색 → (주황빛 나는)적갈색으로 변함
4배 희석한 1% glucose	→	푸른색 → (주황빛 나는)연한 적갈색으로 변함
10배 희석한 1% glucose	→	푸른색에서 거의 변화없음

참고문헌

1 Alexander, R. R., Griffiths, J. M., Wilkinson, M.L. : Basic biochemical Method, John Wiley and Sons, New York(1985)

2 Clark J. M., Switzer, R. l. : Experimental biochemistry, W. H. Freeman and Co., SanFranisco(1977)

3 Plummer, DT. : An Introduction to Practical Biochemistry, McGraw-Hill, London(1971)

4 Stenesh, J. : Experimental Biochemistry, Allyn and Bacon, Inc., Boston(1984)

4. Tollen 반응

개 요

암모니아성 AgNO3 용액은 당의 알데히드와 반응하여 알데히드를 산화시키고 자신은 환원되어 은이 석출된다. 이 은이 시험관벽에 거울처럼 막을 형성하므로 은거울 반응(silver mirror test)이라고도 부른다. 이 때 일어나는 반응식은 다음과 같다.

$$2NH_4OH + AgNO_3 \rightarrow Ag(NH_3)_2OH + H_2O + HNO_3$$
$$RCHO + 2Ag(NH_3)_2OH \rightarrow RCOONH_4 + 2Ag + 3NH_3 + H_2O$$

시료조제

환원당을 포함하는 당류 용액을 제조한다.

시약 및 기구

암모니아성 AgNO$_3$ 용액 : 0.2N-AgNO$_3$ 용액에 2N-NH$_4$OH를 가하면 일단 침전이 생기나 계속 가하여 생성되었던 침전을 녹인다.

방법(조작)

시료액에 암모니아성 AgNO$_3$ 용액을 가한 후 서서히 가열한다.

결과 및 고찰

환원당이 존재하면 가열한 시험관 벽에 금속 은이 석출되어 은거울을 형성한다.

제2절 당질의 정량시험

1. Benedict 법

개 요

구리염의 정량법으로 오래된 방법이나 소변 속의 당을 정량하는 방법으로 많이 쓰이고 있다. Benidict시약은 $CuSO_4$, KSCN, $K4Fe(CN)_6$을 포함하고 있어 당에 의해 환원된 Cu는 흰색의 CuSCN 로 침전된다. 또 $K4Fe(CN)_6$는 붉은 색의 Cu_2O의 침전을 방해한다. 이리하여 Benidict시약으로 적정할 경우 $CuSO_4$의 푸른색이 탈색되는 시점을 정확하게 확인할 수 있다.

시료조제

25mℓ Benedict시약을 시료 당액으로 예비 적정하였을 때 소비되는 당 용액의 부피가 10~15mℓ 정도에 포함되도록 시료 당액을 적절히 희석하여야 한다. 이 과정은 방법(조작)을 참조한다.

시약 및 기구

- 표준 당 용액 : 포도당 0.5g을 증류수 100mℓ에 녹인다.
- Benedict 정량시약 : $CuSO_4 \cdot 5H_2O$ 9.0g, Na_2CO_3(무수) 50.0g, 시트르산 삼나트륨 50.0g, KSCN 62.5g, 5% $K4Fe(CN)_6$ 2.5mℓ를 증류수에 녹여 500mℓ가 되게 한다.
- 삼각플라스크 또는 증발접시
- 뷰렛
- 피펫

방법(조작)

① 100mℓ의 삼각플라스크에 25mℓ의 Benedict시약을 취하고 약 3g의 무수 Na_2CO_3를 첨가한 후 끓음쪽을 넣어 가열한다.

② 용액이 끓기 시작하면 당 용액을 뷰렛으로 천천히 흘려 흰 앙금이 생기기 시작하면 더욱 천천히 당 용액을 가하면서 $CuSO_4$의 푸른색이 완전히 없어질 때까지 계속 적정한다.

③ 이때 소비되는 당 용액의 부피가 10~15mℓ 정도에 포함되도록 시료 당액을 적절히 조절한다. 농도를 조정한 당 용액을 위의 절차에 따라 적정에 소비되는 당 용액의 부피를 측정한다. 또한 표준 당 용액에 대해서도 동일하게 행하여 표준 당 용액의 적정량을 측정한다.

결과 및 고찰

시료의 당 함량은 25㎖의 Benedict시약을 적정하는데 소요되는 표준 당 용액의 부피를 이용하여 다음과 같이 계산할 수 있다.

$$당\ 함량(mg) = \frac{표준당\ 용액의\ 적정량(mg)}{시료\ 당액의\ 적정량(mg)} \times 100$$

주의사항

1 당의 환원력은 적정조건 여하에 따라 달라질 수 있으므로 2회 실시한 평균값을 취한다.

2 25㎖의 Benedict시약의 적정에 소요되는 각 당의 기준값은 glucose 50㎎, fructose 53㎎, lactose 68.8㎎, maltose 74㎎, 가수분해된 sucrose 49㎎이다.

2. DNS (3.5-dinitrosalicylicacid) 법

개 요

환원당을 DNS(3.5-dinitrosalicylic acid)와 Rochelle염으로 발색하여 흡광도를 측정하는 당정량법이다. 이 방법은 조작이 간편하여 널리 사용되고 있으나 알카리에서 발색이 증가하므로 시료의 알카리 유지가 필요하고 또 환원당 뿐만 아니라 다른 환원성 물질에 의해서도 흡광도가 증가하므로 주의가 필요하다.

시료조제

시료는 당을 0.2~2mg/㎖를 함유하도록 희석한다.

시약 및 기구

- 표준 당 용액; glucose 10mg/㎖
- DNS시약 : 2N NaOH 용액 100㎖에 3.5-dinitrosalicylic acid 5g을 첨가하여 끓는 물에서 중탕한다. 여기에 150g의 Rochelle염을 넣고 증류수를 첨가하여 500㎖가 되게 한다. 갈색병에 넣어 4℃에 보관한다.
- 분광광도계
- 항온 수조
- 시험관
- 피펫

시험관에 glucose 표준 용액(표 15-1 ; glucose 함량을 달리한 6종류), H_2O, DNS시약을 차례로 취하고 총 2㎖ 정도 되게 하여 잘 섞은 후 끓는 물 수조에서 15분 정도 반응하게 한 다음 20℃의 수조에 15분 정도 냉각한다. 발색된 반응액에 증류수 3㎖를 넣어 희석한 후 분광 광도계 546nm에서 흡광도를 측정한다. 이 수치를 그래프로 도식하여 표준곡선을 작성한다(그림 15-1). Glucose 표준 용액과 같은 방법으로 반응시킨 시료의 발색량을 분광 광도계 546㎚에서 측정한다.

결과 및 고찰

시료의 환원당량은 표준 용액 곡선(그림 15-1)에서 계산한다.

주의사항

당액을 발색시킨 후 1시간 내에 흡광도를 측정하도록 한다.

표 15-1 포도당 함량을 달리한 실험절차

시험관 번호	1	2	3	4	5	6	7
포도당 표준함량	STD20㎕	STD40㎕	STD60㎕	STD80㎕	STD100㎕	STD200㎕	sample 0.1㎖
H2O	980㎕	960㎕	940㎕	920㎕	900㎕	800㎕	0.9㎖
DNS시약	1㎖	1㎖	1㎖	1㎖	1㎖	1㎖	1㎖
Total	2㎖	2㎖	2㎖	2㎖	2㎖	2㎖	2㎖

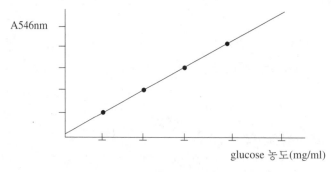

그림 15-1 포도당 표준곡선

3. 포도당 정량법

개 요

포도당 산화효소를 이용한 정량법으로 임상진단 중 혈액이나 소변 중의 포도당만을 정량하는데 가장 유용한 방법이다. 즉 포도당 산화효소(포도당 oxidase)는 포도당을 산화하면서 H_2O_2를 발생하는데 이 양을 측정하여 포도당의 양을 산출한다. H_2O_2를 측정하는 원리는 H_2O_2가 peroxidase의 작용으로 phenol과 4-aminoantipyrine을 산화적으로 축합시켜 키논형 적색 색소를 생성하는데 이 색소를 분광광도계 500nm에서 흡광도를 측정하여 포도당 함량을 산출한다.

시료조제

혈액은 단백질 함량이 높으므로 zinc hydroxide나 trichloroacetic acid, 혹은 tungstic acid로 단백질을 제거하여 시료로 사용한다.

시약 및 기구

- 포도당 표준 용액 : 포도당 200mg/dℓ을 함유하도록 만든다.
- 효소 시약 : 포도당 oxidase 3250KU/ℓ, peroxidase 3.56KU/ℓ, 뮤타로타제 22.5KU/ℓ, 글리신 2.25g/ℓ를 혼합하여 완충액(인산일칼슘 13.6g/ℓ, phenol 1.88g/ℓ)과 동량으로 잘 혼합한 뒤 2~10℃에서 보관한다.
- 분광광도계
- 시험관
- 피펫

방법(조작)

① 포도당 표준용액, 맹검, 시료를 표 15-2의 기준에 따라 시험관에 혼합하여 37℃에서 5분간 방치한다.
② 40분 이내에 맹검시험관을 대조로 분광광도계 500nm에서 흡광도를 측정한다.

표 15-2 시료, 증류수, 효소시액의 양 기준

	포도당 표준용액	맹검	시료
시료의 양	0.02mℓ	0.02mℓ	
증류수			0.02mℓ
효소시액	3.0mℓ	3.0mℓ	3.0mℓ
Total	3.02mℓ	3.02mℓ	3.02mℓ(3.0mℓ)

결과 및 고찰

포도당의 양은 다음의 식으로 계산한다.

$$\text{포도당의 양}(mg/d\ell) = \frac{\text{시료의 흡광도}}{\text{표준용액의 흡광도}} \times 200$$

참고문헌

1 실험생화학, 대한생화학회발행(1989)

2 食品分析法, 日本食品工業學會誌, 光琳(1990)

3 Miller, G. L. : Anal. Chem. 31.(1959)

제 3 절 | 다당류의 분리

1. 글리코겐 (glycogen) 의 분리

개 요

글리코겐은 동물의 골격근과 간에 많이 포함되어 있으며 포도당이 α $1 \rightarrow 4$ 결합으로 중합된 저장형 다당류이다. 글리코겐은 신선한 조직을 파쇄하여 내용물을 수산화칼륨으로 추출한 후 여과 침전시켜 얻을 수 있다.

시료조제

신선한 동물의 조직 25g을 시료로 사용한다.

시약 및 기구

- 수산화칼륨 용액
- 66% 알코올
- 95% 에탄올
- 원심분리기
- 진공건조기

방법(조작)

① 신선한 동물조직 25g을 잘게 잘라 50㎖의 수산화칼륨 용액을 넣고 분쇄기에서 균질화시킨다.
② 수조에서 2시간 가열한 후 증류수 150㎖를 넣은 다음 동량의 95% 에탄올을 가하여 10~12시간 방치하면 글리코겐이 침전된다. 원심분리하여 상층액을 여과하고 침전물은 66% 알콜로 백색이 될 때까지 반복 세척한다.
③ 분리된 침전물을 정제하기 위하여 소량의 온수에 녹여 여과하고, 동량의 95% 알콜로 다시 글리코겐을 침전시킨다. 침전물을 여과하여 66% 알콜로 세척하고 진공 건조시킨 후 글리코겐의 무게를 칭량한다.

결과 및 고찰

동물조직에서 분리된 글리코겐을 증류수에 용해시켜 요오드 반응 및 황산암모늄 용액을 이용한 침전 반응 등으로 확인할 수 있다.

참고문헌

[1] Clark, J. M., Switzer, R. L. : Experimental Biochemistry, W. H., Freeman and Co., San Francisco(1977)

[2] Stetten, M. R. et al. : J. Biol. Chem., 222, p.587(1956)

2. 녹말의 가수분해

1) 산에 의한 녹말의 가수분해

개 요

녹말은 식물에 있는 저장성 다당류로서 식물이 성장하면서 포도당이 중합하여 형성된다. D-포도당만으로 구성되어 있으며 결합형태에 따라 아밀로오즈와 아밀로펙틴 두 종류로 나누어지는데 이들은 다같이 고분자 물질로 찬물에는 녹지 않으므로 찬물을 가하여 녹말을 분리할 수 있다. 녹말을 산으로 처리하면 당 결합위치에서 탈수 반응이 일어나 포도당로 가수분해된다. 환원성이 없는 녹말을 정량하고자 할 때 사용되므로 가수분해시킨 전후의 환원당량의 차가 녹말의 양이 된다.

시료조제

감자(또는 고구마) 100g을 씻어 껍질을 벗기고 강판으로 곱게 간다. 여기에 500㎖의 물을 가하여 혼합한 다음 거즈로 여과한다. 거즈에 있는 물질을 비커에 옮겨 물을 부은 후 교반하여 다시 거르는 과정을 2~3회 반복한다. 거른 액을 방치하여 녹말의 앙금을 가라앉힌 후 상층액은 버린다. 수용성 물질을 제거하기 위하여 녹말에 물을 부어 침전시킨 후 상층액은 버린다. 침전물을 바람이 잘 통하는 곳에 널어 말린 후 시료로 사용한다.

시약 및 기구
- 20g의 녹말
- 2% H_2SO_4
- 5N NaOH
- $BaCO_3$
- 5% H_2SO_4
- 활성탄
- 환류 냉각기
- 항온 수조

방법(조작)

① 둥근 플라스크에 약 20g의 녹말과 2% H_2SO_4 200㎖를 함께 넣고 환류 냉각시키면서 가열한다. 끓기 시작한 지 1분, 3분, 5분, 10분, 1시간만에 반응액 1㎖씩 취하여 5N NaOH로 중화시킨다.

② 3시간 동안 계속 끓인 다음 반응액이 완전히 식기전에 $BaCO_3$를 조금씩 넣어 잘 저어주면서 황산을 중화하여 pH가 5.0~6.0이 되게 한다. 중화한 반응액에 활성탄을 넣고 여과한 다음 남아있는 $BaCO_3$염을 완전히 제거하기 위하여 5% H_2SO_4를 조금 넣는다. $BaSO_4$의 침전을 제거한 여과액을 걸쭉한 시럽이 될 때까지 농축한다. 결정덩어리가 섞인 농축물을 감압여과하여 불순한 포도당을 분리한다. 포도당 결정에 소량의 뜨거운 물을 가하여 용해시킨 후 활성탄을 가하여 여과한다. 여과액을 다시 시럽이 될 때까지 감압농축한다. 농축물을 냉각시키면 포도당 결정이 된다.

결과 및 고찰

H_2SO_4로 가수분해시켜 얻은 포도당 결정은 용해되어 환원성을 가지므로 Bertrand법으로 정량 가능하다.

2) 효소에 의한 녹말의 가수분해

개 요

α-아밀라제(타액)는 녹말과 글리코겐의 α-1,4 글리코시드 결합을 선택적으로 가수분해하나, α-1,6 결합과 β-1,4 결합에는 작용하지 않는다. α-아밀라제에 의하면 덱스트린과 분자량이 비교적 큰 분자의 덱스트린은 푸른색이 되고 작은분자의 덱스트린은 적갈색을 나타내며 보다 작은 덱스트린은 착색되지 않으므로 가수분해의 정도를 알 수 있다.

시료조제

녹말용액(0.5%) : 인산염완충용액 20㎖에 1g의 가용성 녹말을 녹이고 150㎖의 끓는 인산염 완충액(0.1M KH_2PO_4-KOH)에 혼합하여 1분간 끓인 후 냉각하여 200㎖로 만든다.

시약 및 기구

- 요오드 용액 : 0.1N의 요오드를 3% 요오드화칼륨용액(KI)에 혼합한다.
- Benedict 시약
- 1% NaCl
- 항온수조

① 자기침액을 모아 물을 가하여 20배로 희석한다. 희석액의 1/2은 37℃의 수조에서 유지시키고, 나머지 희석액은 끓는 물에 1분간 가열한 다음 37℃로 수조에서 유지시킨다.

② 2개의 시험관에 각각 녹말용액 5㎖, 인산염 완충용액 2㎖, 1% NaCl 1㎖를 넣어 잘 혼합한 후 37℃에서 5분간 담가둔다.

③ 한 시험관에는 효소용액 1㎖를, 다른 시험관에는 가열한 효소용액 1㎖를 가하고 잘 흔들어 1 분 간격으로 반응혼합액을 한 방울씩 취하여 요오드 용액과 Benedict 시약 각각의 발색실험을 한다. 또한 요오드 용액의 발색 반응이 나타나지 않을 때까지의 시간을 비교 측정한다.

결과 및 고찰

녹말 용액과 효소용액의 혼합액은 시간이 지나감에 따라 분해되므로 요오드 용액의 발색 반응을 일으키지 않고 그 가수분해물인 환원당이 Benedict 시약과 반응하여 침전을 생성하게 된다. 반면 에 가열한 효소용액을 가한 녹말 용액은 요오드 용액과 작용하여 푸른색 또는 적갈색으로 발색 한다. 따라서 발색 반응의 결과를 통해 시간에 따른 가수분해의 정도를 알 수 있다.

주의사항

발색반응의 시간이 짧아 비교 실험을 하기 어려울 경우에는 더 묽게 한 효소액을 사용하여 무색 이 될 때까지의 시간을 5~10분 정도로 조절한다.

참고문헌

1 Clark, J. M., Switzer, R. L. : Experimental Biochemistry, W. H., Freeman and Co., San Francisco(1977)

2 Stetten, M. R. : J. Biol. Chem., 222, p.587(1956)

제4절 이당류의 조성물 정량법

1. 페놀-황산 실험

개 요

총 탄수화물의 농도를 정량하는 비색측정 방법은 끓는 강한 무기산(진한 황산)에서 탄수화물을 분해시켜서 furfural 또는 furfural 유도체를 만드는 것에 기초를 두고 있다. 형성된 furfural은 페놀류와 축합반응을 하여 비색정량이 가능한 화합물을 만든다. 이러한 furfural과 furfural 유도체들은 단지 단당류로부터 생성되므로 다당류들을 포함하고 있는 시료의 당 농도 측정은 우선 글리코시드결합의 가수분해가 필요하다.

색을 나타내는 furfural의 생성물은 480nm의 흡광도를 측정함으로써 비색 정량이 가능하다. 이 방법의 감도와 직선형의 범위(linear range)는 분석되는 당의 입체적 구조와 색을 띄는 생성물의 몰 흡광계수에 의존한다.

시료조제

미지 시료의 A_{480}가 1.0 미만이 되도록 시료에 적당량의 물을 첨가하여 서로 다른 3가지 부피로 희석시킨다. 이들 중 적어도 하나가 표준 검량선의 범위 내에 해당하도록 예비 실험을 시행한 후 미지 시료를 희석한다. 그런 다음 표준 검량선의 범위 내에 A_{480} 값이 나타나도록 부피가 다른 시료 3가지를 본 실험에 사용한다.

시약 및 기구

- 5%(W/V) 페놀 용액 : 이 용액은 반드시 후드 내에서 다루어야 하며 갈색병에 보관한다.
- 진한 황산
- 0.5mM 포도당 표준 용액 : 매일 신선하게 준비해야 하고 냉장 보관한다.
- 분광광도계
- 소용돌이 혼합기(vortex mixer)
- 시험관(13×100mm)
- 피펫

방법(조작)

① 미지 시료 중의 당 측정은 3가지 부피를 각각 시험관에 취하여 최종 부피 0.6ml가 되도록 물을 첨가한다. 이 시험관에 5%의 페놀 용액 0.36ml를 첨가한다. 2.16ml의 진한 황산을 가하고

표 15-3 페놀 - 황산 실험을 이용한 탄수화물 농도의 측정

시험관	시료	시료부피 (㎖)	물(㎖)	5% 페놀 (㎖)	진한 황산 (㎖)	A480	탄수화물의 μ몰	농도 (μ/시료부피㎖)
1	0.5 mM 포도당	0.0	0.6	0.36	2.16			
2	〃	0.1	0.5	0.36	2.16			
3	〃	0.2	0.4	0.36	2.16			
4	〃	0.3	0.3	0.36	2.16			
5	〃	0.4	0.2	0.36	2.16			
6	〃	0.5	0.1	0.36	2.16			
7	〃	0.6	0.0	0.36	2.16			
8	미지의단당류	0.2	0.4	0.36	2.16			
9	〃	0.4	0.2	0.36	2.16			
10	〃	0.6	0.0	0.36	2.16			
11	가수분해 안된 이당류	0.2	0.4	0.36	2.16			
12	〃	0.4	0.2	0.36	2.16			
13	〃	0.6	0.0	0.36	2.16			
14	가수분해된 이당류	0.2	0.4	0.36	2.16			
15	〃	0.4	0.2	0.36	2.16			
16	〃	0.6	0.0	0.36	2.16			

즉시 소용돌이 혼합기를 사용해 5~10초간 강하게 혼합한다.

② 실온이 될 때까지 시험관을 냉각시키고, 분광광도계로 반응 생성물의 480㎚의 흡광도(A480)를 측정한다.

③ 표준 곡선 검량선을 작성하기 위해 0.1㎖, 0.2㎖, 0.3㎖, 0.4㎖, 0.5㎖, 0.6㎖의 포도당 표준 용액을 피펫으로 각각의 시험관에 취한 후 위와 동일한 방법으로 시행하여 A480의 값을 측정한다(표 15-3).

결과 및 고찰

표 15-3에 A$_{480}$ 값을 기록하고 모눈종이를 사용하여 포도당 표준 용액의 A$_{480}$와 μM을 각각의 축으로 하는 표준 검량선을 작성한다. 이 표준 검량선을 이용하여 각 부피에서의 당의 μM을 결정한다. 미지 시료의 총탄수화물 농도는 다음과 같이 계산할 수 있다.

$$\text{시료의 총탄수화물 농도}(\mu M/㎖) = \frac{\text{당의 } \mu M}{\text{시료 부피} \times \text{희석 배수}}$$

- 혼합 과정에서 많은 양의 열이 발생하기 때문에 시험관의 끝부분을 잡는다.
- 모든 시료는 동일한 혼합과 동일한 온도처리를 한다.

2. 환원당에 대한 네오쿠프로인 실험

개 요

비색측정방법 중의 하나인 네오쿠프로인 실험은 알칼리 존재하에서 당의 산화가 이루어지는 동안 Cu^{2+}이 Cu^{+}로 환원되는 것에 기초한다. 환원된 구리이온은 네오쿠프로인(2.9-dimethyl-1,10-phenanthroline)과 반응하여 적색의 착화합물을 생성한다. 이 방법은 비특이적으로 일어나고, 다음 식과 같이 알도오스나 케토오스 모두 정반응을 하게 된다.

$$당 + Cu^{++} \longrightarrow 당-산 + Cu^{+}$$
$$Cu^{+} + 네오쿠프로인 \longrightarrow 적색 착화합물$$

적색을 띠는 Cu^{+}-네오쿠프로인 착화합물은 수용성이고 460nm의 빛에서 최대의 흡광도를 나타내며 생성된 색조의 양은 산화된 당의 양과 비례관계를 가진다. 그러므로 분광광도계를 사용하여 당의 양을 측정할 수 있다. 이 방법의 농도 범위는 $0.002\,\mu M/m\ell$에서 $0.2\,\mu M/m\ell$ 사이에 있다.

시료조제

4.1 페놀-황산 실험의 시료 조제와 동일하나 네오쿠프로인 실험에서는 A460값을 측정한다.

시약 및 기구

- 알칼리 구리 용액(A용액) : Na_2CO_3(무수물) 40g, Glycine 1.6g, $CuSO_4 \cdot 6H_2O$ 0.45g을 증류수에 용해시켜 1 ℓ 로 정용한다.
- 네오쿠프로인 용액(B용액) : 1.20g의 Neocuproine·HCl(2.9-dimethyl-1,10-phenanthroline)를 증류수에 용해시켜 1 ℓ 로 정용한다.
- 0.2mM 포도당 표준용액 : 36mg의 D-포도당을 물에서 용해시켜 1 ℓ 로 정용한다. 사용전까지 냉동시켜 보관한다.
- 분광광도계(spectrophotometer)
- 항온수조

방법(조작)

① 미지 시료의 적당량(0.2mℓ, 0.4mℓ, 0.8mℓ)을 각각의 시험관에 넣는다. 부피가 1mℓ 미만이면 물

표 15-4 네오쿠프로인 실험을 통한 환원당의 정량 환원

시험관	시료	시료 부피 (mℓ)	물 (mℓ)	A용액 (mℓ)	B용액 (mℓ)	첨가된 희석용액의 부피(mℓ)	희석 계수	A$_{460}$ (희석후)	B$_{460}$ (희석전)	환원당 농도 (μM)	농도 (농도μM /시료부피)
1	0.2 mM 포도당	0.0	1.0	1.0	1.0	3	2			0	
2	〃	0.1	0.9	1.0	1.0	3	2			0.02	
3	〃	0.2	0.8	1.0	1.0	3	2			0.04	
4	〃	0.4	0.6	1.0	1.0	3	2			0.08	
5	〃	0.6	0.4	1.0	1.0	3	2			0.12	
6	〃	1.0	0.0	1.0	1.0	9	4			0.20	
7	미지의 단당류	0.2	0.8	1.0	1.0						
8	〃	0.4	0.6	1.0	1.0						
9	〃	0.8	0.2	1.0	1.0						
10	가수분해 안된이당류	0.2	0.8	1.0	1.0						
11	〃	0.4	0.6	1.0	1.0						
12	〃	0.8	0.2	1.0	1.0						
13	가수분해된 이당류	0.1	0.9	1.0	1.0						
14	〃	0.2	0.8	1.0	1.0						
15	〃	0.4	0.6	1.0	1.0						

을 첨가하여 1mℓ로 부피를 보정한다.

② 여기에 1mℓ 알칼리 구리용액(A용액)과 1mℓ 네오쿠프로인 용액(B용액)을 첨가한 후 혼합한다. 이 혼합물을 끓는 물에서 약 10분간 가열한 다음 흐르는 물에서 시험관을 급냉시킨다.

③ 1시간 이내에 반응이 완결되면 460nm에서 흡광도를 측정하고 A$_{460}$의 값을 표 15-4에 기록한다. 표 15-4에 지시된 대로 포도당 표준 용액 0.1mℓ, 0.2mℓ, 0.4mℓ, 0.6mℓ, 1.0mℓ에 대하여도 동일한 방법으로 조작하여 A$_{460}$의 값을 측정한다.

결과 및 고찰

포도당 표준용액의 A$_{460}$ 값은 모눈종이를 사용하여 A$_{460}$와 μM을 각각 X축과 Y축으로 하여 표준 검량선을 그린다. 표준 검량선을 이용하여 각 미지 시료의 환원당 농도(μM)를 결정하고 각 미지 시료에 대해 희석 배수를 곱하여 희석되지 않은 상태의 농도를 계산한다.

네오쿠프로인 착화합물은 1시간 이상이 지나면 불안정하므로 반드시 1시간 내에 흡광도를 측정한다.

3. 포도당 산화효소 실험

개 요

포도당의 확인 및 정량실험에 가장 널리 쓰이는 포도당 산화효소(포도당 oxidase)는 β-포도당에 대하여 큰 특이성을 가지는 효소로서 Penicillium notatum, Aspergillus niger가 생산하는 일종의 flavin 효소이다. 포도당 산화효소(포도당 oxidase)는 다음의 반응식에 따라 포도당을 D-gluconolactone으로 산화시키고 peroxidase는 포도당 산화효소에 의해 형성된 과산화물을 물과 발색제인 o-디아니시딘으로 산화시킨다.

$$포도당 + O_2 \xrightarrow[\text{oxidase}]{\text{glucose}} D\text{-Gluconolactone} + H_2O_2$$

$$H_2O_2 + 환원\ o\text{-디아니시딘} \xrightarrow{\text{peroxidase}} H_2O + 산화\ o\text{-디아니시딘}$$
$$\quad\quad\quad\quad (무색) \quad\quad\quad\quad\quad\quad\quad\quad\quad\quad\quad (유색)$$

산화된 발색제의 양을 분광광도계로 측정함으로서 포도당을 정량할 수 있다. 이 방법은 임상적으로 체내의 포도당 농도를 측정하는데 흔히 이용된다.

시료조제

미지의 단당류와 가수분해된 이당류를 시료로 사용할 수 있다. 미지 시료는 앞부분에 설명된 페놀-황산 실험을 통해 농도를 측정한 후, 표준 검량선을 이용할 수 있도록 희석한다. 희석시킨 미지 시료는 3개의 시험관에 3가지의 부피를 취하여 실험한다.

시약 및 기구

- 0.5mM 포도당 표준용액 : 매일 제조하고 냉장 보관한다.
- 4N HCl
- 포도당 산화효소 시약 : 용액 B 100㎖에 용액 A 1.6㎖ 넣고 섞어 4℃에 보관한다. 용액 A : 20㎖의 물에 o-디아니시딘 디하이드로클로라이드(dianisidine dihydrochloride) 50㎖을 녹인다.
- 용액 B : 500U 포도당 산화효소와 100U peroxidase를 100㎖의 증류수에 녹인다.
- 분광광도계
- 항온 수조

- 소용돌이 혼합기(vortex mixer)
- 피펫
- 시험관(13×100mm)

방법(조작)

① 미지 시료는 3가지 종류의 부피로 각 시험관에 취하고 증류수를 넣어 시험관 내의 수용액 부피를 0.3㎖로 일치시킨다. 여기에 포도당 산화효소 3.0㎖씩을 첨가하여 잘 혼합한다.

② 이 시험관을 37℃의 수조에서 정확히 30분 동안 반응시킨 다음 시험관에 4N HCl을 한 방울 떨어뜨려 잘 섞은 후 최소한 5분 동안 그대로 둔다.

③ 30분 이내에 450nm에서의 흡광도(A_{450})를 측정한다.

④ 6개의 시험관에 0.5mM의 포도당 표준용액을 각각 0, 0.06㎖, 0.12㎖, 0.18㎖, 0.24㎖, 0.30㎖씩 취하여 위의 방법에 따라 실험한 후 450nm의 흡광도(A_{450})를 측정하여 표준 검량선을 작성한다.

결과 및 고찰

포도당 표준 용액의 농도와 A_{450}의 관계를 나타내는 표준 검량선(표 15-5)을 작성하고 이를 바탕으로 미지 시료 각 부피에서의 당 농도를 μM 단위로 정량한다. 해당 부피의 당 농도(μM)를 시료 부피로 나눈 후 희석 배수를 곱하면 미지 시료의 전체 당 농도를 구할 수 있다.

표 15-5 포도당 산화효소를 이용한 정량

시험관	시료	시료의 부피 (㎖)	물 (㎖)	포도당 산화효소의 부피 (㎖)	A_{450}	D-포도당 농도 (μM)
1	0.5 mM 포도당	0.0	0.03	3.0		
2	〃	0.06	0.24	3.0		
3	〃	0.12	0.18	3.0		
4	〃	0.18	0.12	3.0		
5	〃	024	0.06	3.0		
6	〃	0.30	0.00	3.0		
7	미지의 단당류	0.1	0.2	3.0		
8	〃	0.2	0.1	3.0		
9	〃	0.3	0.0	3.0		
10	가수분해된 이당류	0.1	0.2	3.0		
11	〃	0.2	0.1	3.0		
12	〃	0.3	0.0	3.0		

주의사항

포도당 산화효소가 포도당의 1번 탄소를 산화시키므로 포도당의 1번 탄소에 다른 작용기가 결합
되어 있는 경우 효소 반응이 일어나지 않는다.

참고문헌

1 Chaplin, M. F. 등 편저, Carbohydrate Analysis, 2nd edition, IRL press(1994)

2 한국생화학회 : 실험생화학. 탐구당(1986)

제 5 절 | 크로마토그래피에 의한 당 분석

1. 종이 크로마토그래피를 이용한 당 분석

식품편 제3장 제3절 참조

2. HPLC를 이용한 당 분석

식품편 제3장 제3절 참조

3. GC를 이용한 당 분석

식품편 제3장 제3절 참조

제 6 절 │ 식이섬유소 분석

1. 효소중량법

개 요

식이섬유는 사람의 소화 효소에 의해 분해되지 않는 식물세포 잔유물질인 복합 유기물인 cellulose, hemicellulose, lignins, pectin, gums, nondigestible oligosaccharide, waxes 그리고 musilages를 포함하였으나 최근에는 chitin, chitosan, chondroichin sulfate와 같은 동물성 다당류까지 포함하는 정의로 바뀌었다. 본 방법은 AOAC(1995)에 따른 효소중량법(enzymatic-gravimetric method, MES-TRIS buffer)으로 식이섬유(TDF, IDF, SDF)를 정량하는 방법이다. 이 방법의 적용대상 식품은 가공식품류, 화곡류, 콩류, 과일류 및 채소류이며 해조류, 버섯류, 난용성 전분류, 동물성 식품류, 정제식이섬유제품은 아직 검토해야 할 과제로 남아있다.

4점의 시료를 취하고(단백질 측정용 2점, 조회분 측정용 2점) 열에 안정성이 있는 α-amylase로 처리하고 protease 와 amyloglucosidase로 단백질과 전분당을 제거한다. 효소 분해시 pH, 온도, 시간, 여과에 소요되는 시간, 세척액량, 횟수, 잔사의 건조 등은 식이 섬유의 함량에 영향을 미친다.

시료조제

건조된 시료는 0.3~0.5㎜ 입자로 분쇄하고 수분 함량이 많거나 건물량으로 10% 이상의 지질을 포함시는 분쇄전에 70℃의 진공건조기나 냉동건조기에 건조시킨 후 petroleum ether를 시료 g당 25㎖로 3번 추출시킨다. 또한 당을 많이 함유한 경우는 85% 에탄올 용액으로 시료 1g당 10㎖씩으로 2~3번 추출하고 전처리한 시료의 경우 원물의 지방과 수분을 측정한 후 계산시 보정한다.

시약 및 기구

- 85% 에탄올 : 95%에탄올 895㎖에 물을 가하여 1000㎖가 되도록 한다.
- 78% 에탄올 : 95% 에탄올 821㎖에 물을 가하여 1000㎖가 되도록 한다.
- 아세톤 : regent grade
- Celite(sigma사 545 Aw, No. C8656)
- 내열성 amylase(heat-stable)용액 : No.A3306 Sigma사(냉장보존) 또는 Termamyl 300 ℓ No. Norvo-Nordisk 361-6282.
- Protease : Sigma사 No. P.3910(냉장보존), MES/TRIS 완충액으로 50mg/1㎖가 되게 조제한다 (사용시 조제한다).
- Amyloglucosidase : Sigma사 No. A-9913(냉장보존)
- 예비시험 걸친 3종류 효소 kit를 사용하면 편리하다. Sigma사 Kit No. TDF-100(냉장보존)

- hydrochoric acid 용액(0.561N, HCl)-6N HCl 93.5㎖을 700㎖용해한 후 증류수를 가하여 1000㎖로 한다.
- MES : 2-(N-Morpholino) ethanesulfate, Sigma사 No. M-8250.
- TRIS(hydroxymethyl)aminomethane Sigma사 No. T-1503,
- MES-TRIS 완충액(0.05M MES, 0.05M TRIS 24℃에서 pH 8.2) : MES 19.52g과 TRIS 12.2g을 증류수 1.7ℓ에 녹이고 6N NaOH 용액으로 pH8.2로 조절 후 증류수를 가하여 2ℓ로 한다. 용액의 온도가 20℃이면 pH 8.1, 28℃이면 pH 8.3으로 조절한다.
- 감압펌프(진공펌프 또는 aspirator) : 역류방지 장치가 부착된 것
- 수욕조(boiling용 1개-98±2℃에서 자동조절기가 부착된 것, 항온수조 1개-60℃로 고정되어 유지될 수 있는 것) : 효소가수분해시 자동 교반 가능한 것
- 경질의 유리여과기(1G3, 기공 40~60micron) 60㎖ 용량 : 525℃에서 1시간 회화 후 냉각 시켜 물로 세척하고 상온에서 건조하여 celite 0.5g 채우고 130℃에서 항량을(여과기 무게+celite) 구한 후 데시케이터에 보관하여 사용한다.
- pH 측정기(pH 10, pH 7과 pH 4로 표준화시킨 것)
- 단백질 측정 기기

1) 효소제의 역가 측정

사용한 효소제들이 바람직한 효소 역가가 충분한지를 조사하기 위하여 6개월 간격으로 표준물질을 사용하여 AOAC(1995)의 총 식이섬유 정량법과 동일하게 수행한 후 회수율을 측정한다. 효소 역가는 효소 단위에 의하여 나타내며, 즉 α-amylase는 가용성 전분으로부터 3분 동안에 maltose 1.0mg을 생성할 수 있는 효소량을 1unit로, protease는 카제인으로부터 1분 동안에 L-tyrosine 1μM을 생성할 수 있는 효소량을 1unit로, 그리고 amyloglucosidase는 가용성 전분으로부터 3분 동안에 포도당 1mg을 생성 할 수 있는 효소량을 1unit로 규정하고 있다(표 15-6).

표 15-6 효소 역가 측정용 표준 물질

Standard	Activity Tested	Weight of Standard,g	Expected Recovery. (%)
Citrus pectin	Pectinase	0.1-0.2	95-100
Arabinogalactan	Hemicellulase	0.1-0.2	95-100
β-Glucan	β-Glucanase	0.1-0.2	95-100
Wheat starch	α-Amylase+AMG	1.0	0-1
Corn starch	α-Amylase+AMG	1.0	0-1
Casein	Protease	0.3	0-1

방법(조작)

1 총식이섬유(total dietary fiber, TDF)

① 전과정에 걸쳐 시료와 동일하게 2반복의 공시험(B_1, B_2)4개와 2 반복의 시료(M_1, M_2)4개를 동시에 수행한다.

② 균일화된 2반복의 시료는 각 1g씩(시료의 무게가 20mg 차이가 나지 않도록함) 0.1mg까지 칭량하여 400~600㎖ 비이커에 취한다.

③ MES/TRIS용액(pH 8.2)을 각각 40㎖씩 가하여 교반기로 충분히 교반시킨다.

④ 내열성 α-amylase용액 50㎕를 가하고 알루미늄 호일로 비이커를 덮어 끓는 수욕조(95~100℃)에 서서히 흔들어 주면서 35분간 반응시킨다.

⑤ 반응액을 종료 후 실온에서 60℃까지 식히고 비이커 벽에 붙어있는 액과 시료를 10㎖의 물로 세척해 모은다.

⑥ 각각의 비이커에 protease 용액 100㎕를 가하고 알루미늄 호일을 덮어 60℃ 수욕조에서 반응시킨다.

⑦ 알미늄 호일을 제거하고 0.56N HCl 용액 5㎖를 가하고 흔들어 혼합한 후 60℃에서 pH 4.0~4.7로 조정한다(1N NaOH와 1N HCl사용).

⑧ Amyloglucosidase용액 300㎕를 넣고 흔들어 섞은 후 알루미늄 호일로 덮은 후 60℃에서 30분간 교반을 유지하여 시험용액으로 한다.

⑨ 효소분해된 시험용액에 95% 에탄올(미리 60℃예열사용) 225㎖를 가한다(에탄올과 시험용액 비가 4:1로 한다).

⑩ 수욕조에서 꺼내어 실온에서 1시간 방치하여 침전시키고 미리 celite를 넣어 항량을 측정한 여과기에 78% 에탄올 15㎖를 가하여 분산시킨 후 흡입여과하여 celite층이 고르게 형성되도록 한다.

⑪ 침전시킨 시험액을 넣어 여과하고 용기의 잔유물을 78% 에탄올로 씻어 넣어준다.

⑫ 잔사는 78% 에탄올, 95% 에탄올 그리고 아세톤의 순으로 각각 15㎖씩 2회씩 씻는다.

⑬ 아세톤이 잔류하지 않도록 충분히 흡입시킨 후 105℃ 건조기에서 하룻밤을 건조시키고 데시케이터에서 1시간 항량으로 한후 무게를 달아 여과기와 celite의 무게를 뺀다.

⑭ 2점의 잔사로 단백질을 정량하고 또 다른 2점의 잔사를 525℃에서 5시간 회화시킨 후 회분량을 구한다.

⑮ 시료를 제외한 공시험을 2반복하여 TDF측정 전과정을 시행하여 TDF를 구한다.

2 불용성 식이섬유(insoluble dietary fiber, IDF)

① 미리 celite를 넣어 항량을 구한 도가니에 증류수 3㎖를 가하여 분산시키고 celite층을 고르게 한다.

② 여기에 TDF과정 ⑪번의 침전물질을 여과하고 잔유물질을 증류수로 2회 씻는다.

③ 여과액 및 세척액은 합하여 600㎖ 비이커에 모아 수용성 식이섬유(SDF)정량용으로 사용한다.

④ IDF ②번의 잔사물질을 곧바로 78% 에탄올, 95% 에탄올 그리고 아세톤순으로 각각 15㎖씩 2회 세척한다.

⑤ 여과기 잔사를 총식이섬유(TDF)정량의 ⑬번부터 따라 시험한다.

3 수용성 식이섬유(soluble dietary fiber, SDF)

① 앞의 IDF ③에서 얻어진 여액 및 세척액에 60℃의 95% 에탄올을 용량기준으로 4배량 가하거

나 증류수로 희석하여 80g으로 한 후 60℃의 95% 에탄올을 320㎖ 가한다.

② 이를 1시간 방치하여 침전물을 형성시킨다.

③ TDF의 ⑪번 정량에 따라 시험하고 SDF를 구한다.

결과 및 고찰

1 Blank값 B(mg) = [BR$_1$ + BR$_2$ / 2](mg)−PB−AB

  BR$_1$, BR$_2$: 공시험의 2반복 잔사무게(mg)

  PB : 공시험 단백질평균무게(mg)

  AB : 공시험 회분평균무게(mg)

2 식이섬유량(TDF, IDF, SDF %) = {[(R$_1$ + R$_2$)/2]−P−A−B}/[(M$_1$+M$_2$)/2]×100

  R$_1$, R$_2$: 시료 2반복의 잔사무게(mg)

  M$_1$, M$_2$: 시료 2반복의 무게(mg)

  P: 단백질평균무게(mg) A: 회분평균무게(mg) B: 공시험의 평균무게(mg)

  TDF는 측정하지 않고 IDF와 SDF 측정해서도 합산하여 얻을 수 있다.

주의사항

1 측정방법 ⑩의 항에서 celite를 깔고 흡인 여과를 걸어놓은 상태에서 침전물 잔사를 여과기로 옮겨야 한다.

2 시료 중 gum 성분은 film을 형성하므로 spalular로 표면을 으깨어 주어 여과를 쉽게 도와준다.

3 세척과 여과 시간이 0.1hr에서 길게는 1.0hr으로 시료당 평균 30분이 소요된다. 장시간의 여과를 피하려면 주의를 기울여 간헐적인 흡인을 하여 여과를 시도한다.

4 최근에는 외국에서 시판된 kit시약, 흡인여과장치와 반응 수조 및 내열성 플라스틱 플라스크 등으로 간편하게 식이섬유를 측정 할 수 있는 기구가 보급되고 있다.

5 수용성 및 불용성 식이섬유소의 분석법을 그림 15-2에 비교도식화 하였다(그림 15-2).

참고문헌

1 AOAC : Official Methods of Analysis 15th ed. Association of Official Analytical Chemists. Alington, Viginia p.1105(1995)

2 AOAC : Official Methods of Analysis 15th ed., Association of Official Analytical Chemists Alington, Viginia chapter 32. p.5(1995)

3 김대진 윤수현 조영수 최미애 : 쑥갓과 머위의 잎과 줄기의 구조탄수화물의 변화. 한국생명과학회지, 9(5). p.497(1999)

4 황선희, 김정인, 승정자 : 채소류, 버섯류, 과일류 및 해조류 식품의 식이섬유함량. 한국영양학회지, 28(10), p.89(1996)

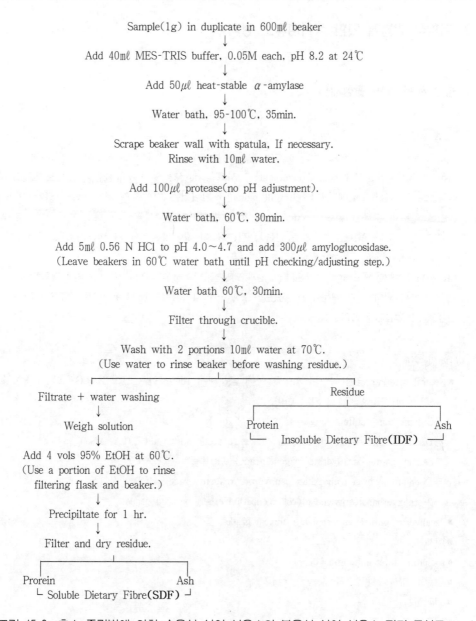

그림 15-2 효소 중량법에 의한 수용성 식이 섬유소와 불용성 식이 섬유소 평가 모식도

2. 화학적 방법에 의한 식이섬유소 평가

1) 중성 세제 계면 활성제법

개 요

NDF(neutral detergent fiber)는 식물체의 뿌리, 잎, 줄기, 과채류의 섬유소류를 측정하는 신속 정확한 방법이며 중성세제(neutral detergent)로 시료를 60분간 끓인 후 다음 여기에 용해되지 않는 섬유소로써 식물세포벽에 결합(cell wall binding) 되어있는 단백질과 회분 등을 포함하고 있다. 반면에 일부의 수용성 섬유, pectin, gums 등은 포함되어 있지 않으나 TDF와 보편적으로 높은 상관 관계가 있다. 한편, 최근에는 난용성 전분 등이 식이섬유로서 음료나 다과류, 육제품에 첨가되고 있다.

따라서 TDF에서 세포벽에 결합된 단백질과 회분을 제외하고 측정되나 세포벽에 결합된 성분 등은 소화이용 되지 않기 때문에 이 성분을 포함시켜 식이섬유(DF)로 평가시는 TDF와 높은 상관 관계를 지닌다(김등, 1999).

시약 및 기구

- Neutral detergent용액(아래의 시약을 물에 용해해서 1000㎖을 만들고 Na_2CO_3 또는 H_3PO_4를 이용하여 pH가 6.9~7.1로 되게 한다.)
  - Sodium lauryl sulfate, 30g
  - Disodium dihydrogen ethylene-diamine tetra acetic dihydrate(EDTA·2Na) 18.61g
  - Sodium borate decahydrate(reagent grade) 6.81g
  - Disodium hydrogen phopshate, anhydrous(reagent grade) 4.56g
  - 2-ethoxyethanol(ethylene glycol, monoethyl ether, purified grade)
- decahydronaphthalene(decalin), technical grade
- 아세톤
- sodium sulfate, anhydrous(특급)
- 섬유소 추출장치
- 여과장치
- 건조기
- 경질유리여과기
- 비이커 600㎖

방법(조작)

1 시료(1mm 이하 입자로 분쇄) 0.5~1.0g을 비이커에 담고 2개 정도의 유리조각을 넣는다.

2 실온정도로 식힌 100㎖의 중성세제 용액(시약-①)과 2㎖ decahydronaphthalene(시약-②), 그

리고 0.5g sodium sulfate(시약-④)를 순서대로 넣는다.

3 섬유소추출장치에 연결해서 냉각수를 연 다음 5~10분내에 끓도록 가열한다. 끓기 시작하면 거품이 생기는 것을 방지하기 위하여 열을 줄이고 끓기 시작해서부터 60분간 둔다.

4 무게를 미리 단 유리여과기를 여과장치에 놓고 여기에 끓인 시료를 채운다. 처음에는 진공펌프를 서서히 작동하고 필요하면 점차 증가시킨다.

5 비이커를 뜨거운 물(80~90℃)로 씻어 여과기에 전부 옮긴다. 뜨거운 물을 여과기에 채워 2~3번 여과한다.

6 아세톤으로 동일한 방법으로 2번 씻고 완전히 여과한다.

6 건조기에서 105℃로 하룻밤동안 건조시킨 후 데시케이터에서 30분간 식힌 후 무게를 잰다.

결과 및 고찰

$$NDF(\%) = \frac{(처리후\ 여과기+시료중량)-여과기중량}{시료중량} \times 100$$

참고문헌

1 Van Soest, P.J. and R.H. Wine : Use of detergents in the analysis of fibrous feeds. Ⅵ.Determination of plant cell-wll constituints. J. Assoc. Official Anal. Chem.50, p.50(1967).

2 ASouthgate, D.A.T; Determination of carbohydrates in food Ⅱ, unavailable carbohydrates. J. Sci. Fid. Agric 20, p.331(1969)

3 Van Soest, P.J. Robertson, J. B. Lewis, B. A. Methods for dietaryfiber, neutral detergent fiber, and nonstarch polysaccharides in relation to animal nutrition, J. Dairy Sci., 74, p.3583(1991)

4 김대진, 윤수현, 조영수, 최미애 : 쑥갓과 머위의 잎과 줄기의 구조탄수화물의 변화, 한국생명과학회지, 9(5), p.497(1999)

2) 산성 세제 계면 활성제법

개 요

ADF(acid detergent fiber)는 식물체의 뿌리, 잎, 줄기, 과채류의 lignocellulose 함량을 결정하는 신속 정확한 방법이며 시료를 산세제(acid detergent) 용액에 60분간 끓인 후 여기 용해되지 않는 구조탄수화물인 잔사로서 사람의 장에서 소화되지 않는다.

NDF와 ADF의 차이에 의해 hemicellulose를 계산할 수 있으며 TDF와 ADF 간에도 높은 상관의 추정식을 얻을 수 있다(김등, 1999).

그러나 NDF와 같이 단백질과 전분질 함량이 높은 종실에서의 평가는 부적절하며 hemicellulose와 pectin, gum 등의 수용성 섬유소가 용해되어 손실된다.

시약 및 기구

- Acid detergent 용액 : 1N H_2SO_4 1000mℓ에 20g의 CTAB(Cetyltrimetylamonium bromide)
- Decalin(decahydronaphtalen)
- 아세톤
- n-hexane
- 섬유소 추출장치
- 여과장치
- 건조기
- 경질유리여과기

방법(조작)

1 시료 1~2g을 600mℓ 비이커에 담는다.

2 실온에서 식힌 산성세제용액(시약-①)100mℓ와 2mℓ decahydronaphthalene(시약-②)을 넣는다.

3 섬유소 추출장치에 연결하고 냉각수를 연 다음 5~10분 내에 끓도록 가열한다. 끓기 시작하면 거품이 많이 생기는 것을 방지하기 위해서 열을 줄이고 끓기 시작해서부터 60분간 분해시킨다.

4 무게를 미리 단 유리여과기에서 여과한다. 여과가 잘 안되면 여과기바닥에 석면을 깔면 여과가 잘 된다.

5 덩어리를 유리봉으로 깨고 뜨거운 증류수(80~90℃)로 두 번 씻는다.

6 색깔이 우러나오지 않을 때까지 아세톤으로 씻는다. 덩어리를 유리봉으로 깨어 아세톤이 잘 접촉되도록 하고, 아세톤이 남지 않도록 여과한다.

7 105℃의 건조기에서 하룻밤 건조시킨 후 데시케이터에서 30분간 냉각시키고 무게를 잰다.

결과 및 고찰

$$ADF(\%) = \frac{(처리후\ 여과기+시료중량)-여과기중량}{시료중량} \times 100$$

기 타

ADF의 주성분은 cellulose, lignin 및 silica등이다. NDF는 hemicellulose가 포함되어 있는 반면에, ADF는 hemicellulose가 제거된 것이므로 NDF와 ADF의 차이로서 hemicellulose의 함량을 계산한다.

참고문헌

1 Van Soest, P.J. and R.H. Wine : Use of detergents in the analysis of fibrous feeds. Ⅵ.Determination of plant cell-wll constituints. J. Assoc. Official Anal. Chem.50, p.50(1967).

❷ AOAC : Official Methods of Analysis 15th, ed., Associaion of Official Analytical Chemists Alington, Virginia p.82(1990)

❸ 김대진, 윤수현, 조영수, 최미애 : 쑥갓과 머위의 잎과 줄기의 구조탄수화물의 변화, 한국 생명과학회지, 9(5), p.497(1999)

3) 리그닌 (Lignin), 셀룰로우즈 (Cellulose), 헤미셀룰로우즈 (Hemicelluolse) 의 정량

개 요

동일시료로 lignin과 cellulose 그리고 산불용성 회분(acid insoluble ash) 중의 대부분을 차지하는 sillica의 함량까지 구할 수 있다.

Lignin을 Fe^{2+}와 Ag^+를 촉매로 하여 $KMnO_4$로 산화시켜서 lignin을 측정한다.

식물 뿌리, 잎, 줄기, 과채류의 순수한 cellulotic 한 물질은 cellulose, hemicellulose lignin에 의해서 식물이 지탱되는 주요성분이다. 또한 이 3가성분은 TDF와 IDF에서 높은 상관 관계를 지니고 있으며(김등, 1999) 평가 또한 재현성이 높다.

시약 및 기구

- ADF측정에 필요한 시약
- Potassium permanganate용액(다음의 시약을 물에 녹인 후 1000㎖로 만들어 직사광선을 피해서 보관한다)
  - 50g $KMnO_4$
  - 0.05g Ag_2SO_4
- Lignin buffer용액(물 100㎖ 중에)
  - 6g ferric nitrate[$Fe(NO_3)_3 \cdot 9H_2O$]
  - 0.15g silver nitrate($AgNO_3$)를 녹이고 여기에
  - 500㎖ acetic acid, glacial
  - 5g potassium acetate
  - 400㎖ tertiary butyalcohol을 가하여 혼합한다.
- Potassium permanganate-buffer혼합용액(사용직전에 potassium permanganate용액)(시약-②)과 lignin buffer용액(시약-③)을 2:1로 혼합한다. 직사광선을 받지 않는 냉장고에 보관할 때에는 1주일 동안 보관하여 사용할 수 있다. 사용시에 보라색을 띄거나 침전물이 없어야 하고, 붉은 색을 띨 때에는 사용해서는 안 된다.
- demineralizing 용액(물 250㎖에 다음 시약을 혼합한다)
  - 50g oxalic acid
  - 700㎖ 에탄올(95%)
  - 50㎖ concentrate hydrochloric acid

- 80% 에탄올 용액(95% 에탄올 845㎖를 물로 1000㎖까지 희석한다.)
- 48% hydrobromic acid
- ADF측정에 필요한 기구
- 회화로
- 건조기

방법(조작)

1 ADF를 구한다.

2 에나멜 쟁반에 찬물을 1cm 깊이로 붓고, 그위에 ADF가 들어있는 여과기를 놓는다(여과기 내의 ADF가 물에 젖지 않도록 주의하여야 한다).

3 여과기에 25㎖의 potassium permanganate-buffer혼합용액(시약-④)을 넣고, 유리봉으로 덩어리를 깨어 용액이 잘 침투되도록 한다.

4 20~25℃에서 90±10분간 방치하고 여과기내의 용액이 항상 보라색을 띄도록 하며, 필요하다면 용액(시약-④)를 더 보충해 준다.

5 진공펌프를 이용하여 여과한 후 다시 에나멜 쟁반에 올려 놓는다.

6 Demineralizing용액(시약-⑤)을 반쯤 채우고 재차 여과하여 여과기내의 섬유소가 흰색을 띨때까지 계속한다.

7 80% 에탄올(시약-⑥)을 2회 채워서 씻은 후 완전히 여과한다.

8 105℃의 건조기에서 하룻밤 동안 건조한 후 데시케이터에서 30분간 냉각시키고 무게를 잰다(lignin 측정).

9 550℃의 회화로에서 3시간 회화시킨 후 데시케이터내에서 실온까지 식힌 후 무게를 잰다(cellulose 측정).

10 (방법-⑩)에서 얻은 회분을 48% hydrobranic acid 5㎖(시약-⑦)을 넣어 회분을 완전히 적신 후 1~2시간 방치한다.

11 진공펌프를 이용해서 산을 제거한 후 한번 더 아세톤으로 씻는다.

12 건조 후 550℃의 회화로에서 회화시킨 후 데시케이터에서 냉각하고 무게를 단다.

결과 및 고찰

$$lignin(\%) = \frac{(여과기+ADF중량) - (KMnO_4\ 처리후\ 여과기+시료중량)}{시료중량} \times 100$$

$$cellulose(\%) = \frac{(KMnO_4\ 처리후\ 여과기+시료중량) - (회화후\ 여과기+시료중량)}{시료중량} \times 100$$

$$silica(\%) = \frac{(HBR처리후\ 여과기+시료중량) - 여과기중량}{시료중량} \times 100$$

$$hemicellulose(\%) = NDF - ADF$$

참고문헌

1 Van Soest, P.J and R.H. Wines : Determination of lignin and cellulose in acid-detergent fiber with permanganate. J. Assoc. Official Anal. Chem. 51, p.780(1968)

2 ASouthgate. D. A. . Determination of carbohydrates in food Ⅱ. Unavailable carbohydrates, J. S챠. F디. Agric. 20, p.331(1969)

3 김대진, 윤수현, 조영수, 최미애 : 쑥갓과 머위의 잎과 줄기의 구조탄수화물의 변화, 한국생명과학회지, 9(5), p.497(1999)

4) 펙틴 (Pectin) 의 정량 (alcohol 침전법)

개 요

펙틴질을 95% 에탄올을 가해 침전 시킨 후 증발건조하여 조펙틴을 구하고 이것을 회화하여 회분량을 제하여 Pectin의 량으로 한다.

펙틴은 수용성식이섬유(soluble dietary fiber, SDF)로써 과일, 차전자 종실등에 많이 함유하고 있다. 따라서 식물세포 내용물(cell content)로 중성세제 계면활성제에 용해되나 인체에서는 에너지원은 아니다.

시약 및 기구

- 95% 에탄올
- 자제접시
- 수욕조(water bath)
- 전기로

방법(조작)

① 과실이나 잼류 등의 시료를 유발에 잘 갈아서 150g을 1 ℓ 의 비이커에 취하고, 물 50㎖을 가하여 시계접시로 덮은 채 1시간 가량 조용히 끓인다.

② 메스플라스크에 옮기고 물을 가해서 1 ℓ 로 하고, 잘 흔들어서 여과한다. 여액 100㎖을 취해서 농축하여 25~30㎖로 한다.

③ 냉각시킨 후 95% 에탄올 200㎖를 잘 흔들면서 조용히 가해서 펙틴(pectin)을 침전시킨다.

④ 충분히 침전시킨 후 미리 건조해서 칭량해 둔 직경 10㎝ 정도의 백금접시 또는 자제접시 또는 자제접시에 여과지상의 침전물을 95% 에탄올로 세척하고, 따뜻한 물로 침전을 완전히 세척하여 옮긴다.

⑤ 수욕조 상에서 완전히 증발건고하고, 100℃ 항온으로 건조해서 칭량한다(조펙틴). 이 조펙틴을 연소시켜 회분의 양을 구하고, 조펙틴에서 회분량을 제하여 pectin의 양을 구한다(그림 15-3).

결과 및 고찰

$$pectin(\%) = \frac{조펙틴(g) - 회분(g)}{시료무게(g)} \times 100$$

참고문헌

1 채수규 : 표준식품분석학. 지구문화사 p.132(1998)

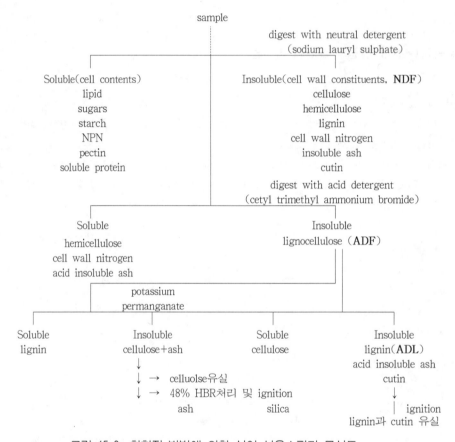

그림 15-3 화학적 방법에 의한 식이 섬유소평가 모식도

16 아미노산 및 단백질

1. 종이 크로마토그래피를 이용한 아미노산의 확인

개 요

미지 α-아미노산 혼합물을 표준 아미노산과 함께 종이 크로마토그래피에 의해 전개시켜 분리한 후 R_f값을 비교하여 아미노산의 종류를 확인할 수 있다.

종이 크로마토그래피는 분배 크로마토그래피의 일종으로, 거름종이는 정지상의 지지체(supporting medium) 역할을 하고, 물은 정지상, 물과 잘 섞이지 않는 유기용매는 이동상의 구실을 한다. 용매가 모세관현상에 의해 종이 위쪽으로 올라갈 때(상승식 전개법, ascending method) 시료의 성분들도 용매와 함께 이동하지만, 이동하는 동안에 물과 유기용매에 대한 용해도(분배계수)의 차이에 따라 이동속도가 달라진다. 종이 위에서 분리된 성분이 무색인 경우, 발색제를 뿌려 위치를 확인할 수 있으며, 아미노산의 경우에는 닌히드린을 발색제로 이용한다.

시료조제

1 미지 아미노산 혼합물과 표준 아미노산시료는 1%(W/V) 수용액으로 준비한다. 즉, 미지 아미노산혼합물은 2~3가지 아미노산을 각각 10㎎씩 칭량한 후 1㎖ 증류수에 녹인다. 표준 아미노산 시료는 혼합하여 각각 10㎎씩 칭량하여 1㎖ 증류수에 녹여 따로따로 만든다.

2 전개액은 아세토나이트릴(acetonitrile)과 0.1M 암모늄아세테이트(ammonium acetate)을 60 : 40 의 부피 비율로 잘 혼합하여 준비한다. 이때의 pH도 측정하여 기록하여 둔다.

3 닌히드린(ninhydrin) 분무제는 0.6g의 닌히드린을 200ml의 n-부탄올에 용해시켜 만든다.

시약 및 기구

- 미지 α-아미노산 혼합물 시료
- 표준 아미노산 시료
- 전개액
- 닌히드린(ninhydrin) 분무제
- Whatman No. 1 종이(20cm×20cm)
- 상승법 전개에 필요한 용기
- 오븐(100℃) 또는 머리건조기

방법

1 시료의 전개시작 위치를 식별하기 위하여 Whatman 종이(20cm×20cm)의 한 쪽 끝에서 3cm 떨어진 부분에 연필로 출발선을 표시한다. 종이는 반드시 비닐장갑을 끼고 취급하여 오염을 막도록 한다.

2 유리모세관이나 마이크로파이펫을 이용하여 2cm 이상의 간격을 두고 미지시료와 표준시료를 점적한다. 점의 직경은 5mm 이하가 되도록 한다. 시료가 묽은 경우에는 점적한 자리를 말린 후 같은 자리에 반복하여 점적한다.

3 전개에 앞서 용기속에 전개액을 부어 용기속이 용매로 포화되도록 한다. 시료가 점적된 종이도 약 10~20분간 용매증기가 도회된 용기에 매달아 두었다가, 출발선이 있는 끝 쪽을 용매에 담가 전개시킨다. 이때 점적한 부분이 용매 속에 잠기지 않도록 주의한다. 전개하는 동안 용매의 증발을 막기 위해 용기는 밀폐시킨다.

4 전개액이 종이의 위쪽 끝까지 이르면 종이를 꺼내어 용매가 침투하여 올라간 선을 연필로 표시한다. 종이는 머리건조기로 말리거나, 100℃ 오븐에 10분 가열하여 건조시킨다.

5 종이를 집게로 집어 넣고 닌히드린분무제를 골고루 뿌려준다. 닌히드린 발색반응이 일어나려면 온도가 75℃ 이상 올라가야 하므로, 종이를 100℃ 오븐에 5분 가열하여 건조시킨다.

6 반점이 나타나면 연필로 표시한 후, 출발선으로부터의 거리를 측정하여 색깔과 함께 기록하여 둔다. 색깔과 계산한 R_f값을 표준 아미노산과 비교하여 미지 시료 속의 아미노산을 확인한다.

결과 및 고찰

용매에 의해 이동된 시료의 이동거리를 R_f값으로 나타낸다. 이 R_f값은 전개액의 종류, pH, 여과지의 종류, 전개시의 온도, 습도 등의 조건에 따라 변화하므로 미지시료와 표준시료를 동일조건에서 동시에 전개시키는 것이 정확하다.

$$R_f \text{ 값} = \frac{\text{시료의 이동거리}}{\text{용매의 이동거리}}$$

Rf값과 분배계수(α) 사이에는 다음과 같은 관계가 성립된다.

$$\alpha = \frac{Al}{As}\left(\frac{1}{R_f} - 1\right)$$

（Al : 이동상의 단면적, As : 고정상의 단면적）

대개 일차원 전개법으로 각종 아미노산을 확인할 수 있으나 아미노산의 종류가 많은 경우 첫 번째 전개액으로 전개시킨 후 말리고 종이를 90° 돌려서 두 번째 전개액으로 다시 전개시키는 이차원 전개법을 쓸 필요가 있다.

참고문헌

1 Block, R. J., Durrum, R. L., and Zweig, G. : A manual of paper chromatography and paper elctrophoresis, Academic Press, New York(1955)

2 Heimer, E. P. : Quick paper chromatography of amino acids. J. Chem. Educ., 49, p.547(1972)

3 Boyer, R. F. : Modern experimental biochemistry, 2nd ed. Benjamin/Cummings publication Company, Redwood City(1993)

2. HPLC를 이용한 아미노산의 분리 및 정량

개 요

아미노산의 분리 정량은 크게 두 가지로 나눌 수 있다. 하나는 유리아미노산을 분리정량 하는 방법이고, 다른 하나는 단백질 또는 펩타이드 구성 아미노산을 분리 정량 하는 방법이다. 영양학적 입장에서 보면 두 가지 모두 중요하다. 연구목적에 따라 선택하거나 모두를 택할 수 있다. 생체시료 중 혈액이나 기타 체액은 유리아미노산을 분리정량함으로써 영양상태 파악이나 선천성 대사이상 또는 질병시의 대사이상을 파악하는데 중요하다. 단백질의 영양적 평가나 어떤 단백질 또는 펩타이드의 구성아미노산을 파악하고자 할 때는 그 구성아미노산을 분리 정량한다. 이 어느 것이나 전처리방법이 필요하다. HPLC법은 특정 아미노산을 단시간에 간단히 분석하는데 이용하기 쉬운 이점이 있다.

방·법

1 전처리방법

① 제단백방법 : 생체시료나 기타시료 중 유리아미노산 정량을 위해서는 단백질 부분을 제거해야 할 필요가 있다. 이를 위해서 제단백 시약이 필요한 데 대부분의 단백질 침전제 즉 trichloroacetic acid(TCA), picric acid, sulfosalicylic acid(SSA), phosphotungstic acid, phospho-molybdic acid, ammonium sulfate, sodium sulfate, ethanol, acetone 등이 사용 가능하나 각각의

장단점이 있다. Picric acid는 색을 제거해야 하는 문제가 있고 그 외 무기염류들은 잔류염류가 문제가 되며, ethanol이나 acetone은 단백질의 불충분한 제거가 문제된다. 그 중 TCA와 SSA가 비교적 많이 쓰인다. 실제로 혈장은 100$\mu\ell$당 SSA 5mg 비율로, 그리고 소변시료는 100$\mu\ell$당 SSA 3mg 비율로 혼합하여 14000×g에서 10분간 원심분리하여 상층액을 시료로 한다. 조직의 경우는 적당량(100~300mg)을 면도용 칼로 잘게 다져 10배액의 30% SSA액을 가해 homogenizer로 균질화하고 원심분리하여 상징액을 시료로 한다.

② 단백질가수분해 : 단백질가수분해는 산, 알칼리 혹은 효소로 펩타이드 결합을 가수분해하여 유리아미노산 형태로 하는 것이다. 산 가수분해는 주로 6N-염산으로 105~110℃에서 22~24시간 동안 가수분해하는 방법을 많이 이용한다. 실제로 단백질 0.4mg에 대해 6N-염산 1mℓ 비율에서 분해하면 되며, 단백질 이외의 성분이 많을 때는 시료량에 대해 10배가 되게 6N-염산을 넣어 가수분해한다. 분해관은 파이렉스 시험관을 사용하여 질소가스를 퍼징하여 산소를 제거하고, 진공으로 밀봉하여 가수분해하거나 가수분해전용 시험관을 사용하여 같은 방법으로 분해할 수 있다. 또한 분해전용 장치도 있다. 분해 후 염산을 제거하기 위해 회전증류장치로 증발건조하고 탈이온수를 가해 2회 반복 건조하여 다시 탈이온수 적당량에 녹여 14000×g에서 10분간 원심분리하여 상층액을 시료로 한다.

이 가수분해 방법에서 tryptophan은 거의 파괴되므로, tryptophan은 4N-수산화바리움을 단백질량에 대해 200배와 thiodiglychol 300$\mu\ell$를 첨가하고 빙냉하 감압하면서 밀봉하여 110℃에서 60시간 동안 가수분해한다. 이 때 알칼리는 같은 농도의 수산화나트륨 액으로도 가능하며 시험관은 폴리프로필렌관을 유리관 안에 넣어 직접 알칼리가 유리에 접촉하지 않게 한다. 또한 cysteine의 손실을 방지하기 위해서 미리 performimic 산으로 산화시킨 후 가수분해하여 정량하기도 한다.

산가수분해 asparagine과 glutamine은 aspartic acid와 glutamic scid로 정량적으로 전환되므로 함량표시는 이 두 가지를 모두 의미하는 asx와 glx로 표시한다.

2 유도체화방법 : HPLC에 의한 아미노산의 분석은 컬럼(column)에서의 분리방법과, 검출을 위한 유도체화 방법에 따라 2가지로 나눌 수 있다.

① Postcolumn 유도체화 : Stein과 Moore 방법이라고도 하며 먼저 아미노산을 강한 양이온교환수지로 분리한 후 유도체를 만드는 방법으로, 아미노산전용분석기는 이 방법을 많이 이용한다. 유도체화 시약으로는 과거에는 ninhydrin을 써서 UV검출기로 정량하는 방법을 많이 이용하였으나, 근래에는 감도 면에서 우수한 orthophthalaldehyde(OPA) 등으로 형광유도체를 만들어 fluorescence 검출기로 정량하는 방법을 많이 이용하는데 그 감도는 100배 이상 증가하였다.

② Precolumn 유도체화 : 미리 유도체를 만들어 reverse phase column으로 분리하는 방법으로 주로 HPLC를 이용한 분석에 많이 이용된다. HPLC법은 아미노산전용분석기를 이용한 분석법보다 분리시간은 단축될 수 있으나 분리능이 전용분석법보다 못하여 생체시료 등의 유리아미노산 분석법으로는 전용분석법이 많이 이용된다. 유도체화 시약으로는 4-dimethylaminoazobenzene-sulfonylchloride(DABS-Cl), 6-aminoquinolyl-N-hydroxysuccinimidyl carbarmate(AQC), dancylchloride(DC), 9-fluorenylmethylchloroformate(FMOC-Cl), phenylisothiocyanate(PITC), orthophthalaldehyde(OPA) 등이 많이 이용된다. 이방법도 각 회사에 따라 자동화시켜 편리하게 이용할 수 있는 기기도 시판되고 있으며 감도도 picomol 또는 fentomol까지 정량 가능하게 되었다.

결과 및 고찰

1 실제분석 예

유도체가 안정하여 최근 많이 이용되는 DABS-Cl 유도체로 하여 혈장중의 유리아미노산 정량법을 예로 들어본다.

에펜도르프시험관에 전처리에서 준비한 혈장시료 10μl와 0.1M NaHCO$_3$ 용액(pH 3.0) 10μl를 넣고 혼화 후 DABS-Cl 용액(4nmol/μl acetonitriil. 새로 조제) 40μl를 넣고 vortex한다. 70℃ 수육중에서 10분간 반응시킨 다음 상온으로 냉각시키고, 70% 에탄올로 500ml로 한다. 이를 14000rpm에서 3분간 원심분리 하여 상징액 5μl를 HPLC에 직접 주입한다. 혈장의 제단백처리는 CF-50 Amicon 막으로 원심분리 하여 제거할 수도 있다. 이 때 이동상은 25mM KH$_2$PO$_4$, pH 6.8(A), acetonitril-isopropanol(80:20)(B)로 하여 B액을 1분간 20%에서, 4분만에 23%까지로, 7분간 23%

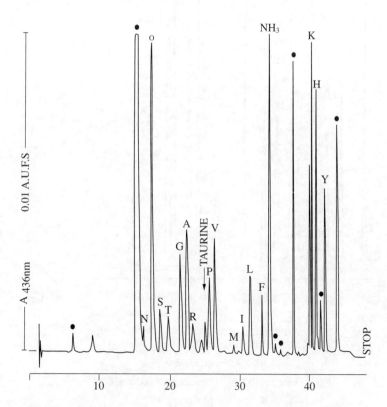

N : Asn / Q : Gln / S : Ser / T : Thr / G : Gly / A : Ala / R : Arg / P : Pro / V : Val
M : Met / I : Ile / L : Leu / F : Fhe / K : Lys / H : His / Y : Tyr

그림 16-1 Determination of DABS-AA in human plasma by reversed-phase high-performance liquid chromatography using a Supelcosil LC-18T(15cm ×4.6mm i.d.), 3-μm particles, column. Solvent A, 25mM Potassium dihydrogen phosphate, pH 6.8; Solvent B, acetonitrile-2-propanol(80:20); Flow rate, 1.5 ml/min; room temperature; 5μl of sample loading; 과잉의 시약 부산물; 436nm에서 검출.

에서, 11분만에 27%까지, 7분간 30%에서, 9분만에 60%까지, 1분만에 70%까지, 5분간 70%에서 그리고 6분만에 최초상태로 되돌아오게 한다. 유속은 1.5ml/min로하고 436nm에서 측정하였는데 이 때 사람 혈장에 함유된 유리아미노산, DABS유도체로서 분리된 크로마토그람은 그림 16-1과 같다. 정량방법은 표준물질로 시료와 같이 처리하여 검량선을 작성하여 정량한다. 시료처리시 발생되는 부피오차를 보정하기 위하여 내부표준물질로 norleucine이나 α-aminobutyric acid를 쓰기도 한다.

상기 크로마토그램은 UV-Visible 가변 검출기를 사용했으나 RF-검출기를 쓰면 더욱 감도가 좋아진다. 이 이외 몇 가지 크로마토그램도 참고로 나타내었다.

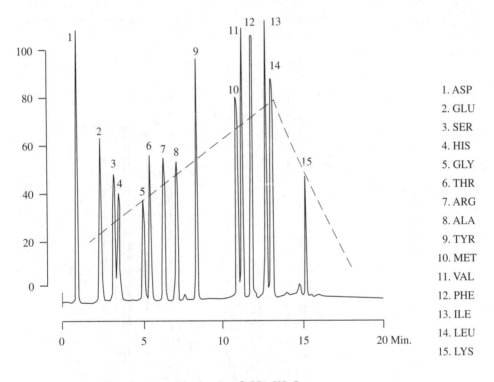

Column :	Adsorbosphere® OPA-HS, 5μm,
	100 × 4.6mm Cartridge
Mobile Phase :	A: 0.5% THF in 50mM NaOAc, pH 5.7
	B: Absolute Methanol
Flowrate :	2.0mL/min

Gradient :	Time:	0	15
	%B:	10	65

Detector :	Fluorescence: Excitation 305-395nm
	Emission 420-650nm

그림 16-2 Amino acid from protein hydrolysate

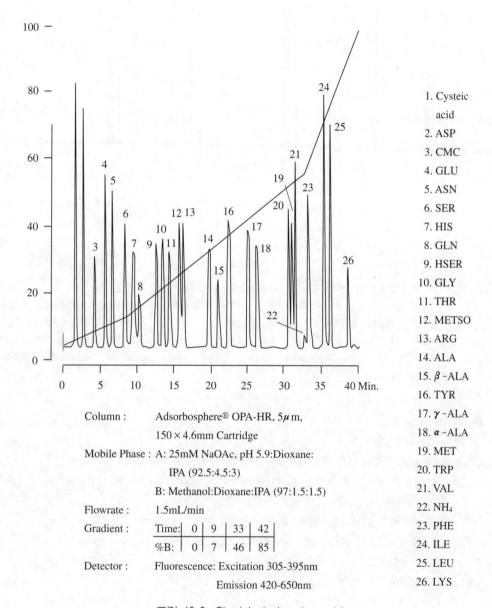

Column : Adsorbosphere® OPA-HR, 5µm,
150 × 4.6mm Cartridge

Mobile Phase : A: 25mM NaOAc, pH 5.9:Dioxane:
IPA (92.5:4.5:3)
B: Methanol:Dioxane:IPA (97:1.5:1.5)

Flowrate : 1.5mL/min

Gradient :

Time:	0	9	33	42
%B:	0	7	46	85

Detector : Fluorescence: Excitation 305-395nm
Emission 420-650nm

1. Cysteic acid
2. ASP
3. CMC
4. GLU
5. ASN
6. SER
7. HIS
8. GLN
9. HSER
10. GLY
11. THR
12. METSO
13. ARG
14. ALA
15. β-ALA
16. TYR
17. γ-ALA
18. α-ALA
19. MET
20. TRP
21. VAL
22. NH$_4$
23. PHE
24. ILE
25. LEU
26. LYS

그림 16-3 Physiological amino acids

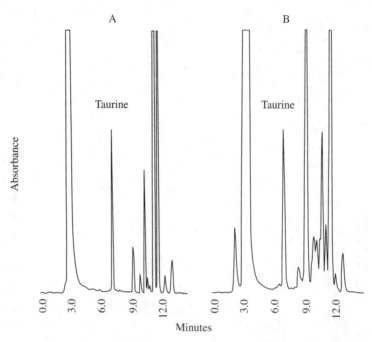

그림 16-4 HPLC chromatogram of taurine standard(A) and beef sample(B).
Each sample was eluted through a Capcell Pak C18 column(type 120Å 5㎛, size 4.6 mm∮ ×250㎜, Shisheido) with acetonitrile: glacial acetic acid: triethylamine: water(100:13:0.25:886.75) at a flow rate of 1.2 ㎖/min. Detection was conducted with RF-10A at emission wavelength of 530nm and excitation wavelength 330nm, respectively.

2 유리아미노산 측정용 시료취급 주의사항

① 혈장 또는 혈청시료에 대하여

　㉠ 헤파린처리 혈장이 가장 좋다. 혈청은 혈액응고에 의해 특수한 아미노상이 변화한다.

　㉡ 보통은 아침 공복시에 헤파린 처리된 스핏치관에 취하고 가능한 빨리 혈장을 분리한다. 식사의 영향은 식사후 8~10시간 지나면 된다.

　㉢ 1주간 이내이면 4℃의 냉장고에, 그 이상이면 −70℃에 보존한다.

　㉣ 용혈 : 적혈구 중에는 혈장보다 수배 이상의 고농도로 유리아미노산이 함유되어 있으므로 용혈된 시료는 피하는 것이 좋다.

② 뇨시료에 대하여

　㉠ 미리 방부제로서 thymol 1g 또는 toluene 4~5빙율을 넣어 24시간 뇨를 받는다.

　㉡ 24시간 뇨를 균질화하여 그 일부(20㎖ 정도)를 동결 보존한다.

③ 조직시료에 대하여

　㉠ 시료채취 후 즉시 습중량을 측정. 액체질소 등으로 동결 보존한다.

　㉡ 가능하면 질소(N)량 측정해 두면 좋다.

3 결어 : HPLC 의한 아미노산분석법을 간단히 소개했으나 최근에는 분석기기 회사들에서 자사 제품소개와 판매촉진을 위해 분석법을 소개하고 있으므로 원리만 이해하면 자세한 방법들은 그에 따라 행하면 된다. 또한 HPLC에 의하지 않고 이온크로마토그래피에 의하여 유도체화 조작 없이도 측정할 수 있는 방법이 확립되어 있기도 하다. HPLC에 의한 방법도 column의 개발에 의해 더 간편한 방법이 확립되고 있기도 하다.

참고문헌

1 영수과학, Amino acid analysis 세미나 교재집(2000)

2 인성바이오사이언스주, BioLC system manual(2000)

3 Storchi, V., Palma, F., Piccoli, G., Biagiarlli, B., Chucciarini, L. and Magnani, M. : HPLC analysis of taurine in humane plasma sample using the DABS-Cl reagent with sensitivityat picomole level. J. Liq. Chromatogr., 17, p.347(1994)

4 Jarret, H.W., Cooksy, K.D., Ellis, B., and Anderson, J.M. The separation of o-phthalaldehyde derivatives of amino acids by reverse-phase chromatography on octylsilica columns, Analytical Biochemistry, 153, p.189(1986)

5 김을상, 김중섭, 문현경 : 시판우유류와 육류 해산물중 타우린 함량, 한국식품영양과학회지, 28(1), p.16(1999)

6 Alltech, chromatography catalog(1999)

3. 아미노산 전용분석기 (Ion-exchange chromatography) 를 이용한 아미노산의 분리 및 정량

개 요

1948년 Stein과 Moore는 전분 column을 이용한 partition chromatography를 이용하여 생체시료의 아미노산 분리를 실시하므로서 생물학계에 큰 변혁을 가져오는 계기가 되었다. 그들은 1963년, 아미노산의 정량적 분리를 위해 ion-exchange chromatography를 이용하는 방법과 column을 빠져 나온 아미노산을 정량할 수 있는 신뢰도 높은 방법을 개발하는데 성공하므로서 오늘날 아미노산 전용분석기의 기초를 제공하였다.

Ion-exchange chromatography 방법에 입각한 아미노산의 분리는 각 아미노산이 지니는 charge, 분자량 및 분자구조 등의 차이에 따라 다양한 이동상의 조건(pH, 염의 농도 및 온도)에서 ion-exchange chromatography을 빠져 나오는 속도가 다른 것에 근거를 둔 방법이다. 아미노산 전용분석기는 아미노산 농도의 정량을 위해 일단 column을 통해 분리된 아미노산을 ninhydrin과 반응시켜 보라색의 착화합물을 형성한 뒤 흡광도를 측정하는 post-column 방식을 이용한 것이다.

시료조제

혈장 또는 소변시료에서 아미노산 농도를 측정하기 위해 1.5㎖의 eppendorff 튜브에 혈장 또는 소변 100㎕를 취하고, 20% sulphosalicylic acid 용액 30㎕과 internal standard(norleucine) 20㎕를 가해 세게 흔든 후 4℃에서 1시간동안 방치한다. 14,000×g에서 15분간 원심분리하여 단백질을 침전시킨 후 상층액을 eppendorff 튜브에 옮기고, 아미노산분석기에 주입하기 직전에 0.2㎛ filter (Gelman aerodisc LC PVDF)를 이용하여 여과한다.

실험상의 오차를 보정하기 위하여 internal standard로써 standard amino acid mixture을 이용하는데 표준 아미노산 용액에 0.5mM 20㎕ norleucine을, 각 시료에는 1mM 20㎕ norleucine을 전처리 과정을 시작하기 전에 각기 첨가한다.

시약 및 기구

■ 시약
- 20% sulphosalicylic acid용액
- Standard amino acid mixture(Sigma Chemical Company, Product No. A-6407, A-1585)
- Norleucine(Sigma Chemical Company, Product No. N-6877)
- Lithium citrate loading buffer pH 2.2, 0.2M(Pharmacia Biotech, Cat 80-2038-10)
- Buffer 1 : lithium citrate buffer pH 2.8, 0.2M(Pharmacia Biotech, Cat 80-2038-15)
- Buffer 2 : lithium citrate buffer pH 3.0, 0.3M(Pharmacia Biotech, Cat 80-2038-16)
- Buffer 3 : lithium citrate buffer pH 3.15, 0.5M(Pharmacia Biotech, Cat 80-2099-83)
- Buffer 4 : lithium citrate buffer pH 3.5, 0.9M(Pharmacia Biotech, Cat 80-2097-18)
- Buffer 5 : lithium citrate buffer pH 3.55, 1.65M(Pharmacia Biotech, Cat 80-2037-69)
- Buffer 6 : lithium hydroxide solution 0.3M(Pharmacia Biotech, Cat 80-2038-20)

■ 기구
- 아미노산 전용분석기(Biochrom 20, Pharmacia Biotech, Cambridge, England)
- Microcentrifuge
- Eppendorff tube
- 0.2㎛ filter(Gelman aerodisc LC PVDF)

방법

① 아미노산 분석기용 sample capsule에 먼저 pH 2.2, 0.2M loading buffer(Pharmacia Biotech, Cambridge, England) 150㎕를 주입한 후, 전처리된 시료 20㎕를 넣고 다시 loading buffer 20㎕를 채운다.

② 아미노산 분석기에 부착된 cool chamber에 분석하고자 하는 시료의 순서대로 시료가 채워진 캡슐을 배열해 넣는다.

③ 유리아미노산의 분리는 resin pot가 부착된 lithium high performance column(90×4.6㎜)에서 12단계의 이동상을 단계적으로 거치면서 이루어진다. 각 단계에서 사용되는 buffer의 종류,

반응 온도 및 시간은 다음과 같다.

1) buffer 1 : lithium citrate buffer pH 2.8   0.2M   34℃   2mins.

2) buffer 2 : lithium citrate buffer pH 3.0   0.3M   32℃   34mins.

3) buffer 3 : lithium citrate buffer pH 3.15   0.5M   34℃   9mins.

4) buffer 3 : lithium citrate buffer pH 3.15   0.5M   82℃   6mins.

5) buffer 4 : lithium citrate buffer pH 3.5   0.9M   82℃   10mins.

6) buffer 4 : lithium citrate buffer pH 3.5   0.9M   82℃   10mins.

7) buffer 5 : lithium citrate buffer pH 3.55   1.65M   82℃   35mins.

8) buffer 6 : lithium hydroxide solution   0.3M   88℃   5mins.

9) buffer 1 : lithium citrate buffer pH 2.8   0.2M   88℃   5mins.

10) buffer 1 : lithium citrate buffer pH 2.8   0.2M   36℃   30mins.

11) buffer 1 : lithium citrate buffer pH 2.8   0.2M   36℃   5mins.

12) buffer 1 : lithium citrate buffer pH 2.8   0.2M   36℃   1mins.

④ Column을 통해 분리된 아미노산은 ninhydrin과의 반응을 거쳐 흡광도를 측정하여 정량화되며, 440nm에서 proline과 hydroxyproline이, 그리고 570nm에서는 나머지 모든 유리아미노산의 흡광도가 측정된다.

⑤ 시료를 분석하기 전 0.5mM 표준 아미노산 용액 20μℓ를 분석기에 주입하여 표준 아미노산에 대한 chromatogram을 얻고, 이를 토대로 시료내 각 아미노산의 분리시간 및 분리도를 보정한다.

아미노산 분석조건

Instrument : Biochrom 20 Amino Acid Analyser

Integrator : Biochrom 20 programmer

Analytical Column : pre-wash and high pressure PEEK lithium column with Peltier heating/cooling system(90×4.6mm + Resin pot)

Detector : Ninhydrin(Pharmacia Biotech Ltd, England)

Carrier Gas : Oxygen free nitrogen gas(99.99%, Research purified) regulated to 5 bar

Flow rates : Buffer 25.0mℓ/h, ninhydrin reagent 20.0mℓ/h

Temperature : Column 34℃, reaction coil 135℃

Operating pressures : Buffer pressure 12~120bar, Ninhydrin pressure 4~24bar, Coil pressure 2~12bar

Photometer : Single flowcell with optical beam splitter to provide detection at 440nm and 570nm

Sample injection volumn : 20μℓ

결과 및 고찰

그림 16-5는 표준 아미노산 용액의 elution pattern을 나타낸 것이다.

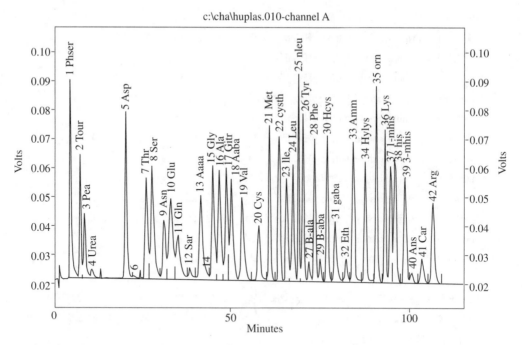

그림 16-5 The elution pattern of standard amino acid mixture on the ion-exchange chromatography for the elution time of 0~125 minutes.

아미노산 농도의 계산

시료에 함유된 각 아미노산의 농도는 표준 아미노산 용액에서 얻어진 각 아미노산의 면적(10nmole/20$\mu\ell$)에 대한 시료의 peak area 비율로 계산한다. Internal standard로 사용된 norleucine의 회수율이 100%일 때의 농도인 2.67mole/20$\mu\ell$를 기준으로 하여 각 아미노산 농도를 보정하고, 시료의 희석배수를 감안하여 혈장 및 뇨의 유리아미노산의 농도를 계산한다. 산출된 각 아미노산의 농도는 μmole/L 또는 nmole/mg creatine(or μmole/24hr urine) 단위로 환산하여 제시한다.

전처리를 거친 20$\mu\ell$ 시료에 포함된 norleucine의 절대량 =

$$\text{각 시료안에 첨가시킨 norlauciae의 절대량(20nmole)} \times \frac{\text{첨가시킨 norleucine의 부피(20}\mu\ell)}{\text{전체 시료의 부피(150}\mu\ell)} = 2.67(\text{nmole/20}\mu\ell)$$

시료의 각 아미노산 농도 =

$$\begin{array}{c}\text{기기상 측정된 시료의}\\\text{각 아미노산 농도}\\(\text{nmole/20}\mu\ell)\end{array} \times \frac{2.67(\text{nmole/20}\mu\ell)}{\begin{array}{c}\text{기기상 측정된 norleucine의}\\\text{농도(nmole/20}\mu\ell)\end{array}} \times \text{시료의 희석배수(150}\mu\ell/100\mu\ell)$$

표 16-1 정상 성인여성의 혈장 아미노산농도(예)

	농도(μ mol/L)		농도(μ mol/L)
EAA		NEAA	
Arginine	106 ± 5.1	Alanine	309 ± 6.2
Histidine	118 ± 4.5	Asparagine	61.4 ± 5.3
Isoleucine	59.7 ± 2.6	Aspartate	32.3 ± 1.8
Leucine	109 ± 4.7	α - Aminobutyrate	19.6 ± 1.8
Lysine	182 ± 8.5	Cystathione	3.4 ± 0.2
Methionine	34.7 ± 1.5	Glutamate	100 ± 7.2
Phenylalanine	28.9 ± 5.1	Glutamine	663 ± 28.4
Threonine	149 ± 8.9	Glycine	235 ± 15.8
Valine	204 ± 8.0	Hydroxyproline	49.3 ± 2.4
		Ornithine	57.8 ± 2.7
		Phosphoserine	50.8 ± 3.1
		Proline	151 ± 17.6
		Serine	155 ± 9.6
		Taurine	110 ± 3.4
		Tyrosine	76.9 ± 5.2

표 16-1은 정상 성인 여상의 혈장 아미노산 농도의 예이며, 정상 성인 남자의 흰쥐 혈장의 아미노산 농도는 부록 16-a와 16-b를 참조한다.

참고문헌

[1] Moore, S., Stein, W. H. : Chromatographic determination of amino acids by the use of automatic recording equipment. In: "Methods in Enzymology" Colowick, S. P., Kaplan, NO., (eds.), Academic Press, New York, Vol. 6, p.819(1963)

[2] Soupart, P. : Free amino acids of blood and urine in the human. In : "Amino Acid Pools" Holden, J. T., (ed.) Elsevier, Amsterdam, p.220(1962)

[3] Stein, W. H., Moore, S. : Chromatography of amino acids on starch columns seperation of phenylalanine, leucine, isoleucine, methionine, tyrosine, and valine. J. Biol. Chem., 176, p.337 (1948)

[4] Stein, W. H., Moore, S. : The free amino acids of human blood plasma. J. Biol. Chem., 211, p.915(1954)

[5] 차희숙, 오주연, 박태선 : 타우린복용이 정상 성인여성의 혈장 유리아미노산 농도 및 소변내 배설에 미치는 영향. 한국영양학회지 32(2), p.158(1999)

제 2 절 | 단백질의 특성시험 및 정량분석

1. 단백질의 침전실험법

1) 진한 염용액에 의한 침전법

개 요

단백질은 중성 염용액에서 독특한 용해도를 나타내는 특성을 지닌다. 염의 농도가 낮은 경우는 단백질의 용해도가 증가하나 ionic strength가 커지게 되면, 즉 진한 염용액과 공존하면 염에 의해 수화된 단백질에서 물이 빠져 나와 용해도가 저하되면서 침전물을 형성한다. 가장 흔히 사용되는 염용액은 ammonium sulfate[$(NH_4)_2SO_4$]로 수용성이며 매우 높은 ionic strength를 지니고 단백질 변성을 일으키지 않아 단백질 정성뿐 아니라 분리시에도 자주 사용되고 있다. 이 외에도 Mg_2SO_4, NaCl, KCl 포화용액도 사용할 수 있다.

시료조제

2%(W/V) 단백질 시료용액을 사용한다. 알부민(albumin)을 단백질 시료로 사용하여 연습한다.

시약 및 기구

- Ammonium sulfate[$(NH_4)_2SO_4$] 포화용액
- 화학천칭
- Pipettes
- Test tubes

방 법

단백질 용액 2㎖에 포화 ammonium sulfate 용액 2㎖를 가해 단백질 침전을 관찰한다.

2) 알칼로이드 (alkaloid) 용액에 의한 침전법

개 요

Trichloroacetic acid, tannic acid, picric acid 등의 알칼로이드(alkaloid)는 분자 내에 산성기를 소

유한다. 따라서 단백질 시료 용액의 pH를 단백질의 등전점보다 낮게 맞추어주면 단백질 입자가 양전하를 띠게 되고 여기에 알칼로이드 화합물 용액을 가하면 단백질과 알칼로이드 사이에 응집이 일어나면서 침전물을 형성하게 된다.

시료조제

2%(W/V) 단백질 시료용액을 사용한다. 알부민(albumin)을 단백질 시료로 사용하여 연습한다.

시약 및 기구

- 10% trichloroacetic acid
- chemical balance
- Pipettes
- Pasteur pipettes
- Test tubes

방법(조작)

단백질 용액 2㎖에 10% trichloroacetic acid를 pasteur pipet으로 취해 몇 방울 떨어뜨려 침전을 관찰한다.

3) 유기용매에 의한 침전

개 요

일정 pH와 이온강도에서 단백질의 용해도는 용매의 전하에 의해 결정된다. 따라서 물과 섞이는 유기용매, 특히 아세톤 또는 에탄올 등은 수용액의 dielectric constant를 낮추어 단백질의 용해도를 감소시킴으로써 침전을 형성하게 한다. 예를 들어 물의 dielectric constant는 80인데 반하여 에탄올은 24, 아세톤은 21.4이다. 따라서 에탄올 또는 아세톤에 단백질용액을 가하게 되면 양전하와 음전하간에 자아당기는 힘이 세어지고 따라서 단백질 내 알킬기의 이온화정도가 약화되어 단백질이 응집되고 참전하게 된다 대개 0℃ 또는 그 이하에서 실시한다.

시료조제

2%(W/V) 단백질 시료용액을 사용한다. 알부민(albumin)을 단백질 시료로 사용하여 연습한다.

- 에탄올
- Chemical balance
- Pipettes
- Test tubes

방 법

에탄올 2㎖에 단백질 용액 2㎖를 가하고 침전을 관찰한다.

참고문헌

[1] Lehninger, A.L. : Biochemistry - The molecular basis of cell structure and function(2nd ed.). Worth Publishers, p.160(1975)

[2] Nielsen, S.S. : Introduction to the chemical analysis of foods. Jones and Bartlett Publishers, p. 223(1994)

[3] 채수규 : 표준 식품분석학 : 이론 및 실험, p.290(1998)

2. 뷰렛반응에 의한 단백질 정량

개 요

두 개 이상의 펩타이드(peptide) 결합을 가진 물질이 알칼리 용액 중에서 구리이온과 반응하여 자주색 화합물을 만드는 원리를 이용한 것으로 단백질을 비교적 간단하고 신속하게 정량할 수 있다. 흡광도는 540nm에서 측정하며 색의 강도는 단백질의 양에 비례한다.

시료조제

[1] 시료는 수용액 1㎖당 단백질량이 약 10mg이 되도록 준비한다.

[2] 표준곡선을 구하기 위해 bovine serum albumin 수용액을 준비한다. Stock solution으로 1㎖당 10mg의 알부민이 함유되도록 알부민 용액을 조제한다. 여기에서 0.1, 0.3, 0.5, 0.7, 1.0㎖를 취한 후 총 1.0㎖가 되도록 각각에 증류수를 가한다.

시약 및 기구

- 뷰렛시약 : 1L 메스플라스크에 황산구리($CuSO_4 \cdot 5H_2O$) 1.5g과 potassium sodium tartrate ($KNaC_4H_4O_6 \cdot 4H_2O$)6g을 취해 500㎖ 증류수에 녹이고 300㎖의 10% NaOH를 가한 후 1ℓ 눈금까지 증류수를 가한다.

- 분광광도계
- Chemical balance
- Pipettes
- Pasteur pipettes
- Test tubes
- Vortex mixer

방 법

1 뷰렛시약 5㎖를 1㎖의 단백질 용액과 혼합한다.

2 실온에서 15분에서 30분 방치하여 반응시킨 후 540nm에서 단백질 시료의 흡광도를 측정한다. 이때 단백질 용액 대신 1㎖의 증류수를 혼합한 시료를 흡광도 0으로 한다.

3 단백질 표준용액의 흡광도도 위의 **1**번과 **2**번의 방법을 이용해 구한 후 표준곡선을 만든다.

결과 및 고찰

시료용액 1㎖ 내의 단백질 함량은 흡광도에 의거하여 표준곡선과 흡광도와 비교하여 구한다. 시료중의 단백질 함량은 다음의 공식을 이용하여 계산한다.

$$단백질 \ 함량(mg/g \ 또는 \ ㎖) = A \times \frac{1}{S}$$

A : 시료용액 1㎖ 중의 단백질 함량(mg)

S : 실채취량(g 또는 ㎖)

뷰렛법에 의한 단백질 정량은 다른 정량분석법에 의해 발색의 정확도가 높다. 특히 단백질 이외의 성분과의 비특이적 결합이 없어 질소를 함유한 비단백성분이 정량되는 오차가 생길 위험이 적다. 단 실험에 소요되는 단백질의 양이 mg 수준이므로 단백질 함량이 적은 시료에는 부적합하고 대개 20mg까지의 단백질을 정량할 수 있다. 담즙, 암모늄염, 지방, 탄수화물이 존재할 경우 발색에 장해를 받을 수 있음을 감안하여 시료의 종류에 따라 방법을 선택하고 지방, 탄수화물 등에 의해 시료가 혼탁할 경우는 여과 또는 원심분리 등을 이용해 불용해물을 제거한다.

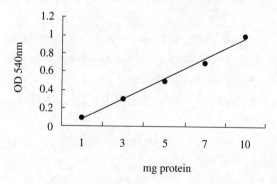

그림 16-6 Biuret method standard curve

참고문헌

1 Jennings, A. C. : Determination of the nitrogen content of cereal grain by colorimetric methods, Cereal Chem., 38, p.467(1961)

2 Torten, J. and Whitaker, J. R. : Evaluation of the biuret and dye-binding methods for protein determination in meats, J. Food Sci., 28, p.168(1964)

3 Pomeranz, Y. and Meloan, C. E. : Food analysis/ Theory and practice(3rd ed.) p.743(1994)

3. Lowry법에 의한 단백질 정량

개 요

알칼리용액에서 단백질이 페놀시약 및 구리이온과 반응하여 푸른색의 화합물을 형성하는 원리를 이용하여 정량한다. 발색은 구리이온에 의해 촉매되며 단백질 내의 tyrosine과 trytophan 잔기가 Folin-Ciocalteau 페놀시약으로 불리는 phosphotungstic-phosphomolybdic acid와 반응하여 이루어진다.

시료조제

시료는 수용액 1㎖당 단백질양이 약 10~200㎍이 되도록 준비한다.

표준곡선을 구하기 위해 bovine serum albumin 수용액을 준비한다. Stock solution으로 1㎖당 2㎍의 알부민이 함유되도록 알부민 용액을 조제한다. 여기서 0.1, 0.3, 0.5, 0.7, 1.0㎖를 취한 후 총 1.0㎖가 되도록 각각에 증류수를 가한다.

시약 및 기구

- 용액 A : 메스플라스크(100㎖)에 0.5g의 $CuSO_4 \cdot 5H_2O$와 1g의 $Na_3C_6H_5O_7 \cdot 2H_2O$를 취한 후 50㎖ 정도의 증류수를 가해 용해시킨 다음 100㎖ 눈금까지 증류수를 채운다. 용액은 실온저장이 가능하다.
- 용액 B : 메스플라스크(1L)에 20g의 Na_2CO_3와 4g의 NaOH를 취한 후 500㎖ 정도의 증류수를 가해 용해시킨 다음 1L 눈금까지 증류수를 채운다. 용액은 실온저장이 가능하다.
- 용액 C : A용액 1㎖와 B용액 50㎖를 혼합한다.
- 용액 D : Folin-Ciocalteu phenol 시약 10㎖와 증류수 10㎖를 혼합한다.
- 분광광도계
- Vortex mixer

방 법

1 단백질 시료용액 0/5㎖에 용액 C를 2.5㎖를 가하여 vortex mixer로 혼합한 후 실온에서 10분간 방치한다.

2 용액 D 0.25㎖를 첨가하고 잘 섞은 후 20~30분간 반응시킨다.

3 750nm에서 흡광도를 읽는다.

4 단백질 표준용액의 흡광도도 위의 **1**번에서 **3**번까지의 방법을 이용해 구한 후 표준곡선을 만든다.

결과 및 고찰

시료용액 0.5㎖ 내의 단백질 함량은 흡광도에 의거하여 표준곡선의 흡광도와 비교하여 구한다. 시료 중의 단백질 함량은 다음의 공식을 이용하여 계산한다.

$$단백질 함량(mg/g \text{ 또는 } ㎖) = A \times \frac{1}{S} \times 2$$

A : 시료용액 0.5㎖ 중의 단백질 함량(mg)

S : 시료채취량(g 또는 ㎖)

시료내의 단백질 함량이 낮을 때에도 그 정확도가 비교적 높아 280nm 자외선분광광도법보다는 10배 내지 20배, 뷰렛법보다는 100배 정도 그 민감도가 높다. 발색은 20~30분 후에 최대에 이르고 그 후에는 시간당 약 1%씩 감소한다. 다른 정량법에 비해 단백질 용액의 탁도에 의한 영향은 적고, 시료 전처리과정에서 혼합된 detergents나 K^+ 이온에 의한 탁도증가는 원심분리를 이용해 최소화시킬 수 있다. 그러나 sucrose의 함량이 높은 시료인 경우는 민감도가 저하될 수 있다. 또 실험조작이 여러 단계로 이루어져 있어 오차가 생기 쉽고 일부 시약은 불안정하므로 단계별 시약제조나 조작이 정확하게 이루어질 수 있도록 해야 한다.

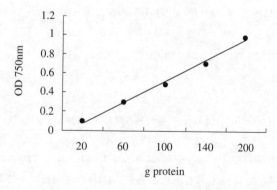

그림 16-7 Lowry Assay standard curve

참고문헌

1 Lowry, O.H., Rosebrough, N.J., Farr, A.L. and Randall, R.J. : Protein measurement with the Folin phenol reagent. J. Biol. Chem. 193, p.265(1951)

2 Peterson, G.L. : Review of the Folin phenol protein quantitation method of Lowry, Rosenberg, Farr, and Randall. Anal. Biochem. 100, p.201(1979)

3 Hartee, E.F. : Detemination of protein : A modification of the Lowry method that gives a linear photometric response. Anal. Biochem., 48, p.422(1972)

4 Davis, E.M. : Protein assays : a review of common techniques. Am. Biol. Lab. 6, p.28(1988)

5 Upreti, G.C., Ratcliff, R.A., and Riches, P.C. : Protein estimation in tissues containing high levels of lipid : modification to Lowry's method of protein determination. Anal. Biochem., 168, p.421(1988)

6 Bollag D.M., Rozychi M.D. and Edelstein S.J. : Protein methods(2nd ed.). Wiley-Liss, Inc., p.68(1996)

7 Pomeranz, Y. and Meloan, C. E. : Food analysis/ Theory and practice(3rd ed.) p.744(1994)

4. Bio Red 시약을 이용한 단백질의 정량

개 요

Bio-Rad 단백질 정량법은 Bradford의 방법에 기초한다. 즉 Coonmassie Brilliant Blue G-250 dye가 단백질과 결합하며 붉은색에서 푸른색으로 변하고 빛의 흡수는 465nm에서 595nm로 이동한다. 즉 595nm에서의 흡광도는 시료 중 단백질 함량과 비례한다. Coomassie blue dye는 주로 염기성 및 방향족 아미노산 특히 arginine과 반응하고 10배 차이의 단백질 농도에서도 그 발색에는 큰 차이가 없다.

시료조제

1 단백질 시료용액 : 1mℓ당 약 1mg의 단백질을 함유하도록 한다. 1mℓ당 약 1mg의 단백질을 함유하도록 한다.

2 단백질 표준용액 : Bovie serum albumin을 이용하여 1mℓ당 1mg의 알부민이 함유되도록 stock solution을 제조한 후 그 중 0.2, 0.4, 0.6, 0.9mℓ를 취한다. 총 1mℓ가 되도록 각 표준단백질용액에 증류수를 가한다.

시약 및 기구

- Dye 용액 : Bio-Rad에서 제공된 Dye Reagent Concentrate 일정량을 4배의 증류수로 희석한다. 희석된 용액은 Whatman #1 여과지로 여과하여 사용한다. Dye 용액은 상온에서 약 2주간 보관이 가능하다.
- 분광광도계
- Plastic or polystytrene cuvettes

방법

1 단백질 용액 100$\mu\ell$를 test tube에 취한 후 5mℓ의 희석된 dye 용액을 첨가하여 혼합한다.

2 상온에서 5분 이상 15분 미만으로 반응시킨다.

3 595nm에서 흡광도를 읽는다.

4 단백질 표준용액의 흡광도도 위의 1~3번의 조작을 이용해 구한 후 표준곡선을 작성한다.

결과 및 고찰

시료용액 0.1mℓ 내의 단백질 함량은 흡광도에 의거하여 표준곡선의 흡광도와 비교하여 구한다. 시료 중의 단백질 함량은 다음의 공식을 이용하여 계산한다.

$$단백질 함량(mg/g \ 또는 \ m\ell) = A \times \frac{1}{S} \times 10$$

A : 시료용액 1mℓ 중의 단백질 함량(mg)

S : 시료채취량(g 또는 mℓ)

Bio Rad 시약에 의한 단백질 정량은 매우 신속하면서도 비교적 적은 양의 단백질도 손실됨이 없이 측정할 수 있는 장점을 가진다. 또 Lowry법에 비해 시료 내에 존재하는 다른 물질에 의한 영향을 적게 받는다. 그러나 단백질의 종류에 따라 같은 양에서도 색도의 차이가 날 수 있음에 유념해야 한다. 특히 석영재질로 만든 큐벳은 매우 적은 양이긴 하나 일부의 단백질-dye 착화합물과 결합하는 성질을 가지므로 플라스틱이나 폴리스티론 큐벳을 사용하는 것이 바람직하다.

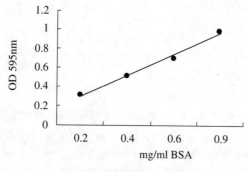

그림 16-8 단백질 표준정량곡선

참고문헌

1 Bio-Rad Protein Assay Kit Manual

2 Bradford, M.M. : A rapid and sensitive method for the quantitation of microgram quantities of protein utilizing the principle of protein-dye binding. Anal. Biochem., 72, p.248(1976)

3 Compton, S.J. and Jones, C.G. : Mechanism of dye response and interference in the Bradford protein assay. Anal. Biochem., 151, p.369(1985)

4 Spector, T. : Refinement of the coomassie blue method of protein quantitation. A simple and linear spectrophotometric assay for less than or equal to 0.5 to 50 microgran of protein. Anal Biochem., 86, p.142(1978)

5. 분광광도법에 의한 단백질의 정량

개 요

대부분의 단백질은 조성 아미노산인 tyrosine, tryptophan, phenylalanine 등에 의해 280nm에서 빛을 흡수한다. 특히 단백질은 tryptophan과 tyrosine의 함량이 일정하므로 280nm에서의 흡광도는 단백질의 양을 비교적 정확하게 반영한다는 원리에 근거하여 정량한다.

시료조제

1 단백질 시료 : 정량하고자 하는 단백질을 0.2~2mg/㎖ 농도로 buffer에 용해한다.

시약 및 기구

- Buffer
- 분광광도계
- Cuvettes(석영재질)
- Pipettes
- Pasteur pipettes

결과 및 고찰

정확한 방법은 아니지만 대개 1cm 큐벳으로 측정한 흡광도 값이 1.0일 때 단백질 함량은 대량 1mg/㎖로 계산하고 주로 분리된 column fraction이 단백질인지를 확인하는데 사용한다. 참고로 단백질 종류별 흡광도는 표 16-2와 같다. 이 파장에서는 유리 또는 플라스틱 cuvette이 빛을 흡수하므로 반드시 quartz 재질을 사용한다. 또 핵산함량이 높은 시료인 경우 흡광도에 방해를 받으므로 보정이 반드시 필요하다.

표 16-2 A280 values of protein at 1mg/㎖

Protein	A_{280} (1mg/㎖)
Bovine Serum Albumi	0.70
Ribonuclease A	0.77
Ovalbumin	0.79
γ -Globulin	1.38
Trypsin	1.60
Chymotrypsin	2.02
α -Amylase	2.42

nucleic acid 보정계산법

$$단백질 \ 농도(mg/㎖) = (1.5 \times A_{280}) - (0.75 \times A_{260})$$

참고문헌

[1] Wetlaufer, D.B. : Ultraviolet spectra of proteins and amino acids. Adv Prot Chem., 17, p.303 (1962)

[2] Nakai, S., Wilson, H.K., and Herreid, E.O. : Spectrophotometric determination of protein in milk. J. Dairy Sci., 47, p.356(1968)

[3] Gabor, E. : Determination of the protein content of certain meat products by ultraviolet absorption spectrophotometry. Acta Alimentaria, 8, p.157(1979)

[4] Whitaker, J.R. and Granum, P.E. : An absolute method for protein determination based on difference in absorbance at 235nm and 280nm. Anal. Biochem., 109, p.156(1980)

[5] Schlief, R.F. and Wensink, P.C. : Practical methods in molecular biology. Springer-Verlang, p. 74(1981)

제 3 절 비단백질소 물질의 정량

1. 비단백질소의 정량

1) Nessler 시약에 의한 미량법 (Kjeldahl-Nessler법)

혈청에 있는 단백질 이외의 질소화합물을 비단백 질소(non-protein-nitrogen, NPN)라고 한다. 이 것은 urea, uric acid, creatinine, amino acid, ammonia등을 말한다. 정상인에서는 요소 질소가 NPN의 42-48%를 차지한다. 요독증의 경우에는 80~90%를 요소질소가 차지하고 있다. 혈중 NPN농도는 주로 체내 단백대사와 신장으로의 배설정도에 따라 변동한다. NPN정량은 옛날에 많 이 사용되었으나 최근에는 NPN 전체로서 측정하는 경우는 매우 적다. Kjeldahl-Nessler법의 원리 는 혈액에 있는 단백질을 먼저 제거한 후 산화제를 가하여 가열하면 질소화합물은 산화되어 $(NH_4)_2SO_4$(암모니아염)를 생성하는데 여기에 Nessler시약을 가하면 황적색 dimercuric ammonium iodide를 생성한다. 이 반응은 질소 농도와 비례하므로 색도를 측정하여 질소의 농도를 구할 수 있다.

시료조제

1 Nessler 시약

   -45g의 mercuric iodide와 37.5g의 potassium iodide를 약 150㎖의 증류수에 녹인다.

   -700㎖의 10% sodium hydroxide액에 먼저 만든 mercuric iodide액을 넣어 100㎖이 되도록 하 여 섞는다.

   -10% sodium hydroxide는 포화용액으로 조제한 2.5N 용액으로 H_2CO_3를 함유하지 않은 것으 로 사용해야 한다.

   -완성된 Nessler시약의 알칼리도를 검정해야 한다. 1㎖의 산화제를 약 50㎖의 증류수에 희석 하고 phenolphthalein을 지시약으로 사용하여 Nessler시약을 적정하면 9.0~9.3㎖소모되어 중 화되어야 한다.

2 산화제

   -5% $CuSO_4$(황산동)용액 50㎖에 300㎖의 농인산(85%)을 서서히 섞는다.

   -이 혼합액에 100㎖의 농황산을 서서히 섞는다.

3 15% sodium citrate용액

   -15g의 sodium citrate를 증류수에 녹여 100㎖로 희석한다.

4 저장 표준액(stock standard-1㎖당 0.5mg의 질소가 함유)

　　－2.3585g의 특급 $(NH_4)_2SO_4$(황산암모니아-100℃에서 건조한 것)를 증류수에 녹인다.

　　－여기에 몇 방울의 농황산을 넣은 후 1000㎖ 눈금까지 증류수를 정확하게 채워 희석한다.

5 표준액(working standard-0.5N/㎖) : 25㎖의 stock standard를 정량 플라스크 250㎖에 넣고 0.1N H_2SO_4로 눈금까지 채운다.

시약 및 기구

- Nessler 시약
- 산화제
- 15% sodium cotrate 용액
- 특급 $(NH_4)_2SO_4$(황산암모니아-100℃에서 건조한 것)
- 농황산
- 0.1N H_2SO_4
- pyrex digestion tube
- 유리구슬 2개
- 산화관
- microburner
- 시계접시 또는 큰 유리구슬
- 증류수

방 법

1 35㎖의 눈금이 있는 pyrex digestion tube에 제단백액 3㎖을 넣는다.

2 여기에 0.5㎖의 산화제와 유리구슬 2개를 넣는다.

3 산화관을 수직으로 고정하고 microburner로 강하게 가열하여 내용물이 끓고 수분이 증발하도록 한다.

4 가열을 계속하면 졸아서 아황산 가스(sulfur trioxide)가 산화관에 차서 차츰 농축되고 맑은 액체가 남게된다. 이 때 시계접시나 큰 유리구슬로 마개를 하고 약 2분 동안 맑은 잔존물이 남도록 충분히 약한 불로 가열을 계속한다(sulfurtrioxide가스 손실하지 않도록 한다).

5 냉각되도록 산화관을 방치한 후 다시 20㎖의 증류수와 2㎖의 sodium citrate 용액을 넣는다.

6 이 때 맹검관과 표준관을 준비한다. 맹검관에는 0.5㎖의 산화제와 20㎖의 증류수, 2㎖의 sodium citrate를 넣는다. 표준관은 2개 준비하여 표준관 1에는 표준액 2㎖, 산화제 0.5㎖, 증류수 20㎖, sodium citrate 2㎖을 넣는다. 표준관 2에는 표준액 6㎖을 넣고 그 외에는 표준관 1과 같이 넣는다.

7 4개의 산화관(검체, 맹검, 표준관1, 표준관2)을 증류수로 35㎖까지 각각 채우고 잘 섞는다(검체관에서 혼탁이 생기는 경우가 있는데 이럴 때는 강하게 원심침전하여 상층의 맑은 액체를 검사에 사용한다).

⑧ 각각 희석액 10㎖를 다른 시험관에 옮기고 여기에 Nessler시약 3.0㎖를 넣고 잘 섞는다.

⑨ 10분 후 460nm의 파장에서 맹검을 흡광도 0에 맞추어 검체, 표준관 1, 표준관 2의 흡광도를 읽는다.

결과 및 고찰

$$NPN(mg/d\ell) = \frac{검체의\ 흡광도}{표준액\ 흡광도} \times 0.3 \times \frac{100}{0.3}$$

정상치는 18~35mg/d\ell이다.

2. 요소의 정량

개요

요소는 단백질 대사의 최종산물로서 아미노산의 탈아미노반응에 의해 생성된 암모니아와 CO_2로부터 간에서 합성된다. 혈중 요소(blood urea nitrogen, BUN)는 전혈보다는 혈청을 이용하여 측정하게 된다. 혈구의 수분함량은 혈장보다 낮으므로 전혈의 BUN이 혈청의 BUN보다 낮다. 생성된 요소는 신장을 거쳐 배설이 된다. BUN은 NPN의 45%정도인데 신부전에 걸렸을 때는 요소의 분비가 잘 되지 않아 BUN이 높아지게 된다. Nephrosis, 사구체 신염, 신결석, 뇨폐색 등에서도 마찬가지로 BUN이 상승하며, 요독증에서는 BUN이 80-90%까지 이른다.

1) Urease-Indophenol 법

원리

혈청에 urease를 반응시키면 암모니아가 생성된다. 분해된 암모니아에 phenol, hypochlorite와 반응시키면 청색의 indophenol blue가 생성되면 이것을 비색정량한다.

시료조제

1 Urease 시약

① EDTA · 2Na 200㎎을 물에 녹인다.

② NaOH을 사용하여 pH를 7 정도로 조정한다.

③ 여기에 Urease(sigma typeⅡ, U.S)분말 50㎎을 넣고 물을 가해 500㎖로 채운다(빙실에서 보관).

2 Phenol 시약 : phenol 5g과 nitroprusside 25mg을 물 500mℓ에 녹인다(갈색병, 빙실에 보관하면 수 개월동안 안정함).

3 Alkaline hypochlorite 시약

① NaOH 2.5g을 물 약 300mℓ에 녹인다.

② 여기에 NaOCl(유효염소 10%이상) 3.0mℓ을 가하고 물로 500mℓ이 되도록 채운다(갈색병, 빙실에 보관하면 수개월동안 안정함.)

4 standard solution(30mg/mℓ)

① 건조시킨 $(NH_2)_2CO$(특급요소) 6.43g을 달아 물 100mℓ에 녹인다(60 : 28＝x : 30,   x＝64.28/1,000mℓ, 6.428g/100mℓ, Urea Nitrogen×2.14＝urea, urea×0.467＝Urea Nitrogen, 60/28＝2.14, 6.43×0.467＝3g, 3,000mg/100mℓ, 30mg/mℓ).

5 검량선 : standard soln.을 물로 정확히 희석해서 15, 30, 45, 60mg/mℓ의 표준액을 만들어 물과 각각의 표준액을 0.01mℓ씩 넣고 검체와 같은 과정으로 하면 된다(매 테스트마다 30mg N/dℓ을 표준액으로 사용해서 같이 하면 좋다).

시약 및 기구

- urease 시약
- phenol 시약
- alkaline hypochlorite 시약
- 건조시킨 $(NH_2)_2CO$(특급요소)
- 증류수
- 시험관

방 법

1 세 개의 시험관에 혈청, 표준액(30mg N/dℓ), 증류수 0.01mℓ씩 넣는다.

2 여기에 각각 urease효소액 0.5mℓ을 가하여 잘 섞는다.

3 37℃에서 15분 방치한다(실온 25℃에서는 20분, 50-60℃에서는 5분, 50℃에서는 10분 방치).

4 꺼내서 phenol시약 1mℓ을 가하고 섞는다.

5 여기에 차아염소산 시약 1mℓ을 가하고 37℃에서 15-20분(실온 30분, 50~60℃에서 3~5분, 50℃에서 10분)방치한다.

6 물을 7mℓ 가하고 섞은 후 530, 540nm에서 맹검을 대조로 하고 각각의 흡광도를 구한다(물의 양은 분광광도계에 따라 조정하여 흡광도가 0.2~0.8 사이에 오도록 물의 양을 조절할 수 있다).

결과 및 고찰

$$BUN(mg/dℓ) = \frac{E혈청}{E표준액} \times 30mg/dℓ$$

2) Urease-GLDH 법

원 리

요소에서 urease 반응에 의해 생성된 ammonia를 GLDH(glutamate dehydrogenase)에 의해 NADH(또는 NADPH)의 존재하에 α-oxoglutarate와 반응시켜 NADH(또는 NADPH)의 변화량을 측정한다.

시료조제

1 완충액 : 0.066M 인산완충액을 만든다. pH는 7.6으로 조정한다.

2 α-Ketoglutarate : 25 μmole/ml 인산완충액(4℃에서 1개월간 안정하다)

3 Urease : 1mg/ml, Sigma typeⅢ를 glycerol water(1+1)에 녹인다(4℃에서 1개월간 안정).

4 NADH : 15.0 μmol/ml 인산완충액(4℃ 1개월간 안정)

5 GLDH : Boehringer(10mg protein/ml), 4℃에서 3개월간 안정

6 요소 표준액 : 25, 50, 100mg N/dl 증류수

시약 및 기구

- 인산완충액
- α-Ketoglutarate
- urease
- NADH
- GLDH
- 요소
- 큐벳

방 법

1 인산완충액 1.0ml에 0.1ml 시료, 0.1ml 표준액을 넣어 준비한다.

2 1cm 큐벳에 2.6ml 인산완충액, 0.1ml α-Ketoglutarate, 0.1ml urease, 0.05ml NADH, 0.05ml GLDH를 넣고, 희석된 시료 또는 표준액 0.1ml(희석 안했으면 10μl)를 넣는다.

3 잘 혼합하여 30℃, 340nm에서 2~7분 사이에 흡광도를 측정한다.

결과 및 고찰

$$BUN(mg/dl) = \frac{\text{시료의 흡광도}}{\text{표준액 흡광도}} \times \text{표준액 농도(mg/dl)}$$

3) Oxime 법

원 리

요소를 산성용액중에서 diacetyl monoxime과 thiosemicarbazide와 함께 가열하면 등황색(orange red)이 된다. 이 반응은 빛에 안정하고, 요소 농도와 색을 나타내는 정도 사이에 거의 linear하게 나타나게 된다.

시료조제

1 Oxime solution : 1g의 diacetyl monoxime과 0.2g의 thiosemicarbazide와 9.0g의 sodium chloride 를 증류수에 녹여 1 ℓ 로 만든다. (갈색병에 보관시 장기 저장 가능)

2 Acid solution

① 60㎖의 conc. sulfuric acid와 10㎖의 conc. phosphoric acid를 약 800㎖의 증류수에서 서서히 흔들면서 녹인다.

② 여기에 0.1g의 feffic chloride를 넣어 녹이고 증류수를 넣어 1 ℓ 가 되게 채운다.

3 Folin-Wu 제단백 시약 : 2/3N sulfuric acid와 10% sodium tungstate를 준비한다.

4 Stock standard solution

① 2g의 sodium benzoate를 1 ℓ 의 증류수에 녹인다.

② 여기에 0.8㎖의 진한 황산물을 넣는다(이 용액으로 표준액 만들 때 용매로 사용한다).

③ 322㎎의 urea를 측정하여 위의 용매로 녹여 500㎖까지 희석한다(이 용액은 30㎎% urea nitrogen 용액이 된다).

5 반응 표준용액 : 10㎖의 stock standard solution을 용매로 희석하여 100㎖이 되게 한다(이것은 3㎎% urea nitrogen이 된다. 그러나 가검물을 1 : 10으로 제단백하게 되므로 30㎎% urea nitrogen에 해당한다).

시약 및 기구

- Diacetyl monoxime
- Thiosemicarbazide
- Sodium chloride
- Sulfuric acid
- Phosphoric acid
- Feffic chloride
- Tungstate
- Sodium benzoate
- Urea
- 갈색병

방 법

1 Folin-Wu 또는 Somogyi 제단백을 한다(혈청 또는 전혈).

2 3개의 시험관을 준비하여 각각 U(unknown), B(blank), S(standard)라고 각각 쓴 후 U관에는 제단백액 1.0㎖, B관에는 증류수 1.0㎖, S관에는 표준액 1.0㎖씩을 넣는다.

3 3개의 각 시험관에 3.0㎖의 시약과 3.0㎖의 산용액을 넣어 충분히 섞는다.

4 끓는 물에 정확히 15분동안 담가두어 발색시킨다.

5 냉각 후 520nm에서 blank를 대조로 검체 및 표준액의 흡광도를 측정한다.

결과 및 고찰

$$\frac{검체액\ 흡광도}{표준액\ 흡광도} \times 30 = mg/d\ell\ urea\ nitrogen$$

4) Urease-Nessler 법

원 리

urea는 urease에 의해 다음과 같이 반응한다.

$$(NH_2)_2CO + 2H_2O \rightarrow (NH_4)_2CO_3$$

요소를 urease로 가수분해 해서 생성된 ammonia를 NPN의 Kjeldahl-Nessler법과 같이 Nessler 시약과 반응해서 적색이 된다.

시료조제

1 Urease powder(Squibb)

2 Folin-Wu 제단백 시약 : 2/3N 황산, 10% 텅스텐산나트륨

3 Nessler 시약(NPN의 시약과 동일)

4 Stock standard solution(150mg/dℓ)

① 순수한 urea 1.61g을 정확히 저울로 재어 500㎖용량의 플라스크에 넣고 증류수로 녹여 500㎖ 까지 증류수로 채운다.

② 방부제로 2-3방울의 toluene을 가하여 냉장 보관한다.

5 working standard solution(15mg/dℓ) : stock standard solution 25㎖을 취하여 250㎖용량 플라스크에 넣고 증류수로 250㎖이 되도록 희석하여 잘 섞는다.

시약 및 기구

- Urease powder(Squibb)
- 황산

■ 텅스텐산나트륨

■ Nessler 시약

■ Urea

■ 500㎖ 플라스크

■ Toluene

■ 증류수

■ 시험관 3개

■ Incubator

■ Cuvette

방 법

1 3개의 시험관을 준비하여 각각 B, S, T로 표시하고 S관에는 사용표준액, T관에는 혈액을 각 각 1.0㎖씩 취한다.

2 증류수를 B관에는 3.0㎖, 그 외의 시험관에는 2.0㎖씩 가한다.

3 각 시험관에 urease powder를 1-2㎎씩 가하여 잘 흔들어 섞는다.

4 이것을 50℃ incubator에서 15분간 둔다.

5 각 시험관에 증류수 5.0㎖씩을 넣고, 2/3N의 황산 용액을 1.0㎖씩 넣어 잘 섞는다.

6 각 시험관에 10% 텅스텐산나트륨 1.0㎖씩을 가하여 섞은 후 원침하거나 여과하여 맑은 여액 을 얻는다.

7 3개의 cuvette에 B, S, T에서 얻은 맑은 여액을 각각 2.0㎖씩 넣고 증류수를 8.0㎖씩 가한다.

8 각 cuvette에 Nessler시약을 1.0㎖씩 가하여 섞은 다음 blank cuvette을 100%T에 맞추고 파장 480~500nm에서 표준액과 검체의 O.D.를 구한다.

결과 및 고찰

$$\frac{검체의\ 흡광도}{표준액\ 흡광도} \times 15 = mg\%\ urea\ nitrogen$$

3. 크레아틴 및 크레아티닌의 정량

혈청의 크레아틴 및 크레아티닌의 함량은 뇨의 방법과 같으므로 제25장 뇨검사의 제8절을 참조한다.

핵 산

제1절 Competent Cell의 제조

개 요

본 실험에서는 *E. coli* cell에 plasmid DNA를 형질 전환시킬 수 있는 competent cell을 만드는 실험을 한다.

시약 및 기구

- *E. coli* HB101, pUC-8
- 20% 포도당 용액, LB 배지, 1M CaCl₂, glycerol, ampicilin
- Agar, 얼음, 얼음통
- Beaker(125㎖), petri dish
- High speed centrifuge, centrifuge tube(50㎖), vortex
- Spectrophotometer, cuvette, shaking incubator
- Autoclave, etc.

실험방법(조작)

1 사전 준비

① *E. coli* cell을 5㎖ LB 배지에서 하룻밤 37℃에서 배양한다.

② 1M CaCl₂ stock 용액을 만들어 놓는다.

③ LB 배지와 원심분리 시험관을 살균하여 놓는다.

2 Competetion cell 생성 : overnight *E. coli* culture(in stationary phase)로부터 형질전환이 용이한 competent cell을 CaCl$_2$를 이용하여 만든다.

① 125mℓ 삼각 flask에 *E. coli* culture 1mℓ와 19mℓ LB 배지를 넣어 희석시키고, 포도당 용액(최종 농도, 0.2%)을 넣어 37℃에서 150~180rpm으로 흔들어 주며 배양한다.

     20% 포도당 stock 용액

     $0.2/20 \times 20$mℓ $= 0.2$mℓ

     20% 포도당 stock 용액 0.2mℓ를 20mℓ에 넣어 주면 최종농도가 0.2%가 된다.

② OD$_{600}$value가 0.3 될 때까지 배양한다.

     E. coli HB 101(recA$^-$ strain)인 경우 1시간 30분 정도에 이 수치에 이른다.

③ 50mℓ 원심분리 시험관(polypropylene tube)에 배양한 cell을 넣고 얼음에서 5분간 둔다.

④ 고속 원심분리기에서 $4,000 \times g$(SS34 rotor, 4,500 rpm)로 4℃에서 10분간 분리한다.

⑤ 상등액을 조심하여 버리고 cell pellet을 얼음에 차게한 9mℓ 0.1M CaCl$_2$로 vortex를 이용하여 잘 녹인다.

원심분리하는 동안 1M CaCl$_2$ stock 얼음을 살균한 증류수로 0.1M로 희석하여 얼음 속에 놓아 둔다.

     1mℓ stock 용액 + 9mℓ 살균된 ddH$_2$O

⑥ 얼음 속에 10분간 놓아둔다.

⑦ 고속 원심분리기에서 $4,000 \times g$(SS34 rotor, 4,500 rpm)로 4℃에서 5 분간 분리한다.

⑧ 상등액을 조심하여 버리고 cell pellet을 얼음에 차게한 1mℓ 0.1M CaCl$_2$로 조심하여 녹인다.

이번에는 vortex mixer를 사용치 않고 손으로 녹인다.

⑨ 1mℓ에 녹인 competent cell을 0.1mℓ씩 eppendorf tube에 나누어 놓는다.

원심분리하는 동안 eppendorf tube 10개를 labeling하여 얼음 속에 놓아 둔다.

오늘 실험에 사용할 tube는 얼음에 놓아 두고 나머지는 dry ice/ethanol에서 급속히 냉동시킨 후 -70℃에 다음 사용시(1개월 이내 사용)까지 보관한다.

결과 및 고찰

Plasmid DNA를 형질전환시키기 위해 *E. coli* DH5α를 이용하여 competent cell을 만들어 보았다.

참고문헌

1 Dower, W.J., Miller, J.F., and Ragdale, C.W. High efficiency transformation of E. coli by high voltage electroporation. Nucl. Acids Res. 16, p.6127(1988)

2 Hanahan, D. Studies on transformation of *Escherichia coli* with plasmids. J. Mol. Biol. 166, p.557(1983)

제 2 절 형질전환 (Transformation)

개 요

본 실험에서는 *E. coli* competent cell에 plasmid pUC-8 DNA를 형질 전환시키는 실험을 한다.

시약 및 기구

- *E. coli* HB101 competent cell, pUC-8
- LB 배지, ampicilin, agar, 얼음, 얼음통
- Beaker(125㎖), petri dish
- Vortex, shaking incubator
- Heating block, Pipet(10㎖) & can, Pipetor,
- Autoclave, etc.

실험방법(조작)

1 *E. coli* cell을 5㎖ LB 배지에서 하룻밤 37℃에서 배양한다(LB 배지와 원심분리시험관을 살균하여 놓는다).

2 100㎕ competent cell에 pUC-8 plasmid 1㎕를 넣는다.

3 얼음 속에 5분간 놓아 둔다.

4 42℃에 90초간 놓아 둔다(heating block이 없을 시는 일회용 컵에 42℃ 물을 담아 사용한다).

5 0.9㎖ LB 배지를 넣고 37℃에서 1시간 배양한다.

6 0.1㎖ 배양액을 LB/ampicillin 배지에 접종한 다음, 37℃ incubator에서 하룻밤 배양한다.

7 LB/ampicillin 배지 제조시의 유의사항

① Ampicillin은 항생제로 열에 의하여 파괴되므로, 배지 제조시에는 살균한 배지를 충분히 식힌 다음(42~45℃), ampicillin을 넣도록 하여야 한다.

② LB/ampicillin 배지는 4℃에 보관하며, 1~2주 내에 쓰도록 한다.

③ Stock 용액(25mg/㎖ solution of the sodium salt of ampicillin in water)을 여과에 의하여 살균한 다음 −20℃에 저장한다)

④ Plate는 배지메대한 35~50㎍/㎖로 준비한다.

결과 및 고찰

제조된 *E. coli* competent cell을 사용하여 pUC-8의 DNA를 heat shock방법을 이용하여 형질전환하였다.

참고문헌

1 Dower, W.J., Miller, J.F., and Ragdale, C.W. High efficiency transformation of *E. coli* by high voltage electroporation. Nucl. Acids Res. 16, p.6127(1988)

2 Hanahan, D. Studies on transformation of Escherichia coli with plasmids. J. Mol. Biol. 166, p.557(1983)

제 3 절 플라스미드 분리 **(Plasmid preparation)**

개 요

본 실험에서는 형질전환된 *E. coli* cell로 부터 plasmid DNA를 재분리하고자 한다. Plasmid preparation method에는 alkali lysis법, boiling법, 효소분해법 등의 여러 방법이 있는데, 본 실험에서는 alkali lysis법을 사용하여 plasmid DNA를 miniprep하고자 한다.

시료조제

■ Stock 용액제조 → alkali lysis법에 의한 plasmid miniprep.에 필요한 시약을 만든다.

1 Washing 용액(STE 용액)

① 50㎖ conical tube에 40㎖ washing 용액을 stock 용액으로부터 만든다.

  Washing 용액 : 0.1M NaCl

        10mM Tris-HCl, pH 8.0

        1mM   EDTA, pH 8.0

② 계산 : stock 용액 5M NaCl   _____ ㎖

   1M Tris-HCl, pH 8.0   _____ ㎖

   500mM EDTA, pH 8.0   _____ ㎖

   ddH$_2$O   _____ ㎖

2 용액 Ⅰ

① 50㎖ conical tube에 40㎖ 용액 Ⅰ을 stock 용액으로부터 만든다.

  용액 Ⅰ : 50mM 포도당

       25mM Tris-HCl, pH 8.0

       10mM EDTA, pH 8.0

② 계산 : stock 용액 1M 포도당   _____ ㎖

   1M Tris-HCl, pH 8.0   _____ ㎖

   500mM EDTA   _____ ㎖

   ddH$_2$O   _____ ㎖

3 용액 Ⅱ

① 15㎖ conical tube에 10㎖ 용액 Ⅱ를 stock 용액으로부터 만든다.

   용액 Ⅱ : 0.2N NaOH

        1% SDS

  * 매 실험시 용액 Ⅱ를 만든다.

  * 0.1g SDS를 완전히 녹인 후, NaOH 용매를 넣어 섞는다.

4 용액 Ⅲ

① 50㎖ conical tube에 50㎖ 용액 Ⅲ를 stock 용액으로부터 만든다.

용액 Ⅲ : 3M   potassium

5M   acetate

② 계산 : stock 용액 5M potassium acetate   30㎖

acetic acid(glacial)   5.75㎖

ddH$_2$O   14.25㎖

시약 및 기구

- *E. coli* HB101[pUC-8] culture
- 1M 포도당, 1M Tris-HCl(pH 8.0), 500mM EDTA,
- 5M NaCl, 10N NaOH, 10 % SDS, ethanol,
- RNase, Phenol, chloroform, isoamyl alcohol,
- 5M potassium acetate, acetic acid(glacial),
- microcentrifuge tube(1.5㎖), micropipet & tips
- conical tube(15 & 50㎖)
- Pipet(10㎖) & can, Pipetor, 미량원심분리기
- water bath, vortex, aspirator, Autoclave, etc.

실험방법(조작)

1 사전 준비

① *E. coli* transformant를 5㎖ LB 배지/ampicillin(×5)에 하룻밤 37℃에서 배양한다.

② Stock 용액과 기기들을 살균하여 놓는다.

2 Plasmid miniprepation(Alkali lysis method)

E. coli transformant 배양으로부터 plasmid DNA를 분리하여 낸다.

① 1.5㎖ E. coli cuture를 1.5㎖ microcentrifuge tube에 옮긴다.

② 12,000×g로 30초간 4℃에서 원심분리한 다음 상등액을 버린다. 일반적으로 microcentrifuge는 12,000×g로 고정되어 있다. Cell population이 적을 때에는 2번 절차 후, 다시 1.5㎖ cell 배양액을 넣고 반복하여 cell pellet을 모은다.

③ 0.5㎖ washing 용액을 넣고 vortex로 cell pellet을 잘 녹인다. 배양시 lysis된 cell로부터 나온 chromosomal DNA를 제거하기 위함이다.

④ 12,000×g로 30초간 4℃에서 원심분리한 다음, 상등액을 버린다. 하룻밤 배양시 cell lysis에 의하여 chromosomal DNA fragment가 배양액에 있으므로 이 chromosomal DNA fragment를 제거하기 위함이다.

⑤ Cell pellet에 100㎕ 용액 Ⅰ을 넣고 vortex로 잘 섞는다.

⑥ 200㎕ 용액 Ⅱ를 넣고, 시험관을 엄지와 검지로 잡고 tube를 뒤집으며 조심스럽게 섞어준다.

이때 혼탁한 용액이 cell lysis가 일어나며 점차 맑아진다. Cell lysis가 일어나면 chromosomal DNA가 나오므로 chromosomal DNA가 잘라지지 않게 조심스럽게 섞어준다. 절대로 vortex를 하지 말아야 한다.

⑦ 얼음 속에 10분간 또는 SDS가 용출되어 나올 때까지 놓아 둔다 : SDS가 용출되어 나오면, 맑은 용액이 점차 하얗게 변해간다.

⑧ 10$\mu\ell$ 용액 III를 넣고 조심스럽게 섞은 다음 얼음 속에 5분간 놓아둔다. Cell debris, chromosomal DNA 등이 덩어리지는 것을 볼 수 있다.

⑨ 12,000×g로 5 분간 4℃에서 원심분리한다.

⑩ 상등액 400$\mu\ell$를 새 시험관에 옮긴다 : 전체 상등액 volume이 450$\mu\ell$ 이상이나 cell debris나 chromosomal DNA의 오염을 막기 위하여 400$\mu\ell$만 조심하여 옮긴다.

⑪ (Optional) 5$\mu\ell$ RNAase(25mg/$m\ell$)를 넣고 실온에서 30분간 놓아둔다.

　㉠ DNAase-Free RNAase 준비

　㉡ Pancratic RNAase(RNAase A)를 10mg/$m\ell$ 농도로 10mM Tris-HCl, pH 7.5/15mM NaCl 용액에 녹인다.

　㉢ 100℃의 끓는 물 속에서 15분간 중탕한 후, 실온에서 천천히 식힌다.

　㉣ 적당한 양(200$\mu\ell$/tube)로 나눈 다음, -20℃에 보관하며 사용한다.

⑫ 400$\mu\ell$ phenol : chloroform : isoamyl alcohol 용액(25:24:1)을 넣고 vortex로 잘 섞는다. Phenol : chloroform : isoamyl alcohol 용액이 노란색을 띨 경우에는 사용치 않는다. 단, antioxidant(hydroxyquinoline)을 넣었을 경우는 노란색을 띤다.

⑬ 12,000×g로 2 분간 4℃에서 원심분리한 다음 상층부 350$\mu\ell$를 새 시험관에 옮긴다.

　㉠ 상하층 사이의 분리 부분에 하얗게 변성된 단백질을 볼 수 있다.

　㉡ 변성 단백질이 오염되지 않도록 조심하여 상층부 용액을 옮긴다.

　㉢ 변성 단백질이 많을 때에는 12번과 13번 과정을 반복한다.

⑭ 700$\mu\ell$ ethanol을 넣고 vortex로 잘 섞은 다음, 실온에 2분간 놓아둔다. Ethanol은 -20℃에 보관하며 찬 상태로 사용한다.

⑮ 12,000×g로 5분간 4℃에서 원심분리한 후, 상등액을 버린다. 시험관 바닥에 하얗게 침전된 DNA pellet을 볼 수 있다. DNA pellet이 투명할 수록 salts의 오염이 적은 sample이다.

⑯ 500$\mu\ell$ 70% ethanol을 넣고 가볍게 vortex한다.

　㉠ 70% Ethanol은 -20℃에 보관하며 찬 상태로 사용한다.

　㉡ DNA pellet이 시험관 바닥에서 떨어져 용액에 유영하게 가볍게 vortex한다.

⑰ 12,000×g로 2분간 4℃에서 원심분리 한 후, 상등액을 aspirator를 사용하여 제거한다.

　㉠ Aspirator 고무호스 끝에 yellow tip을 꽂아 사용하면 상등액을 최대한 제거시킬 수 있다.

　㉡ 상등액 제거시 DNA pellet이 빨려 나가지 않게 조심한다.

⑱ 실온에서 10분간 또는 잔여 ethanol이 없어질 때까지 건조시킨다.

　㉠ DNA pellet은 건조되어 갈수록 투명하여져 잘 보이지 않는 경우가 있으므로 원심분리시, 시험관을 넣는 위치를 일정하게 하여 DNA pellet이 일정한 위치에 침전하게 한다.

　㉡ 너무 건조시키면, DNA pellet이 잘 녹지 않으므로 과도한 건조를 피한다.

⑲ 20㎕ TE(pH 8.0)을 넣어 DNA pellet을 녹인다.

   ⊙ TE 용액을 넣었을 때, DNA pellet이 빠르게 용액에 부상하며 녹는 것을 관찰할 수 있다.

   ⓛ 녹는 것(소용돌이)이 잘 관찰되지 않았을 때에는 시험관을 왼손 엄지와 검지로 위부분을 가볍게 쥐고 오른손 검지로 시험관 밑부분을 가볍게 치며 녹인다.

⑳ Label을 하여 시험관 위에 붙이고 −20℃에 보관하며 사용한다.

   ⊙ Label에는 plasmid 이름, host균, 날짜 등을 적어 놓는다(예, pUC-8/*E. coli* HB101, 12/30/94).

   ⓛ label이 떨어지는 경우가 있으므로 시험관 뚜껑이나 옆면에 magic pen으로 또 써 놓는다.

결과 및 고찰

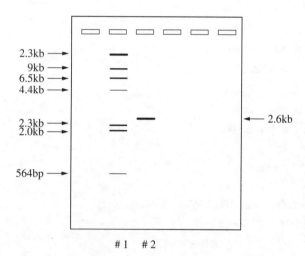

#1 : standard molecular weight DNA marker (¥ºDNA/HindⅢ cut)
#2 : pUC-8 plasmid DNA

pUC-8 plasmid DNA를 분리, 정제하여 TE buffer에 용해한 뒤 agarose gel에 전기영동하여 분리 상태 및 크기를 확인하였다. pUC-8의 크기를 알아보기 위해 standard molecular weight DNA marker (*λ* DNA/HindⅢ cut)를 동시에 전기영동하였다.

참고문헌

1 Birnboim, H.C. A rapid alkaline extraction method for the isolation of plasmid DNA. Methods Enzymol. 100, p.243(1983)

2 He, M., Kaderbhai, M.A., Adcock, L., and Austen, B.M. An improved rapid procedure for isolating RNA-free *Escherichia coli* plasmid DNA. Gene Anal. Tech. 8, p.107(1991)

3 Holmes, D.S. and Quigley, M. A rapid boiling method for the preparation of bacterial plasmids. Anal. Biochem. 114, p.193(1981)

제 4 절 ┃ DNA 농도 측정

1. 분광광도계 (Spectrophotometer) 를 이용한 방법

개 요
분광흡광계를 이용하여 DNA 농도와 순도를 분석한다.

시약 및 기구
- TE solution(pH 8.0), ddH$_2$O
- UV-Vis Spectrophotometer
- Cuvette
- Microcentrifuge tube(1.5mℓ)
- Micropipet & tips, vortex, etc.

실험방법(조작)
1 사전 준비
① UV-vis 흡광도계를 실험 시작 30분 전에 켜놓는다.
② 용액과 기기들을 살균하여 놓는다.
2 4$\mu\ell$ DNA 시료를 796$\mu\ell$ TE 용액에 희석한다.
① 희석배수 : 200(4/800 = 1/200)
② 1$\mu\ell$ DNA 시료를 199$\mu\ell$ TE 용액에 희석하여 사용한다.
3 260nm에서 OD 값을 측정한다.
　　1 OD$_{260}$ = 50μg/mℓ of double-stranded DNA
　　DNA 농도(μg/$\mu\ell$)
　　　　　= OD$_{260}$ value×50ug/1000$\mu\ell$×200(dilution factor)
　　　　　= OD$_{260}$ value×10
　　single-stranded DNA or RNA : 1 OD$_{260}$ = 40μg/mℓ
　　single-stranded oligonucleotides : 1 OD$_{260}$ = ~20μg/mℓ
4 280nm에서 OD 값을 측정한다.
　　OD$_{260}$/OD$_{280}$ Value
　　OD$_{260}$/OD$_{280}$ = 1.8　　　pure preparation of DNA
　　OD$_{260}$/OD$_{280}$ > 1.8　　　high RNA contamination

OD$_{260}$/OD$_{280}$ 〈 1.8   phenol or protein contamination

OD$_{260}$/OD$_{280}$ = 2.0   pure preparation of RNA

결과 및 고찰

분리, 정제된 pUC-8 plasmid DNA의 순도를 알아보기 위해 spectrophotometer를 이용하여 실험하였다.

■ pUC-8 plasmid DNA 4$\mu\ell$를 TE buffer 996$\mu\ell$에 희석하여 측정하였다.

→ 희석배수(dilution factor) : 4/1000 = 1/250 → 250

■ 260nm에서 O.D 측정값 : 0.1014

DNA 농도(μg/$\mu\ell$)

= OD$_{260}$ value × 50μg/1000$\mu\ell$ × 250(dilution factor)

= 0.1014 × 50μg/1000$\mu\ell$ × 250

= 1.2675μg/$\mu\ell$

= 약 1.3μg/$\mu\ell$

■ 280nm에서 O.D 측정값 : 0.0548

OD$_{260}$/OD$_{280}$ Value

= 0.1014/0.0548 = 1.8503

→ OD$_{260}$/OD$_{280}$ 값이 1.85인 것으로 보아 순수한 DNA를 분리한 것으로 보인다.

참고문헌

[1] Applied Biosystems. User B$\mu\ell$letin, Issue #11, Model No. 370. Applied Biosystems, Foster City, Calif(1987)

[2] Labarca, C. and Paigen, K. A simple, rapid, and sensitive DNA assay procedure. Anal. Biochem. 102, p.344(1980)

[3] Le Pecq, J-B. Use of ethidium bromide for separation and determination of nucleic acids of various conformational forms and measurement of their associated enzymes. In Methods of Biochemical Analysis, Vol. 20(D. Glick, ed.) John Wiley & Sons, New York, p.41(1971)

2. Ethidium Bromide plate를 이용한 방법

개 요

Agarose plate에 Ethidium Bromide를 첨가하여 DNA를 염색한 뒤 UV illuminator에서 농도를 측정한다.

시약 및 기구

- pUC-8, standard DNA(λ DNA)
- TE 용액(pH 8.0), ddH₂O, ethidium bromide stock(10mg/mℓ)
- UV illuminator, microcentrifuge tube(1.5mℓ), micropipet & tips
- Pipet(10mℓ) & can, Pipetor, petri dish
- Vortex, etc.

실험방법(조작)

1 사전 준비

① Stock 용액을 만들어 놓는다(Ethidium bromide는 강력한 mutagen이므로 취급에 각별한 주의를 요한다).

② 용액과 기기들을 살균하여 놓는다.

2 0.3g agarose를 30mℓ ddH₂O에 넣은 후, 전자 렌지에서 30초 간격으로 가열하여 녹인다. 30초 가열한 후, 꺼내어 흔들어 agarose를 녹이고 다시 가열하는 것을 반복하여 완전히 agarose를 녹인다.

3 실온에서 45℃ 이하로 식힌 후, 1.5μℓ ethidium bromide stock 용액(10mg/mℓ)을 넣고 잘 섞은 다음 petri dish에 붓는다.

① Ethidium bromide 농도 : 0.5μg/mℓ

② Ethidium bromide를 넣고 흔들어 섞을 때, 거품이 생기지 않도록 한다. 만약 거품이 생겼을 경우에는 petri dish에 부울 때 조심하여 거품이 들어가지 않도록 한다.

4 Agarose를 실온에서 15분 정도 충분히 굳힌 다음, petri dish 뒷면에 magic pen으로 격자무늬 (1×1cm)를 그린다.

5 Standard DNA를 농도별(125, 250, 375, 500ng/μℓ)로 희석한다.

6 Ethidium bromide plate의 각 구간마다 농도 별로 희석한 standard DNA 용액을 2μℓ 씩 떨어뜨린다 : 적용된 DNA 농도 : 250, 500, 750, 1000ng

7 2μℓ TE 용액과 2μℓ sample DNA를 plate에 떨어뜨린다 : TE 용액－negative control

8 적용한 DNA 용액이 완전히 흡수될 때까지 실온에 놓아둔다. Ethidium bromide plate를 하루 전에 만들어 충분히 건조시키면, 적용한 DNA 용액이 빨리 흡수된다(15분 정도).

9 Ethidium bromide plate를 UV illuminator에 놓고 sample DNA의 농도를 standard DNA와 비교하여 측정한다. Ethidium bromide plate는 은박지에 싸서 빛이 안 들어가게 하여 4℃에서 보관하며 사용한다.

결과 및 고찰

분리, 정제를 pUC-8 plasmid DNA 10μℓ를 TE buffer 90μℓ에 희석하여 농도별로 Et-Br plate에 한 방울씩 떨어뜨린 뒤 건조시켜 UV illuminator에서 관찰하여 보았다.

DNA 농도가 진할수록 UV illuminator에서 관찰되는 형광빛의 세기가 더욱 강하게 보였다.

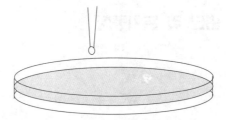

참고문헌

1 Southern, E. Gel electrophoresis of restriction fragments. Methods Enzymol. 68, p.152(1979)

2 Wienand, U., Schwarz, Z., and Felix, G. Electrophoretic elution of nucleic acids from gels adapted for subsequent biological tests: Application for analysis of mRNAs from maize endosperm. FEBS Lett. 98(2.6), p.319(1978)

제 5 절 DNA의 절단 및 분리동정

개 요

본 실험에서는 plasmid DNA를 여러 종류의 제한효소로 자르고, 자른 plasmid DNA를 agarose gel 에서 분리하여 크기를 비교 분석하는 실험을 한다.

시약 및 기구

- pUC-8, standard molecular weight DNA(λ DNA/HindIII cut)
- TBE 용액, ddH$_2$O, ethidium bromide stock(10mg/㎖)
- 삼각 flask(125㎖), microcentrifuge tube(1.5㎖), micropipet & tips
- Mini-gel running kit, UV illuminator, water bath
- 전자렌지, 미량원심분리기, vortex, etc.

실험방법(조작)

1 사전 준비

① Water bath를 37℃로 맞추어 놓는다.

② Stock 용액(TBE buffer, ethidium bromide stodk)을 만들어 놓는다. Ethidium bromide는 강력한 mutagen이므로 취급에 각별한 주의를 요한다.

③ 용액과 기기들을 살균하여 놓는다. pUC-8 plasmid DNA를 여러 종류의 제한효소로 잘라 본 다. 각 조 별로 다른 제한효소로 plasmid DNA를 자르며, 효소는 EcoRI, BamHI, HindIII, SalI, PstI 등을 사용한다.

④ pUC-8 plasmid DNA는 상기 효소들에 대하여 잘라지는 자리가 한군데이므로 plasmid의 크기 를 agarose gel에서 알 수 있다.

→ plasmid DNA는 원형이므로 제한효소에 의해 한군데가 잘라지면 하나의 linear한 형태가 된다.

⑤ 반응용액 : DNA   2㎕
enzyme   1㎕
buffer(10X)   2㎕
ddH$_2$O   15㎕
total   20㎕

2 1.5㎖ 시험관에 15㎕ 증류수, 2㎕ 10X 완충액, 2㎕ DNA를 순서대로 넣은 후, 마지막으로 1㎕ 제한효소를 넣는다.

① 제한효소별로 각각 buffer 용액이 다르다.

② Buffer 용액은 10X 농도이므로 총반응액 양의 1/10 양을 넣어 주어 최종농도가 1X가 되게 한다.

3 37℃의 water bath에 floater를 이용하여 넣은 후, 1시간 반응시킨다. 일반적으로 대부분의 제한효소의 반응 온도는 37℃이다. 소수의 제한효소는 다른 반응 온도를 사용한다.

　예) TaqI 65℃, BclI 55℃

4 반응이 끝나면 미량원심분리기에서 15초 정도 원심분리하여 sample을 모은다. 반응시 제한효소 별로 각각 buffer 용액이 다르다.

5 Agarose gel running을 할 때까지 얼음 속에 놓아둔다. 반응이 끝난 후, 장시간 두었다가 gel에 걸때에는 −20℃에 보관하였다가 gel에 걸기 전에 65℃의 heating block에서 5 분간 두었다가 건다.

6 0.8% agarose gel을 만든다. 0.24g agarose를 30㎖ TBE buffer와 100㎖ 삼각 flask에 넣은 후, microwave oven에서 30초 간격으로 가열하여 녹인다.

① Mini-gel size에 따라 만드는 gel 양을 조정하여야 한다.

② 30초 정도 가열한 후, 꺼내어 흔들어 agarose를 녹이고 다시 가열하는 것을 반복하여 완전히 agarose를 녹인다.

③ Running gel의 agarose 농도는 분리하고자 하는 DNA sample에 따라 조정한다.

GEL %	효과적인 DNA size(Kb) 범위
0.3	5~60
0.6	1~20
0.7	0.8~10
0.9	0.5~7
1.2	0.4~6
1.5	0.2~3
2.0	0.1~2

7 Agarose가 45~50℃ 정도 식었을 때, mold에 붓는다. 너무 뜨거울 때 부으면, mold에 변형이 일어나기 쉬우므로 적당히 식었을 때 부어야 한다. 적당한 정도란 삼각 flask를 손으로 감싸 안았을 수 있는 정도의 온도이다.

8 실온에서 충분히 굳힌다. Gel이 완전히 굳기 전에 comb을 빼면, well 바닥에 구멍이 날 경우가 많으므로 충분히 굳힌 다음 comb을 빼야 한다.

9 Gel kit에 gel을 넣고 gel이 잠길 정도의 TBE buffer를 넣는다.

① TBE 완충용액(5X) : Trizma base　　　　　54g

　　　　　　　　　 boric acid　　　　　 27.5g

　　　　　　　　　 0.5M EDTA(pH 8.0)　 20㎖

　　　　　　　　　 ddH₂O up to　　　　 1ℓ

② TBE buffer는 1X 또는 0.5X를 사용한다. 한가지 주의해야 할 사항은 TBE buffer를 희석한 다음 동일 한 희석 buffer를 사용하여 gel을 만들고 gel running을 하여야 한다.

③ 간혹 gel을 물로 만드는 실수가 많으니 주의하여야 한다.

10 20㎕ digested DNA sample에 4㎕ sample buffer (6X)를 넣는다.

① 시료완충액(6X) : 0.25%　bromophenol blue

0.25% xylene cyanol FF

30%   glycerol in water

② 시료완충액을 넣어 주는 이유는, 색깔을 주어 sample의 loading 상태를 알 수 있으며, glycerol, sucrose 등에 의한 sample의 밀도를 높여 sample loading시 sample이 well속으로 잘 들어가게 (가라앉게) 하여 주며, 두 dye(bromophenol blue & xylene cyanol FF)의 이동에 따른 sample DNA의 이동을 예측할 수 있게 하여 주기 때문이다.

③ Bromophenol blue : linear double-stranded DNA 300bp와 비슷하게 이동한다.

　Xylene cyanol : linear double-stranded DNA 4kb와 비슷하게 이동한다.

11 Standard molecular weight marker와 15μl sample들을 gel에 건다.

① 장기간 보관하며 standard molecular weight marker를 사용할 경우에는 λ DNA 절편 중 4.4kb DNA는 λ cos end로 인한 결합에 의하여 안 나타나는 경우가 있으므로 이 경우에는 65℃에서 10 분간 두었다가 사용한다.

② 작은 크기의 DNA sample의 적용시에는 λ DNA를 double restriction enzyme으로 자른 standard marker를 사용한다.

③ Standard molecular weight marker : DNA digested by HindIII

④ Gel loading시 yellow tip을 사용하여 sample을 채취한 후, 휴지를 사용하여 tip 주위에 묻어 있는 sample을 닦은 후에 gel에 loading한다.

⑤ Well에 거는 DNA sample 양은 well의 크기에 따라 달라진다. 일반적으로 mini-gel의 경우 8-well comb을 사용하였을 경우에는 15μl 정도가 적당하며, sample의 양을 늘리고 싶을 경우에는 well수가 적은 comb을 사용하거나 gel의 두께를 늘리는 두꺼운 spacer를 사용할 수 있다.

12 전류를 걸어 준다. 일반적으로 100 volt에서 gel running을 한다. DNA는 phosphate group에 의하여 negative charge를 띄우므로 DNA가 이동하여 갈 방향에 positive를 걸어 준다. 전기 코드는 positive가 빨간 색으로 되어 있다.

13 Gel running은 front dye(bromophenol blue)가 gel 끝부분에 이르면 마친다.

14 Gel running이 끝나면 gel을 ethidium bromide 용액(0.5ug/㎖)에 15분간 담았다가 UV illuminator에서 분리된 DNA band(s)를 관찰한다.

① DNA 관찰시에는 UV light가 눈에 해로우므로 UV light를 차단할 수 있는 gorgle을 착용하거나 face mask를 착용한다.

② 짧은 UV 파장(254nm)을 내는 illuminator 보다는 긴 파장()300nm)의 UV light를 내는 illuminator를 사용한다.

결과 및 고찰

분리, 정제된 pUC-8 plasmid DNA의 크기를 비교분석하기 위해 제한효소로 절단하여 전기영동하였다. 제한효소는 EcoR I, BamHI, HindIII 세 종류를 사용하였다.

#1   #2   #3   #4   #5

#1: standard molec$\mu\ell$ar weight DNA marker (λ DNA/HindIII cut)
   (23 kb/ 9 kb/ 6.5 kb/ 4.4 kb/ 2.3 kb/ 2.0 kb/ 564bp)
#2: pUC-8 plasmid DNA
#3: pUC-8 plasmid DNA - EcoRI cut
#4: pUC-8 plasmid DNA - HindIII cut
#5: pUC-8 plasmid DNA - PstI cut

참고문헌

1 Helling, R.B., Goodman, H.M., and Boyer, H.W. Analysis of EcoRI fragments of DNA from lambdoid bacteriophages and other viruses by agarose gel electrophoresis. J. Virolo. 14, p.1235 (1974)

2 Quillardet, P. and Hofnung, M. Ethidium bromide and safety-Readers suggest alternative solutions. (Letter to editor). Trends in Genetics 4, p.89(1988)

제 6 절 PCR에 의한 DNA 증폭

개 요

중합효소 연쇄반응(polymerase chain reaction, PCR)은 내열성 DNA 중합효소를 이용하여 특정 유전자를 짧은 시간에 대량 증폭할 수 있는 매우 간단하고 효율적인 유전공학적 방법이다. 이렇게 증폭된 DNA는 일반적인 유전자 재조합 실험은 물론 유전병진단, 종 감별, 전염병 및 미생물의 식품오염 진단, 범죄수사 등에 사용될 수 있는 혁신적인 새로운 기법으로 대두되었다.

DNA증폭은 주형DNA와 DNA중합을 위한 선도가닥(primer)을 섞은 후 다음의 세 단계로 이루어진 합성과정을 반복하여 이루어진다. 첫째, 변성과정(denaturation)은 이중가닥인 주형 DNA를 열에 의해 단일가닥으로 분리시킨다. 둘째, annealing 과정은 단일가닥으로 만든 DNA주형에 선도가닥 (primer)를 혼성화시킨다. 셋째, 합성과정으로 taq polymerase에 의해 각 주형에 상보적인 가닥을 합성한다.

본 실험에서는 임의의 유전자가 삽입된 플라즈미드를 주형으로 하여 PCR 기법을 이용하여 삽입된 유전자를 다량 증폭 해보고자 한다.

시약 및 기구

- agarose, 10X TA buffer, size marker(1Kb ladder)
- 재조합 플라스미드 pBluescript KSII+(0.5Kb에서 2Kb 정도의 삽입서열)
- PCR 반응 키트: Taq polymerase, 10X PCR buffer
- sample loading dye, EtBr(10mg/㎖)
- 0.5㎕~10㎕ Micropipettor+tips
- 10㎕~100㎕ Micropipettor+tips
- PCR tube, 1.5㎖ tube
- 얼음, 얼음통
- 미량원심분리기
- PCR 증폭기(Thermal Cycler)
- 전기영동장치

실험방법(조작)

1 다음과 같이 반응물을 준비한다.

DNA(1ng/㎕)	10㎕
10X PCR buffer	5㎕
dNTP mix(2.5uM)	5㎕

50mM MgCl$_2$	$2\mu l$
T3 primer(100pmole/μl)	$1\mu l$
T7 primer(100pmole/μl)	$1\mu l$
멸균증류수	$25.5\mu l$
Taq polymerase	$0.5\mu l$
	$50\mu l$

2 반응조건은 다음과 같고 1단계 수행 후 2 단계만 25~30회로를 반복하고 3단계를 수행하여 반응을 완료한다.

1단계 : 95℃	5분
2단계 : 95℃	1분
	55℃	1분
	72℃	1분
3단계 : 72℃	3 분

3 $50\mu l$ 중 $10\mu l$를 사이즈 마커와 함께 0.9%의 agarose 젤에 걸어 크기와 양을 확인한다.

결과 및 고찰

PCR에 의한 DNA증폭 결과 사진

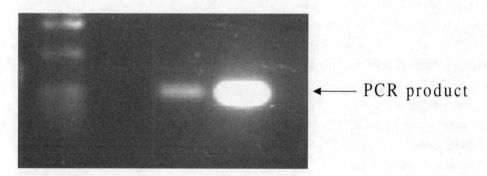

참고문헌

1 Laboratory of DNA Science, Bloom, Freyer and Micklos, The Benjamin/Cummings Publishing Company, Inc(1995)

2 PCR Technology, Griffin and Griffin, CRC Press(1994)

3 Gene Cloning, Brown, Chapman & Hall(1996)

제 7 절 **동물조직에서의 RNA 분리**

개 요

동물조직이나 배양된 동물세포에서 RNA를 분리하는 방법은 여러 가지가 있으나 손쉽게 할 수 있는 것은, ① 유기용매(물로 포화된 산성의 페놀)를 이용한 추출에 의한 방법과 ② 고분자 RNA와 다른 핵산들을 침전에 의해 분리하는 방법이다.

1. 쥐의 간에서 total RNA의 분리

시약 및 기구

- 0.1% DEPC-water
- 0.1㎖의 2M sodium acetate, pH 4, 1㎖의 물로 포화된 phenol
- 0.2㎖의 chloroform : isoamyl(49:1), isopropanol
- 75% ethanol, 0.5% SDS
- 13㎖ round bottom polypropylen tube, vortex, 미량원심분리기.
- 1.5㎖의 microtube, micropippetor, 얼음, 얼음통
- polytron homogenizer나 hand homogenizer
- −20℃ 냉동기, −70℃ 초저온 냉동고
- spectrophotometer, shaking incubator
- Solution D
  - 4M guanidinium thiocyanate
  - 25mM sodium citrate, pH 7
  - 0.5% sarcosyl
  - 100mM 2-mercaptoethanol

실험방법(조작)

1 13㎖ round bottom polypropylen tube에 신선한 간 조직 100mg과 solution D 1㎖을 넣고 재빨리 homogenize한다. Homogenization은 polytron homogenizer나 hand homogenizer을 이용하는데 DEPC처리된 멸균증류수로 깨끗이 씻어 사용한다.

2 0.1㎖의 2M sodium acetate, pH 4, 1㎖의 water-saturated phenol, 그리고 0.2㎖의 chloroform : isoamyl(49:1)을 순서대로 첨가하고, 각 시약을 첨가할 때마다 시험관을 거꾸로 하여 잘 섞어

준다. 모든 시약이 다 첨가되면 강하게 15초 동안 vortex한다. 그리고 얼음 위에 15분간 방치한다.

3 10,000g, 4℃에서 20분간 원심분리한다.

4 새로운 13㎖ tube에 상등액을 옮기고 동량의 isopropanol을 첨가한 후, vortex로 잘 섞어주고, -20℃에서 적어도 1시간 방치한다.

5 10,000g, 4℃에서 15분간 원심분리한다. 상등액을 제거한다.

6 RNA pellet을 300㎕의 solution D로 녹이고, 1.5㎖의 microtube에 옮긴다.

7 동량의 isopropanol을 더하고, -20℃에서 1시간 방치한다.

8 Microcentrifuge에서 14,000rpm, 4℃으로 10분간 원심분리한다. 상등액을 제거한다.

9 RNA pellet을 75% ethanol로 씻어주고 다시 5분간 원심분리한 후 ethanol을 완전히 제거한다. 상온에서 10분간 방치하여 pellet을 건조시킨다.

10 RNA pellet에 50㎕의 0.5% SDS 또는 50㎕의 DEPC-처리된 증류수를 첨가하고, 65℃에서 10분간 방치하여 RNA의 용해가 촉진되게 한다. 일부는 흡광도 측정용으로 남겨두고 나머지는 -70℃에 보관한다.

11 RNA의 농도를 260nm에서의 흡광도를 측정하여 결정하는데 계산식은 다음과 같다.

[RNA] $\mu g/㎖$ = A260 × dilution × 44.19

2. 배양된 동물조직 세포에서의 RNA 분리

시약 및 기구

- 0.1% DEPC-water
- 90mm Plate 또는 세포 배양병(free RNase)
- 멸균된 피펫
- 15㎖ polypropylene(free RNase)
- Microfuge tube(free RNase)
- 원심분리기
- PBS(Phosphate Buffered Saline with 0.1% DEPC-Water)
- 10mM EDTA(pH 8.0) with 0.1% DEPC-Water
- 0.5% SDS with 0.1% DEPC-Water
- 고무로 된 scraper
- 0.1M Na-Acetate(pH5.2) with 0.1% DEPC-Water
- 물로 포화된 산성 Phenol : 페놀은 65℃ 수조에서 중탕 열하고 같은 부피의 증류수와 섞어 사용한다(4℃에서 1개월간 보관하고 사용한다. free RNase).
- 1M Tris·Cl(pH 8.0) with 0.1% DEPC-Water

- 5M NaCl with 0.1% DEPC-Water
- 100% 에탄올(free RNase)
- TE(pH 8.0) : 1M Tris·Cl(pH 8.0) 2㎖을 넣은 후 0.1 % DEPC-Water로 1ℓ를 채운다(RNA 추출에 사용되는 모든 시약은 free RNase된 시약과, 유리기구는 180℃에서 8시간 이상 처리하여 RNase를 제거하고 플라스틱기구는 0.1% DEPC용액에 담궈 사용한다).

실험방법(조작)

1 배지를 aspiration으로 제거하고 PBS buffer 7㎖로 2번 세척한다. 이때 배양 plate는 얼음 위에 보관한다.

2 10mM EDTA(pH 8.0), 0.5% SDS 용액 2㎖을 첨가하고 scraper로 세포들을 분산시킨 후 15㎖ polypropylene 시험관에 옮긴다.

3 0.1M sodium acetate(pH 5.2), 10mM EDTA(pH 8.0) 용액 2㎖을 더 첨가하여 잘 섞어 cell lysate를 준비한다.

4 4㎖ 산성 phenol 용액을 위의 cell lysate에 첨가하고 2분간 상온에서 흔들어 준다.

5 4℃ 5000prm에서 10분간 원심분리한다.

6 멸균된 피펫으로 상층액을 다른 시험관에 옮기고 냉장온도의 1M Tris·Cl(pH 8.0) 440㎕와 5M NaCl 180㎕를 넣고 2배 부피의 찬 에탄올을 첨가한 후 잘 섞어 30분 이상 얼음에서 방치한다.

7 4℃, 5000rpm에서 10분간 원심분리하여 에탄올을 제거하고 침전된 RNA를 얻는다. 에탄올이 완전히 제거되도록 시험관을 거꾸로 놓아 둔다. 이때 너무 건조되지 않도록 조심한다.

8 RNA를 냉장온도의 TE(pH 8.0) 200㎕에 용해시키고 멸균된 microfuge tube에 옮겨 5M NaCl 4㎕와 찬 에탄올 500㎕를 첨가한다.

9 4℃ 12,000g에서 5분간 원심분리 한 후 에탄올을 제거하고 시험관 뚜껑을 몇분간 열어놓아 에탄올을 완전히 제거 시킨다.

10 RNA를 원하는 완충액에 녹인다.

참고문헌

1 Favoloro, J., Treisman, R., and Kamen, R. Transcription maps of polyoma virus-specific RNA: Analysis by two-dimensional nucleas S1 gel mapping. Methods Enzymol. 65, p.718. (1980)

2 Chrgwin, J.M., Przybyla, A.E., MacDonald, R.J., and Rutter, W.J. Isolation of Biologically active ribonucleic acid from sources enriched in ribonuclease. Biochemistry 18, p.5294(1979)

제8절 | RNA 정량 및 전기영동법에 의한 분석

개 요

DNA에 들어 있는 유전정보는 전사에 의해 mRNA로 합성된 후 번역되어 단백질이라는 최종산물로 발현된다. 단백질은 생체를 구성하는 구조물로 쓰일 뿐만 아니라 생체의 모든 생리 및 조절반응을 촉매하고 탄수화물, 지질, 핵산 등의 다른 생체고분자를 합성하는 반응을 수행한다. 따라서 mRNA의 분리 및 분석은 유전자발현 및 기능에 대한 많은 정보를 제공해준다. 가장 기본적인 mRNA 분석은 전기영동을 하고 이를 이용한 Northern hybridization 방법에 의해 mRNA 전사여부, 전사량, mRNA 의 크기 등을 분석하는 것이다.

본 실험에서는 쥐의 간에서 분리된 RNA를 정량하고 전기영동하는 방법을 익히고자 한다.

시약 및 기구

- 37% formaldehyde, ethidium bromide(10mg/㎖)
- 13㎖ round bottom polypropylen tube, vortex, 미량원심분리기.
- 1.5㎖의 microtube, micropippetor, agarose, 얼음, 얼음통
- Polytron homogenizer나 hand homogenizer
- −20℃ 냉동기, −70℃ 초저온 냉동고
- Spectrophotometer, shaking incubator
- RNase-free flask, 전자렌지
- Fume hood, RNase-free gel tray, UV transilluminator
- RNA Loading buffer(매 1~2주마다 1㎖ 정도로 새로 만들어 쓴다)
  - −0.72㎖ formamide
  - −0.16㎖ 10×MOPS buffer
  - −0.26㎖ formaldehyde(37%)
  - −0.18㎖ DEPC-처리된 증류수
  - −0.1㎖ 80% glycerol
  - −0.08㎖ 10% bromophenol blue
- 10×MOPS buffer
  - −0.2M MOPS(3-(N-morpholino) Propanesulfonic acid)
  - −50mM sodium acetate
  - −10mM EDTA
  - −pH를 7.0으로 맞추고 autoclave

RNA의 전기영동법(formaldehyde-agarose 전기영동법)

1 RNase-free flask에 87㎖의 DEPC 처리된 멸균증류수, 10㎖의 10×MOPS, 그리고 1g agarose을 넣고 전자렌지를 이용하여 agarose을 녹인 후 50℃까지 식힌다.

2 Fume hood 안에서 5.1㎖의 37% formaldehyde를 서서히 가하면서 기포가 생기지 않도록 흔들어 준다. 그리고 ethidium bromide(10mg/㎖)을 3㎕을 더하고 천천히 흔들어 준다. 적당히 식으면 RNase-free gel tray에 붓는다.

3 1시간 정도 굳힌 후 사용한다.

4 앞서 쥐의 간 또는 배양세포에서 분리한 20㎍의 RNA을 10㎕에 맞춘 후(모자라는 양은 DEPC 처리된 증류수로 보정) 15㎕의 Loading buffer을 더하여 전기영동 시까지 65℃에서 15분 방치한다.

5 1×MOPS buffer가 들어가 있는 전기영동기구에 3.의 젤을 넣고 RNA 샘플을 load한 후 70V (constant voltage)로 전기영동한다.

6 Bromophenol blue dye선이 2/3 선에 도달하면 전기영동을 멈추고, UV하에서 RNA를 관찰한다.

RNA 전기영동 결과 사진

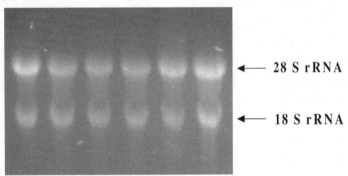

← 28 S rRNA

← 18 S rRNA

참고문헌

1 RNA Processing, A Practical Approach Vol. 1 by Higgins & Hames, Oxford University Press(1994)

2 RNA Processing, A Practical Approach, Vol.II by Higgins & Hames, Oxford University Press(1994)

3 Essential Molecular Biology, A Practical Approach, VolI by T.A. Brown, IRL Press(1991)

지방질

지질은 소수성이기 때문에 에텔, 클로로포름, 벤젠, 핵산 등 비극성 용매에 의해 추출되지만, 생체조직에서 지질은 이온결합이나 수소결합, 소수성결합 등에 의하여 단백질이나 당질과 결합되어 있는 경우가 많아서 생체조직에서 지질을 추출할 때는 에탄올, 메탄올 등의 용매가 지용성 용매와 함께 사용된다.

1. 지질의 추출

1) 적혈구 및 혈장

개 요

적혈구나 혈장의 지질추출은 보통 Folch법이나 Bligh & Dyer법에 의하며, 클로로포름과 메탄올 혼합액으로 추출하면 지방질은 유기용매층으로 옮겨간다. 이 유기 용매속의 지질을 추출하여 각각의 지질 성분(인지질, 콜레스테롤, 중성지방)의 확인, 분리, 정량분석에 사용한다. 전처리용과 분석용으로 모두 사용할 수 있다.

방법(조작)

1 전혈 1.0㎖을 구연산-포도당 용액 0.1㎖에 넣고 원심분리하여 상층의 혈장을 분리해내고 하층의 적혈구 세포를 0.9% NaCl 용액 1.0㎖에 부유시켜 다시 원심분리한다.

2 상등액을 조심스레 피펫으로 취하여 앞의 혈장층과 합한다.

3 침전물(적혈구)은 다시 0.9% 식염수 1.0㎖에 부유시킨다.

4 적혈구 부유액 1㎖나 혈장분획물 1㎖에 3.75㎖ 메탄올-클로로포름 혼합액(2:1, v/v)을 넣고 1~2시간 동안 가끔 흔들어 준 후 원심분리한다.

5 상등액은 또 다른 뚜껑 달린 원심분리용 시험관에 옮기고 아래층의 잔여물을 4.75㎖ 메탄올 : 클로로포름 혼합액으로(2:1, v/v) 부유시키고 흔들어서 원심분리한다.

6 모든 상등액에 출물은 클로로포름과 물을 각각 2.5㎖씩 넣고 희석한 후 원심분리한 다음 하층의 클로로포름층을 취하여 동량의 벤젠을 가하고 30℃하에서 질소가스를 사용하여 농축한다.

7 여기에 즉시 클로로포름 : 메탄올(1 : 1) 용액 일정량(1㎖)에 용해시켜 냉동보관한다.

시약 및 기구

- 메탄올 : 클로로포름(2:1) 혼합액, 구연산-포도당 용액(acid citrate-dextrose) : 0.73M(18.8%) trisodium citrate, 0.35M(6.7%) citric acid, 0.1M(1.8%) glucose - 전혈 100㎖에 대해 이 용액 15㎖를 사용, 0.9% NaCl 용액, 벤벤
- 질소가스, vial, 파스퇴르 피펫, vortex mixer, 원심분리기

2) 세포분획물

개 요

미토콘드리아(mitochondria), 마이크로솜(microsome), 세포막, 클로로플라스트(choloroplasts), 크로모플라스타(chromoplasta) 등의 지질을 앞에서의 혈구세포에서의 지질 추출 방법에 준하여 추출한다.

시약 및 기구

- 메탄올-클로로포름 혼합액(2:1, v/v)
- 서당 용매 : 0.25M sucrose, 5mM tris, 5mM $MgCl_2$ (pH 7.4)
- 벤젠
- 질소가스
- 원심분리기

방법(조작)

미토콘드리아, 마이크로솜, 클로로플라스트, 크로모플라스타, 세포막 등을 서당용매로 부유시킨 부유액 1㎖(건중량으로 50㎎ 이하의 세포 분획이 함유)을 15㎖용 유리뚜껑 달린 원심분리 시험관에 넣고, 3.75㎖ 메탄올-클로로포름 혼합액(2:1, v/v)을 넣어 1~2시간 동안 가끔 흔들어 준 후 원심분리한다. 지질 추출과정은 앞의 1)의 과정에서와 같다.

참고문헌

1 Morris K.: Techinques of lipidology. isolation, analysis and identification of lipids, 2nd. ed Laboratory techniques in biochemistry and molecμlar biology vol..3, Part 2, Elsevier, p.108 (1986)

2 Folch, J. Lees, M and Sloane-Stanley., GH. : A simple method for the isolation and purification of total lipids from animal tissue. J.Biol.Chem. 226, p.497(1957).

3 Bligh, EG and Dyer, WJ : A rapid method of total lipid extraction and purification. Can. J. Biochem. Physiol. 37, p.911(1959)

2. TLC에 의한 지질의 분리

개 요

박층 크로마토그래피(thin layer chromatography, TLC)는 천연 지질의 혼합물을 구성 지질이나 지질의 족으로 분리해 주는 효과적인 전처리 분석 방법이다. 중성지질, 인지질, 당지질 등 복합 지질이나 이들의 지질부분을 원래 형태 그대로 자유자재로 다양하게 분리해낼 수 있다. 고운 입자의 가루로 된 흡착제(고체 지지체)를 얇게 입힌 유리판 또는 박층에서 용매(액체 이동상)에 의해 용질이 분배되는 원리를 이용하여 미량의 물질을 빠른 시간에 분리시킬 수 있어서 정성, 정량분석에 모두 사용할 수 있다. 일반적으로 종이 크로마토그래피보다 더 빠르고 재현성 있는 Rf(분배계수)값을 낸다. 흡착제로는 실리카겔을 주로 사용하며 알루미나 등도 사용되는데 여기에 각기 원하는 물질의 분리를 도와줄 수 있는 적당한 화합물을 섞어 사용한다. Boric acid, oxalic acid, sodium arsenite도 사용하며, sodium arsenite를 사용하여 수산화 화합물 특히 다수산화 지방산의 위치 이성체나 입체이성체를 분리 할 수도 있고, silver nitrate를 함유한 실리카겔을 사용하여 지방의 이중 결합수에 기초하여 지방의 종류를 분리할 수도 있다. 이들을 흡착제로 물과 반죽하여 유리판에 입힌 다음 건조시켜 사용한다. TLC판을 직접 만들어 사용할 수도 있고, 제품화된 것이 여러 종류 나와 있으므로 용도에 따라 선택하여 사용할 수 있다. TLC판의 한쪽 끝에 시료를 작은 점(2~3㎜ 내외)으로 찍고 말린 다음, 분리 목적에 맞는 특정 용매를 사용하여 미리 포화시켜 둔 전개조에서 상승법으로 전개한다. 전개 방법은 한번만 전개하는 1차원 1차 전개, 용매계를 달리하여 두 번 분리 절차를 거치는 2중 전개, 한번 전개시킨 후 90° 각도로 회전시켜 다시 전개시키는 2차원 전개로 나뉜다.

주의사항

1 용매계의 적절한 선택이 분리 정도를 좌우한다. 일반적으로 시료의 극성에 따라 분리가 일어나는데, 극성 구성물은 acid나 hydroxyl기를 가진 친수성 화합물로 극성을 띠며, hydrocarbon, ether등 그 구성물이 소수성 구성분이 강할수록 극성이 감소되어 분배계수가 증가한다.

2 전개 용매는 시료의 점(spot)을 용매 전개선(solvent front)의 중간 지점으로 이동시켜 주는 용매계가 가장 좋다. 만일 spot이 잘 이동되지 않고, 원점(origin)에 가까이 머물 때는 용매는 더 극성이 큰 것을 사용해야 하며, 용매 전개선(solvent front) 주위에서 cluster를 이룰 경우 용매의 극성을 감소시켜야 한다.

3 전개조 속을 용매의 vapor로 포화를 최대로 하기 위해 여과지를 미리 용매에 담가둔다. 이것은 판을 따라 용매가 고르게 이동하는데 중요하다. 전개조 내 용매가 충분히 포화되어 있지 않을 경우에는 용매 전개선이 도달한 거리 측정이 어렵고 점들이 고르게 이동되지 못한다.

4 발색 과정에서는 비파괴적, 파괴적인 방법으로 나뉜다. 예로, 형광성 혼합물은 요오드 증기를 씌운 다음(reversible staining) UV light를 이용하여 확인한다. 또한 황산-에탄올 용액 등 분무액을 TLC판에 분무시켜 발색한다. 그 외에도 여러 종류의 각 독특한 반응기에 적용 가능한 것을 선택하거나 일반적인 용도에 적용 가능한 것을 선택한다.

(1) 중성 지질의 분리 - 1차원 전개법

개 요

혈장과 혈구, 세포 분획물에서 추출한 지질 혼합물을 TLC를 이용해 비극성 용매로 전개시켜 중성지질을 분리하여 확인 또는 정량할 수 있다.

시료조제

1)과 2)의 방법을 이용하여 시료를 제조한다.

시약 및 기구

- 모세관, TLC 전개조, TLC 판(20×20cm, Baker-flex IB-2), 분무기, 50% 황산액 또는 5%의 ethanolic phosphomolybdic acid(PMA), 머리건조기
- 전개용액－petroleum ether(60~70℃) : diethyl ether : acetic acid(80:20:1) 혼합액, Whatmann No.1 여과지(대형)
- 중성지질 표준물(18-4A, Nu-Chek) : cholesterol, oleic acid, triolein, methyl oleate, cholesteryl oleate 25mg을 25㎖의 chloroform에 녹여 최종농도가 5㎍/㎕가 되도록 한 후 냉동 저장(－20℃

이하). 파스퇴르 피펫, 오븐

TCL전개조에는 3면을 Whatmann No.1 여과지로 두른 후 전개 용액 100㎖를 넣어 전개조 내부를 포화시킨다. 판의 바닥에서 2.5cm 떨어진 부분에 원점선을 그은 다음 원점에서 10㎝ 떨어진 위치에 전개용매 전개선(front line)을 그린다. 추출한 지질과 표준용액 5 또는 10㎕을 원점선에 2~3mm 내외로 점적한다. 점적한 후 전개용매로 포화된 TLC 전개조에서 전개시킨다. 전개용매가 전개용매 전개선(front line)까지 올라왔을 때(약 25분) 판을 꺼내서 머리 드라이기의 차가운 바람으로 용매가 증발하도록 한다. 후드 안에서 50% 황산액 또는 5%의 ethanolic phosphomolybdic acid(PMA)를 분무하여 발색시킨 후 판을 100~120℃ 오븐에 5~10분간 넣어놓는다. R_f(rate of flow) 값을 구한다.

$$R_f값 = \frac{원점으로부터\ 시료(점적)의\ 이동\ 거리}{용매의\ 이동\ 거리}$$

황산을 이용하여 탄화시키는 동안 생성물은 갈색에서 검정색으로 변한다. 분무 1~2분 내에 cholesterol과 cholesteryl oleate는 rose-violet색을 띠어 다른 중성지질과 구별할 수 있다. rose-violet색은 가열하는 동안에 흙갈색으로 변한다. phosphomolybdic acid(PMA)를 이용하여 발색시켰을 때 yellow-green 바탕에 purple-blue점이 나타난다. 대략적인 Rf 값은 다음과 같으며 중성지질을 포함한 TLC전개에 따른 전개내용은 그림 18-1과 같다. R_f 값은 온도, 습도, 포화상태 등에 따라 다르다. 일반적으로 triolein과 methyl oleate은 매우 인접하게 나오며, monoolein은 원점에 그대로 있을 수도 있다. diolein은 cholesterol과 비슷하게 이동한다.

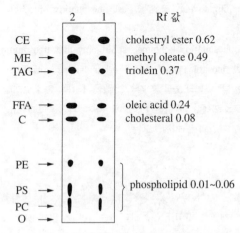

그림 18-1 TLC 방법으로 전개된 지질의 종류

(2) 인지질 분리

개 요

혈장과 혈구, 세포 분획물에서 추출한 지질의 혼합물을 TLC를 이용해 극성용매를 사용하여 1 차원과 2차원으로 전개시켜 인지질을 분리하여 확인 또는 정량할 수 있다.

인지질의 표준물질을 동시에 일정량씩 사용하여 확인된 인지질 위치를 시료판에 그대로 본을 따서 연필로 구획을 긋고 칼로 해당 인지질 부위의 실리카를 깨끗하게 긁어 낸 후 정량에 사용한다.

시료조제

1), 2)의 방법을 이용하여 생체 시료부터 지질을 추출하여 사용한다.

시약 및 기구

■ 모세관, 전개조, TLC 판(실리카겔 60: 20×20cm, 두께 0.25mm E.Merck), 분무기, 50% 황산용액, 건조기,

■ 전기용매
  – 1차원 전개용액 : 클로로포름 : 메탄올 : 물 (65:25:5) 혼합액,
  – 2차원 전개용액 : 전개용매 1 - 클로로포름 : 메탄올 : 암모니아 (65:25:5) 혼합액,
  　　　　　　　　 전개용매 2 - 클로로포름 : 아세톤 : 메탄올 : 아세트산 : 물 (30 : 40 : 10 : 10 : 0.5), 인지질용 표준물

■ 표준액
  – 1차 표준액 : ① lysophosphatidyl choline, phosphatidyl choline, phosphatidyl ethanolamine, cholesterol이 동량 함유된 극성지질 표준물, ② sphingomyelin, sulfatides, cerebroside 3종류가 동량 함유된 sphingomyelin 표준물, ③ phosphatidyl inositol 표준물, ④ phosphatidyl serine 표준물
  – 2차 표준액 : lysophosphatidyl choline, sphingomyelin, phosphatidyl choline, phosphatidyl serine, phosphatidyl inositol, phosphatidyl ethanolamine, phosphatidyl glycerol, cardiolipin, phosphatidic acid가 함유된 표준물 각각 25mg을 1ml의 클로로포름 : 메탄올 (2:1)에 녹인 후 다시 4ml의 클로로포름 : 메탄올 (2:1)에 녹여 최종농도가 $5\mu g/\mu l$가 되도록 한 후 냉동저장 (-20℃ 이하), 파스퇴르 피펫, 오븐.

방법(조작)

1 1차원 전개 : 실험방법은 앞의 방법 2)와 같다.

2 2차원 전개 : 2개의 전개조를 준비하여, 하나에는 100ml 전개용매 1, 나머지 하나에는 100ml 전개용매 2를 전개조에 넣어 포화시킨다. 판의 바닥에서 2cm 떨어진 부분에 원점선을 그은

다음 원점에서 10cm 떨어진 위치에 전개용매 1의 전개선(front line)을 그린다. 판을 90℃ 각도로 돌려 앞의 과정을 반복한다. 추출한 지질과 표준물질을 각각 5 또는 10μℓ씩 원점선에 점적한다. 이 때 반점의 크기가 가능한 작게(직경 2~3mm)한다. 점적 후 전개용매 1로 포화된 전개조에 넣어 전개한 후 1차 전개선까지 갔으면 판을 꺼내 공기나 질소를 이용하여 말린 다음, 판을 90℃ 각도로 돌려 전개용매 2가 포화된 전개조에 다시 전개시킨다. 전개용매가 2차 전개선(front line)에 도달하면 판을 꺼내 머리드라이기의 차가운 바람으로 용매가 증발하도록 한다. 후드 안에서 TLC판에 50% 황산액을 분무한 후, 120~140℃ 오븐에 5~10분간 넣어 놓는다. Rf(Rate of flow) Value를 구한다. 2차원 분리방법은 하나의 TLC판에 한 시료만을 분리할 수 있다.

결과 및 고찰

1 1차원 전개법 : 이 분리과정에서는 황산액을 이용한 탄화에 의해 얇은 지질 band를 검출할 수 있다. 적절한 TLC Merck 판의 사용과 포화시간 20~40분은 분리에 매우 중요한 요소로 작용한다. Rf value는 표 18-1과 같다.

2 2차원 전개법 : 혈청지질의 경우 그림과 같은 형태로 분리되어 나온다. phosphatidyl choline이나 sphingmyeline이 강하게 나타나며 다른 인지질의 분포와 양을 나타내 준다.

표 18-1 인지질을 위한 TLC 1차원 전개시의 R_f값

인지질	R_f	인지질	R_f
lysophosphatidyl choline	0.06	phosphatidyl ethanolamine	0.4
sphingmyeline	0.12	cerebroside 1	0.48
phosphatidyl serine과 phosphatidyl inositol	0.13	cerebroside 2	0.51
phosphatidyl choline	0.2	cerebroside 3	0.58
sulfatide	0.25	cholesterol	0.8

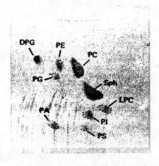

그림 18-2 2차원 TLC에 의한 혈청 지질의 분리

참고문헌

1 Bernard Fried, Joseph Sherma : Thin-layer chromatography techniques and applications 3rd, Marcel Dekker, Inc p.263(1994)

2 Bellefonte, PA.: "Serum Lipid Mixture" of Supelco Handbook of lipids and Selected Carbohydrates, 7th ed., p.48.(1981)

3 Christie, W.W. Adsorption chromatography for the isolation of lipid classes, p.8 in Advances in lipid methodology -one. The Oily Press. UK(1992)

3. HPLC (High-Pressure Liquid Chromatography)에 의한 혈장 및 조직에서 지질의 분리

개요

HPLC는 화학적 성질이 매우 비슷한 성분들을 정량적으로 분석하는 방법이다. 복합 성분의 시료를 고압의 정밀한 액체 펌프를 이용하여 이동상(mobil phase)이 정지상(stationary phase)의 충전물이 충진된 작은 컬럼에 흘러 들어가 이동상과 용질 그리고 정지상간의 상호 물리 화학적인 작용에 의하여 각각의 단일 성분으로 분리되는 현상을 이용하는 장치이다.

정상용리에서 지방은 흡착제와 쌍극자, 쌍극자 상호작용, 전기적인력 등에 의해 결합한다. 주로 사용하는 흡착제는 실리카 겔(silica gel)이며, 그외 Florisil(magnesium silicate), acid-washed florisil이나 alumina를 사용한다. 극성이 클수록 강하게 결합하므로 각 지방의 상대적인 극성에 의해 분리가 일어난다. 역상용리에서는 흡착제와 지방간의 상호작용은 주로 반데르발스 힘에 의해 지배되는데 이때 주로 사용하는 컬럼은 bonded phase C_{18}이다.

지방분리를 위해 UV검출기와 굴절율 검출기를 주로 사용한다. 용매로는 핵산, 메타놀, acetonitrile, 아이소프로파놀과 물을 사용한다.

시료조제

1 혈장내 지질의 추출 : 혈액을 항응고제 acid citrate dextrose를 첨가한 튜브에 담는다. 250g에서 15분간 실온에서 원심분리 후 상층을 다른 튜브에 옮겨 담는다. 이 혈소판이 풍부한 혈장을 다시 650g에서 20분간 원심분리하여 혈장으로 사용한다.

지질의 추출은 Folch법을 이용하여 혈장 0.2㎖에 5㎖ Folch혼합액(chloroform-methanol 2:1 by volume)을 잘 섞이도록 첨가하고 10분간 방치한다. 10초간 vortex로 혼합 후 20분간 방치한다. 증류수 1.0㎖를 첨가하고 10초간 vortex로 혼합 후 20분간 방치한다. 1500g(4℃)에서 5분간 원심분리 후 상층액을 스포이드로 조심스럽게 뽑아낸다. 이 과정을 반복한다. 그 후 감압 농축기로 유기물을 증발시킨 후 아래의 순수 지방층이 남는다. 지방은 소량의 클로로포름을 첨가하여 -20℃에 보관한다.

2 조직내 지방의 축출 : HPLC를 이용한 지방분리를 위해서는 상당히 신선한 상태의 조직으로부터 지방을 추출해야 하므로 동물 희생 후 바로 조직을 떼어 지방을 추출해야 한다.

균질튜브에 조직 1g과 메탄올(10㎖)을 넣고 1분간 균질기를 사용하여 균질화시키고 클로로포름(20㎖) 넣고 다시 2분간 균질화시킨다. 이 혼합물을 여과시키고 남은 고형물을 클로로포름-메탄올(2:1 30㎖)용액에 넣고 3분간 균질화시킨다. 여과시킨 후 첫 여과액과 합쳐서 실린더로 옮겨 부피를 측정 후 그 부피의 1/4되는 용량의 0.88% KCl 용액을 첨가시킨 후 흔들어 준다. 상층의 액체층을 파이펫으로 뽑아내고 아래층 유기 용매층부피의 1/4되는 용량의 methanol-saline(1:1,v/v)용액을 첨가한다. 이 과정을 반복한다. 그 후 감압농축기로 유기물을 증발시킨 후 아래의 순수 지방층이 남는다. 여기에 소량의 클로로포름을 첨가하여 -20℃에 보관한다.

시약 및 기구

■ 시약 : 모든 용매는 HPLC등급으로 , 모든 시약은 시약급을 사용한다.

CHCl₃, methanol, 0.88% potassium chloride용액, methanol- saline(1:1,v/v), isopropanol, iso-octane, tetrahydrofuran, butylated hydroxytoluene, phosphatidylserine(PS), phatidylinositol(PI) phosphatidylcholine(PC), phatidylethanolamine(PE), sphingomyelin(SM), lysophatidylethanolamine (LPE), lysophosphatidylcholine(LPC), sulfatide(SUL), cardiolipin(CL), triolein(TG), cholesteryl oleate(CE), oleic acid(FA), cholesterol, Nonhydroxy and hydroxyceribrosides(CER-1 and CER-2)

■ 기구 및 기기

  - homogeniger, 깔대기, 원심분리기, 감압농축기
  - HPLC : Waters Associates Model ALC/GPC 204
            Model 660 Solvent Programmer
            two M6000A solvent delivery pumps
            Model U6K injector(Waters Associates, Milford, MA)
            Model 450 variable wavelength(200~400) detector(waters)
            Column : 3.9mm×30cm μ Porasil(Waters)

방법(조작)

1 표준용액제조 : 0.05% butylated hydroxytoluene이 들어있는 iso-octane과chloroform 1:1(v/v)용액에 cholesteryl oleate(CE), triolein(TG), cholesterol, N-oleylethanolamine(NOE), Nonhydroxy and hydroxyceribrosides(CER-1,CER-2), sulfatide(SUL), cardiolipin(CL), phosphatidylethanolamine(PE), phatidylinositol(PI), Phosphatidylserine(PS), phosphatidylcholine(PC), lysophosphatidylcholine (LPC), sphingomyelin(SM)를 각각 녹여 5μg/㎖ 용액으로 사용한다. 이용액을 다시 희석하여 표준지방이 5.0~0.005μg/μℓ의 구간에서 calibration curve을 작성한다.

2 HPLC 측정 : 검출은 UV검출기로 206nm에서 측정하였으며, 컬럼은 3.9mm×30cm μ Porasil (waters)를 사용하여, 두가지 이동상 프로그램을 이용하여 분리한다.

3 비극성지방(콜레스테롤, 콜레스테롤 에스터, 유리지방실, 중성지방)의 분리는 100% 핵산부터 핵산/2-프로피놀/증류수(6:8:0.75,v/v)로 선형기울기 용리을 하고 인지질의 분리를 위해 핵산/20프로피놀/증류수로부터 핵산/2-프로피놀/증류수(6:8:1.4,v/v)로의 기울기용리를 한다.

4 각각의 용리는 30분간 2㎖/min의 유속으로 이루어지며, 주입량은 100㎕로 한다.

결 과

μ Porasil column을 이용하여 30분간 hexane에서 hexane/2-propanol/water(6:8:0.75)로 HPLC에 의해 콜레스테롤, 콜레스테롤에스터, 유리지방산, 중성지방의 분리는 그림 18-3과 같고, 인지질의 분리는 그림 18-4와 같다.

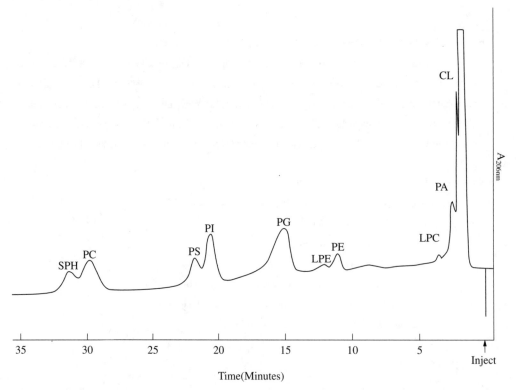

CHOL : cholesterol / CE : cholesteryl esters / FFA : free fat acids / TG : triacylglyccrol

그림 18-3 HPLC에 의한 비극성 지방의 분리

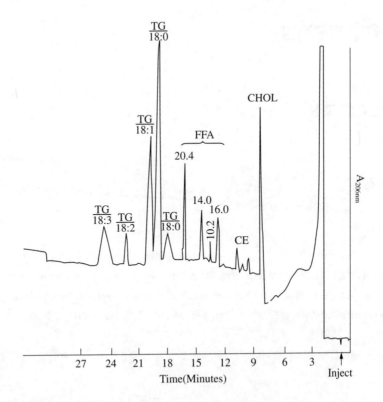

CL : cardiolipin / PA : phosphatidic acid / LPC : lysophosphatidylcholine / PE : phosphatidylethanolamine /
PG : phosphatidylglycerol / PI : phosphatidylinositol / LPE : lysophosphatidylethanolamine /
PS : phosphatidylserine / PC : phosphatidylcholine / SPH : sphingomyelin

그림 18-4   HPLC에 의한 인지질의 분리

참고문헌

1 이대운 크로마토그래피 -액체크로마토그래피의 원리와 응용, 민음사(1991)

2 B.S, Lútzke and J.M. Braughler, An improved method for the identification and quantitation of biological lipids by HPLC using laser light-scattering detection, Journal of Lipid Research, Note on Methodology, p.2127(1990)

3 Chrisie,W.W. Gas Chromatogaph and Lipids p27-39 The ollg Press(1990)

4 David J Holme & Hazel Peck, Analytical Biochemistry, Longman, p.430(1998)

5 Hee-Young Kim and Norman Salem, Jr. Separation of lipid classes by solid phase extraction, Journal of Lipid Research, p.2285(1990)

6 Seymour I. Schlager and Howard Jordi, Separation of cellular phospholipid, Neurtal lipid and cholesterol by high-pressure liquid chromatograthy, Biochimica et Biophysica Acta, pp.355-358 Elsevier/North-Holland Biomedical Press(1981)

제 2 절 | 혈중지질

1. 콜레스테롤 측정

1) 효소측정법

개 요

콜레스테롤 에스터는 콜레스테롤 에스터레이즈(cholesterol esterase)에 의해 콜레스테롤로 가수분해된다. 이때 형성된 콜레스테롤은 콜레스테롤 산화효소(cholesterol oxidase)에 의해 cholest-4-en-3-one으로 산화된다. 생성된 H_2O_2는 peroxidase 존재하에 chromogen, 4-aminopantipyrine, *p*-hydroxyben-zenesulfonate와 결합하여 500nm에서 최대의 흡광도를 가지는 quinoneimine dye를 생성한다.

이와 같은 방법으로 에스터형이나 유리형으로 존재하는 콜레스테롤의 함량을 모두 측정할 수 있다.

$$\text{콜레스테롤 에스터} + H_2O \xrightarrow{\text{콜레스테롤 에스터레이즈}} \text{콜레스테롤} + \text{지방산}$$

$$\text{콜레스테롤} + O_2 \xrightarrow{\text{콜레스테롤 에스터레이즈}} \text{Cholest-4-en-3-one} + H_2O_2$$

$$2H_2O_2 + 4\text{-Aminioantipyrine} + \text{p-Hydroxybenzenesulfonate} \xrightarrow{\text{peroxidase}} \text{Quinoneimin Dye} + 4H_2O_2$$

시약 및 기구

1 시약 : 콜레스테롤 반응시약(p-Hydroxy benzenesulfonate 30mM, Buffer pH 6.5), 콜레스테롤 산화효소(cholesterol reagent) 300U/L, 콜레스테롤 에스터레이즈(cholesterol esterase) 100U/L

2 기구
- 항온기
- 흡광도계

실험방법

1 콜레스테롤 반응용액을 준비한다.

2 흡광도계를 500nm로 고정시키고 온수조를 37℃로 유지시킨다.

3 맹검, 표준물질, 대조군, 시료를 위한 튜브나 cuvet을 준비하여 튜브에 시약 1.0㎖을 넣는다.

4 증류수 0.01㎖(10㎕)(맹검), 표준물질, 대조군, 시료를 각 튜브에 첨가하여 잘 섞는다.

5 37℃ 온수조에서 10분간 가온한 다음 30분 안에 500nm에서 흡광도를 읽는다.

결과 및 고찰

$$혈중\ 콜레스테롤\ 수치(㎖/dL) = \frac{A_{시료} - A_{맹검}}{A_{표준물질} - A_{맹검}} \times 표준물질의\ 농도(mg/dL)$$

일반적으로 혈중 콜레스테롤 수치는 $mg/d\ell$을 사용하지만 국제단위인 mM/L로 보정하기 위하여 보정수치 0.0259를 곱하여야 한다. 예를 들면 총 콜레스테롤 농도가 210이라면 210 × 0.0259 = 5.44mM 이다.

2) 총 콜레스테롤 함정 (Zak-Henly법)

개 요

혈중 콜레스테롤은 순환기계 질환과 밀접한 관계가 있고, 혈액 중의 콜레스테롤은 유리형과 ester 형으로 존재하며, 적혈구 중에는 유리형이 많고, 혈장 중에는 ester형이 많다.
Zak-Henly법은 혈청에 염화제이철 아세트산(ferric chloride-acetic acid) 용액을 가하여 제단백한 후 콜레스테롤을 추출하고 황산(sulfuric acid)을 사용하여 콜레스테롤과 염화제이철의 반응으로 생성되는 착색물질(적갈색)을 비색정량한다(kiliani reaction). 본 반응의 색은 약 2시간 동안 안정하다.

시약 및 기구

■ 염화제이철 아세트산(ferric chloride-acetic acid)용액
 ─Stock solution : Ferric chloride 8.0g을 acetic acid, glacial 100㎖에 녹여 냉장고에 보관한다.
 ─Working solution : Stock solution 5㎖를 500㎖ 플라스크에 넣고 500㎖까지 아세트산으로 희석한다. 이 용액은 실온에서 약 1개월 사용할 수 있다.
■ 황산(sulfuric acid, 98~99%) : 콜레스테롤 정량용으로 시판되고 있다.
■ 표준용액 : 순수한 콜레스테롤 100mg을 100㎖ 메스플라스크에 넣고 acetic acid, glacial로 녹여 정확히 100㎖가 되게 한다. 냉장 보관하여 사용한다.

표 18-2 콜레스테롤 표준용액

시험관 번호	콜레스테롤 표준원액(㎖)	Acetic acid (㎖)	증류수(㎖)	Ferric chloride 용액(㎖)
a	0	0.5	0.1	7.5
b	0.1	0.4	0.1	7.5
c	0.2	0.3	0.1	7.5
d	0.3	0.3	0.1	7.5
e	0.4	0.1	0.1	7.5

방법(조작)

1 혈청 0.1㎖에 염화제이철 아세트산 용액 8.0㎖를 가하여 잘 섞은 후, 10~15분 방치하고 여과나 원심 분리(3,000rpm)한다.

2 여과한 액 3.0㎖를 시험관에 넣고 시험관을 비스듬히 기울인 후 황산 2.0㎖를 시험관벽을 따라 천천히 넣은 후(두 층으로 됨) 세게 섞는다(이때 여과한 액과 황산이 단번에 섞이도록 세차게 흔든다).

3 직사광선을 피해 실온에서 20~30분 발색시킨 후 증류수를 blank로 하여 파장 560~570nm에서 흡광도를 읽는다.

4 표준곡선 작성 : 콜레스테롤 표준용액은 표 18-2와 같이 만든다. 시험관 5개를 준비하고 각 시험관에 0.1㎖의 물과 표준액 0.1㎖, 0.2㎖, 0.3㎖, 0.4㎖씩 가하고 다시 ferric chloride-acetic acid working solution을 8.1㎖가 되도록 첨가하여 섞는다. 각 시험관에서 3㎖를 각각 다른 시험관에 옮기고 황산 2.0㎖를 가하여 반응시킨다. 20분 후에 증류수를 blank로 하여 흡광도를 읽고 표준곡선을 그린다. 이는 각각 100mg/㎗, 200mg/㎗, 300mg/㎗, 400mg/㎗에 해당한다(거의 직선이 된다).

5 **4**의 표준곡선을 이용하여 검체의 콜레스테롤 농도를 구한다(표 18-2).

결과 및 고찰

1986년에 미국의 국립보건원(NIH)과 심장학회(AHA)가 공동으로 발표한 콜레스테롤 교육프로그램(NCEP)에 의하면 혈중의 정상치는 200mg/㎗ 이하로 규정하고 200~230mg/㎗를 경계선으로, 240mg/㎗ 이상을 위험수준으로 규정하였다.

참고로 우리나라 대도시 성인의 평균 총 콜레스테롤 함량은 1997년 건강의학통계연보에 의하면 남성 197.3mg/㎗, 여성은 193.9mg/㎗으로 평균적으로 정상수치에 해당한다.

식품의 콜레스테롤 함량은 부록 18-a를 참조한다.

3) HDL-콜레스테롤 (Phosphotungstate-Mg^{2+} 침전법)

개요 및 실험원리

혈청을 원심 분리하면 고비중지단백(HDL), 초저비중지단백(VLDL) 및 저비중지단백(LDL)으로 분리된다. 그런데 HDL에 함유된 콜레스테롤 농도는 허혈성심장질환 등 동맥경화증의 발생률과 음(−)의 상관을 이루며, 총 콜레스테롤/HDL 콜레스테롤 비율이 크면 클수록 발생위험률이 높은 것으로 알려져 있다.

HDL-콜레스테롤을 측정하려면 먼저 지단백중에서 HDL을 분리하여야 한다. 분리법으로는 원심분리법, 겔여과법, 전기영동법, 면역화학법, 침전법 등이 있으며 여기서는 침전법 중 phosphotungstate−Mg^{2+}법을 이용한 분석방법을 소개한다. 혈청에 침전제(phosphotungstic acid, Magnesuim chloride)를 가하여 LDL 및 VLDL의 지단백을 침전시킨 후 상층에 남아있는 HDL중의 콜레스테롤을 4.1.1 콜레스테롤 측정방법에 따라 정량한다.

시약 및 기구

- Phosphotungstic acid 용액 : 4.8g의 phosphotungstic acid를 약 80mℓ의 물에 녹이고, 1N NaOH (약 16mℓ)를 가하여 pH 6.0으로 조정하고 100mℓ되게 물로 희석한다.
- Magnesium chloride 3M : 61.0g의 magnesium chloride 6H$_2$O를 물로 녹여 100mℓ로 희석한다.
- 침전시약 : Phosphotungstic acid 용액과 magnesium chloride 3M 시약 1mℓ를 섞어 사용한다.

방법(조작)

1 혈청 0.5mℓ를 원심분리용 시험관에 넣고 침전시약 0.05mℓ를 가하여 부드럽게 섞은 다음 실온에서 30분간 방치한다.

2 15분간 원심분리(3,000rpm) 후 상층액을 깨끗한 시험관에 분리한다.

3 앞의 콜레스테롤 측정방법에 따라 동일하게 검사한다.

결과 및 고찰

HDL 콜레스테롤 농도의 계산은 다음과 같으며 정상치는 아래의 표 18-3과 같다.

$$\text{HDL-콜레스테롤 농도} = \frac{\text{검체의 흡광도}}{\text{표준의 흡광도}} \times \text{표준의 농도} \times 1.1(희석배수)*$$

$$※ 희석배수 = \frac{혈청량+시약}{혈청량} = \frac{0.5+0.05}{0.5} = 1.1$$

참고로 LDL-콜레스테롤 측정은 총 콜레스테롤, HDL-콜레스테롤, 중성지방을 측정하여 이를 이용한 friedwald 공식으로 계산한다.

> LDL−콜레스테롤=총 콜레스테롤−(HDL−콜레스테롤)−(중성지방÷5)

표 18-3 HDL과 LDL 콜레스테롤 정상함량과 위험치

	HDL-콜레스테롤 함량(mg/dℓ)		LDL(μg/dℓ)
정상	남 45.5±9	여 55.5±12.9	130 이하
동맥경화증 위험이 증가	35 이하		130~159
관상심장병 위험 감소	60 이상		160 이상

참고문헌

[1] Revel R : Chinical Laboratory Medicine, 4th ed., Yearbook Medical publishers Inc., Chicago, p.257(1984)

[2] Warrick GR., Benderson J. Albers J.J. : Dexpran Sulfats-Mg^{++} precipitation procedures for quantitatin of HDL, Clin, Chem. 28. p.1339(1982)

[3] Friedwald W., Estination of the concentration, of LDL in plasma without use of the prepanative ultracentrifugation, Chin Chem. 18. p.499(1972)

2. 중성지방 (Acetylacetone법) 의 정량법

1) 효소측정법

개요

중성지방의 효소측정법은 지단백질 가수분해효소(lipoprotein lipase)에 의해 glycerol과 유리지방산으로 가수분해되는 원리를 이용한 것이다. 또한, 글리세롤은 glycerol kinase(GK)와 ATP에 의해서 glycerol-1-phosphate(G-1-P)와 adenosine-5-diphosphate(ADP)를 형성하며 인산화되며 G-1-P는 glycerol phosphate oxidase(GPO)에 의해 dihydroxyacetone phosphate(DAP)와 hydrogen peroxide(H₂O₂)로 산화된다. Quinoneimine 염색은 540nm에서 최대의 흡광도를 보이는 H₂O₂ 존재하에서 4-aminoantipyrine(4-AAP)와 sodium N-ethyl-N-(3-sulfopropyl)-m-anisidine(ESPA)의 반응을 촉매하는 peroxidase에 의해 형성된다. 이러한 발색정도가 중성지방 함량과 비례한다.

$$중성지방 \xrightarrow[\text{Lipase(LPL)}]{\text{Lipoprotein}} 글리세롤 + 유리지방산$$

$$글리세롤 + ATP \xrightarrow[\text{Kinase(GK)}]{\text{Glycerol}} Glycerol\text{-}1\text{-}Phosphate + ADP$$

$$\text{Glycerol-1-phosphate} + O_2 \xrightarrow{\text{GPO}} \text{DAP} + H_2O_2$$

$$H_2O_2 + 4\text{-AAP} + \text{ESPA} \xrightarrow{\text{POD}} \text{Quinonemine Dye} + H_2O$$

시약 및 기구

■ 반응시약 : ATP 0.3mmlo/ℓ, Magnesium salt 3.0mmol/ℓ, 4-Aminoantipyrine 0.15mmol/ℓ, Sodium N-ethyl-N-(3-sulfopropyl)-m-anisidine) 1.69mmol/ℓ, Lipase(microbial) 50,000U/ℓ, Glycerol kinase(microbial) 1,000U/ℓ, Glycerol phosphate oxidase(microbial) 2,000U/ℓ, Peroxidase(horse-r adish) 2,000U/ℓ, Sodium Azide 0.05g/ℓ, Buffer pH 7.0±0.1, Non-reactive stabilizers and fillers

■ 기구 : 항온기, 흡광도계

실험방법

1 중성지방 반응용액을 준비한다.

2 흡광도계를 540nm로 고정시키고 온수조를 37℃로 유지시킨다.

3 맹검(증류수), 표준물질, 대조군, 시료를 위한 튜브나 cuvet을 준비하고 각 튜브에 시약을 1.0㎖을 넣는다.

4 증류수 0.01㎖(10㎕)(맹검), 표준물질, 대조군, 시료를 각 튜브에 첨가하여 잘 섞는다.

5 37℃ 온수조에서 5분간 가온한 다음 540nm에서 흡광도를 읽는다.

결과 및 고찰

$$\text{혈청 중성지방 수치(mg/d\ell)} = \frac{A_{시료} - A_{맹검}}{A_{표준물질} - A_{맹검}} \times \text{표준물질의 농도}$$

일반적으로 사용하는 중성지방 농도는 mg/dℓ이지만 국제 단위인 mM/ℓ 으로 보정하기 위하여는 0.0113인 보정수치를 곱하여야 한다. 예를 들면 총 중성지방 농도가 272이라면 272 × 0.0113 = 3.07mmol/ℓ 이다.

2) Acetylacetone 법

개 요

혈청의 유기용매 추출물을 알루미나로 처리하여 인지질과 포도당을 제거한 다음, 검화(saponification)시켜 글리세롤을 얻는다. 이것을 sodium metaperiodate로 산화시켜 formal dehyde로 만들고, 아세틸아세톤과 반응하여 황색의 dihydrolutidine 유도체를 형성한다. 이 물질은 파장 405nm에서 최대흡광을 나타내며 그 흡광도는 중성지질 농도와 비례한다.

$$\text{Triglyceride} \xrightarrow{\text{검화}} \text{glycerine}$$

$$\text{Glycerine} \xrightarrow{\text{산화}} \text{formaldehyde}$$

$$\text{Formaldehyde} + \text{acetyl acetone} + \text{ammonia} \rightarrow \text{3,5-diacetyl-1, 4-dihydrolutidine}$$

시약 및 기구

1 알루미나(alumina) 세척(aluminum oxide) : 알루미나(ICN pharmaceuticals, Germany)를 증류수로 약 10회 세척하여 아주 고운 가루는 제거하고 100~110℃의 oven에서 하룻밤 건조시킨다. 이때 oven에 18시간 이상 두어서는 안된다. 16×150mm cap tube에 약 0.7g의 건조 알루미나를 넣고 실온에 보관하여 사용하며 1개월간 안정하다.

2 검화용액 : 증류수 75㎖에 KOH 10g을 용해하고 아이소프로판올 25㎖를 첨가한다. 갈색병에 보관하면 실온에서 2개월간 사용할 수 있다.

3 Acetylacetone 용액 : 아이소프로파놀(Isopropanol) 100㎖에 2,4-pentanedione 0.4㎖를 가한다. 갈색병에 보관하면 실온에서 2개월간 안정하다.

4 Sodium metaperiodate 용액 : 증류수 700㎖, ammonia acetate 77g, CH_3COOH 60㎖, sodium metaperiodate 650mg을 증류수로 1000㎖ 되게 한다.

5 중성지방측정 표준용액(1.0g/㎗) : 100㎖ 플라스크에 아이소프로파놀(isopropanol) 50㎖ 정도 넣고 올리브유 등을 1.0g 용해한 후 증류수로 100㎖가 되게 잘 혼합한다. 갈색병에 보관하면 냉장고(4~7℃)에서 1개월간 안정하다.

6 Triglyceride working standard solution(200mg/㎗) : 10㎖ 플라스크에 stock standard 2.0㎖를 넣고 아이소프로파놀로 희석한다.

방법(조작)

1 튜브 3개에 각각 B(blank), S(standard) 및 T(test)로 표시하고 알루미나 0.7g씩을 넣는다.

2 각 시험관에 아이소프로파놀(isopropanol)을 5㎖씩 넣고 B에는 증류수, S에는 working standard solution, T에는 혈청을 각각 0.2㎖씩 넣는다.

3 15분간 혼합시킨 후 10분간 원심분리한 다음 시험관 3개에 상등액을 각각 2.0㎖씩 옮긴다.

4 검화용액 0.6㎖를 모든 시험관에 넣고 vortex mixer로 혼합하여 실온에 5~15분 동안 방치한다.

5 Periodate 용액 1.5㎖과 아세틸아세톤 1.5㎖를 가하고 vortex mixer로 혼합한다.

6 약 15분간 65~70℃ 항온기에 세워둔 다음 약 5~10분간 실온으로 식힌 후 B에 대한 S와 T의 흡광도를 파장 450nm에서 읽는다.

결과 및 고찰

$$혈청\ 중성지방농도(mg/d\ell) = \frac{혈청의\ 흡광도(T)\ -\ 맹검의\ 흡광도(B)}{표준물질의\ 흡광도(S)\ -\ 맹검의\ 흡광도(B)}$$

측정값은 측정법에 따라 다소 차이는 있으나, 음식물의 영향이 크기 때문에 적어도 12~14시간 이상 금식시킨 후에 검체를 채취하는 것이 좋다. 정상치(남자 40~145mg/dℓ, 여자 35~200mg/dℓ) 이하는 임상적으로 별 의미가 없고 그 이상은 죽상경화증, 관상동맥질환 등과 밀접한 관계가 있다. 따라서 혈중중성이 200mg/dℓ 이상이면 위험도가 약간 높으며 400mg/dℓ 이상이면 심혈관계질환과 관련성이 매우 높다고 본다.

참고문헌

1 McGowan M.W. Artiss J.D., Starandbergh D.R., ZakB. A peroxidase-coupled method for the colorimetric determination of serum triglycerides. clin. Chem. 29, p.538(1983)

3. 인지질 (Phospholipids) 정량

1) TLC에 의한 조직의 복합 스핑고지질 분리

개 요

복합스핑고지질(sphingolipid)이란 긴사슬염기를 함유한 지질를 말하며, ceramide, sphingomyelin, cerebroside(glycosylceramide) 및 ganglioside 등을 말한다. 세포의 막을 구성하는 지질들이며 세포의 신호전달에도 관여하고 lysosome에 이들의 가수분해효소가 결핍된 Farber disease, Nimann-Pick disease, Gaucher disease 및 Tay-sachs 등 10종 이상의 유전병이 보고되어 있다. 유기용매로 총지질을 추출하고 약염기와 반응시키면 glycerolipid는 비누화되고 sphingolipid를 얻을 수 있다. 약염기성 증류수로 추출하면 유기용매층에 비누화되지 않은 스핑고지질이 남게 되고 이를 건고하여 얇은 막 크로마토그래피로 분리한다.

시약조제

1 메타놀에 대한 0.4N KOH : 4N KOH 10mℓ를 메탄올로 희석하여 100mℓ를 만든다.

2 5% 황산 : 에탄올 또는 에탄올-물 혼합액에 진한 황산을 조금씩 교반하면서 가하여 5% 황산용액을 만든다.

3 Orcinol-Ferric chloride-Sulfuric acid 용액

용액 A : $FeCl_3$ 1g을 H_2SO_4 : H_2O(1:9, v/v) 100mℓ에 녹인 용액

용액 B : Orcinol 6g을 에탄올 100㎖에 녹인 용액

위 용액 A와 B는 4℃에 보관하며 사용하기 직전에 용액 A 10㎖와 용액 B 1㎖를 혼합하여 사용한다.

시약 및 기구

- 동물 간조직 또는 동물 배양세포
- 스핑고지질 표준품(ceramide, glucosyl ceramide, lactosyl ceramide, sphingomyelin)
- 실리카겔 G60 TLC 판과 전개조
- 분무기
- 회전식 감압 증발기
- Densitometer

방법(조제)

1 소의 간조직 또는 동물배양세포로부터 Bligh and Dyer의 방법으로 지질을 추출한다 : 동물조직(1g)을 잘게 썰어 클로로포름 : 메탄올(1:2)용액 10㎖를 가하고 파쇄기로 조직을 파쇄하여 30분간 교반한 후 원심분리하고, 침전물은 다시 클로로포름 : 메탄올(1:2)로 30분간 추출한 다음 원심분리하여 상층을 합한다.

2 추출한 지질이 녹아 있는 유기용매층에 클로로포름을 가하여 클로로포름 : 메탄올이 2:1이 되게 한 후 증류수를 가하고 진탕하여 비지질획분을 수용액층으로 이행시킨다. 하층인 유기용매층을 회전 증발기 또는 시험관 원심농축기(speed vac)로 농축한다.

3 총지질에 메탄올에 대한 0.4N KOH을 가하고 1시간동안 교반하여 글리세리드지질이나 글리세롤당지질 등을 비누화한 다음 염기성 증류수로 3번 정도 비누화된 지질을 추출하고 유기용매층을 회전증발기로 건고한다.

4 스핑고지질이 함유된 지질을 실리카겔이 입혀진 TLC판에 접적하고 스핑고지질 표준품도 그

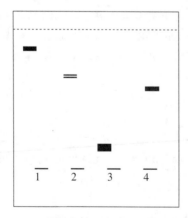

1. Ceramide
2. Galactosylceramide
3. Sphingomyelin
4. Lactosylceramide

그림 18-5 TLC에 의해 분리된 인지질의 종류

옆에 점적한다. 먼저 에테르로 포화된 전개조에 TLC 판을 넣고 제일 위까지 전개시킨 후 풍
건한다. 완전히 건조된 TLC 판을 다시 클로로포름 : 메탄올 : formic acid : 물(56:30:4:2)로
포화된 전개조에 넣어 용매가 끝에서 약 1cm 정도까지 전개되면 꺼내어 풍건한 다음 오븐에
넣어 건조시킨다.

⑤ 건조된 TLC판을 완전히 건조한 후 5% 황산을 분무하면 ceramide나 스핑고마이엘린은 흙색, 당
-ceramide는 붉은 색으로 정색한다. 당지질을 확인 할 경우 orcinol-ferric acid-황산 용액을 분무
하고, 분리된 지질을 재 사용하고자 할 때는 요오드 증기에서 이중결합화합물을 검색한다.

결과 및 고찰

① 시료가 식물일 경우 클로로포름 : 메탄올 혼합용액 및 물 포화 부탄올 용액으로 추출하는 것
이 좋다고 보고되어 있다.

② 동물배양세포의 경우 1×10^6cell정도이면 확인할 수 있으며 13×100mm 시험관을 이용할 수 있다.

③ TLC로 분리 후 5% 황산을 분무하였을 때 나타나는 점들은 그림 18-5와 같다.

④ 결합된 지방산의 길이에 따라 밴드가 2줄씩 나오는 경우도 있다.

참고문헌

① Bligh, E. A. and Dyer, W. J., Canad. J. Biochem. 37, pp.911-917(1959)

② Newburg, D.S. and Chaturvedi, Neutral glycolipids of human and bovine milk. Lipids, 27,
p.923(1992)

③ Fujino, Y., Ohnishi. M. and Ito, S. Molecular species of ceramide and mono-, di-, tri-, and
tetraglycosylceramide in bran and endosperm of rice grains(1985)

2) 각종 인지질의 정량

개 요

인정량은 시료 중의 인지질이 강산에서 산화분해되어 인산을 유리시키고 인산염으로 되는데 이
에 몰리브덴산 암모늄을 넣으면 인산 몰리브덴산 암모늄으로 되고 여기에 발색제 ammino-
naphtol sulfonic acid를 넣으면 청색으로 변하는 성질을 이용하여 비색 정량한다.

즉, TLC에서 동정한 여러 인지질의 점을 긁어내어 용매추출하여 인정량을 한 후 계수 25.5를 곱
하여 인지질량을 구한다.

시 약

■ 70% Perchloric acid, 2.5% Ammonium molybdate

■ Fiske-Subbarow reagent-15% $NaHSO_3$(3g/100㎖ H_2O) 20㎖, 1-amino-naphthal-4-sulfonic acid

（98%) 0.05g, anhydrous Na_2SO_3 0.1g을 혼합하여 filter paper로 여과시켜 갈색병에 보관(1주일간 안정)

■ Mixed reagent-H_2O

■ Fiske-Subbarow reagent : 2.5% Ammonium molybdate를 7 : 0.2 : 0.5의 비로 실험당일 혼합, Pi 표준용액- KH_2PO_4 87.8μg/㎖ H_2O(Pi 20μg/㎖ H_2O)

방법(조작)

TLC 판에 분리된 개개 인지질을 표준 인지질에 의한 TLC 결과와 대조하여 연필로 구획을 그어 놓고 각 부위의 실리카겔을 칼을 사용하여 깨끗하게 긁는다. 이를 원심분리관에 옮겨 클로로포름-메탄올 2:1 용액 3~5㎖를 넣어 잘 흔든 후 원심분리하여 지질을 용출한다. 이를 합해 evaporator에 넣어 증발시킨 후 시험관에 옮겨 질소가스로 모든 용매를 날린다.

여기에 70% perchloric acid 0.9ml를 넣고 voltex mixer로 잘 섞은 후 190℃ dry thermobath에서 1시간동안 회화시킨다.(황색으로 변화) 이물질을 냉각시켜, Mixed Reagent 7.7㎖씩 넣고 voltex mixer로 잘 섞는다. 100℃ water bath에서 7분간 가열한 후 식혀 830nm에서 흡광도를 측정한다. 표준용액과 비교하여 인산을 정량한 후 계수 25.5를 곱해 인지질량을 구한다.

결과 및 고찰

세포막의 인지질을 정량한 예는 표 18-4에 나타난 바와 같이 phosphatidyl choline, phosphatidyl ethanolamine가 총인지질의 70~80%를 차지한다. 그 밖에 인지질은 적은 비율을 차지한다.

표 18-4 특정세포막의 인지질 조성의 예

지질	인지질 조성의 백분율(μg/mg 단백질)
콜레스테롤	43
총 인지질	180
포스파티딜콜린	90(42~49%)
포스파티딜에타놀아민	45(29~34%)
포스파티딜세린	16(5.9~6.5%)
포스파티딜이놀시톨	10(1.6~7.4%)
스핑고미엘린	5(3.3~3.7%)
기타 인지질	12

3) HPLC에 의한 유리 스핑고지질 분리 및 정량

개요

유리 스핑고지질에는 sphingosine, sphinganine, phytosphingosine 등이 있으며 ceramide, sphingo-myelin 등이 가수분해되면 유리지방산과 함께 생성된다. DFL 스핑고지질(free sphingolipid)은 sphingoid base라고도 하며 long chain base라고도 하고 hydroxy기와 amino기를 가지고 있다. 정상혈액이나 조직에서는 sphinganine과 sphingosine의 비가 0.2 정도로 유지되나 곰팡이에 오염된 식품을 섭취하게 되면 그 비가 40배씩 증가한다. 또한 암조직에서의 유리 스핑고지질의 비 또는 함량이 정상조직에 비하여 증가한다. 유리 스핑고지질을 분리하는 방법으로는 얇은 박 크로마토그라피법이 많이 쓰이나 미량을 정량하는 방법으로 HPLC법이 쓰이기도 한다. HPLC로 분리하기 위하여는 시료를 형광검출기로 검출하기 위하여 시료를 ortho-phthalaldehyde(OPA)로 유도체를 만들어야 한다. Free sphingolipid는 아미노기를 가지고 있으므로 OPA와 부가반응을 하여 OPA 유도체들이 만들어지고 이들을 C18 reverse 컬럼으로 분리하고 형광검출기로 검출한다.

시료조제

1 이동상 : 메탄올과 5mM KH_2PO_4 완충액(pH 7.4)을 87 : 13으로 혼합하여 nylon membrane filter로 여과한다.

2 OPA 용액 : 25mg orthophthalaldehyde를 500$\mu\ell$ 에타놀에 녹이고 25$\mu\ell$ β-mercaptoethanol을 가한 다음 붕산완충액으로 50$m\ell$가 되도록 희석한다.

3 붕산 완충액 : 3% boric acid 용액을 만들고 KOH를 이용하여 pH 10.5로 조정한다.

시약 및 기구

- Speed vacuum, Vortex, 유리 균질기
- C18 reverse 컬럼
- 형광검출기가 장착된 HPLC

방법(조작)

1 혈액 또는 잘게 자른 조직을 유리 homogenizer에 넣고 0.6$m\ell$ PBS를 가한 다음 세포를 균질화한다. 단백질 정량을 위하여 균질액 20$\mu\ell$씩을 -70℃에 저장한다.

2 균질화한 시료를 13×100mm 시험관에 옮기고 클로로포름 : 메탄올(2:1) 혼합액 2$m\ell$를 가한 다음 잘 섞어 준다. 이때 용매가 혼합되지 않고 이중층으로 나뉘면 클로로포름 : 메탄올을 소량가하여 한 층을 만든다.

3 내부표준품으로 농도를 알고 있는 C20:sphinganine(생체에서는 발견되지 않음, 250pmole 정도)를 가하고 100$\mu\ell$의 2N NH_4OH를 가한 다음 항온조에서 37℃, 1시간 유지한다.

4 1$m\ell$ 클로로포름을 가하고 약염기성수로 3번 추출하고 원심분리한 다음 아래층인 유기용매층

에 Na$_2$SO$_4$ 소량을 가하여 수분을 제거한다. 1㎖ 용액당 100㎕의 메타놀에 대한 2N KOH를 가하고 37℃에서 1시간동안 glycerolipid를 비누화한다.

5 1㎖ 클로로포름과 2㎖ 증류수를 가하고 잘 혼합한 후 원심분리하여 얻은 유기용매층을 다시 한번 증류수로 추출하여 Na$_2$SO$_4$로 건조한 유기용매층을 얻고 진공건조기로 건조한다.

6 시료를 900㎕의 HPLC용 이동상으로 녹이고 100㎕의 OPA 용액을 가하여 37℃에서 30분동안 빛을 차단하여 반응시킨다.

7 C18 컬럼이 장착된 HPLC에 200㎕의 OPA 유도체들을 주사하고 λEm 355nm와 λEx 450nm 에서 peak를 검출한다.

결과 및 고찰

1 OPA 유도체들은 불안정하므로 유도체들은 4℃에 보존하고 바로 분석하는 것이 좋다.

2 OPA 용액은 4℃에서 1주일 이상 사용할 수 없다.

3 시료들을 OPA 유도체로 만들 때 표준품인 sphingosine, sphinganine, C20:sphinganine도 함께 유도체화하여 retention time을 알아 둔다.

참고문헌

1 Wang, E., Ross, P. F., Wilson, T. M., Riley, R. T. and Merrill, A. H., Jr. Increases in serum sphingosine and sphinganine and decreases in complex sphingolipids in ponies given feed containing fumonisins, mycotoxins produced by Fusarium moniliforme. J. Nutr. 122, p.1706(1992)

2 Merrill, A. H., Wang, E., Mullins, R. E., Jamison, W. C., Nimkar, S. and Liotta, D. C. Quantitation of free sphingosine in liver by high-performance liquid chromatography, Anal. Biochem. 171, p.373(1988)

3 Wagner H, Hoehamner L & Wolf P: TLC of phosphatides & glycolipids, Biochem J. 334. p.175(1961)

제 3 절   지방산 조성 측정

1. 가스크로마토그래피법

가스크로마토그래피는 컬럼 크로마토그래피의 일종으로서 실리카겔, 활성탄, Al_2O_3, $CaCO_3$, sucrose 등과 같은 흡착제로 만들어진 컬럼에 혼합물 시료의 성분들이 전개 용매에 의하여 흡착제의 층을 따라 이동하는 동안에 각 성분의 흡착성의 차이로 인하여 분리가 되고, 그에 따라 성분을 동정하는 방법이다. 컬럼 내부에 흡착제로 사용한 물질을 고정상이라 하고, 시료를 컬럼 안으로 이동시켜 주고, 분리해내도록 통과 시켜주는 물질을 이동상이라 하는데, 이동상의 종류에 따라 액체용매를 이용하는 HPLC, 기체를 사용하는 가스 크로마토 그래피, 그 밖에도 이온 교환 크로마토그래피 등이 있다.

가스크로마토그래피는 이동상인 기체를 컬럼 내에 느린 속도로 주입하고, 오븐의 온도를 단계별로 조절하여 혼합물 성분을 분리하는 방법으로, 이 실험에서는 지질 추출액인 시료중에 함유되어 있는 지방산을 탄소 수 별로 분리하는 것을 목적으로 하며, HPLC보다는 가스 크로마토그래피법이 더 유용하다. 가스크로마토그래피법은 미량의 시료에서 보다 더 정확하게 혼합물 성분들을 분리해 낼 수 있으며, 시료의 종류에 따라 검출기의 종류가 달라지는데 여기서는 시료를 연소시켜 신호를 인식하는 Flame ionization detector(UV detector)를 이용한다. 또한 컬럼도 길이가 짧고 내경이 큰 패키드 컬럼(packed)과 길이가 2~3m 정도로 기로 내경이 20~30µm 정도로 아주 가는 캐필러리 컬럼(capillary)이 있다. 캐필러리 컬럼이 미량의 시료를 정확하게 분리할 수 있는 분리능이 뛰어나다. 본 실험에서는 Hewlette Packard 5890 II Series 가스 크로마토그래프를 이용하고, 컬럼은 Innowax Capillary 컬럼을 사용하였고 검출기는 Flame ionization detector를 사용한다. 분석 조건으로 오븐의 초기 온도는 200℃로 1분간 유지시킨 후 최종 온도 265℃까지 분당 10℃씩 상승시키며 265℃에서 5분간 유지시킨다. 주입구의 온도는 250℃, 검출기의 온도는 300℃로 한다. Carrier gas는 He를 사용하고 flow rate 는 1.6㎖/min로 조정하며 sample의 주입량은 2㎕로 한다. 각 지방산의 함량은 자동 면적 적분기에서 면적 %로 구하며 분리된 각 peak의 확인은 표준 지방산 methyl ester의 retention time과 비교하여 이루어진다.

1) 지질추출

개 요

지방산 조성을 측정하기 위해서는 시료중에서 지방산이 포함된 지질 부분을 추출하여야 한다. 대부분 생체 시료들은 단백질, 탄수화물, 수분 등에 지질이 섞여 있는데 이 중에서 지질은 유기용매로 추출할 수 있다. 지질은 지용성 성분이고, 나머지 다른 물질들은 수용성 성분이기 때문에 수용성 성분과 섞이지 않고 분리가 가능한 유기용매를 이용하면 지용성인 지질은 유기용매층에 용해되어 분리되고, 분리한 유기용매층에서 용매를 휘발시켜 녹아있는 지질을 얻을 수 있다. 유기용매는 일반적으로 에탄올, 페트롤리움 에테르, 벤젠, 클로로포름 등을 쓴다.

시료조제

시료에서 지질을 추출하기 위해서 우선 시료를 보호할 수 있는 완충용액을 시료 5g당 25㎖가 되도록 넣고, 시료를 세절한다. 그리고 균질기를 이용하여 미세하게 갈아 균질용액을 만든다. 균질기는 3000rpm에서 4~5회 반복하며, 완충용액은 시료의 성질에 따라 적당한 것을 사용한다.

시약 및 기구

증류수, 메탄올, 클로로포름, N2 가스, screw cap tube, 파스퇴르피펫, 원심분리기, 양팔저울, 피펫, vortex

방법(조작)

1 메탄올 : 클로로포름 시료의 부피비가 2 : 1 : 0.8이 되도록 screw cap 튜브에 넣고 마개를 꼭 막는 다음, 10분간 vortex하면서 지질을 추출한다.

2 클로로포름 1㎖를 더 넣고 2분간 추출한 후 1㎖의 증류수를 넣고 다시 vortex한다.

3 3000rpm에서 20분간 원심분리한 다음 파스퇴르피펫을 사용하여 하층액(클로로포름층)을 추출한다.

4 클로로포름 추출과 원심분리를 한 번 더 반복하여 지질을 완전히 추출하며 최종 부피를 기록하여 둔다.

5 지질 추출액 중 0.5㎖는 transmethylation을 위해 screw cap 튜브에 덜어 놓고 나머지 지질 추출액은 질소가스로 추출된 지질의 용매(클로로포름)를 완전히 날려보낸다.

6 준비된 시료를 냉동보관하여 다른 분석 실험에 사용한다.

2) Transmethylation

개 요

지질 추출액을 메탄올을 이용하여 지방산에 메틸기를 붙여야 가스 크로마토그래피법을 이용한 지방산 측정에서 인식을 할 수 있다. 검출기에서 시료를 연소시켜 인식하는데 이 때에 지방산의 카르복실기에 메틸기를 치환시켜야만 인식을 할 수 있다. 그러므로 0.5N 메탄올-NaOH로 지방구를 녹여서 BF₃-메타놀을 첨가하여 끓는 수조에서 반응시켜 메틸기를 지방산에 치환시킨 후 페트롤리움 에테르로 용해시켜 분리해 낸다.

시료조제

지질추출시 transmethylation을 위해 screw cap 튜브에 따로 준비하여 놓은 시료를 질소가스로 완전히 건조시켜 준비한다.

시약 및 기구

- 0.5N methanolic-NaOH : 2g NaOH를 메타놀에 녹여서 100㎖가 되게 함.
- 14% BF₃-메탄올(=Boron trifluoride)
- nanograde petroleum ether
- N₂ 가스, 원심분리기, 파스퇴르 피펫, 피펫, boiling water bath, 파라필름, vortex, 양팔저울

방 법

1 질소가스로 건조시켜 준비한 시료가 담긴 screw cap 튜브에 0.5N 메탄올-NaOH를 0.4㎖씩 넣고 뚜껑을 꼭 닫아 밀봉한다.

2 지방구가 완전히 녹을 때까지 boiling water bath에서 5분간 가열한 다음, 실온으로 냉각시킨다.

3 냉각된 튜브에 14% BF₃-메탄올을 0.5㎖ 첨가한 후 뚜껑을 닫고 vortex하여 잘 혼합한다.

4 항온기에서 25분간 반응시킨후 실온으로 냉각시켜 반응을 정지시키기 위해 1㎖ 증류수를 첨가하여 혼합하고 2㎖의 nanograde petroleum ether를 첨가하여 혼합한다.

5 원심분리기를 이용하여 3000rpm에서 5분간 원심분리한 후 파스퇴르 피펫으로 상층액(페트롤리움에테르 층)을 추출하다.

6 **5**번에서 생긴 아래층에 다시 한 번 2㎖의 nanograde petroleum ether를 첨가하고 혼합하여 3000rpm에서 5분간 원심분리하여 상층액을 한 번 더 추출하여 **5**번에서 얻은 상층액과 혼합한다.

7 추출액의 전체 부피가 20~30㎕가 되도록 질소가스로 건조시킨다.

3) 가스크로마토그래피법

시료조제

transmethylation을 한 지질 추출액을 질소 가스로 건조시켜, 총 부피가 $20 \sim 30 \mu l$가 되도록 농축시킨 시료를 준비한다. 시료는 뚜껑의 윗부분에 고무마개로로 고정된 시험관에 담아 주사기로 시료를 취하기 쉽도록 준비해 둔다.

시약 및 기구

- Hewlette Packard 5890 II Series Gas Chromatograph : 주입기(capillary ingector), 검출기(flame ionization detector)
- 컬럼 : Innowax capillary 컬럼
- Air, H_2, He gas : 순도가 99.999%인 가스를 사용할 것
- syringe, flow meter
- 표준 지방산 methyl ester(표준물질)

방법(조작)

1. Oven을 열어 컬럼을 연결한다.
2. 컴퓨터 전원을 켜서 초기 화면을 띄운 다음, 분석에 필요한 gas를 튼다.
3. 컬럼 내의 이동기체의 유량을 맞춘다($1.6 m l$/min)
4. capillary 컬럼의 경우에는 split ratio를 맞춘다(40:1)
5. 주입구와 검출기 오븐의 온도를 맞춘다.
   (주입구 ; 250℃, 검출기 ; 300℃, 오븐 : 초기 1분에는 200℃, $200 \sim 265$℃에는 10℃/min의 속도로 상승하도록 하고 최후 5분에는 265℃를 유지하게 한다).
6. 검출기의 불꽃을 점화시키고, signal을 안정화 시킨다.
7. 표준물질로 retention time을 확인하고, 시료를 주입하여 표준물질과 retention time을 비교한다.
8. 각 지방산의 함량은 자동 면적 적분기에서 면적 %로 구한다.

결과 및 고찰

1. 지방산 정량을 위한 standard curve 그리기
① 함량을 알고 있는 표준물질의 농도를 다르게 하여 면적을 측정한다.
② 농도에 따른 면적에 대한 그래프를 그리고 curve에 대한 1차 방정식을 구한다. 단, 농도의 범위는 미지시료의 면석이 표준물질 농도 범위에 들어가도록 정한다.
③ 미지시료의 면적을 구하여 1차 방정식에 대입하여 지방산 함량을 구한다.

표준물질 농도($\mu g/\mu\ell$)	10	50	100	200	400
면적	2000	10000	20000	40000	80000

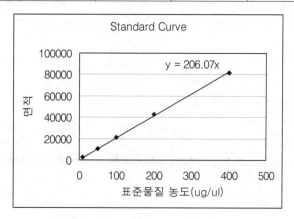

2 실제 가스크로마토그래피법에 의하여 분리된 지방산은 그림 18-6과 같으며 각각의 미지시료의 농도를 위의 표준곡선에 대입하여 정량한다.

3 식품의 지방산 함량은 부록 18-b를 참조하기 바란다.

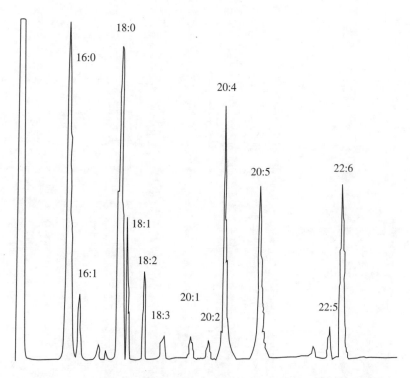

그림 18-6 가스 크로마토그래피법에 의하여 분리된 간세포막의 지방산 분획

참고문헌

1 Rouser G, Fleischer S, Yamamoto A. Tow dimensional thin layer chromatographic sepraration of polar lipid and detremination of phospholipids by phosphorus analysis of spots. Lipid 5, p.494(1969)

2 Metcalfe LD, Schmitz AA, Pelka JR. Rapid preparation of fatty acid esters from lipids for gas chromatographic analysis. Anal Chem 38, p.514(1966)

3 Lepage G, CC Roy. Direct trans-esterification of all classes of lipid in a one step reaction. J Lipid Res 27, p.114(1989)

4 김미정. 실험적 간 발암 과정에서 N-3, N-6 지방산 섭취 및 d-Limonene 투여가 생체막 지질 조성 및 Protein kinase C 활성도에 미치는 영향. 서울여자대학교 석사학위논문(1995)

제4절 | 혈중지단백질 및 아포지단백질 분리

1. 지단백질 (Lipoprotein) 분리 및 정량

1) 전기영동법

개요 및 실험원리

혈액에 순환하는 지질은 인지질을 제외하고는 소수성이므로 지질이 혈액 중에서 운반, 대사되려면 단백질과의 복합체인 혈장 지단백질이 필요하다. 지단백질의 구조는 중심부에 비극성인 중성지방과 에스터형 콜레스테롤이 있고, 외각부에 인지질과 콜레스테롤, 아포단백질로 구성되어 있다.

지단백질의 여러 물리화학적 성질에 따라 분리법이 존재하는데, 지단백질의 크기에 따라 또는 초고속 원심분리시의 부유밀도(chyolmicron, VLDL, LDL, IDL, HDL)에 따라, 그리고 전기영동상의 이동상(chylomicron, pre-β-lipoprotein[α2-globulin], β-lipoprotein[β-globulin], α-lipoprotein [α-globulin]) 등에 의해 지단백질을 분리한다.

이 실험방법은 1968년 Noble에 의해 처음으로 고안된 것으로 혈중 지질과 단백질의 복합체인 지단백질을 완충용액상태에서 전기영동하여 단백질간의 하전과 크기의 차이로 분리하는 방법이다. pH 8-9의 약염기상태에서 단백질은 음으로 하전하고, 양극으로 이동하는 성질을 이용한 것으로 agarose film을 이용하여 α-(HDL), pro-β-(VLDL), β-lipoprotein(LDL), chylomicron의 분획을 얻을 수 있다.

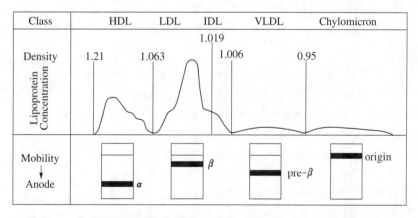

그림 18-7 지단백질의 비중에 따른 분류와 전기영동상의 이동거리와의 관계

시약조제

- 완충액(pH 8.8, Ionic strength 0.05) : Tris-barbital-sodium barbital buffer, 32.1%(w/w) Trimethamine(Tris), 13.7%(w/w) Barbital, 54.2%(w/w) Sodium barbital
- 염색시약(Fat Red 7B) : Fat red 7B 2.8g을 1000㎖ 메탄올에 4시간 정도 교반하여 녹인 후 24시간 방치하였다가 걸러서 사용한다. 실온에서 2년간 안정하다.
- 0.1N NaOH : NaOH 2g을 DW 500㎖ 녹인다.
- Working stain solution : 염색 전에 Fat red 7B(①) 10㎖에 0.1N NaOH(②) 2㎖을 혼합하여 사용한다.
- Cleaning solution : 메탄올과 DW을 12.5㎖ : 50㎖의 비율로 혼합하여 사용한다.

시약 및 기구

- 아카로오스겔(Agarose gel) : Ciba-Corning Agarose film
- 전기영동기기 및 전력공급원
- Oven/Incubator
- Densitometer

방법(조작)

1. 완충액을 electrophoresis cell base에 95㎖씩 채운다.
2. Agarose film에 hole 안에 검체를 1㎕씩 넣은 다음 도포 쪽(-)을 음극에 맞게 끼운다.
4. 90V에서 30~35분간 전개시킨 다음 후 agarose film을 Oven에서 건조시킨다.
6. 건조된 것을 확인하여 Fat Red 7B로 4분간 염색한다.
7. Cleaning solution으로 60초간 바탕을 탈색한 다음, oven에서 말린다. 만약 바탕이 완전히 탈색되지 않았을 경우에는 탈색과정을 반복한다.
9. Densitometer(Beckman)을 이용하여 520nm에서 백분율로 표기한다.

결과 및 고찰

1. 검체는 12~14시간 절식 후 채혈하고, 혈장이나 혈청 모두 사용 가능하나 최소 0.5㎖이 필요하다. 혈장이나 혈액은 대부분이 지질로써 Lipoprotein lipase등과 같은 효소에 의해 영향을 받으므로 채혈 후 바로 측정하는 것을 권장한다. 최소 2~6℃에서 4일간 보존할 수 있다. 냉동저장은 지단백질 분리에 변성이 일어난다.
2. 고지단백혈증을 알아보기 위해서는 대조군을 이용하되, 대조군은 정상인의 혈청을 이용한다.
3. 전기영동시 이동거리에 따른 혈장 지단백질의 분포와 Fredrickson의 분류법으로 나눈 6형의 고지단백혈증의 양상을 그림 18-8에 나타나 있다.

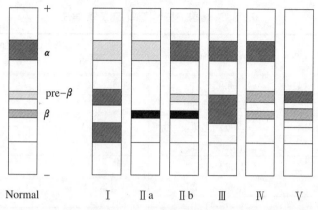

그림 18-8 Fredrickson의 분류에 따른 고지단백혈증의 양상

참고문헌

1 CORNING Co. Lipoprotein Electrophoresis, protocol sheets.

2 Mills GL, Patricia A & Weech PK, : Laboratory techniques in biochemistry and molecular biology, a guidebook to lipoprotein technique, ELSEVIER(1989)

3 Cawly LP, Ebcrhardt L, : Simplified gel electrophoresis, Am J Clin Path, 38, p.539(1962)

4 Jialal I, : Apractical approach to the laboratory diagnosis of dyslipidemia, Am J Clin Pathol, 106(1), p.128(1996)

2) 초고속 원심분리법

개요 및 실험원리

혈중 지단백질은 외인성 지질, 즉 식이지질인 chylomicron과 내인성 지질인 VLDL(very low density lipoprotein), LDL(low density lipoprotein), HDL(high density lipoprotein)로 분류할 수 있다. 지단백질은 지질과 단백의 복합체이므로 지질과 단백의 양적 비에 따라 다양한 지단백질 입자가 존재한다. 지단백질은 지질함량이 많으면 VLDL, LDL과 같이 그 비중은 낮아지고, 단백함량이 많으면 HDL과 같이 그 비중은 커지게 된다. 혈청 지단백질의 함량은 남녀에 따라 크게 차이가 나며, 연령이 증가할수록 LDL과 VLDL은 증가하고 HDL은 감소한다.

이 방법은 지단백질의 밀도에 의한 차이를 이용하여 각각 다른 밀도의 염용액으로 분리할 수 있다. 지단백질의 밀도차가 $1 < \rho < 1.25$ kg/ℓ 사이에 존재하므로 아래표 표 18-4와 같이 4~8개 정도의 지단백질의 밀도층이 분리된다.

표 18-5 혈청 지단백질의 밀도와 농도

분류	밀도(g/mℓ)	평균(mg/100mℓ)	
		남성	여성
Chylomicron	0.93~	12±2	13±3
VLDL	0.94~1.0063	129±59	122±63
IDL	1.0063~1.019		
LDL	1.019~1.063	439±99	389±79
HDL	1.063~1.21	300±83	457±115
HDL₂	1.063~1.125		
HDL₃	1.125~1.21		

시약조제

1 Sudan black 용액 : 65℃의 ethylene glycol 100mℓ에 0.1g의 Sudan black을 넣고 2분동안 stirr를 한다. 여기에 0.1mg의 EDTA를 넣고 잘 혼합한 후 filter 처리한다.

2 염용액 제조 : 50mℓ의 증류수에 3.799g의 KBr을 넣고 잘 섞어준 후 0.571g의 NaCl을 넣고 혼합한다. 마찬가지로 0.05mg의 EDTA를 넣고 잘 혼합한 후 filter 처리한다.

3 검체는 혈청을 사용하는데, 혈액 2mℓ 이상을 채혈 후 1~2시간 실온에 방치한 후 1200g, 20℃에서 15분간 원심분리한다. 상등액 중 1mℓ을 취하여 실험에 사용한다.

4 원심분리시 상층에 넣을 증류수는 50mℓ에 0.05mg의 EDTA를 넣고 잘 혼합한다.

시약 및 기구

- KBr, NaCl
- Sudan black
- ethylene glycol
- 10^{-4} EDTA g/mℓ(disodium salt)
- Ultracentrifuge L5-65 Model(Beckman)
- SW 41 or 50.1 rotor(Backman)
- Cellulose-nitrate tubes
- Densitometer

방법(조제)

1 Cellulose-nitrate 원심분리용 튜브를 준비한 아래의 그림 18-9와 같이 순서대로, 연속적으로 상층부위에 조심스럽게 분리용액을 넣는다.

2 원심분리에 rotor를 장착한 후 준비된 튜브를 조심스럽게 rotor에 넣는다.

3 232,000g(50,000rpm), 20℃에서 7시간 원심분리하면 VLDL, LDL, HDL을 분리할 수 있다.

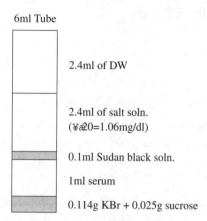

6ml Tube

2.4ml of DW

2.4ml of salt soln.
(¥æ20=1.06mg/dl)

0.1ml Sudan black soln.

1ml serum

0.114g KBr + 0.025g sucrose

그림 18-9 초고속원심분리를 위한 지단백질 분획에 따른 분리용액층

4 튜브를 조심스럽게 고정시킨 후 분리된 층을 확인하고, 지단백질 분획에 따라 파스테르 피펫을 이용하여 모아둔다.

결과 및 고찰

1 튜브에 순서대로 용액을 옮겨 넣을 때도 층이 흐트러지지 않게, 튜브로 바로서도록 장착하고, 사용하는 기구도 피펫보다는 tap이 있는 reservoir의 끝에 끝부분이 지팡이 모양으로 구부러져 있는 capillary를 이용하여 상층부위에 조심스럽게 용액을 넣는 것이 분리시 선명한 층을 얻을 수 있다.

2 원심분리시에 low acceleration rate, no break로 해주어야 분리 후 band의 흐트러짐이 없다.

3 만약 IDL을 분리하려면, 272,000g, 20℃에서 22시간 원심분리하여야 한다.

4 Illuminator(red-filter)를 이용하면 층의 분리를 확실히 확인할 수 있으며 Calibrated 튜브를 이용하여 각 fraction 마다 cm를 알아두면 편리하다.

참고문헌

1 Redgrave TG, Roberts DCK and Ewst CE. Seperation of plasma lipoproteins by density-gradient ultracentrifugation. Anal Biochem. 65, p.42(1975)

2 Terpstra AHM, Woodward CJH and Sanchez-Muniz FJ. Improved techniques for the separation of serum lipoproteins by density gradient ultracentrifugation : Visualization by prestainig and rapid seperation of serum lipoproteins from small volumes of serum. Anal Biochem. 111, p.149(1981)

3 Terpstra AHM, Pels III AE. Isolation of plasma lipoproteins by a combination of differential and density gradient ultracentrifugation. Anal Chem. 330, p.149(1988)

3) ELISA에 의한 Lipoprotein (a) 정량

개요 및 실험원리

Lipoprotein(a)는 1.05-1.21g/㎖의 밀도 범위에서 발견되는 지단백질로써 구조는 LDL particle과 glycosylated apolipoprotein(a)[apo(a)], apo B-100이 황화결합(S-S bond : disulfide bond)으로 이루어져 있다. Lp(a)는 1963년 Berg가 처음으로 보고하였고, 후에 LDL과는 다른 분자량과 electrophoretic mobility, 단백질과 지질의 비율의 차이로 LDL의 변종으로 분류되었다. Lp(a)의 합성 및 분해는 잘 알려있지 않고, 다만 별개의 대사조절과정이 있을 것이며 이는 유전적으로 결정된다고 생각되어지고 있다.

Lp(a)는 동맥경화증의 독립적인 위험인자로 많은 역학 연구에서 혈중 Lp(a) 농도는 coronary artery disease와 높은 상관성을 보고하였다. 혈중 Lp(a)의 농도 범위는 0~200mg/㎗으로, 30mg/㎗ 이상이면 동맥경화의 위험범위로 알려져 있다. 또한 Lp(a)는 plasminogen과 아미노산 서열에 있어서 75~91% 내외의 상동성을 갖는데, 이로 인해 세포표면 수용체에서 plasminogen과 경쟁하거나, plaminogen의 활성화를 억제하거나 fibrin의 결합부위에 경쟁적으로 작용하여, 결과적으로 혈전 용해체계에 방해자 역할을 한다고 알려져 있다. 식이나 혈중지질 농도에 의해서 영향을 받지 않는 혈중 Lp(a) 농도는 neomycine과 niacin에 의해 45%를 감소시킬 수 있다. Lp(a)는 ELISA (enzyme linked immuno sandwich assay : IMMUNO GMBH, German, No. 7700040)법을 이용하여 정량가능하다.

시약조제

1 완충용액 : 10x Tris/buffer 100㎖에 900㎖의 증류수를 섞어둔다.

2 표준용액(standard), control sera, 검체준비 : Standard와 control sera는 200㎕의 working buffer 에 각각 mixer를 이용하여 10초간 섞은 후 15분간 실온에서 방치하고, working buffer로 희석한다. Standard, control sera, 검체 10㎕와 working buffer 5000㎕를 10초간 각각 mixer로 혼합한다.

3 Conjugate 용액준비 : Conjugated stock에 1.3㎖ working buffer를 가하여 혼합한 후 실온에서 15분 방치한 후 conjugate stock용액과 working buffer를 1:10으로 희석한다. 이때 필요량은 well당 100㎕이다.

4 기질용액조제 : 기질용액은 사용직전에 혼합하는데, chromogen과 substrate buffer를 1:20로 혼합한다. 이때 필요량은 well당 200㎕이다.

시약 및 기구

- Multichannel pipette
- Mixer
- ELISA reader, 450nm filter
- ELISA reader washer

방법(조작)

1 96well plate에 준비한 conjugate 용액에 100μℓ씩 분주하고, 여기에 검체, 표준용액, 대조군, 증류수를 100μℓ씩 분주한다.

2 실온(20~25℃)에서 120분간 배양한 다음, 완충용액으로 3회 세정한다.

3 준비된 기질용액을 각 well에 200μℓ씩 분주하고, 암실·실온에서 30분간 배양한 다음, stopping solution을 각 well당 50μℓ씩 분주하고, mixer로 혼합한다.

4 5분후 450nm에서 읽는다. Lp(a)의 농도계산은 표준용액을 이용하여 검량곡선을 그린 후 계산한다.

결과 및 고찰

1 검체는 혈청을 이용하며, 채혈 후 바로 분석하거나 8시간이상 보관시는 −20~−70℃로 냉동보관하며, 반복냉동은 피한다(모든 시약은 2~8℃에서 2주, -20℃이하에서는 6개월 보관이 가능하다).

4 Conjugate 용액은 30분내에 사용하며, 기질액 조제시 chromogen은 산화에 약한 시약이므로 암소에서 조제해야 하고, magnetic stirrer를 사용하지 않고, 금속물질은 피하여 이용한다.

6 기질액은 조제 후 30분 이내에 사용해야하므로 첫 번째 배양 중 110분 정도에 조제한다. Stopping 용액은 기질액을 제거하지 말고 분주한다.

8 혈중 Lp(a)의 농도범위는 0~200mg/dℓ으로, 30mg/dℓ이사이면 동맥경화의 위험범위로 알려진다. 혹은 정상 25mg/dℓ, 위험범위 25~35mg/dℓ, 동맥경화 35mg/dℓ이상으로 판정하기도 한다.

9 Lp(a) 측정법은 ELISA(효소면역측정법)법 이외에는 Latex 응집법, 면역비탁법 등이 있다. Lp(a)는 ELISA방법으로 측정시 간섭작용이 생기는데 20mg/dℓ Bilirubin, 300mg/dℓ hemoglobin, 20% intra-lipid까지는 영향이 없다고 알려져 있다.

참고문헌

1 Gerd Utermann : The Mysteries of Lipoprotein(a), Science, 246, p.904(1989)

2 김진규, 채범석 : Lipoprotein(a), 한국지질학회 2(1), p.7(1992)

3 Dagen. MM, Packard CJ, Shepherd J. : A comparsion of commercial kits for the measurement of lipoprotein(a). Ann Clin Biochem 28, p.359(1991)

4 IMMUNO GMBH. Germany. IMMUNOZYM Lp(a), Art. No.7700040. protocol sheets.

2. 아포지단백질 분리 및 정량

1) 전기영동법

개요 및 실험원리

아포지단백질(Apolipoprotein)은 혈중지질을 운반하는 지단백질의 단백질 부분으로 혈중 아포단백질은 약 20종류이다. 이들의 기능은 첫째, 지질의 유화작용을 안정화시키며(apo B, A, C) 둘째, 효소작용의 조인자 역할을 하며(apo C, A-Ⅰ) 셋째, 세포내외의 지질이동에 관여하며(apo B, E) 넷째, 특정 수용체와 작용하여 지질을 사용하는 세포에 직접 전달한다(apo B, E, A). 그 외에도 혈소판 응집(platelet aggregation)에 관여하는 apo H이 있고, apo (a), A-Ⅳ, F, G, A-Ⅱ, C-Ⅲ, B-48 등의 대사기전은 부록 18-d를 참조하길 바란다.

SDS-PAGE(polyacylamide gel electrophoresis in sodium dodecyl sulfate)은 모든 단백질 분리에 보편적으로 사용하는데, SDS을 이용하여 검체의 단백질을 (−)chage을 갖는 형태로 변성시킨 후 여러 물질을 분자량의 크기에 따라 분리한다. 분자량을 미리 알고 mark을 사용함으로써 분리된 위치를 고정할 수 있고, 검체에 대한 표준물질의 사용으로 densitometer을 이용하여 정량을 할 수 있다. 또한 Coomassie Brilliant blue R로 염색함으로써 간편하고, 경제적으로 아포단백질을 정량할 수 있다.

시약조제

- Monomer solution(30.8%T, 2.7%Cbis) : 60g acrylamide, 1.6g bisacrylamide, ddH$_2$O to 200㎖, Store up to 3months at 4℃ in the dark
- 4× Stacking gel buffer(0.5M Tris-Cl, pH 6.8) : 3.0g Tris, add 40㎖ ddH$_2$O, adjust to pH 6.8 with HCl, ddH$_2$O to 50㎖
- 10% SDS
- 10% Ammonium persulfate

표 18-6 혈중에 존재하는 아포지단백질의 종류 및 분자량과 분포하는 농도

아포지단백질	A-Ⅰ	A-Ⅱ	A-Ⅳ	B100	B48	C-Ⅰ	C-Ⅱ	C-Ⅲ	D	E	F	G	H	(a)
질량(kDa)	28.5	17	46	8~550	265	6.5	8.8	8.9	29	34	30	72	55	650
혈중농도 (mg/L)	1200 ~ 1400	350 ~ 500	<50	700 ~ 900	<50	50 ~ 80	30 ~ 70	100 ~ 120	80 ~ 100	30 ~ 50	<50	<50	150~300	variable

■ Staining Solution : 0.5g Coomassie Brilliant blue R, 800㎖ methanol, 140㎖ aceic acid

■ 탈색용액 I (40% 메탄올, 7% 아세트산)

■ 탈색용액 II (5% 메탄올, 7% 아세트산)

시약 및 기구

■ 아포지단백질 표준물질

■ 표준질량물질(저가 혹은 고가질량)

■ 수직 전기영동기구 set

■ Comb(10well), spacers(1.0mm), glass plates

■ 항온기

■ 전력공급원

■ 염색도구

■ Side-arm vacuum flask, vacuum pump

■ 겔 건조기

방법(조작)

1 시료전처리 : 검체와 2×sample buffer를 동량으로 혼합한 후 boiling water bath(95℃)에서 10분간 처리한다. 사용하기 직전까지 -20℃에서 6주 동안 보관한다.

2 Gel casting stand을 이용하여 수직전기영동기구를 소집한다.

3 다음 표 18-5와 같은 배합으로 125㎖ side-arm vacuum flask에 넣고 공기를 제거한 후 casting 된 cell에 runnging gel을 위에서 약 2cm 아래까지 넣는다. 단, TEMED와 ammonium persulfate도 공기제거 후에 넣는다.

4 Running gel의 overlay가 마르지 않게 gel이 굳을 때 까지 증류수를 붓고, 굳으면 증류수를 제거하고, comb을 꽂은 후 stacking gel을 붓는다.

5 겔이 굳고 나면 comb을 빼고, 증류수나 tank buffer로 남아있는 monomer solution을 제거해준다.

표 18-7 겔 배합농도에 따른 겔조제방법

	Stacking Gel	Running Gel Final Gel Concentration				
	4%	5%	7.5%	10%	12.5%	15%
Monomer solution	2.66㎖	10㎖	15㎖	20㎖	25㎖	30㎖
4×Running gel buffer		15㎖	15㎖	15㎖	15㎖	15㎖
4×Stacking gel buffer	5.0㎖					
10% SDS	0.2㎖	0.6㎖	0.6㎖	0.6㎖	0.6㎖	0.6㎖
ddH₂O	12.0㎖	34.1㎖	29.1㎖	24.1㎖	19.1㎖	14.1㎖
10% Ammonium persulfate	100㎕	300㎕	300㎕	300㎕	300㎕	300㎕
TEMED	10㎕	20㎕	20㎕	20㎕	20㎕	20㎕

6 겔을 전기영동 tank에 장착하고, cell이 잠길 수 있게 buffer를 채운 후 전처리해 둔 검체와 아포지단백질 표준물질, standard mark(low or high range)를 읽는다.

7 150V에서 1시간 전개하고, 전개가 끝나면 glass를 제거한 후 겔을 4시간 이상 염색용액에서 염색한다.

8 탈색용액 I으로 헹구어주고, 30분간 shaking 해주고, II로 원하는 바탕색이 될 때까지 shaking 해준다. 이때도 온도를 올려주면 shaking 시간을 줄일 수 있다.

9 농도를 알 수 있는 표준물질을 기준으로 densitometer를 이용하여 농도를 계산한다.

결과 및 고찰

1 공기제거(degasing) 과정은 겔에 일정한 pore을 형성하게 해주므로 시료전개가 균일하게 된다.

2 Coomassie blue 염색은 비특이적으로 단백질과 결합하는 것으로 검출할 수 있는 양은 0.3~1.0 μg protein이다. 그러므로 혈액 중에 아포단백질 양이 적을 경우는 2~5ng protein 까지 검출할 수 있는 silver stain 방법을 이용한다.

3 원하는 아포단백질을 분자량을 계산하여 알맞은 농도의 겔을 사용하면 band의 간격이 커지므로 정량이 용이하다.
(예) 15% SDS gel 로 전개한 경우(그림 18-9)

4 또한, 지단백질을 분리한 후 아포단백질을 분리하면 band가 적게 생기므로 아포단백질의 정량이 용이하다. 또한 특정 아포단백질에 특이적인 항체를 이용하면 더욱 정확하게 측정할 수 있다.
(예) Apo B-100는 분자량의 범위가 매우 넓다. 그러므로 LDL을 분리한 후 4~15% 겔을 이용하면 매우 정확하게 정량할 수 있다.

그림 18-10 15% SDS-PAGE gel을 이용하여 전개한 아포지단백질

참고문헌

1 Bart Staels, Arie Van Tol, Lawrence Chan, Hans Will, Guido Verhoeven and Johan Auwerx, Alterations in thyroid status modulate apolipoprotein, hepatic triglyceride lipase, and low density lipoprotein receptor in rats. Endocrinology, 127(3), p.1144(1990)

2 Yasuo Sakai, Koji Itakura, Taira Kanada, Nobuyoshi Ebata, Kazuo Suga, Hideo Alkawa, Kaname Nakamura, and Teizo Sata, Quantitation of apolipoprotein A-I in pooled human serum by single radial immunodiffusion and sodium dodecyl sulfate-polyacrylaminde gel electrophoresis. Anal Biochem, p.137(1984)

3 harshini V. de Silva, Jaime Mas-Oliva, John M Taylor, and Robert W. Mahley, Identification pd apolipoprotein B-100 low density lipoproteins, apolipoprotein B-48 remnants, and apolipoprotein E-rich high density lipoproteins in the mouse. J Lipid Res, 35, p.1297(1994)

4 Amersham Phamacia Biotech UK Ltd. England, PROTEIN ELECTROPHORESIS, Applications guide

5 이명숙, 아포지단백질 대사, 도서출판 효일(2000)

제 5 절　지질 관련 효소분석

1. 콜레스테롤 에스터레이즈 분리 및 활성 측정

1) 콜레스테롤 에스터레이즈 (Cholesterol esterase, pCEH) 분리

개 요

우리가 섭취하는 콜레스테롤은 주로 식품 속에 콜레스테롤 에스테르 형태로 존재한다. 섭취된 콜레스테롤 에스테르는 췌장 콜레스테롤 에스터레이즈에 의하여 콜레스테롤과 유리지방산으로 가수분해되어야 소장세포에 의하여 흡수될 수 있다. 가수분해된 콜레스테롤과 유리지방산은 acyl-CoA : cholesterol acyltransferase(ACAT)와 에스터레이즈에 의하여 다시 콜레스테롤 에스테르가 되어 흡수된다. 콜레스테롤 흡수저해제 또는 고콜레스테롤 혈증 예방제 등을 개발할 때 이 효소의 활성을 이용할 수 있다.

시료조제

1 완충용액 A : 50mM Tris/HCl, pH 7.4(5mM EDTA, 2mM EGTA, 2mM PMSF, 0.1mM DTT 함유)

2 완충용액 B : 20mM Hepes/NaOH, pH 7.0(3M KCl, 1mM EDTA, 1mM EGTA, 0.1M DTT 함유)

3 완충용액 C : 20mM Hepes/NaOH, pH 7.0(1mM EDTA, 1mM EGTA, 0.1M DTT 함유)

시약 및 기구

- Homogenizer
- pH meter
- TSK gel phenyl-5PW HPLC column
- SDS-PAGE 전기영동장치

방법(조작)

1 신선한 소 췌장을 완충용액A와 함께 균질화하고 13,000×g에서 원심분리한 다음, 상층액을 아세트산으로 pH 5.0으로 조절하고 침전물을 제거한다.

2 상층액에 $(NH_4)_2SO_4$를 가하여 60% 포화되게 하고 1시간동안 4℃에 방치한다.

3 원심분리하여 얻은 침전물을 완충용액 B에 녹이고 같은 완충용액으로 평형시킨 TSKgel phenyl-5PW 컬럼(21.5~150mm, Toso, Japan)에 주입한 다음 완충용액 B에서 완충용액 C까

지 농도 구배법으로 용출시킨 후 증류수로 20분간 용출시킨다.

4 다음 절에 설명하는대로 콜레스테롤 에스터레이즈 활성을 측정하고 활성이 있는 단백질을 모아 농축하여 조효소액으로 한다.

5 SDS 전기영동하면 70kDa과 60kDa의 두 밴드를 볼 수 있다.

결과 및 고찰

1 pCEH는 콜레스테롤 에스터레이즈 활성과 함께 포스파티딜 콜린에 특이한 phospholipase C의 활성도 보인다.

2 TSKgel phenyl-5PW 컬럼으로 분리시 pCEH는 마지막 증류수에서 용출되어 나오며 이 단계에서 많은 단백질을 제거할 수 있다.

3 더욱 정제하기 위하여는 TSKgel heparin column을 사용하기도 한다.

참고문헌

1 Gallo, L.L., Newbill, T., hyun, J., Vahouny, G.V. and Treadwell, C.R. : Role of pancreatic cholesterol esterase in the uptake and esterification of cholesterol by isolated intestinal cells. Proc. Soc. Exp. Biol. Med., 156, p.277(1977)

2 Lee, T.G., Leee, Y.H., Kim, J.H., Kim, H.S., Suh, P.-G. and Ryu, S.H. : Immunological identification of cholesterol ester hydrolase in the steroidogenic tissues, adrenal glands and testis, Biochim. Biophy. Acta, 1346, p.103(1997)

2) 췌장 콜레스테롤 에스터레이즈 활성측정

시약조제

1 기질혼합액(35$\mu\ell$/assay) : cholesteryl [14C-1] oleate 20,000cpm, 10μM cholesteryl oleate, 10μM phosphatidyl choline을 증류수에 넣어 초음파로 micelle을 만든다. 4℃에서 1달 정도 안정하다.

2 400mM sodium cholate 원액

3 1M Tris/HCl, pH 8.0

4 반응정지액 : methanol/chloroform/heptane(1.41:1.25:1.0) 혼합액

5 완충용액 : 50mM sodium carbonate/50mM sodium borate, pH 10.0

시약 및 기구

- 탁상용 시험관 원심분리기
- 1mℓ용 micropippet 및 tip
- Cocktail solution 및 vial

■ 베타선 방사능 측정장치

방법(조작)

1 저해제 시험을 하는 경우 증류수에 현탁시키거나 유기용매에 녹아 있는 경우 반응시험관에 먼저 넣고 질소로 건고시킨 400mM sodium cholate와 1M tris-HCl 완충용액을 이용하여 녹인다(최종 농도는 100mM sodium cholate와 50mM tris-HCl)

2 200nmole의 효소를 함유하는 효소액을 넣고 증류수로 $65\mu\ell$가 되도록 희석한 다음 37℃의 항온조에 넣는다.

3 기질혼합액을 $35\mu\ell$씩 가하고 잘 섞은 다음 다시 37℃의 항온조에서 10분동안 반응시킨다.

4 1.625㎖의 반응정지액과 0.525㎖의 pH10.0 완충액으로 반응을 멈춘 다음 실온에서 1000rpm으로 10분간 원심분리한 다음 수용액층 0.75㎖를 방사능 측정용 vial에 넣는다.

5 5㎖의 cocktail solution을 가하고 잘 섞은 다음 베타선 방사능 측정장치로 방사능을 측정한다.

결과 및 고찰

1 대조군으로서 효소를 넣지 않은 경우와 효소를 넣은 경우를 항상 포함한다.

2 비수용성인 저해제인 경우 sodium cholate를 함유한 완충액을 가하고 초음파파쇄기로 현탁시킬 수 있다.

3 반응을 정지시킨 후 원심분리하면 상층에 가수분해된 [14C-1]oleate가 이행된다.

참고문헌

1 Lee, T.G., Leee, Y.H., Kim, J.H., Kim, H.S., Suh, P.-G. and Ryu, S.H. : Immunological identification of cholesterol ester hydrolase in the steroidogenic tissues, adrenal glands and testis, Biochim. Biophy. Acta, 1346, p.103(1997)

2 조은정, 류병호, 송병권, 이태훈, 서판길, 류성호, 김희숙 : 마황으로부터 췌장 cholesterol esterase 저해물질 분리 및 규명, 한국식품영양과학회지, 28(4), p.816(1999)

2. Phospholipase C 활성측정

개 요

세포에서 일어나는 여러 생리적 현상들은 세포외부로부터 전달되어 오는 여러 가지 신호, 즉 신호전달물질, 호르몬, 성장인자 등에 의하여 조절을 받는다. 이들 신호는 세포막에 존재하는 특이적인 수용체와 결합하여 여러 가지 기작에 의하여 세포내로 전달되고 2차 전달물질들을 생성하게 된다. 잘 알려진 2차 신호전달물질로는 cAMP, cGMP 등과 phospholiase C(PLC)에 의하여 형질막에 존재하는 인지질중 하나인 phosphoatidyl-inositol-4,5-bisphosphate(PIP2)로부터 만들어지는 IP3(inositol-1,4,5-trisphosphate)와 diacylglycerol 등이 있다. 일단 2차 신호전달물질이 만들어지면 세포내에서는 신호에 대한 여러 가지 반응이 일어나는데, 특히 IP3는 세포의 물질분비, 근수축, 감각기작, 그리고 세포의 성장과 분화에 매우 중요한 역할을 한다고 보고되어 있다.

시약조제

※모든 배지들은 0.22μm 한외여과지로 멸균하여 사용한다.

1 Inositol-free DMEM : Gibco사 catalog의 DMEM조성을 참조하여 inositol만 제거한 DMEM용액을 만든다. Amino acid mixture와 vitamin mixture는 구입할 수 있다.

2 Hepes 완충용액

3 PDGF stock 용액(10μg/ml) : PDGF(BB homodimer)를 PBS 또는 DMEM에 녹여 10μg/mℓ 되게 하여 -20℃에 저장한다.

4 PMA stock 용액 (10μM) : PMA(phorbol myristic acid)를 소량의 DMSO에 녹인 다음 PBS로 10μM되게 희석하여 -20℃에 저장한다.

5 5% Perchloric acid 용액 : 원액 Perchloric acid(HClO$_4$)를 증류수로 5%되게 희석한다.

6 Dowex AG 1×8 음이온 교환수지 컬럼 : 9inch 높이의 Pasteur pippet에 유리구슬 또는 glass wool로 아랫부분을 막은 다음 증류수에 1:1로 현탁시킨 음이온 교환수지를 넣어 1mℓ씩 채운다.

7 20mM HEPES buffer(pH 7.2)와 1mg/mℓ BSA를 함유한 DMEM 배지

시약 및 기구

- Bovine calf serum
- DMEM 배지
- PBS(phosphate buffered saline)
- myo [3H] inositol
- Scintillation vial
- Cocktail solution
- 베타선 방사능 측정장치
- 1M LiCl 용액 (50X)

방 법

1 60mm dish에 동물세포(NIH3T3 등)를 5×10^{5}cell/dish 되게 같은 후 48시간 동안 10% bovine calf serum이 들어있는 DMEM배지에서 배양한다.

2 배양된 세포를 DMEM배지로 씻은 후, 1μCi myo[3H] inositol을 넣은 inositol-free DMEM으로 24시간 배양하여 세포막의 PIP2를 표지한다.

3 배양액을 버리고 37℃로 유지된 PBS로 세척하고 BSA, LiCl이 함유된 HEPES 완충용액 1mℓ를 가한 다음 PDGF, PMA 및 lectin 등 PLC 활성물질을 시간, 농도별로 처리한다.

4 정해진 시간에 냉PBS로 세포를 씻고 5% perchloric acid로 세포막들을 산화시키고 산에 용출된 isnoitol phosphate들을 microtube에 모은다.

5 원심분리한 상층액을 Dowex AG 1×8 음이온 교환수지 컬럼에 통과시키고 60mM ammonium formate 8ml로 free inositol과 glycerolphosphate 등을 씻어 버린다.

6 1M ammonium formate/0.1M formic acid 용액 2㎖를 컬럼에 가하여 컬럼에 결합되어 있는 total inositol phosphates(IP1+IP2+IP3)를 용출시켜 vial에 받고 cocktail solution 10㎖를 가하여 잘 섞은 후 scintillation counter로 총 IP의 양을 측정한다.

결과 및 고찰

1 세포의 신호전달을 보는 실험이기 때문에 항상 활성시약을 처리하지 않은 대조실험이 필요하다.

2 방사능 동위원소를 사용하기 때문에 항상 비닐장갑 또는 latex 장갑을 착용해야하며 사용하는 모든 고체 또는 액체폐기물 처리에 각별히 조심해야 한다.

3 사용한 세포의 양을 정량하기 위하여 5% perchloric acid에 의하여 침전된 단백질침전물을 0.1N NaOH로 녹인 다음 단백질을 정량한다.

참고문헌

1 Lee, Y. H., Kim, H. S., Pai, J.-K., Ryu, S. H. and Suh, P.-G. : Activation of Phospholipase D induced by platelet derived growth jactor is dependent upon the level of phospholipase C-γ 1, *J. Biol. Chem.*, 269, p.26842(1994)

2 Kim, H. S., Lee, Y. H., Min, D. S., Chang. J.-S., Rhu, S. H., An, B.-Y. and Suh, P.-G. Virology, 214, p.21(1995)

3. Phospholipase D 활성도 측정

개 요

Phospholipase D는 인지질 가수분해효소로 막지질에 풍부한 phosphatidyl choline(PC)을 물의 존재 하에서 phosphatidic acid와 choline으로 가수분해한다(PC-PLD). 그러나 에탄올과 같은 primary alcohol이 있을 때는 trans-phosphatidylation 반응을 함께 촉매하여 phosphatidyl ethanol이 생산되는 것이 특이하다. 배양세포에 호르몬이나 phorbol ester(일명 PMA 또는 TPA) 등을 처리하면 PLD가 활성화된다는 것이 밝혀지면서부터 PLC와의 관계 또는 세포신호전달에 대한 연구들이 많이 진행되고 있다. PLD 활성도는 배양세포를 방사능 동위원소로 표지된 myristic acid를 사용하여 인지질을 표지한 다음 여러 약물을 처리하고 세포의 지질을 추출한 다음 TLC를 행하여 phosphatidyl ethanol의 생성을 측정하면 된다.

시약조제

- [3H] myristic acid stock solution(100 μCi/mℓ) : 100 μCi의 [3H] myristic acid를 작은 유리병에 넣고 1mℓ의 DMSO로 녹인후 −20℃에 저장한다.
- PDGF 용액(10μg/mℓ) : PDGF(BB homodimer)를 PBS 또는 DMEM에 녹여 10μg/mℓ되게 하여 −20℃에 저장한다.
- PMA 용액(10μM) : PMA(phorbol myristic acid)를 소량의 DMSO에 녹인 다음 PBS로 10μM되게 희석하여 −20℃에 저장한다.

시약 및 기구

- 1% penicillin-streptomycin 함유 DMEM배지
- [3H] myristic acid stock (100 μCi/ml)
- Dimethyl sulfoxide (DMSO)
- Rubber policeman (cell scraper)
- 1% 에탄올 함유 DMEM 배지
- 실리카겔 G-60 TLC
- 전개용매 I (ethyl acetate /isooctane /acetic acid /water, 110:50:20:100, v/v)
- 전개용매 II (hexane /diethylether /methanol /acetic acid, 90:20:3:2)
- Iodine vapor
- Coctail solution
- 베타선 방사능 측정장치
- PA, PE, DG의 표준품(10mg/mℓ)

방 법

1. A431세포를 60mm petri dish상에 깔은 후 10% FBS가 함유된 DMEM배지에서 배양한다.
2. 0.5% dialysis serum이 있는 DMEM배지로 24시간 다시 배양하여 혈청이 고갈되도록 한다.
3. Phosphatidyl choline(PC) pool을 방사능동위원소로 표지하기 위하여 [3H]myristic acid(final 5 μCi/ml)를 소량의 DMSO로 녹여 2시간 동안 세포들에 처리한다.
4. 표지된 세포들을 PBS로 2번 씻고 1% 에탄올을 함유한 DMEM배지를 가한다.
5. PDGF(final 50mg/mℓ), PMA(final 50μM) 또는 저해제들을 적당한 농도로 처리한 후, 지시한 시간(30분 이내)동안 배양한다.
6. 반응을 정지시키기 위하여 성장인자들이 들어있는 배지를 제거하고 1mℓ 차가운 메탄올을 가한 다음 rubber policeman으로 세포를 긁어 tube에 옮긴다.
7. 다시 한번 1mℓ의 메탄올을 가하고 긁어 튜브에 합한 다음 2mℓ chloroform과 1mℓ의 1M NaCl을 가하여 잘 혼합하고 실온에서 10분 동안 1000rpm으로 원심분리한다.
8. 수용액층을 제거한 후 아래층인 chloroform층에 phosphatidic acid, phosphatidyl ethanol 및 diacylglycerol의 표준품을 각각 10μg씩 넣고 질소가스로 건조한 다음 건조된 지질을 30μl의

chloroform/methanol(1:1)로 녹여 silica gel G-60 TLC plate에 점적한다.

⑨ 전개용매계 I로 전체 길이의 2/3까지 전개시킨 후 풍건한 다음 다시 전개용매계 II로 plate의 끝까지 전개시킨다.

⑩ Lipid들의 위치를 알기 위하여 요오드 증기 및 autoradiogram을 행하고 PEt, DAG, PA 및 PC 를 함유한 부분을 긁어 vial에 넣고 cocktail solution을 5㎖ 가한 다음 방사능을 측정한다.

결과 및 고찰

① 세포에 PDGF를 처리하고 PLC와 PLD의 활성도를 측정하면 두 효소 모두 활성이 증가하며 30 초 이내에 활성이 나타난다.

② 세포에 PKC를 활성화시키는 것으로 알려진 PMA를 처리하면 PLC는 활성화되지 않고 PLD만 이 활성을 나타낸다.

③ 위와 같은 실험에 의하여 세포내에서 신호전달이 어떤 순서로 일어나는지 또는 상호협력에 의한 것인지를 추론할 수 있다.

AG : diacylglycerol,　　PEt : phosphatidyl ethanol,　　PA : phosphatidic acid,　　Ori : origin

그림 18-11　PDGF와 PMA를 처리하여 PLC-γ l이 발현된 NIH373 세포에서의 PET 형성상태

참고문헌

① Lee, Y. H., Kim, H. S., Pai, J.-K., Ryu, S. H. and Suh, P.-G. : Activation of Phospholipase D induced by platelet derived growth jactor is dependent upon the level of phospholipase C-γ 1, *J. Biol. Chem.*, 269, p.26842(1994)

② Exton, J. H., J. Biol. Chem., 265, p.1(2990)

19

무기질 성분분석

제1절 | ICP나 AAS를 이용한 무기질 분석원리

미량무기물의 분석은 주로 원자 흡광 광도계(atomic absorption spectrophotometer)를 사용하여 분석하며, 최근에는 ICP(inductively coupled plasma)를 이용하여 원하는 무기물을 한꺼번에 분석 할 수 있어 AAS를 이용할 때 한가지 무기물을 각각 분석해야 하는 번거로움을 피하고 효율적으로 한꺼번에 분석할 수 있는 방법이 쓰이고 있다. Inductively coupled plasma-atomic emission spectrometry(ICP-AES)는 Argon plasma 불꽃을 이용하여 관측하는 원리를 기초로, 원자 방출선 및 이온 방출선이 측정되며 상대적으로 매우 낮은 바탕선(background)을 갖는다. ICP에서 약 10,000K 정도의 매우 높은 온도는 Atomic absorption spectrometry(AAS)와 같은 낮은 온도의 불꽃에 비해 효율적인 원자화가 이루어지고, 결과적으로 화학적인 간섭이 매우 작다. ICP-AES는 10^5 이상의 대단히 넓은 직선성을 제공하여 주성분, 부성분, 미량성분 및 극미량 성분까지 단일 전처리 방법으로 측정하는 것이 가능하다. 최대 70원소 이상이 2분 미만의 시간에 2㎖ 미만의 용액으로 동시에 측정될 수 있으며, 이러한 강력한 분석 기술은 사용에 있어서 거의 제한을 받지 않는다.

영양학 분야의 연구에서 ICP의 응용분야는 1964년에 개발되었으나 실제로 분석에 많이 이용되기 시작한 때는 70년대 중반부터이다. ICP법은 비교적 방해 영향이 작아 시료의 사전처리가 거의 필요치 않다. 분석시료가 정제된 물, 공업용수, 폐수 등과 같이 수용액인 경우는 사전처리 없이도 극미량 원소의 분석이 가능하다. 그러나 필요에 따라 증발농축법, 용매추출법 등으로 사전에 농축과정을 거친 후 분석에 이용하는 경우도 있다.

1. ICP원리 및 기본구성

원자방출분광법(atomic emission spectrometry)은 원자의 최외각 전자를 들뜨게 하여 방출되는 복사선을 분광시켜 화학분석에 이용하는 방법이다. 유도결합플라스마 원자 방출분광법(inductively coupled plasma, ICP-AES)은 라디오주파수(radio frequency)의 전류가 흐르는 코일에 의해 유도된 전자장이 결합된 플라스마를, 전자를 들뜬상태까지 전이시키는 광원으로 사용하는 분광법이다.

1) 원자방출

중성원자(neutral atom)에 충분한 열에너지가 주어지면 바닥상태(ground state)에 있는 전자는 높은 에너지준위로 전이하여 들뜬상태(excited state)가 된다. 특히 열에너지가 플라스마와 같이 고온의 들뜨기원(excitation source)일 때 원자가전자는 원자의 들뜬 상태뿐 아니라 에너지준위가 매우 높은 이온의 들뜬 상태까지 올라가게 된다. 이와 같이 플라스마의 열에너지에 의해 들뜬 원자상태 혹은 이온상태까지 도달된 전자들은 수명이 매우 짧아 낮은 에너지준위로 돌아오면서 방출선을 발광하게 된다. 이때 원자의 들뜬 상태에서 방출되는 복사선을 원자선(atom line, Ⅰ), 이온의 들뜬 상태에서 방출되는 선을 이온선(ion line, Ⅱ)으로 분류한다. 플라스마법에서와 같이 높은 에너지의 들뜨기원에서는 이온선의 세기가 원자선 보다 매우 강하여 미량 분석시 검량선으로 주로 이온선을 이용한다. 들뜬 상태의 원자 혹은 이온들은 낮은 에너지준위로 돌아올 때 각각의 들뜬 에너지 차이에 해당되는 파장의 복사선을 방출하며, 이때 복사선의 세기는 각각의 들뜬 상태 에너지준위에 있는 원자수와 진동자세기(oscillator strength)에 비례한다.

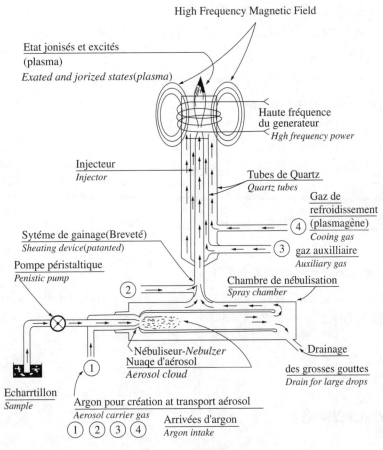

High Frequency Magnetic Field

Etat jonisés et excités
(plasma)
Exated and jorized states(plasma)

Haute fréquence
du generateur
Hgh frequency power

Injecteur
Injector

Tubes de Quartz
Quartz tubes

Gaz de
refroidissement
(plasmagène)
Cooing gas

Sytéme de gainage(Breveté)
Sheating device(patanted)

gaz auxilliaire
Auxiliary gas

Pompe péristaltique
Penistic pump

Chambre de nébulisation
Spray chamber

Nébuliseur-*Nebulzer*
Nuaqe d'aérosol
Aerosol cloud

Drainage
des grosses gouttes
Drain for large drops

Echarrtillon
Sample

Argon pour création at transport aérosol
Aerosol carrier gas

Arrivées d'argon
Argon intake

그림 19-1 전형적인 유도 플라스마

2. ICP의 장단점

1) 장점

① 높은 온도의 광원을 시료원자의 들뜨기원으로 사용하므로 더 많은 시료를 들뜨기화, 이
온화시키고 높은 감도를 갖는다. 주기율표상의 거의 모든 원소(약 80개)의 분석이 가능
하다. 그리고 검출한계가 비불꽃 원자흡광(flameless atomic absorption)법 보다는 높다.
② 불활성기체인 아르곤 플라스마를 사용하므로 화학적 방해영향이 적다.

③ 원자흡광법과 같은 정밀도를 갖는다(1~5%).

④ 원자방출분광법이므로 다색화분광기(polychrommator)와 컴퓨터를 이용하여 동시에 많은 원소의 분석이 가능하다.

⑤ 검정곡선은 일반적으로 10^4~10^5까지의 분석범위가 직선성을 갖는다. 따라서 주성분, 미량성분까지 동시 정량이 가능하다.

2) 단점

① 원자들은 높은 온도에서 많은 복사선을 방출하므로 분광학적인 방해 영향이 있다.

② 알칼리 금속과 같이 이온화에너지가 낮은 원소들은 검출한계가 높으며 또한 이들이 공존 원소로 존재할 때 이온화 방해 영향을 준다.

③ 분자량이 작은 유기용매들은 증발현상이 크므로 이들 용매의 주입시 안정된 플라스마를 유지하기가 어렵다.

3. AAS와 ICP의 사용법

1) 원자흡광광도계법 (AAS)

개요 및 실험원리

원자흡광광도계법(atomic absorption spectrophotometer : 원자흡수분광법)은 시료를 적당한 방법으로 해리시켜 중성원자 증기화하여 생긴 기저상태(에너지가 낮은 상태)의 원자가 증기층을 투과하는 특유파장의 빛을 흡수하는 현상을 이용하여 특유파장에 대한 흡광도를 측정하여 시료중의 농도를 정량하는 방법으로 일반적 방법에는 화염방시과 무염방식이 있다. 측정은 원자흡광광도계(atomic absroption spectrometer, AAS)를 이용한다. 기기에 따라 그 사용법이 차이가 있으나 일반적으로 알려진 사용법을 요약하면 다음과 같다. 시료는 분석 원소에 따라 습식 또는 건식 처리된 것을 사용한다.

AAS의 분석과정

시료의 회화(Ashing : dry, wet)

↓

회화된 시료의 원자화(Atomization)
시료를 원자증기로 바꾸는 과정으로 1700~3150℃의 열을 발생하는 불꽃을 이용

↓

스펙트럼 구성
기체상태의 원자입자는 전이 에너지에 의해 최외각전자의 전자전이(ground state →
exited state)로 뚜렷하고 좁은 스펙트럼을 구성하게 된다.

2) 유도결합 플라즈마 방출분광법 (ICP-AES)

개요 및 실험원리

유도결합 플라즈마 방출분광법(inductively coupled plasma-atomic emission spectrometry)은 라디오 주파수의 전류가 흐르는 코일에 의해 유도된 전자장이 결합된 플라즈마를 광원으로 중성원자에 열에너지를 가해 최외각 전자를 들뜨게 하고, 이로부터 방출되는 복사선을 분광시켜 화학분석에 이용하는 방법이다

ICP의 분석과정

시료의 전처리(dry, wet)

↓

시료의 원자화(Atomization)
아르곤 기체에서 고주파를 유도 결합방식으로 걸어서 방전시켜 아르곤 플라즈마를 생산,
플라즈마 속으로 시료 용액을 주입시켜 4000~8000℃의 고온에서 원자화 또는 이온화

↓

스펙트럼 구성
기체상태의 원자입자는 전이 에너지에 의해 최외각전자의 전자전이(ground state → exited state)로
뚜렷하고 좁은 스펙트럼을 구성하게 된다. 스펙트럼 선들의 위치, 세기로부터 정성분석을 한다.

방법(조작)

1 ICP법은 정량분석과 정성분석 모두 이용된다. 그러나 이 방법은 검출한계가 낮고 공존원소에 의한 방해영향이 적기 때문에 정량분석 특히 미량분석에 많이 이용되고 있다. ICP법에 의한 정량은 원자흡광법에서와 같이 표준곡선법과 표준물첨가법이 있다.

2 표준곡선법 : ICP법에서 표준곡선은 농도에 대한 스펙트럼선 세기의 직선관계가 매우 넓다. 원소에 따라 차이가 있지만 $10^4 \sim 10^5$의 범위까지 직선적으로 비례하고 있으므로 주성분에서 미량성분까지 동시에 분석이 가능하다

3 표준물 첨가법 : 표준물첨가법은 표준시료와 분석용액의 메트릭스가 서로 다를 때 이용한다. 예를 들면, 많은 양의 황산이나 인산이 존재하는 용액은 물리적 방해영향을 주고, 전체 염의 농도가 0.5% 이상 되는 용액은 이온화 방해영향과 점성도 변화에 따른 물리적 방해영향을 받는다.

표준물 첨가법은 시료용액에서 일정량씩을 취하여 메스플라스크에 넣고 이 중의 하나에 눈금까지 채우고, 나머지에는 각 용액의 메트릭스가 거의 변하지 않도록 소량의 분석성분을 일정량씩 가하여 물로서 눈금까지 채워 만든다. 이때 각각의 스펙트럼선의 알짜세기를 측정하여 시료용액의 농도를 구한다(부록 19-a, ICP 식품분석법의 적정시료량 참조).

4. 사람이나 동물에서 혈중, 대소변, 조직 및 뼈에서의 무기질 측정

ICP 분석에서는 시료를 녹일 때에는 원자 흡광법에서와 같이 산에 의한 용해가 이용된다. 어떤 단일 산에 녹지 않을 경우에는 혼합산을 이용하게 된다. 만약 산에 불용성인 시료는 알칼리에 용해시킨다. 혈액과 소변(식품중 식용유, 우유, 음식물도 해당됨)과 같이 유기 액제시료는 유기용매로 묽힌 다음 분석용액으로 사용할 수 있다. 그 이유로는 ICP의 불꽃온도가 높아 시료의 유기성분이 즉시 분해된 다음 미량의 여러 원소가 해리되어 발광하는 것으로 생각된다. 그러나 유기물을 제거하여 분석하는 것이 바람직하다.

1) 혈액 및 소변 시료채취 방법

(1) 혈액

① 혈액은 연구목적에 따라 fasting 혹은 nonfasting으로 하여 혈액을 채취한다.
② 혈액 채취후 test tube는 mineral free vacutainer tube로 사용한다.

③ 채취된 혈액은 1시간 이내에 3000rpm에서 20분간 원심분리한다.

④ Pipet으로 serum을 분리하여 polyethylene or polycarbonate disposable plastic tube에 담는다.

⑤ 모든 시료는 분석전까지 −20℃에서 냉동 보관한다.

(2) 소변

뇨 채취병은 0.1N HCl 로 세척한후 사용하는 것이 바람직하며, 부패방지를 위하여 소량의 Toluene 첨가를 할 수 있다.

2) 다량원소 및 미량원소 분석을 위한 뼈조직(흰쥐)의 전처리

① 뼈조직을 70℃ 건조기에서 1~2일간 건조시킨다.

② 건조된 뼈조직을 Soxhlet 장치에서 탈지시킨 후 60℃의 건조기에서 2시간 이상 건조시킨다.

③ Fat free dry weight를 측정한다.

④ 450~550℃의 회화로에서 7~8시간 동안 회백색의 흰재가 될 때까지 회화시킨다.

⑤ 2배로 희석한 hydrochloric acid-nitric acid 혼합용액(1:1)을 3㎖ 가하여 200℃의 hot plate 에서 10분 정도 가열한다.

⑥ 50㎖ mass flask에 여과지(No. 6)를 놓고 증류수를 가해 분해용기 내부를 깨끗이 씻어 내 리면서 표선을 채운다.

⑦ 이상의 분석용 시료가 준비되면 외부오염이 차단된 장소에 상온보관한다.

⑧ standard solution을 준비한다.

⑨ 기계에 injection한다.

5. 각 미량원소 연구시 유의할 점

1) Zn

개 요

혈액, 소변 및 모발을 이용하여 분석하며 시료준비방법은 같다. 단, 식품시료의 습식분해시 많은
양의 HNO_3 첨가는 Zn 함량을 감소시키므로 유의하여야 한다.

본문에서는 Zn을 분석하는 방법을 소개하고자 한다.

방법(조작)

1 전처리

① 뒷 목부분의 머리카락을 약 1g 채취한다.

② 채취한 머리카락은 1% detergent(SDS : sodium dodecyl sulfate)으로 세척한 후, deionized
water로 10회 헹군다.

③ 위의 시료는 0.1M EDTA에 방치한 후, deionized water로 5회 헹군다.

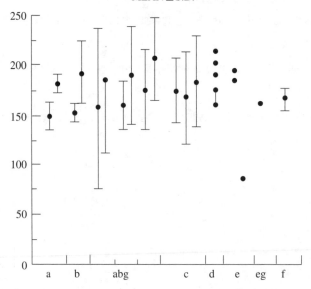

HAIR ZING LEVE(μg/g)
ADULTS, U.S. AND CANADA
MEAN±S.D.

a : male, b : female, c : mixed, d : femail, geometric mean(10 group, 7 fell between 159-175),
e : mixed, geometric mean, f : male+female, no difference in means, g : male and female, same investigator

그림 19-2 정상 성인의 hair Zn 수준

④ 60℃ Dry oven에서 18시간 건조.

2 머리카락 1g을 정량하여 kjedahl flask에 취한다.

3 H_2SO_4 3㎖를 첨가한 후 계속 가열.

4 HNO_3 2㎖(소량)를 첨가하여 무색이 될 때까지 가열 분해한다.

5 분해가 완료되면, 방냉(방냉시키는 시료는 황산원액으로 각별한 주의 요구)한다.

6 Volumetric flask에 '4'를 옮긴 후, 탈이온증류수로 표선까지 fill up한다.

7 **6**를 filtering 한 후, cap tube에 담는다.

8 준비한 분석용 시료는 외부오염이 차단된 장소에 상온 보관한다.

8 Blank는 시료를 넣지 않은 상태로 분석용 시료 처리와 동일한 과정으로 준비한다.

9 AAS의 기기 사용지침에 따라 적정한 조건을 설정(wavelength: 213.8nm)한다.

11 Blank test(deionized water이용)로 각 시료분석 전에 '0' point를 확인한다.

12 Cap tube의 시료를 AAS 흡인관에 통과시켜, 흡광도 측정한다.

결과 및 고찰

정상 성인의 hair Zn 수준은 219㎍/g으로 알려져 있으며, 아동의 경우 70㎍/g 이하(marginal Zn deficieny)에서 성장저하와 식욕부진이 나타났다(그림 19-2).

2) Ca과 P

개요

칼슘과 인을 정밀하게 분석하고자 할 때에는 황산과 칼슘이 황산칼슘으로 석출되므로 황산을 피

표 19-1 주요무기질의 ICP 분석조건

	Se	Zn	Fe	Mg	Cu	Ca
Wavelength(nm)	203.985	213.856	259.940	279.553	324.754	393.366
Detection limit(ppb)	115	1.8	6.2	0.2	5.4	0.2
High voltage	753	711	592	601	572	451
Calculation on	5	5	5	5	5	5
Measurement time(sec)	0.5	0.5	0.5	0.5	0.5	0.5
Fuel	Ar	Ar	Ar	Ar	Ar	Ar

※비고: 검출한계

　Ca : 0.00001~0.0001㎍/㎖

　Cu, Mn : 0.0001~0.001㎍/㎖

　P, Se,. Zn은 0.001~0.01㎍/㎖

　비교적 검출한계가 큰 원소로는 K 0.01㎍/㎖보다 큼.

표 19-2 각 무기질의 정상 수준

① Serum Zn 수준

Age(yrs)	Male(μg/dℓ)	Female(μg/dℓ)
3~8	85	84
9~19	95	90
20~44	96	86
45~64	88	83
65~74	84	81

② 혈액중 각 무기질의 정상수준

무기질	혈액의 정상수준
Fe	50~170μg/100mℓ
Na	135~145mEq/ℓ
K	3.5~5.5mEq/ℓ
Ca	9~11mg/100mℓ
P	2.5~4.5mg/100mℓ
Mg	1.9~2.5mg/100mℓ

하고 질산이나 과염소산으로 분해하는 것으로 바람직하다. P는 600℃ 이상에서 분해시 휘발되기 시작하므로 온도에 주의하여야 한다.

결과 및 고찰

1 시료가 액체일 경우 무기질 함량(μg/mℓ) =

(계산된 함량(ppm) from curve) × (희석배수/시료의 양,mℓ)

2 시료가 고체일 경우 무기질 함량(mg%) =

계산된 함량(ppm)from curve × (정용 mℓ/1000) × (1/무게 g) × 100

3 각종 무기질의 정상수치는 표 19-2와 같다. 또한 최근 10년간 국내학술지에 발표된 사람과 동물조직의 무기질 농도는 부록 19-b를 참조한다.

6. ICP 사용의 주의점

실제로 여러 가지의 시료를 분석할 때 각 원소의 검출한계는 시료의 종류, 사용하는 장치의 종류, 분석조건 등에 따라 크게 변하므로 예측은 곤란하다. 그러므로 ICP법도 다른 기기

분석의 경우와 마찬가지로 순수한 시약을 수용액에 족인 표준시료를 사용하여 검출한계를 표시하는 예가 많다. 시료 전처리시 주의점은 다음과 같다.

① 분해과정에서 가장 주의해야할 것 중 한가지는 오염문제이다. 모든 전처리에 주의하고, 가능하면 실험기구는 초자기구로 질산처리하여 이온제거수로 3번이상 헹구어 사용하는 것이 좋다.

② 건식 회화할 경우 무게의 정확성에 신중해야 한다.

③ ICP사용에 이용되는 아르곤 가스는 비싸므로 숙련된 operator가 측정하는 것이 바람직하다.

④ sample 전처리시 사용되는 증류수와 ICP standard solution을 만들 때 사용하는 증류수가 같은 것이 좋다.

기타 다른 방법을 이용한 다량무기질 분석방법

1. 칼슘 (Ca)

칼슘의 정량법에는 ① 수산칼슘(calcium oxalate)으로 분별후, 과망간산칼륨 표준액으로 적정하는 방법, ② 수산칼슘의 침전을 작열(빨갛게 달굼)해 산화칼슘(CaO)으로 만들어 중량을 측정하는 방법, ③ NN 지시약 존재 하에서 Ca^{2+} ion을 EDTA(ethylenediaminetetraacetic acid) 표준액으로 적정하는 방법, ④ 원자흡광분석법으로 측정하는 방법 등이 있다.

1) 과망간산칼륨 적정법

개요 및 실험원리

시료액중의 칼슘을 요소 존재하에서 끓이면서 서서히 수산암모늄으로 반응시키면 작은 결정상의 수산칼슘이 침전된다. 이 결정을 여과 분리해 세척한 다음, 가온 희석 황산으로 용해시킨 후, 용액중의 수산 ion을 과망간산칼륨으로 적정해 칼슘량으로 환산한다.

시료조제

1 3% 수산암모늄 용액 : 수산암모늄 결정(Ammonium oxalate : $(NH_4)_2C_2O_4 \cdot H_2O$) 30g을 증류수 1 ℓ 에 용해시킨다(하룻밤 방치 후, 침전이 있으면 여과지(No. 6)를 사용해 여과함).

2 methyl red 지시약 : 0.1% alcohol 용액

3 특급요소(urea : $(NH_2)_2CO$)를 흡습하지 않도록 보존한다.

4 희석 암모니아수 : 농 암모니아수를 증류수로 50배 희석한다(세척병에 넣어 사용한다. 1회 측정에 약 40㎖을 필요로 한다)

5 희석황산 : (1+25, v/v), 농황산 1을 증류수 25에 넣어 희석한다(약 1.4N)

6 0.02N 과망간산칼륨 표준용액 : 특급 과망간산칼륨(KMnO₄) 0.63g을 증류수 0.98 ℓ 에 용해해, 2시간 끓여 방냉후 1 ℓ 용량의 mass flask로 옮겨 표선까지 증류수를 채운다. 하루동안 방치 후, glass filter(3G-4)로 자연 여과해 갈색병에 보존한다.(과망간산칼륨 용액의 factor 측정에는 0.02N(=0.01M) 수산용액($H_2C_2O_4 \cdot 2H_2O$ 126.1g을 증류수로 용해해 1 ℓ 로 한다)을 사용해 적정한다. 이 경우 과망간산칼륨 1N는 1/5M에 해당된다. 즉 0.02N=0.004M. 또한 과망간산칼륨 1M이 수산 5/2M에 상당한다. 따라서 0.02N 과망간산칼륨 1㎖은 0.01M 수산 1㎖에 상당한다).

시약 및 기구

- 필터(15AG-4)
- 갈색 뷰렛
- 20㎖ 피펫
- 메스실린더(50㎖)
- 시계접시

방법(조작)

1 시료용액 40㎖(Ca의 함량이 많을 때는 20㎖)을 hole 피펫으로 비이커(200㎖ 용량)에 취한다 (시료 중의 칼슘량은 1~12mg 정도가 바람직함. 시료용액이 20㎖의 경우는 0.15N 염산 20㎖ 을 가한다).

2 이것에 methyl red 지시약 3방울, 수산암모늄 용액 10㎖을 가한 후, 요소 약 2g을 가해 용해 시킨다(수산암모늄을 가할 때, 액은 투명하다. 이때 희게 탁해지면서 침전이 일어나는 경우에 는 칼슘농도가 너무 높기 때문으로 시료액을 줄인다. 한편, 요소의 작용은 다음과 같다. 끓임 으로서 요소는 서서히 분해되어 이산화탄소(CO_2)가 gas로 방출되고 암모니아가 액에 남아 액 의 pH가 서서히 상승된다. 따라서 수산칼슘이 작은 결정상의 침전을 만드는데 적합한 조건을 만들어 준다. 끓이기 전에 희게 탁해지는 경우는 계속해서 만들어지는 침전도 미세하게되어, 본 시험법의 특징인 균일용액침전법의 특징을 잃게된다).

3 비커를 시계접시로 덮고 burner로 가열해 완만히 계속 끓인다. 액은 처음에 산성으로 지시약 이 적색을 나타내나 반응진행과 더불어 서서히 오렌지색으로 변함과 동시에, 수산칼슘 결정 이 침전하게 된다.

4 액이 등황색(pH 약 5.6)으로 되면 비커를 불에서 내려 방냉한다.

5 실온에서 2시간 이상 방치해 결정을 숙성시킨다(침전의 양이 매우 적은 경우에는 하룻밤 방 치한다).

6 수산칼슘의 침전을 witt 여과장치에 부착된 glass filter로 흡인 여과시키고, 희석 암모니아수 약 40㎖을 수회로 나누어 침전과 glass filter를 세척한다(이때 침전을 완전히 여과기로 옮길 필요는 없으며, 침전의 대부분은 비이커의 밑바닥에 남아있도록 하나, 모액의 $C_2O_4^{2-}$가 남아 있지 않도록 세척은 완전히 한다)

7 여과장치내의 수기를 침전생성에 사용한 비이커로 바꾸고, 미리 70~80℃로 가온한 희석 황 산(1+25) 10㎖을 glass filter 위에 가해, 유리봉으로 저어 수산칼슘의 침전을 용해시킨 후 가 볍게 흡인해, 비이커 안으로 액을 모은다.

8 흡인을 멈추고 가온 희석 황산 5㎖을 가해 glass filter 내벽을 씻고 흡인 여과한다. 이 조작을 다시 2번 반복한다.

9 비커를 여과장치로부터 빼내, 액을 65~85℃로 계속 가열하면서 0.02N 과망간산칼륨 표준용 액으로 적정한다. 미홍색이 30초간 남아있는 점을 종말점으로 한다.

계 산

시료중의 Ca은 결정생성 조건하에서 모두 수산칼슘결정(CaC_2O_4)으로 된다. 이것을 희석황산으로 분해해, 유리된 수산을 과망간산용액으로 적정한다. 이 반응은 다음과 같다.

수산칼슘 결정의 생성 : $Ca^{2+} + C_2O_4^{2-} \rightarrow CaC_2O_4$ (1)

수산칼슘의 황산에 의한 용해 : $CaC_2O_4 + H_2SO_4 \rightarrow CaSO_4 + H_2C_2O_4$ (2)

과망간산칼륨과 수산과의 반응 : $5H_2C_2O_4 + 2KMnO_4 + 3H_2SO_4 \rightarrow$

$$2MnSO_4 + K_2SO_4 + 8H_2O \qquad (3)$$

(3)식으로부터 $KMnO_4$ 2분자는 수산 5분자에 상당하며, (1), (2)식으로부터 수산 1분자는 Ca 1분자에 상당한다. 칼슘의 원자량은 40.08이다. 0.02N($=0.004M$) 과망간산칼륨 1mℓ은 $0.04 \times 5/2$ $=0.01M$ $H_2C_2O_4$ 1mℓ에 상당, 즉, 0.01M Ca 1mℓ=칼슘 0.4008 mg에 상당한다. 0.02N 과망간산칼륨 표준용액의 Factor를 F, 적정량을 V mℓ로 하면 Ca(mg)=0.4008×V×F

따라서 Ca의 함유량을 시료 100 g중에 포함된 mg의 값으로 표시할 경우의 백분율(mg%)는 다음 식으로 구할 수 있다.

$$Ca\ 함유량(mg\%) = \frac{(0.4008 \times V \times F)}{S} \times \frac{100}{A} \times 100$$

A : 시료용액의 채취량(여기에서는 100mℓ 중의 40mℓ 또는 20mℓ)

S : 시료채취량(g)

2) 킬레이트 (Chelate) 적정법

개요 및 실험원리

킬레이트(chelate) 적정 지시약의 특이성을 이용한 적정이다. Ca^{2+}와 Mg^{2+}의 함량을 측정하는 경우는 pH 10에서 BT 지시약과의 킬레이트 화합물(적색)을 EDTA 적정한다. 또한, Ca^{2+}의 측정의 경우는 pH 12~13에서 Mg^{2+}을 $Mg(OH)_2$로 침전시킨 후, NN-Ca 킬레이트 화합물(적색)을 EDTA로 적정한다. Mg^{2+}는 양자의 차로 구한다.

시료조제

1 0.01M Ca^{2+} 표준용액 : 110℃에서 건조, 데시케이터 중에서 방냉한 특급 $CaCO_3$ 1g을 정확히 측량해 증류수로 적신 다음, 2N HCl 30mℓ을 소량씩 조심스럽게 가해 완전히 용해시킨다. 가 온해 CO_2를 방출시키고 냉각한 다음, mass flask로 옮겨 증류수로 1 ℓ 로 한다.

2 0.01M EDTA 표준용액 : EDTA·2Na염 약 4g을 증류수로 용해해 1 ℓ 로 한다.

3 pH 10 완충용액 : NH_4Cl 67.5g을 약 300mℓ의 증류수에 녹이고, 암모니아수 570mℓ을 가한 다

음, 증류수로 전량을 1ℓ로 한다.

4 8N KOH : polyethylene 용기에 보존한다.

5 BT지시약 : BT 0.5g과 $NH_2OH \cdot HCl$ 4.5g을 에탄올 100㎖에 용해한다.

6 NN 지시약 : 무수 K_2SO_4(희석제) 약 10g을 유봉으로 잘 갈아 NN분말 0.1g을 혼합한다.

7 $NH_2OH \cdot HCl$ 용액: $NH_2OH \cdot HCl$ 10g을 100㎖의 증류수에 녹인다.

시약 및 기구

- 1ℓ 용량 mass flask
- 뷰렛
- 피펫
- dropping 피펫
- 200㎖ 용량 conical beaker
- pH meter

방 법

1 (조작 A) Ca^{2+}와 Mg^{2+}의 함량 정량

① 시료 50㎖을 conical 비이커에 취한다.

② $NH_2OH \cdot HCl$ 용액 1㎖을 가한다.

③ pH 10 완충용액 2㎖, BT지시약 1~2방울을 가한다.

④ 잘 혼합하면서 EDTA용액으로 적정해, 적색에서 청색으로 되어 붉은기가 없어지는 점을 종말점으로 한다. 이 적정치를 a ㎖이라고 한다.

2 방법(조작 B) Ca^{2+}의 정량

① : ② 조작 A와 동일함.

② KOH 용액 4㎖을 가해 잘 혼합한 다음 수분간 방치한다.

③ NN지시약 약 0.1g을 가해 EDTA용액으로 핑크색이 청색으로 되어 붉은기가 없어질 때까지 적정한다. 이 적정치를 b ㎖이라고 한다.

3 EDTA 표준용액의 factor F의 결정 : 0.01M Ca^{2+} 표준용액 25㎖을 conical beaker에 취해 증류수를 가해 50㎖로 한다. KOH 용액 4㎖, NN지시약 0.1g을 가해 잘 혼합하면서 EDTA용액으로 붉은기가 없어질 때까지 적정한다.

계 산

1에서 Ca^{2+}와 Mg^{2+}의 함량을 구한다. **2**로부터 Ca^{2+}의 함량을 구한다. **1**와 **2**의 차로부터 Mg^{2+}의 함량을 구한다.

$$0.01M \text{ EDTA } 1㎖ = 0.01M \text{ } Ca^{2+} \text{ } 1㎖ = 0.4008mg \text{ } Ca^{2+}$$
$$= 0.01M \text{ } Mg^{2+} \text{ } 1㎖ = 0.2431mg \text{ } Mg^{2+}$$

2. 인 (P)

인의 정량에는 시료를 회화해서 염산용액으로 한 다음, molybdenum blue 또는 Vanado-molybden산 흡광광도법이 사용되고 있다.

Molybdenum blue법은 산성조건하에서 인산에 과잉의 molybden산 암모늄을 가함으로서, 정량적으로 생성하는 인 molybden산 암모늄을 적합한 환원제로 환원시켜 짙은 청색의 molybdenum blue을 생성시키고, 이것을 비색 정량한다. 이 정색반응은 매우 예민하고, 인산의 농도에 비례하므로 이것을 이용한 fiske-subbarow법은 유명하며, 인산의 비색정량법의 기초의 하나가 되고 있다. 여기서는 amidol을 환원제로 하는 방법에 대해 설명하고자 한다 (fiske-subbarow법에서는 환원제로 1,2,4-aminona-phtholsulfonic acid를 사용해 종래법에 비해 감도와 신뢰도를 높였으나, 안정한 정색시간이 짧다는 결점이 있다. 그 후, 많은 개량법이 고안되고 있다. amidol은 2,4-diaminophenol dihydrochloride이다).

Vanado-molybden산 비색법은 회화 시료용액에 Vanado-molybden산 시약을 가해 인산을 인 molybden산으로 바꾸고, 이것에 vanadate가 결합해서 생성되는 molybdivanado 인산의 황색을 비색정량하는 방법으로 약간 감도는 떨어지나 조작이 간편하고 적용범위가 넓다.

1) Molybdenum blue 흡광광도법

개요 및 원리

시료액 중의 인산에 황산산성하에서 molybden산 암모늄을 가해 인 molybden산으로하고, 이것을 amidol로 환원시켜 짙은 청색의 molybdenum blue을 생성시켜 740nm의 흡광도를 측정한다.

시료조제

1 희석 황산 : 농황산 15㎖을 조금씩 잘 혼합하면서 85㎖의 증류수를 가해 희석한다(한꺼번에 넣으면 발열이 심해 끓기 때문에 주의).

2 amidol시약 : amidol 0.4g과 아황산수소나트륨 8g을 증류수에 용해해서 100㎖로 한다.

3 3.3% molybden산 암모늄용액

4 인산표준용액 : 인산 2수소칼륨(KH_2PO_4) 4.394g을 1 ℓ 용량의 mass flask안에서 증류수로 용해해 정확히 1 ℓ 로 한다(이 액 1㎖에는 1mg의 인산이 함유되어 있음)

시약 및 기구

- 10㎖ 눈금 시험관 10개
- 1㎖ hole 피펫 3개
- 10㎖ mass 피펫 2개
- 1㎖ mass 피펫 1개
- 시험관 10개
- 1ℓ 용량 mass flask
- shacking water bath
- 광전 분광광도계 또는 광전 비색계

방법(조작)

1 시험관 6개(No. 1-6)을 준비해, 각각에 인산표준용액을 0.5, 1.0, 2.0, 3.0, 4.0, 5.0㎖ 씩 mass피펫으로 취해 넣는다. 그 다음, 이들 시험관에 증류수를 9.5, 9.0, 8.0, 7.0, 6.0, 5.0㎖씩 다른 mass피펫으로 취해 넣고, 각각의 시험관을 잘 흔들어, 내용물을 균일하게 한다. 이들 시험관의 액량은 10㎖씩이며, 1㎖당 0.05, 0.1, 0.2, 0.3, 0.4, 0.5mg의 인을 함유한다.

2 눈금 부착 시험관 10개에 희석 황산(15+85) 1㎖, amidol 시약 1㎖, molybden산 암모늄 용액 1㎖을 넣고 잘 섞어 혼합해 둔다. 이 중 6개는 No. 1-6의 표준 인산용액용이며, 다른 2개는 공시험용(B1, B2), 나머지 2개는 본 시험용(T1, T2)으로 한다.

3 전기 항온수조의 온도를 30±1℃로 조절해 놓는다. **2**에서 준비한 시험관 10개를 금속성의 시험관 rack에 세워 항온수조안에 넣어 둔다.(항온수조가 없다면, 이하의 발색반응은 실온에서 하여도 무관함).

4 발색반응은, 인산용액(즉, 표준 인산용액 No. 1-6, T1, T2는 시험용액, B1, B2는 DW) 0.2㎖을 1㎖ mass 피펫으로 넣어 혼합함으로서 시작된다. 이것을 넣은 후, DW를 가해 전량을 10㎖로 맞춘 다음, 항온수조로 다시 집어넣고 30분간 방치한다(인산용액을 취하는 1㎖ mass 피펫은 사용할 때마다 증류수로 씻고, 다음 용액에 사용하기 직전에 그 용액으로 치환 세척할 것. 이 발색 반응은 반응온도, 반응시간을 일정하게 하는 것이 중요하다. 정확히 측정하기 위해, 다수의 용액을 측정하는 경우에는 한꺼번에 시작하지 말고, 흡광도 측정의 소요시간을 고려해 일정의 시간간격(예를 들면, 3분마다)으로 시작하는 것이 좋다. 실험노트에 시작시각, 종료시각, 측정시각의 일람표를 미리 작성해 두고, 그것에 따라 작업하면 좋다).

5 반응온도는 30℃(또는 실온), 반응시간은 30분으로 한다.

6 소정의 시간종료 후(30분), 즉시 740nm의 흡광도를 측정한다.

7 반응액 No. 1-6의 흡광도로부터 공시험 B₁, B₂의 흡광도의 평균치를 빼서, 횡축에 반응액 1㎖ 중의 인산량(mg/㎖), 종축에 흡광도를 취해, 검량선을 그린다.

8 본 시험(T1, T2)의 흡광도의 평균치로부터 공시험(B1, B2)의 흡광도의 평균치를 뺀 흡광도를 검량선에 넣어, 본 시험반응액 중의 인산량(a mg/㎖)을 구한다.

채취한 식품시료의 중량을 Sg, 이것을 회화 후 bml(이 시험에서는 100ml)의 시험용액으로 조제하고, 그 중 cml(이 시험에서는 0.2ml)을 사용해 발색반응을 시켜, 검량선으로부터 a(mg/ml)를 얻었다고 하면, 원 시료 100g중의 인의 함유량(mg%)은 다음 식으로 계산할 수 있다.

$$\text{인의 함유량(mg\%)} = a \times \frac{b}{c} \times \frac{100}{S}$$

3. 철분 (Fe)

1) O-Phenanthroline 비색법

원 리

O-Phenanthroline 비색법은 pH 2~9 범위에서 2가의 철과 등적색의 착염[$(C_{12}H_8N_2)_3 Fe^{2+}$]을 형성한다. 발색이 예민하고 상당히 안정하여 수개월간도 퇴색되지 않는다.

식물체중에 존재하는 원소로 O-Phenanthroline 비색법에 방해하는 원소는 Cu, Zn, Mo 등이 있으니 어느 것이나 Fe와 동량 또는 다량이 아니면 실제로 문제시되지 않는다. 다만 인산이 피로인산(Pyro-phosphate)으로 다량 존재하면 발색이 불안전하므로 분석시 주의를 요한다.

시약 및 기기

1 1% Hydroquinone($C_6H_4(OH)_2$)용액 : 1g의 Hydroquinone을 100ml 증류수에 녹인다. 이 용액은 매회 분석직전에 조제하여 사용한다.

2 Sodium Citrate 용액 : Sodium Citrate($Na_3C_6H_5O_7 \cdot 2H_2O$) 50g을 증류수에 녹이고 불용물은 여과하여 사용한다.

3 0.5% O-Phenanthroline용액 : O-Phenanthroline, monohydrate 5g을 증류수 1ℓ에 녹인다. 이 용액은 냉암소에 보관하고 착색된 용액은 사용하지 말고 다시 만들어 사용한다.

4 Bromophenol blue 지시약 : 분말 Bromophenol blue 0.1g을 0.05N-NaOH 용액을 가하여 녹이고 증류수로 250ml 채운다.

5 Fe 표준용액 : 특급 Ferrous Ammonium Sulfate($FeSo_4(NH_4)_2SO_4 \cdot 6H_2O$) 0.7022g에 1N-HCl 100ml를 가하여 녹이고 증류수로 1ℓ 채우면 100ppm의 Fe표준용액이 된다. 이용액 0.5, 1.0, 1.5, 2.0, 2.5ml를 50ml 메스플라스크에 취하여 발색시켜 표준곡선을 그린다.

조 작

1 시료분해액 일정량(Fe로 0.005~0.1mg 해당량)을 50㎖ 메스플라스크에 같은 양의 시료 분해액을 취하여 Bromophenol blue지시약을 5방울 가하고 pH 3.5가 되도록 Sodium Citrate 용액으로 적정하여 소요량을 구한다)

2 1% Hydroquinone 용액 1㎖와 0.5% O-Phenanthroline 용액 1㎖를 가한 후 pH 3.5로 조절하는데 소요됐던 량의 Sodium Citrate를 가한다.

3 증류수로 표선을 채우고 흔들어 혼합시킨 후 철이 완전히 환원되도록 0℃ 이상에서 1시간이상 방치시킨 후 파장 510에서 흡광도를 측정하고 표준곡선을 작성하여 철의 함량을 구한다.

계 산

$$측정된 \ 농도 \ (ppm) \times \frac{표선채운량(㎖)}{시료무게(g)} \times 희석배수$$

$$= (Fe \ ppm) \times 1/10$$

$$= Fe \ mg/100g$$

참고문헌

1 강국희 · 노봉수 · 서정희 · 허우덕, 식품분석학, 성균관대학교출판부(1998)

2 최재성, 기기분석개론, 신광문화사(1994)

3 최주환 편저, 기기분석 개론 및 응용, 교보문고(1998)

4 M. Thompson and J. N. Walsh, Intuctively Coupled Plasma Spectrometry, Blackie. London, (1983)

5 H. H. Willard, L. L. Merritt and J. A. Dean, Instrumental Methods of Analsis, 6th ed., D. Van Nostrad, New York(1981)

20

비타민 성분분석

제1절 지용성 비타민

1. 비타민 A (Retinol, vitamin A alcohol)의 정량

비타민 A 영양상태는 혈청 또는 혈장 레티놀을 측정함으로써 판정이 가능하다. 혈장의 레티놀을 측정하는 방법으로 가장 많이 사용되는 것으로는 고속액체크로마토그래프 또는 분광광도계를 이용한 분석법이 있다. 고속액체크로마토그래프를 이용하여 분석하면 혈장 비타민 A를 비교적 정확하게 정량할 수 있으므로 최근에는 이 방법이 많이 쓰인다.

1) HPLC를 이용한 정량법

개 요

고속액체크로마토그래프를 이용한 분석에서는 혈장 단백질은 메탄올에 의해 침전되고, 핵산에 의해 추출된 혈장의 지용성 성분은 질소가스 하에서 건조된 후 이동상(메탄올 : 디클로로메탄=85 : 15)에 재용해된다. 이동상에 용해된 혈장의 레티놀 성분은 고속액체크로마토그래프칼럼(LiChrospher

100 RP-18, 10㎛)에 주입시켜 uv/vis 검출기에 의해 325nm의 파장에서 정량화된다.

시료조제

1 레티놀 모표준용액 만들기 : 간접 조명 하에서 레티놀 표준시료 50mg을 저울로 재서 약 50㎖ 용량을 수용할 수 있는 비이커에서 약간의 유기용매(메탄올 : 디클로로메탄=85 : 15)로 녹인 다음 100㎖ 메스 플라스크로 옮겨 표시선까지 유기용매를 채운다(농도: 50mg/100㎖ 또는 500 ㎍/㎖). 이 용액을 갈색병에 옮긴 뒤 제조날짜, 농도, 시료이름, 용매 이름, 제조자 이름 등을 병 위에 써서 −70℃에서 보관한다(주의 : 디클로로메탄은 비등점이 아주 낮으므로 사용 후 즉시 뚜껑을 닫을 것). 이 용액의 정확한 농도는 분광계로 측정해야 한다. 레티놀 모표준용액 은 흡광도가 0.5~1 사이가 되도록 희석하여(보관용액 A) 큐벳에 옮긴 뒤 325nm에서 측정한 다(메탄올로 각각 0점 보정한 뒤 측정할 것). 용액을 희석할 때는 희석단계를 반드시 실험노 트에 적어야 하는데 이는 나중에 계산을 정확히 하기 위해서이다. 다음 표 20-1의 E(1% : 1cm)수치를 이용해 각 물질의 농도를 Lambert - Beer 공식으로 계산해서 얻는다.

표 20-1

	E(1% : 1cm)	λ[nm]	몰농도	mol.Ext.coeff
Retinol	1835	325	286.44	52565.5

공식(1) 보관용액의 농도 C%(w/v) = (측정한 흡광도/E1%:1cm)×희석배율

공식(2) 농도 (㎍/㎖) = 보관용액의 농도 C%(w/v)×10000

예제 모표준 용액으로부터 50배 희석하여 흡광도 0.473의 값을 얻은 경우

C %(w/v) = (0.473/1835) × 50

= 0.012888

C [㎍/㎖] = 0.012888 × 10000

= 128.88 (보관용액A)

2 레티놀 작업표준 용액 만들기 : 분광계로 측정하여 농도가 정확하게 계산된 모표준 용액으로 부터 농도가 약 150ng/㎖가 되도록 희석한다(보관용액 B).

예제 128.88㎍/㎖에서 650㎕를 취해 50㎖으로 희석한 뒤 다시 이 희석액을 10배 희석한다.

→ 보관용액B의 농도: 167.55ng/㎖

5개의 농도별 작업 표준 용액을 표 20-2와 같이 제조한 뒤 −70℃에서 보관한다.

표 20-2 레티놀 작업표준 용액 만들기

	보관용액B	레티놀 : 디클로로메탄	농도 [ng/100$\mu\ell$]
1	1mℓ	9mℓ	1.675
2	3mℓ	7mℓ	5.026
3	5mℓ	5mℓ	8.377
4	8mℓ	2mℓ	13.404
5	10mℓ	-	16.755

시약 및 기구

■ 시약

- Vit A-alcohol(all trans-Retinol) $C_{20}H_{30}O$ for biochemistry (M=286.46g/mol)
- n-Hexane M=86.18g/mol, HPLC grade
- Methanol M=32.04g/mol, HPLC grade
- Dichloromethan M=84.93g/mol, HPLC grade
- Ethanol M=46.07g/mol, HPLC grade

■ 기구

- Merck Hitachi L-6200 Intellegent Gradient Pump
- Merck Hitachi L-4250 UV/VIS Detector
- Merck Hitachi L-2500 Chromato-Integrater
- 100$\mu\ell$의 시료를 흘려보낼 수 있는 injection loop
- Sonicator, 원심분리기, Vortex
- 회전증류기(Water bath와 같이 딸려있는)
- 진공펌프, 진공제어기
- 여러 가지 용량의 피펫, 100$\mu\ell$와 250$\mu\ell$ Hamilton주사기
- 여러 가지 크기의 메스 플라스크와 메스실린더
- Reagent glass(유리시험관에 volumetric 유리뚜껑 끼울 수 있는 것) 와 갈색병

방법(조작)

1 혈액채취 : 모든 실험단계는 약한 일광 하에서 행해져야 한다. 저장동안에 시료는 빛으로부터 차단되어야 한다. 정맥으로부터 혈액을 채취한 후 항응고제(헤파린 또는 EDTA)가 든 시험관에 담겨져서 서늘하게 빛이 차단되게 보관해서 수송한다.

2 기본보정 및 작업보정 : 위에서 제조한 레티놀 작업 표준용액 1-5로 보정한다. 각 표준용액은 3번씩 반복해서 주입해야 하며, 결과는 적분기에 의해 각 농도의 면적(area)으로 표현된다. 면적은 컴퓨터의 직선 회귀방정식에 의해 계산되어 y=ax+b로 나타내어진다. 이때 신뢰도가 98% 이상이 되어야 하며 신뢰도가 좋지 않을 경우에는 표준용액을 반복해서 다시 HPLC에 주

표 20-3 HPLC apparatus and conditions for retinol

HPLC-precolumn	Merck, LiChrospher 100 RP-18(10 μm) 4×4 mm
HPLC-column	Merck, LiChrospher 100 RP-18(10 μm) 250×4 mm
Pump	Gynkotek High Precision Pump Model 300 C - Flow rate: 0.8 ml/min, Pressure: 35-40 bar
Detector	Linear Uvis 204 - Wave lengths: 325 nm for retinol
Integrator	Merck-Hitachi L-7500 Chromato-Integrator - Running time: 5 min
Mobile phase	Methanol/Dichloromethane = 85 : 15 (v/v)

입시켜 새로운 결과로 다시 계산해 본다. 매일 시료로 작업하기 전에 레티놀 작업표준용액 3
을 HPLC에 주입시켜 보아 원래농도와 2% 이상 차이나면 몇번 더 반복해서 농도를 살펴보아
야 한다. 그래도 계속 차이가 나면 작업표준용액을 다시 만들어서 보정하고 새로운 계산 곡선
을 얻어야 한다.

3 HPLC 다루는 방법 : 용리액으로는 850㎖ 메탄올 +150 디클로로메탄을 쓰는데 1 ℓ 들이 갈색
병에 넣고, 음파파쇄기에 15분간 방치하여 가스를 없앤 뒤 HPLC에 흘려보내야 한다. 두 용액
의 비율이 일정하지 않으면 보유시간을 제대로 비교할 수 없고 실내온도가 너무 높으면 또한
비율이 달라지므로 주의해야 한다. HPLC 시작 전 30분~1시간 정도 warming up 시켜야 한
다. HPLC의 조건은 표 20-3과 같다.

4 시료 준비과정

① 혈장 또는 혈청 시료는 미리 꺼내 실온에서 녹인다.

② 뚜껑 달린 파이렉스 튜브에 시료(50㎕)를 취한 뒤, 500㎕ 메탄올을 넣고 vortex에서 20초 정
도 섞은 후 3㎖ n-핵산을 더한다.

③ Vortex에서 2분 15~20초 정도 섞는다.

④ 3000U/min, 5분간 원심분리 한다.

⑤ 2㎖ 피펫으로 상층액 취한 뒤 튜브에 넣는다.

⑥ 회전증류기에서 n-핵산을 증발시킨 후(약 10분 소요) N_2 가스를 채운다.

⑦ 150㎕ 이동상 phase(메탄올 : 디클로로메탄=85 : 15)을 넣은 후 vortex로 잘 섞은 후, Hamilton
주사기로 다 취해서 주사기에 공기방울을 없앤 뒤 고속액체크로마토그래프에 주입한다.

계 산

표준용액 1~5까지의 직선회귀방정식을 이용해 계산한다. 표준곡선의 예는 그림 20-1에 나와있다.

1 150㎕의 이동상으로 시료를 녹여 이중 100㎕만 취한다(×factor 1.5).

2 3㎖의 n-핵산 취해 2㎖의 n-핵산 증발시킴(×factor 1.5)

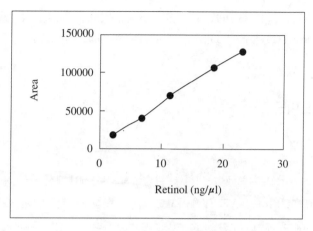

그림 20-1 Retinol 표준곡선

3 50μℓ의 시료를 취한 경우, dℓ의 혈장으로 환산하면(÷factor 2000),

4 mg/dℓ → μg/dℓ 경우 10^3 나눈다(÷factor 1000).

$$\{(시료의\ 면적\ -\ y절편)\ /\ 기울기\} \times (1.5 \times 1.5)\ /\ 2000\ =\ mg/dℓ$$

_____ mg/dℓ / 1000 = _____ μg/dℓ

결과 및 고찰

혈청 비타민 A의 정상범위는 성인의 경우 45～65μg/dℓ이며 나이가 들수록 증가한다. 혈청 비타민 A 농도가 10μg/dℓ(0.35μmol/ℓ) 이하일 때는 임상적으로 결핍증이 나타나며, 20μg/dℓ(0.70μmol/ℓ) 이하이면 상당히 낮은 수준으로 판정한다. 또한 30μg/dℓ(0.70μmol/ℓ) 이상이면 적정수준으로 간주되지만 10030μg/dℓ 이상일 때, 특히 비타민의 50% 이상인 retinyl ester 형태로 존재하면 비타민 A의 과잉증으로 판정된다.

참고문헌

1 De Leenkeert A.P., Howard J.N., Lambert W.E., Bonnens R.E. : Chromatography of fat-soluble vitamins in clinical chemistry., Journal of Chromatography, 429, p.3(1988)

2 Sanz D.C., Santo-Cruz M.C. : Simultaneous measurement of retinol and α-tocopherol in human serum by high-performance lipid chromatography with ultraviolett detection., Journal of Chromatography, 380, p.140(1986)

3 Lee B.L., Chua S.C., Ong H.Y., Ong C.N. : High-performance liquid chromatographic method for routine determination of vitamins A and E and β-carotene in plasma., 581, p.41(1992)

4 Van Vliet T., Van Schaik F., Van Schoonhoven J., Schrijver J. : Determination of several retinals, carotenoids and E vitamers by high-performance lipid chromatography., Journal of Chromatogarphy, 553, p.179(1991)

⑤ Jakob E., Elmadfa I. : Rapid HPLC-assay for assessmentof vitamin K1, A, E and beta-carotene status in children(7-19 years)., Internat J Vit Nutr Res, 65, p.31(1995)

2. 혈장 카로티노이드

카로티노이드는 식물성 식품에 존재하는 색소물질로써 체내에서 흡수될 때 장점막에서 비타민 A로 전환되므로 비타민 A 전구체라고도 한다. 혈장 내 존재하는 카로티노이드의 종류는 알파카로틴 외에도 베타카로틴, 라이코펜, 크립토산틴 등 여러 종류가 있다. 카로티노이드는 공통된 물리화학적 성질을 지니고 있는데 이들은 모두 450nm에서 최대 흡광도를 나타낸다. 혈장 내 총 카로티노이드 함량은 분광광도계를 이용하여 측정할 수 있으나 카로티노이드를 종류별로 나누어 측정하기 위해서는 HPLC를 이용하여 측정하여야 한다.

1) HPCL를 이용한 정량법

개 요

카로티노이드는 항산화제로서의 역할 때문에 최근 유리 라디칼 반응과 관련된 질병들(예 : 암, 심혈관계질환)에 대한 예방효과가 많이 거론되고 있다. HPLC 분석법을 이용하면 혈장 β-카로티노이드뿐만 아니라 다른 카로티노이드들도 종류별로 나누어 측정할 수 있다.

시료조제

① 카로티노이드 모표준 용액 만들기 : 간접 조명 하에서 약 50㎖ 용량을 수용할 수 있는 4개의 비이커를 준비하여 앰플속에 담긴 α-카로틴, β-카로틴, 라이코펜, 크립토산틴(1mg 또는 5mg)을 각각 다 부은 뒤 약간의 n-핵산으로 녹인 다음 0.05%(w/v) BHT가 들어 있는 n-핵산으로 100㎖를 채운다(이때 첨가하는 BHT는 항산화제 역할을 하므로 카로티노이드 보관기간을 연장시켜준다). 100㎖ 메스 플라스크에 옮겨 표시선까지 n-핵산을 채운다. 만약 단위의 표준시료를 사용한다면 가 딘위 mg/100㎖가 된다. 이 용액들을 갈색병에 옮긴 뒤 제조날짜, 농도, 시료이름, 용매 이름, 제조자 이름 등을 병위에 써서 -70℃에서 보관한다.

이 용액의 정확한 농도는 흡광도로 측정해야 한다. 각 카로티노이드 모표준 용액은 흡과도가 0.5~1 사이가 되도록 1차 희석하여 큐벳에 옮긴 뒤 각각의 알맞은 파장에서 측정한다(n-핵

표 20-4

	E(1% ; 1cm)	λ [nm]	몰농도	mol.Ext.koeff
α -carotene	2690	445	536.89	144421.8
β -carotene	2490	451	536.89	133684.1
Lycopene	2250	446	536.89	120805.4
Cryptoxanthin	2192	449	552.85	121185.3

산으로 각각 0점 보정한 뒤 측정할 것) 용액을 희석할 때는 희석단계를 반드시 실험 노트에 적어야 하는데 이는 나중에 계산을 정확히 하기 위해서이다. 다음 표 20-4의 E(1% ; 1cm) 수치를 이용해 각 물질의 농도를 Lambert-Beer 공식으로 계산해서 얻는다. 계산의 예는 표 20-5에 나와 있다.

공식(1) 보관용액의 농도 C%(w/v) = (측정한 흡광도/E1%:1cm)×희석배율
공식(2) 농도(μg/mℓ) = 보관용액의 농도 C%(w/v)×10000

2 혼합 카로티노이드 작업표준 용액 만들기 : 분광계로 측정하여 농도가 정확하게 계산된 각각의 카로티노이드 모표준 용액으로부터 α-카로틴 800$\mu\ell$, β-카로틴 250$\mu\ell$, lycopene 600$\mu\ell$, cryptoxanthin 400$\mu\ell$을 취해 섞고 n-핵산으로 50mℓ를 채운다(보관용액 A). 보관용액 A에 포함된 각각의 카로틴 농도 및 보관용액 A의 희석법은 표 20-6 및 표 20-7과 같다. 보관용액 A를 희석하여 5개의 농도별 모표준 용액(보관용액B)을 제조한 뒤 −70℃에서 보관한다.

표 20-5 각 카로티노이드의 계산된 농도(예)

	[μg/mℓ]
α -carotene	8.7509
β -carotene	40.1606
Lycopene	8.3644
Cryptoxanthin	19.54

표 20-6 보관용액 A에 포함된 각각의 카로티노이드 농도

	[μg/mℓ]
α -carotene	0.1400
β -carotene	0.2008
Lycopene	0.1004
Cryptoxanthin	0.1563

표 20-7 보관용액 A의 회석방법

	보관용액A	n-Hexane	농도 [ng/100μℓ]			
			α-carotene	β-carotene	Lycopene	Cryptoxanthin
1	1㎖	9㎖	1.4001	2.008	1.004	1.563
2	3㎖	7㎖	4.200	6.024	3.012	4.689
3	5㎖	5㎖	7.001	10.040	5.020	7.815
4	7㎖	3㎖	9.800	14.056	7.028	10.941
5	10㎖	-	14.000	20.080	10.04	15.63

시약 및 기구

■ 시약

- Cryptoxanthin (M=552.85g/mol)

- Lycopene (M=536.9g/mol)

- β-카로틴 (M=536.9g/mol)

- α-카로틴 (M=536.9g/mol)

- Butylated hydroxytoluene(BHT)

- n-핵산 M=86.18g/mol, HPLC grade

- Methanol M=32.04g/mol, HPLC grade

- Dichloromethan M=84.93g/mol, HPLC grade

- Ethanol M=46.07g/mol, HPLC grade

■ 기구

- Merck Hitachi L-6200 Intellegent Gradient Pump

- Merck Hitachi L-4250 UV/VIS Detector

- Merck Hitachi L-2500 Chromato-Integrater

- 100μℓ의 시료를 흘려보낼 수 있는 injection loop

- HPLC 분석을 위한 기본 기구(비타민 A 참조)

방법(조작)

1 혈액채취 : 모든 실험단계는 약한 일광 하에서 행해져야 한다. 저장동안에 시료는 빛으로부터 차단되어야 한다. 정맥으로부터 혈액을 채취한 후 항응고제(헤파린 또는 EDTA)가 든 시험관에 담겨져서 서늘하게, 빛이 차단되게 보관해서 수송한다.

2 기본보정 및 작업 보정 : 위에서 제조한 카로틴 혼합용액 B 1-5로 보정한다. 각 표준용액은 3번씩 반복해서 주입해야 하며, 결과는 적분기에 의해 각 농도의 면적(area)으로 표현된다. 면적은 컴퓨터(EXCEL)의 직선회귀방정식에 의해 계산되어 y=ax+b로 나타내어진다. 이때 신뢰도가 98% 이상이 되어야 하며 신뢰도가 좋지 않을 경우에는 표준용액을 반복해서 다시 HPLC에 주입시켜 새로운 결과로 다시 계산해 본다. 매일 시료로 작업하기 전에 카로틴 혼합

용액 B의 3을 HPLC에 주입시켜 보아 원래농도와 2% 이상 차이나면 몇 번 더 반복해서 농도를 살펴보아야 한다. 그래도 계속 차이가 나면 작업표준을 다시 만들어서 보정하고 새로운 계산 curve를 얻어야 한다.

3 HPLC 다루는 방법 : 비타민 A 분석 참조.

4 시료 준비과정

① 혈장 또는 혈청 시료는 미리 꺼내 실온에서 녹인다.

② 뚜껑달린 파이렉스튜브에 시료(50μl)을 취한 뒤, 500μl 메탄올 넣고 vortex에서 20초 정도 섞은 후 3㎖ n-핵산을 더한다.

③ Vortex에서 2분 15~20초 정도 섞는다.

④ 3000U/min, 5분간 원심분리한다.

⑤ 2㎖ 피펫으로 상층액 취한 뒤 튜브에 넣는다.

⑥ 회전증류기에서 n-핵산 증발시킨 후(약 10분 소요) N_2 gas를 채운다.

⑦ 150μl 이동상(메탄올 : 디클로로메탄=85 : 15)을 넣은 후 vortex로 잘 섞은후, Hamilton 주사기로 다 취해서 주사기에 공기방울을 없앤 뒤 HPLC에 주입한다.

카로틴 분석을 위한 HPLC 보유시간은 HPLC 조건에 따라 약간 변동이 있을 수 있으나 대개 표 20-8과 같다.

표 20-8 카로틴 분석을 위한 HPLC 보유시간

Carotenoids	Retention time(min)
α-carotene	19.92
β-carotene	21.13
Lycopene	18.75
Cryptoxanthin	8.86

계산

$$\frac{\{(\text{시료의 area } - \text{ y절편})\}}{\text{기울기}} \times \frac{(1.5 \times 1.5)}{2000} = \underline{\qquad} \text{ mg/d}\ell$$

표준 1~5까지의 직선회귀방정식을 이용해 계산한다.

1 150μl의 이동상 시료를 녹여 이중 100μl만 취함(factor 1.5)

2 3㎖의 n-핵산을 취해 2㎖의 n-핵산 증발시킴(factor 1.5)

3 50μl의 시료를 취한 경우, dℓ의 혈장으로 환산하면(factor 2000)

4 mg/dℓ → μg/dℓ 경우 103 나눌 것

결과 및 고찰

혈청 카로티노이드는 일반적으로 여성이 남성보다 높게, 비흡연자가 흡연자보다 높게 나타나는 것으로 알려져 있다.

참고문헌

1 De Leenkeert A.P., Howard J.N., Lambert W.E. Bonnens R.E. : Chromatography of fat-soluble vitamins in clinical chemistry., Journal of Chromatography, 429, p.3(1988)

2 Sanz D.C., Santo-Cruz M.C. : Simultaneous measurement of retinol and α-tocopherol in human serum by high-performance lipid chromatography with ultraviolett detection., Journal of Chromatography, 380, p.140(1986)

3 Lee B.L., Chua S.C., Ong H.Y., Ong C.N. : High-performance liquid chromatographic method for routine determination of vitamins A and E and β-carotene in plasma., 581, p.41(1992)

4 Van Vliet T., Van Schaik F., Van Schoonhoven J., Schrijver J. : Determination of several retionals, carotenoids and E vitamers by high-performance lipid chromatography., Journal of Chromatogarphy, 553, p.179(1991)

5 Jakob E., Elmadfa I. : Rapid HPLC-assay for assessmentof vitamin K1, A, E and beta-carotene status in children(7-19 years)., Internat J Vit Nutr Res, 65, p.31(1995)

2) 분광광도계에 의한 분석법

개요

카로티노이드는 지용성이기 때문에 일반적으로 혈장지단백에 결합되어 있다. 이 결합을 끊어주기 위해 에탄올을 첨가하고 분리된 카로티노이드는 페트롤레움에테르에 의해 추출되며 orange-yellow색을 띄는 이 추출물은 450nm에서 그 흡광도를 측정하게 된다.

시료조제

1 카로티노이드 모표준 용액 만들기 : 간접 조명 하에서 1000mg의 β-카로틴을 약간의 클로로포름으로 녹인 다음 1 ℓ 메스 플라스크로 옮겨 표시선까지 클로로포름을 채운다(1863 μmol/ℓ). 이 용액에서 2mℓ를 취해 페트롤레움 에테르로 희석하여 100mℓ 메스 플라스크에 채운다(약 20μg/mℓ).

이 모표준 용액의 정확한 농도를 구하기 위해 페트롤레움 에테르로 250배 희석하여 450nm에서 흡광도를 측정한 뒤(blank-petroleum ether) 다음의 식을 이용하여 계산한다.

$$\beta\text{-carotene}(\mu g/m\ell) = \frac{A_{450nm}(250)}{0.137L \cdot \mu mol^{-1}} \times \frac{536.85\mu g}{\mu mol} \times \frac{1}{1000m\ell/\ell}$$

250 : 희석배수

0.137L · μmol^{-1} : β-카로틴의 마이크로몰라 흡광도(직경 1cm 큐벳)

536.85μg/μmol : 카로틴의 몰중량

1000mℓ/ℓ : ℓ를 mℓ로 바꾸기 위한 계수

표 20-9 카로티노이드 작업표준용액

	Stock standard 용액 (20μg/mℓ)	Petroleum ether	농도 [μg/mℓ][1]
1	2.5mℓ	97.5mℓ	0.5
2	5mℓ	95mℓ	1.0
3	10mℓ	90mℓ	2.0
4	15mℓ	85mℓ	3.0
5	20mℓ	80mℓ	4.0

[1] 이 농도는 20μg/mℓ의 모표준 용액의 농도에 근거한 것이므로 정확한 작업표준용액의 농도는 위의 식에 의해 계산된 모표준 용액에 의해 구해야 한다.

시약 및 기구

■ 시약

- β-카로틴(M=536.9g/mol)
- Ethanol M=46.07g/mol, Spectral grade
- Petroleum ether HPLC grade
- Chloroform HPLC grade

■ 기구

- UV spectrophotometer
- Cuvette
- Vortex
- 원심분리기
- 여러 가지 용량의 피펫 A(눈금이 정해진 부피 한 개만 있는 것)
- 여러 가지 용량의 피펫 B(눈금이 다 표시되어 있는 것)
- 여러 가지 크기의 메스플라스크
- 여러 가지 크기의 메스실린더
- 파이렉스로 된 뚜껑 달린 시험관
- reagent glass(유리시험관에 volumetric 유리뚜껑 끼울 수 있는 것)
- 표준용액 보관을 위한 갈색병(12~15mℓ)
- 유기용매 저장용기(50~100mℓ)
- 여러 가지 크기의 비이커

방법(조작)

1 혈액채취 : 모든 실험단계는 약한 일광 하에서 행해져야 한다. 저장동안에 시료는 빛으로부터 차단되어야 한다. 정맥으로부터 혈액을 채취한 후 항응고제(헤파린 또는 EDTA)가 든 시험관에 담겨져서 서늘하게, 빛이 차단되게 보관해서 수송한다.

2 기본보정 : 위에서 제조한 카로티노이드 작업표준 용액을 큐벳에 옮겨 450nm의 파장에서 그

흡광도를 측정한다(blank-petroleum ether). 결과는 컴퓨터의 직선회귀방정식에 의해 계산되어 y=ax+b로 나타내어진다. 이때 신뢰도가 98% 이상이 되어야 하며 신뢰도가 좋지 않을 경우에는 표준을 반복해서 측정하여 새로운 결과로 다시 계산해 본다. 표준곡선은 1년에 두 번 측정하거나 분광광도계에 변화가 있을 경우에 새로이 측정한다.

3 시료 준비과정 : 모든 과정은 간접조명 하에서 이루어진다.

① 혈장 또는 혈청 시료는 미리 꺼내 실온에서 녹인다.

② 15㎖ 원심분리시험관에 blank 또는 시료 표시를 한 뒤 foil로 싼다.

③ Blank를 위한 시험관에 2㎖ 증류수를 담고 시료 시험관에는 혈장 2㎖를 담는다.

④ 각각의 시험관에 2㎖ 에탄올을 방울방울 떨어뜨린다.

⑤ 각 시험관에 4㎖의 페트롤레움 에테르를 담고 뚜껑을 닫는다.

⑥ 2분간 vortex로 섞는다.

⑦ 층이 분리되도록 2~3분간 실온 방치한다.

⑧ 시료는 500g에서 15분간 원심분리하여 혈청 지단백으로부터 카로티노이드를 분리한다.

⑨ 피펫을 이용해 맨 위의 페트롤레움 에테르층을 조심스럽게 빨아올려 큐펫에 옮긴다.

⑩ blank에 대해 450nm에서 흡광도를 읽는다.

계 산

표준곡선을 사용하여 흡광도로부터 혈청 총 카로티노이드 농도로 환산한다. 최종 계산시 혈장 2㎖에 페트롤레움 에테르 4㎖를 사용하여 추출하였으므로 모든 농도값에 2를 곱해준다.

참고문헌

1 Kaplan L. A. : Carotenes. In: Methods in Clinical Chemistry (Pesce A.J., Kaplan L.A., eds.), The C.V. Mosby Company, St Louispp., pp.513-519(1987)

3. 비타민 D의 정량

비타민 D는 6종류(D_2, D_3, D_4, D_5, D_6, D_7)가 있으나 여기서는 식물과 동물에 많이 존재하는 비타민 D_2와 D_3에 관한 정량법을 다룬다. 화학적인 정량방법으로는 acetyl chloride를 포함하는 $SbCl_3$의 chloroform용액으로 비타민 D와 반응시켜 550nm에서 흡광도를 측정하는 Nield 비색법이 있다. 이 방법은 시료의 비검화물에 공존하는 비타민 A, carotenoide, sterol류 등과 반응하여 정량을 방해하므로 이들을 반드시 제거해야 한다. 비검화물에 공존하는 방해물질은 liquid column chromatography나 HPLC용 column을 사용하지 않고 이들을 제거하는 것은 매우 어려우며 많은 시간을 요한다. 비타민 D의 정량으로 동물 시험법이 있으나 조작이 복잡하며, 시간과 경비가 많이 소요되며, 오차 또한 크므로 좋은 방법이 아니다. 비타민 D의 정량은 HPLC로 정확하게 정량할 수 있으므로 이 방법에 대하여 설명하기로 한다.

1) HPLC를 이용한 정량법

개요

비타민 D는 지용성으로 조지방의 추출시 함께 추출된다. 조지방은 triglyceride가 주성분으로 이는 알칼리로 가수분해하여 물층에 녹이고 가수분해되지 않는 비검화물질을 용매로 추출한다. 이 비검화물질에는 지용성비타민, cartenoide, cholesterol, wax, sterol류, 색소 등이 포함되어 있으며 지용성비타민과 sterol류 등은 비타민 정량시 방해물질로 이들을 제거해야 한다. 방해물질이 적은 경우에는 조지방을 가수분해한 후 곧바로 HPLC를 사용하여 분석할 수 있으나 대부분의 경우 방해물질을 제거하는 조작이 필요하다. 방해물질의 제거하는 정도에 따라 $0.05\mu g$(비타민 D/g시료)까지 정량할 수 있다. 방해물질을 제거하는 방법으로는 solid phase extraction(SPE), TLC, column chromatography 등을 사용할 수 있다. 분석용 column으로는 역상과 순상이 모두 가능하나 역상이 선호된다. 순상 column은 비타민 D_2와 비타민 D_3를 분리하지 못하여 같이 용출된다. 순상 column은 시료나 용매의 수분으로 장기간 사용할 경우 인해 peak의 retention time이 변하고 분리능의 저하를 초래한 다. 검출기는 RI, UV, 및 ELSD(evaporative lighting scattering detector)을 사용할 수 있으나 일반적으로 UV 검출기를 사용하여 265nm(고정파장 검출기:254nm)에서 검출한다.

시료조제

1 조지방(crude fat) 추출 및 검화 : 조지방을 건조시료로부터 soxhlet방법 의하여 추출하거나 또는 그 외의 방법으로 먼저 추출한 다음 검화를 하기도 한다. 일반적으로 고체 시료는 직접 지방의 추출과 검화를 동시에 하는 방법이 많이 사용된다. 수분을 많이 포함하는 생체시료는 Bligh과 Dyer법에 의하여 조지방을 한다. 75~80℃에서 검화 할 때 비타민D가 provitamin D로 이성질화하는 것을 촉진한다는 보고도 있다. 이를 방지하기 위해 검화를 실온에서 12시간 정도 하는 것도 바람직하다. 검화 중 산화방지를 위해 ascorbic acid, pyrogallol, BHT 등의 항산

표 20-10 비타민의 물리적 성질

종류	분자량	결정	융점	역가(1mg)	몰흡광계수(265nm)
D_2 $C_{28}H_{44}O$	396.6	침상	115~118℃	40,000 I.U.	$E_{1cm}^{1\%} = 461$(ethanol용액)
D_3 $C_{27}H_{44}O$	384.6	침상	82~83℃	40,000 I.U.	$E_{1cm}^{1\%} = 476$(ethanol용액)

화제가 사용되며 EDTA(ethylenediaminetetraacetic acid)가 금속 착화물제로 사용된다. 산에 의한 검화는 1-OH에서 탈수가 일어나 이성질체의 생성을 촉진하므로 피하는 것이 좋다. 특히 생체시료를 반드시 피해야 한다. 또한 생체시료는 비타민 D가 단백질과 복합체를 이루는 경우가 많으므로 hexane-isopropanol(1:2, v/v), cyclohexane-ethylacetate(1:1, v/v) 등의 혼합용매를 사용하여 지방을 추출하는 것이 좋다. 다음은 일반적인 시료에 적용할 수 있는 보편적인 추출과 검화를 하는 방법이다.

시료를 분쇄기로 가급적 잘게 마쇄하고, 0.2~10IU 정도 비타민 D가 함유하도록 시료를 취하고 검화용 flask에 옮긴다. 10% pyrogallol ethanol 용액을 30㎖ 가하고 20% KOH 10㎖을 가하고 magnetic bar를 flask에 넣고 교반하면서 실온에서 12시간 이상 방치한다. 검화가 끝나면 분액깔때기에 flask의 혼합액을 옮기고, 물 40㎖, ethanol 10㎖, hexane 30㎖을 순서대로 flask을 씻어 분액깔때기로 옮긴다. 이때 flask의 큰 침전물은 옮기지 않아도 된다. 분액깔때기의 마개를 막고 30번 정도 상하로 흔들어 잘 혼합한다. 두 층이 완전히 분리될 때까지 정치한다. 분리가 되면 hexane층과 용매층을 분리한다. 이때는 pipette을 이용하여 hexane을 다른 분액깔때기로 pipette을 이용하여 옮기거나 또는 다른 분액깔때기에 수용액층을 옮길 수 있다. 수용액층은 다시 hexane 30㎖ 2회 반복하여 추출하여 hexane을 분액깔때기에 모은다. hexane은 찬물 20㎖로 수회 씻는다. 씻은 액에 phenolphthaleine 용액 1방울 가하여 보라빛으로 변하지 않을 때까지 씻는다. Na₂SO₄로 물을 제거한 후 증발회전농축기로 2~3㎖까지 농축하고 질소 gas를 이용하여 완전히 용매를 제거한다.

시료의 종류에 따라서 ethanol과 물의 양을 비율적으로 변화시킬 수 있으며 지방의 양이 많은 시료는 KOH의 농도를 높여야 한다. 우유 등과 같이 수분이 많은 시료는 물의 첨가량을 시료의 수분량 만큼 적게 첨가한다. 추출용매는 비극성용매(hexane, cyclohexane, pentane)를 사용한다. 극성용매는 수용액층에 녹는 성분을 추출할 수도 있다. 가능한 어두운 곳에서 모든 전처리를 한다.

2 Bligh and Dyer에 의한 혈장의 조지방 추출 : 일정량의 혈장을 유리마개가 있는 시험관에 옮기고 혈장의 3.75배에 만큼 methanol과 chloroform(2:1)의 혼합용액을 가한다. vortex mixer로 격렬하게 5분간 진탕한다. 1000g로 10분간 원심분리하여 단백질을 침전시킨다. 다른 용기에 용액층을 옮기고 다시 시험관의 침전물을 위와 같은 방법으로 추출하고 두 용액을 모은다. 이 용액에 chloroform과 물을 첨가하여 전체 용매의 비가 부피로 1:1:0.9가 되도록 한다. 1000g로 10분간 원심분리하여 용액이 두 층이 되도록 한다. 위층은 물과 methanol의 층이며 아래층은 비타민 D를 포함하는 chloroform의 용매이다. 물과 methanol의 혼합액 층을 다른 용기에 옮기고 여기에 0.5 부피의 chloroform을 가하여 한번 더 추출한다. 두 chloroform 용매를 모아 회전농축증발기로 용매를 모두 휘발시킨다.

3 비검화물의 방해물질제거 : 방해물질의 제거는 HPLC용 column, semi-prep HPLC용 column, TLC, SPE tube 등을 이용할 수 있다. 최근 SPE tube의 사용은 다른 방법에 비해 간단하며 한번에 많은 시료를 다룰 수 있으므로 이 방법에 관하여 설명한다.

SPE silica tube(waters associate)는 사용하기 전에 10㎖ hexane으로 지용성물질을 제거한다. 수기의 비검화물질을 hexane 2㎖로 수기의 모든 곳에 접촉하도록 하면서 녹인다. 수기를 세워

5분 정도 방치 후 가급적 모든 hexane을 SPE silica tube에 옮긴다. hexane 1m로 다시 수기에 가하고 기벽을 씻어 SPE silica tube에 옮긴다. 1회 더 반복하고 진공 pump를 이용하여 용매의 용출을 용이하게 한다. 비타민 D는 SPE tube에 흡착되어 있고 흡착된 물질들은 hexane과 chloroform의 혼합용액(21.5 : 78.5, v/v)을 5㎖ 가하여 용출 한다. 용출액은 질소 gas로 완전히 휘발하고 acetonitrile 1㎖로 희석하여 HPLC의 시료로 사용한다.

시약 및 기구

- 용매 : HPLC용 acetonitril, methanol
- 비타민 D 표준품 : 비타민 D_2(ergocalciferol), 비타민 D_3(Cholecalciferol)
- HPLC : UV 검출기-265nm(0.02~0.04 AUFS), flow rate-1.5㎖
  역상 column-4.6mm id×25cm, 5㎛, 크기의 충진물질 C18
  (Vydac C18, waters, Milford, MA)
  이동상-acetonitril: methanol(90:10, v/v)

방법(조작)

HPLC의 조건으로 시료 100㎕을 주입하면 9분 전후에서 비타민 D가 용출된다. 역상 column의 제조 회사에 따라 달라질 수도 있으며 시료에 따라 HPLC의 조건을 변경해야 할 경우도 있다. 시

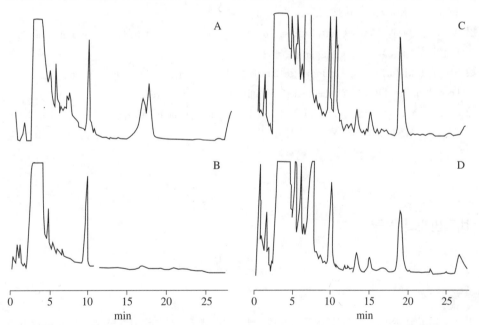

SPE tube로 탈지 우유의 방해물질을 제거하지 않은 시료(A)와 방해물질을 제거한 시료(B)
SPE tube로 우유의 방해물질을 제거하지 않은 시료(C)와 방해물질을 제거한 시료(D)

그림 20-2

료에 비검화물질을 많이 함유하고 있는 시료는 SPE로 모든 방해물질을 제거하기는 어렵다. 방해물질제거에 가장 효율적인 방법은 HPLC column에 의한 방법인데 이 방법에는 분리된 비타민 D을 확인하기 위한 검출기와 분리 용출되는 비타민 D을 받아야 하기 때문에 fraction collector가 필요하다. 또한 한번에 모든 시료를 주입하지 못할 경우는 여러 번 주입하여 받아야 한다. 이 방법으로 정량하면 잘 분리된 비타민 D의 peak를 얻을 수 있지만 회수율은 낮은 편이다. 어느 방법으로 하던지 표준용액으로 회수율을 측정하여야 한다.

결과 및 고찰

다음의 그림 20-2는 SPE tube를 사용하여 방해물질을 제거한 시료와 제거하지 않은 시료를 비교한 것이다.

일반적으로 지방이 많이 포함하고 있을수록 많은 peak들을 갖으며 이들에 대한 방해물질의 제거 조건을 달리 해야 한다. 탈지우유의 경우(A) 방해물질의 제거조작이 꼭 필요하지 않다. 다음의 그림 20-2는 비타민 D의 분석 연구에서 사용한 분석조건을 열거하였다.

참고문헌

1 Brubacher, G., Muller-Mulot, W., and Southgate, D.A.T. : Vitamin D in Margarine, HPLC method. In Methods for the Determination of Vitamins in Food. Elsevier Applied Science Publishers, New York(1985)

2 AOAC : Official Methods of Analysis of the Association of Official Analytical Chemists, 14th edition. AOAC, Washington, DC(1984)

3 Ball, G.F.M(ed.). : High-performance liquid chromatography. In Fat-soluble vitamin Assays in Food Analysis. Elsevier Applied Science Publishers, New York(1988)

4 Shearer, M.J. : Vitamins. In HPLC of small molecules, a practical approach. C.K. Lim(Ed.), IRL Press, Oxford Washington DC(1987)

4. 비타민 E의 정량

개 요

비타민 E는 신체의 주된 항산화제의 하나로 세포막의 불포화 지방산이 과산화되는 것을 억제하는 작용을 한다. 인체에 비타민 E가 부족할 경우 적혈구 용혈(hemolysis), 근육 및 신경 세포의 손상, 면역력의 약화 등이 발생할 수 있다. 비타민 E가 결핍된 식사를 하면, 혈장 비타민 E의 수준이 감소하는데, 혈장 α-tocopherol 농도가 $500\mu g/d\ell$ 이하가 되면 적혈구 수명이 짧아지고, 용혈도 쉽게 발생해서 비타민 E의 영양 평가시 혈액의 결핍 기준치로 사용한다. 성인 혈장의 정상 α-tocopherol 농도는 500~1200$\mu g/d\ell$로 보고 있고, 우리나라 정상 성인의 경우 이 수준을 유지하는 것으로 보고되고 있다. 본 실험에서는 비타민 E 중 가장 활성도가 높아서 혈액 비타민 E의 지표로 많이 이용하는 혈장 α-tocopherol의 분석 방법을 살펴보고자 한다.

1) HPLC에 의한 방법

시료조제

표준물질은 dl-α-tocopheryl acetate(Supelco, USA)을 internal standard로 사용하고, d-α-tocopherol (Supelco, USA)을 external standard로 사용한다. Internal standard의 사용은 피펫팅이나 용매 증발 시에 발생하는 오차를 줄일 수 있다.

시약 및 기구

HPLC 기구는 영인 HPLC를 이용하고, UV detector 280nm를 이용하여 비타민 E를 탐지한다. Column 은 micro Bondapak C-18, 3.9mm×30cm를 이용한다. Guard column(precolumn) 3×22mm, Bondapak C-18 Corasil을 주 칼럼에 연결하여서 이용한다. 용매는 HPLC grade의 acetonitrile : methanol(75 : 25)를 0.45μ 필터를 여과해서 이용한다. 샘플은 50$d\ell$ 주사기를 이용해서 주입하고, 용매의 flow rate은 1.5mℓ/min으로 한다.

방법(조작)

혈장 α-tocopherol의 분석을 위해 먼저 acetonitrile에 용해한 internal standard α-tocopheryl acetate(50μg/mℓ) 50$d\ell$를 1mℓ eppendorf tube에 넣는다. 혈장 200$\mu\ell$를 더해서 10초간 섞는다. 지질 추출을 위해서 chloroform : methanol(2:1) 용매를 750$\mu\ell$ 넣고, 45초간 vortex mixer로 세게 섞어서 튜브 아래 쪽의 내용물도 잘 추출되도록 한다. 튜브를 6000 rpm에서 7분간 원심분리해서 층이 분리되도록 하고, 튜브 아래 층의 지질층을 새로운 튜브에 옮긴다. 용매를 질소 가스로 증발시킨다. 샘플을 크로마토그래프에 injection 하기 위해서 튜브에 100$\mu\ell$의 acetonitrile을 넣어서 다시 녹인다. 이중 20$\mu\ell$를 HPLC에 injection해서 분석한다.

계 산

혈장 α-tocopherol 농도($\mu g/d\ell$) =

$$\text{sample } \alpha\text{-tocopherol 면적} \times \frac{\text{표준 ISTD 면적}}{\text{sample ISTD 면적}} \times \frac{\text{표준 ESTD 사용량}}{\text{표준 ESTD 면적}} \times 2500$$

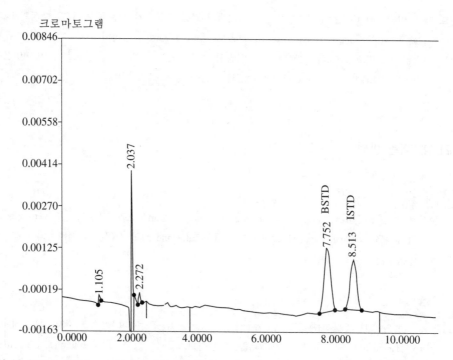

그림 20-3 Chromatogram of external standard(α-tocopherol) and internal standard (α-tocopheryl acetate)

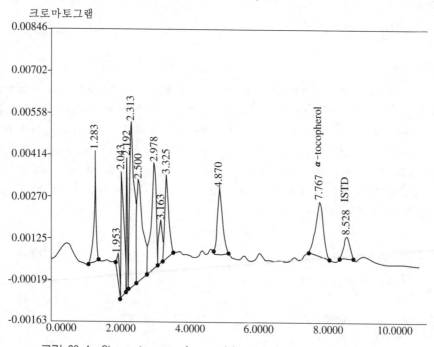

그림 20-4 Chromatogram of normal human plasma with internal standard

결과 및 고찰

acetonitrile : methanol(75:25) 용매를 이용한 역상 HPLC는 비타민 E를 잘 분리해낸다. External standard(ESTD)로 사용한 α-tocopherol과 internal standard(ISTD)로 사용한 α-tocopheryl acetate가 잘 분리되며, ESTD는 7.8분 경에 ISTD는 8.5분 경에 피크가 나타난다(그림 20-3). 그림 20-4는 혈장에 internal standard를 넣고 찍었을 때로 ESTD 피크에서 혈장 α-tocopherol이 검출됨을 보여준다.

본 과정에서 사용한 acetonitrile : methanol(75:25) 용매를 이용해서 α-tocopherol 뿐만 아니라 γ-tocopherol, δ-tocopherol, retinol, 비타민 D, 비타민 K를 동시에 분석할 수도 있다. 참고로 Bieri의 경우 역상 HPLC의 용매로 methanol : water(95 : 5)을 이용하여서 α-tocopherol을 분석하는데, 전체적인 분석 과정은 본 과정과 유사하고 retinol을 동시에 분석할 수 있다.

순상 HPLC로 토코페롤 이성질들(α-, β-, γ-, δ- tocopherol)을 분리하고자 할 때에는 Supelcosil LC-NH$_2$, 25cm×4.6mm ID, 5μm 입자 column을 쓰고, 용매는 hexane : ethyl acetate (70:30)으로 하고, flow rate은 1.0mℓ/min, detector는 UV 295nm로 해서 분리할 수 있다.

참고문헌

1 Korean Nutrition Society : Recommended Dietary Allowances for Koreans. 7th revision(2000)

2 Kim, H.Y.P. : Effect of supplementation of antioxidnt nutrients against oxidant stress during exercise., Korean J Nutr, 30(9), p.1061(1997)

3 Youngin Scientific : Fat soluble vitamin analysis-Supelcosil-LC column. no.SP-731.(1997)

4 Bieri, J.G., Tolliver, T.J. and Catignani, G.L. : Simultaneous determination of α-tocopherol and retinol in plasma or red cells by high pressure liquid chromatography., Am J Clin Nutr, 32, p.2143(1979)

2) Emmerie-engel 법

식품편 제3장 제5절 참고.

5. 비타민 K의 정량

    비타민 K의 정량분석은 생물학적 방법, 물리화학적 방법, chromatographic의 방법등이 있다. 생물학적 방법은 비타민 K의 이성질체에 대한 선택성이 없으며 재현성이 낮은 결과가 문제점이 뿐만 아니라 고가의 실험설비를 요구한다. 물리적·화학적 방법 중 비색법은 합성비타민의 정량에는 적용되나 천연 비타민 K에 대한 발색에 문제가 있어 사용이 곤란하다. 또한 비타민 K를 형광유도체화하여 형광법을 사용하나 모든 비타민 K에 대해 적용되지 않는다. 비타민 K의 정확한 정량은 chromatography법에 의하여 할 수 있다. TLC(thin-layer chromatography)는 비타민 K와 비타민 K와 유사한 naphthoquinone 물질의 정제와 확인에 이용되며 시료의 전처리 조작에 많이 사용된다. TLC는 산화와 빛에 민감한 물질의 분석에는 적당하지 않지만 한번에 많은 시료를 다룰 수 있는 것이 장점이다. 현재 가장 많이 사용되며 HPLC를 이용한 비타민 K정량에 관하여 설명하기로 한다.

1) HPLC를 이용한 K정량법

> **개 요**

비타민 K는 지용성물질로서 자외선 영역에서 빛을 흡수하기 때문에 정확성과 재현성이 높은 HPLC를 이용한 정량분석이 용이하다. 또한 TLC나 GC를 이용하는 것보다 시료의 준비과정이나 분석조작이 훨씬 간단하다. 시료의 제조는 시료에 따라 추출이나 방해물질을 다르게 한다. 여기서는 plasma와 일반 지질추출물에 대한 전처리 방법을 설명한다.

> **시료조제**

❶ 비타민 K의 추출 : 비타민 K의 추출은 비타민 D나 E의 추출과 같은 방법으로 할 수 있다. 극성용매를 사용하면 많은 지질이 추출될지 모르지만 지용성 비타민은 무극성 용매로 충분히 추출됨으로 비극성용매의 사용이 방해물질의 제거에 도움이 된다. 여기서는 hexane으로 혈장의 비타민 K을 추출하는 방법을 소개한다.

    한 부피의 혈장을 유리마개가 있는 원심분리관에 넣고 2부피의 ethanol을 가하여 잘 혼합한다. 4부피의 hexane을 가하고 격렬하게 5분간 혼합한다. 1500g로 10분간 원심분리하여 단백질은 침전시키고 hexane층과 용액층으로 분리한다. 위의 hexane층을 pasteur pipette로 다른 시험관에 옮긴다. 다시 용액층에 4부피의 hexane을 가하여 같은 방법으로 추출하여 위에서 추출한 hexane용매와 합친다. hexane용매를 회전증발농축기로 휘발시킨다.

혈장은 적은 지방을 포함하기 때문에 지방을 검화 할 필요는 없지만 지방이 많은 시료는 검화를 하여 검화물질(triglycerides 등)을 제거해야 한다.

2 추출시료의 방해물질제거 : 비타민 D정량에서 사용한 방법과 동일하게 SPE에 의한 방해물질을 제거한다. SPE방법에 의해 모든 방해물질을 제거할 수 있는 것은 아니다. 이 방법으로 제거되지 않으면 TLC나 HPLC에 의하여 방해물질을 제거해야 한다. 역상 HPLC column을 사용하면 효과적으로 SPE가 제거하지 못하는 방해물질을 제거할 수 있다.

시약 및 기구

HPLC에 의한 비타민 K의 정량은 검출기에 의해 감도가 크게 다르다. 전기전도도(electrochemical) 검출기(ECD)를 사용하면 UV 검출기보다 3배 이상 감도가 높으며 선택적으로 검출하기 때문에 ECD 검출기를 사용하는 것이 좋으나 대부분의 실험실은 UV검출기를 보편적으로 갖추고 있기 때문에 UV검출기에 의한 방법을 소개한다.

■ 순상 column에 비타민 K의 분획
- 용매 : 50% 수포화 dichloromethane(물과 dichlormethane을 같은 양을 섞어 두용액이 완전히 혼합되면 이 혼합액과 수분이 없는 dichloromethane을 같은 양을 섞는다.), hexane
- 비타민 K 표준품 : phylloquinoe
- HPLC : UV 검출기 : 254nm 또는 270nm(0.005 AUFS)
- Flow rate : 1㎖/min
- 순상 column : 5mm id×25cm, 5㎛의 silica 충진물질(Partisil-5 silica, whatman)
- 이동상 : 50% 수포화 dichloromethane : hexane = 20:80(v/v)

■ 역상 column에 의한 비타민 K의 정량
- 용매 : dichloromethane, methanol
- 비타민 K 표준품 : phylloquinoe
- 내부표준물질 : phylloquinone 2, 3-epoxide
- HPLC : UV 검출기 - 270nm, 0.005 A.U.F.S
- Flow rate : 1.0㎖/min,
- 역상 column : 5mm id×25cm, 5㎛의 ODS 충진물질(ODS Hypersil, shandon southern)
- 이동상 : 수포화 dichloromethane: hexane = 15:85(v/v)

방법(조작)

1 순상 column에 의한 비타민 K의 분획 : column이 이동상에 평형이 되도록 이동상을 column에 흘려 보낸다(보통 column 부피의 50배. 이 동상의 흐름속도를 조절하여 표준물질과 내부표준물질이 8~10분에 용출되도록 한다(약 1㎖). 추출한 비타민 K를 이동상 70㎕에 완전히 녹이고 주사기를 이용하여 column으로 모두 주입한다. 비타민 K을 분획하여 일정농도의 질소 gas로 용매를 휘발시킨다.

2 HPLC에 의한 정량 : 위의 HPLC 조건을 맞추고 내부표준품은 7분 전후에 표준물질은 9분 전

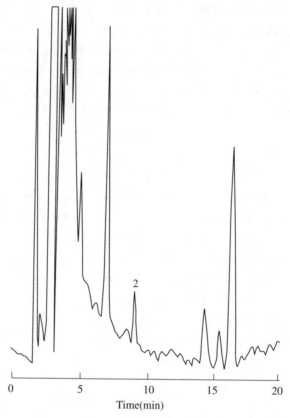

peak 1 = phylloquinone 2,3-expoxide, peak 2 = phylloquinone

그림 20-5 비타민 K₁ 분석 chromatogram

후에 용출되도록 이동상의 흐름속도를 조절한다. 이동상 100μℓ으로 위에서 분획한 비타민 K 를 완전히 녹인 후 70μℓ를 column에 주입한다. 표준물질과 내부표준물질을 혼합하여 표준검량 곡선을 작성하여 비타민 K을 정량한다.

결과 및 고찰

순상 column에 의한 비타민 K의 분획에 있어서 표준물질과 내부표준물질은 거의 동시에 용출된 다. 두 표준물질의 용출시간을 정확히 측정하여 분획하여야 한다. 순상 column의 단점은 역상에 비해 물질의 머무름시간이 이동상에 함유된 미량의 극성용매에 의해 변동폭이 크다. 특히 물이 나 methanol이 HPLC용 용매에도 적은양 함유하고 있는데 이들이 머무를 시간에 미치는 영향은 크므로 항상 같은 용매를 사용해야 하며 주기적으로 순상 column은 regeneration해야 한다. 비슷 한 시료를 분획할 때는 시료간에 peak의 모양이 비슷하므로 분획하는데 큰 어려움이 없으나 시 료간에 peak의 모양이 다를 때는 매번 표준물질을 사용하여 분획한다. 한 시료의 분획이 끝나면 충분히 이동상으로 column을 세척하여 다음의 시료에 전 시료가 오염되지 않도록 한다.

참고문헌

1 Brubacher, G., Muller-Mulot, W., Southgate, D.A.T. : Vitmin D in Margarine, HPLC method. In Methods for the Determination of Vitamins in Food., Elsevier Applied Science Publishers, New York(1985)

2 Ball, G.F.M(ed.) : High-performance liquid chromatography. In Fat-soluble vitamin Assays in Food Analysis., Elsevier Applied Science Publishers, New York(1988)

3 Shearer, M.J. : Vitamins., In Hplc of small molecules, a practical approach. C.K. Lim(Ed.), IRL Press, Oxford Washington DC(1987)

2) 분광광도법에 의한 정량법

식품편 제3장 제5절을 참고한다.

제2절 수용성 비타민

1. 비타민 B₁의 정량

개요 및 실험원리

Vitamin B₁(thiamin)는 자연계에서 Pyrophosphate ester형(結合型)과 유리형(遊離型)의 두 가지 형태로 존재하며 전자는 혈액, 근육조직, 녹채(綠葉) 등 carboxylase의 활성이 높은 부위에 많으며, 후자는 계란, 뇨(尿), 곡류, 근채류의 씨앗 및 뿌리 부근에 저장 또는 수송형태(輸送形態)로서 존재한다.

Vitamin B₁(thiamin)의 가장 보편적인 정량법으로는 thiochrome형광법과 p-aminoacetophenone비색법(diazo법) 등이 있다. 전자는 감도가 좋고 미량의 B₁을 측정할 수 있으며 후자는 강화식품등의 비교적 B₁ 함량이 많은 시료에 적용된다. 일반적으로 사용되고 있는 thiochrome법과 diazo법은 식품편(제3장)에 서술되어 있으므로 여기서는 HPLC에 의한 분석법을 소개하고자 한다.

1) HPLC에 의한 정량법

시료조제

1 시료 1g을 정확히 달아 10% 삼염화초산 용액 5㎖를 넣고 균질기로 균질화시킨다. 균질화된 용액을 10% 삼염화초산 용액으로 10㎖로 한 후 고속원심분리관에 넣고 9,000rpm에서 30분간 원심분리한다. 이 상징액 200㎕를 시험관에 취하여 4M sodium acetate용액 30㎕를 가한다(pH 4.5~4.7). 이에 2% Taka-diastase용액 10㎕를 주입하고 잘 교반하면서 37℃에서 8~10시간 방치하여 시험용액으로 한다.

2 난용성 비타민 B₁ 염류 및 비타민 B₁ 유도체 강화시료·비타민 B₁ : Cyanogen bromide에 의한 티오크롬형광법의 시험용액의 조제에 따라 전처리된 시험용액을 사용한다.

시약 및 기구

■ 4M sodium acetate용액 : 5.44g의 sodium acetate을 물에 녹여 10㎖로 한다.

■ Taka-diastase용액 : Taka-diastase을 물에 녹여 2%로 하여 permutite 컬럼에 넣고 Taka-diastase 중에 존재하는 비타민 B₁을 제거한 후 사용한다. 사용시 제조한다.

■ [K₃Fe(CN)₆]·NaOH 용액 : NaOH 30g을 물에 녹여 200㎖로 하고 이에 potassium ferricyanate

[K₃Fe(CN)₆] 20㎖을 녹인다. 사용시 제조한다.

- 표준용액의 조제 : 순도가 보증된 비타민 B₁ 염산염을 비타민 B₁으로 0.01~1.0mg/㎖가 되도록 10% 삼염화초산 용액에 녹인다. 이 비타민 B₁ 용액(Smg/㎖)을 4M sodium acetate을 2% Taka -distase용액을 각각 20 : 30 : 1의 비율로 혼합한 용액을 표준용액으로 한다.

방법(조작)

1 HPLC 조건

① 컬럼 : 비타민 B₁ 분리용(polyglycerylmethacrylate 구상 15μℓ)

② 이동상 : 0.1M NaH₂PO₄ 용액

③ 유속 : 0.7㎖/분

④ 반응액 : [K₃Fe(CN)₆]·NaOH용액(유속 : 0.7㎖/분)

⑤ 검출기 : 형광검출기(여기파장 : 375㎚, 측정파장 : 450㎚)

2 정량시험 : 표준용액과 시험용액을 각각 50μℓ씩 고속액체 크로마토그래피에 주입하고, 컬럼에서 분리 용출시킨 비타민 B₁을 반응액 송액펌프에서 보내진 반응액과 자동적으로 혼합시켜 형광물질(thiochrome)으로 변환한다. 이 형광물질을 형광분광광도계로 보내 얻어진 표준용액 피크의 면적 또는 높이에 의해 구한 검량선을 이용하여 시험용액의 비타민 B₁의 농도(μg/㎖)을 구하고, 다음 식에 의해 시료 중 비타민 B₁의 함량(mg/100g)을 계산한다.

계 산

$$비타민\ B_1의\ 양(mg/100g) = S \times \frac{a \times b}{시료채취량(g)} \times \frac{100}{1000}$$

단, S : 시험용액중의 비타민 B₁의 농도(μg/㎖)

　　 a : 시험용액의 총량(㎖)

　　 b : 시험용액의 희석배수

2. 비타민 B₂의 정량

개요 및 실험원리

비타민 B₂는 동식물 체내에서는 인산에스테르화하여서 flavinmonoucleotide(FMN)이 되고, 또 5′ -adenylic acid가 pyrophosphatic과 결합한 flavin adenine dimucleot ide(FAD)가 되어서 황색효소의 보효소로 전자 전달계에서 산화환원 반응에 관계하고 있다. 이들을 분별하자면 chromatography 에 의하여 분리하지 않으면 안된다.

비타민 형광법에 의한 총 비타민 B₂의 정량은 식품편(제3장)에 서술되어 있으므로 여기서는 HPLC에 의한 분석법을 소개하고자 한다.

1) HPLC에 의한 정량법

시료조제

시료 일정량을 달아 소량의 물을 가해 균질기 또는 유발에서 가능한 미세하게 분쇄하고 지방이 많은 경우에는 미리 탈지한다. 이에 물을 가해 수욕 중(70~80℃)에서 잘 혼합하여 12~20분간 추출한다. 추출액은 식힌 후 1㎖ 중 비타민 B₂ 0.05~0.5㎍이 되도록 일정용량으로 하여 시험용액으로 한다.

시약 및 기구

- Methanol : 고속 액체 크로마토그래피용
- 10mM NaH₂PO₄용액 : 1N NaOH용액으로 pH 5.5로 조정한다.
- 표준용액의 조제
  - Riboflavin 표준용액 : lumiflavin 형광법과 동일하게 조제 하고 사용시 물로 희석하여 0.2㎕/㎖의 용액으로 만든다.
  - FMN(flavin mononucleotide) 표준용액 : FMN을 물에 녹여 0.2㎕/㎖(riboflavin으로 환산)의 용액을 만든다.
  - FAD(flavin adenine dinucleotide) 표준용액 : FAD를 물에 0.5㎕/㎖(riboflavin으로 환산)의 용액을 만든다.

방법(조제)

1 고속액체 크로마토그래피 조건
① 칼럼 : 역상분배형(u-Bondapak C18, Micropak-CH, Cosmosil 5 C18, Develesil ODS 등)
② 이동상 : Methanol−10mM NaH₂PO₄용액(pH 5.5)(35:65)
③ 유속 : 0.8㎖/분
④ 검출기 : 형광검출기(여기파장 :455㎚, 측정파장 :530㎚)
2 정량시험 : 시험용액 및 각 형의 표준용액을 각 10㎕씩 주입하여 앞의 조건에서 시험한다. 표준용액의 각 형의 peak 면적 또는 높이에 의해 구한 검량선을 사용하여 시험용액의 비타민 B₂의 농도(㎍/㎖)를 구한다.

계산

다음 식에 의하여 시료 중 비타민 B₂ 함량(mg/100g)을 산출한다.

$$\text{비타민 } B_2(\text{riboflavin FMN, FAD})(mg/100g) = S \times \frac{a \times b}{\text{시료채취량}(g)} \times \frac{100}{1000}$$

단, S : 시험용액 중의 비타민 B₂의 농도(㎍/㎖)
　　a : 시험용액의 총량(㎖)
　　b : 시험용액의 희석배수

참고문헌

1 유주현 외 : 식품공학실험. 탐구당(1981)

2 김경삼 외 : 식품분석. 효일문화사(1999)

3 김관우 외 : 식품분석. 진로연구사(1999)

4 장현기 외 : 식품분석. 형설출판사(1999)

5 강국희 외 : 식품분석학. 성균관대학 출판부(1998)

3. 비타민 B_6의 정량

비타민 B_6 정량에는 미생물적인 방법, 화학적방법, 물리적방법이 이용될 수 있다. 비타민 제제나 비타민 강화식품의 경우에는 대부분 피리독신(pyridoxine)을 함유하고 있으나 자연식 품에는 여러 종류의 유도체가 존재한다. 비타민 B_6를 함유한 용액은 광선에 안정하지 않으므로 반드시 황색등하에서 취급해야한다. 식품, 동물의 조직 및 체액 내의 비타민 B_6의 정량은 다음과 같은 이유로 매우 복잡하다: 1)비타민 B_6는 여섯개의 유도체가 존재한다; 2)개개의 유도체가 pH에 따라 다양하게 이온화된다; 3)열 및 광선에 안정하지 않다; 4)자연계에 존재 하는 비타민 B_6의 상당 부분이 단백질에 결합되어 있다.

1) 미생물학적 방법 (AOAC법)

개 요

*Saccharomyces uvarum(S. carlsbergenesis)*가 피리독신(pyridoxine), 피리독사민(pyridoxamine), 피 리독살(pyridoxal)에 동등하게 반응하는 성질을 이용한 방법이다.

시료조제

시료 10g을 500㎖ 플라스크에 넣고 0.05N HCl 200㎖을 가한다. 121℃에서 5시간 고압살균한후 상온에서 냉각시킨다. 6N KOH로 pH 4.5로 맞춘후 250㎖ 플라스크에 옮긴 후 증류수로 부피를 맞춘다. Whatman No 40 여과지로 여과한다. 이 용액 1㎖을 20㎖로 증류수로 희석시킨다.

시약 및 기구

- 비타민 용액 I. : 티아민(thiamin) 10mg, 이노시톨(inositol) 1g을 약 200㎖ 증류수에 녹인 후 1ℓ로 희석시킨후 냉장고에 보관한다(1㎖=10㎍ thiamin, 1mg inositol).

- 비타민 용액 II. : 비오틴(biotin) 10mg를 50% 알코올(alcohol) 100㎖에 녹인후 냉장고에 보관한다(1㎖=100㎍ biotin). Calcium panthothenate 200mg와 나이아신(niacin) 200mg를 증류수 약 200㎖에 녹인 후 비오틴(biotin) 용액 8㎖을 가하고 증류수를 가하여 1ℓ로 맞추어 냉장고에 보관한다(1㎖=200㎍ calcium panthothenate, 200㎍ 나이아신(niacin), 0.8㎍ 비오틴(biotin)).

- 염용액 I : KCl 17g, MgSO$_4$·H$_2$O 10.3g, FeCl$_3$·6H$_2$O 100mg, MnSO$_4$·H$_2$O 100mg를 약 800㎖에 녹인후 진한 conc-HCl 2㎖을 가한다. 증류수 약 100㎖에 CaCl$_2$·2H$_2$O 5g을 녹여 위의 용액에 넣고, 증류수를 가하여 1ℓ로 맞추어 냉장고에 보관한다(1㎖=17mg KCl, 10.3mg MgSO$_4$·7H$_2$O, 100㎍MnSO$_4$·H$_2$O, 5mgCaCl$_2$·2H$_2$O).

- 염용액 II : 증류수에 22g KH$_2$PO$_4$와 40g (NH$_4$)$_2$HP$_4$를 녹이고 증류수를 가하여 1ℓ로 맞추어 냉장고에 보관한다.(1㎖=22mg KH$_2$PO$_4$와 40mg (NH$_4$)$_2$HPO$_4$)

- Polysorbate 80 용액 : 비이커에 polysorbate 80(Tween 80) 2.5g을 잰다. 증류수(45℃)로 혼합시킨후 500㎖가 되도록 희석시킨후 냉장고에 보관한다(1㎖ = 5mg polysorbate 80)

- 시트르산(citric acid) 용액 : 50g의 시트르산을 50㎖ 증류수에 녹인 후 플라스틱마개가 있는 병에 넣어 상온에 저장한다.

- ammonium phosphate 용액 : 50㎖증류수에 (NH$_4$)$_2$HPO$_4$ 25g을 녹인 후 플라스틱 뚜껑이 있는 병에 넣어 상온에 저장한다.

- 피리독신(pyridoxine) 표준용액
  - stock solution-10㎍/㎖ : 1N HCl에 12.16mg pyridoxine·HCl을 녹이고 1N HCl로 1ℓ가 되도록 희석한 후 유리로 된 병마개가 있는 병에 넣어 냉장고에 저장한다
  - Intermediate solution-100ng/㎖ : 5㎖ stock solution을 증류수로 희석하여 500㎖를 만든다. 실험 실시 바로 전에 준비한다.
  - working solution-1.0ng/㎖ : 5㎖ intermediate solution을 증류수로 희석하여 500㎖를 만든다. 실험 실시 바로 전에 준비한다.

- citrate buffer 용액 : 65g KOH와 82g 시트르산을 증류수에 녹인후 증류수를 가하여 1ℓ로 맞추어 냉장고에 보관한다.

- Basal medium stock solution(200 튜브 기준) : 1ℓ medium을 만들기 위해,
  약 400㎖ 증류수에 100㎖ citrate buffer 용액, 2g 아스파(aspargine), 50㎖ 비타민 용액 I, 50㎖ 비타민 용액 II, 50㎖ 염용액 I, 50㎖ 염용액II을 혼합한다. 이용액에 100g의 포도당을 녹인다. 22mg 트립토판(tryptophan), 27mg 히스티딘(histidine)·HCl, 100mg 메치오닌(methionine), 216mg 이소루신(isoleucine), 256mg 발린(Valine)을 10㎖에 녹인 후 위 용액에 더한다. 20㎖ polysorbate 80 용액(E)를 더한다. citric acid 용액(F)이나 ammonium phosphate 용액(G)으로 pH 4.5로 맞춘다. 증류수로 1ℓ가 되도록 희석한 후 솜으로 된 병마개가 있는 pyrex병에 넣어 냉장고에 저장한다. 조제후 24시간 이내에 사용한다.

- 시험 미생물- Saccharomyces uvarum(ATCC No. 9080)를 wort agar 사면배지(I) 위에 매주 도

말한다. 접종된 사면배지를 30℃에서 24시간 동안 배양한 후 냉장보관한다

- Agar 배지 : 500㎖ 입구가 넓은 삼각 플라스크에 증류수 약 400㎖를 넣고 Bactowort agar 25g 을 녹인다. 오염을 막기위해, 뚜껑을 덮고 증기로 약 10분간 agar를 녹이고 부피를 500㎖로 맞춘다. 뜨거운 agar 약 7㎖를 20×150mm 시험관에 취한 후, 탈지면으로 막아 121℃에서 15분간 고압살균한다. 이 배지는 산에 반응을 하여 묽어지므로 과다하게 가열하지 않도록 한다. 뜨거운 agar 튜브를 기울인 위치로 식힌다.

- 균체 배양액 : 둥근 플라스크에 intermediate solution (H-b) 20㎖를 넣고 증류수로 희석시켜 1ℓ를 만든다. 마개가 있는 튜브(16×150mm)에 4mm glass beads 2개를 넣고, 이 용액 5㎖와 basal medium stock solution(J) 5㎖를 취하여 넣은 후 121℃에서 10분간 고압살균한다. 뚜껑을 덮고 냉장고에 보관한다.

- Inoculum rinse : 마개가 있는 튜브(16×150mm)에 증류수 5㎖과 basal medium stock solution(J) 5㎖를 넣은 후 121℃에서 10분간 고압살균한다.

※ 분석용 접종 : agar 위에 접종하기 위해 세포를 30℃에서 24시간 배양한다. 이 세포를 무균상태에서 액체배양액에 옮겨 넣는다. 튜브를 30℃ 항온수조에 넣고 20시간 진탕한다. 2500rpm에서 1.5분 원심분리한 후 액체부분을 가만히 따라내고 inoculum rinse를 10㎖ 넣어 다시 현탁시킨다. 2500rpm에서 1.5분 원심분리하여 액체부분을 가만히 따라내고 inoculum rinse를 10㎖ 넣어 다시 현탁시킨다. 2500 rpm에서 1.5분 원심분리하여 액체부분을 가만히 따라내고 inoculum rinse를 10㎖ 넣어 다시 현탁시킨다. 이 3번째 현탁액 1㎖에 10㎖ inoculum rinse를 가하여 분석용 접종액으로 사용한다.

방법(조작)

1 4mm glass beads 2개를 함유한 16×150mm screw-cap tubes로 260℃ 2시간 열을 가한다.

2 표준검량선을 작성하기 위해 튜브에 피리독신 working solution(H-3) 0.0, 0.5, 1.0, 2.0, 3.0, 4.0, 5.0㎖을 넣는다. 3회 반복한다.

3 분석용액도 1.0, 2.0, 3.0, 4.0㎖를 넣는다. 2번 반복한다.

4 모든 튜브에 증류수를 넣어 5㎖가 되도록 맞춘다.

5 5㎖ basal medium stock solution(J)를 넣어 총 10㎖가 되게 한다.

6 모든 튜브에 뚜껑을 닫고, 121℃에서 10분간 고압 살균한후 상온으로 식힌다.

7 무균상태에서 표준검량선을 위한 0 수준튜브을 제외하고 분석용 접종액을 1방울씩 접종한 후, 항온진탕기에서 30℃ 22시간동안 배양하고 5분간 고압살균하여 식힌후 550nm spectro-photometer에서 %T를 읽는다.

8 Spectrophotometer는 증류수로 100%T를 맞춘후 접종하지 않은 blank로 100%T를 맞춘다(3개의 접종하지 않은 blank를 혼합하고, 100%T에 맞춰, 나머지 튜브들을 읽는다).

9 표준검량선 튜브의 3반복 평균을 내고, semilog paper에 각 양이 표준용액에 대한 %T에 대해 ng 피리독신으로 검량선을 그린다. 피리독신/시료의 양을 결정한다.

2) 효소법

pyridoxal 5´-phosphate(PLP) 분석에 이용되는 분석법으로 타이로신(tyrosine)이 tyrosine carboxlyase 에 의해서 타이라민과 CO_2로 전환되는 반응에 기초를 두고 있다. 이 효소의 apo형이 PLP의 존재 하에 holo형이 되므로 이 반응의 제한요소는 PLP이다. 그러므로 타이라민과 CO_2로 전환되는 반 응은 PLP의 양에 비례한다. 이 반응에서 $^{14}CO_2$를 표집하여 liquid scintillation spectro- photometer 로 측정한다.

$$L\text{-Tyrosine-1-}^{14}C \xrightarrow[\substack{\text{tyrosine decarboxlyase} \\ \text{apoenzyme}}]{\text{PLP}} \text{tyramine} + {}^{14}CO_2$$

시료조제

혈액 또는 혈장 2㎖에 10% trichloroacetic acid(TCA) 10㎖을 가한 후 서서히 교반한다. 상온에서 30분간 방치하여 침전물이 생기도록 한다. 중간에 3~4회 교반한다. 상온에서 10분간 원심분리한 후 상등액을 50㎖ 비이커에 담는다. 침전물에 10% TCA 5㎖을 넣어 재교반한다. 원심분리한 후 상등액을 합한다. 이 과정을 반복한다. 121℃에서 30분간 고압살균한후 상온에서 냉각시킨다. 6N KOH로 pH 4.5로 맞춘후 증류수를 가해 50㎖에 맞추어 희석한다.

시약 및 기구

1 L-Tyrosine-1-^{14}C 용액: potassium acetate buffer(0.8M, pH 5.5)에 녹여서 0.008M을 만든다. specific activity 10.1 μCi/millimole

2 Pyridoxal -P stock solution: 1.12×10-4M, 100㎖ 증류수에 3.031mg을 녹인다. 이 용액은 암 냉소에서 2일 정도 안정하다. 분석당일에 이 stock solution을 ethylenediaminetetraacetate(EDTA) 0.005M을 함유한 0.01M potassium acetate buffer(pH 5.5)로 1000배 희석시켜 사용한다 (27.0ng/㎖).

3 NCS 용해제 : tyrosine apodecarboxylase의 추출액, 15~18units/㎖ apo효소는 사용하기 직전에 EDTA 0.005 M을 함유한 potassium acetate buffer(0.01M, pH 5.5)로 2배 희석시켜 사용한다.

4 Scintillant: 0.5% 2.5-diphenyloxazole(PPO), 0.01% p-bis- [2-(5-phenyloxazoyl)] benzen (POPOP)을 함유한 톨루엔(toluene)

방법(조작)

1 중앙 입구와 곁가지가 달린 25㎖ 반응 플라스크의 곁가지의 마개를 막고 potassium acetate buffer(0.01M, pH 5.5)에 녹인 tyrosine apodecarboxylase 용액 0.1㎖(0.75 unit), PLP 표준액

(0.1~0.3㎖ : 2.7~8.1ng) 또는 시료액을 넣고 37℃, 15분간 가온한 후 곁가지의 마개를 열고 곁가지에 고무 링을 끼우고 NCS 0.3㎖을 넣은 scintillation vial을 곁가지에 끼워 반응 플라스크에서 발생한 $^{14}CO_2$를 포집할 수 있도록 한다.

2 중앙입구로 30초 간격으로 L-Tyrosine-1-^{14}C 용액 0.6 ㎖을 넣고 증류수로 최종 부피가 1㎖이 되도록 하고 30초 간격으로 중앙마개를 막고 37℃, 1시간 가온한 후 꺼내어 4시간동안 방치하여 발생하는 $^{14}CO_2$를 곁가지를 통해 scintillation vial에 모이게 한다.

3 반응을 멈추기 위해 30초 간격으로 중앙고무마개위에서 TCA(10%) 1㎖를 주사로 주입한 후 잘 혼합한다.

4 Scintillation vial을 제거하여 counting solution 10㎖을 넣고 마개를 잘 막은 후 모든 NCS가 잘 녹도록 충분히 혼합한다.

5 Liquid scintillation spectrophotometer로 $^{14}CO_2$의 방사능을 측정한다. PLP는 광선에 매우 예민하기 때문에 tyrosine decarboxlyase apoenzyme 속에 들어 있는 내부 PLP의 양을 보정하기 위해 tyrosine decarboxlyase apoenzyme을 넣은 blank와 넣지 않은 blank 두종류의 blank를 사용한다.

3) HPLC를 이용한 정량법

시료조제

1 혈청 : 폴리프로필렌 원심분리 튜브에 혈청 0.5㎖를 넣는다. 0.8M perchloric acid 0.5㎖를 혼합액에 넣고 심하게 진탕한후 원심분리(35000 G, 5분)한다. 침전물은 버리고 상등액을 HPLC 분석용 시료로 사용한다.

2 뇨 : 총 비타민 B_6는 가수분해한 뇨에서 측정한다. 뇨 10m에 0.1N HCl 50㎖을 가한다. 121℃에서 30분간 고압살균한 후 상온에서 냉각시킨다. 6N KOH로 pH 4.5로 맞춘 후 증류수를 가해 100㎖에 맞추어 희석한다. Whatman No 1 여과지로 여과한다. 유리 비타민 B_6는 0.1N HCl를 증류수로 대치하고 가열과정을 생략한다.

시약 및 기구

■ 시약 : 피리독사민(Pyridoxamine, PM), 인산피리독사민(pyridoxamine phosphate, PMP), 인산피리독살(pyridoxal phosphate, PLP), 피리독살(pyridoxal, PL), 피리독신(pyridoxine, PN), 4-피리독산(4-pyridoxic acid, 4-PA) 표준은 순수 등급으로 구하고 모든 시약조제에는 은 탈이온 2차 증류수를 사용한다. 이동상은 0.1mol/1 sodium perchlorate와 0.5g /1 sodium bisulfit를 함유한 0.1mol/1 potassium dihydrogen phosphate buffer로 phosphoric acid를 이용하여 pH 3을 맞춘다.

■ 기구
  - HPLC Pump
  - Sample Injector
  - ODS reversed-phase column

　－Detector : Spectrofluorophotometer RF-500-LCA(Ex 300nm, Em 400nm, square shaped flow cell with a 12$\mu\ell$ capacity)

　－Recorder & Computer

　－Chromatopac C-RIA

■ 측정조건의 최적화 : 최적 파장을 결정하기 위해 PLP(1nmol/㎖)의 Excitation과 Emission spectra를 0.1M potassium dihydrogen phosphate와 0.1M Sodium perchlorate(pH 3.0)를 함유한 용액내에서 1g/1 sodium bisulfite를 가한 것과 가하지 않은 상태에서 측정한다. Excitation Spectra는 Emission 파장을 400nm로 고정시키고, 250과 350nm사이에서 기록한다. Emission Spectra는 Excitation 파장을 300nm로 고정시키고, 350과 450nm사이에서 기록한다.

이동상의 최적 구성을 결정하기 위해서는 1nmol/㎖ PLP, 0.1 M Potassium dihydrogen phosphate와 0.1M sodium perchlorate를 함유한 용액에 여러 농도의 sodium bisulfite(0~1%)를 혼합하고 pH는 2.5~5로 맞추어 Fluorescence inensity(Ex 300nm, Em 400nm)를 측정한다.

방법(조작)

B₆ vitamers와 4-PA의 분리와 측정에 사용되는 HPLC 시스템의 계통모형도는 그림 20-6과 같다. colum안으로 이동상(0.1M sodium perchlorate를 함유한 0.1M potasium dihydrogen phosphate, 0.5g/ℓ sodium bisulfite, pH 3.0)을 1.0㎖/min의 속도로 주입한다. 시료 상등액 $50\sim500\mu\ell$를 시료 주입구에 넣는다. B₆ vitamers와 4-PA의 fluorescence는 spectrofluorophotometer로 측정되고 그래프로 기록된다. 시료의 B₆ vitamers 정량은 시료의 peak와 vitamer의 표준검량 peak와 비교해서 계산할 수 있다. B₆ vitamers는 빛에 민감하므로 황색등하에서 시료를 처리해야 한다.

참고문헌

1 AOAC : Official methods of analysis of AOAC international, 16th ed., vol 2, P. Cunniff(ed.), AOAC international, Virginia, p.50.1.18(1995)

2 Chabner, B. and Livingston, D. : A simple enzymatic assay for pyridoxal phosphate., Anal. Biochemistry, 34, pp.413-425(1970)

3 Kimura, M., Kanehira, K. and Yokoi K. : Highly sensitive and simple liquid chromatographic determination in plasma of B₆ vitamers, especially pyridoxal 5'-phosphate., J. Chromatography A., 722, pp.295-301(1996)

4 Leklem, J. E. : Vitamin B₆., In "Handbook of Vitamins", 2nd ed., L. J. Machlin,(ed.), Dekker. New York, p.341(1991)

그림 20-6 B₆ vitamers의 측정용 HPLC system 계통도

4. 염산 (Folate) 의 정량

1) 미생물학적 방법

개 요

Lactobacillus casei(L. casei, ATCC 7469)의 생육에 염산이 필수인자로 작용한다. 이 미생물의 성장은 배지의 염산농도와 정 상관을 나타내므로 미생물의 생육 정도(혼탁도)를 흡광도로 측정하여 표준용액과 비교하여 그 배지의 염산 농도를 추정할 수 있다(Tamura법).

시료조제

1 혈장(plasma) 또는 혈청(serum) 시료: 혈장(청) 100㎕를 인산완충액으로 희석(1:2-1:4)하여 분석시료(50㎕)로 사용한다.

2 전혈(whole blood) 시료: 혈액 200㎕를 1% 아스코르브산(ascorbic acid)을 함유하는 0.1M 인산완충액(pH 4.1) 1.8㎖로 희석하여 잘 섞어 이중 일부를 37℃에서 25분간 가온한 후 분석시료(20㎕)로 사용한다.

3 조직(tissue) 또는 식사(diet) 시료

① 조직(식사) 시료에 일정량의 2차 증류수를 가하여 균질화(homogenized)한 후 약 1g을 취하여 Hepes-Ches 완충액 4㎖와 섞는다.

② 이를 100 ℃에서 10분간 끓이고 얼음 위에서 식힌 후 10,000rpm에서 25분간 원심분리하여 상등액을 수집한다. 이를 2~3회 정도 반복한다. 일정액으로 분주하여 trienzyme treatment 처리 시까지 −70℃에 보관한다.

③ 동 상등액 500㎕에 인산완충액 500㎕를 넣고 5분간 끓인 후 얼음 위에서 식힌다.

④ 이중 200㎕를 취해 0.05%, 알파−아밀라제(α-amylase) 용액 200㎕를 넣고 37℃에서 4시간동안 처리한다.

⑤ 여기에 0.02% 프로테아제(protease) 용액 200㎕를 첨가하여 37℃에서 8시간 동안 처리한 후 100℃에서 5분간 끓여 효소 활성을 정지시킨다.

⑥ 이를 3,000rpm에서 10분간 원심분리하여 상등액을 모은 후 이중 200㎕에 염산 콘주가제 (folate conjugase) 용액 20㎕ 및 인산완충액(pH 7.0) 380㎕를 잘 혼합한다.

⑦ 37℃에서 3시간동안 처리하여 얻은 시료(50㎕)를 분석에 사용한다.

시약 및 기구

■ 염산 표준용액 제조

−폴리닌산(folinic acid ; calcium salt ; F7878, Sigma, USA) 50mg을 약 25㎖의 증류수에 넣고 녹인다.

- ─0.1N NaOH 2.5㎖를 첨가하여 완전히 녹인다.

- ─0.1N HCl로 pH 7.0이 되도록 맞춘다.

- ─0.22㎛ 여과장치를 사용하여 멸균·여과한다.

- ─걸러진 용액 0.2㎖씩을 멸균 시험관에 분주하여 사용 시까지 ─70℃에서 보관한다(12개월간 안정하다).

- ─다양한 농도로 표준용액 시료를 만들어 282nm에서 흡광도를 측정하여 제조된 표준용액의 실제 농도를 계산한다(폴리닌산의 몰상수는 2.82×104).

■ 폴리닌산 L. casei 배지액 제조

- ─L. casei 분말 배지(Folic acid casei medium, Difco. USA) 9.4g을 100㎖의 2차 증류수로 녹인다.

- ─알루미늄 호일로 유리 비이커 뚜껑을 만들어 덮고 2분간 끓인다.

- ─상온까지 식힌 배지액을 0.22㎛ 여과장치를 사용하여 여과한다. 걸러진 배지액은 알루미늄 호일로 빛을 차단하여 4℃에 보관한다(4개월간 안정하다).

■ L. casei stock 제조

- ─20㎖의 2차 증류수와 80㎖의 글리세롤(glycerol)을 혼합하여 80%의 글리세롤 용액을 제조한다. 이를 121℃에서 15분간 멸균한 후 하룻밤 동안 냉장고에서 식힌다.

- ─동결건조된 L. casei(ATCC 7469)를 팥알 크기만큼 덜어 1㎖의 배지에 넣고 분산시킨다.

- ─이중 250㎕를 50㎖의 배지가 들어있는 배양 플라스크에 넣는다. 여기에 엽산 표준용액을 1ng/㎖가 되도록 50ng을 첨가한다. 알루미늄 호일로 배양 플라스크를 둘러싸서 빛을 차단하여 16~18시간 동안 37℃에서 배양한다(뿌옇게 혼탁해지면 배양이 잘 된 것이다).

- ─배양이 끝나면 차가운 50㎖의 80% 글리세롤 용액을 넣고 30분 동안 잘 섞어 L. casei stock으로 사용한다. 빛을 차단하여 냉동보관한다.

■ 인산완충액(0.1M potassium phosphate buffer, pH 6.3) 제조

- ─K_2HPO_4 5.23g을 2차 증류수 300㎖의 에 녹인다.

- ─KH_2PO_4 13.61g을 2차 증류수 1ℓ에 녹인다.

- ─두 용액을 섞어 0.1N HCl로 pH 6.3이 되도록 맞춘다.

■ 헤페스─체스(Hepes-Ches) 완충액 제조

- ─Hepes 1.192g, Ches 1.037g, 2-mercaptoehtanol 1.399㎖ 및 ascorbic acid 2g을 80㎖의 2차 증류수에 넣는다.

- ─1N NaOH로 pH 7.85가 되도록 조정한다.

- ─2차 증류수를 이용해 최종 용적을 100㎖로 맞춘다.

■ 용액 제조

- ─0.5mg의 알파─아밀라제(α-amylase)(EC 3.2.1.1, Sigma, USA)를 10㎖의 2차 증류수에 넣는다.

- ─내인성 엽산을 제거하기 위해 1g의 산처리 숯가루(acid washed charcoal ; Sigma, USA)를 넣고 얼음 위에서 20분간 잘 섞는다.

- ─이를 10,000rpm에서 10분간 원심분리하여 상등액을 모아 0.22㎛ 여과장치로 여과하여 사

용한다.

■ 프로테아제 용액 제조

─0.1mg의 프로테아제(EC 3.4.24.31, Sigma, USA)를 2차 증류수 10㎖에 넣고 녹인다.

─이 액을 0.22μm 여과장치로 여과하여 사용한다.

■ 쥐혈청 콘주가제(rat serum conjugase) 자석판 용액 제조

─자석판(magnetic plate)에 얼음을 채운 통을 올려놓고 여기에 막대자석을 넣은 비이커를 준비한다.

─여기에 30㎖의 쥐 혈청을 넣고 3g의 산처리 숯가루를 첨가한다.

─1시간 동안 잘 섞은 후 0.22μm 여과장치를 이용하여 여과시킨다.

─소량씩(500~750㎕) 분주하여 −70℃에서 냉동보관한다.

■ 기구 : 배양기(incubator), mignetic stirrer, homogenizer, vortex mixer, 96-well microplate, 12-channel pipettor, 수조(tank), 멸균 팁, 알루미늄 호일, 비이커, 0.22μm filter system

방법(조작)

1 시약준비

① 인산완충액(1% ascorbic acid 첨가): 인산완충액(pH 6.3) 45㎖에 0.45g의 ascorbic acid를 첨가하여 0.22μm filter system을 이용하여 여과시킨 후 사용한다.

② L casei 배지 분산액: L. casei stock 0.5㎖에 4.5㎖의 인산완충액을 넣어 희석한뒤 이중 1㎖를 14㎖의 배지액에 분산하여 실험 시 접종용으로 사용한다.

③ 표준용액은 다음과 같은 방법으로 희석하여 사용한다.

표준용액 I(Working standard): 분주해 놓은 표준용액 stock 10㎕를 10㎖의 인산완충액에 넣고 잘 섞는다.

표준용액 II(Assay standard): 표준용액 I 40㎕를 인산완충액 10㎖에 넣고 잘 섞어 표준용액 (100㎕)으로 사용한다.

④ 멸균 2차 증류수

2 실험방법

① 96-well microplate를 준비하여 H줄에 2차 증류수를 300㎕씩 넣는다.

② A줄부터 G줄까지 인산완충액 150㎕씩 넣는다.

③ A줄에 표준용액, 분석시료를 아래와 같이 각각 넣어 최종 300㎕가 되도록 한다.

시료	volume(㎕)	인산완충액 volume(㎕)
엽산 표준액	100	50
혈장시료	50	100
전혈시료	20	130
식사시료	50	100

④ A줄부터 12-channel pipettor를 이용하여 5~6회 잘 섞은 후 150㎕를 덜어내어 B줄에 넣어 섞고 다시 B줄에서 150㎕를 덜어내어 C줄에 넣어 섞는다. 이처럼 F줄까지 단계적으로 희석하며 마지막 F줄에서 덜어낸 150㎕는 버린다(G줄은 blank용임).

⑤ 여기에 L. casei 배지 분산액을 150㎕씩 접종하고 잘 섞는다.

⑥ Microplate의 뚜껑을 덮고 알루미늄 호일로 싸서 37℃에서 18시간 배양한다. 배양기내 하단에 물이 든 비이커를 놓아 습도를 유지한다.

⑦ 배양이 끝난 후 microplate reader를 이용하여 490nm에서 흡광도를 측정하여 표준용액의 흡광도와 비교하여 엽산농도를 계산한다. 즉시 측정하지 못할 때는 냉장고에 보관한다.

참고문헌

[1] Tamura T. : Microbiological assay of folate. In: Folic acid Metabolism in Health and Disease, eds. MF Picciano, ELR Stokstad, JF Gregory III., Wiley-Liss, NY, p.121(1990)

[2] Tamura T, Mizuno Y, Johnston KE, Jacob RA. : Food folate assay with protease, α-amylase and folate conjugase treatment., J Agri Food Sci, 45, p.135(1997)

[3] HS Lim, AD Mackey, T Tamura, SC Wong, MF Picciano. : Measurable human milk folate is increased by treatment with α-amylase and preotease in addition to folate conjugase., Food Chemistry, 63, p.401(1998)

5. 판토텐산의 정량

개 요

자연계에 존재하는 판토텐산(pantothenic acid ; PA)은 보통 유리상태가 아닌 결합형태로 존재하므로 먼저 유리 PA로 분해시키는 것이 중요하다. 유리 PA로의 분해 용출에 사용되는 방법으로는 미생물학적, 면역학적 또는 화학적 방법등이 있다. PA는 pH에 예민하기 때문에 산과 알카리에 의한 분해는 유용하지 않으므로 보통 효소에 의해 분해시킨다. 이때 사용되는 효소는 taka-diastase, papain, mylase, clarase, alkaline phosphatase, pantetheinase 등 여러 가지가 있으며, 1개의 효소 또는 여러 가지 효소를 함께 사용할 수 있다. 여기서는 alkaline phosphatase 및 pantetheinase를 사용하여 결합된 상태로 존재하는 PA를 유리 PA로의 가수분해와 이 유리 PA를 RIA(radioimmunological assay) 방법에 의하여 정량하는 방법을 중심으로 설명한다.

1) RIA방법에 의한 정량법

개 요

시료내의 총 PA를 정량하기 위해서는 시료를 균질화시킨다. 균질화된 시료에 효소를 첨가하여 결합형 PA를 유리 PA로 가수분해시킨 후 단백질을 제거한 다음 유리 PA 함량을 RIA 방법에 의해 측정한다(이때 시료 내에 유리 및 결합 상태로 존재하는 PA를 각각 정량하기 위해서는 효소 처리하지 않고 단백질만 제거한 후 유리 PA 함량을 측정하고, 결합형 PA 함량은 효소 처리하여 유리 PA로 가수분해된 후의 총 PA 함량을 측정한 다음, 총 PA 함량에서 유리 PA 함량을 제한 나머지로 산출한다). 유리 PA의 RIA 방법에 의한 정량은 항원(antigen ; Ag)과 항체(antibody ; Ab)의 결합율(% Ag-Ab binding)을 측정하여 시료 내에 존재하는 PA 함량을 측정한다

시료조제

1 PA 표준용액(nmol PA) 준비

① PA stock 용액 만들기 : 500㎖의 용량 flask에 d-Calcium pantothenate 238.27㎎을 취한 후 증류수로 눈금까지 채운다(100 nmol PA / 50㎕)

② PA working standard 만들기 : PA stock 용액(100nmol PA / 50㎕)을 100㎖ 용량 flask에 각각 취한 후 눈금까지 증류수로 채운 다음 잘 혼합하여 냉장고에 저장한다.

i)	xiii) 의 10㎕	(0.001 nmol PA / 50㎕)
ii)	xiii) 의 50㎕	(0.005 nmol PA / 50㎕)
iii)	xiii) 의 100㎕	(0.01 nmol PA / 50㎕)
iv)	50㎕	(0.05 nmol PA / 50㎕)
v)	100㎕	(0.10 nmol PA / 50㎕)
vi)	200㎕	(0.20 nmol PA / 50㎕)
vii)	350㎕	(0.35 nmol PA / 50㎕)
viii)	600㎕	(0.60 nmol PA / 50㎕)
ix)	1.0㎖	(1.0 nmol PA / 50㎕)
x)	2.0㎖	(2.0 nmol PA / 50㎕)
xi)	3.5㎖	(3.5 nmol PA / 50㎕)
xii)	6.0㎖	(6.0 nmol PA / 50㎕)
xiii)	10.0㎖	(10 nmol PA / 50㎕)

2 전혈(whole blood)준비

① 공복시의 혈액을 채취한다.

② 전혈을 냉동/해동 cycle을 빠르게 3번 실시하여 용혈시킨다.

③ 시험관은 시료용, 효소(enzyme) blank용, 시약 blank용으로 나누어 준비한다.

④ 시료용 시험관에 0.1㎖의 용혈된 전혈을 취한다. Enzyme blank와 reagent blank에는 0.1㎖의 증류수를 취한다.

⑤ 효소완충용액(enzyme buffer solution)을 준비하여 첨가한다.

    (1) 10units bovine intestine alkaline phosphatase

    (2) 20units pantetheinase

    (3) 0.4㎖ 0.1M Tris buffer(or PBS), pH 8.1

    (4) 증류수로 1.0㎖가 되도록 함

⑥ 시험관을 뚜껑덮어 37℃에서 7~8시간 shaking하여 결합형 PA를 유리 PA로 가수분해시킨다.

⑦ 총 200㎕의 equimolar 농도의 포화 $Ba(OH)_2$와 10% $ZnSO_4$를 첨가함으로써 가수분해를 종결시킨다.(유리 PA : free PA 생성)

    (1) 포화 $Ba(OH)_2$용액 : 약 50g의 $Ba(OH)_2$를 약 500㎖의 따뜻한 증류수에 저어 주며 하룻밤동안 녹여준다. 빠르게 진공여과 시킨 후 뚜껑 닫아 보관한다.

    (2) 포화 $Ba(OH)_2$와 10% $ZnSO_4$의 equimolar ratio : 10㎖의 10% $ZnSO_4$에 10㎖의 증류수를 가한 후 phenolphthalein을 지시약으로 사용하여 포화 $Ba(OH)_2$ 용액으로 적정한다(매달 적정을 실시하여 equimolar ratio를 유지시킨다).

⑧ 4000~5000xg에서 10분간 원심분리 시켜 단백질을 제거한 후 상층액을 취하여 RIA 방법에 의한 총 PA 함량 측정용 시료로 사용한다(이때 상층액은 280nm에서 흡광도를 측정하여 1.0 이하가 되는지 확인한다).

3 혈장(plasma) 준비

① 혈장은 공복시의 혈액을 채취한 후 heparin처리된 5000g에서 10분간 원심 분리하여 상층액을 취한다.

② 0.1㎖의 혈장에 equimolar 농도의 포화 $Ba(OH)_2$와 10% $ZnSO_4$ 200㎕를 첨가한다.

③ 5000g에서 10분간 원심분리 시켜 단백질을 제거한 후 상층액을 취하여 RIA 방법에 의한 혈장 내에 유리형으로 존재하는 PA 함량 측정용 시료로 사용한다(상층액은 280nm에서 흡광도를 측정하여 1.0 이하가 되는지 확인한다).

4 요(urine) 준비

① 24시간 요를 채취한 후 냉동시킨다.

② 냉동 요를 녹인 후 4000~5000g에서 5분간 원심분리시켜 단백질을 제거한다.

③ 상층액을 취한 후 증류수로 1:20의 비율정도로 희석시킨 다음 요중 유리형으로 존재하는 PA 함량 측정용 시료로 사용한다.

5 조직(간, 근육, 뇌)

① 유리 PA 정량용

    (1) 0.5g의 조직에 2배의 증류수를 첨가한 후 균질화 시킨다.

    (2) equimolar 농도의 포화 $Ba(OH)_2$와 10% $ZnSO_4$ 약 1.0㎖를 첨가한 후 4000~5000g에서 약 10분간 원심분리 시켜 단백질을 제거한다.

    (3) 상층액을 1:10의 비율정도로 증류수로 희석시킨 다음 조직 내에 유리형으로 존재하는 PA 함량 측정용 시료로 사용한다.

② 총 PA 정량용

    (1) A의 (1)과 같다.

（2）효소완충용액(enzyme buffer solution)을 준비하여 첨가한다.

    ① 20units bovine intestine alkaline phosphatase

    ② 30units pantetheinase

    ③ 0.5㎖ 0.1M Tris buffer(or PBS), pH 8.1

    ④ 증류수로 1.0㎖가 되도록 함

（3）시험관을 뚜껑덮어 37℃에서 10~15시간 incubation시켜 결합형 PA를 유리 PA로 가수분해시킨다.

（4）equimolar 농도의 포화 $Ba(OH)_2$와 10% $ZnSO_4$ 약 1.0㎖를 첨가한 후 4000~5000g에서 약 10분간 원심분리시켜 단백질을 제거한다.

（5）상층액을 1:10의 비율 정도로 증류수로 희석시킨 다음 RIA 방법에 의한 조직 내의 총 PA 함량 측정용 시료로 사용한다.(이때 상층액은 280nm에서 흡광도를 측정하여 1.0이하가 되는지 확인한다.).

시약 및 기구

- PA 표준용액(standards)
- PA 함량 측정용으로 조제된 시료
- 1.5% RSA(rabbit serum albumin) in PBS(phosphate buffer in saline)
- Rabbit antisera
- PA*(labeled PA)
- 포화$(NH_4)_2SO_4$
- 50% 포화$(NH_4)_2SO_4$
- Toluene
- Scintillation cocktail
- 유리병(뚜껑있는 scintillation counter용 minivial)
- Pipet
- Vortex
- Shaker
- 원심분리기(centrifuge)
- Vacuum suction
- Scintillation counter

방법(조작)

1 Mini vial에 PA 표준용액, 시료, reagent blank를 50㎕씩 pipet한다.

2 Antisera 혼합물을 만든다.

① PA*(약 6000-8000 dpm, PA* 6000~8000dpm의 조정은 PBS를 이용한다.)

② Rabbit antisera가 1:20~50의 비율로 희석되면서 각 vial당 총 250㎕가 되도록 1.5% RSA in

PBS로 채운다.

3 각 vial에 antisera 혼합물을 250μl씩 pipet한 후 vortex한다.

4 15분간 shake한다.

5 300μl의 포화(NH_4)$_2$SO를 첨가한 후 vortex한다.

6 8500g에서 15분간 원심분리 후 진공흡입(vacuum suction)으로 상층액을 제거한다.

7 500μl의 50% 포화 (NH_4)$_2$SO로 pellet을 다시 녹인 후 vortex한다.

8 8500g에서 15분간 원심분리한 후 상층액을 제거한다.

9 300μl의 toluene을 첨가한 후 뚜껑닫고 vortex한다.

10 60℃에서 30분간 두어 pellet을 녹인 후 vortex한다.

11 3㎖의 scintillation cocktail을 첨가한 후 vortex한다.

12 Scintillation counter에서 dpm 또는 cpm을 읽는다.

13 PA 표준 곡선을 % bound로 log-probit paper에 그리고 시료내의 PA 함량을 결정한다. 만약 전혈 내의 A 함량을 농도(nmol PA/㎖ 전혈)로 표시하려면 다음과 같이 계산한다.

$$\text{nmol PA} / \text{㎖ 전혈} = \frac{0.1㎖ \text{ 전혈} + 1.0㎖ \text{ 효소혼합용액} + 0.2㎖ \text{ Ba(OH)}_2\text{와 } 10\% \text{ ZnSO}_4}{0.1㎖ \text{ 전혈}}$$

$$\times \frac{\text{PA 함량(nmol)} \times 1000\mu l}{\text{시료사용량}(50\mu l)}$$

결과 및 고찰

PA-Ab 결합은 PA 농도가 낮을수록 더욱 증가한다.

참고문헌

1 Wyttwer C, Wyse BW, Hansen RG. : Assay of the enzymatic hydrolysis of pantetheine., Anal Biochem, 122, p.213(1982)

2 Wyse BW, Witwer C, Hansen RG. : Radioimmuno-assay for pantothenic acid in blood and other tissues., Clin Chem, 25, p.108(1979)

3 Gonthier A, Fayol V, Viollet J, Hartmann DJ. : Determination of pantothenic acid in food : influence of the extraction method., Food Chemistry, 63, p.287(1998)

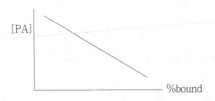

그림 20-7 PA 표준 곡선

6. 비타민 B₁₂의 정량

개 요

비타민 B₁₂(총 코발라민, total cobalamin)는 생리적 활성가를 갖는 코발트(cobalt)를 포함하고 있는 코리노이드(corrinoids)군을 의미한다. 혈청의 코발라민은 미생물이나 방사선 동위원소를 이용하여 분석할 수 있지만 방사선 동위 원소를 이용하는 방법이 보다 간단하고 쉽게 표준화 할 수 있으며 정확도가 높아서 더 자주 이용되고 있다. 따라서 본 장에서는 방사선 동위원소를 이용한 혈청의 비타민 B₁₂의 분석법을 소개하고자한다.

혈청의 비타민 B₁₂는 시안(cyanide)이 있을 때 코발라민이 사이아노코발라민(cyanocobalamin)으로 변화되고, 내적 결합 단백질을 열에 의해 변성시킴으로써 추출할 수 있다. 결합물질로서 순수한 Intrinsic factor(IF)를 사용한 경쟁적인 단백질 결합분석법(competitive protein-binding assay)으로 비타민 B₁₂를 정량한다. 추출물을 방사선 동위원소 ^{57}Co가 표지된 사이아노코바라민(^{57}Co-labeled cyanocobalmin)과 함께 항온시킨 후에 소의 혈청 알부민을 코팅한 약용탄(bovine serum albumin (BSA)-coated charcoal) 침전법으로 유리형태와 결합되어 있는 것을 분리시킨다. 감마카운터 (Gamma-counter)로 ^{57}Co-labeled cyanocobalmin을 측정하여 혈청의 비타민 B₁₂의 함량을 구한다.

시료조제

전혈을 원심분리하여 혈청 또는 혈장을 준비한다. 혈청은 실온에서 최대 2일까지, 4℃에서는 3일 간, 그리고 영하 20℃에서 1년간 보관 할 수 있다. 비타민 B₁₂를 혈청의 엽산과 함께 분석하고자 할 때 혈청의 엽산의 보존을 위하여 비타민 C를 첨가하는 경우가 있는데 비타민 C의 첨가는 상온에서 내적인 비타민 B₁₂를 파괴할 수도 있으므로 주의한다.

시약 및 기구

- Borate buffer
  - Stock solution : 3.1g boric acid(0.05M), 8.5g NaCl, 0.65g NaN3를 물에 녹여 900㎖ 정도까지 만든 다음 1M의 NaOH를 사용하여 pH를 9.3로 조정한 후 총 부피를 1ℓ로 하여 4℃에 저장한다.
  - Working solution : 100㎖의 stock solution에 10mg의 BSA와 5mg의 KCN을 첨가한다. 매번 신선한 working 용액을 준비한다.
  - 0.1%(w/v) BSA : 100mg BSA(vitamin B₁₂ free)를 물에 녹여 100㎖로 만든다.
  - 0.5M NaOH/0.5%(w/v) KCN : 2g NaOH와 0.5g의 KCN을 물에 녹여 100㎖로 만든다.
- Intrinsic factor(IF) binder solutions
  - Stock solution : 냉동 건조된 IF(10IU 정도)를 10㎖의 0.1%(w/v) BSA에 녹인 후에 적은 양으로 분주해서 영하 20℃에 보관한다.

— Working solution : 각 분석 전에 냉동 저장해 놓은 stock solution을 꺼내어 0.1%(w/v) BSA 를 사용하여 희석시킨다. 희석정도는 준비된 IF의 affinity에 따라 달라지는데 첨가한 ^{57}Co-cyanocobalamin tracer의 70%가 결합된 상태로 하면 된다(즉 Bo/T = 약 70%).

— Cyano[^{57}Co]cobalamin tracer solution (15pg/100$\mu\ell$) : 각 분석시에 미리 분주해. 놓은 stock solution(in 0.9%(v/v) benzyl alcohol)을 working buffer 로 희석시켜서 15pg/mℓ 가 되도록 준비한다.

■ Cyanocobalamin standard solution :

— Stock solution : 약 30mg의 cyanocobalamin을 물에 용해시켜 1000mℓ로 만든다(solution A); 25mℓ의 solution A를 희석시켜 100mℓ로 만든다(solution B). Solution B의 농도는 4배의 solution B와 1배의 0.5M NaOH/0.5%(w/v) KCN를 혼합한 후 분광측정기(spectrophotometer)로 측정한다. 0.5M NaOH/0.5%(w/v) KCN을 기준으로 하여 368nm에서 흡광도를 측정한다 (molar absorption coefficient = 30800; E368nm 1%, 1cm=227.3). Solution A는 200배로 희석시켜 분주하여 영하 20℃에 보관한다(6개월 정도 보관 가능).

— Working solution : 각 분석시에 분주하여 냉동 보관한 stock solution을 100배 희석시켜서 (100$\mu\ell$ stock standard + 9.90mℓ의 working buffer) 약 1500ng/ℓ 로 만든다. 이 용액을 working buffer를 이용하여 희석시켜 750, 375, 172.5, 86.8, 43.4, 21.7ng/ℓ 가 되게 준비한다(정확한 농도는 stock standard 의 흡광도를 측정하여 구한다).

　　　conversion factor : 100ng/ℓ = 73.8pmol/ℓ (MW: 1355)

　　※ Standard를 만들 때 "0" 혈청을 이용하면 더욱 좋다. Vitamin-B$_{12}$-free("0") 혈청은 immobilized IF를 이용한 affinity chromatography나 charcoal treatment를 사용하여 준비할 수 있다.

— BSA-coated charcoal solution : 12.5g의 Norit A를 500mℓ의 물에 넣어 현탁액을 만든다. 4g의 BSA를 40mℓ의 물에 녹인다. Charcoal 현탁액을 계속 저어주는 상태에서 BSA 용액을 천천히 첨가한다. 이 용액은 4℃에서 한 달간 보관할 수 있다. Charcoal 용액을 분석하는 시험관에 첨가하기 전 또는 첨가하는 동안에 magnetic stirrer를 이용하여 계속 저어주어야 한다.

■ 기구
　— Liquid transfer system
　— (Refrigerated) centrifuge
　— Spectrophotometer
　— Boiling water-bath
　— Gamma-scintilation counter

방법(조작)

1 시료추출

① 100$\mu\ell$의 standard(0～1500ng/ℓ)와 control 그리고 시료를 각각 borosilicate 시험관에 분주한다 (duplicate, X2). Nonspecific binding(NSB)의 측정을 위하여 가장 높은 농도와 가장 낮은 농도

의 standard 그리고 무작위 시료 두 개를 더 준비한다(duplicate, X2).

② 500㎕의 working buffer를 모든 시험관에 첨가하여 vortex로 잘 섞는다.

③ 시험관의 뚜껑을 막은 후에 끓는 수조에서 20분간 가열한다.

2 경쟁적인 단백질 결합 분석

① 상온으로 식힌 후에 100㎕의 working tracer solution을 각 시험관에 첨가한다. 총 radioactivity (total count)의 측정을 위하여 100㎕의 working tracer를 plastic counting tube에 duplicate로 준비한다(이 시험관은 TC로 표시해 놓고 counting 할 때까지 따로 보관한다).

② 100㎕의 IF working solution을 NSB를 제외한 모든 시험관에 첨가한다. NSB tubes에는 100㎕ 0.1%(w/v)BSA solution을 첨가한다.

③ Vortex mixer를 이용하여 모든 sample을 강하게 섞어준 뒤에 상온에서 1시간 동안 항온 보존 시킨다.

④ 항온 후에 모든 시험관을 'melting ice' 수조에 넣고 500㎕의 charcoal 현탁액을 첨가한다.

⑤ Vortex로 잘 혼합시켜 준 시험관을 0℃(melting ice)에서 15분간 incubate 시킨다.

⑥ 각 시험관을 4℃, 1500g에서 15분간 원심분리 한다.

⑦ 1000㎕의 상층액을 plastic counting vial에 담고 TC tube를 포함한 모든 시험관을 gamma-counter로 counting 한다.

3 산출 : Standard와 sample의 counts에서 NSB counts를 빼줌으로써 radioactivity를 보정한다. 보정된 counts 는 maximal bound counts에 대한 % binding으로 표시한다($B/B_o \times 100$; B_o는 '0' standard에 대한 보정된 counts). Bound radioactivity의 퍼센트는($B/B_o \times 100$)는 비타민 B_{12}의 standard curve를 이용하여 계산한다. 이때 standard data를 직선형태의 standard curve로 변형 시켜서, 즉 비타민 B_{12} 농도의 log값에 대한 B/B_o의 log($=\log[B/B_o]/1-[B/B_o]$)를 이용하면 계산이 편리하다.

결과 및 고찰

1 Linearity의 범위 : Standard curve의 밖에 있는 sample은 시료의 농도가 standard curve의 선상 에 들도록 working buffer를 사용하여 적절히 희석하여 사용하여야한다.

2 측정 한계 농도(detection limit) : 측정 가능한 범위(즉, $B/B_o=90\%$)는 약 1pg/tube 정도로 혈 청 농도 7pmol/ℓ에 해당한다.

3 표준값(reference values) : 비타민 B_{12}의 표준값은 일반적으로 군집단에 따라 다르다. 한 예로 네덜란드의 건강한 성인(37±11.2세)을 대상으로 한 조사에서 비타민 B_{12}의 혈청농도는 305 ±113pmol/ℓ이었다. 혈청의 비타민 B_{12}의 농도는 노화에 따라 특히 남성의 경우 다소 감소하 는 경향이 있다.

4 판정 : 혈청의 비타민 수준이 75pmol/ℓ(100pg/㎖) 이하일 때 일반적으로 비타민 B_{12}의 결핍이 라고 간주하고 있다.

5 기타 변형된 방법 : 방사선 동위원소를 사용한 비타민 B_{12}의 분석 결과는 결합 단백질(binder) 의 종류나 시료 추출방법 등에 따라 달라질 수 있다. 묽은 HCl을 사용하여 끓이거나

glutamic acid buffer를 이용하여 원심분리 없이 혈청에서 추출하기도 한다. 또한 비타민 B_{12}를 엽산과 함께 동시에 분석하는 방법도 있으며, 현재 분석시약 kits도 판매되고 있다 (becton-dickinson immunodiagnostics, diagnostic products corporation, clinical Assays).

참고문헌

1 Herbert, V., Colman, N. and Oalat, D. : Is there a 'gold standard' for human serum vitamin B-12 assay?., J. Lab. Clin. Med., 104, p.829(1984)

2 England, J.M. and Linnell, J.C. : Problems with the serum vitamin B-12 assay., Lancet, ii, p.1072(1982)

3 Lau, K.S., Gottlieb, C.W., Wasserman, L.R. and Herbert, V. : Measurement of serum vitamin B_{12} level using radioisotope dilution and coated charcoal., Blood, 26, p.202(1965)

4 Kubasik, N.P., Ricotta, M. and Sine, H.E. : Commercially-supplied binders for plasma cobalmin(vitamin B_{12}) analysis-'purified' intrinsic factor, 'cobinamide'-blocked R-protein binder, and non-purified intrinsic factor-R-binder compared to microbiological assay., Clin. Chem., 26, p.598(1980)

5 Ceska, M. and Lundkvist, U. : Use of solid phase intrinsic factor for radiosorbent assay of vitamin B12., Clin.Chim. Acta, 32, p.329(1971)

6 Lindemans, J. and Van Kapel, J. : The effect of oxidation state of the folate standard on the results of the simultaneous radioassay of serum folate and cobalamin., Clin. Chim. Acta, 114, p.315(1981)

7 Lee, D.S.C. and Griffiths, B.W. : Human serum vitamin B12 assay methods: A review. Clin. Biochem., 18, p.261(1985)

7. 비타민 C의 정량

1) 혈청 중의 비타민 C

개요 및 실험원리

Ascorbic Acid(AsA) 측정은 Ferric ion(Fe^{3+})는 산성 용액에서 AsA에 의해 Ferrous ion(Fe^{2+} ; 525nm에서 특징적인 흡광도를 가지는 Complex를 형성하기 위해 α, α'-dipyridyl과 coupled)으로 산화된다. Total AsA(AsA + Dehydroascorbic Acid(DAsA))의 측정은 DAsA는 dithiothreitol(DTT)에 의해서 AsA로 10분 안에 산화된다. N-ethylmaleimide(NEM)로 초과된 DTT를 제거한 후에, 총 AsA 는 α, α'-dipyridyl method에 의해 측정된다.

시료조제

12시간 금식 후에 다음과 같이 sample을 채취한다. 채집 후 즉시 DTT(10mmol/L) 용액 1/2㎖을 첨가한다.

1 Vacutainer Tubes에 antecubial vein으로 부터 10㎖의 혈액 샘플을 채취한다.

2 채집후에, 알루미늄 호일을 씌워서 자연광으로부터 샘플을 보호한다.

3 4℃, 3000×g 원심조건에서 15~20분 동안 혈액 샘플을 원심분리 하여 serum을 분리한다.

4 모든 샘플은 다음 분석전까지 −80℃로 얼린다.

시약 및 기구

■ 시약

− Trichloroacetic acid(10%) : TCA 100㎖ water에 TCA10g을 녹인다.

− o-phosphoric acid : 100㎖ water에 H_3PO_4(assay : minimium85%)10㎖을 mixing하여 녹인다.

− Ferric chloride($FeCl_3$) : 100㎖ water에 $FeCl_3$ 3g을 녹인다.

− α , α'-Dipyridyl : 70%ethylalcohol 100㎖에 α , α'-Dipyridyl 4g을 녹인다.

− Reducing agent : 10mmol/L DTT 액체 용액을 이용한다.

− N-ethylmaleimide(NEM) : 100㎖ water에 NEM5g을 녹인다.

− 표준 AsA 용액 : 100㎖ cold water에 L-AsA 10mg을 녹인다(항상 사용전에 즉시 준비한다).

■ 기구

− 2㎖ test tubes(샘플당 3개씩)

− Small tube racks

− 100㎕, 200㎕, 300㎕ Eppendorf pipettes과 pippets tipes

− 10mm glass or disposable plastic cuvetts

− Spectrophotometer(Beckman 101, absorbance : 525nm)

방법(조작)

2 blank test-tubes, 4 stand tubes(각 샘플당 2개씩{duplication})

1 추출

① Test tube에 혈청 300㎕을 첨가하고, 4 standard test-tubes에 표준액(50㎕, 100㎕, 150㎕, 200㎕ 씩 첨가하며, blank test-tubes에 double distilled water(DDW) 300㎕ 첨가한다.

② Standard & test sample tubes에 Reducing agent(10mmol/ℓ DTT) 100㎕씩 첨가한다.

    (*샘플에는 채집시 첨가된 DTT(10mmol/ℓ DTT)를 포함한다)

③ Blank : DTT : NEM(1:1)mixture를 첨가한다.

④ 잘 섞은 후에 실온에서 10분간 방치한다.

⑤ blank를 제외한 모든 tubes에 0.5% NEM 100㎕ 첨가한다..

⑥ 잘 섞은 후, 실온에서 30초 놓아둔다.

⑦ 모든 tubes에 10% TCA 500㎕ 첨가한다.

⑧ 잘 섞은 후, 3℃, 3000RPM에서 2분간 원심분리한다.

2 분석(for all tubes)

⑨ micro-centrifuge tubes에 step 8의 상청액 500$\mu\ell$을 옮긴다.

⑩ 모든 tubes에 H_3PO_4 200$\mu\ell$첨가한다.

⑪ 모든 tubes에 4% α, α'-dipyridyl 200$\mu\ell$ 첨가한다.

⑫　　　　3% $FeCl_3$ 100$\mu\ell$첨가하고, 즉시 힘차게 섞어준다(바로 섞어주지 않으면, 탁하게 변함).

⑬ 37℃에서 60분간 방치한 후, 525nm에서 흡광도 측정한다.

3 READING : Water blank를 사용하여, 525nm에서 spectrophotometer(Beckman)을 사용하여 흡광도를 측정한다.

$$비타민\ 농도(mg/d\ell) = \frac{시료용액_{흡광도} - 맹검_{흡광도}}{표준용액_{흡광도} - 맹검_{흡광도}} \times 표준농도$$

성인의 혈청 비타민 농도의 정상치는 다음과 같다.

정상 >0.4~1.5mg/dℓ, 저하 0.2~0.4mg/dℓ, 결핍 <0.2mg/dℓ

표 20-11 실험계획　　　　　　　(단위 : $\mu\ell$)

procedure		blank 1	blank 2	standard 1	standard 2	standard 3	standard 4	NI-NX
1.	1) Serum							300
	2) standard(100mg/mℓ)			50	100	150	200	
	3) DDW	300	300	250	200	150	100	
2.	DTT(10mol/L)		100	100	100	100	100	100
3.	DTT:NEM(1:1)	200						
4. 혼합후 실온에서 10분간 방치								
5.	NEM(5%)		100	100	100	100	100	100
6. 혼합후 실온에서 30초간 방치								
7.	TCA(10%)	500	500	500	500	500	500	500
8. 혼합후 3℃, 3000RPM에서 2분간 원심분리.								
9.	Supernatant	500	500	500	500	500	500	500
10.	o-phosphoric acid	200	200	200	200	200	200	200
11.	α, α'-dipyridyl(4%)	200	200	200	200	200	200	200
12.	1) Ferric chloride(3%)	100	100	100	100	100	100	100
	2) 즉시 힘차게 섞어준다.							
13. 37℃에서 60분간 방치.								
14. 525nm에서 흡광도 측정.								

Test Tubes

고 찰

DTT는 중성 pH에서 단백질 침전을 최소화시키고, dehydroascorbic acid를 환원시켜 ascorbic acid 로 환원 시켜 환원형 형태를 유지시키는 것을 돕기때문에 보존제로서 사용되어진다. 또한 혈청 은 ascorbic acid의 손실없이 -80℃에서 편리하게 보관할 수 있다. 그러나 colorimetric assays에서 DTT는 assay를 방해하기 때문에 위의 방법에서와 같이 N-ethylmaleimide같은 시약을 먼저 제거 해야만 한다.

참고문헌

1 Okamura M. : An improved method for determination of L-Ascorbic acid and L-Dehydro ascorbic acid in blood plasma., Clinica Chimica Acta, 103, p.259(1980)

2 Margolis SA, Zeigler RG, & Helzlsouer HJ : Ascorbid and dehydroascorbic acid measurement in human serum and plasma., Am J Clin Nutr, 54, p.1315s(1991)

3 Giegel JL, Ham AB, Clema W. : Manual and semi-automated procedure for measurement of triglycerides in serum., Clin, Chem. 21, p.1575(1975)

4 My dissertation Reference: Priceilla Samuel, December : Dietary, Biochemical, and Behavioral factors, and breast cancer risk among Asian Indians in Iindia rersus Canceeians and Asian Indians in the USA., The university of Tennessee, Knoxville, Tennessee, USA(1996)

2) Indophenol 적정법

개요 및 실험원리

2,6-dichlorophenol indophenol은 ascorbic acid(환원형 비타민 C)에 의하여 환원되어 홍색이 무색 으로 되므로 indophenol용액에 ascorbic acid를 떨어뜨려 홍색이 없어지는 점을 구하여 정량한다. 또 dehydroascorbic acid(산화형 비타민 C)를 황화수소로 환원하여 두면 같은 방법으로 총 비타민 C를 정량할 수 있다.

ascorbic acid + 2,6-dichlorophenol indophenol
　（환원형, 무색）　　　（산화형, 홍색）
　　　　------→ dehydroascorbic acid + 2,6-dichlorophenol indophenol
　　　　　　（산화형, 무색）　　　　（환원형, 무색）

시약 및 기구

- 5% 메타인산액 : 특급 HPO_3 25g을 물로 500ml로 한다(냉장고에 보존).
- 2% 메타인산액 : 5% 메타인산액 40ml를 물로 100ml로 한다.

- N/100 요오드산칼륨용액 : N/10 KIO₃액(KIO₃ 0.357g을 정확히 평취하여 물로 100㎖로 한다. 갈색병에 보존)을 원액으로 하고 사용시에 원액 1㎖를 정확하게 물로 100㎖로 한다.
- 6% 요오드화칼륨액 : KI 0.6g을 물 10㎖에 용해하여 갈색병에 보존한다.
- 1% 전분액 : 가용성 전분 1g을 100㎖의 물에 가열 용해하여 식염 30g을 가한다.
- Indophenol 용액 : 2,6-dichlorophenol indophenol 나트륨 1㎎을 물 200㎖에 용해하여 여과한다. 실험할 때마다 새로이 조제한다.
- 4mg% ascorbic acid용액 : L-ascorbic acid 4㎎을 2% 메타인산액으로 100㎖로 한다.
- 해사(sea sand) : 시판해사를 사용한다.
- Mortar, 분액 깔때기, micro buret, 원심분리기

방법(조작)

1 Ascorbic acid 용액의 농도검정 : Ascorbic acid 용액 2㎖를 시험관에 취하여 요오드화칼륨액 0.2㎖와 전분액 2~3방울을 가하여 micro buret을 사용하여 N/1000 요오드화칼륨액을 떨어뜨린다. 적정의 종말점은 엷은 청색이 나타나는 점으로 한다(이 때 백색종이를 사용하면 쉽다).

$$\text{ascorbic acid 용액농도(mg/100g)} = \text{적정치(㎖)} \times \frac{1}{2} \times 8.8$$

2 Indophenol용액의 농도검정 : Indophenol용액 1㎖를 시험관에 취하고 여기에 농도검정을 한 ascorbic acid 용액을 micro buret으로 적정한다. 액은 도중 청색에서부터 적색으로 변하며 적색이 없어지는 점을 종말점으로 한다.

3 시료용액의 조제 : 시료를 일정희석배수의 침출액(5배 또는 10배)으로 만들고 이것이 최종적으로 2% 메타인산용액이 되게 한다.

① 10배 희석액 : 시료의 적당량(야채, 과실의 경우 5~10g)을 측정하여 막자사발에 넣고 시료 1g에 4㎖의 5% 메타인산용액을 가하여 해사를 적당량 가하고 잘 마쇄한다. 여기에 시료 1g에 5㎖의 물을 가하여 흔들어서 원침시킨다. 이 상층액을 시료용액으로 한다. 상층액이 깨끗하지 않으면 여과한다.

② 5배 희석액 : 시료 1g에 따라 5% 메타인산 2㎖와 물 2㎖를 가하여 (1)과 같이 한다.

4 적정 : 이와 같이 조제한 시료용액을 micro buret에 넣고 시험관에 1㎖의 indophenol액을 취하여 적정한다. 적정방법은 색소용액의 검정과 같이 한다.

결과 및 계산

시료 중의 ascorbic acid의 양 A는 다음 식에 의해 구한다.

$$A = b \times \frac{m}{n} \times v$$

b : ascorbic acid 용액의 농도(mg/100g)

m : 색소액에 대한 ascorbic acid용액의 적정치(㎖)

n : 색소액에 대한 시료용액의 적정치(㎖)

v : 희석배수

3) Hydrazine 비색법

개요 및 실험원리

Dehydroascorbic acid(산화형 비타민 C)는 2,4-dinitrophenyl hydrazine(DNP)용액과 작용하여서 정량적으로 적색의 osazone을 만든다. 이것에 황산용액을 가하면 정색이 되는 것을 이용한다. 따라서 시료 중의 환원형 ascorbic acid를 산화시켜 산화형 dehydro-ascorbic acid로 만들고, 여기에 DNP 용액을 가하여 생성된 osazone을 비색시키면 총 비타민 C를 정량할 수 있다.

시약 및 기구

- 0.2% indenophenol액 : 2,6-dichlorophenol indophenol 나트륨 0.2g을 온탕 100㎖에 용해시킨다. 냉소에 저장하면 2주간 유효하다.
- 5% 및 2% 메타인산용액
- Thiourea 메타인산용액 : 사용시에 thiourea 2g을 2% 메타인산 50㎖에 용해하여 물로 100㎖로 한다.
- DNP용액 : 2,4-dinitrophenyl hydrazine 2g을 9N 황산 용액(진한황산 1 : 물3) 100㎖에 용해하여 유리여과기로 여과한다. 냉장고에 보관하면 2주간 유효하다.
- 85% 황산용액 : 물 12㎖에 진한 황산 100㎖를 용해한다. 처음에는 조금씩 천천히 가하고 과열에 주의하면서 서로 섞는다.
- 8N 황산용액 : 3배의 물에 황산 1배를 천천히 가한다. 과열에 주의한다.
- 비타민 C 표준용액 : 순결정 비타민 C 100mg을 2% 메타인산용액에 용해하여 100㎖로 한다. 이액 0.25, 0.5, 1.0, 1.5, 2.0, 2.5㎖를 각각 2% 메타인산용액에 용해하여 100㎖로 하여서 6종류의 표준용액으로 한다.
- 분광광도계(520mm)

방법(조작)

1. 시료용액의 조제 : Indophenol법과 같다.
2. 산화 : 3개의 시험관에 시료용액을 2㎖씩 넣고 ① 총비타민 C용 ② dehydroascorbic acid용 ③ 맹검용으로 한다.
   1의 시험관에 indophenol용액 한방울을 가하여 홍색이 될 때 3개의 시험관 각각에 thiourea용액 2㎖를 가한다.
3. Osazone의 생성 : 1 및 2의 시험관에 DNP용액을 각각 1㎖씩 가하고 37℃에서 3시간 보온한다. 다음에 3개의 시험관을 빙수중에서 식히며 85% 황산용액 5㎖를 주의하면서 조금씩 가하고 흔들어 혼합한 후 ③의 시험관에 DNP용액 1㎖를 가한다. 시험관 전부를 빙수중에서 꺼내어 실온에서 30~40분 방치한다.
4. 비색 : 시약 항에서 만든 6종의 표준용액을 앞의 시험관 1과 같이 처리하고 비색계의 510~540nm에서 비색하여 검량선을 작성한다. 다음에 시험관 3의 액을 대조용액으로 하여 1 및

❷의 흡광도를 측정한다.

결과 및 계산

다음과 같이 시료중의 총 비타민 C, dehydroascorbic acid 및 환원형 비타민 C를 구한다.

$$\text{총 비타민 C량(mg/100g)} = C_1 \times \frac{A}{2} \times \frac{100}{S}$$

$$\text{Dehydroascorbic acid량(mg/100g)} = C_2 \times \frac{A}{2} \times \frac{100}{S}$$

$$\text{환원형 비타민 C량(mg/100g)} = \text{총 비타민 C량(mg/100g)} - \text{dehydroascorbic acid량(mg/100g)}$$

C_1 : 검량선에 의하여 구한 비타민 C량(시험관①)

C_2 : 검량선에 의하여 구한 비타민 C량(시험관②)

A : 조제시료용액량(mℓ)

S : 시료 채취량(g)

HPLC(High-Performance Liquid Chromatography)에 의한 비타민 분석의 조건 예를 표 20-12에 제시(참고문헌 참조)

참고문헌

❶ 勝井(1956) ビタミン學, 金原出版, p.676.

❷ 食品分析ハンドブック, (1977)

❸ Nollet, Leo M. L., Handbook of Food Analysis, Vol. 1. Cpt. 17 Determination of the Fat-Soluble Vitamins in foods by High-Performance Liquid Chromatography, p.601.

❹ Nollet, Leo M. L., Handbook of Food Analysis, Vol. 1. Cpt. 18 Water-Soluble vitamins p.649.

표 20-12 HPLC에 의한 비타민 C의 분석조건

Analyte(s)	분석내용	축출조건	HPLC clumns[a]	HPLC 이동상 flow rate	Detection conditions	Method verification[b]
Total AA & total IAA simultaneously	Fresh foods (cereals, pulses, nuts, fruit, vegetables, fish, meat, eggs, milk); processed foods(beverages, cereals, fruit, vegetables, fish, meat, milk)	Oxidation of AA and IAA to DHAA and HIAA by indo-phenol; DHAA and DHIAA derivatized with σ-phenylene-diamine; solid phase extraction/cleanup with C18-Sep-Pak (Waters).	Precolumn; PLRP-S (5×3mm; Polymer Laboratories). Analytical; PLRP-S (150×4.6mm, 5μm 100Å pore; Polymer Laboratories).	Isocratic; methanol +80mN phosphate buffer, pH 7.8 (7+3 v/v). 0.8mℓ/min.	Fluorescence, 355/425nm (ex/cm).	External standardization. LoD =0.125μg at SNR =3. Reproducibility-CV ± 5.2% for total vitamin C in cucumber (n=7) Recoveries= 70~110% for AA. 72~101% for IAA from a variety of fresh and processed foods(n=3)

[a]Column specifications expressed as(length×id, particle size manufacturer).

[b]r=icorrelation coefficient; n=number of determinations, LoD=limit of detection; SNR=signal-to-noise ratio; CV=coefficient of variation

제 3 절 비타민 유사물질

1. 콜린의 정량

1) GC-MS를 이용하여 측정하는 방법

개요 및 실험원리

콜린(choline)은 propionyl ester를 형성함으로서 휘발성 유도체로 변환된 후, 벤젠치오시안에이트 (benzenethiolate)를 사용하여 N-methy group을 제거한다. ^{13}C, ^{15}N, ^{2}H로 표시된 내부표준물질들 (internal standards)의 복원을 보정하기 위해 사용된다.

시료조제

콜린(choline)은 다음의 분석전에 조직으로부터 추출되어져야 하고, 내부표준물질(internal standards) 은 항상 추출과정의 시작에서 첨가된다. 만약 콜린(choline), 아세틸콜린(acetylcholine), 포스포콜 린(phosphocholine), 글리세르포스토콜린(glycerophosphocholine), 시티딘디포스포콜린(cytidine dipho- sphocholine), 라이소포스파티딘콜린(lysophosphatidylcholine), 포스파티딜콜린(phospharidylcholine)이 측정되어진다면, 이 대사물들의 추출과 분리는 HPLC를 사용하여 측정할 수 있다. 만약 단지 콜 린(choline)과 아세틸콜린(acetylcholine)을 측정한다면, 조직은 9배의 차가운 1M formic acid을 함 유한 아세톤으로 분쇄하고, 1,500×g, 4℃에서 10분간 원심분리한 후, 상청액은 콜린측정에서 사 용되는 진공하에서 건조된다(acetylcholine은 즉각적으로 측정한다).

시약 및 기구

- 5mM Silver toluene sulfonate(Aldrich, Milwaukee, WI, USA) in Acetonitrile(HPLC grade : 139.54mg/100㎖ solvent. 사용전에 완전히 용해시킨다)
- Propionyl chloride(99%; Fluka Chemicals, Ronkonkoma, NY, USA) : 잔류하는 모든 HCl은 제거 해야만 한다.: 0.5L + 2㎖ Tri-N-Octhlamine(Aldrich), 흔들어서 서서히 증류시킨다.
- Sodium benzenethiolate : Thiophenol(benzenethiol)은 엄청난 악취가 나므로, 이 과정은 fume hood에서 장갑을 끼고, 적당한 실험실복을 입고 실시해야 한다. 또한 톨루엔(toluene)은 흡입시 몸에 해롭다. 악취는 다른 물질들에 남아 있을 수 있으므로 되도록이면 유리 실험기기를 사용 한다.
  - 핵산(hexane)이 담긴 Erlenmeyer flask에 sodium metal(Na°; Aderich) 9.42g을 넣는다. 핵산 (hexane) 존재하에서 Na°을 저장한다. 절대 공기나 물에 노출되어서는 안된다.

- 증류기기안에서, thiophenol(C_6H_5SH) 67g과 메탄올(HPLC grade) 250㎖을 혼합한다.
- 천천히 $Na°$을 첨가하고, 용해될 때까지 힘차게 섞어준다. 적절한 가열이 필요할 수도 있다.
- 톨루엔(toluene) 300㎖을 첨가하고, 메탄올이 증발될 때까지 시료를 63.8℃에서 가열한다. 혼합물은 뿌옇게 변할것이고, 톨루엔(toluene)의 끓는 점인 110℃까지 온도가 올라갈 것이다.
- 차가운 톨루엔(toluene) 200㎖을 첨가하고 증류되게 유지시킨다.
- 증류기기의 농축기에서 얻어진 뜨거운 톨루엔(toluene)을 사용하여 증류 플라스크에 1ℓ 첨가한다(부가적인 끓는 톨루엔(toluene)의 첨가 필요할지도 모른다).
- 부피가 약 100~200㎖로 감소될 때 까지 혼합물을 끓인다.
- 질소가스하에서, 침전물을 거름종이에 붇고, 1ℓ의 끓는 톨루엔(toluene)으로 씻어준다. 흰색의 침전 결과물은 sodium bezenethiolate이다.
- 진공 데시게이터 안의 증류 접시에 sodium bezenethiolate을 즉시 넣는다. 적어도 하룻밤 정도 건조시킨다(모든 건조물을 얻기 위해 2시간 후에 휘젓는다).

■ 50mM Sodium benzenthiolate in 25mM thiophenol in 2-butanone.

butanone 25.6㎕/10㎖(or 27.5mg/10㎖)안에 25mM thiophenol(mol. wt., 110: d=1.073).

Sodium benzenthiolate 66mg을 첨가하고, 질소가스하에서 용해시킨다.

-20℃, 질소가스하에서 봉합된 (anpules)안에 액상으로 이것을 저장하려면 이것을 미리 준비해두는 것이 좋다. 이것은 적어도 1년간 안정하다.

■ 0.5M 스트르산(Citric acid, Mallinckrodt, Paris, KY. USA): 26.268g/250㎖ H_2O, 4℃에서 저장.

■ Pentane(reagent grade; EM Science, Cherry Hill, NJ, USA).

■ Ethyl ether(grade GR; DM Science).

■ 2M Amminium citrate - 7.5M ammonium hydroxide buffer :

58% NH_4OH(Fisher Scienrific, Medferd, MA, USA; mol. wt., 35); amminium citrate(dibasic; alerich; mol. wt. 226). 물 25㎖에 45.24g을 첨가하고, NH_4OH 50㎖을 넣는다. stir bar로 섞어주고, 물을 사용하여 최종부피 100㎖을 마춘다. buffer는 ammina의 강한 냄새가 유지될 때까지 사용할 수 있다.

■ 15% 1N Formic acid in acetone :

1N Formic acid : 88%Formic acid 52.6㎖을 물로 최종부피 1ℓ로 마춘다.

85㎖ acetone에 1N Formic acid 15㎖을 첨가한다.

■ Dichloromethane(HPLC grade; Burdick & Jackson Laboratories, Muskegon, MI, USA)

■ 1M TAPS buffer, pH 9.2:

24.33g N-tris amino-propaesulfonic acid + 50㎖ water.

10N NaOH로 pH 9.2로 조정한다. 냉장보관.

■ 1mM Dipicrylamine in dichlorometane.

100㎖ dichlorometane에 dipycrylamine 43.9mg을 첨가한다.

실온에서 약 1시간동안 저어준다.

방법(조작)

1 Column packing : 4-Dodecyldieth

① 증류기기 안에서 23.4g 4-Dodecyldiethylenetriamine succinamide(86mmol)에 125㎖ 툴루엔 (toluene)을 첨가한다. oil bath를 150℃로 데운후에 잔류 수분을 제거하기 위하여 약 30분 이상 증류시켜 40㎖ 정도가 되게 한다.

② 냉각하지 않고, 12.6g dimethyl succinate(86mmol; 1㎖=1.12g)을 100㎖ 툴루엔에 서서히 첨가한다. 1시간 동안 reflux한다.

③ 용매 80㎖이 증류되고 난 후, 더 많은 dimethyl succinate(6.3g in 50㎖ 툴루엔)을 첨가한다.

④ 더 이상 증류되지 않을 때까지 150~160℃의 oil bath에서 혼합물을 가열한다. 그리고 나서, 진공하(1mm mercury)에서 20분 동안 170℃에서 가열한다.

⑤ 산물을 식히고, acetic anhydride(78㎖)과 7.8g sodium acetate과 함께 1시간 동안 60~70℃에서 저어준다.

⑥ 150㎖ ice-cold 증류수에 혼합물을 첨가한다(다음 단계에서 거품이 나기 때문에 큰 비이커를 사용한다). 혼합물을 실온에서 16시간 동안 놓아둔다.

⑦ Potassium carbonate(140g)을 서서히 첨가하고, 거품이 멈춘 후에 액상부분은(pH 11) 가만히 따라낸다.

⑧ Diethyl ether(200㎖)로 잔여물을 용해시킨다. sodium sulfate(30g)으로 건조시킨다.

⑨ no.2 paper로 거르고, 회전 증발기 안에서 건조한다. 최종회수율로 29g을 만든다(달고 꿀냄새가 나는 갈색의 끈끈한 oil).

2 Column packing:3% OV-17 on GC-22 precoated with 1% DDTS

① 100㎖ 클로로포름 안에 20g GC-22와 1g DDTS를 부유시킨다. 2시간 동안 몇분마다 서서히 소용돌이 치게 한다.

② 초과된 용액은 따라낸다. 100㎖ 클로로포름을 첨가하고, 천천히 소용돌이치게 한다. 즉시용액의 웃물을 따라낸다.

③ 3% 용액을 만들기 위해 OV-17(0.6g)을 아세톤에 첨가하고, 회전 증발기에서 건조한다.

3 Standard solutions

① Choline standard curve : Choline chloride는 흡습성이 매우 강하다. methanolic solution으로부터 재결정되므로 desicator에 보관해야 한다. 14mg Choline chloride/10㎖ methanol solution의 20㎕을 취하여 methanol 10㎖로 희석한다. 0, 10, 25, 50, 100, 200㎕(0, 0.2, 0.5, 1, 2, 4nmol choline)을 12㎖ screw cap 원심분리하여 유리관에 옮긴다.

② Internal standard(20μM N,N,N-trimethyl-d9 choline chloride [MSD Isotopes] : 14.9mg d9-choline chloride/10㎖ methanol solution 20㎕을 취하여 methanol 10㎖로 희석한다.

4 시료준비

① 항상 조직의 추출물은 d₉-internal standard를 포함하도록 준비되지만, 만약 그렇지 않다면, d₉-internal standard 100㎕(2nmol)을 각 tube에 첨가해야만 한다.

② 건조된 시료 추출물은 300㎕ 증류수에 재부유시킨다.

③ 0.5㎖ TAPS buffer과 2.5㎖ 1mM dipicrylamine을 첨가한다.

④ 캡을 씌우고, 2분 동안 힘차게 섞어준다.

⑤ 1,500×g, 2분간 실온에서 원심분리한다.

⑥ 위 부분은 뽑아내서 버리고, 아래부분(organic)은 12㎖ glass screw cab centrifuge tubes에 옮기고, 질소가스 하에서 완전히 건조시킨다.

⑦ 시료는 건조하여 무기한 저장시킬 수 있다.

5 시료전처리

① 0.5㎖ Silver toluene sulfonate와 50㎕propionyl chloride를 첨가한다.

② 혼합하여 실온에서 5분간 놓아둔다. 질소가스하에서 완전히 건조한다.

③ 질소 가스하에서 0.5㎖ 50mM Sodium benzenthiolate을 첨가하고 tube에 캡을 씌운다.

④ 가볍게 혼합하고, 80℃에서 45분간 incubate시키고 100㎕ 0.5M Citric acid을 첨가하다. 가볍게 혼합한다.

⑤ 2㎖ ethy ether로 씻어준다. 혼합하고, 300×g에서 1분간 원심분리하고, 상청액은 뽑아내 버린다. 그리고 나서 pentane으로 두 번 씻어준다(혼합하고, 300×g에서 1분간 원심분리하고, 상청액은 뽑아내 버린다). 질소기류하에서 남아있을 수 있는 pentane을 증발시킨다.

⑥ 50㎕ Dichloromethane과 100㎕ amminium citrate buffer를 첨가한다.

⑦ 뚜껑을 덮고, 혼합하여 300×g에서 2분간 원심분리한다.

6 GC-MS 조건 및 injection

① 바닥 부분(dichloromethane phase-cloudy) 1㎕을 GC에 주입한다.

② GC-MS(Gas chromatography-mass spectrometry):

Hewlett Packard GC-MSD(model 5890/5970; Andover,MA, USA).

Packed Column: 6′×2mm ID glass을 1% DDTS로 precoat된 3% OV-17 on GC-22로 packed.

Iniet 온도, 170℃; jet seperator 온도, 155℃; transfer line과 detector 온도, 215℃; 100~110℃로 oven 온도 isothermal.

Carrier gas: He(flow; 45㎖/min).

전형적인 retention time : acethycholine → 2.3min, choline 유도체 → 3.7min

Electron impact voltage, 70eV; electron multiplier, 400 relative emV.

m/z 58에서 fragment가 choline(또는 acethycholine) 농도를 계산하기 위해 사용되었다.

(trimethyl-d9 choline: the fragment at m/z 64)

결과 및 고찰

콜린(choline) 농도는 실온에서 저장한 조직에서 증가한다. 그러므로 가능한 빨리 조직을 얼리는 것이 중요하다(핵화질소 사용). 단기 저장시에는 −20℃에서 저장해도 되지만, 저장기간에 길어질 경우에는 −60℃에서 저장한다. 한번 꺼낸 시료는 단지 1~2일 정도 유효하다. Sodium benzenthiolate는 습기에 매우 민감하기 때문에 sealed vials에 저장된 것을 꺼내서 사용한다. GC column 또한 수분에 의해 손상된다.

본 실험을 통해 콜린(choline) 200pmol을 탐지하고, 20nmol까지 선으로 나타낼 수 있다. 시료 크기는 보통 50㎕ 혈장, 혈청, 또는 100mg liver를 사용한다.

콜린분석을 위한 또 다른 방법이 있다. 이 방법은 MS대신에 FID(flame ionization detector)나 nitrogen-phosphorus를 사용한다. 콜린(Choline)을 측정하는 다른 방법은 thermophilic enteric yeast Torulopsis pintolopessi를 사용하는 biologly assay가 있다. 또한 콜린(choline) 분석에 chemilu-minescene method도 보고된 바 있다. Radioenzymatic method에는 liquid cation exchange에 의해 분리시키는 방법과 Choline kinase로 반응을 촉매하여 Choline-^{32}P로 변환하는 방법이 널리 이용되고 있다. 다른 방법들로는 HPLC를 사용하여 콜린(Choline)을 분리하는 방법이 있다. 이것은 electrochemocal detector를 사용시 유출물로 탐지되는 betaine과 hydrogen peroxide로 콜린(choline)을 변환하는 post-column reaction을 사용할 수 있다. 대신으로, 콜린(choline)은 3,5-dinitroben-zonate derivative로 변환할수 있고, 240nm에서 UV detection으로 paired-ion HPLC에 의해 분석할 수 있다. 또한 Choline은 filed desorption mass spectrometry를 사용하여 측정할 수도 있다. 이러한 방법들은 각기 장점을 가지고 있다. 예를 들어, Radioenzymatic method는 이틀내에 100개의 시료를 분석할 수 있고, 비용도 많이 들지 않는다. Mass spectrometric assay는 stable isotopes으로 label된 internal standards를 사용할 수 있다는 특징이 있다.

참고문헌

[1] Pomfret EA, daCosta KA, Schurman LL, Zeisel SH. : Measurement of choline and choline metabolite concentrations using high pressure liquid chromatography and gas chromatography -mass spectrometry., Analyt. Biochem., 180, p.85(1989)

[2] Maruyama Y, Kusaka M, Mori J, Horikawa A, Hasegawa Y. : Simple method for the determination of choline and acetylcholine by pyrolysis gas chromatography., J Chromatog., 164, p.121(1979)

[3] Baaker H, Frank O, Tuma DJ, Barak AJ, Sorell MF, Hunter SH. : Assay for gree and total choline activity in biological fluids and tissues of rats and man with Torulopsis pintolopessi., Am. J. Clin. Nutr., 31, p.532(1978)

[4] Das I, de Belleroche J, Moore CJ, Rose FC. : Determination of free choline in plasma and erythrocyte samples and choline derived from membrane phosphatidylcholine by a chemi-luminescence method., Analyt. Biochem., 152, p.178(1986)

[5] Golberg AM, McCaman RE. : The determination of picomole amounts of acetylcholine in mammalian brain., J Neurochem., 20, p.1(1973)

2. 카르니틴의 정량

1) 동위원소를 이용한 효소법

개요 및 실험원리

시료중의 카르니틴의 3가지 분획은 PCA로 처리하여 원심분리하면 침전층은 acid-insoluble acylcarnitine(AIAC)으로 상등액은 nonesterified carnitine(NEC) 및 acid-soluble acylcarnitine (ASAC)으로 나누어 진다. 상등액중의 일부는 NEC를 구하고, 나머지는 ASAC는 0.5mol/ℓ KOH 로 가수분해하여 NEC와 ASAC의 합을 구하여 상등액중의 NEC값을 빼어주므로써 ASAC값을 구 한다. 침전층 중의 AIAC은 0.5mol/ℓ KOH로 60℃에서 60분간 가수분해시켜 그중의 카르니틴의 양을 구한다.

이렇게 시료중에 존재하는 카르니틴의 각 분획들의 량은 ^{124}C-acetyl-CoA와 Carnitine acetyl transferase를 첨가하여 반응시키고 다시 음이온 교환수지를 통과시켜 회수된 ^{14}C-acetylcarnitine의 양을 β-counter로 측정한다.

시료조제

1 Blood Samples

① Heparin(15U/㎖ blood)이나 ETDA(2mg/㎖ blood)이 담긴 tube에 blood를 채혈한다.
  → 10분 동안 1500×g에 blood를 centrifuge한다.
  → plasma를 취해 −70℃에서 냉동 보관한다.
  → 적혈구는 saline으로 두 번 wash하여 −70℃에서 냉동 보관한다.

② Blood cells : assay하는 날에 준비한다.
  → 적혈구를 녹여 같은 부피로 GDW를 첨가하고 다시 냉동한다.
  → 200㎕의 hemolysate나 100㎕의 plasma를 3반복실험을 준비한다.
  → Plasma protein과 hemolysate hemoglobin을 측정한다.

③ Blood, Plasma or Serum : 냉동된 samples은 vortex하여 10분 동안 300rpm에서 centrifuge한다.
  → 12×75mm glass test tube에 0.6M PCA를 200㎕를 넣고 100㎕의 plasma를 첨가한다.
  → Vortex
  → GDW 100㎕을 넣는다.
  → 10분 동안 1500×g에서 centrifuge한다.
  → 다시 냉동한다.
  → 분리한 상등액은 Nonesterified carnitine(NEC)와 acid-soluble acylcarnitine(ASAC)를 측정
    하는데 사용한다.
    Pellet은 acid-insoluble acylcarnitine(AIAC)를 측정하는데 사용한다.

표 20-13 카르티닌 표준용액 준비

0.25mM CNE(nm)	0.23mM P-CNE(nm)	Mix Std ($\mu\ell$)	GDW ($\mu\ell$)	8% BSA ($\mu\ell$)	0.6M PCA ($\mu\ell$)	Total ($\mu\ell$)	Tatal CNE ($\mu\ell$)
0.00	0.00	0	100	100	200	400	0.00
1.25	1.15	10	90	-	-	-	2.40
2.50	2.30	20	80	-	-	-	4.80
5.00	4.60	40	60	-	-	-	9.60
7.50	6.90	60	40	-	-	-	14.40
10.00	9.20	80	20	-	-	-	19.20
12.50	11.50	100	0	-	-	-	24.00

4.5㎖ polystyrene conical centrifuge tubes를 사용한다.

각 tube는 vortex로 잘 혼합한다.

10분 동안 cold한 상태에서 1500×g로 centrifuge한다.

ASAC와 AIAC를 위한 상등액 및 pellet은 분석할 때까지 얼릴 수 있다.

NEC을 위한 상등액은 냉동없이 assay되어야 한다.

2 조직분쇄

① glass homogenizers에 DDW 1㎖을 넣고 얼음에 둔다.

② 냉동된 조직을 떼어 무게를 단다(얼음에 보관한다).

③ 약 100mg을 떼어내 homogenizing vessel에 넣고 즉시 homogenization한다. 한 번에 하나의 sample만을 한다.

④ homogenization한 것을 walled test tube에 옮기고 vessel을 1㎖의 DDW로 두 번 헹군다. 단, 마지막 부피가 3㎖을 넘지 않도록 한다.

3 Urine Sample : 0.6M PCA에 20~100㎕의 urine을 첨가하고 vortex한다.

→ 8% BSA 100㎕을 첨가하고 전체 부피가 400㎕이 되도록 GDW을 넣는다.

→ 1500×g에서 centrifuge하고 상등액을 취한다.

→ Urine은 PCA를 넣기 전에 침전물이 없어야 하며 전체적으로 균질화되어야 한다.

시약 및 기구

- Equipment
  - Scintillation counter(β-counter)
  - Refrigerated centrifuge
  - Incubator water bath(shaker)
  - Automatic pipettes - 'Pipetman'(20, 100, 200, 1000㎖)
  - Timer and vortex mixer
- Supplies
  - 5 3/43w pasteur pipettes
  - 12×75 mm glass test tubes

-1.5㎖의 뚜껑이 있는 Eppendorf test tubes

-Glass wool

-Anion exchange resin, AG 1×8., 200~400mesh, Cl-form BioRad Lboratories

-Prepare minicolumms of 4.5 cm length in the 5 3/2 Pasteur pipettes(The fill·line is 9 cm from the tip)

-Prepare phenol red tubes(12×75) : phenol red 용액을 1-2방울 떨어뜨리고 증발시킴.

■ 카르니틴 표준액

-0.5mM Carnitine Standard Solution(stock) :

L-Carnitine HCL(General Biochemicals 3363F Lot 45882)

• cold GDW에 L-Carnitine HCL 9.88mg을 녹이고 GDW로 전체 부피를 100㎖로 맞춘다 (volumetric flask를 사용한다).

• plastic tubes에 1㎖에 넣고 -70℃에 얼린다.

• woking standard solution으로 사용할 때 0.25mM로 희석하여 사용한다.

-22.9mM L-palmityl Carnitine Standard(stock) :

• Vial에 10mg의 L-Palmityl Carnitine(Sigma) 10mg넣고 1㎖ GDW를 첨가한다.

• 원하는 working standard으로 희석한다.

예) 0.229mM working standard : 10㎕의 stock standard + 990㎕의 GDW

-Mixed Standard : (1)과 (2)를 같은 부피로 섞는다.

■ 4N Potassium Hydroxide : KOH pellets from Fisher Scientific Company

-56.11g을 GDW에 녹이고 전체 부피를 GDW를 넣어 250㎖로 맞춘다.

■ 0.5N Potassium Hydroxide : KOH pellets from Fisher Scientific Company

-28.055g을 GDW에 녹이고 전체 부피를 GDW를 넣어 1000㎖로 맞춘다.

(주의 : 오래된 stock KOH는 사용하지 않는다.)

■ 0.6M perchloid Acid L : 70% Perchlorid Acid from Fisher Scientific Company

-500㎖의 GDW에 70% Perchlorid Acid 51.28㎖을 넣고 1 ℓ 로 맞춘다.

■ 0.1M Sodium Tetrathionate($Na_2S_4O_6 2H_2O$)(Pfaltz and Baurer) 0.7656g을 GDW에 녹여 전체 부피 25㎖로 맞춘다(volumetric flask);

■ 0.1% Phenol Red : Pnenol Red(Na-salt) from Sigma Chemical Company

-100% ethnol의 100㎖에 0.1g Phenol Red를 넣는다.

-12×75 glass tube에 phenol red 1방울을 떨어뜨리고 건조시킨다.

■ I-14C] Acetyl Coenzyme A : Amersham, 50mCi/mmol

-Cold GDW 300㎖에 50㎕Ci를 용해시킨다.

-Plastic vial에 5㎖씩 넣고 -20℃에서 냉동보관한다.

■ 1M potassium Bicarbonate : Baker chemicals

-GDW에 1.0g의 KHCO3를 용해하여 부피 10㎖로 만든다.

-상온에 보관하고 사용시 마다 만든다.

■ 0.1M Acetic Anhydride : Fisher Scientifid Company

- Acetic anhydride 0.05㎖을 cold GDW 4.95㎖에 넣고 섞는다.
- 사용하기 직전에 만든다.

■ 0.1mM Acetyl CoA : PL Biochemicals
- Cold GDW 500㎕에 CoA 10mg을 용해한다.
- 1M KHCO₃을 첨가하고 섞는다.
- 0.1M acetic anhydride 200㎕을 첨가하고 즉시 섞는다.
- Cold GDW로 부피가 80㎖이 되게 하여 잘 섞는다.
- 각각 5㎖씩을 넣고 -20℃에 냉동보관한다.

■ Carnitine Acetyltransferase(Pigeon Breast Muscle) Acetyl CoA : Carnitine-O-acetyltransferase
- GDW를 넣어 $(NH_4)_2SO_4$ solution을 50unit/㎖로 희석한다.

■ 1M MOPS [3-(4-morpholino) propanesulfonic acid] : Eastman Kodak Chemical Company
- 80㎖ GDW에 20.92g의 MOPS를 용해하고 4N KOH로 pH 7.4로 맞춘다.
- GDW를 넣어 100㎖로 정용하여 냉장보관한다.

■ PCA/MOPS-I
- 20.9g MOPS + 0.6M PCA 50㎖을 섞고 GDW 넣어 100㎖로 정용한다.
- 냉장보관한다.

■ PCA/MOPS-II
- 20.9g MOPS +0.6M PCA 20㎖을 섞고 GDW 넣어 100㎖로 정용한다.
- 냉장보관한다.

■ 0.1M EGTA, pH 7.0
- 30㎖ GDW에 1.902g EGTA(Sigma)을 용해하여 4N KOH를 사용하여 pH 7.0으로 맞춘다.
- 50㎖ volume flask에 GDW로 정용한다.

■ 0.1mM [1-^{14}C] -acetyl Co A solution
- 7번의 부피 : 10번의 부피 = 2 : 1로 섞는다.
- Ice에 보관

■ 시료당 반응혼합액 만들기

1M MOPS buffer pH 7.4	120㎕
0.1M EGTA pH 7.0	20㎕
0.1M Na₂S₄O₆	20㎕
0.1mM [1-^{14}C] -acetyl Co A solution	200㎕
GDW	40㎕
TOTAL	400㎕

■ 8% Bovine serum albumin(BSA) : Fraction V, F.A. poor from ICN
- Beaker에 약 20㎖ GDW을 넣고 BSA 4g을 천천히 첨가하고 gentle하게 stirring한다.
- 20㎖ volumetric flask에 GDW로 정용한다.

■ Scintillation Fluid A for non-aqueous samples
- 33g의 PPO와 1.0g의 POPOP를 4 ℓ 의 toluene에 섞는다.

■ Scintillation Fluid B for aqueous samples

－Scintillation fluid A : Triton X-100 = 2 : 1로 섞는다.

－과도한 교반이나 빛에 노출되지 않도록 한다.

방법(조작)

1 NEC Determination

① 150μl을 취한다.

② 35μl 1M KHCO$_3$(yellow)를 넣고 Vrotex한다.

③ 뚜껑을 열고 얼음에 30분 동안 방치한다.

④ 5000rpm 10분 동안 원심분리한다.

⑤ 상층액 100μl 취하여 (1.5ml tube) **5**에 사용한다.

2 ASAC Determination

① 시료 100μl를 phenol red test tube에 넣는다(purple은 색이 됨).

② 75μl 0.5N KOH를 넣고 vortex하면 yellow색으로 변화된다.

③ 37℃ water bath에서 30분간 incubation한다.

④ 30μl PCA/MOPS － Ⅱ을 첨가하면 light orange색이 된다.

⑤ 30분 동안 얼음에 방치한다.

⑥ 5000rpm, 10분 동안 원심분리한다.

⑦ 상층액 100μl 취하기

3 AIAC Determination

① 0.6M PCA 200μl 넣어 pellet을 용해한 후 5000rpm(10min) 원심에서 3회 반복한다.

② Phenol 한 방울씩 주입한다.

③ 200μl 0.5N KOH를 넣고 vortex한다.

④ Water bath(65℃ 60min)하는 동안 15분마다 vortex한다.

⑤ 100μl PCA/MOPS를 넣고 vortex한다(노란색으로 색이 변화된다).

⑥ 30분 동안 얼음에 둔다.

⑦ 5000rpm를 10min가 원심분리한다.

⑧ 100μl 취하여 **5**에 사용한다.

4 Total carnitine(TCNE) determination

① Phenol red tubes에 standards를 준비한다. 0.6M PCA 대신에 0.5N KOH를 사용한다.

② 100μl GDW를 samples에 첨가하고 200μl의 0.5N KOH를 phenol red tube에 첨가한다.

③ Standard와 samples을 shaking incubator water bath에서 60분 동안 65℃에서 가수분해 한다.

④ Tube에 MOPS-I 150μl을 첨가하여 vortex한다. light orange를 나타낸다. 30분 동안 얼음에 놔 둔다.

⑤ 1500×g에서 10분 동안 원심분리한다.

⑥ 상층액 100μl를 취하여 **5**에 사용한다.

5 NEC, ASAC, AIAC 및 TCNE 분석

① 각 분획으로부터의 100$\mu\ell$의 시료에 400$\mu\ell$ 반응 혼합액을 넣는다.

② 20$\mu\ell$ CAT 넣고 손으로 살살 흔들어 준다.

③ 37℃ water bath에 30분간 incubation시킨다.

④ Mini column에 200$\mu\ell$씩을 통과시킨다.

⑤ 500$\mu\ell$의 GDW로 2번 씻어준다.

⑥ 2.5㎖ sciatillation fluid을 통과된 시료에 첨가한다.

결과 및 고찰

카르니틴 분석에 있어 주의해야 할 점은 각 분획분석시 주어지는 적정 pH를 맞추어 주는 것이다. 본 분석방법은 phenol red를 사용하여 각 단계별 pH의 변화를 확인하므로 측정과정시 phenol red 색의 변화를 주의깊게 관찰해야 한다.

참고문헌

1 Cederblad G, Lindstedt S. : A method for the determination of carnitine in the picomole range., Clin. Chim. acta, 37, p.235(1972)

2 McGarry JD, Foster DW. : An improved and simplified radioisotopic assay for the determination of free and esterified carnitine., J. Lipid Res., 17, p.277(1976)

3 Brass EP, Hoppel CL. : Carnitine metabolism in fasting rat., J Biol. Chem., 253, p.2688(1978)

4 Seccombe DW, Hahn P, Novak M. : The effect of diet and development on blood levels of free and esterified carnitine in the rat., Biochim. et Biophys. Acta, 528, p.483(1978)

5 Sachan DS, Rhew TH, Ruark RA. : Ameliorating effects of carnitine and its precursors on alcohol-induced fatty liver., Am. J. Clin. Nutr., 39(5), p.738(1984)

21

효소정량 및 활성

효소활성 측정의 원리

개 요

효소는 단백질로 높은 온도, 강산, 강염기, 세제, 중금속, 단백질 분해 미생물 등에 의해 그 활성을 상실할 수 있는 기질 특이성을 가진 생촉매성 물질이다. 효소반응에서 최대 반응속도를 나타내기 위해서는 최적 온도(optimum temperature), 최적 pH (optimum pH) 및 충분한 기질농도를 유지해야 하며, 효소의 종류에 따라 최적조건은 다르게 나타날 수 있다. 효소활성을 측정한다는 것은 그 촉매작용에 의하여 기질이나 조효소 또는 생성된 반응산물의 농도 변화 정도를 관찰하는 것이다.

일반적으로 어떤 효소의 활성을 측정할 때에는 적당한 반응조건(용액의 온도, pH 및 이온강도 등)에 Km치의 10배 이상에 해당하는 농도의 기질을 반응액에 가하여 효소에 의한 기질의 소실이 반응속도에 영향을 주지 않는 zero-order reaction조건에서 반응을 진행시키고 단위시간에 생성되는 반응생성물의 양 혹은 소실되는 기질의 양을 반응속도, 즉 효소활성으로 나타내는 것이 보통이다.

① 단위시간당 기질이나 조효소의 감소량

② 단위시간당 반응생성물이나 조효소의 증가량

③ 기질이나 반응 생성물 또는 조효소의 변화량을 직접적으로 측정하기 곤란한 반응에서 짝지어 이용하는 제2 또는 제3효소 반응의 조효소를 기준으로 그 단위시간당 변화량 등을 측정한 후,

계산에 의하여 단위를 산출한다.

④ 효소활성 측정에 사용했던 시료내의 단백질 함량을 따로 정량한다(15장 2절 참조). 알콜 탈수효소의 경우를 예로 들어보면 다음과 같다.

$$C_2H_5OH + NAD^+ \xrightarrow{\text{알콜 탈수소효소}} CH_3CHO + NADH + H^+$$

NADH의 생성량을 파장 340nm에서 측정한 다음 표준검량선 혹은 분자흡광계수를 이용해 그 함량을 계산하고 분당 일정량의 단백질(mg)에 의해 생성된 NADH의 량으로 활성을 나타낸다.

방법(조작)

1 분광학적 방법(spectrophotometric methods) : 가장 보편적으로 사용될 수 있는 방법으로 위에서 예를 든 알코올 탈수소효소 활성 측정도 이에 속한다. 즉, 효소반응의 기질과 생성물이 자외선에서 가시광선, 적외선까지 파장의 빛을 흡수할 수 있을 때는 분광광도기(UV-visible spectrophotometer)를 사용하여 반응의 변화를 측정할 수 있다. 기질과 생성물이 각각 다른 파장의 빛을 흡광한다면 분자흡광계수가 높은 것을 선택하여야 반응의 민감한 변화를 추적하기 쉽다. 또 가능하면 생성물이 흡광하는 파장에서 측정하는 것이 좋다. 즉, 흡광도의 증가를 측정하는 것이 감소를 측정하기 보다 쉽기 때문이다.

2 형광학적 방법(fluorescence methods) : 형광법은 비색법에 비하여 감도가 훨씬 높기 때문에 (10^{-12}M 대 10^{-6}M) 적은 양의 시약을 사용하여 분석할 수 있어 비색법을 대치하기도 한다. 그러나 효소반응을 통하여 생성물로서 형광물질이 형성되어야 한다는 점이다. 형광법은 주로 가수분해효소 활성에 측정되어져 왔으며 대표적으로 비형광성인 fluorescein의 dibutyryl ester를 기질로 사용하여 lipase에 의해 형광물질인 fluorescein을 생성하는 lipase의 활성을 측정하였다. 형광법의 가장 큰 단점은 형광발산을 위하여 사용되는 물질들에 의하여 energy가 소모되어 전체 형광발산이 감소되기 쉽다는 점이다. 분석시료에 공존하는 물질들에 의하여 영향을 받기 쉬운데, 특히 단백질과 아미노산이 공존시 분석의 정밀도가 떨어진다.

3 방사선동위원소법(radiochemical methods) : 효소반응의 변화를 분광학적 또는 형광학적으로 조사하기 어려울 때, 또 시료가 매우 적을 때 많이 사용하는 방법이다. 동위원소가 들어 있는 물질을 기질로 사용하여 효소반응에 의하여 형성된 생성물내에서 동위원소의 양을 측정하므로서 효소활성을 조사하는 것이다. 보편적으로 쓰이는 동위원소는 C^{14} 또는 H^3이며 효소반응 후에도 남아 있는 기질과 생성물을 분리하는 것이 중요하다. 이 때 thin layer chromatography 등 크로마토그라피법이 많이 이용된다. 예로서 acetylcholine esterase의 활성을 측정하기위하여 ^{14}C-1-acetylcholine을 사용하면 효소에 의하여 ^{14}C이 포함되지 않은 choline과 ^{14}CH$_3$COOH가 형성된다. 기질인 ^{14}C-1- acetylcholine을 이온교환크로마토그라피로 제거하고 남은 ^{14}CH$_3$COOH의 방사능을 scintillation counter로 측정한다.

그 외에도 산소가 기질인 반응에서는 산소전극을 이용한다던가 기타 전기화학적인 조사방법들도 있다.

제 2 절　동물세포의 분획분리와 표지효소

　세포는 막으로 둘러싸여 있는 독립된 유전적 단위로 현미경의 발달과 세포 소기관들을 분리하는 기술인 세포 분획분리법(cell fractionation)의 발달에 따라 각 구조물의 기능과 형태가 밝혀지고 있다. 세포 분획분리법은 원심력의 차이에 따른 세포 구성성분들의 침강정도가 다름을 이용하여 소기관들을 분리하는 방법으로, 세포 분획을 분리하기 위해서는 먼저 마쇄기(homogenizer)로 적당한 완충용액 조건에서 마쇄하여 마쇄균질액(homogenate)을 만들어야 한다. 그 다음 원심분리기를 이용하여 원심분리함으로서 각 세포 분획물을 얻을 수 있다(그림 21-1).

　분리한 각 세포분획의 순도를 점검하거나 조직에 함유된 효소활성을 좀 더 정확히 조사하고자 할 때 그 분획을 대표하는 표지효소(marker enzyme)의 활성을 기본적으로 측정하며 대표 표지효소들은 표 21-1에 나타난 바와 같다.

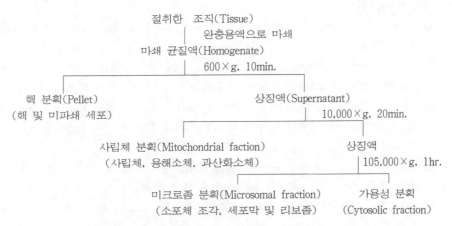

그림 21-1　원심분리를 통한 세포 분획의 분리

표 21-1　세포 분획의 대표적인 표지효소(marker enzyme)

세포 분획	효　소
핵	DNA nucleotidyltransferease,　NMN adenyltransferase
미토콘드리아	Succinic dehydrogenase,　Cytochrome c oxidase
소포체(미크로좀)	Glucose-6-phosphatase
Lysosome	Acid phosphatase,　Ribonuclease
Peroxisome	Catalase,　Urate oxidase
원형질막	5'-Nucleotidase,　$Na^+-K^+-ATPase$
원형질(가용성 분획)	Glucose-6-phosphate dehydrogenase, Lactic dehydrogenase

제 3 절 **세포분획별 효소활성 측정**

1. Na-K ATPase (세포막)

개 요

Na-K-ATPase(EC 3.6.1.37)는 모든 원형질막에 존재하는 대표적인 효소로서 세포내에서 $3Na^+$를 밖으로 내 보내며 동시에 $2K^+$를 안으로 유입시키는 효소이며 이 과정에서 다음 반응과 같이 ATP가 가수분해된다. 이 때 생성되는 무기 인(Pi)을 ammonium molybdate로 착염화(Fiske & SubbaRow 방법)하여 나타나는 청보라색을 분광광도법으로 측정한다.

$$ATP \xrightarrow{\quad Na^+/K^+\text{-ATPase} \quad} ADP + Pi$$

적혈구막 시료조제

1 항응고제 처리 혈액을 원심 분리관에 넣고 $600 \times g$ for 20min 원심분리하여 나온 적혈구 세포층을 취한다.

2 적혈구에 빙냉의 등장액(isotonic solution, 생리식염수 등)을 적당히 가해 다시 $600 \times g$에서 20분간 원심분리하여 적혈구를 취한다. 이 과정을 3~4회 반복 시행하여 적혈구를 세척한다.

3 세척한 적혈구에 5배량의 빙냉의 저장액(hypotonic solution, 1mM Tris buffer(pH 7.0)-1mM EDTA 용액)을 가해 흔들어 잘 섞어 용혈(15분 정도 방치)시킨 후, $20,000 \times g$에서 15분간 원심분리한다.

4 상징액은 버리고, 침강물에 다시 저장액을 적당량 가해 재 현탁시킨 후 다시 재원심분리하여 적혈구막을 분리한다. 이 과정을 3회 반복 실시하여 가능한한 붉은색을 제거한다.

5 원심분리관의 바닥에 침강된 적혈구 막에 빙냉의 0.25M sucrose 용액 적당량을 가하여 재현탁시켜 효소원으로 사용한다.

시약 및 기구

- 0.1M Tris buffer(pH 8.0) 용액
- 1M NaCl 용액
- 200mM KCl 용액
- 5mM EDTA 용액
- 50mM $MgCl_2$ 용액
- 10mM ATP 용액

- 20% TCA(trichloroacetic acid) 용액
- Molybdic acid 용액 : Ammonium molybdate 12.5g을 100mℓ의 증류수 및 10N 황산 45mℓ를 가해 용해시킨 후 증류수 가해 최종 500ml되게 한다.(냉장보관시 약 한달 정도 안정)
- stock 용액: KH_2PO_4(M.W. 136.09) 0.3509g／1,000mℓ
- Working phosphate standard 용액 : phosphate stock 표준 용액 10ml, 20% TCA 용액 40mℓ 및 증류수 50mℓ(5mℓ에는 0.04mg의 인 함유)을 가한다.
- Aminonaphthol sulfonic acid(color reagent): $NaHSO_3$(sodium bisulfite) 15g과 0.5g의 $Na_2SO_3 \cdot 7H_2O$ 및 0.25g의 1,2,4,-aminonaphthol sulfonic acid를 증류수를 가해 용해(가열)시킨 다음 최종부피 100mℓ 되게 한다.
- 시험관과 항온수조
- UV spectrophotometer와 cuvet

방법(조작)

1. Blank 및 test용 시험관을 준비한다.
2. 각 시험관에 위에서 조제해 둔 Tris 완충액(pH 8.0), NaCl, KCl, EDTA, $MgCl_2$ 용액 및 효소 용액과 증류수를 각각 0.2mℓ씩 첨가한다.
3. Test용 시험관에 기질인 ATP 0.4mℓ를 가한 다음 37℃에서 30분간 반응시킨다.
4. 각 시험관에 20% TCA 0.2mℓ씩 가해 반응을 종료시킨다.
5. Blank용 시험관에 ATP 용액을 0.2mℓ 가한다.
6. 10분간 실온에서 방치 후, 원심분리하여 단백질을 제거시킨다.
7. 각 시험관에서 상징액 0.5mℓ씩을 취해 그 각각을 새로운 시험관에 넣는다.
8. 각 시험관에 증류수 4.5mℓ, molybdic acid 1mℓ 및 color 용액 0.4mℓ씩을 가한 다음 실온에서 10분간 방치한 후 600nm에서 흡광도 측정한다.
9. Working phosphate standard 용액으로 **7** 및 **8**번 과정을 동일하게 행한다.

결과 및 고찰

1. Working phosphate standard 용액으로 인산 표준검량선을 작성한다.
2. 효소의 활성은 nmole 혹은 μmole pi/mg protein/min로 계산한다.

참고문헌

1. Rangaraj, N. and Kalant, H. : Interaction of ethanol and catecholamines on rat brain(Na^+/K^+) ATPase. Can. J. Physiol. Pharmacol., 57(10), p.1098(1979)
2. Fiske, C. H. and Subbarow, Y. : The colorimetric determination of phosphorus. J. Biol. Chem., 66, p.375(1925)
3. Rosenberg, S.A. and Guidotti, G. : The protein of human erythrocyte, membrane, preparation, solubilization, and characterization. J. Biol. Chem. 243, p.1985(1968)

2. Cytochome c 산화효소 (미토콘드리아)

Cytochome c oxidase(EC 1.9.3.1)는 미토콘드리아 내막에 존재하며 전자전달계에서 중요한 역할을 하는 미토콘드리아 표지효소다.

효소반응은 아래 반응식에서 보는 바와 같이 cytochrome c가 환원형 철이온(Fe^{2+})을 산화형(Fe^{2+})으로 전환시키는 동안에 소모되는 산소의 양을 산소전극으로 측정한다. 또한 반응의 평형이 정반응쪽으로 치우쳐 있으므로 환원형 철이온(Fe^{2+})을 유지하기 위하여 ascorbate와 TMPD(N,N,N′,N′-tetramethyl-p-phtnylene-diamine)가 필요하다.

$$2 \text{ Cytochrome c } (Fe^{2+}) + 1/2 \text{ } O_2 \longrightarrow 2\text{Cytochrome c } (Fe^{3+}) + O^{-2}$$

시료조제

제2절 그림 21-1과 같은 방법으로 분리한 미토콘드리아를 한 두 번 세척하여 사용할 때도 있고, 0.2%(w/v) digitonon/0.25M sucrose 용액으로 아래와 같이 처리하여 외막을 제거한 내막만 존재하는 미토콘드리아를 효소활성 시료에 이용할 수 있다.

■ 2~3㎖의 digitonin 용액을 담은 비커를 얼음에 채워 자석 교반기에 놓고, 동량의 미토콘드리아 현탁액(100~150mg protein)을 digitonin 용액에 천천히 저으면서 약 15분에 걸쳐 혼합한 후 20분 정도 계속 방치한다.

■ 여기에 미토콘드리아 초기 현탁액 분량의 3배되는 0.25 M sucrose용액을 가하여 희석한 후, 10분간 9500×g에서 냉장 원심분리하여 침전을 취한다.

시약 및 기구

■ 0.05M Potassium phosphate/1 mM EDTA(pH 7.2) 용액

■ 0.1M Ascorbate 용액 : Ascorbic acid 26.3mg을 1번 완충용액(1.5㎖)에 용해시키고 KOH로 pH를 6.0으로 조절한 후, 증류수로 10㎖되게 한다. 이 용액의 pH가 높으면 blank값이 높아질 우려가 있으므로 pH를 정확히 조절한다.

■ 2mM Cytochrome c 용액 : cytochrome c 24.9mg을 1번 완충용액에 1㎖에 용해시킨다.

■ 50mM TMPD 용액 : TMPD(N,N,N′,N′-tetramethyl-p-phtnylenediamine) 11.8 mg을 증류수 1㎖에 용해시키다. 이 용액은 매일 새로 만든다.

■ Micropippet

■ Clark-type 산소전극이 부착된 oxygraph

방법(조작)

1 산소전극의 calibration : Recorder의 baseline을 맞추기 위하여 전극이 들어가는 chamber에 재증

류수 1㎖을 가하고 potassium dithionate 몇 mg 정도 넣고 산소 농도를 0으로 맞춘다. 전극과 chamber를 재증류수로 7번 정도 세척한다.

2 Chamber에 0.05M potassium phosphate/1mM EDTA(pH 7.2) 완충용액을 0.6㎖을 넣고 1~3분 동안 용액내의 산소가 공기층과 평형을 이루도록 기다렸다가 recorder를 100%(full scale)로 조정한다.

3 Ascorbate 용액 0.05㎖, cytochrome c 0.03㎖, TMPD 용액 0.01㎖을 차례로 chamber에 넣고 조그만 유리봉으로 혼합한다. 이 후 약간의 산소 소모가 보이는데 2~3분을 기다리면 산소가 더 이상 소모되지 않던지 매우 느린 속도(0.02~0.03/㎖)로 진행되면 다음 단계로 간다.

4 효소시료를 0.01㎖를 가하고 산소소모량을 기록한다. 이 때 속도가 0.07~0.15/min이 되도록 효소량을 조절하여 사용하는 것이 좋다.

결과(효소활성계산)

$$\text{Activity}(\mu\,\text{kat/l}) = 960 \times \frac{V}{v} \times \frac{\Delta X}{\Delta t}$$

ΔX : Blank(반응액만을 chamber에 넣고 시행하였을 때 산소소모량)로 수정한 산소소모량

V : Assay volume(여기서는 0.7㎖)

v : 시료량(여기서는 0.01㎖)

$\triangle t$: 산소소모량을 측정한 시간

960 ; 25℃에서 물 1ℓ에 들어 있는 용존 산소(O_2)는 240 μmole이며 O_2는 1mole에 전자 4개가 이동되어 가므로 산소량에 4를 곱한 만큼 전자의 이동이 있다.

참고문헌

1 윤진숙, 이정화, 조성희 : 실험영양학. 형설출판사(2000)

3. Glucose 6-phosphatase (미크로솜 분획)

개 요

Glucose 6-phosphatase(EC 3.1.3.9)는 glucose 6-phosphate를 가수분해하여 포도당과 인산을 유리시키는 효소로서 주로 간이나 신장조직에 있는 효소로서 탄수화물 대사에 매우 중요하다. 이 효소활성은 굶거나 당뇨병 상태에서 증가하는 것으로 알려져 있다. 또한 *in vivo* 상태에서 소포체의 안전성을 조사하는 지표로서도 사용된다.

활성측정의 원리는 기질인 glucose 6-phosphate가 아래 효소반응에 의하여 유리되는 무기 인을

Fiske-SubbaRow 방법에 의하여 ammonium molybdate로 착염을 형성시켜 분광학적으로 측정하는 것이다.

$$\text{Glucose-6-phosphate} \xrightarrow{\text{G-6-phosphatase}} \text{Glucose} + \text{Pi}$$

$$\text{Pi} \xrightarrow[\text{(무기인 정량법)}]{} \text{Blue color}$$

시료조제

위의 제2절의 그림 21-1과 같은 방법으로 분리한 미크로좀을 분리 보관할 때 사용하였던 완충용액이나 효소반응에서 사용하는 완충용액으로 적당히 현탁하여 사용한다.

시약 및 기구

■ 0.1M Tris-malate buffer(pH 6.5) 용액 : 2.42g Tris 염기를 증류수 100㎖에 용해한 다음 0.2N NaOH로 pH 6.5로 고정시키고 1.96g malate anhydride를 가해 용해시킨 다음 최종부피 200㎖되게 증류수를 가한다.

■ 0.2M Glucose-6-phosphate 용액 : Glucose-6-phosphate monosodium salt 56.42mg을 증류수 1㎖에 용해시킨다.

■ 10% TCA(trichloroacetic acid) 용액

■ 2.4M 초산 완충용액(pH 4.0) : Sodium acetate·$3H_2O$ 46g을 2M acetic acid에 용해시켜 1000㎖이 되게 한다.

■ Ammonium molybdate 용액 : $(NH_4)_6Mo_7O_{24}·4H_2O$ 5g을 H_2O에 녹여 100㎖로 만든다.

■ Reducing agent : p-methylaminophenol sulfate·H_2O 2g을 약 80㎖의 증류수에 녹이고 무수 Na_2CO_3 5g을 가하여 최종부피 100㎖가 되게 증류수를 가한다(갈색병에 넣어 4℃에서 보관).

■ Stock phosphate standard(1.00mg Pi/㎖) 용액 : 완전 건조된(110℃, 30분) KH_2PO_4 anhydrous 2.193g을 2차 증류수에 용해, 이때 c-H_2SO_4 0.2㎖를 가한 후, 최종부피가 500㎖되게 증류수를 가한다.

■ Working phosphate standard(μg Pi/㎖) 용액 : Stock phosphate standard 용액을 0.5㎖(5μg Pi), 1㎖(10μg Pi), 2㎖(20μg Pi), 4㎖(40μg Pi), 8㎖(80μg Pi)를 정확히 취해 10% TCA 용액으로 각 100㎖가 되게 정확히 희석한다(4℃에서 4주간 안정).

■ 항온수조와 시험관

■ 분광광도계

방법(조작)

1 시험관(blank 및 test용)을 준비한다.

2 각 시험관에 미리 분비해둔 Tris 완충액 0.9㎖, glucose 6-phosphate 50$\mu\ell$를 가해 30℃에서 5분간 가온한다.

❸ Blank 시험관에 10% TCA 1mℓ를 가한 다음 blank와 test 시험관 모두에 미크로좀 분획 50μℓ 씩을 가한 후 30℃에서 20분간 반응시킨다.

❹ Test 시험관에 10% TCA 1mℓ를 가해 반응을 종료시킨 다음 5분 후에 원심분리시킨다.

❺ 각 시험관으로부터 상징액 1mℓ를 취해 새로운 시험관에 각각 넣고, 각각의 시험관에 초산 완충액 1.5mℓ, ammonium molybdate 용액과 reducing agent 용액 각각 0.25mℓ씩을 가해 잘 혼합한 다음 5분 후에 blank를 대조로 하여 680nm에서 흡광도를 측정(30분 이내)한다.

❻ 표준 검량선의 작성

① 시험관 6개(reagent blank 및 각 표준액)를 준비한다

② 각 시험관에 Tris 완충액 0.9mℓ씩 가한다

③ Reagent blank 시험관에는 증류수 0.5mℓ을 나머지 시험관에는 각 표준액을 0.5mℓ씩을 가한다.

④ 각 시험관에 초산 완충용액 1.5mℓ씩 및 ammonium molybdate 용액과 reducing agent 용액 각각 0.25mℓ씩 가해 잘 혼합한 다음 5분 후 30분 이내에 reagent blank를 대조로 680nm에서 흡광도를 측정한다.

결과 및 고찰

❶ Working phosphate standard 용액으로 인산의 표준검량선을 작성한다.

❷ 효소의 활성은 nmole 혹은 μmole Pi/mg protein/min으로 계산한다.

참고문헌

❶ Swanson, M.A. Specificity of liver glucose-6-phosphatase. Fed. Proc., 8, p.258(1949)

❷ Swanson, M.A. Phosphatase of liver I. Glucose-6-phosphatase. J. Biol. Chem., 184, p.647(1950)

4. Acid phosphatase (Lysosome 분획)

개 요

Acid phosphatase(EC 3.1.3.2)는 생물체에 존재하는 인산 에스테르를 가수분해 하는 효소다. 활성 측정시에는 p-nitrophenol phosphate을 기질로 사용하여 효소에 의하여 생성되는 p-nitrophenol 의 흡광도을 405 nm에서 측정한다. 이 원리를 이용하여 Sigma회사 진단 Kit시약이 제품으로 시판되고 있다. 혈청에서 이 효소의 활성수준은 뼈 질환과 전립선 암 진단에 많이 사용된다.

$$\text{p-Nitrophenol phosphate} \xrightarrow{\text{Acid phosphatase}} \text{p-nitrophenol} + \text{Pi}$$

그러나 기질로 naphtyl phosphate를 사용하여 형광법으로 측정하면 감도가 높아져서 *p*-nitrophenol을

사용하는 분광법에서 보다 시료가 1/2에서 1/100까지 적게 사용할 수 있는 장점이 있다.

시료조제

그림 21-1과 같은 방법으로 리소좀을 따로 분리할 수는 없고 미토콘드리아와 미크로좀 분획을 분리할 때 혼합되기 쉬워 이들 분획에서 acid phosphatase를 측정하거나 간단히 미토콘드리아 분리 후 상징액(post mitochondrial supernatant)에서 측정할 수 있다. 혈청을 사용할 경우는 용혈되지 않은 신선한 시료를 사용해야 한다.

시약 및 기구

- 산성완충 기질용액 : 50mM 시트르산 완충용액/5.5. mM p-nitrophenyl phosphate 용액(pH 4.8), 시트르산 0.41g, 시트르산 나트륨 1.125 g, p-nitrophenyl phosphate 0.203 g을 증류수에 용해시켜 100㎖로 하고 pH를 확인한다. p-Nitrophenyl phosphate의 순도를 반드시 확인하고 사용한다.
- 0.4M Tartrate 용액 : 타르타르산 나트륨 9.2g을 증류수에 용해시켜 100㎖로 만든다.
- 0.1N NaOH
- 항온수조와 시험관
- 분광광도계

방법(조작)

1️⃣ Blank(A, B)와 시료당 두 개의 시험관(A', B')을 준비한다.
2️⃣ 모든 시험관에 산성완충 기질용액 1㎖씩을 넣는다.
3️⃣ 시험관 B와 B'에만 tartrate 용액 0.05㎖을 넣는다.
4️⃣ 시료 시험관 A', B'에 효소시료 0.2㎖(적게 넣어도 된다)씩 넣는다.
5️⃣ 잘 혼합 후, 모든 시험관(A,B, A', B')을 25℃ 항온수조에서 30분간 둔다.
6️⃣ 모든 시험관(A, B, A', B')에 0.1 N NaOH 2㎖을 가한다.
7️⃣ Blank 시험관 A, B에 4번에서와 같은 량의 효소시료를 넣는다.
8️⃣ 시험관의 액이 탁하면 3000 rpm에서 5~10분간 원심분리하여(생략가능) 405nm에서 흡광도를 측정한다.
9️⃣ 각각의 시료에서 Blank값을 빼어 ΔE(즉, A'-A, B'-B)로 사용한다.

결 과

1️⃣ 405 nm에서 p-nitrophenol의 분자흡광계수는 18.5cm^2/μmole를 이용한다.
2️⃣ 활성 계산 :

① 혈청일 경우 : Volume activity $= \dfrac{\Delta E \times 3.2 \,(\text{총 반응용량}\,) \times 1000}{30(\text{min}) \times 18.5 \times 0.2(\text{시료량 m}\ell)}$ Unit/ℓ

시료량을 적게 사용하여 총 반응량이 감소될 경우는 실제 사용한 시료량과 총반응용량을 넣어 계산한다.

② 세포분획인 경우 : 혈청의 활성을 측정하는 식에서 시료(0.2㎖)에 들어 있는 단백질(mg)을 나누어 활성단위는 μmole p-nitorphenol/min/mg protein이 된다.

❸ Tartrate에 의하여 acid phosphpatase의 활성이 저해되므로 각 시료의 blank로서 시험관 B'의 결과를 사용할 수 있으나, 전립선암에서 유래되는 acid phosphatase는 tartrate에 의한 저해를 받지 않아 blank를 위와 같이 준비한다. 혈청 시료에서 tartrate 존재시 흡광도가 blank보다 증가되는 정도로 전립산 암에 존재를 의심할 수 있다.

참고문헌

❶ Bergmeyer H.U. : Methods of Enzymatic Analysis, Academic Press, Inc. vol 1. p.865(1974)

❷ Guilbaul G.G. Handbook of Enzymatic Methods of Analysis. Marcel Dekker, Inc. p.150(1976)

5. Catalase (Peroxisome 분획)

개요

Catalase(EC 1.11.1.6)는 과산화수소(H_2O_2)를 물과 산소로 분해하는 효소로서 반응 중에 소모되는 H_2O_2의 소모를 240nm에서 흡광도를 측정하여 활성을 조사한다.

$$2H_2O_2 \xrightarrow{\text{Catalase}} 2H_2O + O_2$$

시료조제

위의 제2절 그림 21-1과 같은 방법으로 peroxisome을 따로 분리하기가 쉽지 않고 조직에서 비교적 활성이 높으므로 총조직 균질액(간조직의 경우 10% homogenate)에서 핵과 미파쇄 세포 침전을 제거한 600×g 상징액을 사용하기도 하며 미토콘드리아 분리 후 상징액(post mitochondrial supernatant)에서 측정할 수 있다. 혈청을 사용할 경우는 용혈되지 않은 신선한 시료를 사용해야 한다.

시약 및 기구

- 50mM Potassium phosphate(pH 7.0) 완충용액 : 냉장보관한다.
- 30mM H_2O_2 : 30% H_2O_2 용액 0.34㎖에 1번 완충용액을 가하여 최종 용량을 100㎖로 한다(매일 새로 만든다).
- 시험관 및 유리기구 : 중금속에 오염되지 않게 한다.
- Recorder가 장착된 자외선 분광광도기와 석영 cuvet

방법(조작)

1 분석시작 5～10분전에 간조직 균질액을 50mM 인산 완충용액(1번 용액)으로 100～500배 희석한다.

2 실온(20℃)에서 시료 2㎖을 석영 cuvet에 넣고, H_2O_2 1㎖을 가하여 재빨리 혼합한 후, 240nm에서 흡광도의 감소를 약 2분간 기록한다.

3 Blank의 변화는 cuvet에 시료 2㎖을 가한 후, H_2O_2대신 인산 완충용액 1㎖을 가하여 역시 240nm에서 흡광도의 변화를 조사한다.

4 단위시간당 시료의 흡광도변화에서 blank의 흡광도 변화를 빼어 ΔA로 사용한다.

결 과

1 H_2O_2의 분자흡광계수가 43.6㎠/μmole을 사용한다.

2 활성 = ΔA/43.6×3(반응 총 용량이 3㎖)/min/mg protein

참고문헌

1 Bergmeyer H.U. Methods of Enzymatic Analysis, Academic Press, Inc. vol 1. p.865(1974)

2 Teschke R, Moreno F, Petrides A.S. Biochemical Pharmacol 30, p.1745(1981)

6. Lactate dehydrogenase (가용성 분획)

개 요

가용성 세포질에 존재하는 lactate dehydrogenase(EC 1.1.1.28)는 아래와 같은 반응을 촉매하며 340nm에서 NADH의 소모량을 조사하므로서 효소활성을 측정한다.

$$\text{Pyruvic acid} + \text{NADH} + \text{H}^+ \xrightarrow{\text{LDH}} \text{Lactic acid} + \text{NAD}^+$$

시료조제

위의 제2절 그림 21-1과 같은 방법으로 세포의 원형질을 얻는다. 시료의 효소량을 증가시키려면 미크로좀 분획 분리 및 제거에 필요한 완충용액을 최소한으로 사용한다.

시약 및 기구

■ Tris-EDTA 완충용액, pH 7.4(37℃) : 6.8g의 Tris 염기(56mM)와 2.1g의 EDTA·2Na(5.6mM)을 증류수에 용해시킨 다음(용액의 온도를 37℃로 맞춤) 37℃에서 1M HCl 용액을 가해 pH

7.4로 조정하고 증류수를 가해 최종 부피가 1,000㎖이 되게 한다(공기를 차단한 차광용기에 넣고 냉장실에 보관시 6주 정도 안정함).

- NADH(170㎛)용액 : β-NADH disodium salt trihydrate 11.7mg을 90㎖의 Tris-EDTA buffer (pH 7.4) 용액에 용해시킨다(공기를 차단한 차광용기에 넣고 4℃에 보관시 약 72시간 정도 안정함).
- Pyruvate(14mM) 용액 : Sodium pyruvate 149mg을 100㎖의 증류수에 용해시킨다(공기를 차단한 용기에 넣고 4℃에서 보관시 약 20일 정도 안정함).
- 항온수조
- 자외선 분광광도계

방법(조작)

1 온도조절기가 장착된 UV spectrophotometer를 37℃로 온도를 조절한다.

2 시험관에 NADH 용액 2㎖와 간조직 가용성 분획(혹은 혈청) 50㎕를 가해 혼합한 다음 37℃ 수욕 상에서 약 10분간 방치한다.

3 미리 37℃로 가온해 둔 pyruvate 용액 200㎕를 시험관에 가해 혼합하고 곧바로 3㎖ cuvet에 옮겨 넣은 후 37℃로 가온 되어있는 UV-spectrophotometer속에 넣고 340nm에서 흡광도의 변화를 5~10분간 관찰(직선성이 있을 때까지만)한다. Recorder가 부착되어 있는 경우는 지속적으로 변화를 기록한다.

결 과

1 혈청중 37℃에서 LDH 활성의 국제단위(IU) : 정상치 200~380 U/1

$$\text{U/1 } (\mu\text{mol/min/1}) = \frac{\Delta\text{A/min}}{6.22 \times 10^{-3}} \times \frac{2.250}{0.05} = \frac{\Delta\text{A}}{\text{min}} \times 7235$$

6.22×10^{-3} : 340nm에서 NADH의 분자 흡광 계수(μM)

2.25 : 총 부피(㎖)

0.05 : 사용한 혈청량(㎖)

ΔA/min : 분당 평균 흡광도 (감소) 변화

2 간조직 LDH 활성의 단위

① 보통의 활성 단위(nmole NADH/mg protien/min) : β-NADH의 표준검량선을 작성해 산출하거나 β-NADH의 분자흡광계수를 이용해 산출한다.

② 혈청단위준용(U/g tissue 혹은 U/mg protein) : 혈청단위 공식을 이용해 조직 혹은 단백질 단위로 환산한다.

참고문헌

1 Scandinavian Society for Clinical Chemistry and Clinical Physiology : Recommended Methods for the Determination of Four Enzymes in Blood. Scand. *J. Clin. Lab. Invest.*, 33, p.291(1974)

❷ Beers, R. F. and Sizer, I, W., A spectrophotometric method for measuring the breakdown of hydrogen peroxide by catalase. *J. Biol. chem.*, 195, p.133(1952)

❸ *Worthington Enzyme Manual*. Wortinton Biochemical Co., Freehold, N.J., p.41(1972)

❹ Maehly, A. C. and Chance, B., The assay of catalases and peroxidases, *in Mehods of Biochemical Analysis*, Vol. 1, Glick, D. Ed., Interscience, New York, p.357(1954)

제 4 절 | 항산화작용 효소활성 측정

1. 적혈구 Superoxide Dismutase (SOD)

개 요

일반적으로 xanthine과 xanthine oxidase 또는 riboflavin과 빛을 이용하여 superoxide를 생성하며, 생성된 superoxide는 cytochrome c 또는 nitroblue tetrazolium(NBT)과의 반응에 의해 검출된다. 한편 pH 10에서 potassium superoxide의 소멸속도를 측정하거나 radioimmunoassay를 이용하여 적혈구 SOD를 측정할 수도 있다. 여기에서는 적혈구의 클로로포름-에탄올 추출물 조제와 riboflavin/NBT 법을 이용한 SOD 활성 측정법에 대해 설명하고자 한다. CuZn SOD만인 적혈구 SOD는 saturation kinetics를 나타내지 않는 효소이다. 대부분의 분석법은 superoxide 생성을 억제하는데 필요한 효소의 양을 측정하며, SOD 활성 단위는 반응을 50% 억제하는 효소의 양으로서 정의된다. 활성단위는 반응액 내의 시약들의 농도, 총 반응액의 양, 분석법에 따라 달라지게 된다. 따라서 이 방법은 한 실험실 안에서 비교를 목적으로 사용하는 경우에 이용하며, 다른 실험실에서 얻어진 단위(unit)를 비교하기 위해서는 동일한 방법을 사용하여야만 한다.

시료조제

1 적혈구의 클로로포름-에탄올 추출물의 조제

① 헤파린을 이용하여 혈액을 채취한 후 혈색소 농도, 적혈구수, packed cell volume 등의 혈액학적 지표를 측정한다.

② 혈장과 buffy coat를 제거하고, 생리식염수로 적혈구를 2회 세척한 후 1.5배의 증류수을 가하여 용혈시킨다.

③ Lysate $20\mu\ell$를 Drabkins solution $3m\ell$로 희석하여 10분간 방치후 흡광도(A_{540})를 측정하여 혈색소농도(C)를 구한다.

$$C(g/100m\ell) = A_{540} \times 22.0$$

④ Hemolysate $0.5m\ell$에 냉증류수 $3.5m\ell$, 에탄올 $1.0m\ell$, 클로로포름 $0.6m\ell$을 가하여 혼합하고 1분간 교반 후 3000rpm, 10분간 원심분리한다. 효소는 맑은 상층액에 함유되어있다.

시약 및 기구

1 인산완충용액(0.067M sodium phosphate buffer pH 7.8) : 8.66g Na_2HPO_4, 0.88g $NaH_2PO_4 \cdot$

2H₂O를 달아 증류수에 용해시켜 1ℓ로 한다. pH를 확인한다.

2 0.1M Na₂EDTA/NaCN : EDTA 요액 100㎖에 NaCN 1.5㎎을 용해시킨다.

3 0.12mM riboflavin : 100㎖ 증류수에 4.5㎎의 riboflavin을 용해시켜 갈색병에 넣어 냉장보관한다.

4 1.5mM NBT : 12.3㎎의 NBT를 10㎖의 증류수에 용해시켜 냉장보관한다.

방법(조작)

1 적혈구 추출물 0, 10, 20, 40, 60, 80, 500㎕씩을 시험관에 넣고 0.2㎖ EDTA/NaCN, 0.1㎖ NBT, 인산완충용액을 가하여 총 2.95㎖이 되도록 한다.

2 **1**에서와 같은 수의 시험관에 NBT만을 넣지 않은 blank를 시료별로 준비한다.

3 각 시험관을 표준온도(20~25℃)에서 50㎕ riboflavin용액을 가한 후 혼합한다. 이 때 가능한 빛에 노출되지 않도록 한다.

4 뚜껑에 18W 형광튜브가 부착된 metal box(60×15×20cm/흰색벽)를 이용하여 15분간 노출시킨다.

결과 및 계산

효소활성은 혈색소 g당 SOD unit로서 나타낸다. 효소활성은 각기 혈액샘플에서 측정한 혈액학적 지표를 이용하여 세포당 또는 세포 ㎖당으로 나타낼 수 있다. 1 unit는 반응조건하에서 NBT 환원반응을 50% 저해하는 데 필요한 효소의 양으로서 정의된다.

NBT 환원 저해율(%)은 적혈구 추출물을 첨가하지 않은 시료의 흡광도값에서 적혈구추출물을 첨가한 시료들의 흡광도값(A560)을 뺌으로서 계산한다. 한 실험의 예가 그림 21-2a에 나타나 있다. 그림 21-2a 그래프로부터 (extract 양; V)⁻¹에 대한 (저해율)⁻¹의 그래프를 그림 21-2b와 같

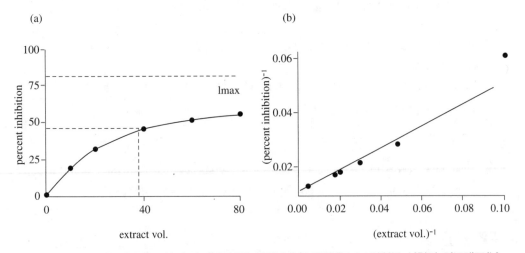

그림 21-2 적혈구 추출물 양(㎕)에 따른 NBT 환원반응의 저해율(a), 적혈구 실험의 역그래프(b)

이 작성할 수 있으며, 직선의 기울기와 y절편으로 V를 구할 수 있다. y절편은 (최대저해율)$^{-1}$이며, V($\mu\ell$)=기울기/y절편이다. 1$m\ell$ 추출물은 1000/V units 효소를 함유하며 C/1000g hemoglobin을 함유한다. 따라서

$$\text{SOD 활성} = \frac{10^6}{(C \times V)} \text{ units/g Hemoglobin}$$

고 찰

1 혈액채취와 안정성 : 헤파린으로 채취한 혈액은 SOD활성의 감소없이 4℃에서 10일까지 보관할 수 있다. 상온보관시에는 효소활성이 감소되는데, 3일후 0~30% 가량 감소된다. 항응고제로 EDTA를 이용하는 경우, 채취한 샘플은 바로 분석하거나 냉장보관하며, acid-citrate-dextrose로 채취한 혈액은 채취 후 2일 이내에 사용하여야 한다. 장기간 저장시에는 혈색소가 클로로포름-에탄올에 완전히 침전되지 않을 수도 있으며, 전혈의 클로로포름-에탄올 추출물은 방해하는 물질을 많이 함유한다. 그러나 추출과정에서 효소활성 감소는 일어나지 않는다.

2 각 실험실의 분석조건에 따라 정상범위는 매우 다르지만, 일반적으로 정상 효소활성은 혈색소 g당 2000~4000units이며, 1unit는 대략 0.5Sigma unit와 같다.

3 신생아를 제외하고는 성별과 연령에 따른 차이는 나타나지 않았다.

4 다른 효소와 마찬가지로 SOD활성도 여러 가지 방법으로 나타낼 수 있다. 세포당 활성으로 표현하는 것이 가장 일반적이며, 종종 혈색소 g당 활성으로 표현하기도 한다. 정상성인세포를 이용할 때는 활성단위가 중요하지 않지만, 비정상적으로 낮은 혈색소를 함유하는 세포의 경우(예를 들어 thalassemia 또는 철 결핍)에는 혈색소 g당 효소활성이 높게 나타난다. 또한 microcytosis의 경우 cell $m\ell$당 효소활성이 증가된다. 따라서 적혈구지표를 측정하여 비정상인자를 확인해야 한다. 태아 적혈구는 더 크고 혈색소를 많이 함유하기 때문에 성인 적혈구와 비교하는 것이 적절하지 못하다. 혈색소 함량당 효소활성으로 나타내는 경우에는 태아는 성인 SOD level의 2/3가량을 함유하지만, 세포당 효소활성으로 나타내면 차이가 훨씬 근소하다.

5 혈색소도 superoxide와 반응할 수 있지만, superoxide의 99%가량은 SOD와 반응한다. 그러나 hemolysate를 전기영동하여 dismutase활성을 염색하면 혈색소 bands가 약하게 양성으로 나타난다.

참고문헌

1 Winterbourn, C. C., Hawkins, R. E., Brian, M., and Carrell, R. W., The estimation of red cell superoxide dismutase activity. *J. Lab. Clin. Mcd.*, 85, p.337(1975)

3 Maral, J., Puget, K., and Michelson, A. M., Comparative study of superoxide dismutase, catalase and glutathione peroxidase levels in erythrocytes of different animals. *Biochem. Biophys. Res. Commun.*, 77, p.1525(1977)

3 Joenje, H., Frants, R. R., Arwert, F., and Eriksson, A. W., Specific activity of human erythrocyte superoxide dismutase as a function of donor age. A brief note. *Mech. Aging Dev.*, 8, p.265(1977)

4 Legge, M., Brian, M., Winterbourn, C. C., and Carrell, R. W., Red cell superoxide dismutase activity in the newborn. *Aust. Paediatr. J.*, 13, p.25(1977)

5 Sutton, H. C., Roberts, P. B., and Winterbourn, C. C., The rate of reaction of superoxide radical ion with oxyhaemoglobin and methaemoglobin. *Biochem. J.*, 155, p.503(1976)

2. Catalase 활성 (전기영동법)

개요

Catalase의 분광광도분석법은 1952년 Beers와 Sizer에 의해 개발되어 진핵, 원핵세포의 catalase 정제에 이용되어 왔으며 본 장의 3절 5를 참조한다. 여기서는 Gregory와 Fridovich에 의해 처음 소개된 polyacrylamide gel electrophoretograms(PAGE)법을 설명하고자 한다.

시약 및 기구

- 전기영동장치
- 4% polyacrylamide gel
- 0.188M bicine-imidazole 완충용액(pH 7.8)
- 0.43mg/ml 3,3'-diamino benzidine-4 HCl, 43μg/ml horseradish peroxidase/50mM imidazole-HCl (pH 7.4)
- 20mM H_2O_2/imidazole-HCl buffer

방법

1 Polyacrylamide stacking gel(4%)을 0.188M bicine-imidazole(pH 7.8)에서 전-전기영동한 후 pH 5.5 stacking gel을 가한다.

2 각 gel에 catalase 10units를 가하고 bicine-imidazole buffer(2~4℃)에서 전기영동한다.

3 전기영동이 완료된 후 gel을 유리관에서 떼어내고 45분 동안 혼합액(0.43mg/ml 3,3'-diamino benzidine-4 HCl, 43μg/ml horseradish peroxidase/50mM imidazole-HCl, pH 7.4)에서 배양한다.

4 배양 후에 gel을 증류수로 세척하고 25℃에서 20mM H_2O_2/imidazole-HCl buffer에 담가두면 수분 안에 catalase 활성을 가지는 achromatic bands들이 나타난다.

5 Gel은 다시 잘 세척하고 증류수에 담가 밀봉하여 보관한다.

참고문헌

1 Gregory, E. M. and Fridovich, I., Visualization of catalase on acrylamide gels, *Anal. Biochem.*, 58, p.57(1974)

2 Claiborne, A., Malinowski, D. P., and Fridovich, I., Purification and characterization of hydroperoxidase II of Escherichia coli B. J. Biol. Chem, 254, p.11664(1979)

3 Davis, B. J., Disc electrophoresis-II. Ann. N. Y. Acad. Sci., 121, p.404(1964)

4 Maurer, H. R., Disc Electrophoresis, Walter de Gruyter, New York, p.45(1971)

3. Glutathione peroxidase (Gpx)

개 요

Glutathione peroxidase는 글루타치온을 이용하는 hydroperoxides의 환원반응을 촉진한다.

$$2GSH + ROOH \quad \rightarrow \quad GSSG + ROH + H_2O$$

이 효소는 셀레늄을 함유하고, 여러 가지 organic hydroperoxide들과 과산화수소를 환원시키는 능력이 있으며 바로 이 hydroperoxide와의 높은 반응성 때문에 다른 peroxidase와는 구별된다. 또한 산소 독성에 대한 세포내 방어작용을 하는 이 효소의 활성은 동물이나 인간의 셀레늄 상태를 나타내는 유효한 지표로서 사용되기도 한다.

Glutathione peroxidase 활성측정은 hydroperoxide의 환원 또는 글루타치온(GSH)의 산화를 이용할 수 있는데, 일반적으로는 글루타치온 산화반응을 측정하며, hydroperoxide 환원반응의 측정은 반응속도론(kinetics)을 조사하는 경우에 주로 이용된다. GSH의 효소적 산화반응은 GSH 농도의 시간에 따른 감소 또는 GSSG의 축적 속도로서 측정한다. 전자는 직접측정법이며 후자는 생성된 GSSG를 다시 glutathione reductase로 환원시킬 때, 소모되는 NADPH를 측정하는 간접적인 방법이다.

1) 직접측정법

시약 및 기자재

- 0.1M potassium phosphate buffer/1mM EDTA, pH 7.0,
- 4mM GSH
- 1.18M HClO$_4$
- 5mM H$_2$O$_2$
- 폴라로그래프

표 21-2 폴라로그래프를 이용한 glutathiane peroxidese 활성측정 시약첨가순서

용 액	assay type($\mu\ell$)			
	A	B	C	D
0.1M potassium phosphate buffer, pH 7.0, 1mM EDTA	500	1000	1000	1000
효소시료(0.5-3U$_K$/㎖)	500	-	-	-
4mM GSH	500	500	500	-
H$_2$O	-	-	-	500
1.18M HClO$_4$	-	-	2000	2000
	preincubation (37℃, 10분)			
5mM H$_2$O$_2$ in water, 37℃	500	500	500	500
	incubation (37℃, 60초)			
1.18M HClO$_4$	2000	2000	-	-
	질소로 3분간 포화시킨 후 폴로그래프를 이용하여 GSH 농도측정			

방 법

1 표 21-2와 같은 순서로 완충용액, 효소시료, 기질인 GSH와 H$_2$O$_2$를 첨가한 후 산성으로 반응을 종결시킨 후, 폴라로그래프를 이용하여 남은 GSH 농도를 측정한다.

2 H$_2$O$_2$에 의한 GSH 산화도 고려되어야 한다(본 실험조건에서는 분당 GSH 농도가 약 8% 감소된다) 따라서 분석조건 A는 총 GSH 산화를 나타내는 데 이것은 비효소적 효과인 B값으로 보정되어야 한다. Assay C는 반응시간 0에서의 GSH농도를 나타내며, assay D는 GSH 농도가 0인 값을 나타낸다.

활성계산

효소적 반응은 H$_2$O$_2$의 농도와 무관하며, GSH 농도[GSH]에 비례한다. [GSH]는 first-order kinetic rate에 따라 감소하기 때문에 효소활성을 시간당 GSH 농도 감소, $\triangle$[GSH],로 나타내지 않고, 대신에 시간당 GSH농도의 상용대수의 감소, $\triangle$log[GSH]로서 나타낸다. 활성단위는 first-order rate constant로 구해진다. 1unit(U$_k$)는 37℃, pH 7.0에서 1분간 GSH 초기농도의 10%를 감소시키는 glutathione peroxidase양으로 정의한다.

$$U_k = \triangle\log[GSH]/t \qquad\qquad [1]$$

효소샘플에서 glutathione peroxidase 활성(A)은 식[2]에 의해서 U$_k$로 구해진다.

$$A = (\log[GSH]_0 - \log[GSH]_T - \log[GSH]_0 - \log[GSH]_S)(Vi/Vs)/t \qquad\qquad [2]$$

배양시간(t)는 수분이며, [GSH]$_T$, [GSH]$_S$, [GSH]$_0$는 분석조건 A, B, C의 폴라로그래프 결과에 따른 GSH농도이다. Vi/Vs는 배양혼합액(Vi = 2㎖)중의 효소샘플(Vs = 0.5㎖)의 희석비이다.

고 찰

GSH의 폴라로그래프법의 가장 큰 단점은 많은 무기, 유기화합물에 의해 방해받는다는 것이다. 따라서 정제되지 않은 시료를 사용하면 안된다. 그러나 이 방법은 빠르며, 믿을 수 있고 저비용으로 glutathione peroxidase 활성을 측정할 수 있기 때문에, 효소정제 과정중에 신속하게 활성을 검색하는 데 적합하다. 또한 과량의 hydroperoxide를 사용하고, 매 실험시마다 [GSH]$_0$가 결정되기 때문에 불안정한 기질의 분해에 따라 실험결과에 영향을 받지 않는다. 폴라로그래프법은 GSH뿐 아니라 다른 thiol 측정에도 많이 이용되므로 기질특이성 연구에 유용하다.

2) 간접측정법

개 요

Paglia와 Valentine에 의해 처음으로 소개된 이 방법은 glutathione peroxidase에 의해 생성되는 GSSG를 과량의 glutathione reductase에 의해 계속해서 환원시켜 GSH 농도를 일정하게 유지하고, NADPH 산화속도를 측정한다.

시약 및 기가재

- 0.1M Potassium phosphate buffer/1mM EDTA, pH 7.0,
- Glutathione reductase(GR) from yeast
- 10mM GSH
- 1.5mM NADPH/0.1% NaHCO$_3$
- 12mM t-Butyl hydroperoxide(혹은 1.5mM H$_2$O$_2$)

방 법

1 다음 표 21-3과 같은 순서로 반응을 진행시키고, t-butyl hydroperoxide를 가하기 전 후의 반응액의 흡광도를 340nm에서 측정한다.

2 t-Butyl hydroperoxide와 관계없이 NADPH 산화가 일어나는 것은 hydroperoxide가 존재하거나 효소 시료에 glutathione peroxidase와 다른 NADPH 소비인자가 존재하기 때문이다. 이러한 저해요인을 제외하기 위하여 분석 B에서 GSH의 비효소적 산화를 측정한다.

표 21-3 분광학적인 glutathione peroxidese 활성측정 시약첨가순서

용 액	Assay type($\mu\ell$)	
	A	B
0.1M Potassium phosphate buffer, pH 7.0, 1mM EDTA	500	600
효소시료 (0.5-1UK/㎖)	100	-
Glutathione reductase from yeast, 2.4U/㎖ in 0.1M phosphate buffer, pH 7.0	100	100
10mM GSH	100	100
	preincubation（37℃, 10분）	
1.5mM NADPH / 0.1% NaHCO₃ solution	100	100
	hydroperoxide-independent NADPH 소비 측정: 340nm(362nm), 37℃, 3분	
12mM t-Butyl hydroperoxide(or 1.5mM H₂O₂), 37℃	100	100
	반응측정: 340nm(365nm), 37℃, 5분	

활성계산

GSH는 glutathione reductase에 의해 재생되기 때문에 GSH는 초기농도 즉, $[GSH]_0$가 계속 유지된다. 따라서 반응은 pseudo-zero order kinetics에 따라 진행된다. 즉, 시간에 따라 NADPH의가 직선적으로 감소된다. 그러나 반응속도는 $[GSH]_0$의 영향을 받기 때문에 $\triangle[NADPH]/min$를 구하기 위해서는 GSH 농도를 고려해야 한다. 따라서 식 [1]에 의해 구해진 glutathione peroxidase 활성은 다음과 같이 간접실험법 조건에 맞게 조정된다.

$$U_k = \frac{\triangle\log[GSH]}{t} = \frac{0.434\triangle\ln[GSH]}{t} = \frac{0.434}{[GSH]_0} = \frac{d[GSH]}{dt} \qquad [3]$$

$d[GSH]/dt$는 GSH가 재생되는 조건하에서 GSH turnover를 나타내고, $2\times\triangle[NADPH]_t$로 대신할 수 있다. 배양혼합액 양($V_i$)과 효소샘플의 양($V_s$)에 따라, 효소샘플의 활성(A)는 식 [4]에 의해 구해질 수 있다.

$$A = 0.868 \cdot \triangle[NADPH] \cdot \frac{V_i}{[GSH]_0} \cdot t \cdot V_s \qquad [4]$$

고 찰

간접실험법에 의한 반응속도는 GSH의 steady-state level에 따라 달라지기 때문에 GSH 농도를 조절해야 하며, GSH 재생에 영향을 주는 인자(예를 들어 glutathione reductase활성의 감소)는 측정에 영향을 미칠 수 있으나 간접실험법은 일반 생체 시료내의 glutathione peroxidase 활성을 측정하는 좋은 방법이다.

기질로서 과산화수소를 사용할 경우에 1mM sodium azide를 이용해서 catalase를 저해한다. 특히 미크로좀의 존재시에는 방해반응을 고려해야 한다. pH도 효소활성에 영향을 주기 때문에 잘 조절해야 하는데, 최대 효소반응이 일어나는 pH 8.7에서는 GSH와 hydroperoxide의 비효소적 반응이 많이 일어나기 때문에 측정조건으로 적합하지 않다. 시료 또는 GR에 다가음이온이 고농도로 존재할 때는 glutathione peroxidase를 저해할 수 있다.

각 조직에 따라 glutathione peroxidase의 특성이 다르기 때문에 적절한 기질농도를 이용해야 하며, 또한 정제되지 않은 시료에서 효소 활성을 정확히 구하기 위해서는 분리과정과 특성(예를 들어, 기질특이성, 셀레늄 함량, 효소활성 등)이 고려되어야 한다. 적혈구의 glutathione peroxidase 활성을 측정에는 간접실험법을 변형하여 이용한다. Hemolysate를 heme 농도의 1.2배 이상의 hezacyanoferrate (Ⅲ), 12배 이상의 cyanide로 처리하여 안정하고 반응성이 없는 cyanomethemoglobin을 형성시키고 기질은 t-butyl hydroperoxide를 사용한다. glutathione peroxidase는 시간에 따라 고농도의 cyanide에 의해 불활성화되기 때문에 처리된 샘플은 저장하지 않는다.

각각의 실험법으로 얻어진 결과를 비교하기 위해서 U_K활성으로 전환하기 위한 factor를 표 21-4에 나타내었다. 적혈구의 정제된 glutathione peroxidase가 대조군으로 이용되었다.

표 21-4 일부 다른 간접법에 의해 측정된 결과를 본 실험법의 UK로 전환하기 위한 factor

방 법	인 자
본 측정법	(1.00)
본 측정법으로 25℃에서 실험한 경우	2.25
Tappel 법[3]	1.70
Awashi 등의 방법[4]	0.17
Nakamura 등의 방법[5]	0.53

참고문헌

[1] Flohé, L., Loschen, G., Günzler, W. A., and Eichele, E., Glutathione peroxidase. V. The kinetic mechanism. Hoppe-Seyler's Z. Physiol. Chem., 333, p.987(1972)

[2] Paglia, D. E. and Valentine, W. N., Studies on the quantitative and qualitative charactrization of erythrocyte glutathione peroxidase. J. Lab. Clin. Med., 70, p.158(1967)

[3] Tappel, A. L., Glutathone peroxidase and hydroperoxides, Meth. Enzymol., 52, p.506(1978)

[4] Awachthi, Y. C., Beutler, E., and Srivastava, S. K., Purification and properties of human erythocyte glutathone peroxidase. J. Biol. Chem., 250, p.5144(1975)

[5] Nakamura, W., Hosoda, S., and Hayashi, K., Purification and properties of rat liver glutathione peroxidase. Biochem. Biophys. Acta. 358, p.251(1974)

22
영양상태 판정

제1절 ┃ 조사방법론

경제성장과 생활수준이 향상됨에 따라 식생활 환경이 풍요로워지면서 감염성 질환은 점차 감소하고 있는 반면에 만성퇴행성 질환이 크게 증가되고 있다. 그러나 일부 계층에서는 영양소 결핍과 영양 불균형의 문제가 심각하게 제기되고 있어, 영양섭취 부족과 과잉이 공존하는 다원적인 영양문제를 가지고 있다. 따라서 이러한 영양문제를 해결하기 위해서는 먼저 개인이나 집단의 영양문제를 정확하게 진단해야 하는데 이러한 진단과정을 객관적인 방법에 의하여 체계화한 것을 영양판정(nutritional assessment)이라고 한다. 즉 영양판정이란 개인이나 집단의 영양소 섭취상태, 영양소의 체내 이용에 의해 영향을 받는 건강관련 요소들을 중신으로 하며, 임상진단 자료, 대상자의 식사섭취량에 관한 자료, 대상자의 소변이나 혈액을 생화학적으로 분석한 자료, 신체계측 자료 등의 다양한 정보를 서로 관련시켜 현재의 영양 및 건강상태를 진단하고 분석하는 일련의 과정이라고 할 수 있다.

영양판정에 사용되는 기준치는 일반적으로 표준이 될만한 건강한 사람들의 측정치를 참고로 하거나 영양소의 체내 저장량 감소, 체내 기능 손상, 결핍증상 발생 등을 예측해 주는 수준을 이용한다. 영양판정의 기준치 설정은 영양상태 판정 결과에 결정적인 역할을 하므로 매우 신중해야 한다.

1. 조사방법의 종류

영양판정 조사방법은 크게 임상증상 조사법, 신체계측법, 식사섭취 조사법, 생화학적 조사법으로 나눌 수 있다. 그러나 이러한 조사방법 외에도 영양상태에 영향을 미치는 다양한 요인들, 즉 사회·환경적인 요인이나 질병 요인 등에 관한 조사가 포함되어야 한다.

일반적으로 활용되고 있는 영양판정 조사방법은 표 22-1과 같다.

표 22-1 영양판정 조사방법

종 류	방 법	장 점	단 점
임상 증상 조사법	영양상태의 변화에 의하여 나타나는 신체 증후를 전문가에 의하여 판정하는 방법이다.	특별한 장비가 필요하지 않으므로 비용이 적게 든다.	조사자의 주관에 의존적이다. 영양불량이 심각한 상태가 되어야 나타난다. 여러 가지 영양소가 동시에 부족된 경우가 많다.
신체 계측법	체격 크기, 신체성분의 측정치와 이들로부터 산출된 여러 지수들을 기준치와 비교하여 판정하는 방법이다. 과거의 장기간에 걸친 영양상태를 평가하는데 많이 이용된다.	방법이 비교적 간단하고 조사자의 숙련도가 크게 요구되지 않는다. 선별검사에 적합하다.	유전 등 영양외적인 요소에 의한 영향을 비교적 많이 받는다. 특정 영양소의 결핍을 규명하기가 어렵다. 단기간의 영양상태를 평가하기 어렵다.
식사 섭취 조사법	대상자가 섭취한 식품의 종류와 양을 조사한 자료에서 식품 및 영양소 섭취상태를 분석함으로써 영양상태를 평가한다.	영양불량이 시작되는 초기 상황에서 판별이 가능하다. 개인이나 집단의 영양상태를 판정하는데 가장 일반적으로 사용된다.	조사자의 숙련도에 따라 정확한 결과를 얻는 정도가 다르다.
생화학적 조사법	대상자의 소변, 혈액, 조직 등을 사용하여 영양과 관련된 특정 성분을 분석하는 방법이다.	비교적 객관적이고 정량적인 자료를 얻을 수 있다 근래의 영양소 섭취수준을 반영하는 유용한 지표가 된다.	경우에 따라 시료를 얻기가 어렵다. 적정한 실험설비와 조사자의 전문적인 분석능력이 요구된다.

2. 조사방법의 적용

위에서 언급한 여러 종류의 판정방법은 영양의 불량정도나 판정대상에 따라 그 판정방법
이 달라질 수 있으며, 한가지 또는 두 가지 이상의 방법을 병행하여 사용할 경우 판정결과
에 대한 확실성이 높아진다.

표 22-2는 영양결핍이 발생되는 단계와 그에 따른 영양불량 여부를 측정하는 방법을 제시
한 것이다. 영양결핍의 단계는 1단계에서부터 8단계에 걸쳐 서서히 진행되지만 각 단계별로
명확한 한계가 있는 것이 아니라 각 단계가 서서히 서로 겹쳐지면서 나타나게 된다. 각 단
계별로 이와 같은 특성을 가지므로 개인의 영양결핍 정도와 판정하고자 하는 목적에 따라
그 적용방법을 적절하게 선택하여야 한다.

표 22-2 영양결핍 단계에 따른 결핍상태와 적절한 판정방법

영양결핍 단계	결핍상태	적절한 판정방법
제 1 단계	식사를 통한 부적절한 영양소의 공급/섭취	식사섭취조사
제 2 단계	저장조직으로부터 영양소량이 서서히 감소	생화학적 분석
제 3 단계	신체 체액 내의 영양소 수준의 감소	생화학적 분석
제 4 단계	각 조직의 기능이 약화되는 단계	신체계측조사 생화학적 분석
제 5 단계	영양소와 관련된 효소 활성도의 감소	생화학적 분석
제 6 단계	신체 기관의 기능성 저하	행동학적 관찰 생리학적 분석
제 7 단계	임상적인 결핍 증세	임상증상조사
제 8 단계	해부학적인 증상	임상증상조사

제 2 절 신체계측법

신체계측을 통한 영양상태의 판정은 신체의 성장상태와 체조직 구성을 측정하여 영양상태를 평가하는 것이다. 신체의 성장과 발육은 유전과 환경인자에 의해 영향을 받으며, 환경인자 중 영양이 가장 중요한 변수가 된다. 그러므로 체위와 신체성분을 측정하여 동일한 연령의 기준치와 비교함으로써 개인의 영양상태를 판정할 수 있다. 신체계측에서 얻은 측정치들은 특히 유아와 어린이들의 건강과 성장발달을 민감하게 반영하는 지표가 될 수 있다.

신체계측을 통하여 영양상태를 판정하는 방법은 과거의 장기간에 걸친 영양상태에 대한 정보를 얻을 수 있고 선별검사(screening test)에 적합하므로 영양불량에 대한 위험도가 높은 대상자를 찾아내는 데 유용하다. 또한 다른 방법에 비하여 쉽고 재현성이 높으며, 비용이 저렴하므로 비교적 널리 사용된다. 그러나 신체계측 측정치는 영양외적인 요소, 즉 질병, 유전적 요소, 생리상태, 열량소모량의 감소 등에 의하여 예민도나 정밀도가 변화될 수 있으며, 개인의 성장발달을 정확하게 측정하기 위해서는 표준화된 방법이 필요하다.

신체계측에 의해 영양상태를 판정하는 방법은 크게 두 가지로 구분할 수 있다. 첫째는 신장, 체중, 머리둘레 등을 이용하여 성장의 정도를 측정하는 방법이다. 다른 한 가지 방법은 체조성을 측정하는 방법으로 영양상태에 따라 신체조직의 조성이 달라진다는 점을 근거로 하여 주로 체지방량과 체단백질량을 측정한다.

본 실험서에서는 신체계측법으로서 비교적 활용도가 높은 신장-체중 지수와 체지방량을 측정하는 방법에 대해서만 기술하기로 한다.

1. 신장-체중 지수

영양판정을 위해 신체계측법을 이용할 때는 한가지 계측치보다 몇가지 계측치를 복합적으로 사용하는 것이 더 유용한 방법이다. 신장-체중표(height-weight table)로는 체성분을 잘 알 수 없으므로 체중과 신장을 이용하여 여러 가지 신장-체중 지수를 구하여 사용하는데 이러한 지수들은 주로 신장보다는 체질량과 밀접한 관계가 있다.

1) 비만지수

조사대상자의 실제체중과 표준체중과의 차이를 표준체중과 비교한 백분율로 나타내며, 20% 이상이면 비만으로 판정한다.

$$비만지수 = \frac{실제체중 - 표준체중}{표준체중} \times 100$$

표준체중을 계산하는 방법은 여러 가지가 있으나 일반적으로 Broca법이 많이 사용되고 있다.

2) 상대체중 (Relative weight)

상대체중은 개인의 실제체중을 개인의 신장에 대한 표준체중(Reference weight)으로 나눈 후 100을 곱해서 백분율로 표현한 것이다.

$$상대체중 = \frac{실제체중}{표준체중} \times 100$$

90~110% 범위의 상대체중은 정상적인 상태로 판정한다.

3) 비체중 (Weight/height ratio)

비체중은 신장에 대한 체중의 백분율로서 성장기 아동의 영양판정에 유용하게 이용된다.

$$비체중 = \frac{체중(kg)}{신장(cm)} \times 100$$

4) 체질량지수 (Quetelet's index, Body mass index: BMI)

체질량지수는 가장 널리 이용되는 신장-체중 지수로서 퀘틀렛지수(Quetelet's index)라고도 한다. 체질량지수는 체지방 상태와는 비교적 높은 상관관계를 나타내고 신장에 의한 영향은 적게 받는다. 따라서 체질량지수는 간편하게 비만을 판정하는 지표로 널리 활용되고 있으며, 가능하다면 피부두겹두께의 값과 함께 사용하도록 권장된다. 또한 체질량지수를 허리-엉덩 이둘레의 비와 같이 사용하면 심장병, 뇌졸중, 당뇨병 등에 대한 위험도를 평가하는데 유용 하게 사용될 수 있다.

체질량지수를 간편하게 구하는 노모그램(Nomogram)은 그림 22-1과 같고, 성인의 경우 체 질량지수에 의한 비만 판정의 기준은 표 22-3에 제시되어 있다. 여러 연구에서 20과 25 사 이의 체질량지수에서는 사망율이 가장 낮고 25 이상에서는 심장병, 고혈압, 당뇨병 등에 의 한 사망율과 이환율이 서서히 증가하지만 30 이상에서는 사망율이 급격히 증가된다. BMI가 20 미만인 경우에는 저체중이나 수척한 상태로 간주되고, 소화기계나 호흡기계 질병에 의한 사망률이 증가한다고 알려져 있다.

$$체질량지수(BMI) = \frac{체중(kg)}{신장(m)^2}$$

표 22-3 체질량지수(BMI)에 의한 성인의 비만 판정

BMI(kg/㎡)	구 분
〈 16	매우 수척(건강 이상 가능)
16~19.9	체중부족
20~24.9	바람직한 체중
25~29.9	1도 비만
30~40	2도 비만
〉 40	3도 비만

자료: Juquier E. : Am. J. Clin. Nutr., 45, 1035 (1987)

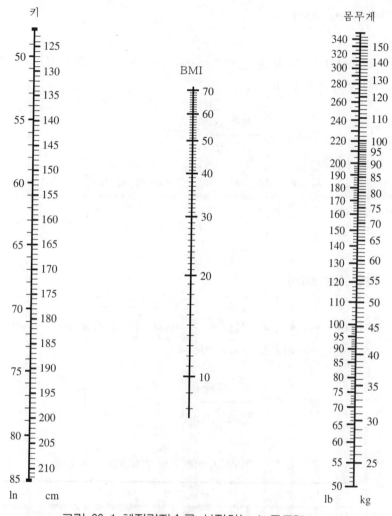

그림 22-1 체질량지수를 산정하는 노모그램

5) 폰더럴지수 (Ponderal index)

폰더럴지수는 수치가 높을수록 마른 것을 나타내며, 12이하는 심장순환기계 질환의 위험도가 높은 것으로 판정한다.

$$폰더럴지수 = \frac{신장(\text{inch})}{체중(1\text{b})^{1/3}}$$

6) 뢰러지수 (Röhrer index)

이 지수는 학령기 어린이의 영양상태를 나타내는데 주로 사용되며, 신장이 작은 어린이는 비만으로 판정되기 쉬운 단점이 있다.

$$뢰러지수 = \frac{체중(kg)}{신장(cm)^3} \times 100^7$$

주로 129 이하일 때 허약 또는 체중부족, 130-149일 때 정상, 150 이상일 때를 비만으로 판정한다.

7) 카우프지수 (Kaup index)

영유아들의 비만 판정에 많이 사용되는 지수로서 성인의 체질량지수와 같은 방법으로 계산한다. 우리나라의 기준치는 표 22-4와 같다.

$$카우프지수 = \frac{체중(g)}{신장(cm)^2} \times 10$$

표 22-4 카우프지수에 의한 영유아의 비만 판정

1세 미만	판정	1-2세
15 이하	영양불량	14 이하
15-18	정상	14-17
18-20	비만 경향	17-18.5
20이상	비만	18.5 이상

자료: 이정원 외 : 영양판정, p110(1999)

2. 체지방량 측정

체지방량을 측정하는 방법은 캘리퍼로 피부두겹두께를 측정하여 체지방량을 추정하는 방법과 여러 가지 측정기기를 이용하여 신체 각 구성성분의 양을 산정하는 방법이 있다. 측정 기기를 이용하는 방법은 대체로 다수의 대상자에게 적용하기에는 번거롭고 장비가 비싼 단점이 있다. 여기서는 피부두겹집기에 의한 신체계측법과 비교적 간단한 기기로 측정할 수 있어 그 사용이 증가되고 있는 생체전기저항법에 대해서만 다루고자 한다.

1) 피부두겹집기

개 요

체지방 백분율을 간접적으로 측정할 때 가장 널리 사용되는 방법은 피부두겹집기이다. 피부두겹집기는 측정하는 방법이 간단하고 빠르며, 정확하게 측정하면 수중체중법과 상관성이 높으므로 간접적으로 체지방율을 산정하는데 가장 유용한 방법이다.

측정 부위

체내에 저장되는 지방은 우리 몸 전체에 골고루 분포되는 것이 아니고 성별, 연령, 인종에 따라 집중적으로 축적되는 부위가 다르다. 그러므로 이러한 체지방 분포의 변화를 고려하여 인체의 여러 부위, 즉 가슴(chest), 삼두근(tricep), 이두근(bicep), 견갑골 아랫부위(subscapular), 장골 윗부분(suprailiac), 복부(abdomen), 옆중심선 부위(midaxillary), 장단지 가운데부위(medial calf), 넓적다리(thigh) 등을 측정하여 평균값을 사용하는 것이 바람직하다(그림 22-2).

피부두겹집기 측정을 위해서 한 부위만을 사용할 때에는 삼두근이 가장 일반적으로 사용되는 부위이다. 피하지방의 분포는 다양하기 때문에 정확한 체조성을 알기 위해서는 여러 가지 신체 측정치가 요구된다.

피부두겹집기 측정을 할 때 두 부위를 택하는 경우, 6세에서 20세 중반인 사람들에서 가장 일반적으로 사용하는 방법은 삼두근과 견갑골 아랫부위의 합을 이용하는 것이다. 이들 부위는 다른 체지방량 측정치와 상관성이 높고, 대부분의 다른 부위보다 신뢰도와 객관도가 높다. 여러 부위에서 피부두겹집기를 할 경우, 신체 밀도와 체지방 백분율을 예측하려면 다중회귀분석이라는 통계적 방법이 사용된다. 최근에는 연령과 체지방량이 크게 다른 사람들에게도 적용할 수 있는 일반화된 방정식이 사용되고 있다.

측정방법

1 피부두겹두께를 정확하게 측정하기 위해서는 측정 부위의 선택과 측정하는 방법이 매우 중요하다. 미국과 캐나다에서는 대개 신체의 오른쪽에서 측정하지만 유럽에서는 왼쪽을 측정하는 것이 일반적이다. 어느 쪽을 택하든 문제가 되지 않지만 어느 한쪽을 일관되게 택해야 한다.

2 경험이 없는 사람들은 먼저 측정하고자 하는 부위의 중심부에 표시를 한 후 측정해야 한다.

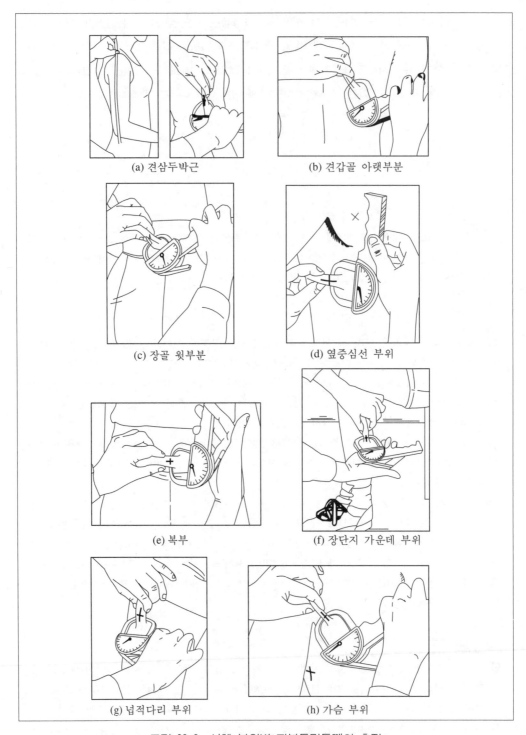

(a) 견삼두박근

(b) 견갑골 아랫부분

(c) 장골 윗부분

(d) 옆중심선 부위

(e) 복부

(f) 장단지 가운데 부위

(g) 넙적다리 부위

(h) 가슴 부위

그림 22-2 신체 부위별 피부두겹두께의 측정

3 왼손의 엄지와 검지 손가락으로 표시된 측정 부위의 1cm 정도의 윗쪽 피부를 단단하게 잡고
잡아당긴다. 측정자는 측정할 때마다 엄지와 검지 손가락의 힘을 일정하게 유지해야 한다.

4 오른 손으로 잡은 캘리퍼의 숫자판이 위로 오게 하고 접힌 피부의 긴 축과 수직이 되도록 캘
리퍼로 집는다. 캘리퍼를 피부두겹에 너무 깊게 놓거나 피부두겹 끝에 너무 가까이 놓아서는
안된다.

5 캘리퍼의 끝을 측정점에 놓은 후 약 4초 후에 숫자판을 읽는다.

6 운동 직후나 열이 많이 났을 때에는 체액이 피부쪽로 이동하여 평상시의 피부두겹두께보다
두껍게 측정되는 경향이 있기 때문에 즉시 측정해서는 안된다.

7 캘리퍼 턱의 끝은 전 측정범위에 걸쳐 10g/㎟의 압력을 유지해야 한다.

캘리퍼의 종류에는 여러 가지가 있으나 Lange와 Harpenden 캘리퍼가 사용하기에 가장 적합한 것
으로 권장되고 있다. 캘리퍼는 적어도 5~50mm의 범위에서 ±1mm까지 읽을 수 있는 것을 선택
하고 주기적으로 보정을 해 주어야한다. 표 22-5는 삼두근 피부두겹두께의 기준치를 나타내고
있다.

표 22-5 삼두근 피부두겹두께의 기준치(한국, 1986)   (단위 : mm)

연 령	백분위수(남자)			백분위수(여자)		
	5th	15th	50th	5th	15th	
18~24	1.6	3.8	7.5	9.3	11.6	15.5
25~34	3.6	5.8	9.5	11.8	14.2	18.1
35~44	3.6	5.8	9.5	13.5	15.9	19.8
45~54	2.8	5.8	8.7	15.3	17.7	21.6
55~64	2.8	5.0	8.7	15.3	17.7	21.6
65 이상	2.8	5.0	8.7	15.5	15.9	19.8

표 22-6 성인의 %체지방량 기준표

분 류	남 자	여 자
거의 없음	〈 8%	〈 13%
적정 수준	8~15%	13~23%
약간 초과	16~20%	24~27%
체중 과디	21~24%	28~32%
비 만	≥ 25%	≥ 33%

자료: Nieman, D.C. : Nutritional assessment. p.264 (1995)

바람직한 체지방 수준

바람직한 체지방의 수준을 정확하게 말한다는 것은 어렵지만 일반적으로 제안되고 있는 정상 성인의 %체지방량은 남자가 8~15%, 여자가 13~23%이다(표 22-5). 바람직한 체지방의 양을 구하기 위해 다음과 같이 필요한 목표치를 계산할 수 있다.

체지방량 = 체중 × %체지방량
제지방조직량 = 체중 − 체지방량
목표체중 = 제지방조직량 ÷ (100 − 바람직한 %체지방량)

2) 생체전기저항법 (Bioelectrical impedance analysis, BIA)

신체에 전류를 통하게 하면 제지방조직처럼 물에 전해질이 용해되어 있는 조직에서는 전류가 전달되지만 지방이나 세포막 같은 비전도성조직에 의해서는 저항이 나타나는 것을 이용한 방법이다.

BIA 측정기기는 사람에게 해롭지 않은 정도의 약한 교류를 대상자의 손과 발에 위치한 4개의 전극을 통해 신체에 흐르게 한 다음 되돌아오는 저항을 측정하는 것이다(그림 22-3). 이 측정값을 신장, 체중, 성별에 따라 회귀방정식을 이용하여 체수분량, 제지방조직량 및 %체지방을 계산한다. 최근에는 BIA기기에 컴퓨터와 프린터가 내장되어 있어서 자동적으로 이

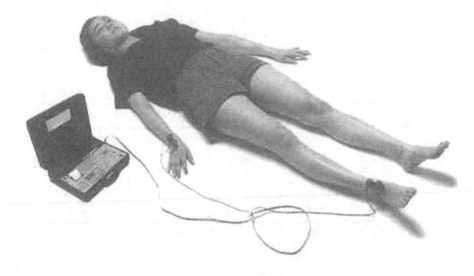

그림 22-3 생체전기저항법에 의해 체지방량을 측정하는 모습
(자료 : 길우트레이딩 제공)

공식에 의해 계산되어 결과가 출력된다. BIA는 제지방조직량과 체지방 백분율을 계산하기 위한 회귀방정식에 의존적이어서 사용된 회귀방정식에 따라 양호한 정도가 달라지므로 좋은 회귀방정식을 사용하는 것이 중요하다. 또한 BIA는 대상자가 정상적으로 수화되어 있는 상태일 때 측정해야 정확하므로 탈수, 심한 발한상태, 과도한 운동, 카페인과 알코올의 섭취시에는 지방량을 과대 평가하게 되는 경향이 있다. 그러므로 이러한 문제를 예방하기 위해서는 충분한 수분섭취가 요구된다.

참고 문헌

1 Lee, R. D. and Nieman D. C. : Nutritional assessment, 2nd ed., Mosby, St. Louis, p.223(1998)

2 Juquier, E. : Energy, obesity, and body weight standards. *Am. J. Clin. Nutr.*, 45, p.1035(1987)

3 Gibson, R. S.: Principles of nutritional assessment, Oxford Unversity Press, NY, Oxford, p.155(1990)

4 최영선, 조성희, 윤진숙, 서정숙 : 영양판정. 형설출판사, p.11(1999)

5 이정원, 이미숙, 김정희, 손숙미, 이보숙 : 영양판정. 교문사, p.90(1999)

제 3 절 식사섭취 조사법

식사섭취 조사법은 개인이나 집단의 식품 및 영양소 섭취량을 조사하여 영양상태를 판정하는 방법으로서 크게 두 가지로 분류할 수 있다. 첫째는 최근에 섭취한 식품의 양을 조사하는 방법으로 24시간 회상법(24-hour recall method), 식사기록법(diet record method), 실측법(weighing method)이 있으며, 둘째는 비교적 장기간 동안의 일상적인 식품섭취상태에 대해조사하는 것으로 식품섭취빈도법(food frequency method), 식사력조사법(dietary history method) 등이 있다.

1. 식사섭취 조사방법

1) 24시간 회상법 (24-hour recall method)

실험원리

24시간 회상법은 조사 대상자와 면접이나 전화면담 방식에 의해 현재로부터 24시간 전 또는 전날 섭취한 모든 식품의 종류와 양, 조리방법, 가공식품의 경우 상품명, 영양보충제 복용에 대해 회상하게 하여 섭취량을 추정하는 방법이다. 1회의 24시간 회상법은 집단의 평균 식품 및 영양소 섭취량을 조사하는 데 적용할 수 있으며, 개인의 일상적 섭취량 조사에는 부적당하다. 그러나 한 개인에 대해 24시간 회상법이 여러 날 반복 시행되고, 더욱이 계절별로 간격을 두고 시행될 경우, 개인의 일상 섭취량을 어느 정도 정확히 추정할 수 있다.

방법(조작)

1 섭취한 식품의 회상순서는 아침부터 저녁의 순으로 하거나 24시간 전부터 시작하여 현재까지의 식품섭취량을 회상시킨다.

2 섭취한 식품에 대해 회상시킬 때 섭취한 시간, 장소 등을 함께 질문한다.

3 섭취한 음식의 조리방법, 레시피, 섭취량 등에 대해 자세히 회상시킨다. 분량을 기록할 때는 집에서 쓰는 단위(공기, 대접, 토막, 젓가락, 숟가락)로 기록하는 것이 좋다. 이때 식기, 계량컵, 눈대중량표, 식품모형 등을 이용하여 섭취량의 추정을 돕는다.

① 밥의 경우 콩, 잡곡 등을 섞었는지, 섞었다면 무슨 잡곡을 얼마만큼 섞었는지 물어본다. 밥공

기는 크기별 밥공기 모델을 보여주거나 가구를 방문해서 직접 밥공기를 보고 그 크기를 자로 재어두면 정확한 밥의 섭취량을 추정하는데 도움이 된다.

② 국이나 찌개의 경우 포함된 재료를 구체적으로 질문한다.

③ 빵이나 과자, 우유, 시리얼, 음료수 등을 구입해서 섭취했을 때는 반드시 상품명을 기입하고 빵에 바른 잼이나 버터의 양을 기록한다. 커피의 경우에는 원두, 인스턴트, 추가한 설탕이나 프림의 양을 기록한다.

④ 외식의 경우 식당명도 기입하고 1인당 분량과 포함되었던 부재료를 회상시킨다.

4 섭취 식품이 모두 기록되었는가를 확인하기 위해 회상한 것을 다시 한번 검토한다.

5 비타민, 무기질 보충제, 다이어트 음료, 알코올 섭취 등에 관해 질문한다.

24시간 회상법 조사지의 기록 예는 부록 22-b와 같다.

2) 식사기록법 (Diet record method)

실험원리

식사기록법은 일정기간 동안 조사 대상자가 섭취한 모든 식품과 음료에 대해 직접 기록하는 방법으로 식사일지법(dietary diary, food diary)이라고도 한다. 조사기간은 주로 3일, 5일, 7일간으로 하는데, 이때 요일의 영향을 고려하여 주말과 주중이 비례적으로 포함되도록 구성한다. 식사기록법은 여러 날을 기록함으로써 24시간 회상법이나 하루의 식사기록법에 의한 자료보다 일상의 식사 섭취를 더 잘 대표할 수 있다.

방법(조작)

1 조사 전이나 조사 첫날에 조사대상자에게 조사방법을 훈련시킨다.

2 각 페이지 위쪽에는 날짜를 기록하고 날짜별로 새로운 페이지에 기록한다.

3 섭취한 음식, 조리에 사용된 양념류 등의 목측량과 가공식품의 상품명까지 기록한다.

4 목측량은 가정용 계량기구의 단위(공기, 대접, 젓가락, 숟가락 등)로 기록한다.

5 외식의 경우 섭취한 모든 음식의 목측량과 구성식품을 자세히 기록한다.

6 비타민이나 무기질 보충제를 섭취하였다면 종류, 하루에 먹는 양, 상표 등을 기록한다.

식사기록지 양식의 예는 부록 22-a와 같다.

3) 실측법 (Weighing method)

실험원리)

실측법은 조사 대상자가 섭취한 식품의 양을 실제로 측정하므로 개인의 일상 식품 및 영양소 섭취량의 추정방법 중 가장 정밀한 방법으로서, 식이 상담이나 회귀분석 혹은 상관관계 분석 등의 통계분석시 활용된다. 실측법 기록 양식은 부록 22-b의 식사기록지 양식을 그대로 이용하여 조사할 수 있다.

방법(조작)

1 일정기간 동안 섭취한 모든 식품과 음료를 실제로 측량하여 기록한다.

2 측정에 사용되는 저울은 ±5g의 정확도를 가진 1.5kg 용량의 저울을 사용하며 g 단위로 잰다. 그러나 이러한 측량 자체가 정상적인 식생활을 방해하지 않도록 해야 한다.

3 측정시 저울을 영점으로 맞춘 다음, 재려고 하는 접시나 컵을 저울 위에 올리고 다시 영점으로 맞춘다.

4 음식이나 음료를 컵이나 접시에 놓은 다음 무게를 잰다.

　식후 잔반이 있을 때는 식전 무게에서 빼 준 다음, 실제 섭취량만 기록한다.

5 외식의 경우 섭취한 모든 음식의 목측량과 구성식품을 자세히 기록한다.

4) 식품섭취 빈도조사법 (Food frequency method)

실험원리

식품섭취 빈도조사법은 개인이 주요 상용식품들을 얼마나 자주 섭취하고 있는가를 조사하는 방법으로, 장기간의 일상 식품섭취 패턴을 추정하여 질병과의 관계를 연구하는 역학연구에서 이용된다.

식품섭취빈도 조사법은 3가지 유형으로 나눌 수 있다. 식품목록을 제시하고 섭취 빈도만을 조사하는 단순 또는 비정량적 식품섭취 빈도조사법(simple or nonquantitative food frequency questionnaire), 1회 섭취 분량을 제시하고 섭취 빈도를 묻는 반정량적 식품섭취 빈도조사법(semiquantitative food frequency questionnaire), 표준분량을 제시한 후 대상자의 1회 섭취 분량에 대해 대·중·소로 나누어서 섭취횟수를 묻는 정량적 식품섭취 빈도조사법(quantitative food frequency questionnaire)이 있다. 이중 반정량적 식품섭취 빈도조사법의 조사방법을 소개하면 다음과 같다.

방법(조작)

1 식품목록을 선정한다.

① 24시간 회상법을 실시하여 섭취빈도가 높은 순으로 50여 가지의 식품목록을 선정하고 주요 영양소별로 섭취에 대한 기여도가 높으면서 섭취 빈도 50위 안에 포함되지 않은 식품을 추가한다.

② 100개 이하로 구성하며, 식품의 종류와 영양소 함량이 비슷한 식품들을 묶는다.

③ 어느 특정 영양소의 섭취 평가가 목적이면 15-30가지의 식품종류로 구성한다.

　예를 들어 식이섬유의 조사에는 곡류, 두류, 견과류, 과실류, 야채류 식품들을 중심으로 작성

하거나 심혈관질환과 식이와의 관계 연구를 위해서는 지방과 콜레스테롤이 많이 포함된 식품
들을 선별하여 작성할 수 있다.

2 1회 섭취분량을 결정한다 : 목측량표, 식사구성안의 1인 분량, 식품교환표의 교환단위 등을 참
고하여 1회 섭취량을 결정한다.

3 식품 섭취빈도를 결정한다 : 섭취빈도는 5~10단계로 나누며 섭취빈도가 잦은 쪽을 더 자세히
나누도록 한다. 식품섭취빈도 조사지 양식의 예는 부록 22-c와 같다.

5) 식사력 조사법 (Dietary history method)

실험원리

식사력 조사법은 비교적 장기간에 걸친 개인의 평균 식사섭취 상태를 알아보기 위해 사용되는
방법이다. 개인의 정확한 섭취량을 파악하는데는 부적절하지만 질병과 식사와의 관련성을 밝힐
수 있어 대규모의 역학적 연구에 사용된다. 식사력 조사법은 다음과 같이 4단계로 구성된다.

방법(조작)

1 식습관, 식사의 규칙성, 식욕, 영양보충제의 복용, 흡연, 수면, 휴식, 활동 등에 관한 일반 정
보를 수집한다.

2 24시간 회상법을 이용하여 식품섭취량과 패턴을 면접 조사한다.

3 면접결과의 교차점검을 위해 특정 식품의 섭취빈도와 기호도를 질문한다.

4 3일 식사기록법에 의해 최근 일정기간의 식품섭취량을 측정하나 노력과 시간, 전문성이 많이
요구되는 어려움이 있어 흔히 생략되기도 한다.

6) 식사섭취 조사방법의 타당도 검사

식사섭취 조사법의 타당도는 조사에 사용하고자 하는 방법을 이용하여 측정한 결과와 평
상시 섭취량을 비교함으로써 검증할 수 있다. 24시간 회상법과 식사기록법의 타당도 검사는
실측법과의 비교를 통해 실시하는데 24시간 회상법을 이용한 경우 노인과 어린이의 섭취량
을 과소 평가하는 것으로 나타났다. 식품섭취빈도법의 타당도는 식품에 대한 기호도를 조사
하여 측정하고, 식사력조사법의 타당도는 7일 식사기록법을 사용하여 측정할 수 있다.

2. 영양소 섭취량 환산

개인이나 집단의 영양섭취량을 파악하려면 먼저 식품섭취량을 위에서 기술한 방법들을 이용하여 조사한 다음 이로부터 영양소 섭취량을 알아내야 한다. 특정 영양소 섭취량을 정확하게 파악하고자 할 경우에는 식사를 수거하여 영양소 함량을 직접 분석해야 하지만 이를 제외한 대부분의 조사에서는 식품성분표를 이용하여 조사된 식품섭취량을 영양소 섭취량으로 환산한다(부록 22-d, 한국인 영양권장량 7차 개정과 부록 22-e 외국인 영양권장량 참조).

최근에는 영양소 섭취량의 계산 및 평가를 신속하고 정확하게 할 수 있는 컴퓨터 프로그램들이 상품화되어 사용되고 있다. 컴퓨터에 저장되어 있는 식품의 영양성분 데이터베이스(Database)는 쉽게 수정하고 보완하는 것이 가능하므로 새로운 분석자료가 나오는 대로 최신화할 수도 있다.

3. 영양소 섭취량의 판정

영양소 섭취량을 판정하는 대부분의 방법은 각 영양소의 권장량과 비교하는 것으로 영양위험에 처한 전체집단이나 개인의 비율을 알 수 있다. 그러나 실제로 특정 영양소가 결핍된 개인을 현실적으로 규명하기에는 불충분하므로 생화학적 방법이나 임상검사를 병행해야만 한다.

1) 영양소 섭취량의 권장량에 대한 백분율

영양권장량은 에너지를 제외한 대부분의 영양소가 전체 인구의 97.5%에 해당하는 구성원들의 필요량을 충족하는 수준으로 설정되어 있으므로 비록 개인이 권장량에 못 미치는 양을 섭취했어도 부족하다고 바로 판정하기는 어렵다. 따라서 영양소 섭취가 불충분하다고 과대평가하는 것을 막기 위해서 영양권장량의 2/3(66.7%), 3/4(75%)과 같은 판별기준치를 쓰게 되며 영양권장량의 2/3 혹은 3/4 미만을 섭취한 군에 대해서만 영양소 섭취량이 불충분하다고 판정한다.

2) 영양소 적정 섭취비율 (Nutrient adequacy ratio, NAR)

개인의 특정 영양소의 섭취량을 영양권장량과 비교한 비로서 영양소의 적정성을 나타낸다. 권장량을 넘어선 영양소 섭취에 의해 지표가 증가하는 것을 막기 위해 1을 최고 상한치로 설정하여, 1이 넘는 경우에는 1로 간주한다.

$$NAR = \frac{개인의\ 특정\ 영양소\ 섭취량}{특정\ 영양소의\ 영양권장량}$$

각 개인에 있어 NAR의 평균을 구하면 평균 적정 섭취비율(Mean adequacy ratio, MAR)이 되며, MAR은 각 개인의 식사 전반의 질을 알 수 있게 된다.

3) 영양밀도 지수 (Index of nutritional quality, INQ)

식품, 끼니, 식이의 질을 영양권장량과 비교하여 나타내는 것으로 에너지가 충족된 상태에서의 영양소 균형상태를 파악할 수 있다. 개인의 식사 충족도를 평가하거나 개인상담에 이용된다. 특정 영양소에 대한 INQ 값이 1을 넘는 식이에서는 에너지 필요량이 충족되면 영양소 공급도 충분할 것으로 기대되며, INQ값이 1미만인 경우에는 권장량을 충족시키기 위해서 그 식이를 다량 섭취해야 할 것이다.

$$INQ = \frac{식이\ 1000kcal에\ 함유된\ 영양소량}{열량\ 1000kcal당\ 영양소\ 권장량}$$

4. 식품 섭취 평가

1) 식품군 섭취패턴 (Food group intake pattern)

식품군 섭취패턴은 상용 식품들을 곡류·감자군, 육류군(육류, 어패류, 난류, 두류), 과일군, 채소군, 우유·유제품군으로 분류한 후 각 군을 GMFVD(grain, meat, fruit, vegetable, dairy)라 표시하고 섭취한 식품군은 1, 섭취하지 않은 식품군은 0으로 나타낸다. GMFVD=

10110이라면 곡류, 과일, 채소군은 섭취한 반면 육류 및 유제품은 섭취하지 않은 것이다. 소량 섭취하고도 점수 계산에 기여하는 것을 막기 위하여 최소량 미만으로 섭취한 식품은 제외시킨다. 최소량 기준은 육류, 채소, 과일군의 경우 고형식품은 30g, 액체류는 60g이며, 곡류와 유류의 경우 고형식품은 15g, 액체류는 30g이다.

2) DDS (Dietary diversity score)

식이의 다양성 정도를 파악하는 DDS를 이용하여 전체적인 식사의 질을 평가할 수 있다. 식품군 섭취 패턴을 섭취한 식품군이 하나 첨가될 때마다 1점씩 증가되며, 최고점은 5점이다.

3) DVS (Dietary variety score)

식사의 다양성을 나타내는 DVS는 하루에 섭취하였다고 보고된 모든 다른 종류의 식품 수를 계산하는 것이다. 이때 다른 식품의 개념을 명확히 하기 위해서 조리법에서는 차이가 나지만 동일식품인 경우 모든 식품 코드를 합쳐서 계산한다. 다른 식품이 한가지 첨가될 때마다 DVS는 1점씩 증가하게 된다. 섭취한 식품의 수가 많을수록 영양소 섭취상태가 균형되고 양호해진다는 사실에 근거를 두고 있다.

참고 문헌

[1] Gibson, R. S. : Principles of Nutritional Assessment. Oxford University Press, New York, p.37-47, p.97(1990)

[2] Thompson, F.E. Byers, T, Kohlmeier, L. : Dietary assessment resource manual. J. Nutrition 124(11s)(1994)

[3] 최영선, 조성희, 윤진숙, 서정숙 : 영양판정. 형설출판사, p.91(1999)

[4] 이정원, 이미숙, 김정희, 손숙미, 이보숙 : 영양판정. 교문사, p.34(1999)

[5] 장유경, 정영진, 문현경, 윤진숙, 박혜련 : 영양판정. 신광출판사, p.74(1998)

제 4 절　생화학적 조사법

생화학적 분석에 사용되는 인체 시료는 주로 혈액과 소변이며 경우에 따라 머리카락, 타액, 대변 등의 다른 시료를 이용하기도 한다.

생화학적 분석방법은 개괄적으로 두 종류로 분류된다. 첫째는 조사하고자 하는 영양소나 그 대사물을 측정하는 것으로 대표적인 예로 혈장의 알부민, 칼슘, 비타민 A의 농도를 측정하는 것이다. 둘째는 영양소의 기능을 측정하는 시험법이며, 그 예로서 비타민 B_1 영양상태 판정에 thiamin pyrophosphate(TPP)를 조효소로 요구하는 적혈구 transketolase의 활성을 측정하거나, TPP를 첨가한 후의 활성의 증가를 이용하는 것이며, 비타민 A의 상태 판정에 사용하는 암적응 시험법이나 단백질-에너지 결핍(protein-energy malnutrition)에 대한 판정으로 면역능을 조사하는 것 등이 해당한다.

생화학적 방법으로 판정할 때 반드시 고려해야 할 사항은 측정하는 물질이나 기능이 영양 외적 요인들에 의하여도 많이 달라질 수 있다는 점이다. 따라서 조사대상자의 유병 여부와 약물 복용에 대하여 점검해야 하며 시료 수집과 분석에서의 정확도에 만전을 기하여야 한다. 확실한 영양판정을 위하여 생화학적 방법에 의한 결과는 식품섭취 조사, 신체계측 및 임상 증상 조사 결과와 함께 사용해야 한다.

수많은 종류의 영양소에 대해 각기 영양상태 판정이 가능하겠으나, 대표적인 예로 비타민 A 영양상태와 비타민 B_2 영양상태 판정을 위한 생화학적 조사법을 간단히 설명하고자 한다.

1. 비타민 A 영양상태 판정

비타민 A의 영양상태는 5단계로 나뉘어지는데, 이는 결핍, 부족, 충분, 과잉, 독성 상태다. 결핍이나 독성상태에서는 임상적 증상으로도 판정할 수 있으므로 생화학적 판정으로 부족, 적합, 과잉을 구별할 수 있어야 한다. 비타민 A의 생화학적 판정은 혈청, 유즙, 간의 비타민 A 수준을 측정하는 직접법과 투여반응 시험(dose-response test), 각막의 상피세포 검사, 암적응 시험 등의 기능 테스트가 있다.

표 22-7은 취학전 아동의 비타민 A 영양상태 판정을 위한 판정기준치인데, 성인에게도 적용될 수 있다.

표 22-7 취학전 아동의 비타민 A 영양상태 판정을 위한 판정기준치

판정 지표	결핍	부족	충분	과잉	독성
혈장 비타민 A (μg/100 mℓ)	⟨ 10	10-20	20-50	50-100	⟩100
유즙 비타민 A (μg/100 mℓ)	⟨ 10	10-20	20-100	—	—
간 비타민 A (μg/g)	⟨ 5	5-20	20-200	200-300	⟩300
투여반응도 (Relative dose response)	⟩50	50-20	⟨20	—	—

자료 : Machlin, L.J.: Handbook of vitamins, 2nd Ed. (1991)

1) 혈청 비타민 A 수준

비타민 A 영양상태 판정에 가장 보편적으로 사용하는 것이 혈청 비타민 A 수준이다. 혈청 비타민 A의 95%인 레티놀은 레티놀 결합 단백질(retinol-binding protein, RBP)과 결합되어 있다. 결합되지 않은 5%는 레티놀 에스테르형으로 존재한다. 그러나 혈청 수준은 체내에 저장된 비타민 A가 거의 다 없어졌거나 초과되었을 때는 확실한 변화가 있지만 그 외의 경우는 분명하지 않은 경우도 많다. 따라서 혈청 수준을 비타민 A 상태에 대한 1차 선별검사(screening)로 사용하는 것이 바람직하지 않다는 견해도 있다. 혈청 비타민 A의 구체적 측정방법은 19장 1-1을 참고하기 바란다.

2) 투여반응 시험

일정량 투여에 대한 상대적 반응도를 측정하는 투여반응 시험(Relative dose response, RDR)을 비타민 A 영양판정에 많이 사용한다. 이 방법은 체내 레티놀 함량이 높으면 비타민 A 일정량을 경구로 섭취해도 혈장 수준이 별 영향을 받지 않지만 체내 함량이 낮으면 혈장 수준이 경구 투여로 상승하여 5시간 후에 최고에 달한다는데 근거하고 있다. RDR을 측정하려면 공복시 혈액을 취하고 나서 450μg 정도의 비타민 A를 레티놀 팔미트산염 또는 레티놀 초산염 형태로 경구로 투여한다. 그리고 나서 5시간 후에 다시 혈액을 채취하여 비타민 A

농도(vit A_5)를 측정하여 비타민 A 복용 전에 측정한 혈 중의 비타민 A 농도(vit A_0)와 함께 다음 계산식을 사용하여 RDR을 구한다.

$$RDR = \frac{vit\ A_5 - vit\ A_0}{vit\ A_5} \times 100$$

RDR이 50% 이상이면 비타민 A의 결핍이 심각한 상태이며, 20~50%는 부족한 상태, 20% 미만일 때 적합한 상태라고 판정한다.

3) 간 비타민 A 저장량 측정

간조직에 저장되어 있는 비타민 A 함량을 직접 측정하여 상태를 판정할 수 있다. 영양상태가 좋은 사람이라면 간조직 g 당 약 $100\mu g$의 레티놀이 있으며, 성인이나 어린이의 경우 간조직 g 당 $20\mu g$ 이상이면 비타민 A가 충분하다고 할 수 있다. 반면 간조직 g 당 $5\mu g$ 이하가 되면 결핍으로 판정한다. 이 방법은 아주 적은 양의 간조직으로도 분석이 가능하다.

2. 비타민 B_2 영양상태 판정

비타민 B_2의 영양상태 판정은 flavin adenine dinucleotide(FAD)를 조효소로 사용하는 효소의 활성을 측정하며 뇨 중의 배설량으로 주로 판정한다.

1) 적혈구 글루타치온 환원효소 (EGR) 활성

적혈구에 많이 있는 글루타치온 환원효소(erythrocyte glutathione reductase, EGR)는 FAD를 조효소로 요구하며 산화된 glutathione(GSSG)를 환원된 형(GSH)으로 만드는 반응을 위하여 NADPH를 필요로 한다. EGR의 활성은 조사대상자에게서 취한 적혈구에서 FAD를 첨가하지 않고 측정하여 기본효소활성을 구하고, FAD를 첨가하여 다시 효소활성을 측정하여 EGR 활성계수(AC)를 구한다.

시료조제

1 혈액을 헤파린 처리된 시험관에 수집한 후 전혈을 0.2 ㎖씩 각각 나눈다.

2 혈액을 0.9% saline 용액 1㎖로 씻는다.

3 4℃, 2000 rpm에서 10분간 원심분리한다.

4 상층액(혈장)은 따라 내고 침전된 적혈구 세척을 두 번 반복한다.

5 시험관을 봉하여 분석할 때까지 냉동(10일 동안 안정)한다.

6 어두운 장소에서 적혈구를 해동시킨 후 1.5㎖ 증류수를 첨가하고 4℃, 2000rpm에서 10분간 원심분리하여 hemolysate 용액을 얻는다.

시약 및 기구

- 1% Sodium bicarbonate solution
- 1N Sodium hydroxide
- 0.1 M Potassium phosphate buffer, pH 7.4
- Nicotinamide adenine dinucleotide phosphate, reduced(NADPH) : 3㎎을 1% NaHCO₃ 5㎖로 용해시킨다(매일 준비)
- 7.5mM Oxidized glutathione(증류수로 희석, 매일 준비)
- 80mM Dipotassium(또는 Disodium) ethylenediaminetetraacetate(EDTA)

방법(조작)

1 모든 분석은 햇빛이 차단된 곳에서 행하고 시료용액은 얼음을 채워 둔다. 한 시료에 대해 다음과 같이 4개의 시험관을 준비한다.

시약	큐벳 1, 2	큐벳 3, 4
Phosphate buffer	2.0㎖	2.0㎖
FAD	0.10㎖	—
증류수	—	0.10㎖
EDTA	0.05㎖	0.05㎖
Hemolysate	0.10㎖	0.10㎖
GSSG	0.10㎖	0.10㎖
NADPH	0.10㎖	0.10㎖

2 NADPH 용액을 첨가한 후 37℃에서 8분 동안 반응시켜 340㎚에서 흡광도를 측정한다. EGRAC는 다음과 같이 계산한다.

$$EGRAC = \frac{효소활성(FAD를\ 가했을\ 때)}{기본효소활성(FAD를\ 가하지\ 않았을\ 때)}$$

결과 및 고찰

EGR 활성계수가 높을수록 비타민 B₂의 영양상태가 좋지 않다는 것을 뜻한다. 판정기준치가 대상
에 따라서 또는 활성 실험 조건에 따라 다소 차이가 있지만 현재 가장 많이 쓰이는 기준치는 표
22-8과 같다. 즉 EGR 활성계수가 1.2 미만일 때는 비타민 B₂ 영양상태가 양호하며 1.2-1.4일 때
는 부족, 1.4보다 클 때 결핍으로 판정한다.

표 22-8 비타민 B₂ 영양상태 판정을 위한 생화학적 판정 기준치

시험방법	결핍 (high risk)	부족 (moderate risk)	양호 (low risk)
EGR 활성계수	〈1.2	1.2-1.4	〉1.4
뇨의 리보플라빈		μg/g creatinine	
1-3 세	〈150	150-499	≥500
4-6 세	〈100	100-299	≥300
7-9 세	〈85	85-269	≥270
10-15 세	〈70	70-199	≥200
성인	〈27	27-79	≥80
임신 (두번째 3분기)	〈39	39-119	≥120
임신 (세번째 3분기)	〈30	30-89	≥90
성인: μg/24 hr	〈40	40-119	≥120
μg/6 hr	〈10	10-29	≥30
5 mg riboflavin 투여 후 4 시간	〈1000	1000-1399	≥1400

자료: Gibson, R.S.: Principles of nutritional assessment (1990)

2) 뇨의 리보플라빈 배설량

뇨의 리보플라빈 배설량은 최근 식사에서 섭취하는 비타민 B₂의 양을 잘 반영하는 반면
체내 저장량을 파악하기는 어려운 지표다. 항생제나 신경안정제는 배설을 촉진시키고 경구
피임약은 배설을 억제하는 것으로 보고되었다. 아무 처리도 없이 뇨 중의 리보플라빈 배설
량을 측정하기도 하지만, 리보플라빈 5mg을 투여 후 조사하는 부하 시험법도 있다. 표 22-7
은 뇨 배설량 기준치를 보여주며, 리보플라빈 측정 방법은 19장을 참조한다.

3) 혈액 리보플라빈 농도

혈청 리보플라빈 농도는 개인적인 차이가 커서 정상범위를 잡기가 어렵고, 또 전혈이나 적혈구의 리보플라빈 농도도 식사나 체내 저장량이 잘 반영되지 않아 지표로 사용하기에는 적합하지 않다.

참고 문헌

1 Gibson, R.S. : Principles of nutritional assessment. Oxford University Press, New York, p.378(1990)

2 Machlin, L.J. : Handbook of vitamins, nutritional, biochemical, and clinical aspect. 2nd Ed. Marcel Dekker, Inc., New York and Basel, p.1(1991)

3 Lee, R.D. and Nieman, D.C. : Nutritional assessment. 2nd ed., Mosby, St. Louis, p.391(1998)

4 윤진숙, 이정화, 조성희 : 실험영양학. 형설출판사, p.96-98, p.110(1999)

5 최영선, 조성희, 윤진숙, 서정숙 : 영양판정. 형설출판사. p.135(1999)

23 대사율

제 1 절 ┃ 에너지대사

1. 에너지 측정 원리

체내에서 탄수화물과 지방은 이산화탄소와 물로 완전히 산화하는 반면 단백질이 함유하는
질소는 체내에서 산화되지 않고 소변으로 배설된다.

포도당은 완전히 산화할 때 다음 화학식과 같이 쓸 수 있다.

$$C_6H_{12}O_6 + 6O_2 = 6CO_2 + 6H_2O + 673 \ kcal$$

이상의 화학식으로부터 호흡상 혹은 CO_2 / O_2 =1.0이다. 포도당 1mole은 673kcal의 에너
지를 생성하면서 134.4 ℓ 의 산소를 사용하므로, 포도당 산화에 쓰이는 산소 1 ℓ 는 5.01kcal
를 생성한다.

지방이 완전히 산화할 때 다음 화학식과 같이 쓸 수 있다.

$$2(C_{55}H_{106}O_6) + 157\ O_2 = 110\ CO_2 + 106\ H_2O + 16,353\ kcal$$

지방의 경우 호흡상은 0.701이다. 지방 2mole은 16,353kcal의 에너지를 생성하면서 3516.8 ℓ 의 산소를 사용하므로, 지방 산화에 쓰이는 산소 1 ℓ 는 4.65kcal를 생성한다.

단백질 산화에 대한 호흡상은 단백질의 조성이 다양하고 산화의 완전성이 다르므로 명확하지 않으나 단백질 산화의 호흡상은 대략 0.80에서 0.82 사이에 있다. 소변 질소 1g은 체내에서 6.25g의 단백질이 연소된 결과가 된다. 그리고 이때 5.923 ℓ 의 산소가 소비되고, 4.754 ℓ 의 이산화탄소가 발생하며 26.51kcal의 에너지 당량이 발생한다. 보통 혼합식의 호흡상은 0.82이고 따라서 산소 1 ℓ 당 에너지는 4.825kcal이다.

2. 에너지 측정법

인체의 에너지 생성량은 직접법과 간접법 2종의 방법으로 측정할 수 있는데, 직접법은 실험 대상자가 대사실(metabolic chamber)에 들어가 발생하는 열을 폭발열량계(bomb calorimeter)에서 식품의 에너지를 측정하는 것과 같은 원리로 측정하게 되며(그림 23-1 참조), 간접법은 인체가 에너지를 생성을 할 때 정량적으로 산소가 소모되며, 동시에 정량적으로 탄산가스를 생성하므로, 이들 산소 소모량 및 탄산가스의 생성량을 측정하여 호흡상(respiratory quotient, RQ)을 고려하여 에너지 발생량으로 환산하는 것이다. 직접법은 설비나 운영상의 문제점 때문에 여기서는 자세한 설명을 생략한다.

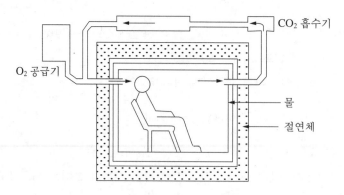

그림 23-1 대사실을 이용한 직접적 에너지 측정법

그림 23-2 Respirometer를 이용한 작업 에너지 측정

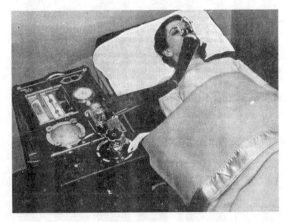

그림 23-3 Respirometer를 이용한 기초대사량 측정

인체가 에너지 생성을 위하여 소모하는 산소량 및 발생하는 탄산가스량을 측정하는데 2가지 방법이 이용된다. 즉 일정시간 배출되는 호기를 채취한 다음 이 공기 시료의 산소 및 탄산가스의 조성을 분석하는 방법으로 옥외 활동 대사량을 측정할 때 편리하게 이용된다(그림 23 2 참조). 다른 방법은 호기를 곧 비로 기스 분석기에 연결하여 산소 및 탄산가스의 조성을 분석하는 방법으로 간편하나 실내에서만 에너지 대사량을 측정해야 하는 제한점을 갖는다(그림 23-3 참조).

1) 호기의 채취 및 분석

방독마스크와 같은 마스크에 공기가 새어 나오지 않게 장치를 하여 일정시간(통상 10분간) 공기를 호흡하게 하고, 이때 생기는 호기를 Douglas bag에 수집한다. 만일 방독마스크와 같은 장치를 이용하지 않고 물뿌리(mouthpiece)를 이용하는 경우에는 물뿌리를 입에 물고 코로 새어나가는 호기를 막기 위하여 코를 집게로 막아야한다. 마스크를 착용하고, 또는 물뿌리를 입에 물고 1~2분 후 이러한 환경에 익숙해졌을 때 물뿌리와 Douglas bag 중간에 있는 T자 관의 밸브를 열어 일정한 시간동안 호기를 수집한다. 시간이 되면 즉시 T자 관의 밸브를 잠그고, 실험환경의 온도를 기록하고 잠시 같은 온도에 보관하였다가 가스부피 측정기를 사용하여 일정 시간동안 수집한 호기의 총량을 측정하고 그 일정량을 취하여 가스분석기에서 호기의 산소 및 탄산가스량을 측정한다. 그림 22-3은 호기를 수집하지 않고 직접 가스분석기에서 호기의 산소 및 탄산가스량을 자동으로 분석하여 기초대사량을 측정하는 경우로서, 이때에도 대상자에 대한 호흡상 및 소변중 배설되는 질소의 에너지 당량 등을 입력하여 에너지 발생량을 보정 해야한다.

2) 에너지 발생량 산출 : 호흡상법 (Respiratory quotient, RQ)

산소 소비량과 이산화탄소 생성량으로부터 기계적인 방법으로 에너지 발생량을산출하지 않는 경우에는 다음과 같은 과정으로 에너지 발생량을 산출한다.

여러 수준의 호흡상에서 산소와 탄산가스의 에너지 당량(thermal equivalent)을 Zuntz-Schumburg(표 23-1)에 의하여 계산한다. 표 23-1에 나타낸 호흡상은 비단백 호흡상이므로 먼저 가스 측정시간 중에 수집한 소변을 분석하여 총 질소량으로부터 단백질의 에너지 당량을 구한다. 즉 소변 질소 1g 생성을 위하여 5.91ℓ(8.49g)의 산소가 소비되고 4.76ℓ(9.35g)의 탄산가스가 생성되며 26.51kcal의 에너지 당량이 발생한다.

다음 예는 60분동안 산소의 소모량과 이산화탄소의 생성량으로부터 에너지 발생량을 산출한 것이다. 대상자가 소모한 산소량은 20ℓ이고, 생성한 이산화탄소량은 16ℓ이었으며, 이때 배설된 소변중 질소량은 0.5g 이었다

소변중 질소 배설량으로부터 대사량을 표 23-1과 같이 산출한다.

표 23-1 비단백호흡상과 탄수화물과 지방의 산화비율(Zuntz-Schumburg 표)

비단백호흡상	대사에 소모된 산소 비율(%)		산소 1 ℓ 에 대한 열량	탄산가스 1 ℓ 에 대한 열량
	탄수화물	지방		
0.70	1	100	4.686	6.694
0.72	4.4	95.6	4.702	6.531
0.74	11.3	88.7	4.727	6.388
0.76	18.1	81.9	4.751	6.253
0.78	24.9	75.1	4.776	6.123
0.80	31.7	68.3	4.801	6.001
0.82	38.6	61.4	4.825	5.884
0.84	45.4	54.6	4.850	5.774
0.86	52.2	47.8	4.875	5.669
0.88	59.0	41.0	4.889	5.568
0.90	65.9	34.1	4.924	5.471
0.92	72.7	27.3	4.948	5.378
0.94	79.5	20.5	4.973	5.290
0.96	86.3	13.7	4.998	5.205
0.98	93.2	6.8	5.022	5.124
1.00	100	0	5.047	5.047

0.5 × 26.51 = 13.25kcal 단백질 산화 에너지

0.5 × 6.25g = 3.13 대사된 단백질량

0.5 × 5.923 ℓ = 2.961 ℓ 단백질 산화에 쓰인 산소량

0.5 × 4.754 ℓ = 2.377 ℓ 단백질 산화시 생성된 이산화탄소량

그러므로 탄수화물과 지방산화에 쓰인 산소량 = 20 - 2.961, 즉 17.041 ℓ 이며, 이때 생성된 이산화탄소량 = 16 - 2.377, 즉 13.623 ℓ 이다.

비단백질의 호흡상은 13.623 ℓ / 17.041 ℓ = 0.80이다. 0.80의 비단백 호흡상은 산소 소모량 1 ℓ 당 4.801 kcal임을 산소와 이산화탄소의 에너지 당량 표에서 알 수 있다. 따라서 이상과 같은 조건일 때 에너지 발생량은 17.04×4.80 = 81.79kcal이다. 비난백 호흡상은 31.7%의 에너지가 탄수화물로부터 오며 나머지가 지방으로부터 온다는 것을 나타낸다. 따라서,

$0.317 \times 81.79 = 25.93\text{kcal}$ 탄수화물로부터의 에너지

$0.683 \times 81.79 = 55.89\text{kcal}$ 지방으로부터의 에너지

13.25kcal 단백질로부터의 에너지

$95.07\text{kcal} / \text{hour}$

3. 기초대사 측정법

인체가 꼼짝하지 안고 누워 있어도 살아 있는 한 호흡, 순환, 배설 및 신경기능 등의 여러 생명 활동은 잠시도 쉬지 않고 일어난다. 이와 같이 생명유지에 필요한 최소한의 에너지, 즉 운동, 식사, 외계의 온도에 영향을 받지 않고 생명을 유지하는데 필요한 생리적 최소 에너지를 기초대사량 또는 기초대사라 한다.

따라서 기초대사의 측정은 식후 12~14시간의 공복시, 20~22℃의 쾌적한 실온에서 잠자지 않고 편안하게 누워 있는 상태에서 실시한다.

4. 활동대사 측정법

먼저 휴식 대사량을 먼저 측정한다. 즉 식후 몇시간이 지난 뒤 가만히 앉아있는 휴식상태에서 열 발생량을 측정한다. 다음 측정하고자 하는 활동을 부하하면서 이때의 열 발생량을 측정하고, 이것에서 휴식대사량을 감하여 활동대사량을 산출한다.

5. 1일 소비열량 측정법

에너지 소비량 측정법중 가장 정확한 방법은 대사실험실 내에 있는 실험 대상자의 에너지 발생량을 직접 측정(direct calorimetry)하거나 호흡 가스를 분석하는(respirometry)하는 것이다. 그러나 이들 방법은 대상자의 신체활동을 제한하므로 자유로운 생활 환경하에서 에너지

소비량을 측정하기 위하여 몇 가지 현장 실험법이 이용된다. 이에는 생활시간 기록법(factorial method), 심장박동 측정법(heart rate method), 평형실험법(intake balance method) 및 이중 표식 수분출납법(double labeled water method) 등이 있다. 이중 에너지 평형실험법이 가장 많이 이용되는데 이 방법은 일정기간 에너지 섭취량과 그 기간에 개체내의 에너지 변동량을 측정하므로서 다음과 같은 식으로 에너지 소비량을 계산하는 것이다. 즉,

에너지 소비량 = 에너지 섭취량 - 체내 에너지 변동량

이 식에서 에너지 변동량은 체 성분의 변동량으로부터 환산되는 바 평형실험법에 의한 에너지 소비량 측정은 체 성분 측정법에 따라 그 정확도가 달라진다. 일반적으로 신체 부피를 측정하여 신체 밀도를 환산하는 방법에 의한 체 성분 측정법이 가장 정확성이 높다는 연구가 있다.

이곳에서는 신체 부피를 측정하여 신체 밀도를 환산하는 방법에 의한 체 성분 측정법을 이용하는 에너지 평형실험법에 대하여 소개하고자 한다.

1) 체성분 변화측정

실험기간(통상 1주일간)중 시작 첫날 및 마지막날 실온에서 체중 및 신체 부피를 측정한다. 즉, 신체 부피는 수위로서 물의 부피를 알 수 있는 용기에 30의 물(밀도=0.995)을 채우고 이때의 수위를 측정한다. 다음 대상자가 가급적 숨을 내쉰 상태로 잠수할 때 상승된 수위로부터 대상자의 신체 부피(BV)를 측정하여 이때의 체중(BW)으로 신체밀도(BD)를 산출한다(BD=BW/BV). 신체 밀도로부터 지방조직량(fat mass, FM)은 Siri 등의 식, 즉 FM=4.95/BD−4.50에 의하여 구한다. FM에서 무지방조직량(lean body mass, LBM)의 산출은 LBM = BW−FM의 식에 의한다.

2) 대사에너지 측정

대상자의 식이 및 대변 시료의 일정량을 냉동 건조 후 각각의 에너지를 폭발 열량계로 측정[4]한다. 식이로 부터 측정한 총 에너지 섭취량(gross energy, ge)에서 대변(fecal energy, fe)과 소변의 에너지(urinary energy, UE) 손실량을 감하여 대사에너지(metabolizable energy,

ME)를 산출한다. 즉, ME = GE - (FE + UE).

3) 1일 에너지 소비량 산출

에너지 소비량(energy expenditure, EE)은 대사에너지 섭취량과 체내 에너지(body energy, BE) 저장량으로부터 다음과 같은 식, 즉 EE= ME−BE 식에 의하여 산출하는데 BE는 실험 첫날과 실험 마지막날 측정한 FM과 LBM의 변화량을 BE(kcal)=9300(FM변화량) + 1020(LBM변화량)의 식에 의하여 산출한다.

참고 문헌

1 Garrow J.S. New approches to body composition. Am J Clin Nutr 35, p.1152(1982)

2 오승호, 황우익, 이영희 : 한국인의 에너지 소비량에 관한 연구. 한국영양학회지 22(6), p.423(1989)

3 Siri W.E. Body composition from fluid spaces and density : analysis of methods. In Techiques for measuring body composition, National Academy of Sciences, National Research Council, Washington DC, p.223(1961)

4 Miller D.S, Payne P.R. A Ballistic Bomb Calorimeter. Br J Nutr 13, p.501(1959)

5 Acheson K.J, Campbell I.T, Edholm O.G, Miller D.S, Stock M.J. The measurment of daily energy expenditure : an evaluation of some techniques. Am J Clin Nutr 33, p.1155(1980)

6 Van Itallie T.B, Yang M, Hashim S.A. Dietary approaches to obesity : Metabolic and appetitive considerations. In : Howard AN. Recent advances in obesity research I. Westport, CT : Technomic Publishing Co. Inc., p.256(1974)

제 2 절 단백질 대사

1. 생물가 (Biological Value)

개요 및 실험원리

식품단백질의 질이란 체성장, 유지를 위한 단백질의 능력으로 단백질을 구성하는 아미노산의 조성이나 양에 의하여 결정된다. 즉 양질의 단백질은 체내 단백질 합성효율이 높은 단백질을 뜻한다. 그리하여 식품의 모든 필수아미노산이 충분하면 우리의 체내에서 식품단백질을 효율적으로 체단백질로 전환시킬 수 있다. 따라서 식품생물가는 식품의 아미노산 패턴과 관련이 깊다.

생물가는 $\frac{보유된질소량}{흡수된질소량} \times 100$ 으로 체내 흡수된 단백질이 어느 정도 체성분으로 전환이 되었는지를 측정한다. 이 실험에서는 무단백질(protein free)과 test단백질군을 살펴보아 사료에 의한 생물가를 비교하며 실험동물이나 인간 모두 피검자로 이용할 수 있다.

사람과 다른 동물은 아미노산 조성이 비슷하여 일반적으로 동물성 식품은 높은 생물가를 가졌고 특히 달걀 단백질은 최고 생물가를 갖는다. 그러나 식물성 아미노산 패턴은 사람과 크게 다르며 그 예로 zein(옥수수 단백질)은 성장을 촉진시키지 못한다.

시약 및 기구

- 10% 아세트산 3㎖(채뇨기의 암모니아 방지용)
- Toluene 한방울(방부제용)
- H_2SO_4

방법(조작)

1 흰쥐를 각각 대사 cage(metabolic cage)에 넣고, 흰쥐에게 nitrogen free(protein free) 식이를 주기 위하여 단백질을 당질로 바꿔 무단백질 사료를 준다.

2 대변과 소변을 일주일 정도 수거하는데 채뇨기에는 아세트산이나 toluene를 미리 첨가한다.

3 대변과 소변속 질소는 kjeldahl 방법에 따라 측정한다.

4 그후 test 단백질을 포함한 식이(열량, 비타민, 무기질이 실험 중 일정함)로 7~10일 정도 기른 후 대변, 소변속의 질소를 측정한다. 실험기간 중 식이, 물은 자유로이 먹게 한다.

5 대변은 핀셋트로 털 등의 부착물을 없앤 후 무게를 달고 kjeldahl 분해병에 넣은 후 황산을 넣고 kjeldahl법에 따라 총 질소량을 정량한다.

6 소변은 깔때기를 대어 증류수로 잘 씻는다. 이 세척액을 100㎖ 혹은 250㎖ 메스실린더에 모

은 후 용량을 측정하고 후에 kjeldahl법으로 총질소량을 정량한다.

7 다음과 같은 공식에 따라 생물가를 계산한다.

$$BV = \frac{N_i - (F - F_0) - (U - U_0)}{N_i - (F - F_0)} \times 100$$

N_i : 질소의 섭취량

F : 대변으로 배설되는 질소의 양

U : 소변으로 배설되는 질소의 양

F_0 : 무단백질식이에서 대변으로 배설되는 질소량

U_0 : 무단백질식이에서 소변으로 배설되는 질소량

결과 및 고찰

달걀 생물가를 100으로 하였을 때 생물가 70이상은 양질의 단백질에 속한다.

이 실험에서는 질소가 단백질보다 측정하기가 쉬워서 질소보유량측정으로 체내 단백질량을 측정한다.

참고 문헌

1 백태홍, 전세열, 김천호 : 영양학실험. 수학사(1989)

2 이기열, 이양자 : 고급영양학. 신광출판사(1998)

3 Pike RL, Brown ML : Nutrition : Integrated approach(3rd Ed), John Wiley & Sons. NY,(1984)

2. 단백질 효율비 (Protein efficiency ratio)

개요 및 실험원리

체중증가가 체단백질 이용과 비례한다는 가정하에 어린동물의 성장하는 체중증가로 단백질의 질을 평가하는 법이다. 화학적 정량을 할 필요없이 체중증가량 만을 정확하게 측정하기 때문에 비교적 간단한 방법이다.

방법(조작)

1 이유기(생후 21일정도 된)쥐 10마리를 3~4일간 예비사육한다.

2 단백질 종류가 다른 식이(식이 중량에 의하여 9~10% 단백질)를 4주 동안 사육한다. 식이는 체중의 20%정도로 하며 식이 섭취량, 체중 증가량을 주기적으로 측정한다.

3 다음 식에 의하여 PER을 구한다.

$$PER = \frac{\text{평균체중증가량(g)}}{\text{평균섭취단백질량(g)}}$$

결과 및 고찰

질이 좋은 단백질은 질이 나쁜 단백질보다 섭취한 것에 비하여 체중이 더 많이 증가한다. 그러나 실험군에게 투여한 에너지와 단백질 섭취량이 적당하여야 하며 또한 체중증가가 반드시 체단백질 증가에 비례하는 것이 아닌 경우 오차가 생긴다.

(예 : 지방축적)

참고 문헌

1 Williams ER, Caliendo MA : Nutrition principles, issues and applications, MCGraw-Hill. NY, (1984)

3. 질소평형 (N Balance)

개요 및 실험원리

동물이 영양학적으로 충분한 단백질을 섭취하는지를 알아보기 위하여, 섭취 단백질량과 배설된 질소량을 비교한다. 이 실험은 체기능을 최대한 유지하기 위한 단백질과 아미노산 필요량 결정을 위하여 시행한다.

이 방법은 성장한 성인에게 있어서 단백질 결핍식사와 단백질이 함유된 식사를 공급함으로 (+) 질소평형을 가져온다는 개념에 기초를 두고 있다.

체기능을 최대한 유지하기 위한 단백질과 아미노산 필요량을 결정하기 위하여 질소 평형실험을 한다. N섭취량과 N배설량을 계산하여 질소평형이 등가이면 단백질 필요량이 질적으로 양적으로 충분한 경우로 보통 성인의 경우 성장발육, 조직소모가 안 일어나므로 질소배설량과 질소섭취량이 동등하나 질소섭취량이 질소 배설량보다 크면 양성 N평형을 나타내며 체단백질 증가를 뜻한다. 단백질 섭취량이 감소하면 음성질소 평형을 나타낸다.

방법(조작)

1 표 23-1과 같이 조성된 저 단백질 식이를 일정기간 실험동물에 공급후 소변 및 대변을 수거하여 질소량을 측정한다.

2 실험식 급여전 1-2일은 보통식을 그후 4~5일은 실험식이(표 23-2)를 공급한다.

3 채뇨는 실험 시작일에 배뇨한 것을 24시간 모아 2㎖ toluene 첨가한 병에 모은다. 실험일부터 소변 양을 측정하고, 질소량을 측정한다.

표 23-2 실험식이

식 품 명	1인 당의 양		
	1일(g)	energy(kcal)	단백질(g)
쌀	400	1404	24.4
설탕	100	384	0
한천	1(다발)	—	0
생선절인것	120	39.6	2.0
과일(귤)	300	8.4	2.4

4 대변을 모아 질소량을 측정한다.

5 질소섭취량은 급식한 식이중 일부를 취하여 정량한다.

6 질소평형= 질소흡수량 - (소변질소량 + 대변질소량)에 따라 질소 섭취량에서 질소배설량을 감하여 질소평형을 계산한다.

결과 및 고찰

1 양성질소평형 음성질소평형, 질소균형(등가)이 일어나는지 관찰하고 각기 어느 경우에 일어나며 무엇을 뜻하는지 알아보자.

2 모든 질소 손실을 측정하는 것은 어렵다. 소변, 대변으로 손실된 것 외에 N 손실의 다른 경로는 무엇일까?

참고 문헌

1 백태홍, 전세열, 김천호 : 영양학실험, 수학사(1989)

2 이기열, 문수재 : 최신영양학, 수학사(1999)

3 Pike RL, Brown ML : Nutrition : Integrated approach(3rd Ed), John Wiley & Sons, NY, (1984)

4. 요소 (Urea)

소변내 질소화합물은 요소, 암모니아 요산 creatinine으로 단백질 섭취변화에 따라 다르다. 요소는 간에서 아미노산의 탈아미노화로 생성되는데 식이단백질이 체단백질로 이용되고 남는 것으로 정상적 단백질이 함유된 식이 후엔 소변내 질소 80% 이상이 요소의 형태이다, 그러나 소변 중 요소함량이 적으면 쓰고 남는 단백질량이 적은 것을 뜻한다. 굶었을 경우에는 암모니아 형태의 질소절대량 구성비율이 높아지고 산성증이 나타난다. 이와같이 소변 중 요소량은 비교적 최근 단백질 영양상태를 반영한다. 이 실험에서는 여러 방법이 있으나 Oxime 법을 이용한다.

개요 및 실험원리

혈액의 제단백여액을 diacetylmonoxime(2.3 butanedione monoxime, DAM)과 혼합하면 요소와 작용, 축합반응을 일으켜 색이 노란색으로 된다.

시 약

- Diacetyl monoxine 용액
  - 2.3 butanedion monoxime 5g, 10% acetic acid 100㎖
  - 증류수로 1000㎖되게 monoxime을 acetic acid에 녹여 1000㎖되게 물을 채워 잘 흔들어 갈색 병에 넣는다(1개월간 안정).
- Arsenic acid : arsenic pentoxide 16g을 1 ℓ 강산염에 넣어 며칠 가끔씩 흔들면 완전히 녹는다.
- Stock standard, 1mg urea nitrogen/ ℓ
  - 뇨소 215mg에 진한 황산 0.2㎖를 소량 증류수에 먼저 녹여서 강황산을 넣고 다음 1000㎖ 되게증류수로 눈금까지 채운다.
- Working standard, urea N 0.03mg/㎖
  - stock standard 3 ℓ에 증류수로 100㎖ 되게 눈금까지 채운다.

방법(조작)

1 시험관을 3개 준비하여 T(test), S(standard), B(blank)로 표시하고 아래와 같이 진행한다.

2 잘 흔들면서 끓는 물에서 약 30분간 끓인다. 증발을 막기 위하여 시험관을 시계접시로 덮는다.

3 꺼내어 식히고 480nm에서 B를 blank로 T, S를 읽는다.

4 아래의 식에 따라 요소 N 농도를 계산한다.

표 23-3 뇨소측정시약 첨가순서

	T	S	B
Folin-Wu filtrate	1㎖		
Working standard		1㎖	
증류수			1㎖
Diacetyl monoxime	5㎖	5㎖	5㎖
Arsenic acid	3㎖	3㎖	3㎖

$$요소N농도(mg/d\ell) = \frac{Atest}{Astd} \times 30$$

결과 및 고찰

소변 중 urea 함량이 음식중의 단백질 함량에 따라 어떻게 변화하는지 알아보자.

참고 문헌

1 이삼열, 정윤섭 : 신개정판 임상병리검사법(제5판), 연세대학교출판부(1987)

2 김화영, 강명희, 조미숙 : 영양판정, 신관출판사(1998)

3 이기열, 이양자 : 고급영양학, 신광출판사(1998)

5. 소변중의 크레아틴 (Urinary creatinine)

제25장 제8절 크레아틴 정량 부분 참조

소 화

제 1 절 │ 위액 및 담즙의 성분조사

1. 위 산

개 요

위액의 성분은 염산. protase, pepsinogen, 점액(mucin)과 점액단백질, 소량의 lipase와 전해질 등이며 점액단백질 중에는 내재인자(intrinsic factor)가 포함된다. 실험적으로 위액을 분비하게 하려면 마취 상태의 흰쥐의 미주신경을 자극하거나 위액분비를 촉진하는 제제를 투여한다.

Töpfer 시약을 지시약으로 하여 적정시 색의 변화는 pH 2.8∼4.2 사이에 일어나며(일반적으로 free HCl은 pH 3.5 정도까지에서 볼 수 있다), phenolphthalein을 지시약으로 하여 적정하였을 경우는 pH 8.0∼10.0 사이에서 색이 변화된다. Töpfer 시약을 이용한 적정은 free HCl의 농도를 알아보고자 함이며, phenolphthalein은 총산도를 결정하기 위해 쓰이는 지시약이다

시료 채취

1 인체의 위액을 채취하는 과정은 다음과 같다.

① 위잔사의 채취 : 12~16시간의 공복 후에 위에 남아있는 위잔사를 채취한다. 위액을 채취하는 과정에서 침이나 물 등이 섞이지 않도록 한다. 지속성 작동펌프(continuous-operating pump)에 연결된 intubation tube(polyethylene 재질 등)를 위의 최저부에 넣은 후 위의 잔사를 채취한다.

② 안정시 위액의 채취 : 위의 잔사를 제거한 후 매 15분마다 새로 위액을 채취하기를 3~4번 반복하여 안정시의 위액으로 한다.

③ 약물이나 미주신경의 자극효과를 보기 위해서는 미주신경을 자극하거나 위액분비를 자극할 수 있는 물질을 주입하고 30분~1시간 후에 위액을 채취한다. 위액 분비물질의 적정 주입법은 다음과 같다.

- 가스트린과 GIP(1mg/kg B.W.)를 정맥주사한다.
- 히스타민(100mg/kg B.W.), pilocarpine(1.5mg/kg B.W.) 등은 피하주사한다.

2 흰쥐의 위액 채취과정은 다음과 같다.

① 24~48시간 동안 절식시킨 흰쥐를 pentobarbital sodium이나 urethane으로 마취한 후, 개복하여 위의 유문부를 묶고 피하를 봉합한 후 위액 분비물질을 주입한다. 30분 후 식도와 연결된 부분을 묶고 위를 적출한 후 시험관에 위의 내용물을 모두 수집한다.

② 만일 반복하여 위액을 수집해야 할 경우에는 구강에서 분문부와 유문부로 각각 카테터를 삽입하여 고정하고 필요에 따라 두 개의 카테터를 개폐해 가며 생리적 식염수를 주입해 위액을 수집한다.

시료 조제

1 Töpfer 시약 : 0.5g p-dimethylaminoazobezene을 95% 에탄올 용액 100㎖에 녹인다.

2 Phenolphthalein 시약 : 1g의 phenolphthalein을 95% 에탄올 용액 100㎖에 녹인다.

시약 및 기구

- 95% 에탄올
- p-dimethylamonoazobezene
- Phenolphthalein
- 0.1N NaOH
- 가제 또는 glass wool
- 원심분리기
- 피펫
- 파스퇴르 피펫 및 뷰렛

방법

1 위액을 채취하여 곧바로 가제 두 겹이나 glass wool 위에서 여과하여 고형물질을 제거한다.

2 여액을 10㎖씩 비이커에 담고 Töpfer 시약과 phenolphthalein 지시약 각각을 1~2방울 넣고 0.1N NaOH로 적정을 시작한다. 붉은 빛이 없어지면 사용한 NaOH의 양을 기록한다. 계속하

여 phenolphthalein의 붉은 색이 다시 나타날 때까지 NaOH로 적정한다.

❸ 소비된 NaOH의 총량으로부터 총산의 농도를 결정한다.

$$\text{Free HCl or 총산도 (mmol}/\ell\text{, mEq}/\ell\text{)} = \frac{(m\ell \text{ of 0.1N NaOH}) \times 1000}{\text{위액의 양}(m\ell) \times 10}$$

결과 및 고찰

건강한 사람의 정상치는 위잔사량 20~100mℓ이고, 위액의 pH 1.5~3.5, 안정시 free HCl 0~ 40mEql/ℓ, 안정시 총산도 10~60mEq/ℓ, Combined acidity 10~20mEq/ℓ이다. Pentagastrin 자극시 free HCl 10~30mEql/ℓ, 알코올 자극시 10~90mEq/ℓ, histamine 자극시 10~130mEq/ℓ, 위액에 free HCl이 없는 경우 무염산증으로 간주되는데 이 경우 흔히 악성 빈혈 (pernicious anemia)이 수반된다.

참고 문헌

❶ 한국생화학회 : 실험생화학 개정 3판, 탐구당, 서울, p.609(1997)

❷ Pesce, A.J., Kaplan, L.A.: Method in clinical chemistry. Mosby, St. Louis. p.834(1987)

❸ Kaplan, A.Q, Szabo, L.L.: Clinical chemistry: Interpretation and Technology, Lea & Febier, Philadelphia, p.339(1988)

2. 빌리루빈

개 요

담즙은 간에서 합성되고 담낭에 저장되어 있다가 소장으로 분비되는데, 물, 전해질, 담즙산, 콜레스테롤, 인지질, 빌리루빈(bilirubin) 등을 함유하고 있다. 빌리루빈은 heme의 분해산물로 담즙의 주된 색소이다. 빌리루빈은 diazo 반응으로 측정한다. Sulfanilic acid는 약한 염산 존재하에 sodium nitrite와 반응하여 nitrous acid를 만드는데, 이는 바로 diazotized sulfanilic acid로 전환된다. 이 색성물의 흡광도를 측정함으로써 시료의 빌리루빈 농도를 알 수 있다. 이때 sodium benzoate-caffeine, methanol, dimethy sulfoxide, urea, detergents 등과 같은 accelerator가 존재하지 않으면 direct bilirubin(conjugated bilirubin)양을 측정하게 되고, accelerator가 존재하면 conjugated bilirubin의 수소결합이 파괴되어 수용성으로 전환되므로, 총 빌리루빈의 양을 측정하게 된다.

- Sulfanilic acid(32mmol/ℓ weak HCl)
- Sodium nitrite(60mmol/ℓ)
- Sodium benzoate-caffeine(0.25mmol/ℓ)
- 분광광도계

방 법

1 Sulfanilic acid 용액과 sodium nitrite 용액을 60:1로 섞는다. 이 용액은 실온에서 몇 시간, 냉장온도에서 며칠 동안만 안정하다.

2 1의 용액에 sodium benzoate-caffeine을 가해 working standard solution을 제조한다.

3 시험관에 시료 또는 working standard solution을 가하고, 잘 혼합하여 37℃에 3분간 방치한다.

4 시험관에 용액을 가한 30분 이내에 540nm에서 흡광도를 측정한다.

참고 문헌

1 Fischbach, F. : A manual of laboratory diagnostic tests, 2nd ed., J.B. Lippincott, Philadelphia, p.272(1984)

2 Naser, N.A., Naser, S.A : Clinical chemistry laboratoty manual, Mosby, St. Louis, p.272 (1998)

3. 담즙산

개 요

담즙산은 지방을 유화하여 소화를 돕고, 담즙에 함유된 다량의 노폐물들은 분변으로 배설된다. 담즙을 구성하는 담즙산에는 cholic acid, chenodeoxycholic acid, litocholic acid 등이 있으며, 이들을 정량하는 방법에는 기체 크로마토그래피법, 분광광도계 및 형광광도계를 이용한 방법 등이 있다. 본 실험에서는 분광광도계를 이용한 담즙산 정량법으로 정량용 kit(Sigma 450-A)를 사용하며 그 원리는 다음과 같다.

$$\text{3-hydroxybile} + \text{NAD}^+ \xrightarrow{\text{3}\alpha\text{-HSD}} \text{3-oxo bile acids} + \text{NADH}$$

$$\text{NADH} + \text{NBT} \xrightarrow[\text{diaphorase}]{} \text{NAD}^+ + \text{Formazan}$$

이 반응의 결과로 생성된 formazan은 530nm에서 최대 흡광을 보이며, 따라서 흡광도는 시료 중의 담즙산 농도와 비례적이다.

시약 및 기구

- 4% KOH/glycerol 용액
- 20% NaCl HCl
- ether, 질소가스
- 메탄올 : 물(5 : 1, v/v) 혼합용액,
- 담즙산 정량용 시약(Sigma 450-A)
- Autoclave
- 분광광도계

방 법

1 동결건조하여 마쇄한 분변 200mg에 4% KOH/glycerol 1㎖을 넣고 15분간 autoclave 한다.

2 20% NaCl 1㎖을 넣고 ether 20㎖로 2회 추출하여 여액은 버린다.

3 잔여물에 HCl 0.2㎖을 첨가하여 산성화하고 ether 20㎖로 6회 추출한다.

4 추출액을 질소가스로 건조한다.

5 건조물을 메탄올:물(5:1, v/v)혼합용액 1㎖에 녹여서 담즙산 정량에 이용한다.

6 담즙산 정량용 시약(sigma)으로 발색시켜 530nm에서 흡광도를 측정한다.

참고 문헌

1 Crowell, M.J. MacDonald, I.A. : Enzymatic determination of 3α-, 7α-, and 12α-hydroxyl groups of fecal bile salts, *Clin. Chem.* 2619, p.1298(1980)

2 Roda,K., Kricka, L.A., DeLuca, M., Hofmann, A.F. : Bioluminescence measurement of primary bile acids using immobilized 7α-hydroxy-steroid dehydrogenase : Application to serum bile acids. *J. Lipid Res.* 23, p.1354(1982)

제 2 절 소화효소

1. 펩신

개 요

위의 내용물에서 펩시노겐을 펩신으로 활성화시킨 후 혈색소, 카제인, 또는 펩신 특이성 합성물질(pepsin specific synthetic substances)을 기질로 하여 펩신의 분해정도를 측정한다.

시약 및 기구

- 0.1N HCl
- 젤라틴

방 법

1 위액의 일부와 동량의 0.1N HCl 용액을 섞어서 펩시노겐을 활성화시킨 후 3개의 시험관에 동량으로 배분하여 넣는다.

2 한 시험관에 소량의 펩신을 넣어 positive control로 사용한다.

3 다른 시험관을 가열하여 효소를 불활성화하고 식힌 후 negative control로 사용한다.

4 각 시험관에 젤라틴의 작은 입방체 조각을 넣고 37℃에서 12시간 동안 배양한다.

5 분해된 단백질이나 아미노산을 정량하는 방법으로 몇 가지를 들 수 있다.

① 혈색소의 분해시 유리되는 타이로신의 정량 : Folin-Ciocalteau 시약을 이용하여 280nm에서 흡광도를 측정한다.

② 카제인 응고 속도 측정 : 37℃의 검체에 우유 카제인을 첨가하여 카제인이 응고하는 속도를 측정하여 효소의 양을 정량화한다.

③ 합성기질인 N-acetyl-L-phenylalnyl-L-3.5-diiodotyrosine을 이용한 방법 : 펩신에 의해 기질이 3.5-diiodotyrosine으로 분해되는 것을 ninhydrin으로 처리하여 발색시킨 후 광도계로 측정한다.

④ 방사면역측정법 : 방사면역측정법을 이용하면 펩시노겐 I과 II의 활성을 특이적으로 측정해 낼 수 있다.

결과 및 고찰

참고치

Histamine phosphate(40 μg/kg B.W.)로 자극한 후 소혈청을 기질로 pH 1.9, 37℃에서 측정한 값 안정시 성인은 12.2~68.2mg/h이며, 어린이는 1.1~14.8mg/h의 값을 가진다.

자극시에는 성인 32.4~153mg/h, 어린이는 2.2~26.0mg/h로 증가한다.

방사면역법으로 측정한 펩시노겐 group I과 II의 참고범위는 20~107 및 3~19μg/ℓ이며, 펩시노겐의 1% 정도는 호르몬과 같이 혈액으로 분비되고 뇨로 배설된다. 그러므로 혈청과 뇨에서 측정된 펩시노겐의 농도로부터 위로 분비되는 펩시노겐의 양을 알 수 있다.

참고 문헌

1 한국생화학회 : 실험생화학 개정 3판 , 탐구당, 서울, p.616(1997)

2 Ashwood, B., Tietz, E.R. : Fundamentals of clinical chemistry. 4th ed. WB Saunders Co. Philadelphia(1996)

3 Lentner, C. : Geigy Scientific Tables 1, Ciba-Geigy, p.130(1981)

2. 아밀라제

개 요

췌장액에는 탄수화물, 단백질 및 지방 소화효소가 존재한다. α-amylase는 녹말의 α-1,4-glucosidic linkage를 가수분해하여 dextrin, maltotriose 또는 maltose를 생산한다. α-amylase 활성 측정법으로 Bernfeld법을 제시한다.

시약 및 기구

- 1% starch solution in 20mM phosphate buffer(pH 6.9) containing 6.7mM NaCl
- 1% 3,5-dinitrosalicylic acid in 0.4M NaOH containing 30% Rochelle salt
- Vortex
- 항온수조
- 원심분리기
- Homogenizer
- 분광광도계

방 법

1 췌장액 100$\mu\ell$와 100$\mu\ell$의 1% starch solution in 20mM phosphate buffer(pH 6.9) containing 6.7mM NaCl를 혼합한다.

2 Blank는 췌장액 대신 증류수 100$\mu\ell$와 **1**의 시약 100$\mu\ell$를 사용하고, 각 sample의 control은 췌장액 100$\mu\ell$와 **1**의 시약 중 starch를 제외한 phosphate buffer 100$\mu\ell$를 사용한다.

3 5℃에서 5분간 incubation시킨 후 200㎕의 1% 3,5-dinitrosalicylic acid in 0.4M NaOH containing 30% Rochelle salt를 혼합한 후 boiling water에서 5분간 가열한다. 동시에 maltose standard 용액(0.1, 0.2, 0.4, 0.5, 1, 1.5mg/▶)을 조제하여 sample과 같이 처리한다.

4 반응이 끝난 후 바로 얼음물에 담구고 증류수 5▶을 넣은 후 530nm에서 흡광도를 측정한다.

5 단백질 정량은 bovine serum albumin을 standard로 하여 Lowry법으로 측정한다.

6 Maltose standard curve에 ⊿A(sample 흡광도-control 흡광도)를 대입하여 "시료에서 생성된 maltose 농도"를 구한다.

7 Amylase activity를 다음식에 의해 구한다.

$$\text{Amylase activity(U/mg protein)} = \frac{\text{시료에서 생성된 maltose 농도}}{\text{mg protein}}$$

참고 문헌

1 Okubo, M. Kawaguchi, M. : Inhibitory regulation of amylase release in rat parotid acinar cells by benzodiazepine receptors, European J. Phar. 359, p.243(1998)

2 Bergmeyer H.U.: Methods of enzymatic analysis(3rd ed), Vol V, Enzymes 3. p.146(1984)

3 Lowry, O.H., Rosebrouh, N.J., Farr, A.L., Randall, R.J. : Protein measurement with the folin phenol reagent. *J. Biol. Chem*, 193, p.265(1951)

4 Bernfeld, P. : Amylase α and β. *Methods Enzymol*. 1, p.149(1955)

3. 트립신

개 요

트립신의 분석법으로는 변성된 헤모글로빈, 카제인의 분해정도를 측정하는 방법(folin과 ciocalteau 법)과 합성 아미노산 기질 또는 펩타이드 기질을 사용하는 분석법 등이 있다. 여기서는 Hummel 법을 제시한다.

시약 및 기구

- 46mM Tris-HCl buffer(pH 8.1) containing 11.5mM $CaCl_2$
- 10mM ρ-toluene-sulfonyl-L-arginine methyl ester(TAME)
- Enterokinase
- Vortex
- 항온수조
- 분광광도계

1 11.5mM CaCl₂를 함유한 46mM Tris-Cl buffer(pH 8.1) 2.6㎖과 10mM TAME 0.3㎖를 혼합하여 reaction mixture를 제조한다.

2 효소를 제외한 reaction mixture를 25℃ water bath에서 3~4분간 incubation한다.

3 Sample 1㎖당 enterokinase를 10unit 되게 계산하여 넣은 다음 sample을 0.1㎖ 취한다.

4 25℃, 247nm에서 4분간 흡광도를 측정한다.

5 효소 1unit는 pH 8.2, 0.01M calcium ion 존재하에 25℃에서 1분당 1μmole의 TAME를 가수분해하는 효소의 양으로 정의하고 specific activity는 다음과 같은 방법으로 계산한다.

$$\text{Trypsin activity(U/mg protein)} = \frac{A/min \times 10^3 \times 3}{540 \times mg\ prorein}$$

결과 및 고찰

췌장액 및 소장액의 정상 트립신 농도는 50~0.5mg/㎖ juice로 범위가 넓다. 따라서 이자의 기능 검사는 정맥주사로 secretin(1U/kg B.W.) 또는 pancreozymin을 투여한 후, 트립신 활성을 투여 전과 비교하여 조사한다.

참고 문헌

1 Bergmeyer, H.U. : Methods of enzymatic analysis(3rd ed.), Vol Ⅴ, Enzymes 3, p.119(1984)

2 Hummel,. B.C.W. : A modified spectrophotometric determination of chymotrypsin, trypsin and thrombin, Can. J. Biochem. Physiol., 37, p.1393(1959)

4. 리파아제

개 요

췌장의 리파아제(lipase)는 유화된 중성지방(triglyceride)를 분해한다. 리파아제 분석법으로는 적정법(titric method)과 탁도법(turbidimetric method)이 있다. 올리브유 유화액을 기질로 한 탁도법을 제시한다.

시약 및 기구

- 3M sodium chloride
- 0.75M calcium
- 0.027M sodium taurocholate

■ Olive oil-gum arabic emulsion

■ 0.005M calcium chloride

■ 0.01~0.02M NaOH(standardized)

■ Blender

■ Glass wool

■ pH meter

시료조제

olive oil-gum arabic emulsion의 조제법은 다음과 같다.

1 Gum arabic 16.5g을 130㎖ reagent grade water에 녹인 후 165㎖로 만든다.

2 20ml의 olice oil에 얼음 15g을 부숴 가한다.

3 Blender로 저속으로 혼합한 뒤 glass wool로 여과한다.

방법

1 췌장액은 효소 농도가 1mg/㎖ 정도가 되도록 희석한다.

2 다음과 같이 flask에 reaction mixture를 준비한다. 온도는 25℃를 유지한다.

Reagent	Volume(ml)
olive oil-gum arabic emulsion	5
reagent grade water	5
3.0M sodium chloride	2
0.75M CaCl$_2$	1
0.027 M sodium taurocholate,	2

3 Reaction mixture에 노르말 농도를 알고있는 0.01N NaOH용액을 가하여 pH 8.0을 3-4분간 유지하는데 소요된 NaOH용액의 부피를 측정한다. 1분 당 가한 titrant의 부피를 blank rate로 한다. 시료와 reaction mixture에 0.01N NaOH용액을 가하여 pH 8.0을 5-6분간 유지하는데 소요된 NaOH용액의 부피를 측정하고, 1분 당 가한 titrant의 부피를 sample rate로 한다.

4 효소활성을 다음 식에 의해 구한다.

$$\text{Lipase activity(U/mg)} = \frac{(\text{Sample} - \text{blank}) \times \text{normality factor of NaOH} \times 1000}{\text{mg protein}}$$

참고문헌

1 Bergmeyer, H.U. : Methods of enzymatic analysis(3rd ed), Vol Ⅳ p.15(1981)

2 Arzoglou, P., Tavridou, A., Balaska, C. : Rapid turbidimetric determination of lipase activity in biolgical fluids. Anal. letters 22, p1459(1989)

제 3 절   분변검사

1. 잠혈 (Fecal occult blood)

개 요

24시간 동안 2.8㎖ 이상의 혈액이 분변으로 배설되면 소화관에 이상이 있음을 의미한다. 분변의 혈액은 헤모글로빈을 포함하고 있고, 헤모글로빈의 hematin 부분은 peroxidase의 prosthetic group 과 유사하므로, guaiac(guaiaconicacid)의 phenol 화합물을 산화시켜 청색을 띄게 한다. Bezedine을 사용하는 방법은 guaiac test보다 10~1000배 민감한 방법이다. 다량의 육류를 섭취하거나 철분 보충제를 복용할 경우 잠혈이 존재하는 것처럼 결과를 나타내고, 비타민 C 보충제는 검사를 방 해하므로 검사기간 동안에는 섭취하지 않도록 한다.

$$Hemoglobin + 2H_2O_2 \dashrightarrow 2H_2O_2 + O_2$$
$$O_2 + Guaiac \dashrightarrow Oxidized\ Guaiac$$
$$(colorless) \qquad (Blue)$$

시약 및 기구

- ColoScreen tape(paper impregnated with guaiac resisn)
- ColorScreen developer(containing 〈6% hydrogen peroxide and denatured ethanol〉
- Monitor

방 법

1. ColoScreen tape를 dispenser로부터 떼어낸다.
2. 테이프에 분변을 얇게 바른다.
3. 테이프 뒷면에 2방울의 ColorScreen developer을 가한다.
4. 30초~2분에 결과를 읽는다. 파란색이 검출되면 잠혈이 존재한다고 판정한다.

결과 및 고찰

성상치는 negative이다. 잠혈은 위궤양, 십이지장궤양, 장염, 위암, 대장암, 치질 등의 경우에 볼 수 있다.

참고 문헌

1. Fischbach, F. : A manual of laboratory diagnostic tests, 2nd ed. J.B. Lippincott, Philadelphia, p.195(1984)

2. 지 질

개 요

분변의 총지질은 중성지방, 유리지방산, 인지질, 당지질, 스테롤, 콜레스테롤 에스터 등으로 이루어진다. 분변 지질은 주로 지질의 불량흡수정도를 조사하기 위해 측정한다. 정확한 측정을 위해 분변을 3~5일간 수집하는 것이 일반적이다. 60~100g의 지질, 100g 단백질, 180g 탄수화물을 함유한 식이를 검사 2일 전부터 시작하여 검사가 끝날 때까지 섭취한다. 분변 수거의 불변함을 덜기 위해 1일간 분변을 수집할 경우에는 표지물질(marker)인 polyethylglycol(PEG)을 함께 사용한다. 분변의 지질은 알칼리 용매 존재하에 가수분해되고 petroleum spirit로 추출된다. 추출된 지질은 tetramethyl ammonium hydroxide(TMAH)로 적정한다. PEG를 사용할 경우 turbifimetric method로 측정하여, PEG dose에 근거하여 분변 지질양을 보정한다.

시료조제

1 Ethanolic KOH : 50g의 KOH를 50㎖ 증류수에 녹이고, 950㎖ 에탄올과 4㎖ amyl ethanol을 가하여 4℃에 보관한다.

2 Thymol blue : 0.1g thymol blue를 100㎖ 에탄올에 녹이고 여과한다.

시약 및 기구

- Absolute ethanol
- KOH
- Thymol blue
- 33% HCl
- 25% TMAH
- Petroleum spirit
- 1N HCl
- 둥근 플라스크
- 메스실린더
- Reflux condenser

방 법

1 채취한 분변의 무게(WT)를 측정한 후 1/2(무게 : WH)을 증류수와 섞어서 homogenize하여 300㎖로 만든다.

2 위의 용액 6㎖을 둥근 플라스크에 취하고, 45㎖의 ethanolic KOH를 가하고 reflux condenser에 연결하고 끓인 후 20분간 reflux한다.

3 플라스크를 얼음물에서 식히고, 15㎖의 33% HCl을 가한 후 25㎖의 petroleum spirit를 가하고 뚜껑을 느슨하게 닫고, 몇분간 흔들어 준다.

4 내용물을 모두 100㎖ 메스실린더에 옮기고, 층이 분리되면, 윗층의 부피(P㎖)를 측정하고 모은다.

5 **4**의 용액 5㎖을 비이커에 넣고, 1㎖ ethanol과 몇방울의 TMAH를 가하고, permanent blue color가 될 때까지 TMAH를 가해 부피를 기록한다(T㎖)

6 1㎖의 HCl을 가한 후 1㎖ ethanol과 몇방울의 TMAH를 가하고, end point가 될 때까지 TMAH로 적정하여 가한 TMAH 부피를 기록한다(S㎖)

7 Fat 배설량은 다음과 같다.

$$Fat(mmol/day) = \frac{10 \times T \times P}{S} \times \frac{WT}{WH}$$

결과 및 고찰

섭취한 지질의 5% 이하가 분변으로 배설되면 정상이다. 5% 이상이 배설될 경우 지방변(steatorrhea)이며, 지방불량흡수로 간주할 수 있다.

참고 문헌

1 Fischbach, F. : A manual of laboratory diagnostic tests, 2nd ed. J.B. Lippincott, Philadelphia, p.197(1984)

2 Van der Kamer, J.H. : Total fatty acids in stool. In : Standard methods in clinical chemistry. vol 2. seligson, O. ed., Academic Press. New York. p.34(1958)

3. 박테리아

개 요

인체의 소화관에는 거의 모든 부위에 각종 미생물들이 서식하고 있다. 특히 대장에는 수많은 종류의 미생물들, 특히 혐기성균들(anaerobic bacteria)이 생육한다. 대장으로는 매일 1.5kg 정도의 음식물이 들어가며 하루 평균 분변탕은 약 120g이다(지 1994). 대장내의 내용물과 분변중에는 1g당 $10^{10} \sim 10^{11}$ 이상의 세균이 존재하며 이는 고형분 중량의 40~50%에 해당한다. 대장에 서식하는 약 400종의 세균들 중 혐기성균이 차지하는 비율은 99%로서 거의 대부분을 차지한다. 가장 많이 존재하는 혐기성균들로는 *Bacteroides, Bifidobacterium, Eubacterium, Peptostreptococcus, Clostridium* 등이 있고 이외에 통성혐기성균인 *Escherichia coli, Streptococcus, Enterococcus* 및 *Lactobacillus* 등이 소수 존재한다(지, 1995). 대장에 있는 미생물들은 다양한 효소를 생산하여 섭취한 식품성분들을 전환시켜 여러 물질들을 생산하는데 독소나 발암물질들도 생산하여 인체에 나쁜 영향을 미치기도 한다. 예로서 *Clostridium*과 *Eubacterium*으로 존재하는 7-α-dehydroxylase는 대장암 발병과 밀접한 관련이 있다고 알려진 2차 담즙산을 생성한다. 반면 *Bifidobacterium*은 젖산 초산 등의 유기산을 생산하여 유해균의 증식을 억제하기 때문에 유익균으로 인정받고 있다.

장내의 세균들은 대변을 통해 체외로 배출되기 때문에 대변 중에는 대장에서 서식하는 다양한 미생물들이 골고루 포함되어 있다. 따라서 대변을 희석하여 선택배지(selective media)나 구별배지(differential media)에 도말, 배양하면 다양한 균들을 분리해 낼 수 있다. 선택배지란 한 종류 또는 몇 종류의 균들만 자라서 균락(colony)을 형성하고 나머지 균들의 증식은 억제하는 물질이 첨가된 배지를 말한다. 구별배지란 배지상에서 균락들의 형태나 색깔 등의 차이에 의해 한 종류의 균을 다른 종류들로부터 구별이 가능한 배지이다. 예로서 대장균 O157:H7 균주를 다른 대장균들과 구별하는데 흔히 사용되는 배지중 하나로 Rainbow agar O157™가 있다. 이 배지에서 O157:H7 균주는 검은색 그리고 O157:H7은 아니지만 verotoxin을 생산하는 다른 대장균주들은 푸른색이나 진청색 균락을 형성한다. 그리고 verotoxin을 생산하지 않는 대장균주들은 보라색이나 붉은색을 보이고 대장균이 아닌 균들은 자라지 못하거나 흰색이나 크림색 균락을 형성한다. 엄밀한 의미에서 100% 완전한 선택배지나 구별배지는 없음을 주의해야 한다. 특정균 선발을 위한 선택배지를 사용할 경우에도 해당 균들의 일부는 자라지 않고 또 균락중의 일부는 생육이 예상되지 않은 다른 균들이 차지한다. 대장내의 주된 균총을 이루는 균들은 편성혐기성균(strict anaerobe)으로써 이들은 대기에 노출시 짧은 시간 내에 죽게된다. 따라서 *Bacteroides*, *Clostridium*이나 *Bifidobacterium*과 같은 균들을 분리하기 위해서는 모든 분리조작과 배양이 혐기적 조건하(anaerobic jar 또는 anaerobic chamber)에서 행해져야 하고 배지의 산화-환원 전위 (Eh)도 −값을 유지시켜 주어야 한다. 혐기성균 중에서도 일부 균주들은 산소에 대해 어느 정도 내성을 보이는 것들이 있고 이런 균들은 그렇지 못한 균들보다 쉽게 배양할 수 있다.

사람의 분변으로부터 통성혐기성균인 *Lactobacillus* 균주들을 분리하는 방법은 다음과 같다. 이 균들은 산소에 노출되더라도 편성혐기성 균들과는 달리 죽지않기 때문에 비교적 손쉽게 분리해 낼 수 있다.

시약 및 기구

- LBS agar(lactobacillus selection agar, 아래 조성을 참조할 것)
- 멸균희석용액(아래 조성 참조)
- Gram 염색용 kit
- 배양기(incubator, 37℃)
- 혐기성 배양장치(anaerobic jar, BBL)
- Vortex mixer
- 배지제조를 위한 hot plate(stirr 겸용)
- Magnetic stirrer bar
- 유리 beaker(3ℓ)

- Mass sylinder(1 ℓ)
- 현미경(1,000배)

1 혐기성 희석용액 조성

Component	Amount（per 1 liter）
Salt solution I （K_2HPO_4, 0.78%, w/v）	37.5㎖
Salt solution II （$KHPO_4$, 0.47%; NaCl 1.18%;	37.5㎖
$CaCl_2$, 0.12%; $(NH_4)_2SO_4$, 0.2%; $MgSO_4 \cdot 7H_2O$, 0.25%)	
Resazurin （0.1% solution, w/v）	1.0㎖
L-cysteine · HCL	0.5㎖
L-ascorbic acid （25% solution, w/v）	2.0㎖
Na_2CO_3 （8% solution, w/v）	50.0㎖
Agar	0.5gr
Distilled water	860㎖

2 LBS Agar(*Lactobacillus* selection agar) 조성

component	Amount（per 1 ℓ ）
Sodium acetate · $3H_2O$	25.0g
Glucose	20.0g
Agar	15.0g
Pancreatic digest of casein	10.0g
KH_2PO_4	6.0g
Yeast extract	5.0g
Ammonium citrate	2.0g
Polysorbate 80	2.0g
$MgSO_4$	1.0g
$FeSO_4$	0.575g
$MnSO_4$	0.034g
Acetic acid, glacial	0.12g
pH 5.5 ± 0.2 at 25℃	

※BBL Microbiological System 사로부터 powder 형태의 배지로 구입가능함

시료조제

1 Acetic acid를 제외한 성분들을 증류수에 녹이고 최종부피를 998.7㎖로 맞춘다. Agar는 맨 나중에 첨가한다.

2 3 ℓ 유리 beaker에 옮기고 magnetic stirrer bar를 넣고 hot plate/stirrer에서 서서히 저어주면서 가열한다.

3 Glacial acetic acid를 첨가한 후 서서히 교반하면서 90~100℃ 온도에서 2~3분 가열한다. 온도가 60℃ 이하로 떨어지면 미리 준비한 멸균 plastic 일회용 petri dish에 dish당 20~25㎖ 정도 분주한다.

1 자원자들이 배변한 후 대변을 최대한 빨리 무균적으로 채취한다. 일회용 멸균 spatula를 이용해서 멸균 tube에 옮긴 후 희석액을 넣고 균질화시킨다(homogenization). *Bifidobacterium*과 같은 편성혐기성균을 분리할 경우에는 신속히 시료를 채취한 후 균질화 및 희석, 고체배지에 현탁하는 조작들을 anaerobic chamber내에서 행하여야 한다.

2 10배씩 희석한 희석액을 여러 농도별로 일정량(0.1~0.2㎖) 취해서 미리 만들어 둔 선택배지인 LBS agar에 도말한다. 장내균 선택배지들로는 다음과 같은 것들이 흔히 사용된다. 괄호 내는 해당되는 세균들의 속명이다. — TP(*bifidobacterium*), NES(*eubacterium*), VA(*bacteroides*), LBS(*lactobacillus*), TATAC(*streptococcus*).

3 장내균들의 배양에는 원칙적으로 anaerobic jar나 chamber를 이용 배양해야 한다. 그러나 *Lactobacillus*나 *E. coli*와 같은 통성혐기성균들은 보통의 배양기에서도 배양이 가능하다. Anaerobic jar가 있을 경우에는 anaerobic jar내에 도말한 시료를 넣고 배양하며 없을 경우에는 보통의 배양기에서 배양한다. 균락의 형성은 대개 37℃에서 12~16시간 이후이면 확인할 수 있으나 손상된 세포들의 경우 회복에 시간이 소요되므로 24시간 이상 배양이 바람직하다.

4 선택배지에서 자란 균락들의 형태를 Gram 염색 후 현미경하에서(1,000배) 관찰하고 또 catalase test와 같은 간단한 생화학적 조사들을 실시하여 속을 확인한다. 다양한 형태의 균락들이 나타나는 지 확인한다.

*Lactobacillus*들은 대장균과는 달리 낮은 pH에서도 잘 자라므로 LBS agar에서도 자라게 된다. 현미경하에서 관찰할 경우 Gram 양성균이 주된 균락으로 나타나야 한다. 형태는 *Lactobacillus acidophillus*와 같은 균주들은 매우 길다란 막대기 형태로 (long rod) 쉽게 구별이 되나 다른 *Lactobacillus*들은 길이가 짧아 장내구균들과 구별이 쉽지가 않다. Catalase test에 음성이며 내산성이 강하고 또 당을 함유한 배지에서 배양시(MRS 배지, Referance 3) 많은 산을 생성하면 *Lactobacillus*로 판정할 수 있다. 자세한 종(species)의 동정을 위해서는 여러 생화학적 조사를 거쳐야만 한다.

1 지근억 : 한국인의 장내 균총 조성 및 분포. 한국산업미생물학회지 22(5), p.453(1994)

2 지근억 : 장내 미생물 연구현황과 산업적 이용. 생물산업(한국산업미생물학회 소식지) 8(4), p.10(1995)

3 Atlas, R. and L. Parks. Handbook of Microbiological media. CRC Press. p.496(1993)

제 4 절 소화율

개 요

소화율(digestibility)은 영양소 섭취량 중 흡수된 양의 비율을 나타낸다. 겉보기 소화율(apparent digestibility)과 참소화율(true digestibility)은 다음의 식으로 나타낼 수 있다.

$$\text{Apparent digestibility(\%)} = \frac{\text{Nutrient intake - Nutrient output}}{\text{Nutrient intake}} \times 100$$

$$\text{True digestibility(\%)} = \frac{\text{Nutrient intake} - (\text{Nutrient in feces} - \text{Endogenous nutrient loss})}{\text{Nutrient intake}} \times 100$$

일반적으로 단백질의 소화율이 많이 측정되고 있으며, 단백질의 질(quality) 판정에 사용되고 있다. 흰쥐를 사용한 소화율 측정법은 다음과 같다.

시약 및 기구

- Wire-bottom cage 또는 대사 cage
- N 분석용 시약('식품편' 참조)

방 법

1 이유한 웅성 흰쥐에게 무단백식이를 4일간 공급한다.

2 5일간의 balance period 동안 test protein diet(식이의 10% 수준) 또는 무단백식이를 공급한다.

3 매일 분변을 채취하고, 식이섭취량을 측정한다.

4 분변을 75~80℃ 오븐에서 24시간 이상 항량이 될 때까지 건조시킨다.

5 분변을 마쇄하고, 식이와 분변의 N양을 킬달법으로 측정한다

6 Fecal N은 test protein group의 분변 N양으로 간주하고, endogegous N loss(fecal metabolic N loss)는 무단백식이군의 분변 N양으로 간주하여 true digestibility를 구한다. Fecal metabolic N loss를 보정하지 않으면 apparent digestibility를 구할 수 있다.

참고 문헌

1 Baker, H.J., Lindsey, J.R., Weisbroth, S.H. : The laboratory rat, vol. 1, Academic press, New York, p.130(1979)

2 Delettm P.L., Young, V.R. : Nutritional evalutional of protein foods, United Nations University Press, Toyko(1980)

제 5 절 | 소화관 이동속도

1. 황산바륨을 이용한 방법

개요

생체 내의 소화관 운동은 자율 신경에 의해 조절된다. Choline성 약제(acetylcholine, pilocarpine 등), 항 adrenaline제제(tolazoline 등)은 소화관 운동을 촉진하며 항choline제제(atropine, scopolamine 등), adrenaline, 도파민 등은 소화관 운동을 억제한다. 식품 중의 난소화성 식이섬유가 소화관 운동에 영향을 주는 정도는 식품의 종류마다 달라 일관성이 없지만 대체로 불용성 식이섬유에 비해 수용성 식이섬유가 더 큰 영향을 주는 것으로 나타난다. 흰쥐에게 황산 바륨을 경구 투여하여 이것의 소화관내 이동속도를 측정하는 *in vivo* 실험이 일반적이다.

시약 및 기구

10% 황산바륨 졸(5% 아라비아 고무 현탁액에 섞음), 수술기구, 경구투여기, 단두대, 자

방법

1 성숙한 흰쥐를 16시간 이상 절식시킨다.

2 소장의 운동에 영향을 주는 약물을 투여한 경우 일정시간 (피하나 경구투여인 경우 30분-1시간, 정맥투여인 경우 15분)후에 10% 황산 바륨(5% 아라비아 고무 현탁액)을 흰쥐용 경구투여기로 10mg/kg의 수준으로 투여한다.

3 10% 황산 바륨 투여 30분-1시간 후에 흰쥐의 경부를 단두기로 절단하고 두부를 밑으로 하여 방혈시킨다.

4 흰쥐의 복부를 정중선을 따라 절개하고 위의 유문부에서부터 직장부까지 장이 끊어지지 않도록 적출한다.

5 적출한 소화관은 절개하여 황산 바륨의 최선단부를 확인한다.

6 적출한 소화관은 측정하기 쉽도록 늘려서 유문부에서 황산바륨 선단부까지의 이동거리를 측정한다. 그리고 유문부부터 직장부까지의 거리(소화관 전체 길이)를 측정한다.

7 투여한 황산 바륨의 소화관 이농률(T)을 구하기 위해 소화관 전체 길이(A)와 황산 바륨의 최선단부까지의 이동거리(B)로부터 다음 식을 이용해 산출한다.

$$T = \frac{B}{A} \times 100(\%)$$

결과 및 고찰

위의 방법에서 **7**과 같이 결과를 처리할 경우 통과시간의 절대값을 구하는 것이 아니라 각 군의 T값을 구하여 비교함으로서 약물의 효과가 어느 정도 나타나는지를 알아볼 수 있다.

2. 염료 (dye) 를 이용한 측정법

개 요

식이의 소화관 통과 시간의 절대값을 알고자 할 때는 음식을 표지 물질(transit marker)과 함께 투여하고 marker의 이동속도를 측정한다.

시약 및 기구

- 10% Brilliant blue dye solution

방 법

1 흰쥐에 미리 feed training을 시켜 준비를 하는 것이 좋다. 즉 일정시간 굶긴 후 소량의 식이를 급여했을 때 단시간에 다 먹도록 훈련한다.

2 쥐를 16시간 이상 굶긴 후 식이 2g에 1㎖의 10% brilliant blue dye solution를 잘 섞어 균질화 시키고 동물이 식이를 단시간내에 먹도록 한다.

3 두 시간 후에 다시 식이를 먹이도록 하며 염료를 먹인 시간을 시작(t=0)으로 하여 변을 계속 지켜보아 푸른변이 처음 나오는 시점을 first transit time으로 한다. 마지막으로 푸른변이 나오는 시점을 측정하여 총 소화관 통과시간으로 한다(total transit time).

결과 및 고찰

위의 방법으로 조사한 결과 first transit time은 약 15시간, total transit time은 약 104시간 정도로 보고되었으나, 쥐의 크기나 나이, 운동량, 식이성분에 따라 많은 차이가 있다.

참고 문헌

1 Spiller, G.A. : CRC handbook of dietary fiber in human Nutrition. 2nd ed. CRC Press, Boca Raton, p.263(1993)

2 권명상·김길수·김보경·김휘율·송창우·신호철·이민재·한상섭·한진수 역 : 동물실험법 제4권, 도서출판 정담, 서울, p.104(1999)

제6절 소장 및 대장조직 관찰

개 요

소장과 대장 상피세포의 형태는 주사전자현미경(scanning electron microscope, SEM)으로 관찰하는데, 주사현미경 시료로서 갖추어야 할 조건은, 첫째 고진공하에서 견딜 수 있어야 하고, 둘째, 강한 전자선 조사로 손상되지 않아야 하고 셋째, 2차 전자의 방출 효율이 좋아야 한다. 그러나 조직은 단백질, 지방 등의 화합물로 구성된 불안정한 구조이므로 사후 변화를 일으켜 원래의 모양을 유지할 수 없다. 따라서 주사전자현미경적 관찰을 위해서는 ① 세포구조의 보존을 위한 고정(fixation), ② 고진공하에서의 변형, 수축, 그리고 전자선 손상을 방지하기 위한 탈수 및 임계점 건조, ③ 시료 표면의 전도성을 좋게 하며, 방전을 방지하기 위한 금속 코팅 처리가 필수적이다.

시료조제

1 고정액 : 50mM phosphate buffer 또는 cacodylate buffer(pH 7.4)에 glutaraldehyde(혹은 3% glutaraldyhyde와 2% formaldehyde) 농도가 5% 되게 준비한다.

2 후고정액 : Osmium tetroxide를 용해시켜 1% 용액으로 준비한다(glutaraldehyde와 osmium tetroxide 용액의 취급을 반드시 후드에서 행한다).

3 탈수용액 : 30, 60, 90, 100%의 아세톤 용액을 준비한다

시약 및 기구

- 고정액 및 후고정액(glutaraldehyde와 osmium tetroxide)
- 탈수용액 : 아세톤, 생리식염수 혹은 완충용액, 면도칼 및 핀셋
- 고정병(유리제품)과 배양접시
- 임계점 건조장치(critical point dryer)
- Ion sputter coater]
- 주사전자현미경

방 법

1 특정부위의 소장이나 대장조직을 일부 취한다.

2 장내용물을 제거하기 위해 생리식염수 혹은 완충용액으로 세척한다.

3 조직을 고정액(5% glutaraldehyde)안에서 5mm 크기로 자르고 새로운 고정액이 들어있는 병에 넣고 냉장온도에 6~12시간 정도 둔다.

4 고정이 끝난 조직은 고정액을 버리고 완충용액으로 세척한다(5분간 3회)

5 조직을 후고정액에 넣고 실온에서 2시간 둔다.

6 후고정액을 버리고 다시 완충용액으로 세척한다(5분간 3회)

7 농도가 낮은 아세톤용액으로부터 100% 아세톤으로 바꾸면서 탈수시킨다(시간은 조직의 크기에 따라 다르나 각 단계별로 5~10분씩 행한다).

8 100% 아세톤용액에 들어있는 조직을 액화 CO_2를 이용하여 건조한다.

9 건조된 시료는 금으로 얇게 코팅하고 낮은 전압에서(10KV) 주사전자현미경으로 관찰한다.

결과 및 고찰

소장과 대장의 구조 및 형태는 식이에 따라 변화한다고 보고되었다. 식이섬유의 섭취수준이 낮은 동물의 소장 융모 형태는 납작하고 막대기 모양을 하고 있는 반면 식이섬유의 섭취수준이 많은 동물에서는 잎사귀 모양의 넓적하고 두꺼운 융모세포가 관찰된다.

참고 문헌

1 손태중 : 응용전자현미경학, 대한교과서주식회사, 서울 p.106(1988)

2 Glauert, A.M. : Fixation, dehydration, embedding of biological specimens, North-Holland Pub. Co. Amsterdam, p.6(1984)

3 Vahouny, G.V., Cassidy, M.M : Dietary fiber and intestinal adaptation. In : Dietary fiber : basic and clinical aspects, Vahouny, G.V., Kritchevsky, D. eds. Plenum Press, New York, p.181(1986)

4 문용규: 식품물성학, 대한교과서주식회사, 서울 p.49(1990)

요 검사

제1절 요의 일반성상

1. 요의 총량(Urine Volume)

요량의 측정은 신장 기능의 정상 여부를 판단하는 데 대단히 중요한 의미를 지니고 있지만, 소홀히 되는 경우가 많다. 건강한 사람의 24시간 요량은 평균 1,000~1,600㎖로 6~12세의 어린이는 성인 요량의 약 ½인 500~800㎖ 정도이고 1~6세의 아기는 약 ¼인 25~400㎖을 배설한다. 요는 생체내의 대사산물로서 체내에서 생성된 과잉의 불용물을 선별해서 배설하여 생체의 항상성을 유지하는 중요한 역할을 하고 있다. 따라서 요의 조성을 분석하면 물질대사의 상태를 알 수 있으므로 질병의 진단 및 증후의 판정에 유익하게 사용할 수 있다. 요에는 체내에서 대사된 최종산물이 배설되지만 상태에 따라서 단백질 또는 핵산의 중간대사산물인 요소, 요산, 크레아티닌, 암모니아, 아미노산 또는 여러 가지 유기 및 무기염류, 해독된 물질, 미량의 비타민 등이 포함되어 있으며, 이들 물질의 양과 질의 변화 및 정상적으로는 배설될 수 없는 이상물질 즉, 단백질, 당, 아세톤체, 헤모글로빈, 빌리루빈, 적혈구 및 세균 등의 출현에 따라 신장과 요로의 질병 뿐 아니라 심장, 간, 내분비 등 여러 기관의 기능과 증상을 알아낼 수 있다.

건강한 사람이 대사의 노폐물을 완전히 배설하기 위해서는 24시간에 최소한 380㎖의 요를 배설하여야 한다. 따라서 24시간 요량이 500㎖ 이하인 경우를 핍뇨(oliguria)라고 말하고, 2,000㎖를 넘으면 다뇨(polyuria)라고 하며, 둘 다 병적 현상으로 다루어진다.

2. 색깔 및 혼탁도 (Color & Turbidity)

1) 색깔

정상 요의 색깔은 담황색이다. 이것은 우로크롬(urochrome), 우로빌린(urobilin), 우로빌리노겐(urobilinogen), 포르피린(porphyrin) 등에 의한 것으로 이들 물질의 배설량은 거의 일정하므로 요량이 많아지면 색깔이 연해지고 요량이 줄면 짙어진다. 요량이 적음에도 불구하고 요의 색깔이 연할 경우 신장 기능에 문제가 있을 가능성이 크다.

2) 요의 혼탁

건강한 사람의 요는 투명하다. 그러나 문제가 있을 경우 상온에 방치하면 특정한 성분 때문에 혼탁하게 된다. 즉, 산성뇨에서는 옥살산칼슘(calcium oxalate), 우르산(uric acid) 등이 석출되고, 알칼리성뇨에서는 인산염 및 탄산염이 석출된다. 혼탁한 요를 원심분리하여 침전물을 현미경으로 검사하면 염의 종류를 분별할 수 있다. 그 밖에 점액이나 백혈구 등으로 인해 혼탁하게 되는 경우도 있다. 병적인 혼탁은 농뇨(pyuria), 혈뇨(hematuria), 지방뇨(lipiduria), 유미뇨(chyluria) 등에서 볼 수 있다.

3. 냄새 (Odor)

정상 요의 고유한 냄새, 즉 지린내는 요 속의 미량 성분인 휘발성 유기산에 기인한다 (aromatic odor). 또 섭취한 음식물이나 약물에 따라 특유한 냄새가 나는 경우도 있다. 요를 방치하면 세균에 의한 분해로 말미암아 암모니아가 발생하나, 신선한 요에서 암모니아 냄새가 나는 것은 방광에 염증이 있음을 시사한다. 부패한 요의 냄새는 화농한 물질이 분해되어 생긴 NH_3와 H_2S에 기인하는 것으로, 요로에 화농성 염증이 있거나 방광에 종양이 있을 가능성이 높다. 아세톤의 특유한 냄새는 요중에 케톤체가 들어 있기 때문이고 이러한 냄새는 흔히 증세가 심한 당뇨병환자의 요에서 많이 나타난다.

4. 비중 (Specific gravity)

건강한 사람의 요 비중은 $1.015 \sim 1.025$($15℃$에서)이나, $1.001 \sim 1.040$ 사이에서 변동할 수 있다. 요의 비중은 함유되어 있는 염류의 양에 비례하고, 요량에 반비례한다. 요의 비중은 굴절류 측정기(refractometer), 액체비중계(hydrometer) 및 요비중계(urinometer)을 사용하여 측정하거나 시험지봉(reagent strip) 등을 사용하여 측정할 수 있다.

5. pH 및 적정산도

(1) pH

건강한 사람의 요의 pH는 $5.0 \sim 7.0$으로서 약한 산성이지만, $4.6 \sim 8.0$ 사이에서 변동할 수 있다. 24시간 요의 pH는 약 6.0이다. 요의 pH는 함유된 인산염인 NaH_2PO_4와 Na_2HPO_4의 비율에 의해 결정되는 데 이 비율이 높을수록 산성쪽으로 기울어지고, 비율이 낮을수록 알칼리성 쪽으로 기울어진다. 요로 배설되는 인산염의 비율은 혈액의 pH를 조절하는 신장 세뇨관 기능에 의하여 결정된다. 알칼리성 요의 경우는 인산염이외에 함유되어 있는 탄산염인

H_2CO_3와 $NaHCO_3$의 비율에 의해서도 영향을 받게되는 데 이들의 비율이 높아지면 요의 pH 가 상승한다. 식이가 요의 pH에 영향을 미치기도 하는 데 단백질을 많이 섭취하면 대사 최종산물인 SO_4^{2-} 및 H_2PO_4가 많이 배설됨으로서 요는 산성으로 되기 쉽고, 유기산의 Na 및 K 염을 포함하고 있는 야채 및 과일을 많이 섭취하면 요는 알칼리성 쪽으로 기울어진다. 질환이 있는 경우도 요의 pH가 변동하는 데 체액의 산성화(acidosis), 심부전, 신장염, 당뇨병, 굶주림, 설사 및 고열 등의 경우에는 요가 산성이 되기 쉽고, 체액의 알칼리화(alkalosis), 구토 및 요로계의 감염 등이 있는 경우에는 알칼리성 요를 배설하는 경향이 있다. 요의 pH는 시험지봉(dip stick)으로 쉽게 측정할 수 있다.

2) 적정산도 (Titratable acidity)

24시간 요의 산도를 적정하는 데 소비되는 0.1N NaOH의 ㎖수를 적정산도라고 한다. 적정산도의 측정에 있어서는 25㎖의 뇨에 5g의 옥살산칼륨 분말과 1%페놀프탈레인 용액 1~2방울을 가하고 잘 섞은 후 0.1N NaOH로 적정한다. 예를 들어 0.1N NaOH 10㎖가 소비되었다면, 24시간 요(총 부피; 1,000㎖)의 적정산도는 다음과 같다.

$$\frac{1000}{25} \times 10 = 400$$

건강한 사람의 요의 적정산도는 200~500(평균 350) 사이로 채식을 주로 하였을 때는 이 값이 낮아지고, 육식을 주로 하였을 때는 높아진다. 요의 산도를 적정할 때 옥살산칼륨을 인산칼륨 대신 흔히 사용하는 것은 중화점 부근에서 인산칼륨이 침전을 일으켜 적정종점을 흐리게 하는 것을 막기 위함이다.

6. 요의 선별검사

요 검사는 1차적으로 정성검사를 하여 이상이 있을 경우 정량검사를 실시한다. 일반적으로 사용하는 정성검사는 선별검사법으로 시험지법에 의한 "dip and read" 방식이 이용되고

표 25-1 요의 정성검사

항목	원리	지시시약	판정	농도(mg/dl) + ++ +++ ++++	양성시 의심되는 질환	위음성
pH	지시 약법	MR-BTB	식후 60초	pH 5~9	산성 : 발열, 탈수, 기아, 　　　신염, 당뇨병, 통풍 알칼리성 : 감염(요로) 　　　제산제, 과호흡, 　　　구토등	
단백질	단백 오차	TBPB	식후 60초	30 100 300 1,000	급성, 만성 신염, 신우 신염, 신증후군, 발열, 과로, 기타 전신 질환시 신질환을 동반한 경우 등	
당	효소법 (GOD -POD)	Potassium iodide	식후 30초	250 500 1,000 2,000	당뇨병, 췌염, 간질환, 갑상선 질환, 임신시, 스테로이드 장기 투여시 등	케톤체, 비타민C
아세 톤체	Lange 반응	Sodium nitroprusside	식후 40초	15 40 80 160	당뇨병성 ketoacidosis 과잉 지방식, 저탄수화물식, 기아, 구토, 설사등이 지속할 때 등	
잠혈 반응	Hb의 POD작 용	Tetramethyl benzidine	식후 60초	+ ++ +++	신, 요관, 방광, 및 요도전립선 의 염증, 종양, 결석, 용혈성 질환, 출현소인 등	아 질 산 염
빌리 루빈	Diazo coupling 반응	Diazonium salt	30	+ ++ +++ (0.1~1,1~3, 3~6)	췌질환 임신, 약물중독, 담관 질환, 황달, 간암, 간경변, 수혈 후 chloromycin 및 phenasopyridine 투여시 등	아 질 산 염
우로 빌리 노젠	Ehrlich 반응	Diethylamino benzaldehyde	식후 60초	1 2 4 8 Ehrlich U/dl	간, 담도 질환, 발열, 운동 후, 용혈성 질환, PAS, sulfa제, chlorpromazin 및 adona 투여시 등	아 질 산 염
아질산염 (세균뇨)	Griess 반응	Arsanilic acid THBQ	식후 60초		세균뇨를 동반한 요로계의 돌발성 질환	비타민C

있다. 시험지법에 의한 소변검사는 신체의 각종 질환을 1차선별검사하는 반정량 분석법 (semiquantitative test)으로 조기에 신체의 이상유무를 검사할 수 있는 방법이다. 더구나 소변은 채취하기 쉽고 수검자에게 검사의 부담감을 주지않으며, 반응결과를 즉각 판정할 수 있으므로 그 유용성이 매우 높다고 할 수 있다. 제품은 여러 가지가 있으나 일반적으로 사용되고 있는 Ames 시험지법에 관한 요약은 표 25-1과 같다.

참고 문헌

1 김순호, 손한철, 이은엽, 장철훈 : 최신 임상검사진단학, 계축문화사(1996)
2 한국생화학회 : 실험생화학(개정3판), 탐구당(1997)
3 전세열외 공저 : 영양학실험, 수학사(2000)
4 윤진숙, 이정화, 조성희 : 실험영양학, 형설출판사, p.102(1999)

제 2 절 당 뇨

소변으로 배설되는 당은 포도당, 유당, 과당, 갈락토오스, 크실로오드, 아라비노오스 등이나 보통 정성검사에서는 포도당을 대상으로 한다.

정상뇨에는 포도당이 미량($2\sim20\text{mg}/\text{d}\ell$) 존재하며, 1일 배설량은 $40\sim85\text{mg}$ 정도이다. 보통 glucose 뇨를 당뇨라고 한다. 요중 glucose의 배출은 혈당치와 신장의 기능으로 결정되며 신체내 어떤 질환으로 인하여 체내 혈당 농도가 증가되거나 신장의 세뇨관 재흡수 기능이 저하될 경우 요중 포도당 양성반응을 보인다. 단, 혈당 농도는 식사 중 당질의 과잉섭취로 인하여 일시적으로 증가되는 경우도 있으므로 건강인에서도 미량이지만 포도당이 검출된다. 표 25-2은 요당의 농도에 따른 혼탁정도와 색깔의 변화를 나타내었다.

뇨 검사는 아침 식사전 공복시(혈당량이 가장 낮을 때)과 식후 2시간 후(혈당량이 가장 높을 때)에 실시할 필요가 있다. 당뇨병을 진단할 때는 식사전에 소변을 검사하고 당질을 충분히 섭취한 후 $2\sim3$시간 후에 처음 받은 뇨를 검사한다. 공복시 양성일 때는 중증의 당뇨이고 식사후 2시간의 뇨가 음성이면 당뇨가 아니다.

요당의 정량은 당뇨병을 관리하는 데 좋은 지침이 된다. 임상적으로 과거에는 환원법과 간편한 Nylander법으로 검사하여 양성이면 이어 Benedict법으로 제검하였으나 최근에는 간편하고 특이성이 높으며 감도가 예민한 포도당 산화효소를 이용하는 시험지법이 많이 보급되어 있다. 뇨에 의해 발색반응이 일어나면 이 색깔을 표준색과 비교하여 반정량적으로 당을 확인할 수 있다. 이 방법은 뇨의 pH와 비중에 무관하고 케톤체의 영향도 받지 않는다. 이것은 집단검진이나 환자 자신이 당을 조절하려고 할 때 이용된다.

표 25-2 요당의 농도에 따른 혼탁정도와 색깔의 변화

혼탁정도	요당의 농도(g/dl)	색깔의 변화
4+	2.0이상	황적색
3+	1.0	녹황색
2+	0.7	황록색
1+	0.3~0.5	녹색
trace	0.1~0.25	청녹색
negative	-	청색 또는 회색 혼탁(염류)

1. 요당의 정성검사

1) Benedict 법

개요 및 실험원리

황산동은 '알칼리성 용액 중에서 청색의 Cu(OH)$_2$가 되지만 이것이 당에 의해 환원되면 황색 또는 적색의 Cu$_2$O가 되는 데 이를 이용한 검사이다.

$$CuSO_4 \xrightarrow{\text{alkaline}} Cu(OH)_2 \xrightarrow{\text{sugar}} Cu_2O$$

시약 및 기구

■ Benedict 정량 용액
 - A용액 : Sodium citrate 173g과 sodium carbonate 200g (anhydrous salt일 경우는 100g)을 1ℓ 메스플라스크에 넣고 증류수를 700㎖로 가하여 가온 용해시킨 후 실온에서 냉각시킨다.
 - B용액 : Copper sulfate 17.3g을 100㎖ 메스플라스크에 넣고 증류수로 표선까지 채운다.
 - B용액을 A용액에 흔들면서 부어 넣고 1ℓ 표선까지 증류수로 채운다.

방법(조작)

1 Benedict 정성시약 5㎖를 시험관에 넣고 여기에 요 0.5㎖를 가한다.

2 혼합 후 끓는 물그릇에 넣어 5분간 중탕하거나 또는 2분간 직접 끓인다.

3 당이 함유되어 있으면 양에 따라 녹색부터 황색, 심하면 적색 침전까지 일으킨다. 청색인 채로 변화가 없으면 음성이다. 실온에서 냉각시킨 후 다음과 같이 판독한다.

4 당의 양이 적으면 변화가 나타나지 않을 수 있다. 포도당 외에 과당, 유당, 갈락토오스, 오탄당 등도 같은 반응을 일으키므로 glucose만을 구별하려면 효소를 이용하는 방법을 사용하여야 한다.

2) 효소법 (Glucotest)

개요 및 실험원리

글루코스산화효소(glucose oxidase, GOD)와 peroxidase(POD) 및 *o*-tolidine을 종이에 묻혀 건조시킨다. 여기에다 요를 흡수시키면 요중 포도당은 gluconolactone과 H$_2$O$_2$로 산화되고 이 H$_2$O$_2$는

POD의 존재하에 *o*-tolidine을 산화하여 포도당의 양에 따라 녹색에서 진한 청색에 이르는 색의 변화를 가져온다(표 25-3).

표 25-3 요중 포도당 농도에 따른 색깔 변화

변색구분	포도당 농도(mg/dℓ)
- negative	〈100
+ positive	100
++	300
+++	1000

2. 요중 포도당 함량의 측정

1) Benedict 법

Benedict 시약은 환원당을 정량하기 위한 시약으로 이 시약은 당에 의하여 $CuSO_4$가 Cu_2O의 적색 침전을 생성하는 대신 cuprous thiocyanate(CuSCN)의 백색침전을 형성한다. 소량의 potassium ferrocyanide는 용액 중의 Cu_2O를 고정하기 위해 첨가된 것이며 백색침전이 생기고 푸른색이 없어지는 것은 copper가 완전히 환원되었음을 의미한다. 요중 포도당의 정상 농도는 0.1g/dℓ이다.

■ Benedict 정량시약
   - copper sulfate($CuSO_4$, $5H_2O$) 18g.
   - sodium carbonate 200g(또는 anhydrous salt, Na_2CO_3 10g)
   - sodium or potassium citrate 200g
   - potassium thiocyanate 125g
   - 5% potassium ferrocyanide 용액 5.0㎖
■ 위의 sodium carbonate, sodium or potassium citrate, potassium thicyanate 시약을 증류수 약 700㎖가량에 넣어서 가열 용해시키고 여과한다.
■ copper sulfate를 가하여 식혀서 1ℓ표선까지 채운다. 이 시약은 적정하여 쓴다. 갈색병에 보존

하면 오래 두고 사용할 수 있다.

■ Benedict 정량시약의 적정 : 조제한 시약 25㎖는 50mg의 포도당에 의해 완전히 환원되어야 하므로 포도당표준용액(10mg/㎖) 5㎖가 소비되어야 한다.

시약 25㎖에 Na₂CO₃ 10g을 넣고 가열하여 끓기 시작하면 포도당 용액을 떨어뜨려 5㎖이 소모되었을 때 우유색으로 되어야 한다. 만일 5㎖보다 더 많이 소모되었다면 이 시약에 증류수를 가하고 5㎖보다 적게 소모되었다면 copper sulfate를 더 첨가하여야 한다.

방법(조작)

1 24시간 요의 전량을 측정하고 잘 흔들어 섞는다. 요당 정성검사를 실시하여 요당이 많으면 적절히 희석하여 여과한다.

2 증발접시에 Benedict 정량시약 25㎖를 담고 sodium carbonate(Na₂CO₃) 10g, talcum powder 약 1g을 넣어 가열하여 끓기 시작하면 요로 적정하기 시작한다.

3 계속 끓이면서 1㎖ pipette로 요를 떨어뜨린다. 청색이 완전히 없어질 때까지 필요로 한 요량을 정확히 측정한다. 이때 처음에는 빨리 떨어뜨려도 되지만 백색의 혼탁이 생길 때부터는 천천히 가하면서 퇴색을 관찰한다.

4 적정으로 소비된 요의 양을 기록한다. 만일 요당치가 높을 경우(요가 5㎖ 이하로 소비)요를 10배로 희석하여 사용하고, 반대로 요당치가 낮은 경우(요가 25㎖ 이상 소비)는 Na₂CO₃를 더 가해준다.

결과 및 고찰

Benedict 정량시약 25㎖는 포도당 농도 50㎖에 해당되므로

$$\text{요중 포도당의 농도}(g/24hr) = \frac{100}{\text{적정시 소요된 요량}(㎖)} \times 0.05 \times \frac{24\text{시간 요량}(㎖)}{10}$$

2) 글루코오스 산화효소법

글루코오스 산화효소법은 특이성이 양호하고 글루코오스 산화효소와 퍼옥시다아제(peroxidase)의 두 종류의 효소를 사용하여 발색반응을 일으켜 측정하는 법으로 임상적으로 널리 이용되고 있다. 요중 글루코오스의 농도에 따라 담청색, 녹색, 갈색 등으로 변한다. 이 방법은 글루코오스를 특이적으로 검출하지만 다른 환원당은 검출이 안 된다.

개요 및 실험원리

1 글루코오스 산화 효소는 glucose를 산화시켜 H_2O_2와 gluconic acid를 형성한다. 여기서 생성된 H_2O_2는 o-dianisidine을 산화시켜 유색 oxidized o-dianisidine을 발생시켜서, 이 색을 비색정량 함으로써 당을 정량하게 된다.

$$Glucose + 2H_2O + O_2 \xrightarrow{\text{glucose oxidase}} Gluconic\ acid + H_2\dot{O}_2$$

$$H_2O_2 + reduced\ dye \xrightarrow{\text{peroxidase}} oxidized\ dye(colored) + H_2O$$
$$(\text{o-dianisidine})$$

2 위의 방법과 유사한 것으로서 4-aminoantipyrine-diethylaniline을 사용하는 방법도 이용된다.

$$Glucose + 2H_2O + O_2 \xrightarrow{\text{glucose oxidase}} Gluconic\ acid + H_2O_2$$

$$Diethylaniline + 4\text{-}aminoanitipyrine + H_2O_2 \xrightarrow{\text{peroxidase}} Quinone형\ 색소$$

시약 및 기구

■ 발색시약
   - Glucose oxidase 1000U
   - Peroxidase 250U
   - 4-aminoanitipyrine 5mg
   - Buffer pH5.7 100㎖

   용해하여 냉장고에서 약 2주일 안정하다.
■ 완충액 : M/100 acetate buffer 100㎖에 diethylaniline 0.05㎖를 가하여 섞어서 사용한다.
■ 포도당 표준액 100mg/㎗
■ 시험관 13×100 mm, 회전교반기, 항온수조, 분광광도계

방법(조작)

1 시험관 3개(B, S, T)에 발색시약 3㎖씩을 취하고 S관에 표준액 0.01㎖, T관에 요 0.01㎖씩 가하고 섞어서 37℃ 30분간 반응시킨다.

1 파장 550nm에서 T관을 대조로 흡광도를 구한다. 반응후 30분 이내에 측정하는 것이 좋다.

결과 및 고찰

$$글루코오스\ 농도(mg/100d\ell) = 100 \times \frac{검체흡광도}{표준액흡광도}$$

참고 문헌

1 김재영 외 10인 : 임상화학. 고문사, p.368(1991)

2 남정혜 외 2인 : 영양판정 및 실험. 광문각, p.270(2000)

3 윤진숙 외 2인 : 실험영양학. 형설출판사, p.102(1999)

4 한국생화학회 : 실험생화학(개정3판). 탐구당(1997)

5 전세열 외 3인 : 영양학실험. 수학사(2000)

제 3 절 단백뇨 시험 (Proteinuria)

정상적인 소변에는 극소량의 단백질만이 존재하므로 소변에 단백질이 과다한 것은 대체로 신장질환과 관련된다. 따라서 요중의 단백질 함량은 체내 대사 이상 등을 판단하는데 참고 자료로 활용이 가능하다. 본 장에서는 요중 단백질의 정성, 정량시험을 소개한다.

1. 요중 총단백 측정법

일반적으로 생화학 연구에서 널리 이용되고 있는 Lowry법, Coomassie brilliant blue G-250(CBB G-250)를 이용한 색소 결합법, BCA법 등이 요중 총단백 측정에도 이용되어진다.

1) Lowry법

개 요

Folin-phenol 시약의 환원정색반응을 이용하는 방법으로 비교적 미량의 단백질도 정확하고 간편하게 정량할 수 있다.

시 약

- 시약 A : 2% Na_2CO_3
- 시약 B : 1% $CuSO_4 \cdot 5H_2O$
- 시약 B : 1% 주석산나트륨($K_2C_4H_4O_6$) 수용액

방 법

1 시약 A는 15㎖, 시약 B와 C는 각각 0.75㎖씩 혼합한다.
2 혼합 시약 1㎖을 가검뇨 1㎖과 함께 혼합한다.
3 15분간 실온에 방치한다.
4 5㎖의 2N Folin-phenol 시약과 증류수 50㎖을 혼합한 후 실온에서 15분간 방치한다.

5 **4**의 용액3㎖과 **3**의 시료용액을 가능한 빨리 혼합한다.

6 실온에서 45분간 방치한다.

7 500nm에서 흡광도를 측정한다(750nm에서도 측정 가능).

8 공시험시료는 증류수를 0.1㎖ 사용하며, 농도를 알고 있는 BSA(bovine serum albumin)를 이용하여 위와같은 방법으로 농도와 흡광도의 관계를 얻은 후 작성한 표준곡선으로부터 단백질량을 계산한다.

2) Coomassie brilliant blue G-250 (CBB G-250) : Bradford 법

개 요

Coomassie brilliant blue G-250(CBB G-250)이 단백질과 강하게 결합하여 적색에서 청색으로 변하고 최대흡수파장이 495nm에서 595nm으로 이동하는 것을 이용한 정량법으로서 신속하며 재현성과 감도가 높다.

시 약

Coomassie brilliant blue G-250(CBB G-250) 용액 : CBB G-250 100㎎을 95% 에탄올 50㎖에 녹여 85% 인산용액 100㎖을 가하여 산성화시킨다.

방 법

1 Coomassie brilliant blue G-250(CBB G-250) 용액 5㎖을 가검뇨 0.1㎖과 잘 혼합한다.

2 2분 정도 방치 후 595nm에서 흡광도를 측정한다.

3 공시험시료는 증류수를 0.1㎖ 사용하며, 농도를 알고 있는 BSA(bovine serum albumin)를 사용하여 위와같은 방법으로 농도와 흡광도의 관계를 얻는다.

3) Bicinchoninic acid (BCA) 방법

개 요

단백질이 알칼리 조건하에서 Cu^{++} 이온을 Cu^+ 이온으로 환원시키는 것을 이용한 방법이다. Cu^{++} 이온과 초록색의 BCA 시약이 반응하여 연분홍색을 나타낸다.

- 시약 A : 1% BCA-Na$_2$, 2% Na$_2$CO$_3$ · H$_2$O, 0.16% 주석산나트륨(K$_2$C$_4$H$_4$O$_6$), 0.4% NaOH, 0.95% NaHCO$_3$ 혼합수용액을 50% NaOH 또는 NaHCO$_3$를 사용하여 pH를 11.25로 조정한다.
- 시약 B : 4% CuSO$_4$ · 5H$_2$O
- 정량용 시약 : A액과 B액을 50 : 1의 비율로 혼합하여 투명하게 될 때까지 잘 교반한다.

1 시료 0.1㎖에 정량용 시약 2㎖을 혼합한다.

2 실온에서 2시간 방치한다.

3 반응 종료 후 562nm에서 흡광도를 측정한다

4 농도를 알고 있는 BSA(bovine serum albumin)를 사용하여 위와같은 방법으로 농도와 흡광도 의 관계를 얻는다.

2. 단백뇨

정상 신장에서는 하루 평균 80㎎ 정도가 소변으로 배설된다. 정상 소변 단백질의 약 50% 는 혈장 단백질(알부민이 주된 혈장 단백질 성분)이고, 나머지는 저분자 단백질인 면역글로 불린(주로 IgG, IgA)과 면역글로불린 경쇄(light chain)들로 구성되어 있다. Tamm-Horsfall mucoprotein은 비혈장 단백질(신조직 단백질)의 대부분을 차지하며(하루 약 40㎎) 요의 주된 구성성분이다.

1) 단백뇨의 정의

성인 : ≥150mg/day

소아 : ≥4mg/m^2/hr

정성적 : 1주 이상의 간격으로 3회 이상 검사

  요 비중 ≤1.015일 때 1+이상

  요 비중 ≥1.015일 때 2+이상

반정량적 : 아침 첫 소변에서 단백/크레아티닌 비가 0.2 이상일 때

단백질 배설량	소변량	뇨비중	뇨단백질 농도
1000mg/day	5000㎖/day	1.006	20mg/㎗
1000mg/day	500㎖/day	1.030	30mg/㎗

2) 단백뇨의 검사방법

정성검사로는 등전점 부근에서의 단백의 열응고성, 강광산(强鑛酸)에 의한 변성, 중금속에 의한 착염 형성, 알칼로이드 시약과의 결합에 의한 하전의 변화를 이용한 침전법이 흔히 사용된다(자비법, 설포살리실산법, Heller 윤환시험법 등).

반정량법에는 단백 오차법을 바탕으로 한 시험지법이 사용되며 정량법으로는 트리클로로초산(Trichloroacetic acid)법, Esbach법, Shevky and Stafford법, 스에요시법(末吉法), Kingsbury-Clark법, 폴리티온산법 등 침전반응에 바탕을 둔 방법이 사용된다.

(1) 정성검사

요를 정밀하게 검사하면 건강한 사람의 요에서도 20~80mg의 단백질이 배설된다. 그러나 단백질 배설량이 150mg을 넘으면 신체에 이상이 있는 것으로 볼 수 있다. 임상에서 흔히 쓰이는 검사법은 가열시험(감도 5mg/㎗), Heller법 및 Roberts법(감도 3mg/㎗), 설포살리실산(sulfosalicylic acid)시험(감도 15mg/㎗) 등이다. 이런 방법으로 검출되면 단백뇨라고 말한다. 엄밀하게 말하면 요중에 존재하는 단백은 요세관에 있어서의 재흡수 혹은 배설을 거친 것으로서 저분자 단백처럼 요세관 재흡수 장애, Tamm-Horsfall mucoprotein처럼 혈중에 존재하지 않고 요세관에서 분비되는 단백도 포함이 되지만 실제상으로는 사구체 기저막에서 누출되는 일이 많으므로 정성검사를 해야한다. 정성시험은 농도에 의하여 검출되므로 소변의 농축도를 고려해야 한다.

① Roberts 시험

개 요

요중 단백은 Robert 시약과 반응하여 흰색의 침전을 생성한다.

시 약

- 진한 질산
- MgSO$_4$

방 법

1 진한 질산과 MgSO4 용액을 1 : 5의 부피로 혼합하여 Robert 시약을 만든다.

2 5㎖의 Robert 시약을 시험관에 넣고, 기벽을 따라 요를 서서히 흘려 넣는다. 단백질이 존재하면 두 액층 사이에 흰색의 침전이 생긴다.

② 설포살리실산(sulfosalicylic acid)시험 : Exton법

개 요

단백은 산에 의해 변성되어 침전이 생기는데 단백의 농도와 혼탁도는 비례하며 모든 단백과 반응한다. 2~5㎖의 소변에 20% SSA용액을 3~8방울 떨어뜨리고 섞은 후 혼탁도를 450 또는 620nm에서 측정하여 검사하는 방법이다. 이 방법은 알부민을 포함한 모든 단백질에 예민하여 5~10mg/㎗의 단백질까지도 검출이 가능하다. 이 방법은 기술적으로 간단, 신속하며 정확하다.

시 약

- 20% 설푸살리실산

방 법

1 검사할 요가 알칼리성이면 먼저 약산성이 되도록 수정한다.

2 약 10㎖의 요를 원심분리하여 그 상청을 두 개의 시험관에 넣는다.

3 한쪽 시험관에 20% 설포살리실산 수용액 몇 방울(요 1㎖당 1방울)을 떨어뜨리고 다른쪽 시험관의 요와 비교하여 혼탁이 일어나는지를 본다. 단백질이 있으면 혼탁하게 된다.

결과 및 고찰

Trace	겨우 알아 볼 수 있을 정도의 혼탁 (10mg/㎗ 이하)
1+	혼탁은 분명하나 과립은 없을 정도 (10~50mg/㎗)
2+	혼탁하고 과립이 보일 정도 (50~200mg/㎗)
3+	진한 혼탁은 분명한 덩어리가 보일 정도 (200~500mg/㎗)
4+	큰 덩어리가 보이고 때로 엉겨 붙을 정도 (500mg/㎗ 이상)

위양성으로 나오는 경우 : 고도의 농축뇨, 육안적 혈뇨, 농뇨, Radiocontrast media, Penicillins, Cephalosporins, Sulfonamide의 대사물

③ 가열 시험

개 요

단백질을 포함하는 요는 끓이면 변성을 일으켜 혼탁하게 된다는 원리를 이용한다.

시 약

■ 10% 초산

방 법

1 시험관의 3/4 정도까지 원심분리한 가검뇨 상층액을 넣는다.

2 요의 상반부를 서서히 가열하기 시작하여 잠시동안 끓인다. 이때 대조시험 구실을 하는 하반부의 요와 섞이지 않도록 주의한다. 이 때 나타나는 혼탁은 알부민 또는 인산염 혹은 그 외의 물질 때문일 가능성이 있다.

3 10% 정도의 희석 초산을 2~3방울을 가하여 요를 산성으로 하면 인산염에 의한 혼탁은 없어지고 알부민으로 인한 혼탁은 오히려 강해진다. 확인을 위해 끓인 후 다시 초산을 가하여 본다.

4 혼탁의 정도는 설포살리실산(sulfosalicylic acid)시험법의 기준에 의한다.

④ Heller 윤환시험법(nitric acid ring test)

개 요

요중 단백은 진한 질산과 반응하여 회색의 환을 생성한다.

시 약

■ 진한 질산

방 법

1 conc. nitric acid 2~3㎖를 시험관에 넣고 원심분리한 가검뇨 상층의 깨끗한 요 1~2㎖를 살며시 중첩시킨다.

2 접촉면에 생기는 회색의 환을 관찰한다. 3분 경과 후 음성, 양성 판정을 한다.

3 알부민 외 Bence-Jones 단백, proteose, tymol 및 resin류의 약품들도 같은 반응을 보인다.

결과 및 고찰

Trace	환을 겨우 알아 볼 수 있을 정도(50mg/dℓ 이하)
1+	환은 분명하나 불투명하지 않을 정도(100mg/dℓ)
2+	혼탁이 보일 정도(200~500mg/dℓ)
3+	환이 진하고 불투명할 정도(500~2000mg/dℓ)
4+	환이 두껍고 한 덩어리를 이룰 정도(2000mg/dℓ 이상)

⑤ Dipstick 시험

개 요

정성검사 중 가장 간편하고 값이 싼 검사로서 paper strip을 사용하여 변색 정도로 단백질을 검출하는 방법이며 주로 알부민을 검출한다. 지시약이 묻어 있는 paper strip은 알부민에 의해 청색으로 변한다. paper strip은 Bence-Jones 단백과 같은 글로불린에 대한 감수성이 낮고 요의 pH가 높을 때 위양성이 나올 수 있으므로 판독에 주의해야하며 농도에 의하여 검출되므로 요의 농축 정도에 따라 단백뇨의 검출정도가 크게 다를 수 있다.

시약 및 기구

Paper strip

방 법

❶ Paper strip에 요 2~3방울을 떨어뜨린다.

결과 및 고찰

위양성으로 나오는 경우 : 고도의 농축뇨

뇨의 pH 〉 8.0 (알칼리 뇨)

육안적 혈뇨

농뇨

위음성으로 나오는 경우 : 희석뇨

면역글로불린의 light chain

ⅰ) Albym-Test

■ Albym test strip에 지시약으로 사용되는 tetrabromophenolphthalein ethyl ester는 신장병변이 있을 때 배설되는 분자량이 작은 알부민에 특히 예민하다. 약산성으로 일정하게 유지하면 단백과 반응하여 담황색, 녹색, 청색에 이르는 변색을 나타낸다.

■ 심한 혈뇨를 제외하고 혼탁한 요도 여과나 원심분리 할 필요 없이 검사할 수 있다.

변색구분	protein(mg/dℓ)
−(negative)	<10
±(trace)	10~20
+(positive)	20~50
++	50~200
+++	300~500

ii) Albu-stix 및 Albutest

■ 지시약으로 사용되는 tetrabromophenol blue가 알부민의 존재에 따라 색조가 달라진다.

■ 요 1방울과 증류수 2방울을 가하여 나타나는 색조와 표준색조를 비교 판정한다.

변색구분	protein(mg/dℓ)
−(negative)	<20
±(trace)	20
+(positive)	30
++	100
+++	300
++++	1000

iii) 각종 요단백 정성검자결과 비교

표 25-4 각종 요단백 정성검사법

	시험지법	Sulfosalicylic acid	자비법
원리	pH 지시약의 단백오차	산에 의한 단백의 변성 혼탁	열에 의한 단백응고
감도	10~20mg/dℓ	5mg/dℓ 이상	20mg/dℓ 이상
특이성	알부민	알부민 및 글로불린	알부민 및 글로불린
위양성	강알칼리뇨, quinine, phenazopyridine, 소독 살균제	X-선 조영제, 덱스트란, 페니실린계 약제, 뮤신, albumose / Sulfisoxazole	
위음성	강산성뇨	강알칼리뇨 / 강산성뇨	강알칼리뇨

(2) 정량검사

일단 정성검사에서 단백뇨가 나타나더라도 기능성 단백뇨가 아니면 24시간 동안 채뇨하여 총단백 배설량을 측정한다. 요단백 정량법으로는 직접 단백질소를 측정하는 것으로서 가장 흔히 사용되는 방법은 비색정량법이다.

요단백 정량은 축뇨(蓄尿)로 실시한다. 축뇨는 검사일 검사 직전에 완전배뇨하고, 그 이후의 요는 전부 축뇨병에 모아서 검사 시작 24시간 후에 완전 채뇨한다. 메스실린더로 요량(尿量)을 재고, 잘 교반하여 그 일부를 검체로 사용한다.

① 트리클로로초산법(trichloroacetic acid)

개 요

요중 단백질을 트리클로로 초산으로 침전시켜 그 양을 측정한다.

시 약

- 트리클로로초산
- NaCl
- 증류수

방 법

1 시험관에 표준용액(standard), 가검뇨(sample), 증류수(blank)를 각각 4㎖씩 취한다. protein 농도를 알고있는 표준혈청을 0.85% 염화나트륨 용액으로 25mg/dℓ 농도로 희석한 것을 표준용액으로 하여 사용할 때마다 새로 만들어 사용한다.

2 트리클로로초산(TCA) 용액을 1㎖ 가한다.

3 즉시 잘 혼합하고 5~10분간 방치하여 단백질을 침전시킨다.

4 420 nm에서 흡광도를 측정한다.

$$\frac{\text{sample 흡광도} - \text{Bblank 흡광도}}{\text{standard 흡광도}} \times 25 = \text{mg/d}ℓ$$

② Esbach test

개 요

산에 의해 변성되어 침전하는 단백질의 성질을 이용한 방법으로 요중 단백질을 초산으로 침전시켜 그 양을 측정한다.

시 약

■ 10% 초산

■ Tsuchiya 시약 : phosphotungstic acid   1.5g
          95% alcohol   95mℓ
          conc. HCl   5mℓ

방 법

1 가검뇨를 투명하게 될 때까지 여과한다. 정성검사의 판정결과가 3+이면 5배, 4+이면 10배로 희석한다.

2 10% 초산을 떨어뜨려 pH를 5.0 정도로 조정한다.

3 Esbach tube의 U선까지 요를 채우고 R선까지 Tsuchiya 시약을 채운다.

4 마개를 막고 12번 정도 상하로 뒤집어 잘 섞는다.

5 24시간 방치한 후 침전된 단백질의 높이를 눈금으로 읽는다(g/1).

6 희석배수에 따른 수정을 하고 g/dℓ 및 g/24hr로 기록한다.

③ Shevky and Stafford법

개 요

요중 단백질을 Tsuchiya 시약으로 침전시켜 그 양을 측정한다.

방 법

■ Tsuchiya 시약 : phosphotungstic acid   1.5g
          95% alcohol   95mℓ
          conc. HCl   5mℓ

방 법

1 정성시험시 판정결과가 2+ 이상이면 10배 희석한다.

2 눈금있는 원심분리용 시험관에 요 또는 희석뇨를 8mℓ 넣고 5mℓ의 Tsuchiya 시약을 중첩시킨다.

3 마개를 막고 3회 정도 상하로 흔들어 혼합한다.

4 정확히 1분 후에 1,800rpm에서 15분간 원심분리한다.

5 침전물의 양을 눈금으로 읽는다(g/1).

결 과

침전물 0.1㎖가 단백 0.036g/㎗에 해당한다.

(3) Bence-Jones 단백검사법

개 요

Bence Jones(B-J) 단백은 면역 글로불린을 구성하고 있는 경쇄(light chain)가 단클론성으로 혈액 및 요 중에서 검출되는 특이한 열응고성(40℃에서 혼탁, 60℃에서 응고, 100℃에서 용해)을 가진 단백이다. 질환으로서는 다발성 골수종 및 원발성 macroglobulinemia의 40%에서 출현한다. 기타 amyloidosis, 백혈병, Hodgkin병은 혈중 M 단백의 출현에 동반하여 요 중에 B-J 단백을 나타내는 경우가 있으나, 빈도는 낮다.

시 약

■ 25% 초산

방 법

1 Bence-Jones(B-J) 단백은 알부민을 제거한 여과액으로 검사한다.
2 25% 초산을 가검뇨에 가하여 요의 pH를 5.0 정도로 조정한다.
3 서서히 가온하면서 가검뇨를 관찰한다.

결과 및 고찰

Bence Jones(B-J) 단백이 있다면 40~50℃에서 혼탁해져 60~70℃에서 침전물이 생기는데 이 침전물은 90~100℃에서는 용해된다. 냉각하면 85℃ 이하에서 혼탁해지고 온도가 50℃ 이하로 내려가면 없어진다.

참고문헌

1 강영태, 임상화학실험. 대학서림. p.225(1994)
2 송경애, 임상검사와 간호. 수문사, p.23(1998)
3 이삼열·정윤섭, 임상병리검사법. 연세대학교출판부(1987)

제 4 절 | 빌리루빈뇨 시험

빌리루빈은 체내에서 대부분 담즙의 형태로 분비되어 배설되고 소량의 수용성 빌리루빈이 요로 배설되므로 정상뇨에서는 빌리루빈 농도가 아주 낮다. 그러나 임상학적으로 황달현상이 있으면 빌리루빈이 외형적으로 나타나기 이전에 요 중으로 먼저 배설되는 것을 볼 수 있다. 용혈성 황달인 경우는 요의 빌리루빈 농도가 증가하지 않으나, 간세포 파괴나 담즙울체 등의 질환이 있을 때에는 빌리루빈의 농도가 증가한다. 담즙색소는 산화제에 의하여 산화를 받아 메소빌리루빈(노란색), 메소빌리베르딘(녹색 ──●푸른색), 메소비릴시아닌(푸른색 ──● 자주색) 등 여러 가지 착색 화합물을 만든다.

1. 산화검사법

개 요
산화성 빌리루빈이 녹색의 빌리베르딘으로 변색되는 점을 이용한 검사법으로 두 가지가 있다.

시약 및 기구
- 담즙
- 진한 황산
- 10% $BaCl_2$
- Fouchet 시약(25% 트리클로로초산 100㎖에 10% $FeCl_3$ 10㎖를 가한 것)
- 시험관

방법(조작)
1. Gmelin 시험법 : 진한 황산 5㎖를 넣은 다음 조심스럽게 묽은 담즙액을 2~3방울 가하여 층이 생기게 한다.
2. Fouchet 시험법 : 5㎖의 요에 5㎖의 barium chloride($BaCl_2$) 용액을 가하고 거른다. 말린 거름종이에 Fouchet 시약 2~3방울을 떨어뜨린다.

결 과

Gmelin 시험법에서는 두 액의 접촉면 Fouchet 시험법에서는 거름종이에 청록색의 색상이 나타나면 요에 빌리루빈이 일정 농도 이상 있음을 알 수 있다.

2. Diazotization 법(Icto test TM : 미국 Ames Co.)

개 요

Icto tablet이나 Icto stick에 있는 diazo dye(salt)가 요중의 빌리루빈과 결합하여 변색한다. 산화검사법보다 예민하며 요중 빌리루빈에만 반응한다.

방법(조작)

깨끗한 용기에 소변을 받아서 시험지를 요에 담근 다음 즉시 꺼낸다. 시험지에 남아 있는 요를 손가락으로 쳐서 떨어낸다. 30~60초 후에 시험지에 나타난 색상을 색비교표와 대조한다.

판 정

1 우로빌리노겐 : 요중 우로빌리노겐 농도에 따라 적갈색으로 짙게 변한다.
   간기능장해, 용혈성빈혈, 간성황달의 최악시기, 고도의 신부전, 항생물질 투여시
2 빌리루빈 : 요중의 빌리루빈 농도에 따라 짙은 갈색으로 짙게 변한다.
   간염, 간경변, 간암, 담관질환, 췌장질환, 임신, 황달, 약물중독, 수혈후

3. Shake 법

요를 흔들면 담즙 존재시 노란색 거품이 생성된다. 그러나 예민하지도 특이하지도 않아 사용되지 않는다.

참고 문헌

1 김순호, 손한철, 이은엽, 장철훈 : 최신 임상검사진단학. 계축문화사(1996)
2 한국생화학회 : 실험생화학(개정3판). 탐구당(1997)
3 윤진숙, 이정화, 조성희 : 실험영양학. 형설출판사, p.102(1999)

제 5 절 케톤뇨 시험

요 속에 케톤체(β-hydroxybutyric acid, acetoacetic acid, acetone)가 나타나는 케톤뇨 (ketonuria)는 케톤체(ketone body) 중독증(ketosis)의 한 증후이며, 생체가 글루코오스를 이용하지 못하고 주요한 에너지원으로서 지방이 소비될 때 나타난다. 따라서 고혈당뇨, 특히 당뇨병환자의 뇨 속에는 케톤체가 포함되어 있다. 뇨 속에 글루코오스가 나타나면 반드시 케톤체의 유무를 검사하여야 한다. 임상적으로 심한 당뇨병, 기아, 지방섭취과다, 구토, 설사, 탈수, 입덧, 소화흡수 장애 등의 진단에 이용된다. 케톤체는 정상뇨 중에는 acetone으로 환산하여 1일 40~50mg 정도 배설된다

1. Lange 법

개요 및 실험원리

아세톤 또는 아세트 초산은 암모니아의 존재하에 니트로프루시드(Sodium nitroprusside)와 반응하여 자주색을 나타낸다.

시약 및 기구

- Sodium nitroprusside
- 아세트산
- 진한 암모니아수

방법(조작)

1 신선한 요 약 5㎖에 0.5㎖의 아세트산을 가하고, 다시 0.5㎖의 sodium nitroprusside 시약을 가하여 잘 혼합한다.

2 다시 암모니아수 약 2㎖를 시험관벽을 따라 서서히 흘러넣어 이미 들어 있는 용액의 위를 덮어 이중층으로 한다(혼합하면 안 된다). 2분 후에 두 용액의 접촉면에 자주색이 나타나면 양성이다. 그 색깔이 진하기 및 색소층의 두께에 따라 1+부터 4+까지의 등급을 매겨서 케톤체의 농도를 표시한다.

결과 및 고찰

1 Acetone이나 acetoacetic acid가 존재할 때는 경계면에 자홍색의 고리가 생긴다.

2 Ketone체의 농도가 낮을소록 자색이 진해지고, 농도가 높을수록 홍색이 진해진다.

3 대량의 비결정성 요산염이 있을 때는 황색~갈색의 층을 나타낸다.

4 암모니아수가 약하면 색이 뚜렷하지 않다.

2. Rothera-길천법

시 약

■ sodium nitroprusside분말 5mg과 황산암모늄 10g을 섞고 여기에 무수탄산나트륨 10g을 혼합하고 밀폐하여 냉암소에 보관한다.

방법(조작)

백색 자기판에 미량의 시약을 가하고 그 위에 뇨 2~3방울을 떨어뜨려 잘 혼합한다. 1~2분후 색깔을 비색표로 비교한다.

결과 및 고찰

10mg/dℓ 이상의 케톤체가 존재할 때는 1분 정도 경과하면 자색으로 된다. 그 농도에 따라 대략 케톤체의 량을 알 수 있다. 이 방법은 acetone에서 보다 acetoacetic acid에서 15~20배 더 민감하다.

감도는 acetoacetic acid 8mg/dℓ, acetone 100mg/dℓ이다.

참고 문헌

1 윤진숙, 이정화, 조성희 : 실험영양학. 형설출판사, p.103(1999)

2 한국생화학회 : 실험생화학(개정3판). 탐구당(1997)

3 전세열외 3인 : 영양학실험. 수학사(2000)

제 6 절 | 케토스테로이드의 정량

1. 케토스테로이드 정량

17-케토스테로이드(17-ketosteroid, 17-KS)는 정소와 부신피질에서 생산되는 스테로이드계 호르몬의 대사산물로서 17-KS는 글루쿠로니드 (glucuronic acid) 혹은 황산에스테르의 형태로 소변을 통해 배설된다. 케토스테로이드의 요 중 정상치는 남자가 12 ± 6mg/24시간뇨, 여자에서는 10 ± 5mg/24시간뇨이다.

개 요

결합형으로 되어 있는 케토스테로이드를 산으로 가수분해하여 유리상태로 만든 다음, Zimmerman 반응에 의해 발색시켜 흡광도를 측정하여 표준용액(hydroepiandrosterone, DHA)의 흡광도와 비교한다.

Zimmerman 반응의 원리는 강한 알칼리용액에서 17-KS의 디니트로벤젠과 스테로이드 핵의 16번 위치에 있는 메틸렌기가 시약과 반응하여 자색을 나타낸다.

시약 및 기구

- 페닐렌디아민 용액 - 100㎖의 무수에탄올(알데하이드를 포함하지 않는 것)에 0.4g의 m-페닐디아민을 녹여 하룻밤 동안 방치한다. 1주간은 안정하다.
- m-디니트로벤젠 시약- 페닐렌디아민 용액 10㎖에 200mg의 m-디니트로벤젠을 용해시킨다.
- 2N NaOH
- 5N KOH
- 80% 에탄올
- 에테르
- 진한 염산

방법(조작)

1. 24시간 뇨의 총량을 알아둔다.
2. 그 중 10㎖를 취하여 1.5㎖의 진한 염산을 가한 다음, 환류 냉각기를 붙여 15분간 가열한다.
3. 냉각시킨 시료 용액을 재증류한 3㎖의 에테르를 사용하여 세 번 반복 추출한다.
4. 에테르 추출물을 모두 합쳐 2N NaOH 1.5㎖씩을 사용하여 네 번 씻어 내고 다시 물로 두 번

씻는다.

5 에테르를 증발시키고, 남은 찌꺼기를 에탄올 2㎖에 용해시킨다. 이 용액 0.2㎖에 m-디니트로 벤젠 시약 0.2㎖와 5N KOH 0.2㎖를 가하여 혼합한다.

6 바탕시험(blank)에는 에탄올 0.2㎖를 쓴다.

7 이 두 시험관을 water bath(25±0.5℃) 속에 15분간 반응시킨다.

8 각 시험관에 80% 에탄올 4.6㎖를 가하여 잘 흔든 다음, 파장 520nm에서 흡광도를 측정한다.

9 표준물질인 디히드로안드로스테론(DHA)을 사용하여 앞에서와 같은 방법으로 발색시킨 다음 흡광도를 측정하여 표준곡선을 구한 다음 이 표준곡선에 의하여 시료 속에 포함되어 있는 스테로이드 함량을 구한다.

계 산

17-KS 양(mg)/1일 = 스테로이드 양(mg) × 24시간 뇨량(㎖)

결과 및 고찰

17-KS 배설량은 일상생활 중 미미한 스트레스를 받을 때에도 약 35% 전후의 변동을 보이는 등 하루 중 배설량에 변동이 커서 측정 시에는 적어도 3일간 연속 요를 받아 측정한 다음 그 평균치를 취하는 것이 좋다. 뿐만 아니라 반응에 사용하는 시약 또는 방법에 따라 결과의 차이가 심하므로 세심한 주의가 필요하다. 요중 케토스테로이드의 정상농도는 남자의 경우 8.7(3.7~16.0)이고 여자는 5.8(3.4~9.0)mg/day이다. Cushing 증후군, 부신종양, 정소종양, 난소종양이 있거나 심한 스트레스를 받으면 그 농도가 증가하고 Addison병, Simmonds병, Sheehan증후군, 점액수종, 간경변증, 고령, 소모성 질환이 있거나 합성 피질 스테로이드제를 사용할 때에는 케토스테로이드의 요중 농도가 감소한다.

제 7 절 │ 총질소 정량

요중 총질소의 정량은 체내의 질소대사와 이것을 조절하는 내분비선(뇌하수체, 신장, 갑상선 등)의 기능과 체내 질소평형을 아는데 중요하다. 체내 단백질의 이화작용이 증진될 때(열병질환, 당뇨병, 네프로제)는 증가하고, 신장의 질소 배설 장해가 있을 때(심장, 신장질환)는 감소한다. 요중의 총질소량은 이화된 단백질의 질소량과 같으며, 단백질의 섭취량에 따라 증가된다.

정상인의 1일 요중 총질소량은 10∼15g으로 이 중에는 요소 N 83%, 암모니아 N 5%, creatinine N 2%, 요산 N 1.6%가 들어있다. 질소의 정량법으로는 여러 가지가 있으나 임상검사에서는 일반적으로 Kjeldahl-Nessler법이 이용되고 있다.

요 중에 함유되어있는 단백질 이외에 아미드, 아미노산, 알칼로이드, 아미노당, 및 암모니아와 같은 여러 가지 질소화합물의 정량도 일반적으로 총질소 정량에 이용되고 있는 Kjeldahl법에 의해 측정된다.

1. 요 총질소 정량법

개 요

Kjeldahl-Nessler법을 이용하여 trichloroacetic acid로 단백질을 제거한 소변 여과액 중의 NPN을 황산이나 과산화수소로 산화 습성 탄화시킨 후 Nessler 시약을 가하여 황적색으로 발색시켜 비색정량한다.

시료조제

1 2개의 삼각플라스크를 준비하여 1개에는 요(혈액과 동일) 0.5㎖를 다른 1개에는 사용표준용액을 0.5㎖를 넣는다.

2 5g/㎗ trichloroacetic acid 용액 4.5㎖ 씩을 각 시험관에 가하여 혼합한 후 5∼10분간 방치한다.

3 원심분리 또는 여과한다.

시약 및 기구

- 5g/dℓ trichloroacetic acid, 산화제(진한 황산과 물을 동량으로 혼합한 용액), 30% 과산화수소 수(냉동 보존)
- Nessler 시약 : 요오드화칼륨 51g을 약 20㎖의 물에 용해시킨 후 가열하면서 특급 산화제2수은 16.2g을 가하고 유리봉으로 저으면서 완전히 용해시킨다. 실온에서 냉각시킨 후 1ℓ의 메스플라스크에 옮긴 후 50g/dℓ 수산화나트륨 용액 160㎖를 조금씩 가하면서 교반하여 1ℓ로 정용한 후 갈색병에 옮겨 뚜껑을 잘 닫아 하룻밤 방치한 후 상등액을 사용한다.
- 표준용액 원액(1,000mg/dℓ) : 건조된 특급 황산암모늄 4.716g을 100㎖의 메스 플라스크에 넣고 물을 가하여 100㎖가 되게 한다.
- 사용표준용액(30mg/dℓ) : 표준용액 원액 3㎖에 물을 가하여 100㎖로 희석한다.

방법(조작)

1. 35㎖의 눈금이 있는 경질 산화관 3개를 준비하여 표준용액, 시료용액, blank용으로 5g/dℓ trichloroacetic acid용액 2.5㎖를 각 산화관에 넣는다.
2. 각 산화관에 산화제 1㎖와 유리구슬을 넣는다.
3. 약한 불로 가열하여 증발시킨다. 거품이 많이 나므로 넘지 않도록 주의한다.
4. 약 10분간 농축하고 거품이 없어지면 유리 깔때기를 산화관에 꽂고 흰색의 연기가 나지 않을 정도로 20~30분간 가열한다. 용액은 암갈색에서 황색으로 된다.
5. 약 2~3분간 냉각시킨 후 각 시험관에 과산화수소수를 0.5㎖씩 가하고 다시 5~10분간 가열한다. 이때 용액은 무색 투명해진다.
6. 냉각, 방치한 후 35㎖의 눈금까지 물을 넣어 혼합한다.
7. 각 관에서 7㎖씩 취하여 시험관(직경 15~20㎜)에 옮겨 넣고 흔들면서 Nessler시 약 3㎖씩 재빠르게 섞는다.
8. 약 5분간 방치한 후 470nm에서 시료용액과 표준용액의 흡광도를 측정하여 각각 As, Astd로 한다.

계 산

$$시료의 \ 질소농도(mg/dℓ) = \frac{As}{Astd} \times 30$$

참고문헌

1. 정운길 : 임상검사의학사전. 임상검사의학편찬위원회. 한국사전연구사(1996)
2. 日本生化學會 : 新生化學實驗講座. タンパクⅠ分離, 精製, 性質. 東京化學同人(1993)
3. 福井 哲也, 伊藤正樹 : 廣川 化學と生物 實驗ライン. タンパク 質定量法. 廣川書店(1990)

| 제 8 절 | **크레아틴 및 크레아티닌의 정량** |

크레아틴(creatine)은 phosphocreatine을 합성하여 고에너지인산화물을 제공하므로 근육대사에서 매우 중요하다. 크레아틴의 합성은 두 단계로 이루어지는데 신장, 소장점막, 췌장에서 arginine와 glycine으로부터 glycocyamine(guanidoacetate)을 형성한 후, 간으로 이동하여 메틸기가 부가되어 완성된다. 크레아틴의 대부분은 골격근육으로 이동하여 크레아틴인산(creatine phosphate)으로 저장되어 에너지 대사에 중요한 역할을 담당한다. 신체 크레아틴풀의 98%는 근육이 담당하고 있고, 체내 크레아틴 함량은 근육량에 비례한다. 크레아티닌(creatinine)은 골격근육의 대사산물로서 근육 크레아틴인산의 이화작용으로 생성되며 재이용되지 않고 뇨로 배설된다. 정상 성인에서 크레아티닌의 대사회전율은 일정하여, 매일 크레아틴의 1.6∼1.7%가 전환된다. 결과적으로 크레아티닌의 배설량은 체근육량에 비례한다. 반면 크레아틴은 사구체에서 여과되어 거의 재흡수되므로 정상의 요 중에 거의 검출되지 않는다(성인남자 : 0∼40mg/24hr 성인여자 : 0∼100mg/24hr). 크레아티닌의 측정법으로는 Jaffe 반응을 이용한 여러 가지 방법이 있으며, 혈청 크레아티닌 측정법과 동일하게 실시한다.

1. 뇨 크레아티닌 정량

1) Folin-Wu 법

원 리

크레아티닌은 알칼리 용액에서 피크르산과 반응하여 적황색(orange-red)의 크레아티닌 피크르산염을 만든다(Jaffe 반응)(그림 25-1).

시료조제

- 방부제가 포함된 채뇨용기에 24시간 동안의 뇨를 채취한다. 뇨의 일부를 증류수로 100배 혹은 200배로 희석하고, 단백질이 많은 경우 제단백시켜 사용한다.
- 1용량의 뇨(A㎖)를 7용량의 증류수(7A㎖)로 희석한 후 1용량의 10% Na_2WO_4(A㎖)를 가하여 혼합한다. 1용량의 2/3N H_2SO_4를 서서히 가하면서 잘 섞는다. 10분간 방치 후 갈색으로 변하면 원침하거나 여과하여 상청액을 제단백액으로 사용한다(Folin-Wu법에 의한 제단백과정).

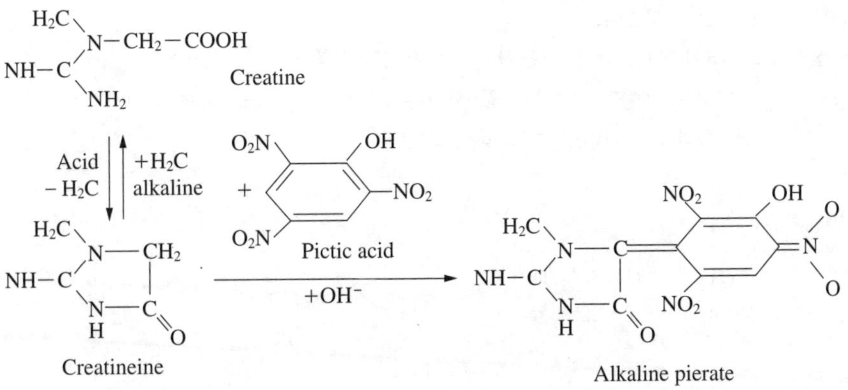

그림 25-1 Alkaline picreate법에 의한 creatine, creatinine 측정

시약 및 기구

- Folin-Wu 제단백액
- 10% NaOH : 100㎖ 용량플라스크에 NaOH 10g을 넣고 증류수로 눈금까지 채운다.
- Picric acid 용액 : 1.2g의 picric acid를 100㎖의 증류수에 용해시킨다(가열하여 완전 용해시킨다). 실온으로 식힌 후 여과하여 갈색병에 보관한다.
- Alkaline picrate 용액 : 50㎖의 picric acid 용액과 10 ㎖의 10% NaOH를 혼합하여 만든다. 이는 사용직전에 만들어 쓴다.
- 0.1N HCl
- Stock standard(1mg/㎖) : Creatinine 1g을 1 ℓ 용량플라스크에 넣고 0.1N HCl로 채운다.
- Working standard(0.01mg/㎖) : Stock standard 용액 10㎖을 1 ℓ 용량플라스크에 넣고 0.1N HCl 100㎖를 가한 후 증류수를 눈금까지 넣어 희석한다. 이는 당일 만들어 사용한다.

방법(조작)

1 시험관 T(test)와 B(blank) S(standard)를 준비한다.

2 T에 제단백액 5㎖, B에 증류수 5㎖을 넣는다. S는 표준액과 증류수를 다음의 표와 같이 준비한다.

시험관 NO.	표준액(㎖)	증류수(㎖)	농도(mg/㎗)
S_1	1.0	4.0	2
S_2	2.0	3.0	4
S_3	3.0	2.0	6
S_4	4.0	1.0	8
S_5	5.0	0.0	10

3 각 시험관에 alkaline picrate 용액 2.5㎖를 넣는다.

4 잘 섞어 10분간 방치한다.

5 B를 대조로 하여 520nm에서 분광광도계로 흡광도를 측정하여 정량한다.

6 표준검량선에서 크레아티닌의 농도를 구하여, 100배 희석뇨는 10배, 200배 희석뇨는 20배하면 요 100㎖ 중의 크레아티닌 농도(mg)가 된다

결과 및 고찰

정상범위 : 성인남자　21~26mg/kg/day

　　　　　성인여자　16~22mg/kg/day

2) 변형된 방법

원 리

크레아티닌을 Lloyd 시약에 흡착시킨 후 alkaline picrate와 반응시켜 creatinine picrate를 형성하여 발색한다.

시료조제

뇨를 100배 희석한다.

시 약

- 0.04N Picric acid : 12g의 picric acid를 1ℓ의 증류수로 녹여 포화용액을 만든다. 가열하여 완전 용해시켜 식힌 후 690㎖을 1ℓ되게 희석한다. Phenolphthalein을 지시약으로 하여 0.1N NaOH로 적정한다(0.0395~0.0405N 사이이면 가능하다.)
- Tungstic acid
  - Polyvinyl alcohol 1g을 증류수 100㎖에 녹인다.
  - 증류수 300㎖에 sodium tungstate 11.1g를 녹인다.
  - Conc H_2SO_4 2.1㎖를 증류수 300㎖에 섞는다.
  - 증류수에 Polyvinyl alcohol을 넣은 다음 Conc 용액을 섞은 후 증류수로 1ℓ가 되도록 한다.
- 1.4N NaOH
- Oxalic acid 포화수용액
- Lloyd 시약(aluminum silicate) : 1회에 100mg을 사용한다.
- 0.1N HCl
- Standard(13.2mg/㎗) : 크레아티닌 13.2mg을 0.1N HCl로 100㎖를 만든다.

방법(조작)

1 제단백액 : Tungstic acid 4㎖에 뇨 0.5㎖을 가하여 강하게 진탕한 후 원침하여 상청액을 취한다.

2 B, S, T의 세 시험관을 준비한다.

3 B에 증류수 5㎖, S에 증류수 5㎖와 표준액 50㎕, T에 제단백여액 3㎖와 증류수 2㎖씩을 넣는다.

4 각 시험관에 oxalic acid 0.5㎖와 Lloyd 시약 100㎎을 가하고 마개를 한 후 15분간 잘 흔들어 섞는다.

5 원침한 후 상청액을 버리고, 시험관을 거꾸로 세워 상청액을 충분히 제거한다.

6 증류수 3㎖, picric acid 1㎖, 1.4N NaOH 0.5㎖씩을 가한 후 마개로 막은 다음 약 15분간 잘 섞는다.

7 원침한 후 상청액을 큐벳에 옮긴 후 520nm에서 B를 대조로 하여 흡광도를 읽는다.

계 산

$$\text{creatinine(mg/d}\ell) = \frac{\text{시료의 흡광도}(A_T)}{\text{표준액의 흡광도}(A_S)} \times 2$$

결과 및 고찰

Jaffe 반응에 근거한 방법은 포도당, 단백질, acetoacetate, 피루브산, 요산, 과당, 아스코르브산과 같은 여러 물질에 의해 방해를 받으며, 온도와 pH의 변화에 민감하다. Lloyd 시약의 사용으로 Jaffe 반응이 일어나기 전에 크레아티닌을 다른 색소체와 분리할 수 있다.

식이나 요량의 변화에 영향이 없고 정량법이 쉬우며, 사구체여과량(GFR)을 나타내는 것으로 생각되어 사구체기능검사로서 의의가 크며 아래와 같이 계산한다.

$$\text{Ccr} = \frac{(U \times V)}{P}$$

Ccr : creatinine clearance(㎖/min)
U : 요중 크레아티닌 농도(mg/dℓ)
P : 혈장중 크레아티닌 농도(mg/dℓ)
V : 채뇨량(㎖/min)

2. 뇨 크레아틴 정량

원리

크레아틴을 산성 하에서 가열하여 크레아티닌으로 전환시킨 후 크레아티닌으로서 측정한다. 산으로 처리된 시료(전환된 크레아티닌+performed 크레아티닌=총크레아티닌)와 산으로 처리되지 않은 시료(performed 크레아티닌)에서 측정된 크레아티닌의 차는 크레아틴에서 유래된 크레아티닌을 나타내므로 이에 의하여 크레아틴을 간접적으로 정량한다.

시료조제

■ 뇨 크레아티닌의 측정시와 같이 뇨를 적당히 희석하고 제단백액을 준비한다.

시약 및 기구

크레아티닌의 측정법과 동일하게 준비한다.(Folin-Wu법)

방법(조작)

1 총 크레아티닌

① 시험관에 5㎖의 제단백액을 취한다.

② 2㎖의 picric acid를 가한 후 aluminum foil로 밀봉하여 20 lb에서 20분간 autoclave한 후 식힌다.

③ 0.5㎖의 10% NaOH를 가한다.

2 Performed 크레아티닌

① 5㎖의 제단백액을 시험관에 취한다.

② 2.5㎖의 alkaline picrate를 가한다.

3 10분간 방치한다.

4 5㎖의 증류수에 2.5㎖의 alkaline picrate를 가한 것을 Blank로 하여 520nm에서 흡광도를 측정한다. 크레아티닌 표준검량선에서 농도를 구한다.

계 산

1 creatine(mg/dℓ) = (총 creatinine − performed creatinine) × 1.16

크레아틴에서 유래된 크레아티닌을 구한 후 크레아틴과 크레아티닌의 분자량 비율(1.16)을 곱하여 크레아틴량을 환산한다.

2 creatine(mg/24hr) = creatine(mg/dℓ) × 24hr 뇨량(㎖)/100

24시간의 요로배설되는 크레아틴량은 이와 같이 계산한다.

결과 및 고찰

정상범위 : 남자 150mg/24hr

참고 문헌

1 Chasson AL, Grady HT, Stanley MA : Determination of creatinine by means of automatic chemicals analysis, Am J Clin Pathol, 35, p.83(1961)

2 김재영 외 : 임상화학, 고문사(1991)

3 대한생화학회, 생화학실험(1986)

4 한국생화학회, 실험생화학 개정3판, 탐구당(1997)

5 Proctor DN, Brien PC, Atkinson EJ, Nair KS : Comparison of techniques to estimate total body skeletal muscle mass in people in different age groups, Am J Physiol, 40(3), p.E489(1999)

질병 관련 인자 검사

1. 헤모글로빈 (Hemoglobin, 혈색소)

개 요

헤모글로빈은 햄(heme)과 글로빈(globin) 단백의 복합체로 구성된 4배체로 복합 단백질의 일종이다. 햄은 철분을 가지고 있어 산소와 결합하여 옥시헤모글로빈(oxyhemoglobin)이 된다. 헤모글로빈 1g은 1.34㎖의 산소와 결합하므로 혈액 100㎖는 20.1㎖의 산소 결합능이 있다. 또한 1g의 헤모글로빈은 3.35mg의 철분을 가지고 있다. 따라서 어떤 혈액의 철분양을 ㎎으로 산출하고 이것을 3.35로 나누면 혈액중의 헤모글로빈 양을 g으로 계산해 낼 수 있다.

시료조제

■ Drabkins 시약 : $NaHCO_3$ 1g, KCN(potassiun cyanide) 50mg, $KFe(CN)_6$(potassium ferricyanide) 200mg을 증류수로 1000㎖ 되게 녹인다. 이를 갈색병에 보호하면 수개월 동안 쓸 수 있으나 혼탁이 생기면 버려야 한다.

시약 및 기구

- 혈액
- Drabkins 시약
- Sahli 피펫
- 표준 헤모글로빈용액(시판되고 있는 Kit액 사용)
- 분광광도계

방법(조작)

1 정확히 5㎖의 Drabkins 시약을 시험관에 담는다.

2 Sahli 피펫으로 20㎖의 정맥혈 또는 모세관혈액을 정확히 빨고 외부에 묻은 것을 잘 닦는다.

3 2~3회 희석액으로 피펫 안을 씻어낸다.

4 시험관에 고무마개를 막고 두세 번 아래위로 잘 섞이도록 하고 10분간 놓아둔다.

5 완전히 cyanmethemoglobin으로 전환된 후 큐벳(cuvette)에 옮기고 Drabkins 시약을 맹검으로 하여 파장 540nm에서 흡광도 또는 % transmittance로 읽는다.

6 헤모글로빈의 농도(g/d㎥)는 %T로 찾을 수 있게 미리 만들어 놓은 환산표에서 찾거나 흡광도를 이용한 아래의 식에 의해 계산한다.

7 표준설정(Standardization)

① 상당히 안정성있게 만든 cyanmethemoglobin의 표준액이 상품화되어 시판되고 있다(Orth제 Acculobin 등).

② 이들은 헤모글로빈 60mg/d㎥ 정도의 농도이며 label에 표시되어 있다. 예를 들어 60.3mg이라면 이것은 60.3×251=15.1335g/d㎥에 해당되는 것이다.

③ 이 표준액을 그대로 큐벳(cuvette)에 옮겨서 읽는 결과 가령 흡광도가 0.218이라면 이것을 15.14로 나누어 헤모글로빈 1g 당의 흡광도 0.1439를 계산하여 내는 것이다.

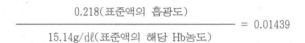

$$\frac{0.218(표준액의\ 흡광도)}{15.14g/d㎥(표준액의\ 해당\ Hb농도)} = 0.01439$$

④ 검사한 혈액의 흡광도를 헤모글로빈 1g 당 흡광도로 나누면 그 혈액의 헤모글로빈 양 g/d㎥로 나온다.

⑤ 매번 이렇게 계산하는 번잡스러움을 덜기 위하여 %T로 환산할 수 있는 표를 만들어 두면 편하다. 직접 g/d㎥로 헤모글로빈 양을 Scale해서 판독할 수 있게 만든 특수 분광광도계도 있다. (Fisher제 Hemphotometer)

결과 및 고찰

헤모글로빈 감소를 보이면 빈혈이나 희석증을 고려한다. 대부분은 빈혈은 증상이지 병명은 아니다. 빈혈과 혈액 희석증을 구별하는 데는 순환 혈액량과 혈장량의 측정이 필요하다. 혈액 희석증으로 문제가 되는 것은 주로 임신 말기이다. 또한 임신에서는 흔히 철결핍성 빈혈이 합병되므로 이것을 배제하여야 한다.

헤모글로빈 감소는 질환의 중증도를 나타내는 데 창백(7.5g/dℓ)에서 빈맥(8.0g/dℓ), 현기증(6.0g/dℓ), 심잡음(5.5g/dℓ), 피로감(5.0g/dℓ), 호흡곤란(3.0g), 심부전(2.5g/dℓ), 혼수(2.0g/dℓ)에 이르는 임상증상을 나타낸다. 빈혈이 생기는 질환의 종류는 평균 적혈구 지수로 측정한다.

일반적으로 헤모글로빈 농도는 말초혈이 정맥혈보다 약 10% 정도 높게 나타난다. 그러나 개인별로 반드시 그렇지 않은 경우도 많다. 헤모글로빈 농도에 이상을 보일 때, 특히 빈혈이 나타날 때는 헤마토크리트와 적혈구, 적혈구 지수를 측정한다. 비정상적으로 헤모글로빈 농도가 클 경우는 다혈증의 종류를 감별한다. 다혈증이 분명하게 감별되지 않을 때는 혈구량을 측정하는 것이 바람직하다.

헤모글로빈 참고치

- 출생 직후 .... 23.9 ± 0.0 g/dℓ
- 4~8주 .... 19.4 ± 3.0 g/dℓ
- 1~2년 .... 11.6 ± 1.5 g/dℓ
- 6~10년 .... 12.9 ± 1.5 g/dℓ
- 11~15년 .... 13.4 ± 1.5 g/dℓ
- 16~60년 남자 .... 15.4 ± 1.5 g/dℓ
- 16~60년 여자 .... 14.2 ± 1.5 g/dℓ
- 70년 이상 남자 .... 14.2 ± 1.6 g/dℓ
- 70년 이상 여자 .... 13.9 ± 1.58 g/dℓ

참고 문헌

1 John, B. H. : *Clinical Diagnosis and Management by Laboratory Methods.* 17th edition, W. B. Saunder Company, p.585(1984)

2 John, K. A., and Kathleen Dolan, B. S. : *Practical Hematology.* W.B. Saunder Company, p.82(1975)

3 이삼열, 정윤섭 : 임상병리검사법. 연세대학교출판부(1985)

4 이귀녕, 이종순 : 임상병리파일 제2판. 의학문화사(1996)

5 김기홍 외 23인 : 임상검사법개요. 고문사(1985)

2. 헤마토크리트 (Hematocrit, Ht)

개 요

Hematocrit(Ht)란 전혈(혈액 전체) 중에서 적혈구가 차지하는 비율을 의미한다. 다시 말하면 순환 혈액의 일부를 취하여 heparin, oxalate 또는 EDTA(ethylenediaminetetraaceticacid)를 가하여 혈액을 강하게 원심분리하여 혈구 성분을 침전시키고 전혈에 대한 적혈구 층이 차지하는 비율을 %로 표시한 값이 헤마토크리트이다. 최근에는 자동 혈구 측정기를 사용하여 헤마토크리트를 측정하는 경우가 대부분이다. 이 경우에는 적혈구 수 및 적혈구 체적의 평균치(mean corpuscular volume, MCV)를 측정하여 아래와 같은 환산식으로 헤마토크리트를 산출한다.

$$MCV(\mu cm^3) = \frac{헤마토크리트(\%) \times 10}{100만 단위로 표현된 적혈구 수/m\ell}$$

시약 및 기구

- 혈액
- 헤파린으로 처리한 모세유리관(heparinized capillary tube)
- Seal(인조 찰흙)
- Microhematocrit치 측정용 고속원심분리기

방법(조작)

1 손끝에서 직접 검사할 때에는 헤파린 처리한 모세관에 혈액을 2/3 정도 채운다.

2 혈액으로 채워진 헤파린 처리한 모세관 한쪽 끝을 인조 찰흙(粘土)으로 막는다.

3 Microhematocrit용 특수 고속원심분리기에 이 헤파린 처리한 모세관를 배열하고 12,000rpm 정도의 고속으로 강하게 3~4분간 원심분리한다.

4 혈액 전체의 부피와 원심분리된 적혈구 층의 부피를 각각 자로 재어 %를 산출한다.

결과 및 고찰

헤마토크리트의 측정 의의는 빈혈 여부를 평가함과 아울러 적혈구 수에 비하여 헤마토크리트치가 큰 경우에는 대구성 빈혈, 상대적으로 낮은 경우에는 소구형 빈혈을 감별한다. 빈혈의 정도를 감별하는 기준에는 적혈구 수, 혈색소 및 헤마토크리트의 세가지 방법이 있는데, 그 중에서도 헤마토크리트의 측정은 가장 기술적인 오차가 적으므로 신뢰성있는 검사로 평가된다. 헤파린 처리 모세관을 이용한 헤마토크리트 측정법은 시료도 적게 들고 단시간 내에 할 수 있으며, 오차의 범위도 2% 이내이므로 상당히 좋은 방법이다. 그러나 최근에는 적혈구 용적과 그 수에 의하여 컴퓨터가 헤마토크리트치를 계산해 내는 자동화 혈구 분석기가 있다.

참고 문헌

1 John, B. H. : *Clinical Diagnosis and Management by Laboratory Methods*, 17th edition, W.B. Saunder Company. p.585(1984)

2 John, K. A., Kathleen Dolan, B. S. : *Practical Hematology*, W.B. Saunder Company. p.82(1975)

3 이삼열, 정윤섭 : 임상병리검사법. 연세대학교출판부, p.79(1985)

4 이귀녕, 이종순 : 임상병리파일 제2판. 의학문화사, p.735(1996)

5 김기홍 외 23인 : 임상검사법개요. p.고문사(1985)

3. 철 결핍성 빈혈 (Iron deficiency anemia)

개 요

철 결핍성 빈혈은 골수 기능의 이상이나 영양부족에 따른 적혈구 생성의 장애 등으로 개발도상국에서 많이 발생하지만 선진국에서도 흔히 발생한다. 철 결핍성 요인은 인종에 따라 다르며, 적혈구 형성에 관련된 영양소로서 단백질, 철, 구리, 비타민 E, 비타민 A, 비타민 B_{12}, 엽산 등을 들 수 있는데 이 가운데서 철의 영양상태가 흔히 문제시되고 있다. 정상인의 체내 철 함량은 여자는 2g, 남자는 6g의 범위 내에 있다. 건강한 젊은 여자들은 남자들 보다 실제로 철을 적게 저장한다. 그래서 여자는 불안정한 철분 균형 상태에 있고 월경, 임신으로 그 손실의 과다 혹은 요구가 증가하므로 균형을 잃기 쉽다.

철은 혈액내의 적혈구에 주로 있기 때문에 앞서 제시한 헤모글로빈, 헤마토크리트, MCV(mean cell volume), MCH(mean cell hemoglobin) 측정 등으로 빈혈 단계의 철분 상태를 조사할 수 있으며, 혈청 철, 철 결합 능력, 트랜스페린(transferrin)포화상태, 적혈구 프로토포르피린 수준 등을 조사하면 철분 결핍상태를 알 수 있다.

철은 헤모글로빈을 합성하기 위해서는 없어서는 안되는 재료이며, 원자기를 달리한다. 체내에서 기능을 발휘하는 헤모글로빈, myoglobin, cytochrome 등의 철은 Fe^{++}이며 간 또는 비장에 저장되어 있는 ferritin이나 hemosiderin 및 운송하는 transferrin(Tf)과 결합된 철은 Fe^{+++}이다. Transferrin과 결합된 철은 혈장을 순환하면서 골수의 적아구에 포착되어 세포내에서 헤모글로빈이 합성되고 적혈구로 혈중에 동원된다. 적혈구는 산소를 운반하면서 순환하다가 노화되어 120

일의 수명을 마치고 분리되어 세망세포(reticular cell)에서 처리된다. 헤모글로빈의 분해로 유리된 철은 세망세포에서 동원되고 Transferrin과 결합하여 전신을 순환하면서 다시 조혈에 이용된다. 이와 같이 철의 순환은 조혈기 기능을 예민하게 반영하고 조혈기능이 항진하면 골수중 적아구 수는 증가하고 혈청 철의 교체율이 커진다.

혈청 철의 측정에는 철의 유리, 제단백법, 직접 비색법, 자동분석법 등이 있으나, 본 실험에서는 국제혈액표준위원회(international committee for standardization in hematology, ICSH : Blood, 37 : 598, 1971)의 표준법으로, 혈청에 thioglycollic acid(환원제)와 trichloroacetic acid를 가하여 제단백하고, 그 상청에 bathophenanthrorine sulfonic acid를 가하여 발색시켜 비색하는 방법에 대해 설명한다.

시료조제

1 단백질 제거 시약 : trichloroacetic acid 100g을 물 약 600㎖에 용해하여 thioglycollic acid 30㎖와 염산 180㎖를 가하여 혼합하고 물로 1000㎖ 되게 한다. 갈색병에 보존한다(2개월간 안정).

2 발색시약 : 2M Sodium acetate 1000㎖에 bathoplenatholine sulfonic acid 250㎎을 넣고 용해시킨다.

시약 및 기구

■ 철분제거 초자기구 : 50% 질산용액에 하루밤 담근 후에 철분 제거된 증류수로 세척한다.

■ 철분제거 증류수

■ 단백질 제거 용액(10% trichloroacetic acid, 1M HCl, 3% thioglycollic aicd)

■ 분광광도계

■ 발색시약(2M Sodium acetate, sulfonic acid)

방법(조작)

1 시험관에 혈청 2㎖에 제단백시약 2.0㎖를 가하여 충분히 mixer로 혼합한 다음 5분간 실온에 방치하였다가 1,500 × g에서 20분간 원심분리한다.

2 상청 2.0㎖를 채취하여 발색시약 2.0㎖를 가하고 충분히 혼합한 다음 10분간 방치한다.

3 물(맹검용) 및 표준액을 혈청과 동일하게 조작한다.

4 검체, 표준액, 맹검의 각 발색액을 물을 대조로 하여 353nm에서 흡광도를 측정하여 각각 E_A, E_S, E_B로 한다.

$$혈청\ 철\ 농도 = \frac{E_A - E_B}{E_A - E_B} \times 200\mu g/d\ell$$

E_B : 철 표준액 흡광도

E_S : 물(맹검용) 흡광도

E_A : 검체 흡광도

결과 및 고찰

성인의 철 결핍은 적혈구 대사 항진이나 실혈 등으로 철 수요는 증가하는데 반하여 어육류 같은 철 함유 식이 섭취의 부족 또는 장관 흡수가 불충분하기 때문에 생긴다. 그리고 저장철이 고갈되고 헤모글로빈 생산에 필요한 철 공급이 불충분하게 된 결과로 빈혈이 나타나게 된다.

식이성 철 결핍증은 전혀 보충되지 않은 우유만으로 양육된 소아에서 흔히 발생한다. 임신 중에는 모친의 적혈구 량은 20% 정도 증가되고 또한 태아는 혈구 형성으로 인하여 철을 보충하지 않으면 85~100%는 철 결핍으로 된다. 또한 위의 일부 절제 수술을 받으면 철 흡수에 장애를 받게 된다. 혈청 ferritin 감소는 골수 저장 철 양과 항상 상관성을 보이는 철의 감소를 나타내는 초기 소견이다. 그러나 만성질환, 간질환 또는 악성종양을 합병한 경우에는 정상을 보인다. 철 결합성 증가는 저장철이 완전히 소모된 경우에만 나타난다. 유리 적혈구의 protoporphyrin의 증가는 포화 transferrin 감소 소견과 같은 의의가 있고 게다가 안정된 저장철의 지표가 된다.

다음은 성인남자와 여자의 혈청 철의 정상범위의 참고치이다.

	정상범위(평균)	한계수준(μg/dℓ)	
		상한	하한
남자	80~200(140)	80~120	160~200
여자	70~180(140)	70~100	140~180

그외에는 생리적 변동에 의한 변화가 있는데, 1일 중 아침에 높으며, 차츰 하향하여 야간 수면 중에 가장 낮다. 그 차는 40~80μg/dℓ에 이른다고 한다.

참고 문헌

1 John, B. H. : Clinical Diagnosis and Management by Laboratory Methods, 17th edition, W.B. Saunder Company, p.655(1984)

2 John, K. A., and Kathleen Dolan, B. S. : *Practical Hematology*, W.B. Saunder Company, p.45(1975)

3 이삼열, 정윤섭 : 임상병리검사법, 연세대학교출판부, p.257(1985)

4 이귀녕, 이종순 : 임상병리파일 제2판, 의학문화사, p.1181(1996)

5 김기홍 외 23인 : 임상검사법개요, 고문사(1985)

4. Euglobulin lysis level 측정

개 요

Euglobulin lysis level 검사는 혈장 성분 중 euglobulin 분획을 응고시켜 이후에 용해되는 정도를 측정함으로써 혈전용해활성의 정도를 비교해 보는 것이다. 검체 혈장에 초산을 넣어 pH 5.2∼5.8 로 조절하면 등전점 침전에 따라 euglobulin 분획을 얻게된다. 이 euglobulin 분획에는 혈장 중의 활성인자 대부분과 다소의 플라즈미노젠, 30∼40%의 피브리노젠이 함유된다. 이것을 모아서 완충용액에 용해시킨 다음, 트롬빈을 넣어 clot을 형성시킨다. 이 clot이 용해되는 정도를 무게로 측정한다.

시료조제

■ Euglobulin 분리 : 혈장에 초산을 넣어 pH 5.2∼5.8로 조절하여 원심분리하면 euglobulin이 얻어진다. 즉 혈장 0.2㎖과 냉장시킨 증류수 1.8㎖을 혼합하고, 0.25% 초산 0.2㎖을 첨가한다. 교반 후 30분간 침전시키고, 1,500×g에서 5분간 원심분리하여 침전물을 얻는다. 이때 모든 과정은 2∼8℃에서 행한다.

시약 및 기구

- 초산
- 검체 혈장
- 인산완충용액
- 트롬빈
- 플라즈미노젠
- 시험관과 피펫
- 교반기
- 항온기
- 천칭
- 원심분리기
- 여과지

방법(조작)

1 Euglobulin 분획을 37℃에서 인산완충용액 0.2㎖로 녹인다.

2 녹은 euglobulin 0.1㎖에 10unit 트롬빈 0.1㎖을 점적하여 굳힌다.

3 37℃에서 2시간 동안 항온을 유지하여 해리된 액상부분의 무게를 달아 정량화한다.

4 플라즈미노젠을 이용한 표준곡선을 작성하고 이에 외삽시켜 활성을 계산한다.

결과 및 고찰

Euglobulin lysis level의 증가는 플라즈미노젠 활성인자의 활성이 상승했음을 의미한다. 5분 간격으로 lysis 유무를 관찰했을 때, 정상은 2시간 정도이며 1시간 이내의 lysis는 plasminogen activator activity의 상승을 의미한다. Pathogenic fibrinolysis에서는 용해시간이 5분내지 10분까지도 단축될 수 있다.

참고문헌

1 Lunen, H. R., Van Hoef, B. and Collen, D. : Characterization of the murine plasminogen/urokinase-type plasminogen-activator system. Eur. J. Biochem., 241, p.840(1996)

2 Kluft, C. : Occurrence of the C1-inactivator and other proteinase inhibitors in euglobulin fractions and their influence on fibrinolytic activity. Haemostasis, 5, p.136(1976)

3 Kluft, C. : Studies on the fibrinolytic system in human plasma : quantitative determination of plasminogen activators and proactivators. Thromb. Haemostasis, 41, p.365(1979)

5. Tissue-type plasminogen activator (tPA) 활성 측정

개 요

혈장에서 전구체 형태인 플라즈미노젠을 활성형의 플라즈민으로 전환시키는 tPA의 함량은 ELISA(enzyme-linked immunosorbent assay)라고 알려진 샌드위치 기술을 이용한 효소면역분석 정량용 kit시약(Asserachrom$^{\circledR}$ tPA, Diagnostica Stago, France)을 사용하여 정량 할 수 있다. 즉, Mouse monoclonal anti-human tPA antibody로 피막된 플라스틱 지지체는 측정하게될 tPA를 붙잡는다. 그다음 peroxidase와 coupled mouse monoclonal anti-human tPA antibody는 tPA의 또 다른 항원 결정자리를 붙잡아 "샌드위치"를 만들게 된다. 그 결합된 효소 peroxidase는 과산화수소 존재 하에 기질인 ortho-phenylenediamine(OPD)와 반응하는 활성정도에 따라 밝혀지게 된다. 강산으로 반응을 정지시킨 후 생성되는 색깔의 강도는 혈장 시료내 존재하는 tPA 농도와 비례적인 관계에 있다.

시료조제

1 시약 1 : 파우치를 열기 전, 실온(18~25℃)에 30분간 둔다. 알루미늄 파우치를 제거하자마자 실험을 시작한다.

2 시약 2 : 희석한 시약 4를 8㎖ 취하여 시약2의 병에 넣는다. 시약 2 용액을 실온에 30분간 둔 다음, 사용 전에 조심스럽게 흔든다. 2~8℃에서 24시간 안정하다.

3 시약 3a와 3b : 사용하기 전 OPD/H$_2$O$_2$ 기질 용액을 5분간 준비한다. 증류수 8㎖에 3a 시약과 3b 시약을 녹인다. 이렇게 얻어진 OPD/urea peroxidase 용액은 실온에서 1시간 안정하다.

4 시약 4 : 시약 4를 실온에 둔 다음, 증류수로 10배 희석한다. 시약 4의 6㎖에 증류수 54㎖을 가한다. 희석 후 2~8℃에서 15일 안정하다.

5 시약 5 : 사용하기 전 20배 희석한다. 시약 5의 16㎖에다 증류수 304㎖ 가한다.

6 시약 6과 7 : 시약 6(calibrator용)과 7(control용)의 병에 희석된 시약 4를 정확히 2㎖씩 가한다.

시약 및 기구

- 피펫
- 96 well
- Microplate reader

방 법

1 분석하고자 하는 시료를 시약 4로 1 : 5 또는 1 : 10으로 희석한다.

2 시료 200㎕를 well에 주입하고 실온에서 2시간 항온시킨다.

3 이 well을 시약 5로 5회 세척한다.

4 시약 2의 200㎕를 well에 주입하고 실온에서 2시간 항온시킨다.

5 다시 이 well을 시약 5로 5회 세척한다.

6 시약 3a와 3b혼합액 200㎕를 well에 주입하고 실온에서 6분간 항온시킨다.

7 1M HCl 100㎕를 well에 주입하고 실온에서 10분간 항온시킨다.

8 492nm에서 흡광도를 잰다.

결과 및 고찰

결과는 표준곡선을 작성하여 계산하되, 시료의 희석배수만큼 곱하여 결과를 나타낸다. 보통 성인에서의 tPA수준은 1~12ng/㎖이다. 이 tPA수준은 가령, 운동, 스트레스, 정맥울혈이 있을 때 증가한다. 혈전존재하에, tPA는 혈전용해과정을 개시하는 중요한 역할을 하지만, tPA 수준 증가는 PAI-1(plasminogen activator inhibitor)의 증가를 동반하므로 반드시 혈전용해력의 증가를 의미하지는 않는다.

참고 문헌

1 Gaffney P. J., and Curtis A. D. : A collaborative study of a proposed international standard for plasminogen activator(t-PA). Throm. Haemostasis, 53, p.13(1985)

2 Holvoet P., Cleemput H. and Collen D. : Assay of human tissue-type plasminogen activator (t-PA) with enzyme-linked immunosorbent assay(ELISA) based on three monoclonal antibodies to t-PA, Throm. Haemostasis, 54, p.68(1985)

3 Paramo J. A., Alfaro M. J. and Rocha E. : Postoperative changes in the plasmatic levels of tissue plasminogen activator and its fast-acting inhibitor-relations deep vein thrombosis and influence of prophylaxis. Throm. Haemostasis, 54, p.713(1985)

6. 혈소판 응집능 검사

개 요

혈관 장애를 받으면 혈소판은 손상부위에 모여서 응집물을 형성하는데 이것이 출혈을 정지시키고 상처를 낫게 한다. Platelet aggregation test는 *in vitro* 반응으로 citrated platelet-rich plasma내에 aggregation reagents(adenosine diphosphate, epinephrine, thrombin, collagen 및 ristocetin 등)를 첨가함으로써 혈소판 응집이 생기는 속도를 측정하는 것이다. 이 반응에서 부유되어 있던 혈소판 응집물은 시험관 밑으로 침전되어 내려가 검체의 혼탁도를 감소시킨다. 이러한 탁도 변화를 분광광도계로 측정하여 혈소판 응집의 정도를 비교한다.

시료조제

1 건강한 사람의 혈액을 구한다.

2 저속원심분리기로 125×g에서 10분간 원심분리하여 platelet rich plasma(PRP)를 얻는다.

3 계속해서 1,100×g에서 10분간 원심분리하고, 침전된 혈소판을 washing buffer(138mM NaCl, 2.7mM KCl, 12mM NaHCO$_3$, 0.36mM NaH$_2$PO$_4$, 5.5mM glucose 및 1mM EDTA, pH 6.5)로 두번 세척한다.

4 EDTA는 혈소판 응집반응을 억제시키므로 세척 침전된 혈소판에 잔존할 수도 있는 1mM EDTA를 제거하기 위해 혈소판 안정제인 gelatin이 들어있는 suspending buffer(138mM NaCl, 2.7mM KCl, 12mM NaHCO$_3$, 0.36mM NaH$_2$PO$_4$, 0.49mM MgCl$_2$, 5.5mM glucose, 0.25% gelatin, pH 7.4)로 두번 세척한다.

5 혈소판은 냉각시키면 응집하므로 실험은 상온에서 실행한다.

시약 및 기구

- Platelet aggregometer
- 분광광도계
- 원심분리기
- 플라스틱 원심분리관
- Washing buffer(138mM NaCl, 2.7mM KCl, 12mM NaHCO$_3$, 0.36mM NaH$_2$PO$_4$, 5.5mM glucose 및 1mM EDTA, pH 6.5)
- Suspending buffer(138mM NaCl, 2.7mM KCl, 12mM NaHCO$_3$, 0.36mM NaH$_2$PO$_4$, 0.49mM MgCl$_2$, 5.5mM glucose, 0.25% gelatin, pH 7.4)

방법(조작)

1 PRP(platelet rich plasma) 1mℓ에 들어있는 혈소판수는 660nm에서 분광광도계를 이용하여 혈

소판 수를 1×10^8 platelet/㎖가 되도록 조정한다.

2 500㎕의 PRP를 37℃로 5분간 preincubation한 후 100μM의 collagen reagent(Sigma, diagnostic No.885-1)를 첨가하여 8분간 반응시켜 plateau를 이룰 때까지 측정한다.

3 Reference로는 platelet poor plasma(PPP)를 이용한다.

결과 및 고찰

PRP 맹검을 10에 맞추었을 때 PRP baseline이 90에 자동적으로 맞추어지므로 응집정도는 다음의 공식을 이용하여 응집비율을 구한다

$$\% \text{ aggregation} = \frac{90 - CR}{80} \times 100$$

CR : final chart reading

참고 문헌

1 Lee, J. H. and Park, H. J. : Effect of lipophillic fraction from korean red ginseng on platelet aggregation and blood coagulation in rats fed with corn oil and beeftallow diet. J. Korean Ginseng Sci, 19, p.206(1995)

2 이규범 외 9인 : 병리검사매뉴얼. 고문사, 서울, p.226(1993)

제 2 절 고지단백혈증과 심장질환

1. 고지단백혈증 분류 검사

개 요

고지단백혈증은 5가지 phenotype(제1형~5형)으로 나누어지며 제2형은 다시 2a형과 2b형으로 나누어진다. 고지단백혈증은 12시간 이상의 공복 후 혈액 중에 나타나는 VLDL, LDL, 혹은 chylomicrons의 존재여부와 초과량으로 판정된다(표 26-1). 즉 제1형 고지단백혈증은 혈청 콜레스테롤치는 정상이나 중성지방의 농도가 높아서 혈액을 방치하면 두꺼운 크림층이 표면에 생긴다. 그러나 크림층 밑으로 보이는 혈청은 유백광이라기보다는 맑게 보이는데, 그 이유는 제 1형의 경우 밀도가 낮은 chylomicrons의 농도가 높고 VLDL 농도는 정상치를 유지하기 때문이다. 제 IIa 형 고지단백혈증에서는 공복시 LDL-콜레스테롤이 175mg/dℓ보다 높고 혈장 중성지방은 180mg/dℓ 이하를 보인다. IIb형 고지단백혈증에서는 LDL-콜레스테롤과 중성지방 각각 175mg/dℓ, 180mg/dℓ보다 높다. 즉 제 IIa형은 정상 혈장 지단백과 비슷한 패턴을 보이나 LDL의 농도가 다소 높아 전기영동적 패턴에는 β-단백이 다소 두꺼운 밴드를 나타낸다. 그리고 IIb형은 LDL과 VLDL 농도가 모두 높아 pre-β와 β 단백이 모두 두껍게 나타나며, 제 III형의 경우에는 chylomicron remnants가 비정상적으로 높아 intermediate β 밴드가 넓게 분포한다. 제 IV형 고지단백혈증은 LDL-콜레스테롤치는 정상이며 VLDL-콜레스테롤 농도가 높으나 총콜레스테롤 농도는 250mg/dℓ 이하를 나타낸다. 공복 시 중성지방 농도는 상당히 증가되어 있어(900mg/dℓ를 초과하지는 않는다), 혈액은 우유빛이라기보다는 유백광을 낸다. 제 V형 고지단백혈증은 혈액을 방치했을 때 두꺼운 크림층이 생기는데, 이것은 chylomicrons과 VLDL의 농도가 모두 높기 때문이다.

표 26-1 고지단백혈증의 종류

Pheno -type	비정상적 지단백	증가되는 혈장지질 (major)	증가되는 혈장지질 (minor)
I	Chylomicrons	Triglycerides	Cholesterol
IIa	LDL(β)	Cholesterol	
IIb	LDL(β) and VLDL(pre-β)	Cholesterol and triglycerides	
III	Chylomicron remnants	Cholesterol and triglycerides	
IV	VLDL(pre-β)	Triglycerides	Cholesterol
V	VLDL(pre-β) and chylomicrons	Triglycerides	Cholesterol

참고 문헌

1 Montgomery, R., Dryer, R. L., Conway, T. W. and Spector, A. A. : Biochemistry, A case-oriented approach, The C.V.Mosby Co. St. Louis, p.418(1980)

2 Mackness, M. I. and Durrington, P. N. : Lipoprotein isolation and analysis for clinical studies, In. Lipoprotein analysis, A practical approach, Converse, C. A. and Skinner, E. R., eds. Oxford Univ. Press, New York. p.28(1992)

2. Creatine phosphokinase (CPK)

개 요

Creatine phosphokinase는 creatine과 adenosine triphosphate(ATP)에 촉매작용을 하여 phosphocreatine을 만드는 효소이다. CPK는 조직세포에서 이화작용으로 열을 생산하는 중요한 역할을 한다. CPK증가는 CPK를 많이 함유하는 조직세포의 손상을 의미한다. CPK는 3가지의 이성효소로 분류할 수 있는데 CPK-BB(CPK1), CPK-BM(CPK2), CPK-MM(CPK3)이 그것이다. CPK-BB는 주로 뇌조직에, CPK-MB는 심근 그리고 소량이지만 골격근에서, CPK-MM은 골격근에 존재한다. 총혈청 CPK 검사는 심근경색증을 진단하는데 널리 이용되고 있으나 골격근의 손상으로 인한 CPK 농도의 증가는 심근경색증의 특이도를 감소시킬 수 있다. CPK 이성효소의 분리정량은 CPK가 증가하는 조직병변의 정확한 부위를 찾는 방법으로 총 CPK 측정 대신 이용되고 있다. 그 원리는 다음과 같다.

$$\text{Creatine phosphate + ADP} \xrightarrow{\text{CK}} \text{Creatine + ATP}$$

$$\text{Glucose + ATP} \xrightarrow{\text{HK}} \text{Glucose-6-P + ADP}$$

$$\text{Glucose-6-P + NADP + ADP} \xrightarrow{\text{G-6-P-DH}} \text{Glucose-6-P + NADPH + H}$$

340nm에서 1분간 NADPH로 환원되면서 변화하는 흡광도를 측정하여 혈청 중 CK의 양을 구한다.

시약 및 기구

- Imidazole acetate buffer 128 mmol/ℓ (pH 7.0)
  - Imidazole 8.27g

　　　－EDTA 0.95g

　　　－Mg-acetate 2.75g

　　　－증류수 1000㎖

　　　－1mol/ℓ acetic acid로 pH 조정 후 냉장고(4℃)에서 3개월 안정

　■ 효소/조효소 용액 : Imidazole acetate buffer 100㎖ 당

　　　－ADP 98mg

　　　－AMP 211mg

　　　－AF$_5$A 1.1mg

　　　－d-Glucose 414mg

　　　－NADP(2Na) 181mg

　　　－N-acetylcysteine 375mg

　　　－Hexokinase 250～290U

　　　－G-6-PDH 〉175U

　　　－1mol/ℓ acetic acid로 pH 6.7로 조정 후 냉장고 (4℃)에서 5일 안정하다.

　■ 기질용액 : 245mmol/ℓ

　　　－Creatine phosphate(disodium salt) 1.25g

　　　－증류수 10㎖

　　　－냉장고에서 3개월 안정하다.

　■ 피펫

　■ 항온수조

　■ 분광광도계

방법(조작)

1 효소용액을 시험관에 2㎖ 취하고 혈청 100㎕를 가하고 30℃에서 5분간 방치한다.

2 미리 가온된 기질용액을 200㎕ 가하고 혼합 후 분광광도계 340nm에서 흡광도를 1분 간격으로 3분간 측정하고, 평균 흡광도/min을 계산한다.

$$
계산 : \quad CK\ activity\ (unit/L) = \frac{\triangle A/min}{6.3\times10^{-3}} \times \frac{2.30}{0.10}
$$

$$
= \triangle A/min \times 3651
$$

$$
2.30 = total\ volume\ (㎖)
$$

$$
0.10 = 혈청의\ 양(㎖)
$$

$$
6.3\times10^{-3} = NADPH\ 흡광계수
$$

결과 및 고찰

CPK 활성도는 남성에서 40～175U/ℓ, 여성에서 25～140U/ℓ이다. 참고치는 측정법에 따라 다를 수 있다. 이성효소 중 CPK-BB는 측정할 수 없을 정도로 미량이고 CPK-MB는 0～7U/ℓ,

CPK-MM은 5~70U/ℓ이다. 정상적으로 혈청 중 CPK-MM은 총 CPK 농도의 99% 이상이다. CPK-MB가 총 CPK의 5% 이상(또는 10U/ℓ)이거나 특히 LDH_1/LDH_2의 비율이 1 이상이면 심근경색을 시사한다. 급성심근경색 그리고 심장수술 후 CPJ-MB는 2~4시간에 상승하기 시작하고 12~24 시간에 최고치에 이르며 24~48시간 후에 정상적으로 회복되는 것이 보통이다. 지속적인 상승이나 상승치의 유지는 심근의 손괴가 진행 중임을 나타낸다. CPK-MB는 선천성 심장질환 또는 심근세포 괴사를 동반하지 않는 angina pectoris가 있는 동안은 상승하지 않는다.

참고 문헌

1 이규범 외 9인 : 병리검사매뉴얼. 고문사, 서울, p.42(1993)

제 3 절 간기능검사

1. 빌리루빈의 정량

개 요

혈청 속의 빌리루빈은 디아조화한 sulfanilic acid와 반응하여 적자색의 azobilirubin을 만들므로 광도계를 이용하여 측정한다. 정상 혈청의 총빌리루빈 농도는 0.2~0.8 mg/100 ㎖인데, 간장질환의 경우 그 값이 커진다.

시약 및 기구

- Diazo 시약 : A액 10㎖와 B액 0.3㎖를 혼합한다(혼합 후 20분 이내에 사용해야 한다).
  - −0.1% sulfanilic acid 용액(Diazo A) : 0.1g sulfanilic acid를 1.5㎖의 진한 염산에 용해시킨 후, 증류수로 100㎖가 되게 한다.
  - −0.5% $NaNO_2$(Diazo B): $NaNO_2$ 0.5g을 100㎖의 증류수에 녹인다(냉장보관).
- Methanol(무수)
- 빌리루빈 표준액 : 빌리루빈을 20.0mg/100㎖의 농도가 되도록 클로로포름에 녹인다.
- Diazo 맹검 : 1.5% 염산
- 분광광도계

방법(조작)

1 2개의 큐벳(cuvette)에 B(blank), T(test)로 표시하고 혈청을 10배로 희석하여 4.0㎖씩 취한다.

2 B에 1㎖의 Diazo blank를, T에는 diazo 시약 1㎖를 가하여 섞고, 정확히 1분 뒤에 파장 540㎚에서 B를 맹검으로 T의 흡광도를 읽는다(1min. reacting bilirubin).

3 계속해서 각 관에 methanol 5㎖씩 가하여 섞고, 30분간 둔다.

4 30분 후 다시 T의 흡광도를 읽는다(Total bilirubin).

검량선의 작성

1 시험관을 6개 준비하여 빌리루빈 표준액, Methanol, bilirubin을 가한다.

시험관 번호	1	2	3	4	5	6
표준액(㎖)	0	1	2	3	4	5
Methanol(㎖)	9	8	7	6	5	4
Bilirubin(mg/100㎖)	0	2	4	6	8	10

☑ Diazo 시약 1.0㎖를 각 시험관에 가하고 잘 섞은 후, 30분간 방치한다.

❸ 제1시험관을 맹검로 파장 540nm에서 흡광도를 읽어서 검량선을 작성한다.

계 산

❶ Total bilirubin : 검량선에서 구한다.

❷ Direct bilirubin(1min reacting bilirubin) : 검량선에서 찾아 1/2배 한다.

❸ Indirect bilirubin = Total bilirubin-Direct bilirubin

참고치

❶ 총 빌리루빈 0.2~1.2mg/d㎩

❷ Direct bilirubin 1.0~0.4mg/d㎩

2. Ammonia

개요 및 실험원리

탈아미노화에 의해 생성되는 암모니아는 곧 다른 아미노산이나 요소로 합성되므로 혈중에는 아주 미량 밖에 없다. 혈중에 암모니아가 2,000㎍/100㎖ 이상이 되면 간성혼수를 일으킨다. 채혈 직후 측정하여야 하며, 공기를 차단하더라도 30분 이내에 측정하지 않으면 안된다.

신선한 혈장에 함유된 암모니아를 이온교환수지에 흡수시키고, 수지를 증류수로 닦아낸 다음 수지에서 암모니아를 유리시키고 Berthelot 반응을 이용하여 비색정량한다.

시약 및 기구

■ Resin : 양이온 수지 5g을 암모니아를 제거한 증류수 500㎖에 담그고, 2분간 진탕한 다음 수지를 침전시킨다.

■ 4N NaCl : 23.4g의 NaCl을 증류수에 녹여 100㎖로 만든다.

■ 표준액 : 15mg/100㎖ 표준액

■ Phenol : 정색시약

■ Alkali hypochlorite 시약

■ Test resin : 양이온 교환수지

■ 분광광도계

1 15㎖의 시험관 3개를 B(blank), S(standard), T(test)로 표시한다. B관에 1㎖의 증류수를 가하고, S관에 1㎖의 표준액과 2㎖의 증류수를 가한다. T관에는 1㎖의 혈장 및 2㎖의 증류수를 가한다.

2 구멍이 큰 피펫에 test resin을 취하고 15초 지난 다음 0.2㎖의 침전된 resin을 적하한다.

3 마개를 하고 5분간 계속 흔든 다음 10㎖의 물을 가하여 잘 섞고 수지를 침전시킨 후 상층액을 버린다.

4 수지를 반복하여 위와 같이 씻는다.

5 4N NaCl 1.0㎖와 phenol 정색시약 1.0㎖를 각각 가하여 섞어서 3분간 방치한다.

6 1.0㎖의 alkali hypochlorite 시약을 각각 가하여 섞고 실온에서 30분, 37℃에서 15분 방치한 다음 3.0㎖의 물을 가하여 잘 섞는다.

7 수지가 침전된 다음 상층액을 비색관에 옮겨서 500~600nm에서 표준액 및 검체의 흡광도를 구한다.

계 산

$$\frac{\text{검체 흡광도}}{\text{표준액 흡광도}} \times 150 = \text{ug}/100 \text{ ㎖ ammonia N}$$

참고치

■ 100ug/㎗ 이하

3. Transaminase

개요 및 실험 원리

Transaminase는 생체 중의 아미노산 중 아미노기를 전이시키는 효소로 심근, 간 중에 많이 함유되어 있는데, 이들 장기에 손상이 생기면 혈청 중으로 이동되어 농도가 높아진다. Transaminase에 의해서 생성된 oxaloacetic acid는 DPNH(reduced diphosphopyridine nucleotied)와 MDH(malic dehydrogenase)가 존재할 때, malate로, pyruvic acid는 DPNH와 LDH(lactic dehydrogenase) 공존 하에서 lactate로 환원된다. 이때 DPNH가 산화되어 DPN으로 되면서 감소하는 흡광도를 이용해 효소활성을 산출한다. 단위 Karemn은 25℃, 340nm에서 흡광도가 1분간에 0.001이 감소하는 활성능을 1unit로 정의한다.

1) GOT (AST, Aspartate aminotransferase)

- Phosphate buffer solution(1M, pH 7.40) : 136g의 KH_2PO_4와 3.3g의 NaOH를 증류수로 녹여 1,000㎖로 만든다.
- DPNH solution : 2.5mg의 β-DPNH disodium salt가 1㎖의 0.1M phophate buffer solution에 함유되도록 만든다(필요량 만큼 당일 조제).
- α-Ketoglutarate solution : 비이커에 35㎖의 증류수와 5㎖의 phosphate buffer solution을 넣고, 0.73g의 α-ketoglutaric acid를 가하여 녹인 후, pH가 7.42 정도가 되게 1N NaOH로 조정하고 50㎖가 되도록 희석한다.
- MDH solution : 10,000unit/㎖가 되도록 phosphate buffer solution으로 희석한다(4시간 이내 사용).
- ℓ-Aspartate solution : 비이커에 50㎖의 증류수와 5g의 ℓ-aspartate를 넣고 완전히 녹을 때까지 1N NaOH를 가한다. 10㎖의 1M phosphate buffer solution을 추가하고 pH 7.4가 되게 1N NaOH로 조정하여 100㎖ 되게 증류수로 희석한다.
- Dichromate blank, 0.001M : 30mg의 $K_2Cr_2O_7$를 증류수 100㎖에 녹이고 몇 방울의 진한 황산용액을 가한다.
- 분광광도계

1 시험관에 0.1M Phosphate buffer solution 1.3㎖, Aspartate solution 1.0㎖, DPNH solution 0.2㎖, MDH solution 0.1㎖, serum 0.2㎖를 가하여 30~32℃에서 20~30분간 incubation한다.
- 파장 340nm에서 dichromate 용액을 흡광도에 맞추고 검체의 흡광도를 구한다.
- 미리 30~32℃로 가온된 α-ketoglutarate solution 0.2㎖를 가하여 섞고 1분 간격으로 7~10분간 흡광도를 구한다.
- 흡광도의 감소율이 일정한 부분만을 선택하여 1분간에 감소한 흡광도의 평균치를 구한다.

$$GOT = \frac{평균 \ \Delta A/min}{혈청사용량(㎖)} \times 1,000$$

참고치는 다음과 같다.

- Reitman-Frankel : 5~40U/㎖
- Kinetic : 5~25U/㎖/30℃
  8~40U/㎖/37℃

2) GPT (ALT, Alanine aminotransferase)

시약 및 기구

- *dl*-Alanine(1M) : 비이커에 75㎖의 증류수, 8.9g의 *dl*-alanine 및 10㎖의 1M phosphate buffer solution을 가하여 녹이고 1N NaOH로 pH가 7.4가 되도록 한 후, 100㎖로 희석한다.
- LDL 용액 : 0.1M phosphate buffer solution으로 10,000unit/㎖가 되도록 희석한다(냉장시 1주일 사용가능).
- 분광광도계

방법(조작)

1 시험관에 0.1M phosphate buffer solution 1.3㎖, alanine solution 1.0㎖, NADH solution 0.2㎖, LDH solution 0.1㎖, 혈청 0.2㎖를 가한다.
2 GOT와 같은 방법으로 실시한다.

결과 및 고찰

GOT의 계산법과 같으며 참고치는 다음과 같다.
- Reitman-Frankel : 5~35U/㎖
- Kinetic : 5~30U/㎖/30℃
           7~45U/㎖/37℃

참고 문헌

1 Kim, Y. S., Kim, J. Y., Kim, J. H. and Rha, Y. O. : Laboratory Methods in Clinical Chemistry, Komoonsa, Seoul(1988)
2 Cho, Y. J. and Lee, H. J. : Experiment of Clinical Chemistry, Sinkwang Pub. Seoul(1997)
3 Burtis, C. A. and Ashwood, E. R. : Clinical Chemistry, 2nd Ed. Saunders Co., Philadelphia (1994)
4 Wlaker, H. K., Hall, W.D. and Hurst, J. W. : Clinical Methods, 3rd Ed. Buttterworth International Edition, Stoneham(1990)

제 4 절 | 당뇨병

1. 당뇨병 실험동물 모델 및 유발법

1) 당뇨병 실험동물 모델의 종류

개 요

당뇨병 실험동물은 유전적인 조작이나 화학 실험적인 조작에 의하여 유발시킬 수가 있다. 유전적인 조작에 의하여 당뇨병이 유발된 실험동물 중에서 db/db마우스는 C57BL/KsJ계 마우스에서 유래되었으며 췌도가 비대하고 고인슐린혈증과 인슐린 저항성이 있으며 고혈당증 뿐만 아니라 비만증도 동반하고 있다. 3~6개월 연령이 되면 오히려 β세포가 위축하여 괴사하고 제1형 당뇨병으로 이행한다. NOD(non-obese diabetic)마우스는 ICR마우스에서 유래되었으며 당뇨병이 발병하기 전에 췌도염이 먼저 생겨서 β세포가 자가면역 기전에 의해 파괴되고 궁극적으로 당뇨병이 발생한다. 발병 연령은 12주이며 당뇨병 누적 발병율은 30주의 암컷에서 80~90%, 수컷에서는 20~50%로써 성별의 차이가 있다. NSY(Nagoya Shibata Yasuda)마우스는 Jcl과 ICR마우스로부터 유래되었고, 제2형 당뇨병 모델로 쓰이는데 인슐린 저항성 및 비만증이 있으며, 특히 내장지방이 많이 축적되어 있다. 당뇨병의 발생 연령은 8주이며, 연령에 의존적으로 당뇨병 정도가 심해지고 24주 후부터는 포도당 자극에 대한 인슐린 분비 반응이 현저하게 감소하고 췌도내 림프구가 침윤되어 있음을 볼 수 있다. 48주의 연령에서의 누적 발병률을 보면 수컷에서 98%, 암컷에서 32%로 성별의 차이가 현저하게 있다. CHAD햄스터(chinese hamster asahikawa diabetes)는 chinese hamster asahikawa에서 유래되었으며, 췌도가 축소되어 있고 β세포내에서 탈과립과 변성이 보여지며 혈장 인슐린치와 췌장 인슐린치가 감소하고 혈장 및 췌장의 글루카곤은 반대로 증가하는 증상을 보인다. 제1형 당뇨병의 모델로써 사용되는 BB/W쥐는 생후 60~120일에 성별의 차이가 없이 당뇨병이 발생되는데 80% 정도의 높은 발병율을 보이고 있고, 케톤뇨를 동반하며 인슐린 치료를 하지 않으면 대부분이 사망한다. 발병 초기에는 β세포가 감소되고 다른 췌장세포는 비교적 정상으로 보존되다가 점점 변성되어서 소실된다. 한편 실험동물의 유전적인 조작 이외에 실험실에서 비교적 간단하게 약물 투여에 의해서도 당뇨병을 유발시킬 수가 있다. 즉 streptozotocin이나 alloxan은 췌장의 β세포를 선별적으로 파괴시킴으로써 당뇨병을 유발시키는데 alloxan보다는 streptozotocin을 사용할 때 당뇨병 유발 성공률이 더 높다.

참고 문헌

1 Meier, H., and Yerganian, G. A. : Spontaneous hereditary diabetes mellitus in Chinese hamster (Cricetulus griseus). 1. Pathological findings, Proc. Soc. Exp. Biol. Med., 100, p.810(1959)

2 Makino, S. : Breeding of a non-obese diabetic strain of mice. Exp. Animal, 29, p.1(1980)

3 Shibata, M., and Yasuda, B. : New experimental congenital diabetic mice(NSY mice). Tohoku J. Exp. Med., 130, p.139(1980)

4 Like, A. A. : Neonatal thymectomy prevent spontaneously diabetes mellitus in the BB/W rat. Science, 210, p.644(1982)

5 Hattori, M. : The NOD mouse: a recessive diabetogenic gene in the major histocompatibility complex. Science, 231, p.733(1986)

2) Streptozotocin에 의한 당뇨병 유발법

개 요

Streptozotocin(STZ)은 Streptomyces achromogenes에서 합성된 N-nitroso derivative of glucosamine 으로써, 실험동물에서 당뇨병을 유발하는 데에 널리 사용하고 있다. STZ가 당뇨병을 일으키는 기전은 췌장 β세포를 비가역적으로 신속하게 괴사시키는 특이적인 세포독성 때문인 것으로 알려져 있으며, β세포의 DNA가 손상되고 이 과정에서 poly ADP-ribose 합성효소가 활성화되어지며 세포 내 NAD가 대량으로 손실된다. STZ 투여 1~2시간 후부터 β세포의 파괴가 시작되며, 6~12시간 후에는 세포의 변성이 일어나는데 이 때에 췌도에 저장되어있던 인슐린이 갑자기 혈중으로 방출되어 일시적으로 저혈당 증상이 일어날 수 있으나 약 24시간 후부터는 고혈당과 저인슐린혈증의 증상이 지속적으로 나타난다. 성숙한 쥐의 경우 STZ 투여량에 따라서 당뇨병의 정도를 경증형 또는 중증형으로 유발시킬 수 있다.

시약 및 기구

- Streptozotocin
- 0.1M Citric acid buffer, pH 4.5
- pH 미터
- 1cc 일회용 주사기
- 폴리에틸렌 튜빙(PE10)

방법(조작)

1 쥐나 마우스를 6~18시간 절식시킨다

2 pH 4.5로 맞춘 0.1M 구연산 완충용액에 STZ을 용해한다.

③ 실험 동물의 체중을 측정한 후, STZ 투여량을 계산한다.

④ 투여량은 6~8주의 쥐인 경우 유발하고자 하는 당뇨병 정도에 따라서 45 ㎎/㎏~65 ㎎/㎏로 한다. 같은 연령의 마우스인 경우에는 100㎎/㎏를 복강 주사한다.

⑤ STZ 조제용액의 농도는 위에서 계산된 투여량㎎/㎏/1㎖로 한다.

⑥ 1㎖ 일회용 주사기에 폴리에틸렌 튜빙(PE10)을 연결한 후 끝에 바늘을 꽂아서 꼬리정맥에 주사한다.

⑦ 주사한 후에는 저혈당 방지를 위하여 사료 및 물을 곧 제공한다.

결과 및 고찰

당뇨병의 유발 여부는 혈당을 측정함으로써 확인한다.

참고 문헌

① Junod, A., Lambert, A. E., Stauffacher, W. and Renold, A. E. : Diabetogenic action of streptozotocin: relationship of dose to metabolic response. J. Clin. Invest., 48, p.2129(1960)

② Rakieten, N., Rakieten, M. L., and Nadkami, M. V. : Studies on the diabetogenic action of streptozotocin. Cancer Chemother. Rep. 29, p.91(1963)

③ Schein, P., Cooney, D., and Vernon, L. : The use of nicotinamide to modify the toxicity of streptozotocin diabetes without loss of antitumor activity. Cancer Res., 27, p.2324(1967)

2. 당부하 검사

인슐린이 거의 없거나 절대적으로 부족한 제1형 당뇨병에서는 공복 혈당이 급격히 상승되므로 공복 혈당으로 비교적 조기진단이 가능하나, 인슐린 저항성이 있는 제2형 당뇨병에서는 발병 초기에 어느 정도 인슐린 분비가 남아있으므로 공복 혈당의 상승은 현저하지 않다. 따라서 당뇨병이 의심되는 경우에는 공복 혈당치 측정 이외에 당부하 검사를 시행하여 보는 것이 확실한 진단 방법이다. 당부하 검사에서 포도당 투여방법은 경구투여, 정맥주사, 복강주사 등이 있으며 방법은 다음과 같다.

1) 경구 당부하검사

개 요

경구 당부하검사는 방법이 간단하고 수월하여서 당뇨병 진단에 널리 사용되며 간접적으로 인슐린 분비능을 알 수 있는 방법이기도 하다. 그러나 인슐린 분비가 부교감 신경계, 위장관 호르몬, 간과 근육조직의 감수성 등에 의하여 영향을 받고 있으므로 정확하게 췌장의 β 세포로부터의 직접적인 인슐린 분비능을 검사할 수는 없다는 단점이 있다.

시약 및 기구

- 포도당경구액(50g, 75g, 100g)
- 혈당 측정기
- 경구투입기
- 일회용 주사기
- 채혈 시험관

방 법

1 인체를 대상으로 검사할 경우에 10~12시간 금식시킨다.
2 다음날 아침 공복에 경구용 포도당액을 섭취시킨다.
3 기저, 30분, 60분, 90분, 120분, 180분에 혈액을 채취하여 혈당을 측정한다.
4 Screening test에서는 기저치와 120분 째의 혈당을 측정한다.
5 대상이 실험동물일 경우에는 체중 100g당 0.1g 포도당이 투여되도록 50% 포도당 용액을 경구투입기로 투여한다.

2) 정맥 당부하검사

개 요

정맥 당부하검사는 경구 당부하검사처럼 부교감신경이나 위장관 호르몬에 의하여 영향을 받지는 않지만 말초조직의 인슐린저항성에 의해서는 영향을 받는다. 검사 대상이 당뇨병 환자인 경우에 정맥 당부하검사는 다음과 같다.

시약 및 기구

- 20% 포도당주사액
- 속효성 인슐린

- 혈당 측정기
- 일회용 주사기
- 채혈 시험관

방법

1 당뇨병 환자를 10~12시간 동안 금식시킨다.

2 검사 전에 30분 정도 침대에서 안정을 취한다.

3 폴리에틸렌 카테타를 상지정맥에 삽입하여 채혈한다.

4 반대쪽 상지정맥에 또 다른 카테타를 삽입한다.

5 검사시간 0분에 0.3g/kg의 포도당(20% 포도당액)을 1분내에 정맥주사한다.

6 검사시간 20분에 0.025U/kg의 속효성 인슐린을 정맥주사한다.

7 기저, 30분, 60분, 90분, 120분, 180분에 혈액을 채취하여 혈당을 측정한다.

3) 복강 당부하검사

시약 및 기구

- 20% 포도당주사액
- 혈당 측정기
- 일회용 주사기
- 채혈 시험관

방법

1 대상이 실험동물인 경우, 10~12시간 금식시킨다

2 포도당 용액을 이용하여 체중 1kg당 포도당 2g이 되도록 복강주사한다.

3 기저, 30분, 60분, 90분, 120분, 180분에 꼬리정맥을 통하여 혈액을 채취한다.

4 혈액 채취가 스트레스가 되지 않도록 취급 시에 조심을 하고 혈액 채취시 1회 채혈량이 체중 1kg당 1㎖를 넘지 않는 범위에서 최소화하며, 총혈액 채취량은 체중 1kg당 7㎖를 넘지 않는 범위에서 채취한다.

5 혈당 측정기로 혈당을 측정한다.

결과 및 고찰

세계보건기구의 기준에 의하여 기저혈당이 6.1mmol/ℓ(110㎎/㎗)미만이고 포도당 섭취 2시간 후 혈당치가 7.8mmol/ℓ(140㎎/㎗) 미만이면 정상 내당능이고, 포도당 섭취 2시간 후 혈당치와 포도당 투여 후 0~2시간 사이에 혈당치가 적어도 1번 이상 11mmol/ℓ(200㎎/㎗) 이상이면 당뇨

병으로 간주한다. 한편 포도당을 정맥에 주입하면 혈당은 급속히 최고치에 이르고, 약 10분 후부터는 혈당이 조직으로 흡수되면서 점차적으로 감소하는데 그 정도를 포도당 소실상수(glucose disappearance constant, KG %/min)로 나타낼 수 있다. KG가 1.7 이상인 경우에는 인슐린 분비능과 인슐린 작용에 정상임을 의미하며, 1.0~1.7 미만에서는 장애가 있음을 의미한다.

참고 문헌

1 Waife, S. O. : Diabetes Mellitus, Eli Lilly Company(1972)

2 Berntorp, K. : Relation between plasma insulin and blood glucose in a cross-sectional population study of the oral glucose tolerance test. Acta Endocrinol, 102, p.549(1983)

3 McCance, D. R. and Cahill, G. : Diagnosing diabetes mellitus : do we need new criteria? Diabetologia, 40, p.247(1997)

4 ADA : International expert committee on the diagnosis and classification of diabetes mellitus. Diabetes Care, 20, p.1183(1997)

4) 혈당 측정

개 요

혈당은 비정상적인 탄수화물 대사와 관련이 있는 병들을 진단할 때 기본적으로 널리 측정하는 항목이다. 혈당치는 인슐린 분비의 감소, 또는 갑상선이나 부신의 과다한 활성에 의해서 증가되고, 인슐린의 과다 투여나 간 장애, 뇌하수체 기능저하증 등에서 감소된다. 혈당치의 측정은 주로 당뇨병을 발견하고 치료하는데 유용하게 쓰이지만 저혈당을 조사하는데도 유용하게 쓰인다. 혈당 측정법은 glucose가 glucose oxidase와 peroxidase가 o-dianisidine나 o-toluidine과 같은 chromogenic oxygen 수용체와 결합하여 색깔이 변하는 방법을 이용하여서 측정하는 비색 분석법이 있는데 D-glucose에 대한 glucose oxidase의 특이성이 높은 점에 기초를 두고 있다. 산소 수용체로써 phenol-4-aminophenazone를 사용하면 o-dianisidine나 o-toluidine를 수용체로 사용할 때보다 간섭 물질에 의한 영향을 덜 받는다. Trinder 반응(1969)에 기초한 혈청 또는 혈장내의 포도당 농도 측정원리는 다음과 같다.

Glucose + H_2O + O_2 → <u>Glucose oxidase</u> → Gluconic acid + Hydrogen peroxide(H_2O_2)

H_2O_2 + 4-Aminoantipyrine + p-Hydroxybenzene sulfonate → <u>peroxidase</u> → Quinoneimine dye + H_2O

즉 glucose는 glucose oxidase에 의해 촉매되어 gluconic acid와 hydrogen peroxide로 산화된다. 생성된 hydrogen peroxide가 peroxidase와 4-aminoantipyrine, p-Hydroxybenzene sulfonate하에 반응을 하면 파란 색깔의 quinoneimine dye를 생성하며 이 색깔의 농도는 검체에 있는 혈당 농도와 비례하게 된다.

시약 및 기구

- Glucose reagent : 0.5mmol/ℓ 4-aminoantipyrine
  - 20mmol/ℓ p-Hydroxybenzene Sulfonate
  - 15000U/ℓ glucose oxidase(Aspergillus niger)
  - 10000U/ℓ peroxidase(Horseradish)
  - buffer, pH 7.0±0.1
- 300mg/dℓ 포도당표준용액
- 분광광도계
- 5㎖ 시험관
- 큐벳
- 피펫

방법

1 Glucose시약을 증류수에 용해하여 vial label에 지시된 농도가 되도록 다음과 같이 준비한다.

① Glucose시약을 용해할 때는 shake하지 말고 inversion으로 여러번 혼합한다. 용액이 피부에 닿으면 소양감이 있으므로 피부에 닿지 않도록 조심한다.

② 조제시약은 실온에서 보관할 경우에 5일 정도 안정하고, 2~6℃에서는 3개월간 안정하므로, 가능한 한 2~6℃의 냉장 온도에 보관하도록 한다.

③ 조제시약은 투명한 것이 정상이지만 섬유성분이 약간 있을 수도 있다.

④ 시약의 안정성이 의심될 경우에는 조제시약을 505nm, 1cm lightpath에서 증류수를 reference로 사용하여 흡광도를 측정하고 이 때에 측정치가 0.2 이상이 나오면 이 조제시약을 사용하지 않도록 한다.

2 분광광도계의 파장을 505nm로 맞춘 후 증류수로 흡광도 0을 맞춘다.

3 Blank, standard, sample을 담을 5㎖짜리 시험관을 준비하고 표시한다.

4 Glucose reagent를 각 시험관에 1.0㎖씩 pipetting한다.

5 0.005㎖(5㎕)의 증류수, standard, sample을 각각 표시된 시험관에 첨가해서 parafilm으로 윗부분을 밀봉하고 inversion으로 부드럽게 혼합한다.

6 실온에서 18분 동안 배양하는데, 만약에 온도가 30℃이면 15분 동안, 37℃이면 10분 동안 배양한다.

7 505nm에서 흡광도(absorbance : A)를 측정한다.

8 각 시험관의 흡광도에서 blank의 흡광도를 빼준다(ΔA).

9 혈당치(mg/dℓ)는 다음과 같이 계산한다.

결과 및 고찰

$$\text{검체의 Glucose 농도(mg/dℓ)} = \frac{(\text{시료흡광도} - \text{맹검흡광도})}{\text{표준용액흡광도} - \text{맹검흡광도}} \times \text{포도당 표준농도(300mg/dℓ)}$$

농도를 S.I. Unit(mmol/ℓ으로 전환하고자 할 때에는 전환 factor로써 0.0555를 곱한다. 만약에 검체의 혈당치가 750mg/dℓ를 초과할 경우에는 isotonic saline으로 2배 희석하여 재측정하고 계산 할 때에 희석 배수 2를 곱하여 준다. 현재 국제적으로 통용되고 있는 8시간 공복혈당치 140mg/ dℓ 이상은 그 수준이 너무 높아 당뇨병의 조기진단에 문제가 되고 있다. 그 이유는 건강한 성인 의 경우 공복시 정상 혈당치는 70mg/dℓ 수준이며, 연령에 따라 당내인성이 약화되어 고령에 이 르면 115mg/dℓ 수준까지 상승되므로, 공복 혈당치 140mg/dℓ을 진단 기준치로 할 경우에는 조기 진단이 불가능하기 때문이다. 따라서 공복혈당치가 110mg/dℓ~140mg/dℓ이면 당부하검사를 받도 록 하여 예방 할 수 있도록 하고 있다. 정상과 당뇨병의 중간단계에 해당하는 당대사장애에서 공복혈당치가 110mg/dℓ~125mg/dℓ 이하일 때를 공복혈당장애(impaired fasting glucose, IGF)라 하며 경구 당부하검사 결과에서 2시간째의 혈당치가 140mg/dℓ~200mg/dℓ일 때를 당내인성장애 (impaired glucose tolerance, IGT)라 진단하고, 이와 같은 당대사 장애가 있을 경우에는 향후 당 뇨병으로 진행이 될 위험이 높으므로 조심하여야 한다. 당뇨병은 공복혈당치가 126mg/dℓ 이상, 식사와 관계없이 채혈한 혈당치가 200mg/dℓ 이상, 경구 당부하시 2시간째 혈당치가 200mg/dℓ 이상의 세 가지 기준 중에서 하나가 서로 다른 날에 2회 이상 나타날 때 진단한다.

참고문헌

1 Keilin, D. and Hartree E. F. : Specificity of glucose oxidase (notatin). Biochem. J. 42, p.221(1948)

2 Keilin, D. and Hartree, E. F. : Specificity of glucose oxidase (notatin). Biochem. J. 50, p.331(1952)

3 Keston, A. S. : Specific colorimetric enzymatic analytical reagents for glucose. Abstract 12th Meeting ACS, Dallas (TX), April, p.31C(1956)

4 Trinder, P. : Determination of glucose in blood using glucose oxidase with an alternative oxygen acceptor. Ann. Clin. Biochem., 6, p.24(1969)

5 김영설, 김진우, 최영길 : 당뇨병 치료의 최신지견 '99, 도서출판 한의학(1999)

3. 정상혈당 인슐린클램프 검사

개 요

정상혈당 인슐린클램프 검사는 체내의 혈당 조절체계의 음성 되먹이기 전을 이용하여 고안된 기법으 로써 원리는 다음과 같다. 즉 인슐린을 정맥으로 정주하면 혈당이 감소하는데, 이러한 혈당 감소를 방지하는데 필요한 만큼의 포도당을 체외에서 정맥으로 정주한다. 혈당치는 정주 후 어느 정도의 시 간이 지나면 안정상태에 도달하는데 이 때에 주입되는 포도당의 양은 말초조직에서의 포도당 이용률 을 반영하고 또한 인슐린 저항성의 정도에 의해서 결정되어진다. 이 검사는 정맥주사 인슐린내성검사보다 좀더 객관적이고 정량적으로 인슐린 저항성을 측정하는 방법이지만 임상적으로 쉽게 사용되기에는 어려운 점이 있다. 인슐린 저항성의 조기진단은 매우 중요한데 제2형 당뇨병에서 인슐린 저항성이 대혈관 합병증의 병인에 중요한 역할을 하고, 제1형 당뇨병에서도 초기에 인슐린 저항성이 나타나는데 그 증상이 심한 환자에서는 만성적인 미세혈관 합병증의 발병과 연관이 있는 것으로 알려져 있다.

시약 및 기구

- 속효성 인슐린, 200U
- 20% 포도당액
- 10,000U 헤파린/100㎖ 생리식염수
- Pentobarbital용액
- 폴리에틸렌 튜빙(PE10) 카테타
- Heating 패드

방 법

1. 대상이 실험동물일 경우 12시간 공복 상태에서 검사를 시행한다.
2. Pentobarbital 65mg/kg를 복강 주사하여 전신 마취를 시킨다.
3. Heating 패드와 램프를 이용하여 37.5℃ 의 체온을 유지하도록 한다.
4. 한쪽 대퇴정맥에 폴리에틸렌 튜빙(PE10) 카테타를 연결한다.
5. 항응고제 헤파린 75U/kg을 주입하고, 이후에는 매 시간마다 25U/kg를 주입한다.
6. 속효성 인슐린을 6mU/kg/min의 속도로 정주한다.
7. 20%(w/v) 포도당액을 5.0mmol/ℓ 90mg/dℓ)을 유지하도록 정주한다.
8. 혈당치가 안정이 되는 마지막 20분 동안 5분 간격으로 다른 편 대퇴동맥에 연결된 카테타를 통하여 채혈한다.
9. 채혈한 검체에서 혈당 및 인슐린 농도를 측정한다.

결과 및 고찰

인슐린 감수성의 지표로써 대사된 포도당(metabolized glucose, M), 인슐린 대사제거율(metabolic clearance rate for insulin, MCR)을 다음과 같이 계산한다.

$$\text{Metabolized glucose(M, mg/kg/min)} = INF - UC - SC$$

  INF : glucose infusion rate
  UC : correction for urinary loss of glucose
  SC : space correction

정주기간의 마지막 20분간의 혈당치가 안정되지 않는 경우에는 space correction(mg/kg/min)을 다음과 같이 계산하여 보정하여 준다.

Space correction(SC)=(G₂-G₁)×10×(0.19×body weight)/(10×body weight')=(G₂-G₁)×0.095

      G₂ : 정주 끝날 때의 혈당치(mg/dℓ)

      G₁ : 정주 시작할 때의 혈당치(mg/dℓ)

      10 : dℓ단위를 ℓ로 전환

Metabolic clearance rate for insulin(MCR, mℓ/min/m²) = insulin infusion rate / increase in plasma insulin concentration above basal

결과에서 인슐린 저항성이 판정되면 저항성의 부위을 찾아보기 위한 검사를 할 수 있는데 단핵구나 적혈구를 축출하여 수용체의 결합능을 검사하거나, 수용체 항체, 수용체 유전자와 mRNA, 돌연변이나 유전적 다형성 등을 검사한다. 만약 세포막에서 인슐린 수용체의 결합능이 정상일 경우에는 세포내의 수용체 카이네이즈나 당수송체 등을 더 자세하게 검사할 수 있다.

참고문헌

[1] Ginsberg, H., Kimmerling, G., Olefsky, M. and Reaven, G. M. : Determination of insulin resistance in untreated adult onset diabetic subjects with fasting hyperglycemia. J. Clin. Invest. 55, p.454(1975)

[2] Insel, P. A., Liljenquisr, J. E., Tobin, J. D., Sherwin R. S.,Watkins, P., Andres, A. and Berman, M. : Insulin control of glucose metabolism in man. A new kinetic analysis. J. Clin. Invest, 55, p.1057(1975)

[3] DeFronzo, R. H., Tobin, J. D. and Andres, R. : Glucose clamp technique : A method for quantifying insulin secretion and resistance. Am. J. Physiol. 237, p.E214(1979)

4. 혈중 β-Hydroxybutyrate 검사

개 요

혈중 케톤체는 생체 에너지 대사과성에서 지방산 외존도의 정도를 보여주는 지표로써 사용된다. 당뇨병에서 당이용이 저하됨에 따라서 지방 조직의 분해가 항진되고 혈중 케톤체가 증가한다. β-Hydroxybutyrate(β-HBA)치는 Williamsone 등(1962)에 의해 고안된 효소학적 방법으로 측정하며, 시간이 짧아서 자동화에 적합하므로 널리 사용되고 있다. 이 방법은 β-HBA이 acetone으로 산화되는데 기초를 두고 비색분석법을 이용하여 측정하며 원리는 아래와 같다.

$$\beta\text{-hydroxybutyrate} + \text{NAD} \rightarrow \underline{\beta\text{-HBDH}} \rightarrow \text{acetoacetate} + \text{NADH}$$

β-HBA가 β-hydroxybutyrate dehydrogenase(β-HBDH)에 의해 acetoacetate로 산화되고 동량의 NAD(nicotinamide adenine dinucleotide)는 NADH로 환원된다. NADH는 340nm 파장의 빛을 흡수하는데 혈청 또는 혈장내의 β-hydroxybutyrate의 농도와 비례하여 흡광도가 증가하게 된다.

시약 및 기구

- β-HBA reagent : 4.6 mmol/ℓ NAD, Osamic acid
- β-HBA calibrator solution : 50mg/dℓ
- Solution : 50units/mL β-Hydroxybutyrate dehydrase(microbial)
- 분광광도계
- 항온수조
- 큐벳
- 피펫

방 법

1 β-HBA reagent의 조제는 다음과 같이 한다.

① 증류수에 용해하여 여러번 inversion하여 조제하며, 이 때에 shake하여 혼합하지 않도록 한다.

② 모든 조제시약은 2~8℃에서 보관하도록 한다.

③ 특히 β-HBA 조제시약은 실온에서 8시간동안 유효하고, 2~8℃에서는 7일간 유효하며, 냉동을 하면 2주 동안 유효하다.

④ 시약의 안정성을 검사하기 위해서는 β-HBA 조제시약을 340nm, 1cm lightpath에서 증류수를 reference로 사용하여 흡광도를 측정하고, 측정결과가 0.7 이상이 나오면 사용하지 않도록 한다.

2 분광광도계의 파장을 340nm로 설정하고 증류수로 흡광도 0을 맞춘다.

3 Reagent blank, standard, sample을 담을 15㎖시험관을 준비하고 표시한다.

4 β-HBA 조제시약을 3.0㎖씩 각 시험관에 가하고, 수조에서 37.5℃까지 warming한다.

5 0.05㎖의 distilled water, calibrator, sample을 각 시험관에 첨가해서 혼합한다.

6 nm에서 모든 시험관의 흡광도(Initial A)를 측정한다.

7 각 시험관에 β-HBDH 조제시약을 0.05㎖씩 가하고 37℃에서 10~15분간 배양한다.

8 340nm에서 모든 시험관의 흡광도(Final A)를 측정한다.

9 검체의 β-HBA농도는 다음과 같이 계산한다

결과 및 고찰

$\triangle A_{blank} = \text{Final } A_{blank} - \text{Initial } A_{blank}$

$\varDelta A_{control}$ = Final $A_{control}$ − Initial $A_{control}$

$\varDelta A_{calibrator}$ = Final $A_{calibrator}$ − Initial $A_{calibrator}$

$\varDelta A_{sample}$ = Final A_{sample} − Initial A_{sample}

β-HBA 농도(mg/dL)=$(\varDelta A_{sample} - \varDelta A_{blank})/(\varDelta A_{calibrator} - \varDelta A_{blank})$×concentration of calibrator(50 mg/dℓ)

S.I. Unit(mmol/ℓ)으로 전환하고자 할 때에는 전환 factor로써 0.096을 곱한다. 케톤체의 측정은 당뇨병 환자에서 케톤증의 발생을 방지하기 위해서 인슐린주사를 해야 할지의 여부와 주사 투여 량의 단위를 결정하는데 사용하는 기준이 되고 있다. 공복혈당이 200~300mg/$\mu\ell$인 경우 혈중 β -HBA가 300μM 이상일 경우에는 제1형 당뇨병으로 판정한다. 제1형 당뇨병 환자에서, 혈중 케 톤체는 혈중 인슐린치와 역비례한다. 제2형 당뇨병 환자에서는 고혈당 증상이 있어도 혈중 β -HBA는 500~1000μM 이상이 되지 않는 경향이 있다. 한편 혈중 β-HBA는 당뇨병이나 비만증 에서 실시하고 있는 식사요법을 환자들이 제대로 지키고 있는지의 지표로 유용하게 쓰이고 있으 며, 만약 경도의 케톤혈증이 있다면 체지방 분해가 일어나고 있음을 의미한다. 케톤체의 농도는 당뇨병 이외에도 스트레스와 감염 등에서 증가되며, 카르니틴 결핍에 의한 지방산 산화의 저하 상태에서는 감소된다.

참고문헌

[1] Williamson, D. H, Mellanby, J. and Krebs, H. A. : Enzymatic determination of D(-)β -hydroxy butyric acid and acetoacetic acid in blood. Biochem. J. 82, p.90(1962)

[2] Cluster, E. M., Myers, J. L., Poffenbarger, P.L, and Schoen, I. : The storage stability of 3-hydroxybutyrate in serum, plasma, and whole blood. Am. J. Clin. Pathol., 80, p.375(1983)

[3] Mercer, D. W., Losis, F. J, and Mason, L. : Monitoring therapy with insulin in ketoacidotic patients by quantifying 3-hydroxybutyrate with a commercial kit. Clin. Chem. 32, p.225(1986)

5. 인슐린과 글루카곤 측정

1) 인슐린 측정

개 요

인슐린은 21개의 아미노산으로 구성된 A체인과 30개의 아미노산으로 구성된 B체인으로 구성된 펩타이드 호르몬으로써 췌장의 랑게르한섬의 β세포에서 분비되며, 일차적으로 혈당에 의하여 분비가 자극된다. 혈중 인슐린 측정은 방사면역 측정법에 의하여 검사하며 사람의 인슐린은 돼지의 인슐린과 거의 비슷한 교차성을 갖고 있다. 인슐린 측정은 당뇨병 진단 이외에도 췌장종양이나 신생물, glucocorticoid 결핍증, 중증의 간 질환에서도 사용된다.

시약 및 기구

- 인슐린 방사면역측정용 키트
- EDTA-채혈시험관
- 감마카운터
- 냉장원심분리기
- 흡입기
- 진탕기
- 피펫

방 법

1. 10~12시간 금식시킨 후, 정맥에서 채혈하며 용혈이 안되도록 조심스럽게 다룬다.
2. 4℃에서 30~60분간 보관하여 3000rpm에서 10~15분간 원심 분리하여 혈청을 분리한다.
3. 시험관을 총방사능, 비특이적 결합, 최대결합, 표준곡선, 관리혈청, 검체 순으로 표시한다.
4. 표준액, 검체를 각각 100㎕씩 시험관에 넣는다.
5. 표지항원 (^{125}I-insulin)을 100㎕씩 시험관에 넣는다.
6. 제1항체를 각각 100㎕씩 시험관에 넣는다.
7. 잘 혼합한 후 4℃에서 24시간 반응시킨다.
8. 제2항체를 100㎕씩 시험관에 넣고 실온에서 30분 배양한다.
9. 냉장원심분리기에서 3,000rpm, 30분간 원심분리한다.
10. 상층액을 흡인하여 버리고 여과지위에 시험관을 5분간 거꾸로 세워서 상층액을 완전히 제거한다.
11. 결합형의 침전물 방사능량을 감마카운터로 계측한다.
12. 표준액의 결합형(B)의 계측치를 Bo계측치의 %로 하여 표준곡선을 만든다.
13. 검체의 계측값 %에 상응하는 결과치를 표준곡선에서 찾는다.

결과 및 고찰

건강 성인에게서 혈청 인슐린 수치는 공복시 5~15 μU/㎖ 이하이며, 50g의 포도당부하검사에서는 30분에서 60분 사이에 20~45 μU/㎖의 최고치를 이룬다. 당뇨병이 있는 경우에는 커브에서 peak가 늦게 나타나고 그 수치가 낮으며 peak 후의 하강하는 정도가 완만하다. 인슐린 수치는 혈당치와 함께 해석되어지는데, 높은 인슐린 수치와 낮은 혈당치는 인슐린종양일 수 있다. 당뇨병에서 높은 인슐린 수치와 높은 혈당치를 갖는 경우는 인슐린 저항성임을 암시한다. 한편 인슐린 수치는 epinephrine, ACTH, 경구피임제의 steroids 등의 복용시에는 높게 나올 수 있다. 참고로 인슐린 저항성이 낮은 운동 선수의 경우 공복시 인슐린 수치가 $3 \sim 5 \mu U/m\ell$이며, 인슐린 저항성이 높은 비만인의 경우에는 공복시 인슐린 수치가 $15 \sim 40 \mu U/m\ell$로 높다. 참고로 취급 부주의로 검체가 용혈이 된 경우에는 정확한 결과 수치를 얻을 수가 없다.

참고문헌

1 Marschner, I. : Group experiments on the radioimmunological insulin determination. Horm. Metabol. Res., 6, p.293(1974)

2 Chard, T. : An introduction to radioimmunoassay and related techniques. Elsevier Biomedical Press(1982)

3 김약수 외 8명 : 병리검사매뉴얼. 고문사(1993)

4 서일택 : 임상핵의학검사기술학. 고려의학(1993)

2) 글루카곤 측정

개 요

글루카곤은 29개의 아미노산이 단일 사슬로 구성된 펩타이드 호르몬이며, 췌장의 랑게르한섬의 α세포에서 분비되며 당대사에 있어서 인슐린과 길항 작용을 갖고 있다. 글루카곤의 측정은 항원과 표지항원을 제1항체에 경쟁적으로 반응시킨 후 제2항체를 넣어서 결합형을 침전시키고 유리형으로부터 분리하는 이중항체법으로 측정한다. 글루카곤의 모든 측정은 4℃의 조건에서 조작하도록 하며, 다른 펩타이드 호르몬에 비하여 단백분해효소에 의하여 분해가 잘 되므로 저해제인 trasyrol을 첨가하도록 한다.

시약 및 기구

- 글루카곤 방사수용체 측정법 키트
- Trasyrol
- EDTA 포함된 채혈시험관
- 감마카운터
- 냉장원심분리기
- 흡입기
- 진탕기
- 피펫

방 법

1 혈액 검체는 $10 \sim 12$시간 금식시킨 후에 채취한다.

2 혈액 채취 전에 피검자는 30분간 안정을 취한다.

3 혈액 1㎖당 trasyrol 500U와 EDTA 1.2mg이 포함된 채혈시험관을 빙냉하여 사용한다.

4 시험관을 총방사능, 비특이적 결합, 최대결합, 표준곡선, 관리혈청, 검체 순으로 표시한다.

5 표준액, 검체를 각각 100㎕씩 시험관에 넣는다.

6 제1항체를 각각 300㎕씩 시험관에 넣는다.

7 잘 혼합한 후 4℃에서 3시간 예비 배양시킨다.

8 표지항원(^{125}I-glucagon)을 100㎕씩 시험관에 넣는다.

9 잘 혼합한 후 4℃에서 30분간 1차 배양시킨다.

10 제2항체(anti-rabbit goat IgG)를 각각 300㎕씩 시험관에 넣는다.

11 4℃에서 30분간 2차 배양시킨다.

12 냉장원심분리기에서 3000rpm, 30분간 원심 분리한다.

13 상층액을 흡인하여 버리고 결합형인 침전물의 방사능량을 감마카운터로 계측한다.

14 표준액의 결합형(B)의 계측치를 Bo계측치의 %로 하여 표준곡선을 만든다

15 검체의 계측값 %를 갖고 표준곡선에서 결과치를 찾는다.

결과 및 고찰

공복시의 글루카곤 수치는 70~150pg/㎖를 가지고 있으며, 50~75g 포도당을 부하한 경구 당부하 검사한 경우에 60분 경에 최저치를 보이며, 0.1U/kg 인슐린을 정맥 주사한 경우에는 약 45분 경에 최고치를 보인다. 당뇨병 환자 중 인슐린 치료를 받고 있는 경우에는 글루카곤 항체가 존재하고 있어서 외관상 높은 수치가 나올 수 있다. 장기간의 금식, 운동, 스트레스, 채혈전의 인슐린의 사용 등은 검사 결과에 영향을 미칠 수 있다. 당뇨병일 경우 췌장의 α세포에도 변화가 오는데 제1형 당뇨병의 경우 글루카곤 수치가 증가하고 만약 환자가 인슐린 치료를 받으면 정상으로 돌아간다. 제2형 당뇨병에서도 글루카곤 수치는 높은데 이는 고혈당에 의하여 글루카곤 분비가 적절히 억제되지 못하기 때문으로 알려져 있고, 증가된 글루카곤에 의하여 간에서의 포도당 생산이 증가하는 것으로 알려져 있다. 비정상적으로 글루카곤 수치가 높아서 900~7800pg/㎖가 될 경우에는 글루카곤 종양일 수 있다. 글루카곤 측정은 당뇨병 이외에도 췌장염, 간경변증, 신부전증 등의 진단에서 사용되어진다.

참고문헌

1 Chard, T. : An introduction to radioimmunoassay and related techniques. Elsevier Biomedical Press(1982)

2 Baron, A. D., Schaeffer, L. and Shragg, P. : Role of hyperglucagonemia in maintenance of increased rates of hepatic glucose output in type Ⅱ diabetics. Diabetes, 36, p.274(1987)

3 이준일 : 핵의학기술학. 대학서림(1993)

4 서일택 : 임상핵의학검사기술학. 고려의학(1993)

6. 췌장 관류법

췌장 관류법은 췌장에서 분비되는 호르몬 분비 기능을 직접적으로 측정하는 목적으로 사용되며 *in vitro* 또는 *in situ*로 검사할 수 있다. 췌장 관류법의 장점을 살펴보면 췌장에 내재하는 신경과 혈관이 온전하게 유지되기 때문에 정상적인 생리상태가 유지된 채로 실험할 수 있다는 장점이 있다. 뿐만 아니라 췌도 분리가 곤란한 병적 상태에서도 췌장의 내분비 기능을 측정할 수 있고, 일반적으로 췌도를 분리하여 실험할 때에 생기는 선별 오차가 없다는 것이다.

시약 및 기구

- Krebs-Ringer bicarbonate 완충액, pH 7.4
- Heparin용액, 2000U/㎖
- 95% O_2 / 5% CO_2 혼합가스
- 수술도구
- 수술용 실크실
- 순환식 항온수조
- 췌장관류장치

방 법

1. 65mg/kg sodium pentobarbital을 복강에 주사하여 실험 동물을 마취시킨다.
2. 복부의 중간 선을 검상돌기 하부 1cm 정도까지 절개하여 개복한다.
3. 십이지장을 제외한 소장과 대장은 수술용 실크실로 결찰하여 제거한다.
4. 공장을 약 1cm 정도 절제하여서 장내 분비물이 빠져나가도록 한다.
5. 하대정맥과 복부대동맥의 상단과 하단의 두 부위를 결찰한다.
6. 위동맥을 결찰하고 결찰 부위의 상부를 절단한다.
7. 위의 기저부분을 약 1cm 정도 절제하여서 내용물을 제거한다.
8. 혈액의 응고 방지를 위하여 헤파린을 하대정맥에 투여한 후 결찰한다.
9. 장간막동맥, 문맥 정맥을 결찰한다.
10. 복킹동맥에 유입용 카테타를 연결한다.
11. 문맥정맥에 유출용 카테타를 연결한다.
12. 관류 액을 37.5℃로 warming하고 95% O_2/5% CO_2 가스를 혼합시키면서 관류를 시작한다.
13. 유출되는 샘플을 시간별로 얼음 위에서 채취하여 분석한다.

결과 및 고찰

유출된 샘플에서 측정하고자 하는 호르몬, 즉 인슐린이나 글루카곤, 또는 기타 췌장에서 분비되는 펩타이드 등을 분석할 수 있다. 췌장 관류법을 이용하여 호르몬의 분비 패턴을 살펴 볼 수 있는데, 특히 *in situ*법을 사용할 경우에는 내분비계의 기능과 신경계와의 상호관련성 등을 살펴 볼 수 있는 장점이 있다. 단 *in situ*법으로 준비하는 과정에서 췌장 주위의 신경 세포를 손상하지 않도록 세심한 주의를 해야한다.

참고 문헌

1 Faris, E. J. and Grifith, J. Q. : The rat in laboratory investigation. Hafner Publishing Company (1967)

2 Curry, D. L, Bennett, L. L. and Grodsky, G. M. : The dynamics of insulin secretion by the perfused rat pancreas. Endocrinology 83, p.572(1968)

3 Grodsky, G. M. et al : The in vitro perfused pancreas, Methods Enzymol. 39, p.364(1975)

4 Waynforth, H. B. : Experimental and surgical technique in the rat, Academic Press(1980)

제5절 신장기능 및 조직 검사

1. 신장기능 검사

　신장기능 검사는 신사구체와 세뇨관, 즉 신장의 배설기능과 항상성 기능의 검사로 나누어 생각할 수 있다. 사구체기능은 사구체여과율을 측정하여 평가하며, 사구체여과율은 이눌린 청소율이 가장 중요하고 표준 방법이긴 하지만 방법이 복잡하고 어려워 임상에서는 크레아티닌 청소율이 많이 사용되고 있다. 최근에는 방사선동위원소 표식자를 이용하여 사구체여과율의 검사를 실시하려는 경향이 증가하고 있다. 항상성 기능(세뇨관 기능) 검사는 의심되는 해당 신세뇨관의 기능을 평가할 수 있는 검사를 선택하여 실시하여야 한다.

1) 사구체여과율의 측정

(1) 이눌린 제거율 측정법

　이눌린은 세포외액에만 분포하므로 혈장 농도가 20~30mg/dℓ에 이르도록 투여량을 계산하여 이눌린을 일시에 정맥 주사하고 일정한 혈장 농도를 유지하도록 지속 주입한다. 일정 기간이 지나 평형상태에 이르면, 서너 차례 시간별로 채뇨하고 각 시간의 중간에 채혈하여 이눌린 농도를 측정한다. 각 시간별 이눌린 청소율을 평균하여 사구체여과율로 취한다. 정확한 검사가 되기 위해서는 잔뇨가 없어야하고 요량이 1.0mℓ/min 이상이여야 한다.

(2) 크레아티닌 제거율 (Ccr) 에 의한 방법

　크레아티닌은 혈중에서 단백질에 부착되지 않은 유리형태로 존재하고 사구체에서 모두 여과되며, 근세포의 크레아틴이 분해되어 체내에 비교적 일정한 속도로 생산되므로 혈중 농도와 요중 배설량은 거의 일정할 뿐만 아니라, 그 측정법이 용이하여 사구체 여과율의 지표가 된다. 크레아티닌 청소율은 24시간 요를 채취하여 요중 크레아티닌을 정량하고 요 채취 시작과 혹은 끝에 채혈하여 혈청 크레아티닌을 측정함으로써 구할 수 있다.

$$Ccr = \frac{Urine\ Creatinine(mg/day)}{Plasma\ Creatinine(mg/d\ell)} \times 70(m\ell/min)$$

(3) 동위원소 이용법

방사선 표지된 화합물들(sodium isothalamate, sodium diatrizoate, ^{51}Cr-EDTA, ^{99m}Tc
-DTPA)을 이용하여 크레아티닌 청소율보다 더 정확한 사구체여과율을 측정할 수 있다. 일
반적으로 이들은 사구체여과율 측정의 좋은 지표로서의 성상을 갖고 있으나 외부 감시기나
혈장 소실곡선을 이용하여 측정해야 한다. 즉, 4시간 이상에 걸쳐 혈액 채취하여 혈장 소실
곡선을 이용하는 방법과 혈액이나 요 채취 없이 감시기로 외부에서 촬영하는 방법이 있다.
^{99m}Tc-DTPA를 사용해서 사구체 여과율을 측정하는 것이 아마도 가장 간편하고 측정하기 용
이한 방법일 것이다. 수분 이뇨 동안 ^{99m}Tc-DTPA를 1회 투여하고 20~30분씩 수 차례에 걸
쳐 채뇨 및 채혈하여 측정한 청소율을 평균하여 사구체여과율을 구한다.

(4) 연령 증가에 따른 사구체여과율의 변화

정상인의 경우 사구체여과율은 20대 동안 최고치에 도달하였다가 이후 점차 감소하여 30
대말부터는 눈에 띄는 저하 경향이 나타난다. 30세가 지나면서 사구체여과율의 저하속도는
대략 1mℓ/min/yr로 알려져 있다. 반면에 혈청 크레아티닌은 연령 증가에 따라 증가하지 않
는데, 이것은 아마도 연령 증가에 따라 근육질량이 점차 감소하여 크레아티닌치뿐 아니라
저하된 사구체여과율에 대한 고려가 필요하다.

2) 신세뇨관 기능의 평가

(1) 요 희석능의 평가

유리수분 청소율은 수분배설의 지표가 되고 이를 이용하여 요 희석능을 평가할 수 있다. 신
장의 희석능을 평가하기 위해서는 수분 부하 후 최대 유리수분 청소율을 측정하는 방법이 있

다. 1,000~1,500㎖의 수분을 경구 투여한 뒤 시간경과에 따른 수분배설과 최소 요 삼투질 농도를 관찰한다. 정상 성인의 경우 3시간 내에 부하된 수분의 50% 이상을 배설하고, 요 삼투질 농도가 100mOsm/kg H_2O 미만으로 감소하여야 한다.

(2) 요 농축능의 평가

다뇨의 경우 먼저 용질 혹은 삼투성 이뇨와 수분 이뇨를 감별하고, 수분 이뇨가 원인이라면 요 농축능을 평가해야 한다. 24시간 요에서 용질의 배설율을 측정하여 600mOsm 이상이거나 요 삼투질 농도를 측정하여 혈장의 삼투질 농도와 유사하면 용질 이뇨로 추정할 수 있다. 요 삼투질 농도가 낮은 수분 이뇨인 경우 요붕증과 일차성 다갈증을 감별해야 한다. 이를 위해서 자세한 문진 및 이학적 소견과 아울러 혈청 나트륨을 반복 측정하고, 확진을 위해 탈수 후 항이뇨호르몬을 투여하면서 요 삼투질 농도를 측정하는 검사가 필요하다.

다뇨 환자에서 탈수검사 동안 환자가 몰래 물을 마시지 않도록 감시해야 하는 한편 과도하게 탈수되지 않도록 주의해야 한다. 검사 전후로 체중을 측정하면서 3% 이상 체중이 감소되도록 4~6시간 이상 물을 마시지 못하게 한 다음, 매시간 요 삼투질 농도를 측정하여 그 증가 폭이 30mOsm/kg H_2O 미만으로 연속 3회 이상될 때까지 탈수시키고 혈장 및 요 삼투질 농도, 혈청 나트륨 농도 및 가능하면 혈장 항이뇨 호르몬 농도를 측정한다. 그 후 계속 탈수시킨 상태에서 항이뇨 호르몬을 피하 혹은 경정맥 주사하고 30~60분 지나서 요 삼투질 농도를 측정한다.

(3) 요 산성화능

체내 산염기 항상성을 유지하기 위한 신장의 역할은 요 산성화의 과정을 통해 이루어진다. 즉 사구체여과에 따라 여과된 모든 중탄산염을 재흡수하고, 식이 섭취와 대사과정에 따라 생성된 산을 적정 시키는 데 소모된 중탄산염을 재생시키는 과정으로 전자는 주로 근위부 네프론에서 이루어지므로 근위부 산성화(proximal acidification)라고 하고, 후자는 원위부 네프론에서 수소 이온의 분비 과성을 필요로 하므로 원위부 산성화(distal acidification)라 부른다.

① 근위부 요 산성화능의 평가
■ 중탄산염 재흡수 측정 : 여과된 중탄산염의 대부분은 근위 세뇨관에서 재흡수되므로 중탄

산염의 재흡수율을 측정하면 근위부 요 산성화능을 평가할 수 있다. 근위부 요 산성화능의 지표는 중탄산염 분획배서률로 표시하는데, 확진을 위하여 혈장 중탄산염 농도가 신장의 역치에 도달할 때까지 수 시간에 걸쳐 중탄산염을 일정하게(2.75% NaHCO₃ 1-1.5mmon/kg/hour) 경정맥 주입하면서 혈장 및 요 중탄산염 농도와 혈장 및 요 크레아티닌 농도를 측정하고, 이로부터 중탄산염의 분획배설율을 산출한다.

$$중탄산염\ 분획배설율(\%)\ =\ [U_{HCO3} \times P_{cr} \times 100]\ /\ [P_{HCO3} \times U_{cr}]$$

U_{HCO3} : 요 중탄산염 농도 　　P_{HCO3} : 혈장 중탄산염 농도

U_{cr} : 요 크레아티닌 농도 　　P_{cr} : 혈장 크레아티닌 농도

중탄산염 분획배설률이 15%를 넘으면 근위부 신세뇨관성 산증을 진단할 수 있다.

② 원위부 요 산성화능의 평가

■ 수소 이온 분비 : 혈중 pH가 7.35 미만인 산증에서는 신장의 정상 반응에 의해 요 pH가 5.5 미만으로 감소한다. 황산나트륨 주입검사를 시행하면 원위부 네프론으로 나트륨 수송이 감소하여 요 산성화 장애가 발생한 경우를 확인할 수 있다. 황산나트륨을 투여하면 원위부 세뇨관에 도달한 나트륨이 집합관에서 재흡수되고, 황산염이 재흡수되지 않는 음이온으로 작용하여 신세뇨관 내강의 음전위가 증가하므로, 집합관에서 칼륨 및 수소 이온의 분비가 증가한다. 따라서 9α-fluorohydrocortisone 1mg을 경구 투여하고 12시간 지나서 4% 황산나트륨 용액 500㎖를 1시간에 걸쳐 경정맥 투여한 후 2~3시간 동안 채뇨하면, 정상인이나 나트륨 재흡수 장애 혹은 수소 이온의 역확산이 증가하여 발생한 산성화 장애에서는 요 pH가 5.5 미만으로 감소하고, 수소 이온 펌프 장애에 따른 산성화 장애에서는 요 pH의 변화가 없다. 요 pH를 측정할 때 pH meter를 이용해야 하고, pH를 측정할 때까지는 요의 무산소성(anaerobic)을 유지하기 위해 mineral oil로 덮은 채 4℃에 보관하여야 한다.

요중 중탄산염이 풍부하면 집합관에서 분비된 수소 이온과 결합하여 탄산이 되고, 이로부터 생성된 이산화탄소에 의해 요 이산화탄소 분압이 혈액보다 40mmHg 이상 높게 된다. 따라서 요 pH가 7.8이상 되도록 3~4시간 동안 1M NaHCO₃을 경정맥 투여하면서 채뇨하면, 정상에서는 요 이산화탄소 분압이 70mmHg 이상으로 증가하여 혈액보다 25 mmHg 이상 높게 되나, 수소 이온 분비 장애가 있는 경우에는 그렇지 못하다.

■ 암모늄 배설 측정 : 요중 암모늄을 직접 측정해서 원위부 요 산성화능을 평가하는 것이 가장 바람직하지만 임상에서 이용하기에는 방법상 어려우므로, 암모늄 배설의 간접 지표인

요 음이온 차(urine AG)를 이용할 수 있다. 요 음이온 차를 측정하기 위해서는 등전원리
에 따라 요중 배설되는 양이온과 음이온의 합은 같으므로, 다음의 등식이 성립한다.

$$Na^+ + K^+ + 2Ca^{++} + 2Mg^{++} + NH_4^+ =$$
$$Cl^- + HCO_3^- + H_2PO_4^- + 2HPO_4^= + 2SO_4^= + organic\ anions$$

여기에서 다음의 공식이유도 된다.

$$Na^+ + K^+ + NH4^+ = Cl^- + 80$$
$$Urine\ AG = unmeasured\ anion - unmeasured\ cation$$
$$= measured\ cation - unmeaured\ anion$$
$$= Na^+ + K^+ - Cl^-$$

이를 이용하여 과염소혈증 대사성 산증을 감별할 때 요 음이온차 값이 음이면 요 암모늄
배설이 80mmol/day 이상으로 증가한 경우(중탄산염의 위장관 소실)를 시사하고, 양이면
요 암모늄 배설이 낮은 경우(원위부 신세뇨관의 요산성화능 장애)를 반영한다.

2. 신장 조직 검사

개 요

신장조직 검사는 신장 내과에서 시행하는 가장 중요한 검사로 이 검사를 통해서 여러 신장병의
정확한 진단을 할 수 있다.

시약 및 기구

- ABD set,
- Vim Silverman needle,
- 전자현미경용 고정액
- 조직보관용 병
- Spring-loaded biopsy device(gun),
- Gun biopsy needle(16 gauge)

방 법

조직 검사는 통상 엎드린 자세에서 시행한다. 환자가 초음파 실에서 베게를 배에 댄채 엎드리면 방사선과 의사가 초음파 검사기를 이용해서 조직 검사할 곳과 의사가 초음파 검사기를 이용해서 조직 검사할 곳(보통 좌측 신장의 아랫쪽)을 표시해 준다. 표시된 조직 검사 부위 주변을 10 cm 정도 넓이로 철저히 소독(betadine과 alcohol 이용)한 표시된 곳에 1% lidocaine으로 국소마취한다.

1 Vim Silverman needle을 사용하는 경우

① 11번 칼날로 4mm 정도 피부 절개를 한 후 obturator를 낀 cannula를 피부 절개를 통해 숨을 들이쉬고 참은 상태에서 초음파로 미리 측정한 신장 표면까지의 거리만큼 찔러 넣는다.

② 신장 표면이 cannula 끝에 닿게 되면 환자로 하여금 숨을 내쉬고 들이마시는 동작을 반복하게 하여 cannula가 호흡과 반대 방향으로 움직이는 것이 확인되면, 숨을 참게 한 후 약간 더 밀어 넣는다.

③ 그 후 obturator를 뽑고, cutting prong을 넣은 후 환자에게 숨을 깊이 마시게 한 후 참게하고, 순간적으로 cutting prong의 머리 부분을 시술자의 손끝으로 쳐서 cutting prong이 신피질을 뚫고, 신수질 쪽으로 전진하도록 한다.

④ Cutting prong을 한바퀴 회전시킨 후 다시 cannula를 cutting prong을 따라 회전시키면서 1.5~2cm 정도 전진시킨다.

⑤ Cutting prong과 cannula를 동시에 뽑으면서 조직 검사부위는 손바닥으로 3~5분간 눌러 주어야 한다.

2 Gun을 사용하는 경우

① Spring-loaded biopsy device(gun)를 사용하여 신장조직 검사를 시행하는 방법으로 조직의 손상이 적고 검사 후 합병증을 줄이기 위해 고안된 방법이다.

② Gun의 손잡이 부분에 있는 lever를 준비 상태로 옮긴 후 손잡이를 당겨 spring을 충전시켜 놓는다.

③ 11번 칼날로 4mm 정도 피부를 절개한 후 16 gauge의 gun biopsy용 Tru-cut needle을 숨을 들이쉬고 참은 상태에서 같은 방법으로 신장표면까지 진행시키고 jerking motion을 확인한다.

④ 숨을 모두 내쉰 상태에서 숨을 참게 한 후 약간 더 밀어 넣는다.

⑤ 그 후 needle에 gun을 정착시킨다.

⑥ 오른손으로 gun을 잡고 왼손으로는 바늘 부위로 고정시키면서 gun을 약간 누르면서 스위치를 누르면 순간적으로 바늘이 신장 조직을 뚫고 들어갔다 나오면서 조직이 Tru-cut내에 얻어진다.

⑦ Gun과 needle을 같이 뽑으면서 조직 검사 부위는 손바닥으로 3~5분가량 눌러준다.

⑧ 조직이 충분히 얻어지면 잘라서 고정용액에 담그도록 한다.

3 조직 검사 후 처치

① 신장조직 검사 후 검사부위를 손바닥으로 3~5분간 눌러 피부 출혈이 멈추는 것을 확인한다.

② 검사 부위의 소독이 끝나면 환자를 똑바로 눕히며, 검사부위 아래에 모래주머니를 대준다. 조직 검사 후에는 적어도 12시간 정도는 절대 안정해야 한다.

③ 조직 검사 후 병실로 환자가 올라오면, 생체 징후 및 혈압을 30분 간격으로 4회 측정하고 그 후는 2시간 간격으로 5회 측정한다.

④ 충분한 수액을 투여하여 이뇨를 촉진한다.

⑤ 환자가 소변을 볼 때마다 소변의 일부를 소변 검사 용기에 받아 놓아 색을 확인한다.

⑥ 환자가 통증을 호소하는지를 확인해야 하며, 통증이 심하다면 buscopan 1ample 또는 demerol 0.5ample을 근육 주사한다.

⑦ 조직 검사 후 24시간 지나면 혈액 검사를 시행하여 출혈정도를 확인해야 하며, 복부 초음파를 다시 시행한다.

참고 문헌

1 Schuck, O. : Examination of kidney function. Boton, Martinus Nijhoff Publishers, p.218(1984)

2 Goldstein, M. B., Bear, R., Richardson, R. A., Marsden, P. A. and Halperrin, M. L. : "The urine anion gap : A clinically useful index of ammonium excretion." Am. J. Med. Sci., 292, 198(1986)

3 Harry, R. J., Gary, E. S. and Striker, S. K. : The principle and practice of nephrology. 2nd, Mosby, New York(1995)

4 서울대학교 의과대학 : 신장학. 서울대학교 출판부, p.385(1995)

5 조원형, 김형규 : 임상신장학. 대관출판사, p.25(1999)

제6절 고혈압

1. 자발성 고혈압 흰쥐를 이용한 효력검색법

개 요

고혈압에 효과가 있는 물질을 검색하기 위해서는 일반적으로 사용하는 자발성 고혈압 랫드 (spontaneously Hypertensive Rat, SHR)를 이용하는 방법이 있다.

시료조제

실험하고자 하는 물질(약물이나 천연물 등)을 첨가한 사료를 제조하거나 또는 천연물을 추출하여 용매에 녹여 시험물질을 조제한다.

시약 및 기구

- Saline
- Hydralazine
- 혈압측정기
- 체중측정기

방 법

1 고혈압 동물모델 작성 : 혈압 측정장치로 수축기 혈압이 160mmHg 이상인 실험동물을 선별하여 수축기, 이완기, 평균혈압, 심박수등을 측정한다.

2 시험물질 조제 및 군 분리 : 실험하고자 하는 물질(약물이나 천연물 등)을 첨가한 사료를 제조하거나 또는 천연물을 추출하여 용매에 녹여 시험물질을 조제한다. 위와 같은 방법으로 동물모델을 작성한 후, 실험목적에 맞게 군을 분리한다.

3 투여 : 시험물질을 투여하기 전·투여후 1, 2, 3, 4, 5시간에 혈압 및 심박수를 측정한다. 양성대조군으로는 hydralazine(50mg/kg)를 사용하고 투여하기 전·투여후 1, 2, 3, 4, 5시간에 혈압 및 심박수를 측정한다.

4 관찰 항목

① 체중 및 식이섭취량 측정 : 주1회 체중과 식이섭취량을 측정한다

② 혈압 측정 : 혈압과 심박수는 혈압 측정기(blood pressure monitoring system)을 이용하여 미압 간접측정법으로 측정하여 수축기 혈압(systolic blood pressure), 평균 혈압(mean blood pressure),

이완기 혈압(diastolic blood pressure)과 심박수(heart rate)를 기록한다. 혈압측정시 35℃의 preheating chamber에 15분간 넣어 예열시킨 흰쥐를 고정틀에 넣어 적당한 크기의 tail cuff sensor를 꼬리에 끼운 후 5분 정도 환경에 적응시킨 후 혈압을 측정한다. 혈압 측정 chamber 내의 온도는 33℃로 고정하였고 4~6회 측정하여 평균값을 기록한다.

결과 및 고찰

위의 관찰항목들을 측정하여 고혈압에 효과가 있는 물질을 검색한다.

참고 문헌

1 Owen, G. K. : Influence of Blood Pressure on Development of Aortic Medial Smooth Muscle Hypertrophy in Spontaneously Hypertensive Rats. Hypertension, 9, p.178(1987)

2. NAME 투여에 의한 고혈압모델에서 효력검색

개 요

고혈압에 효과가 있는 물질을 검색하기 위하여 Nitric oxide 합성저해제인 L-Arginine methyl ester(NAME)를 장기간 투여한 고혈압 동물모델이 있다. NAME를 장기간 투여하면 혈관비대, 신장동맥수축, 사구체경화증, 심장비대와 관련되어 고혈압이 발생한다.

시료조제

실험하고자 하는 물질(약물이나 천연물 등)을 첨가한 사료를 제조하거나 또는 천연물을 추출하여 용매에 녹여 시험물질을 조제한다.

시약 및 기구

- Saline
- Hydralazine
- 혈압측정기
- 체중측정기

방 법

1 고혈압동물모델 작성 : NAME(40mg/100㎖) 첨가 음용수를 6주간 섭취시킨다. 1주 간격으로 혈압을 측정하여 혈압이 상승하는 추이를 관찰한다.

2 시험물질 조제 및 군 분리 : 실험하고자하는 물질(약물이나 천연물 등)을 첨가한 사료를 제조하거나 또는 천연물을 추출하여 용매에 녹여 시험물질을 조제한다. 위와 같은 방법으로 동물모델을 작성한 후, 실험목적에 맞게 군을 분리한다.

3 투여

① 고혈압 발생예방 효과를 측정하고자 할 때 : NAME투여와 병행하여 시험물질을 6주간 투여하여 시험물질을 투여하지 않은 군과 혈압을 비교한다. 혈압은 주 1회 측정한다.

② 고혈압의 혈압 강하효과를 측정하고자 할 때 : NAME(40mg/100㎖) 첨가 음용수를 6주간 섭취시킨 후 혈압상승이 충분히 되었을 때 시험물질을 투여한다. 시험물질을 투여하기 전, 투여후 1, 2, 3, 4, 5시간에 혈압 및 심박수를 측정한다. 양성대조군으로는 hydralazine(50mg/kg)를 사용하고 투여하기 전, 투여 후 1, 2, 3, 4, 5시간에 혈압 및 심박수를 측정한다.

4 관찰 항목

① 체중 및 식이섭취량 측정 : 주1회 체중과 식이섭취량을 측정한다

② 혈압 측정 : 혈압과 심박수는 blood pressure monitoring system을 이용하여 미압 간접측정법으로 측정하여 수축기 혈압(systolic blood pressure), 평균 혈압(mean blood pressure), 이완기혈압(diastolic blood pressure)과 심박수(heart rate)를 기록한다. 혈압측정 시 35℃의 preheating chamber 에 15분간 넣어 예열시킨 흰쥐를 고정틀에 넣어 적당한 크기의 tail cuff sensor를 꼬리에 끼운 후 5분 정도 환경에 적응시킨 후 혈압을 측정한다. 혈압 측정 chamber 내의 온도는 33℃로 고정하였고 4~6회 측정하여 평균값을 기록한다.

결과 및 고찰

위의 관찰항목들을 측정하여 고혈압에 효과가 있는 물질을 검색한다.

참고 문헌

1 Matsuoka, H., Nakata, M., Kohno, K., Koga, Y., Nomura, G., Toshima, H. and Imaizumi, T. : Chronic L-arginine Administration Attenuates Cardiac Hypertropy in SHR. Hypertension, 27, p.14(1996)

2 Schannberg, C., Tucker, B., Pigg, K. and Granger, T. : Role of Nitric Oxide in Modulating the Chronic Renal and Arterial Pressure Response to Angiotensin II. A. J. H., 10, p.226(1997)

3 Tang, W. and Eisenbrand, G. : Chinese Drugs of Plant Medicine, Springer-Verlag Berlin Heidelberg, p.509(1992)

제 7 절 | 골다공증

1. 골다공증

개 요

골다공증과 같은 노인성 질환은 기존의 치료개념보다는 식이조절을 통해 예방적 차원의 접근이 보다 바람직하다. 골다공증에 효과가 있는 물질을 검색하기 위한 동물모델로는 일반적으로 사용하는 난소절제에 의한 방법과 부신피질호르몬을 장기간 사용하는 방법이 있다.

시료조제

실험하고자하는 물질(약물이나 천연물 등)을 첨가한 사료를 제조하거나 또는 천연물을 추출하여 용매에 녹여 시험물질을 조제한다.

시약 및 기구

- Ketamine
- Dexamethasone
- Potadine
- 알코올
- ELISA kit

방 법

1 골다공증 동물모델 작성

① 난소절제에 의한 골다공증 모델

- 난소절제 수술 : 흰쥐에게 ketamine(1mg/kg)을 근육주사하여 전신마취시킨 다음, 양측복배부의 털을 제거한 뒤, 10% potadine용액으로 수술부위를 소독한 뒤 무균조작 하에서 수술을 시행한다. 후부 중앙을 1㎝ 정도 피부, 복근 및 복막을 절개하고 양측의 난소를 노출하여 설세하고, 복막, 복근 및 피부를 봉합한다. 일반적으로 난소절제수술 후 6~8주가 경과하면 골다공증이 발생한다.
- Sham 수술 : 복막 절개까지만 난소절제수술과 같은 방법으로 시행하고, 난소를 적출하지 않은 채로 다시 봉합하는 모의수술(sham operation)을 시행하여, 이들을 정상대조군으로 사용한다.

② 부신피질호르몬장기간 투여에 의한 골다공증 모델 : Dexamethasone(DEXA)을 1회 10mg/kg,

일주일에 3회, 10주간 근육주사하여 골다공증동물모델을 만든다.

2 시험물질 조제 및 군 분리 : 실험하고자 하는 물질(약물이나 천연물 등)을 첨가한 사료를 제조하거나 또는 천연물을 추출하여 용매에 녹여 시험물질을 조제한다. 위와 같은 방법으로 수술을 시행한 후, 실험목적에 맞게 군을 분리한다.

3 투여

① 골다공증 예방 효과를 검색하고자 할 때 : 난소절제수술 및 부신피질호르몬 투여시작 3일 후부터 시험물질을 6~8주 투여한다.

② 골다공증 치료 효과를 검색하고자 할 때 : 난소절제수술 6주 후부터 및 부신피질호르몬 투여시 10주 후부터 시험물질을 6~8주 투여한다.

4 관찰 항목

① 체중 및 식이섭취량 측정 : 주1회 체중과 식이섭취량을 측정한다

② 채혈 및 생화학적 검사 : Ketamine(1mg/kg) 마취 하에 헤파린 처리된 모세관을 이용하여 안와혈관으로부터 채혈한다. 채혈한 혈액으로부터 원심분리하여 혈청을 분리하고 −70℃에서 냉동보관 후 칼슘, 총 단백질, alkaline phosphatase reagent kit를 사용하여 혈액 자동 생화학 분석기(RA-XT, Technicon Co.)로 측정한다. 또한 혈액 중 osteocalcin(Bone Gla-Protein, BGP) 농도는 ELISA kit(OSTEOMETER A/S, DK)방법(다음 항목에 자세히 설명됨)에 의해 정량한다.

③ 골분리, 골밀도 및 골강도 측정 : 경골 및 대퇴골을 분리하여 dry oven(70℃)에서 3시간 건조시킨 후 무게를 측정한다. 골밀도의 측정은 이중에너지 방사선 골밀도 측정기(dual energy X-ray absorptiometry)를 이용하여 측정한다. 골강도의 측정은 대퇴골의 중앙위치에서 texture analyzer를 이용하여 뼈의 파단력을 측정한다.

④ 조직처리 : 부검한 조직의 경골 및 대퇴골을 채취하여 10% 중성포르말린과 formic acid를 1:1의 비율로 섞어서 1주일간 고정하여 탈석회후 골간면과 평행하게 삭정한다. 삭정한 조직은 탈수치환 및 파라핀 침투과정을 거쳐 파라핀 포매 후 두께 3~5μm 정도로 박절하였다. 그 후 헤파토실린-에오신 염색을 하여 광학현미경으로 관찰한다.

Osteocalin Assay

1 Kit 명 : *N*-MIDTM Osteocalcin one step ELISA Kit, Osteometer BioTech A/S)

2 항체 용액 만들기

① peroxidase conjugated antibody solution(vial No. 1), biotinylated antibody solutions(vial No. 2)에 각각 conjugate diluent solution(vial No. 3) 10㎖를 취해 첨가한다.

② 위의 용액들을 각각 같은 부피씩 취해 섞는다.

3 Immuno strips에 위치시키기

① Standard(vial A-F), control(vial CO), sample을 20μℓ씩 취해 well에 넣어준다.

② Multipipette을 이용하여 항체용액 150μℓ를 첨가한다.

③ Sealing tape를 이용하여 immunostrip을 덮는다.

④ 상온에서 2시간 정도 방치한다.

4 세척 : 증류수로 51배 희석시킨 세척액(washing solution, vial No. 6)을 가지고 immunostrip을 5회 세척한다.

5 Chromogenic substrate solution으로 발색

① 각 well에 substrate solution(vial No. 4)을 $100\mu\ell$ 취해 넣어준다.

② Sealing tape를 이용하여 빛이 차단되도록 한 상태에서 15분 가량 발색시킨다.

6 발색반응 종료 : 정지액(Stopping solution, vial No. 5)을 $100\mu\ell$ 취해 각 well에 넣어 반응을 종료시킨다.

7 흡광도 측정 : 반응 종료후 2시간 이내에 450nm에서 흡광도를 측정한다.

8 주의사항

① 사용에 앞서 모든 시약은 상온에서 안정시켜야하며, 본 실험은 상온(18~25℃)에서 실행한다.

② 실험에 필요한 strip의 수를 결정한다. 일반적으로 모든 샘플은 두 번 반복하는 것이 권장되며 참고로 standard와 control을 측정하는 데에는 14개의 well이 필요하다.

③ plastic frame에 결정한 수만큼의 strip을 올려놓고 실험하며 남은 immuno strip은 건조제와 함께 foil bag에 넣어 잘 보관한다.

결과 및 고찰

위의 관찰항목들을 측정하여 골다공증 치료 및 예방에 효과가 있는 물질을 검색함으로써 골다공증 환자에게 실질적인 도움을 주고자 한다.

참고문헌

1 Suk, S. I., Lee, C. K., Kang, H. S., Lee, J. H., Min, H. J., Cha, S. H. and Chung, Y. J. : Vertebral fracture in osteoporosis. J. Kor. Orthop. Assoc., 28, p.980(1993)

2 Cummings, S. T., Kelsey, J. L., Nevitt, M. C., and O'Dowd K. J. : Epidemiology of osteoporosis and osteoporotic fracture. Epidemiol. Rev., 7, p.178(1985)

3 Hui, S. L., Slemenda, C. W., Johnston, C.and Appledorn, C. R. : Effects of age and menopause on vertebral bone density. Bone Miner., 2, p.141(1987)

4 Aloia, J. F., Cohn, S. H., Vaswani, A., Yeh, J. K., Yuen, K. and Ellis, K. : Risk factors for postmenopausal osteoporosis. Am. J. Med., 78, p.95(1985)

2. 골밀도 측정

개 요

엄밀한 의미의 골다공증을 진단하기 위해서는 작은 충격에 의하여 골절이 발생한 것을 증명하여야 하는 것으로 의학적 병력, 이학적 소견과 척추 사진에서 골절을 확인하는 것이 진단에 중요

한 역할을 한다. 그러나 일반적으로 골다공증은 골절이 없이도 골절이 발생할 수 있을 정도로 골량이 감소되는 것으로 진단을 하는 실정이다.

기구 및 방법

1 단순 방사선 촬영 : 골량을 가장 간편하게 평가할 수 있는 방법은 단순 방사선 촬영이지만 일반적으로 30~40% 이상의 골량의 감소가 있어야만 사진에 나타나므로 예민하지 못한 방법이다. 아주 심한 골다공증만 이 방법으로 진단이 가능하며 단순 방사선 사진의 유용한 점은 골절이나 소주골의 형태 변화, 피질골의 두께 감소 등을 직접적으로 명확하게 볼 수 있다는 것이다.

2 단일에너지 광자 흡수계측기(single photon absorptiometry, SPA) : 단일에너지 광자 흡수계측기는 과거 30년 이상 골량의 측정에 사용되어 온 방법이다. 이 방법은 측정이 간편하고 방사선 노출이 적으며 측정 비용이 싸다는 장점이 있으나 손목이나 발뒤꿈치 등 말단 부위만 측정이 가능하기 때문에 임상적으로 관심이 있는 부위인 척추와 고관절부를 측정하지 못한다는 단점이 있다.

3 이중에너지 광자 흡수계측기(dual photon absortiometry, DPA) 및 이중에너지 X-선 흡수계 (dual energy X-ray absortiometry, DEXA) : 저에너지와 고에너지의 방사선이 인체를 투과할 때 방사선 투과율(흡수량)의 차이를 측정함으로써 투과 물질의 밀도를 산출하는 방법이다. 이 방법을 사용하면 연조직이 많은 부위인 요추나 고관절부위의 골밀도를 정확하게 측정할 수 있다. 처음에는 두 가지 에너지의 광자(감마선)를 내는 방사선 동위원소를 광원으로 이용하였으나(이중에너지 광자 흡수계측기), 최근에는 두 가지 에너지의 X-선을 이용하는 이중에너지 X-선 흡수계측기로 대체되어 가는 추세이다. 이중에너지 X-선 흡수 계측기는 정밀도와 해상도가 높고, 측정 소요시간이 짧으며(5~10분), 방사선 노출도 적어서 현재 표준으로 인정받고 있는 방법이다.

4 정량적 전산화 단층촬영술(quantitative computed tomography, QCT) : 전산화 단층촬영의 원리를 이용한 것으로 이 방법의 이론적인 장점은 척추의 중심 부위인 소주골 부분의 골밀도만을 따로 측정할 수 있다는 것이다. 소주골 부의를 따로 측정하는 것이 좋은 이유는 일반적으로 골다공증에서는 피질골 부위보다 소주골 부위의 변화가 훨씬 현저하게 나타나며 치료에 대한 반응도 빨리 볼 수 있기 때문이다. 척추의 노화에 따른 퇴행성 변화나 대동맥 석회화 등에 의한 영향을 배제할 수 있다는 장점이 있는 반면 측정 비용이 다소 비싸고, 정밀도가 이중에너지 X-선 흡수계측기에 비하여 떨어지며 방사선 노출이 많다는 단점이 있다.

5 초음파(ultrasound) : 초음파를 이용한 골밀도 측정방법의 원리는 초음파가 뼈를 통과하는 속도가 뼈의 밀도와 탄성률에 따라 달라지는 점을 이용한 것이다. 뼈의 밀도가 높을수록, 탄성률이 높을수록 초음파의 전달 속도가 빨라지게 된다. 초음파 방법은 뼈의 양 뿐 만 아니라 뼈의 질을 동시에 평가할 수 있고, 방사선 노출이 없으며, 측정이 간편하고, 비용도 적게 들기 때문에 골다공증의 선별검사에 유용하게 사용할 수 있을 것으로 보인다. 그러나 골절 위험도의 예측이나 골다공증 치료에 대한 반응을 추적 관찰하는데 있어서의 유용성은 앞으로 좀 더 검증이 필요한 상태이다. 이 다섯가지 방법이 표 26-2에 요약되어 있다.

표 26-2 골밀도 측정 방법간의 비교

측정법	측정부위	정밀도오차(%)	소요시간(분)	방사선노출량
단일에너지광자 흡수계측기	손목, 발뒤꿈치	2-4	10-15	적음
이중에너지 광자흡수계측기	척추, 대퇴골	3-5	20-30	적음
이중에너지 X-선흡수계측기	척추, 대퇴골, 전신	1-2	5-10	매우 적음
정량적 전산화 단층촬영술	척추	2-5	10-20	비교적 많음
초음파	발뒤꿈치	2-3	5-10	없음

결과 및 고찰

1 골다공증의 진단 기준 : 골밀도를 측정하여 정상 젊은 성인에 비하여 얼마나 감소되어 있느냐에 따라 골다공증을 진단하게 된다. 즉, 골밀도가 정상 젊은 성인의 평균치에서 1.0 표준편차(약 10%) 이내로 감소된 경우에는 정상으로 간주하며, 1.0~2.5 표준편차(약 10~25%) 만큼 감소된 경우를 골감소증, 그 이상 감소된 경우를 골다공증으로 진단한다. 골밀도가 2.5 표준편차 이상 감소되어 있으면서 골절이 동반되어 있는 경우를 명확한 골다공증이라고 한다.

2 골밀도의 해석 : 통상적으로 골밀도는 BMC(bone mineral contents) 또는 BMD(bone mineral density)로 표기하며, BMD는 BMC를 측정된 뼈의 면적으로 나누어 계산한다. 뼈의 두께가 두꺼운 사람은 골밀도가 실제보다 높은 것으로 나타나는 반면에 뼈의 두께가 적은 사람은 골밀도가 실제보다 작은 것으로 잘못 평가될 수 있다. 뼈의 두께를 반영할 수 있는 방법이 없어 뼈의 크기에 변화가 생기는 성장기 아이들의 골밀도 해석을 어렵게 할 뿐더러 뼈의 크기가 다른 성인 골밀도의 해석도 다소 복잡하게 한다. 골다공증이란 뼈의 강도가 낮아 골절이 발생하는 질환이며 뼈의 강도는 골량, 뼈의 기하학, 뼈의 질에 의하여 결정된다. 초음파 방법이 비교적 뼈의 질을 반영하는 것으로 알려져 있지만 아직은 더 많은 연구가 필요하며 향후 뼈의 기하학이나 뼈의 질의 측정도 가능하여 뼈의 강도를 보다 잘 반영할 수 있는 기계의 개발이 필요하다.

참고문헌

1 김기수 : 골다공증. 여성출판사, 서울, p.89(1998)
2 고창순 편저 : 핵의학. 고려의학, 서울, p.602(1998)

1) 골의 생화학지표

성장이 끝난 뼈의 표면에서는 골재형성(bone remodeling) 과정이 평생 계속하여 일어남으로써 파골세포에 의하여 손상된 뼈를 제거하고(골흡수), 조골세포에 의하여 새로운 뼈로 채워줌으로써(골형성) 튼튼한 뼈를 유지하게 한다. 이러한 골재형성 과정이 병적으로 증가하면 골소실률이 증가하여 골다공증의 위험을 증가시키므로, 골재형성의 속도를 아는 것은 임상적으로 큰 도움이 된다. 과거에는 골조직 검사가 이용되었지만 최근에는 혈액 및 소변 검사를 이용하여 쉽게 알 수 있는 방법이 개발되면서 그 사용이 빠른 속도로 증가하고 있는 실정이다.

(1) Bone Alkaline Phosphatase

개 요

Bone alkaline phosphatase(BALP)는 조골세포에서 만들어지는 골형성지표이다. 이에 비해 Total alkaline phosphatase(TALP)은 55%가 간으로부터, 40%가 조골세포로부터, 공복시 채혈이 아닌 경우는 5%가 장으로부터 유래되어 BALP를 측정하는 것이 골형성지표로서 민감성과 특이성이 높다. 폐경 후 여성의 경우 BALP가 TALP보다 훨씬 더 민감하게 증가하는 것이 관찰되었다.

시료조제

면역방사측정법(immunometric assay)에 의해 측정된다. 단클론 항체로 처리된 plastic bead에 혈청을 넣으면 단클론 항체는 BALP 분자와 반응하고 동시에 방사표지처리가 또다른 단클론 항체가 BALP의 다른 항원 부위에서 결합하게 된다. 이렇게 solid-phase/BALP/radiolabelled antobody sandwich가 형성되면 결합되지 않은 항체를 제거하기 위해 plastic bead를 씻도록 한다. Solid phase에서 방사활성을 gamma counter로 측정하며 측정된 방사활성은 혈청 내의 BALP 농도를 반영하게 되는데 $0 \sim 120 \mu g$ BALP/ℓ을 나타내는 calibrator에 의한 표준치에 기초하여 측정치를 나타내게 된다.

방법(조작)

모든 시약과 검체는 실온에서 사용하도록 하며 사용하기 전에 철저하게 흔든 후 사용한다. 오염을 방지하기 위해 모든 혈청은 피펫 혹은 피펫 tip을 각각 사용하며 다음과 같은 방법으로 검사하도록 한다.

1 시험관에 적절한 표시를 한다.

2 피펫 $100 \mu \ell$으로 diluent/calibrator, control, 검체를 각각의 시험관에 넣고 표시를 하도록 한다.

③ 피펫 100μℓ으로 tracer antibody를 각각의 시험관에 넣어 섞는다.

④ 손으로 검사 선반을 15초 동안 흔들어 서로 섞이도록 하는데 너무 세게 흔들어서는 안된다.

⑤ Blotting 후 하나의 bead는 각각의 시험관에 담도록 하는데 너무 건조되지 않도록 한다.

⑥ 한 번 더 손으로 검사 선반을 15초 동안 흔들어 서로 섞이도록 한다.

⑦ 시험관 선반을 덮어서 냉장고에 넣는데 2~8℃로 맞추도록 한다. 19시간 정도 incubation시키며 8℃가 넘지 않게 주의한다.

⑧ Incubation 후 실온에서 bead를 잘 씻도록 한다. 3mℓ 세정액을 시험관에 넣는다. 피펫으로 빨아 bead가 tube바닥에서 떨어질 수 있도록 빨아올린다. 매 번의 세정마다 액체를 빨아올려 세정액을 가만히 따르도록 한다. 세 번의 세정이 15분을 넘지 않도록 한다.

⑨ Gamma counter 안에서 tube의 수를 세어 1분당 갯수(count per minute, CPM)를 측정한다.

⑩ 표에 의해 측정치를 산출하도록 한다.

시약 및 기구

상업용 시약 kit를 구입하면 아래 시약들이 들어 있다.

- Anti-Skeletal Alkaline Phosphatase Tracer Antibody
  - Mouse monoclonal IgG(against sALP) labeled with
  - 125l in a bovine/mouse/horse protein matrix
  - containing less than 6 μCi or 222 kBq/vial, a blue dye
  - and 0.1% sodium azide as a preservative.

- Anti-Skeletal Alkaline Phosphatase Coated Beads
  - Mouse monoclonal IgG(against sALP) coated on
  - plastic beads in a buffer containing 0.1% sodium
  - azide as a preservative.

- Zero Diluent/Calibrator(A)
  - A bovine protein matrix containing no detectable
  - concentration of sALP(oμg sALP/L) and
  - 0.1% sodium azide as a preservative.

- Skeletal Alkaline Phosphatase Calibrators(B-F)
  - A bovine protein matrix containing approximately
  - 15, 30, 45, 60 and 120μg sALP/L, a blue dye and
  - 0.1% sodium azide as a preservative.
  - Refer to insert label for assigned values.

- Low Skeletal Slkaline Phosphatase Control(1)
  - Contains approximately 20μg sALP/L in a
  - Bovine protein matrix, a blue dye and 0.1%
  - Sodium azide as a preservative.
  - Refer to insert label for assigned range.

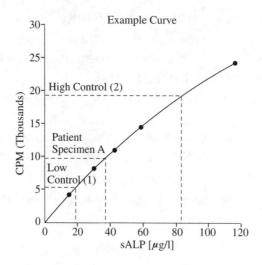

그림 26-1 CPM에 의한 BALP 농도의 추정 그래프

표 26-3 수작업에 의한 BALP의 농도

Tube	Description	CPM	Mean CPM	sALP μg/L
	Example Data			
1	0μg/ℓ Calibrator (A)	180	213	0
2	" " "	245		
3	15μg/ℓ Calibrator (B)	4255	4242	14.4
4	" " "	4229		
5	30μg/ℓ Calibrator (C)	8432	8219	31.1
6	" " "	8006		
7	45μg/ℓ Calibrator (D)	11275	10971	43.2
8	" " "	10667		
9	60μg/ℓ Calibrator (E)	14452	14456	57.0
10	" " "	14461		
11	120μg/ℓ Calibrator (F)	24627	24993	116.0
12	" " "	25359		
13	Low Control (1)	5237	5523	19.8
14	" " "	5809		
15	High Control (2)	19955	19680	86.3
16	" " "	19404		
17	Patient Specimen A	9518	9843	38.2
18	" " "	10169		

- High Skeletal Alkaline Phosphatase Control(2)
  - Contains approximately $90\mu g$ sALP/L in a
  - Bovine protein matrix, a blue dye and 0.1%
  - Sodium azide as a preservative. Refer to
  - Insert label for assigned range.
- Wash Concentrate
  - Detergent solution containing 0.3% sodium azide
  - As a preservative.

결과 및 고찰

Calibration curve는 x축을 BALP로 y축을 counter per minute(CPM)로 하는 선 그래프 상에 나타날 수 있다(그림 26-1). 해당 검체에서의 CPM 점에서 수평 라인을 그린 후 수직으로 내려오면 그 검체에서의 BALP를 구할 수 있다. 분석하기 전에 희석을 했다면 산출시 희석을 고려하여야 한다.

건강한 성인의 BALP 참고치와 범위가 각각 표 26-4와 그림 26-2와 같이 나타나 있다.

참고문헌

1 TandemRR-Ostase, Hybritech Inc., USA. Mar(1997)
2 김기수 : 골다공증. 여성출판사, 서울, p.102(1998)

표 26-4 건강한 성인에서의 BALP의 농도 참고치

	N	sALP Mean $\mu g/L$	SD	sALP Median $\mu g/L$	sALP 95percentile $\mu g/L$
Males	217	12.3	4.3	11.6	20.1
Premenopausal females	228	8.7	2.9	8.5	14.3
Postmenopausal females	529	13.2	4.7	12.5	22.4

Cistribution of sALP Concentrations in Apparently Healthy Adults

Tandem-R Ostase

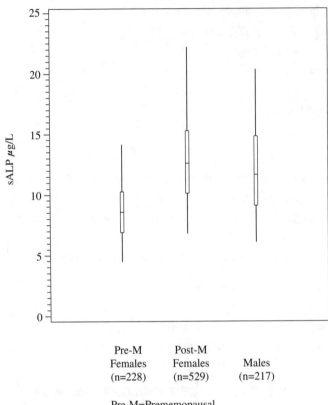

그림 26-2 건강한 성인에서의 BALP의 농도의 분포 양상

제8절 | 위궤양 모델

1. Shay 결찰 동물모델을 이용한 항궤양제 효력검색법

항궤양제의 위산분비 억제효과를 생체내(*in vivo*)에서 측정하는 검색법으로써 위액 분비량, 위액
의 총산도 및 펩신의 활성도에 시험물질이 미치는 영향을 Shay 결찰 동물모델을 사용하여 측정
한다. SD 5-6주령의 수컷 랫드를 군 당 10마리씩 사용한다.

시약 및 기구

- Ether
- NaOH
- 헤모글로빈
- 염산
- Folin-Ciocalteau's agent etc. (Sigma Co.)
- UV/VIS 분광광도계
- 원심분리기
- pH 측정기

실험방법

1 위액의 채취 : 24시간 절식시킨 랫드 10마리를 1군으로 하여, ether 마취하에서 개복한 후 위
  의 유문을 결찰하고 다시 복부를 봉합한다. 결찰 직후 시험물질을 경구(양성대조물질은 십이
  지장)투여하고, 절식, 절수 상태에서 5시간 지난 후에 ether로 마취하여 희생시키고 위를 적
  출하여 위에 모인 위액을 원심분리관에 넣어 4,000×g에서 15분 동안 원심분리하여 침전물을
  제거한 후 상등액의 양, pH, 총산도 및 pepsin 활성도를 측정한다. 양성대조약물로는 omeprazole
  을 사용한다.

2 총산도 측정 : 위액 1㎖를 취하여 0.01 N-NaOH액으로 중화적정함으로써 총산도(μEq/㎖)를
  측정한다.

3 Pepsin 활성도의 측정 : 위액 0.01㎖에 25℃의 헤모글로빈 기질용액(hemoglobin 2g을 0.06N-
  HCl에 녹여 100㎖로 하여 pH 1.8에 맞춘 후 4,000×g에서 15분간 원심분리하여 사용함) 5㎖
  과 0.01N-HCl 0.99㎖을 가한다. 4,000×g에서 20분간 원심분리하여 상등액 5㎖를 취하여
  0.5N-NaOH 10㎖를 가한 다음, 1:3으로 희석된 Folin-Ciocalteau's agent 3㎖를 가하여 5~10분

후에 595nm에서 흡광도를 측정한다. 표준용액은 0.2N-HCl에 용해시킨 tyrosine용액 1㎖에 0.2N-HCl 4㎖를 가하여 0~1mM의 농도로 조제한다.

평가 기준

총산도는 총위액량을 고려하여 총위산 분비량(μEq/5hr)을 계산한 후 단위시간으로 환산하여 표기하며, pepsin 활성도는 mg tyrosine produced/hr로 표기한다.

참고문헌

1 식품의약품안전청 : 독성약리병리시험 표준작업지침서 (II). 서울, p.363(1999)

2 Shay, H., Kormarov, S. A., Fels, S. S., Meranze, D., Gruenstein, M. and Siplet, H. : A simple method for the uniform production of gastric ulceration in the rat. Gastroenterol., 5, p.43(1945)

3 Anson, M. L. : The estimation of pepsin, trypsin, papain and cathepsin with hemoglobin. J. Gen. Physiol. 22, p.79(1938)

4 Hong, N. D. : Studies of the efficacy of combined preparation of crude drug(XLII). Kor. J. Pharmacogn., 21, p.300(1990)

2. 인도메타신 유발법을 이용한 항궤양제 효력검색법

개 요

인도메타신(프로스타글란딘의 합성을 저해)으로 급성 위궤양을 유발시킨 후 시험물질 투여로 인한 위손상 치료효과를 손상된 위의 길이를 측정함으로써 판정한다. 5~6주령의 수컷 SD 랫드를 선택하여 군 당 10마리씩 사용한다.

시약 및 기구

- Indomethacin(Sigma Co.)
- Omeprazole(Sigma Co.)
- 광학현미경

방 법

24시간 절식시킨 랫드 10마리를 1군으로 하여 실험물질을 경구투여하고 30분 후에 indomethacin(25mg/kg)을 경구 투여한다. 그 후 5시간 후에 치사시켜 위를 적출하여 유문을 결찰하고 위내에

2% formalin용액 10㎖를 넣고 5분 동안 고정시킨 다음 대만부를 절개하여 발생된 손상의 길이 (mm)를 입체현미경(×10)으로 측정한다. 대조약물로는 omeprazole을 사용한다.

평가 기준

발생된 손상길이(mm)를 입체현미경(×10)으로 측정하여 그 총합을 손상지수로 한다.

참고문헌

1 식품의약품안전청 : 독성약리병리시험 표준작업지침서 (II). 서울, p.367(1999)

3. 염산-에탄올을 이용한 항궤양제 효력검색법

개 요

염산-에탄올(위점막세포에 직접 접촉하여 괴사를 유발)로 급성 위궤양을 유발시킨 후 시험물질의 치료효과를 위 손상 길이로 판정한다. 5~6주령의 수컷 SD 랫드를 선택하여 군 당 10마리씩 사용하였다.

시약 및 기구

- 에칠알콜
- 염산
- Formalin(Sigma Co.)
- Cimetidine(Sigma Co.)
- 광학 현미경

방 법

24시간 절식시킨 흰쥐 10마리를 1군으로 하여 Mizui 등의 방법으로 위손상을 유발시킨다. 시험물질을 경구투여하고 30분 후에 염산 알코올(60% ethanol에 150mM HCl 함유) 1㎖를 경구 투여한다. 절식 절수 하에서 1시간 방치 후 치사시켜 위를 적출하여 2% formalin으로 5분 동안 고정시킨 다음 대만부를 절개하여 발생된 손상의 길이(㎜)를 입체현미경(×10)으로 측정한다. 대조약물로는 cimetidine을 사용한다.

평가 기준

발생된 손상길이(mm)를 입체현미경(×10)으로 측정하여 그 총합을 손상지수로 한다.

참고 문헌

1 식품의약품안전청 : 독성약리병리시험 표준작업지침서 (II). 서울, p.370(1999)

2 Mizui, T. and Doteuchi, M. : Effect of polyamines on acidified ethanol-induced gastric lesion in rats. Jap. J. Pharmacol., 33, p.939(1983)

4. 수침구속 유발법을 이용한 항궤양제 효력검색법

개 요

수침구속에 의한 스트레스는 시상하부와 수질 중심부위를 자극하는데 시상하부는 위장운동과 위산분비에 변화를 주고 수질 중심부위는 미세순환에 영향을 줌으로써 위궤양을 일으키는 것으로 알려져 있으므로 수침구속으로 위궤양을 유발시킨 후 시험물질 투여로 인한 위손상 회복정도를 궤양부위 길이로 측정한다. 5~6주령의 수컷 SD 랫드를 선택하여 군 당 10마리씩 사용한다.

시약 및 기구

- Formalin(Sigma Co.)
- Omeprazole(Sigma Co.)
- 광학현미경

개 요

절식시키지 않은 랫드 10마리를 1군으로 하여 시험물질을 경구투여하고 10분 후에 stress cage에 넣어서 23±1℃로 조절된 수육조 내에 넣는다. 7시간 후에 위를 적출하여 2% formalin으로 5분 동안 고정시킨 다음 대만부를 절개하여 궤양의 길이(㎜)를 입체현미경(×10)으로 측정한다. 대조약물로는 omeprazole을 사용한다.

평가 기준

발생된 손상길이(mm)를 입체현미경(×10)으로 측정하여 그 총합을 손상지수로 한다.

참고 문헌

1 식품의약품안전청 : 독성약리병리시험 표준작업지침서 (II). 서울, p.373(1999)

5. 시스테아민 유발법을 이용한 항궤양제 효력검색법

개 요

시스테아민으로 십이지장궤양을 유발시킨 후 시험물질 투여로 인한 십이지장 손상이 회복되는 정도를 궤양부위 길이로 측정한다. 5~6주령의 숫컷 SD 랫드를 선택하여, 군 당 10마리씩 사용한다.

시약 및 기구

- Cysteamine
- Formalin(Sigma Co.)
- Omeprazole(Sigma Co.)
- 광학현미경

방 법

24시간 이상 절식시킨 랫드 10마리를 1군으로 하여 실험물질을 경구투여하고 30분 후에 cysteamine 250mg/kg을 피하 주사한다. 그 후 18시간동안 절식시킨 후 ether로 치사시켜 십이지장이 붙은 채로 위를 적출해서 2% formalin으로 5분 동안 고정시킨 후 고정된 위부분은 대만부위를 따라 절개하고 십이지장 부위는 전벽부위를 따라서 절개하며 Robert 등의 방법에 따라 궤양부위를 micrometer가 부착된 입체현미경(×10) 하에서 측정한다. 대조약물로는 omeprazole을 사용한다.

평가 기준

궤양부위를 입체현미경(×10)하에서 측정하여 궤양계수를 면적(mm^2)으로 표시한다.

참고문헌

1 식품의약품안전청 : 독성약리병리시험 표준작업지침서 (II). 서울, p.376(1999)

2 Robert, A., Zamis, J. E. N. E., Lan caster, C. and Hancher, A. J. : Cytoprotection by prostagl ansins in rats. Gastroenterology., 77, p.433(1979)

6. 초산 유발법을 이용한 항궤양제 효력검색법

개 요

초산으로 만성궤양을 유발시킨 후 시험물질 투여로 인한 만성궤양의 회복되는 정도를 궤양부위 길이로 측정한다. 5~6주령의 수컷 SD 랫드를 선택하여 군 당 10마리씩 사용한다.

시약 및 기구

- 초산
- Formalin(Sigma Co.)
- Omeprazole(Sigma Co.)
- 광학현미경

방 법

랫드 10마리를 1군으로 하여 ether 마취 하에 개복하여 위를 노출시킨 후 Takagi 등의 방법을 사용하여 10% 초산 0.05mℓ를 전위벽의 선위부에서 subserosal layer안으로 주입한 후 봉합한다. 수술 후 24시간 동안 물만 공급하면서 절식하고 궤양형성 두 번째 날부터 정상적으로 사료를 공급하면서 9일 동안 1일 1회 검액을 경구로 투여한다. 초산궤양 작성 10일째에 랫드를 희생시켜 위를 적출하여 2% formalin으로 5분 동안 고정시킨 다음 대만부를 절개하여 그 손상된 부위의 면적을 micrometer가 부착된 입체현미경(×10) 하에서 측정한다. 대조약물로는 omeprazole을 사용한다.

평가 기준

궤양부위를 입체현미경(×10)하에서 측정하여 궤양계수를 면적(mm^2)으로 표시한다.

참고문헌

1 식품의약품안전청 : 독성약리병리시험 표준작업지침서 (II). 서울, p.379(1999)

2 Takagi, K., Okabe, S. and Saziki, R. : A new method for production of chronic gastric ulcer in rats and the effect of several drugs on its healing. Jap. J. Pharmacol., 199, p.418(1969)

제 9 절 비만모델

1. 사료섭취량, 체중 측정법을 이용한 항비만물질 효력검색법

개 요

비만은 일반적으로 에너지원의 섭취와 체내에서의 에너지 소비의 불균형에 의해 에너지원이 소비를 능가할 때 과도한 칼로리가 지방조직(adipose tissue)에 저장되는 현상이 지속됨으로써 유발되므로 시험물질의 비만에 대한 효능을 평가하기 위하여 사료섭취량과 체중을 측정한다. 5~6주령의 수컷 ICR 마우스를 선택하여, 군 당 10 마리를 사용한다.

시약 및 기구

- 저울

실험방법

1 시험물질의 조제 및 투여량 설정 : 시험물질에 대한 자료를 획득하고 이들 자료 중 독성시험자료나 효력시험자료(임상시험자료)가 포함되어 있는 경우에는 충분히 활용한다. 투여용량은 임상투여용량 또는 그 수배에 해당되는 용량으로 한다.

2 투여경로의 선정 : 투여경로는 원칙적으로 인체투여경로와 같은 경로를 택한다. 다만, 부득이한 경우에는 약동력자료 등을 참고하여 다른 투여 경로를 선정할 수 있다. 투여 경로는 경구투여, 정맥투여, 복강투여, 피하투여 등이 있다.

3 투여기간 : 2주간 투여를 원칙으로 하며, 반복 투여시는 매일 같은 시간에 투여한다.

4 방법

① ICR 마우스를 군 당 10마리로 하여 시험물질을 사료에 혼합하여 2주간 섭취시킨다.

② 양성대조물질은 0.9% 생리식염수에 녹여 ICR 마우스에 2주간 매일 복강 투여한다.

③ 시험물질을 2주간 투여하는 동안 매일 체중과 사료섭취량을 측정한다.

참고문헌

1 식품의약품안전청 : 독성약리병리시험 표준작업지침서 (II). 서울, p.342(1999)

2. 지방조직무게측정법을 이용한 항비만물질 효력검색법

개 요
항비만 효능을 평가하기 위하여 지방조직의 무게 변화를 측정한다.

실험동물
5~6 주령의 수컷 ICR 마우스를 군 당 10마리씩 사용한다.

시약 및 기구
■ 저울

실험방법
1 시험물질의 조제 및 투여량 설정 : 시험물질에 대한 자료를 획득하고 이들 자료 중 독성시험
   자료나 효력시험자료가 포함되어 있는 경우에는 충분히 활용한다. 투여용량은 임상투여용량
   또는 그 수배에 해당되는 용량으로 한다.
2 투여경로의 선정 : 투여경로는 원칙적으로 인체투여경로와 같은 경로를 택한다. 다만, 부득이
   한 경우에는 약동력자료 등을 참고하여 다른 투여 경로를 선정할 수 있다. 투여 경로는 경구
   투여, 정맥투여, 복강투여, 피하투여 등이 있다.
3 투여기간 : 2주간 투여를 원칙으로 하며, 반복 투여 시는 매일 같은 시간에 투여한다.
4 방법
① 마우스를 군당 10마리로 하여 시험물질을 사료에 혼합하여 2주간 섭취시킨다.
② 양성대조물질은 0.9% 생리식염수에 녹여 ICR 마우스에 2주간 매일 복강 투여한다.
③ 동물을 희생시켜 부고환 지방(epididymal fat)을 떼내어 무게를 측정한다.

참고 문헌
1 식품의약품안전청 : 독성약리병리시험 표준작업지침서 (II). 서울, p.345(1999)

3. 혈중 중성지방, 콜레스테롤 측정법을 이용한 항비만물질 효력 검색법

개 요

항비만 효능을 평가하기 위하여 비만의 생화학적 지표인 혈중 콜레스테롤과 중성지질의 변화를 측정한다. 5~6 주령의 수컷 ICR 마우스를 군 당 10마리씩 사용한다.

시약 및 기구

- 저울
- 저온 원심분리기

실험방법

1 시험물질의 조제 및 투여량 결정 : 시험물질에 대한 자료를 획득하고 이들 자료 중 독성시험 자료나 효력시험자료(임상시험자료)가 포함되어 있는 경우에는 충분히 활용한다. 투여용량은 임상투여용량 또는 그 수배에 해당되는 용량으로 한다.

2 투여경로의 선정 : 투여경로는 원칙적으로 인체투여경로와 같은 경로를 택한다. 다만, 부득이 한 경우에는 약동력 자료 등을 참고하여 다른 투여 경로를 선정할 수 있다. 투여 경로는 경 구투여, 정맥투여, 복강투여, 피하투여 등이 있다.

3 투여기간 : 2주간 투여를 원칙으로 하며, 반복 투여 시는 매일 같은 시간에 투여한다.

4 방법

① ICR 마우스를 군 당 10마리로 하여 시험물질을 사료에 혼합하여 2주간 섭취시킨다.

② 양성대조물질은 0.9% 생리식염수에 녹여 ICR 마우스에 2주간 매일 복강 투여한다.

③ 투여가 끝난 후 심장으로부터 채혈하여 전혈을 얻으며 전혈을 10,000rpm으로 10분간 원심분 리하여 혈청을 제조한다.

④ 제조된 혈청으로부터 Technicon RA-XT 시스템을 이용하여 총콜레스테롤과 중성지질을 측정 한다.

참고문헌

1 식품의약품안전청 : 독성약리병리시험 표준작업지침서 (II). 서울, p.348(1999)

4. 비만유전자 발현 측정법을 이용한 항비만물질 효력검색법

개요

비만 유전자 렙틴(leptin)은 설치류에 투여했을 때 식욕억제와 체중감소효과가 있음이 보고되었고 렙틴(leptin)을 외측 혹은 3번 뇌실에 직접투여 했을 때도 같은 결과를 얻었으며 비만 유전자 산물인 렙틴(leptin)은 설치류의 중추신경계 내에 있는 렙틴(leptin) 수용체에 작용하여 에너지의 균형을 조절한다고 발표되어 있으므로 시험물질의 항비만 효능 및 기전을 평가하기 위하여 비만 유전자 발현을 측정한다. 5~6 주령의 수컷 ICR 마우스를 군 당 10마리씩 사용하고, 사역구역내에서 동물을 입수하고, 순화 사육한다.

시약 및 기구

- 저온 원심분리기
- Scanning densitometer
- Gamma counter

실험방법

1 시험물질의 조제 및 투여량 설정 : 시험물질에 대한 자료를 획득하고 이들 자료 중 독성시험자료나 효력시험자료(임상시험자료)가 포함되어 있는 경우에는 충분히 활용한다. 투여용량은 임상투여용량 또는 그 수배에 해당되는 용량으로 한다.

2 투여량 결정 : 투여경로는 원칙적으로 인체투여경로와 같은 경로를 택한다. 다만, 부득이한 경우에는 약동력 자료 등을 참고하여 다른 투여 경로를 선정할 수 있다. 투여 경로는 경구투여, 정맥투여, 복강투여, 피하투여 등이 있다.

3 투여기간 : 2주간 투여를 원칙으로 하며, 반복 투여 시는 매일 같은 시간에 투여한다.

4 시험물질 처치 : ICR 마우스를 군당 10마리로 하여 시험물질을 사료에 혼합하여 2주간 섭취시키거나 또는 0.9% 생리식염수에 녹여 비경구 투여경로로 2주간 매일 투여한다.

5 마우스 ob cDNA 제조

① 마우스 ob cDNA를 제조하기 위해 마우스 부고환 지방 조직(epididymal adipose tissue)으로부터 TRIZOL 시액(Life Technologies Inc., Grand Island, N.Y. 14072 U.S.A.)을 이용하여 총 RNA를 분리한다.

② cDNA 합성을 위해 RNA(5 μg)에 primer인 oligo(dT) 0.5μg과 DEPC를 처리한 물 12μl를 더한 다음 70℃에서 10분간 배양하고 1분간 얼음 속에 방치한다.

③ RNA/primer 혼합물을 10×PCR 완충액(2μl), 25mM MgCl$_2$(2μl), 10mM dNTP 혼합물(1μl), 0.1M DTT(2μl)을 함유한 반응액에 넣고 가볍게 혼합한 다음 42℃에서 5분간 배양한다.

④ 이 반응액에 SUPERSCRIPT II RT(200unit, Gibco BRL Inc.) 1μl을 첨가하고 42℃에서 50분간

배양하고 70℃에서 15분간 반응을 끝낸 다음 얼음 위에서 식힌다.

⑤ 이 시험관에 RNase H 1㎕을 넣고 37℃에서 20분간 배양한다

⑥ ob cDNA을 증폭하기 위해 위의 RT 반응액(1㎕)에 2.5units의 AmpliTaq DNA polymerase (roche molecular systems, Inc., Branchburg, NewJersey, U.S.A.),

2set의 primer(A set： primer 1：AATGTGCTGGAGACCCCTGT,

primer 2：CAGCATTCAGGCTAACATC,

B set： primer 1：GAGGGAT CCCTGCTCCAGCAGCTGCAAGGT,

primer 2：TACATGATTCTTGGGAGCCTGGTGGCCTTT)를 각각 400 pmol, PCR 반응액(100㎕: provided by Perkin Elmer)을 넣고 94℃에서 3분, 95℃에서 30초, 58℃에서 45초, 72℃에서 45초(35 cycle)동안 PCR(GeneAmp PCR system 9600, Perkin Elmer Co.)을 수행한다.

⑦ 이 PCR 산물을 한천 겔에서 전기영동한 결과 나타난 약 500bp와 550bp 중 500bp cDNA를 RNA 분석을 위해 probe로 사용한다.

6 Northern blot 분석

① Total RNA을 얻기 위해 지방 조직 1g을 TRIZOL 시액(Life Technologies, Grand Island, N.Y.14072 U.S.A.) 10㎖에 넣고 조직 균질기로 균질화한 다음 포름아마이드 20㎕에 녹인다.

② RNA(20㎍)을 포름알데히드 반응액(20㎕)에 넣고 65℃에서 10분 동안 가열한 다음 2.2M 포름 알데히드를 함유하고 있는 1% 한천겔에 넣고 전기영동한다.

③ 한천겔을 Hybond-N nylon hybridization 막(Amersham International plc)에 blotting하고 [α -32P]dCTP random-priming labelled 마우스 ob cDNA probe로 hybridization한 다음 5×SSC와 0.1% SDS가 들어있는 용액으로 42℃에서 20분간 세척한다.

④ 이 막을 X-ray 필름에 노출시킨 다음 현상하고 Bio-image 분석기 BAS 2000(Fuji Film Institution, Tokyo, Japan)을 이용하여 band를 정량한다.

7 혈중 비만 유전자(leptin) 정량

① 제조된 혈청으로부터 마우스 비만 유전자(leptin) RIA kit(Linco Research Inc., St. Louis, MO, U.S.A.)를 이용하여 비만 유전자(leptin)를 정량한다.

② 각 시험관에 분석용 완충액(0.025M EDTA, 0.1% Sodium Azide, 0.05% Triton X-100, 1% RIA grade BSA를 함유한 0.05 M phosphosaline, pH 7.4) 100㎕, 마우스 비만 유전자(leptin) 항체 100 ㎕를 넣고 4℃에서 20시간 배양한다.

③ 그 다음 [125I] 마우스 비만 유전자 (leptin)(＜ 3 μCi) 100 ㎕를 넣고 4℃에서 20시간 배양한 다음 침전용 시약 1.0 ㎖을 넣고 4℃에서 20분간 배양하여 3000×g로 원심분리하고 상등액을 버린 다음 gamma counter로 1분간 counting한다.

참고문헌

1 식품의약품안전청 : 독성약리병리시험 표준작업지침서 (II). 서울, p.351(1999)

2 Wellman, P. J. and Miller, J. : The effects of phenylpropanolamine on food intake and body weight in the genetically obese(ob/ob) mouse. Appetite. 9, p.231(1987)

❸ Halaas, J. L., Gajiwala, K. S., Maffei, M., Cohen, S. L., Chait, B. T., Rabinowitz, D., Lallone, R. L., Burley, S. K. and Freidman, J. M.: Weight reducing effects of the plasma protein encoded by the obese gene. Science, 269, p.543(1995)

❹ Pelleymounter, M. A., Cullen, M. J., Baker, M. B., Hecht, R., Winters, D., Boone, T. and Collins, F. : Effects of the obese gene product on body weight regulation in ob/ob mice. Science, 269, p.540(1995)

❺ Gura, T. : Obesity sheds its secrets. Science, 275, p.751(1997)

27

면역반응 검사

제1절 면역세포 분리 및 배양

1. 사람 면역세포

1) 임파구의 분리

개 요

임파구는 항체생성과 세포성 면역반응을 수행한다. 우리가 사람 말초혈액으로부터 분리한 말초혈액임파구(peripheral blood mononuclea cells : PBMC)에는 T-세포, B-세포, 단핵구, 자연살해세포가 포함되어 있다. PBMC는 T-세포가 60-80%, B-세포가 10-20%를 차지한다. 단핵구, 자연살해세포를 분리하기 위해서는 다른 절을 참조하기 바란다. 혈액은 간염 바이러스에 오염되었을 가능성이 있으므로 신체에 직접 접촉하지 않도록 신중히 취급해야한다. 임파구는 밀도경사원심분리법에 의해 분리할 수 있으며 혈액으로부터 분리할 경우 임파구는 95~100% 생존율을 갖는다. 분리된 임파구는 $2 \times 10^7/\text{m}\ell$ 이하의 세포농도로 RPMI+10% fetal calf serum(FCS)에서 24시간 동안 실온에서 보관하여도 세포생존율이 감소하지 않는다.

- 15㎖ Cornical tubes
- Ficoll-paque
- Pasteur pipet
- HBSS
- RPMI 1640+10% FBS(FCS)
- Heparin(1000units/㎖)

방 법

1 Heparin 용액으로 코팅된 주사기를 사용하여 건강한 성인 자원자의 혈액을 채취한 후 얼음 통에 넣어 실험실로 운반한다.

2 5㎖의 비중 1.077 Ficoll paque(Sigma명 Histopaque)를 15㎖ cornical tubes에 넣는다.

3 혈액을 동일 부피의 Hank's Balanced Salt Solution(HBSS)과 섞는다. 파스퇴르 피펫을 사용하여 5~10㎖의 혈액을 Ficoll paque위에 조심스럽게 얹는다(혈액이 침강하므로 가능한 이 과정은 빨리 행한다).

4 1500rpm, 20℃에서 45min간 원심분리한다(원심분리기의 break, accellerator를 사용하지 않고 가능한 천천히 원심분리를 시작한다. 20℃ 이상으로 온도를 조절하는 것이 중요하다).

5 원심분리 후 혈장(혈액 10㎖의 경우 상층부에서 약 1cm까지 위치)을 제거하고 PBMC층을 파스퇴르 피펫으로 15㎖ cornical tube에 옮긴다. 45분간 원심분리 후 혈액은 다음 층으로 나뉜다(이 단계에서 가능한 platelets층을 취하지 않도록 한다).

  Serum(top - yellow)

  Lymphocytes(center- white)

  Platelets(medium-red)

  RBC, Neutrophils, etc..(dark-red)

6 세포가 들어 있는 15㎖ conical tube에 HBSS buffer를 채우고 4℃, 400g, 10min, 3회 원심분리한다.

7 3회 원심분리가 끝난 후 pellet을 취해 3㎖의 배양액을 가한 후 pasteur piptettes으로 재현탁한다.

8 Hemacytometer 또는 coulter counter로 세포를 계수한 후 세포수를 조절한다.

9 세포를 원하는 배양접시에 나눈 후 이산화탄소 배양기에서 배양한다. 적정 배양액 부피는 96well plate 100~200㎕, 48well plate 0.5㎖, 24 well plate 1㎖이다.

고 찰

1 임파구 배양에 적합한 배지는 ① RPMI 1640에 10% heat-inactivated serum, 2mM glutamine, 50ug/㎖ gentamicin sulfate ② DMEM에 10% heat-inactivated serum, 50ug/㎖ gentamicin sulfate가 첨가된 배지이다.

2 임파구는 500g 원심력, vortexing에 안정하다. 원심분리후 상등액을 버린 후 즉시 파스퇴르

피펫을 사용하여 재현탁하는 것이 좋다.

❸ 혈액원에서는 통상적으로 헌혈된 혈액을 혈장, 적혈구, buffy coat fraction으로 나누어 사용하는데 buffy coat는 수혈에 잘 이용되지 않으므로 이를 혈액원으로부터 기증받아 사용하면 많은 양의 PBMC를 쉽게 분리할 수 있다.

❹ 24시간 냉장보관된 혈액으로부터 임파구를 분리할 수 있으나 백혈구 오염이 증가한다.

참고문헌

❶ Johnstone, A. and Thorpe, R. : Immunochemistry in Practice, Blackwell Scientific Pub. London(1982)

2) 호중구 분리

개 요

호중구는 우리몸의 식균작용을 나타내는 1차 방어 세포이다. Hypaque 용액으로 형성된 불연속밀도구배층에서 원심분리를 행하면 호중구, 호산구, 적혈구가 단핵구, PBMC, 혈소판등과 분리가 이루어진다. 이후 저장액으로 적혈구를 용혈시키면 95% 순도를 갖는 호중구를 얻을 수 있다.

시약 및 기구

- Ficoll-paque 1.077(Sigma)
- HBSS $Ca^{2+}+Mg^{2+}$ free(GIBCO)
- 0.2% NaCl
- 1.6% NaCl
- 원심분리기

방 법

❶ 냉장고에 보관된 Ficoll-paque 용액과 혈액을 실온(20℃)에 이르도록 방치한다. 이어 Ficoll-paque 5㎖을 15㎖ conical tube에 넣고 heparin 처리된 혈액 8㎖을 서서히 Ficoll-Paque 용액위에 중층한다.

❷ 1,500rpm, 25℃, 30min 원심분리한다.

❸ 적혈구와 호중구가 함께 있는 맨 아래층의 붉은 층을 회수한다.

❹ HBSS Ca^{2+}, Mg^{2+} free로 1,200rpm, 4℃, 10min원심분리하여 세척한다.

❺ 50㎖ conical tube에 침전물을 회수한다.

❻ 20㎖의 차가운 0.2% NaCl을 넣고 신속히 10㎖ 피펫으로 세포를 부유시킨다. 약 5∼10초 동안 세포를 부유시키면 적혈구가 파괴된다.

7 곧바로 20㎖의 1.6% NaCl을 넣어 잘 부유시킨다.

8 HBSS Ca^{2+}, Mg^{2+} free 용액으로 2회 원심분리 세척하고 마지막으로 원하는 배양액으로 원심분리한 후 배양액에 현탁한다.

토 의

1 Ficoll-Paque 원심분리 전 또는 후에 dextran을 사용하여 적혈구를 제거할 수 있다. 즉, 3% dextran(MW 200,000~500,000)용액과 혈액을 섞은 후 20분간 실온에 방치하면 RBC가 신속히 침강한다. 그러나 본 연구자의 실험실에서는 dextran 침강법이 크게 호중구 수율과 순도에 영향을 미치지 못하였다.

2 호중구는 오래된 혈액을 사용하면 응집이 잘된다. 따라서 가능한 신선한 혈액을 사용한다.

3 호중구는 가능한 ice-cold 상태를 유지해야 활성화가 방지된다.

4 저장액에 오래 노출되지 않도록 주의한다.

5 혈구세포의 밀도 : 적혈구>호중구, 호산구>단핵구, 임파구, 호염구>혈소판

참고문헌

1 Metcalf, J.A. Gallin J.I. Nauseef, W.M. and Root, R.K : Laboratory manual of neutrophil function. Raven Press, New York(1986)

3) 단핵구 분리

시약 및 기구

- Ficoll-paque 1.077(Sigma)
- RPMI1640 + 10 % FBS
- HBSS Ca^{2+}, Mg^{2+} free
- 이산화탄소배양기
- Scraper

방 법

1 냉장고에 보관된 Ficoll-paque 용액과 혈액을 실온(20℃)에 이르도록 방치한다. 이어 Ficoll-paque 5㎖을 15㎖ conical tube에 넣고 heparin 처리된 혈액 8㎖을 서서히 Ficoll-Paque 용액위에 중층한다.

2 1,500rpm, 25℃, 30min 원심분리한다.

3 혈장과 Ficoll-Paque 사이의 PBMC 층을 회수한다.

4 HBSS Ca^{2+},Mg^{2+} free용액으로 2회 세척한다.

5 배양액(RPMI1640 + 10% FBS)에 부유시킨 다음 세포농도를 $1 \times 10^7/ml$ 로 적정한다.

6 30mm culture petri dish에 3ml을 가하고 이산화탄소 배양기에서 1시간 동안 배양한다.

7 배양이 끝난후 배양접시를 부드럽게 흔든 후 바닥에 부착된 세포만 남기고 나머지 세포를 aspirator를 사용하여 제거한다. 37℃ 물중탕기에서 미리 덥힌 배양액 3ml을 가해 부착되지 않은 세포를 2회 세척하여 제거한다.

8 바닥에 부착한 세포를 scraper를 사용하여 긁어낸다. 이어 배양액 3ml을 가한 후 파스퇴르 피펫을 사용하여 강하게 pipetting하여 세포를 회수한다.

9 1,200rpm, 10min. 4℃ 원심분리한 후 침전된 세포를 원하는 세포농도로 재현탁한다.

고 찰

1 Monocyte를 바닥에 부착시키면 활성화가 일어나므로 phagocytosis 등의 실험을 수행할때는 주의를 요한다.

2 부착을 원치 않으면 PBMC로 분리하여(약 30% 수율) silicone 처리된 glass tube를 사용한다.

3 Monocyte를 RPMI + 20% FBS에서 7~10일 배양하면 대식세포로 분화된다.

참고문헌

1 Ho, W.Z., Lai, J.P., Zhu, X.H., Uvaydova M., and Douglas S.D. : Human monocytes and macrophages express substance P and neurokinin-1 receptor J. Immunol. 159, p.5654(1997)

4) MACS를 이용한 면역세포 분리

개요 및 원리

Magnetic activated cell sorter(MACS)는 세포표면의 항원에 따라 세포를 분리한다. 자석성분의 microbead가 부착된 항체는 세포표면 항원에 특이적으로 결합하고 이후 영구자석으로 bead를 부착시킨후 부착되지 않은 세포를 컬럼을 통해 흘러내린다. 이후 부착된 세포를 유출시킴으로써 세포분리가 빠르고 간편하게 되었다.

실험방법

1 사람면역세포는 말초혈액으로부터 PBMC를, 마우스의 경우 비장으로부터 비장세포를 분리하여 적혈구를 제거한 후 세포수를 $1 \sim 3 \times 10^8/ml$로 조정한다.

2 세포부유액 200μl에 원하는 마우스 항체를 처리한다. 4℃에서 30분간 흔들면서 반응시킨다.

3 PBS+0.2% BSA로 원심분리 세척한다.

4 200μl에 재현탁한 후 Magnetic bead-conjugated goat anti-mouse IgG를 30μl 처리하고 흔들면서 4℃ 30min간 반응시킨다.

⑤ PBS+0.2% BSA 로 원심분리 세척한다.

⑥ PBS(2mM EDTA + 0.5% BSA)로 원심분리 세척한 후 세포 pellet을 MACS buffer 500$\mu\ell$로 분산시킨다.

⑦ MACS column에 영구자석을 장착하고 MACS buffer 1,500$\mu\ell$로 column을 세척한다.

⑧ Column에 세포현탁액을 가한다. 1,500$\mu\ell$의 buffer로 결합하지 않은 세포를 세척하여 제거한다.

⑨ Column 아래에 15$m\ell$ conical tube를 준비하고 영구자석을 제거한다. 5$m\ell$의 buffer를 가하고 주사기 피스톤을 이용하여 세포를 유출시킨다.

⑩ 1,000rpm 4℃ 8min 원심분리 세척한 후 배양액에 재현탁한다.

고 찰

① 세포 분리는 위에 기술한 positive selection과 원하는 세포를 표지하지 않고 원치 않는 세포를 모두 표지하는 depletion(negative selection) 방법이 있다.

② Negative selection 하는 경우는 항체 결합에 의해 원치 않는 세포 활성화를 유발하지 않기 위함이다.

③ 세포 순도는 FACS 분석을 통해 확인할 수 있다.

④ 기타 사항은 Miltenyl Biotech에서 제공되는 instruction manual을 따른다.

참고문헌

① Miltenyl Biotech : Instructions for use MiniMACS and MidiMACS, Bergishch Gladbach, Germany(1999)

2. 마우스 면역세포

1) 마우스 비장세포의 분리

시약 및 기구

- RPMI 1640 medium or PBS
- Squeeze bottle with 70% ethanol
- Scissors and forceps
- Cutting board or paper towels
- 60×15mm Petri dishes
- 5$m\ell$ 주사기 손잡이
- 15$m\ell$ cornical centrifuge tube

방 법

1 마우스를 경추탈골 또는 이산화탄소(dry ice 활용)흡입에 의해 희생시킨다. 수술대 위에 놓고 70% 알코올을 뿌려˙오염을 방지한다.

2 마우스 서혜 부근을 5mm 절제한다. 절제한 양끝을 손으로 잡고 머리와 꼬리쪽으로 잡아당겨 복강벽이 충분히 나타나도록 한다. 복강벽을 알코올로 적신다.

3 복강벽을 절제하고 forcep으로 비장을 들어올리며 연결된 조직을 가위로 자른다. 비장을 3㎖의 배양액이 들어있는 30mm 배양접시로 옮긴다.

4 5㎖ 주사기의 손잡이 끝으로 비장을 조심스럽게 으깬다. 세포현탁액을 10㎖ 튜브에 옮기고 2㎖의 배양액으로 petri dish 바닥의 세포를 세척하여 이를 tube의 세포와 합한다. 튜브를 얼음에 5분간 세워 방치한다.

5 최상층부의 지질성분을 pasteur pipette으로 제거하고 바닥의 세포 debris를 건드리지 않도록 조심하면서 세포현탁액을 새로운 15㎖ conical tube에 옮긴다.

6 300×g, 10mins, 4℃에서 원심분리 세척한 후 배양액으로 재현탁한다.

참 고

1 세포 배양을 위한 분리일 경우 무균챔버, 멸균된 기구와 배양액을 사용해야 한다.

2 항상 세포를 얼음에 보관한다.

3 동일한 실험방법을 lymph nodes와 thymus에도 사용한다.

4 마우스 종에 따라 비장 1개에서 약 $5 \times 10^7 \sim 2.5 \times 10^8$ cells이 얻어진다.

2) 마우스 비장에서 T세포 분리

개 요

T세포는 특이적 면역반응을 담당하는 세포로, 자극에 의해 활성화되면 여러 종류의 사이토카인을 분비한다. 최근에는 분비하는 사이토카인의 종류에 따라 TH_1(IL-2, IFN-γ)세포와 TH_2(IL-4, 5, 6)세포로 분류하기도 한다. 본 실험에서는 비교적 간단하게 많은 수의 세포를 얻을 수 있는 비장에서 T세포만을 분리하는 방법을 소개한다. 분리된 T세포를 이용하여 자극에 의한 증식반응과 증식반응시 분비되는 사이토카인을 측정할 수 있다.

시약 및 기구

■ 준비기구

  − Nylon wool

  − polyglove

  − 알루미늄 호일

- −10㎖용 주사기
- −핀셋
- −스탠드
- −주사바늘(23gage)
- −실리콘 마개
- −60mm dish

■ 준비시약
- −RPMI 1640(GIBCO BRL 15240-062)
- −Fetal Bovine Serum(PAA, Lot NO. 07111)
- −2-mercaptoethnol(2ME Sigma M-6250)
- −Trypan Blue(GIBCO BRL 15250-061)
- −MEM(mimimum essential medium GIBCO BRL 11360-070)
- −70% ETOH

시약조제

1 RPMI 1640 배지 : 마우스 대식세포주를 이용한 일산화질소 생산 측정방법(2.2.1)을 참조하시오.

실험방법

1 Nylon wool column의 준비한다.

① washing된 Nylon wool을 polyglove를 끼고 뭉치는 것 없이 깨끗하게 찢는다.

② 준비된 Nylon wool을 10㎖ or 50㎖ 주사기에 넣고 알루미늄 호일로 느슨하게 싼 후 멸균한다.

③ Nylon wool column을 stand에 설치한다(지금부터 하는 실험은 모두 clean bench내에서 한다).

④ 실린더의 Nylon wool 사이의 공기를 빼기 위해 20㎖ 정도 washing medium(MEM)을 첨가하여 공기를 뺀다.

⑤ 공기방울이 나오지 않을 때까지 반복하고 나일론 울을 충분히 적셔준다(70% ETOH로 소독한 핀셋을 이용 꾹꾹 눌러준다).

⑥ 더 이상 방울이 흐르지 않으면 25Gage 바늘을 끼워 washing medium 10㎖ 정도 다시 흘려준다.

⑦ 더 이상 방울이 흐르지 않으면 RPMI-1640(10%FCS, 2ME) medium으로 바꾸어서 10㎖ 정도 흘려준다.

2 비장세포 준비

① 60mm dish에 washing medium(MEM)을 10㎖ 담아 놓는다.

② 마우스를 경추탈골 시켜 회생시킨다.

③ 마우스를 해부대에 고정하고 알콜로 소독하여 비장을 떼어낸다.

③ 떼어낸 비장을 미리 준비해둔 dish에 넣는다.

④ 핀셋으로 비장을 잘게 쪼개어 single cell로 만든다.

⑤ 4℃, 1200rpm에서 10분간 원심침전 시켜 washing한다. 이 과정을 두 번 반복한다.

⑥ 마지막 원심침전 후 1㎖의 RPMI-1640(10%FCS, 2ME) medium넣고 희석한다(1~2×10^8/㎖ 정도 되게).

3 T 세포 분리

① 1㎖ 비장세포를 미리 준비한 Nylon wool column에 흘려준다. 나일론 울 사이에 세포가 스며들어가서 더 이상 주사바늘 끝으로 방울이 떨어지지 않으면 바늘을 실리콘으로 막는다.

② 실린더를 멸균된 호일로 잘 싸서(오염되지 않게 조심) 37℃, 5% CO$_2$ Incubator에 1시간 배양한다.

③ 1시간 후 실린더를 다시 스탠드에 세우고 RPMI-1640(10%FCS, 2ME) medium을 5㎖ 정도씩 주기적으로 넣고 총 20㎖ 정도 받는다.

④ 받아진 용액을 4℃, 1200rpm에서 10분간 원심침전 시킨다.

⑤ RPMI-1640(10%FCS, 2ME) medium에 희석한 후 counting해서 T cell 분리정도를 확인한다.

⑥ 실험의 목적에 따라서 적당한 농도로 희석하여 사용한다.

고 찰

1 Nylon wool은 시중에서 판매하는 것을 구입하여 사용한다.

2 Nylon wool을 찢을 때는 손에 있는 땀이 묻지 않게 반드시 장갑을 끼고 해야하며 가급적 핀셋을 이용하여 찢는다. Nylon wool은 최대한 한 가닥씩 분리 되도록 해야한다.

3 Nylon wool을 10㎖ 주사기에는 0.8g(마우스 한 마리의 경우), 50㎖ 주사기에는 2g(마우스 세 마리의 경우)을 blance에서 재어서 실린더에 넣고 호일로 싸서 멸균을 한다.

4 Nylon wool column이 완전히 RPMI 1640(10% FCS, 2ME) medium으로 바뀌어야 한다.

5 핀셋 또한 70% ETOH로 소독을 하는데 이때 70% ETOH이 spleen 조직에 묻어서는 안 된다. 반드시 핀셋을 깨끗이 말려서 사용하여야 한다.

6 Nylon wool column에 spleen cell이 들어있는 용액을 첨가할 때, 용액의 양을 1㎖ 이상으로 늘리면 안된다. Nylon wool column을 실리콘으로 막고 난 후 위쪽 nylon wool 자체가 마르는 것을 방지하기 위해 다시 RPMI-1640(10%FCS, 2ME) medium을 1㎖ 정도 첨가한다.

7 37℃에 1시간 배양한 세포를 다시 받을 때 사용하는 RPMI-1640(10%FCS, 2ME) medium은 반드시 미리 water bath에서 37℃로 데워놓는다.

8 전체 spleen cell에서 분리된 T 세포는 약 20% 정도이다.

3) 마우스 비장에서 B임파구 분리

개 요

B세포는 체액성 면역을 담당하는 세포로, 항체를 생산한다. 본 실험 방법은 B세포를 비교적 간단하게, 많은 수의 세포를 얻을 수 있는 비장에서 분리하는 방법을 소개한다.

시약 및 기구

- 유리 column(직경 8~10mm, 길이 150~200mm)[*1]
- 60mm dish
- 핀셋
- 해부대
- 해부용 가위
- 피펫
- 마이크로 피펫
- 70% ETOH
- Anti-Thy1.2 ascites[*2]
- Complement(Sigma S-7764)
- Sephadex G-10(Sigma S-4026)
- PBS
- RPMI 1640(GIBCO BRL 15240-062)
- Fetal Bovine Serum(PAA Lot. NO. 07111)
- 2-mercaptoethanol(2ME, Sigma M-6250)
- Trypan Blue(GIBCO BRL 15250-061)
- MEM(mimimum essential medium GIBCO BRL 11360-070)

시약조제

1 PBS solution :

NaH_2PO_4	0.23g
Na_2HPO_4	1.15g
NaCl	9.00g
D.W.	1 ℓ (pH 7.2)

① 비커에 900㎖의 2차 증류수를 넣고 시약을 넣는다.

② pH를 7.2로 맞춘다.

③ 실린더에 부어 1000㎖을 맞춘다.

④ Bottle에 넣어 Autoclave한다.

2 RPMI 1640 배지

실험방법

1 Sephadex G-10 column 준비

① PBS에 희석되어 있는 sephadex G-10[*3]을 흔들어서 잘 섞은다음 15㎖ tube에 14㎖ 정도 넣고 가라앉을 때까지 기다린다.

② Sephadex가 가라앉으면 상층의 PBS는 버리고 동일한 양만큼 RPMI-1640(10%FCS, 2ME) medium을 넣어서 잘 섞어준다.

③ 그 후 이것을 스탠드에 세워진 유리 column에 넣어준다.

④ 유리 column 높이의 9/10정도 차도록 Sephadex G-10을 넣어준다.

⑤ Column이 차게 되면 여기에 RPMI-1640(10%FCS, 2ME) medium을 계속 넣어주어서 column이 마르지 않게 한다.

2 비장세포 준비

① 마우스 비장세포에서 T세포 분리방법을 참조하시오.

② 마지막 원심침전 후 10㎖의 RPMI-1640(10%FCS, 2ME) medium을 넣고 잘 섞는다($1 \sim 2 \times 10^7$/㎖ 정도 되게).

3 B 세포 분리법

① 위 과정에서 준비된 비장세포 10㎖에 anti-Thy 1.2 ascites 40㎕(1:250)를 더해서 4℃에서 30~60분간 세워둔다(또는 실온에서 20분간 둔다).

② 4℃, 1200rpm에서 10분간 원심침전 시키고 5㎖의 RPMI-1640(10%FCS, 2ME) medium에 희석한다.

③ 여기에 Complement*[4]를 250㎕(1:20) 첨가한 후 37℃ 항온조에서 45분간 정치한다.

④ 4℃, 1200rpm에서 10분간 원심침전 시켜 washing한다. 이 작업을 2번 반복한다.

⑤ 원심침전 후 세포를 RPMI-1640(10%FCS, 2ME) medium 500㎕에 희석한다.

⑥ 이것을 미리 만들어진 Sephadex column에 흘려준다.*[5]

⑦ Sephadex column은 흰색이므로 세포가 흐르게 되면 붉은색의 적혈구와 같이 섞여 있는 세포의 위치를 식별할 수 가 있다.

⑧ 투명한 방울이 떨어지는 것을 확인하다가 세포가 섞여 나오는 방울이 불투명해지면 그때부터 20방울을 받는다.

⑨ 그 후 RPMI-1640(10%FCS, 2ME) medium을 10㎖ 정도 넣어서 4℃, 1200rpm에 10분간 원심침전시킨다.

⑩ 적당량의 RPMI-1640(10%FCS, 2ME) medium에 세포를 희석하고 혈구계산판으로 세포를 counting한다.

고 찰

1 마우스 T세포의 특이적 표면 항원인 Thy 1.2에 대한 항체를 생산하는 hybridoma(HO-13-4)를 이용하여 anti-Thy1.2 항체를 포함하는 마우스 복수를 얻어서 이용하였다.

2 Sephadex G-10을 PBS에 적당량 첨가한 후 PBS를 휘젓는다. 가라앉은 부분을 남기고 상층액을 버린다. 이러한 조작을 3~4번 되풀이하여 가라앉는 부분만을 유리병으로 옮기고, 2배 정도의 PBS를 더 첨가한다. Autoclave로 멸균한 후 실온에서 보관한다.

3 보체(complement)는 토끼의 것을 많이 이용하고, 가능하면 독성이 낮은 것을 이용하는 것이 좋다. 여러 회사 제품이 나와있고 설명서대로 희석해서 사용하면 된다.

4 Sephadex G-10 column에 비장세포를 넣을 때는 뒤섞이지 않도록 조심해서 넣는다.

5 전체 세포 중 30~40%정도가 B세포로 분리된다.

4) 마우스 복강에서 대식세포 분리방법

개 요

실험동물의 대식세포 분리는 복강대식세포를 이용하는 경우가 많다. 즉, 다른 조직에 비해 대식세포의 비율이 높고 부유세포로 존재하기 때문에 채취하기가 쉽다. 보통 마우스 한 마리당 $0.8 \sim 1.5 \times 10^6$개 정도 회수할 수 있다. 그러나, 여러 종류의 자극 물질을 복강내로 투여함으로써 비교적 대량의 대식세포를 얻을 수 있다. 본 실험 방법에서는 proteose peptone을 이용한 방법을 소개하며, 생쥐 한 마리당 $1 \sim 2 \times 10^7$개를 얻을 수 있다.

시약 및 기구

- 해부대
- 혈구계산판
- PBS
- Proteose peptone(Difco 0118-17-0)[*1]
- RPMI 1640(GIBCO BRL 15240-062)
- Fetal Bovine Serum(PAA Lot. NO. 07111)
- 2-Mercaptoethanol(Sigma M-6250)
- Trypan Blue(GIBCO BRL 15250-061)
- MEM(mimimum essential medium, GIBCO BRL 11360-070)

시약조제

1 PBS solution : 마우스 비장세포에서 B세포 분리방법(1.2.3)참조
2 RPMI 1640 배지 : 마우스 대식세포주를 이용한 일산화질소 생산 측정방법(2.2.1) 참조.

실험방법

1 마우스 꼬리를 잡고 귀 뒤쪽에서 생쥐를 감싸듯 잡는다.
2 마우스가 움직이지 못하도록 한 후, 꼬리를 돌려 잡아 복부가 보이도록 한다.
3 허벅지 안쪽의 배 부분을 70% ETOH로 소독한 후 주사기를 넣어 역류되지 않도록 proteose peptone을 2㎖ 주입한다.[*2]
4 4일 동안 마우스를 사육한다.
5 마우스를 경추탈골 시켜 70% ETOH로 소독하고 해부대에 올려 놓는다.
6 핀셋으로 복부피부를 집어서 자른 후 상하 양쪽으로 찢는다.
7 10㎖ 주사기를 이용해서 PBS를 약 8㎖정도 복강에 주입한다.[*3]
8 대식세포가 잘 떨어지도록 복막을 마사지하고 복막 안의 용액을 주사기로 뺀다(이때 주사바늘이 장 쪽을 향하도록 한다).

⑨ 8㎖ 정도의 PBS로 위 과정을 3번 반복한다.

⑩ 모인 용액을 tube에 넣고 4℃, 3000rpm에서 10분간 원심 침전시킨다.

⑪ Washing medium을 20㎖ 넣어서 4℃, 3000rpm에서 10분간 원심침전한다. 2번 더 반복한다.[4]

⑫ 마지막 원심침전 후 세포를 RPMI-1640(10%FCS, 2ME) medium에 희석하고 혈구계산판을 이용하여 counting한다.

⑬ 이렇게 분리된 세포를 96well 또는 24well plate에 넣고 37℃, 5% CO_2 배양기에서 2시간 배양한다.

⑭ 2시간 후 대식세포외에 비부착성 세포를 씻어준다.[5]

⑮ 세포를 모은 후 실험 조건에 맞게 희석한다(보통 세포는 96well plate 경우 well당 5×10^5개를 넣는다).

고 찰

❶ Proteose peptone을 PBS에 10%되게 녹여 autoclave한 후 −20℃에 보관한다.

❷ 마우스복강에 proteose peptone 주입시 역류를 막기 위해서는 주사바늘을 처음에는 피부만 뚫고 들어가게 한 후, 피부 밑으로 밀어 넣다가 다시 복막을 뚫고 들어가게 하여 주사하도록 한다.

❸ 18Gage 주사바늘을 이용한다. 주사바늘이 가늘 경우 세포가 주사바늘을 통과할 때 파괴 될 수도 있기 때문이다.

❹ 한번 원심침전해서 세포가 바닥에 가라앉으면 상층액은 버리고 바닥의 세포는 single cell이 될 수 있도록 잘 tapping 해준다.

❺ 대식세포는 부착성이기 때문에 plate를 shaking incubator로 잘 흔들어서 상층에 뜨는 세포들을 버린다. 다시 배지를 넣어서 그 과정을 2~3번 반복한다.

제2절 | 면역세포 활성 측정

1. 임파구 활성

1) 항체생산세포의 검출

개 요

T세포, B세포 및 대식세포 간의 상호작용의 결과 일련의 면역응답이 일어난다. 체액성면역응답에서는 T세포와 대식세포의 기능을 조사할 목적으로, B세포의 분화유도능을 근거로 이 세포들의 활성을 측정할 수가 있다. B 세포의 활성화를 항체생성능으로 판정할 경우, 항체생성세포로 분화된 세포수를 측정하는 방법과 생산된 총항체량을 측정하는 방법으로 판정할 수가 있다. 본 절에서는 용혈반형성세포(Plaque Forming Cell : PFC), 로셋트형성세포(Rossette Forming Cell : RFC) 측정법을 소개한다.

(1) 용혈반형성세포 측정

원 리

적혈구로 면역한 동물의 비장 등에서 얻은 살아있는 임파계 세포를 항원인 적혈구와 혼합시키고, 일정시간 경과 후 보체를 가하면 항체생산세포 주변의 적혈구는 용해되어 투명한 용혈반의 형태로 관찰된다. 이것을 응용하면 항체생산 세포의 검출이 가능하기도 하고, 일정수의 림프계 혹은 비장세포들 중에서 PFC형성 수를 확인함으로써 항체생성세포의 정량도 가능하다. 1963년에 Jerne 등이 처음으로 한천내에 고정한 적혈구와 림파구계 세포에 보체를 가한 한천 배지상에서 용혈반의 형태로 검출되는 PFC법을 발표한 이래, 다양한 방법들이 개량되어 왔다. 슬라이드 글라스법에는 양면 스카치테이프로 접착한 두장의 슬라이드글라스 사이에 반응계를 넣어 액상의 형태로 진행되는 Cunningham법과, 아가로즈 혹은 한천 등을 지지체로 이용하는 것으로 Jerne의 방법을 개량한 것 등이 있다.

① Cunningham법

재 료

- SRBC(sheep red blood cell) 50% 부유액
- 몰모트(guinea pig) 보체원액 : 보체의 제조법 참고(제품으로는 Sigma co. 등에서 상품화)

■ 마우스(4일전에 10%SRBC 부유액 0.2㎖ : 4×10^{8}개로 복강내 면역)

■ 세포부유액

■ Eagle 혹은 Hanks 완충액

■ 양면접착 테이프

■ 슬라이드 글라스, 해부용가위, 모세관피펫, 1㎖, 5㎖ 메스피펫, 소시험관

■ 샤레(직경 9cm), 밀봉용 파라핀과 왁스

■ 혈구계산판

■ 현미경

■ 배양기

■ Nylon mess(#200)

■ 얼음

실험방법

1 마우스의 면역 : 실험 4일전에 SRBC를 마우스의 복강내에 주사해 둔다.

2 PFC용 슬라이드 chamber 제작 : 탈지면으로 충분히 세척한 슬라이드글라스 2장을 양면접착테이프로 접착해서 2~3칸이 되도록 만든다. 1칸에 들어가는 용량은 약 0.1~0.2㎖가 되도록 한다.

3 비장의 세포부유액의 제조 : 마우스를 경추 탈골한 후, 복강을 개복해서 비장을 회수한다. 소량의 Eagle에 담군다. 사용시까지 빙냉상태로 시행한다. 비장을 세포부유액으로 만들어 1㎖ 중의 임파계 세포수를 계산한다.

4 반응액의 조제 : 이 세포부유액을 Eagle 액으로 약 50배로 희석해서 그의 0.8㎖, 50% SRBC Eagle부유액 0.1㎖, SRBC로 한냉포화한 몰모트 보체원액 0.1㎖을 소시험관에 취해서 잘 혼합한다.

5 반응액을 chamber에 넣기 : 혼합액을 0.1㎖의 피펫트로 취해서 양면테이프로 슬라이드글라스 두 장이 접착된 공간사이로 모세현상을 이용해서 기포가 생기지 않도록 넣는다.

6 밀봉 : 샤레에 파라핀과 왁스 혼합물을 넣어 50℃ 열기구에서 녹여서, 슬라이드글라스의 옆끝면을 샤레의 혼합물 속에 약간씩 담구어 밀봉한다.

7 반응의 진행 및 관찰 : 밀봉한 슬라이드 글라스는 수평면상에서 37℃ 1시간 정치한다. 슬라이드의 아래에서 빛을 쪼여서 관찰하면, 직경1㎜이하의 용혈반이 보인다. 이 수를 세어서 희석배수를 계산해서, 세포부유 원액으로부터 비장1개당 PFC수를 산출한다. 또는 원액의 1mm^{3}당 세포수를 세어두면 10^{6}개당 PFC이 산출된다.

② Jerne의 방법

시약 및 재료

■ 아가로즈 혹은 한천

■ DEAE dextran(한천사용시)

- 샤레(직경 9cm),
- SRBC(sheep red blood cell) 20% 부유액
- 몰모트 보체원액 : 제조법 참고
- 마우스(4일 전에 10%SRBC 부유액 0.2㎖ 혹은 4×108개로 복강내 면역)
- Nylon mess(#200)
- 세포부유액
- Eagle 혹은 Hanks 완충액, 빙수, 해부용가위 , 모세관피펫, 1㎖, 5㎖ 메스피펫, 소시험관,
- 혈구계 산판
- 현미경
- 배양기

실험방법

1. 마우스의 면역 : 실험 4일 전에 SRBC를 마우스의 복강내에 주사해 둔다.

2. Plate제작 준비 : Eagle액에 용해한 1.5%한천 약 5㎖를 샤레에 가해 기저층을 만든다. 이렇게 하면 바닥면을 편편하게 해서, 관찰하기가 용이하다.

3. 세포부유액의 제조 : 면역한 마우스의 비장을 상기 cunningham법에 준해서 세포부유액을 준비 해서, 사용시까지 빙냉보존 한다.

4. 한천액의 준비 a : 2배 농도의 Eagle액 1㎖를 분주한 시험관에 10mg/㎖의 DEAE dextran 수용 액 0.1㎖를 가한다(한천의 항보체성을 제거하기 위해서 DEAE dextran을 가하기 때문에 아가 로즈 사용시에는 이 조작은 필요하지 않다.)

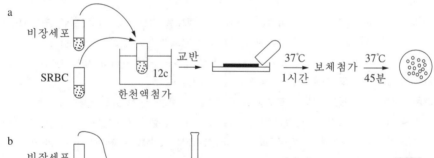

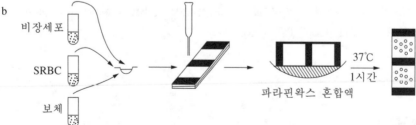

(a : Jern법 , b : Cunningham법)

그림 27 - 1 PFC 형성세포 측정법의 과정

5 한천액의 준비 b : **4**의 Eagle액을 42℃로 유지하고, 이것에 같은 온도로 보존한 1.5% 한천수 용액 1㎖를 가한다.

6 Plate 만들기 : 20% SRBC 부유액, 세포부유액을 차례대로 각각 0.1㎖씩을 가해서 혼합해서, 곧바로 샤레에 균등하게 펼친다. 37℃에서 1시간 반응시킨다.

8 그 다음 Eagle 액으로 10배로 희석한 몰모트 보체 2㎖를 각 샤레에 가한다. 37℃에서 30분간 정치한 후에 용혈반이 형성된 수를 센다. 총과정이 그림 27-1에 요약되어 있다.

고 찰

1 샤레 혹은 슬라이드 1개당 PFC수가 100개 전후가 되도록 세포수를 조정한다. 수가 적으면 오차가 크고, 250개 이상되면 세는데 어려움이 있다.

2 여기서 소개한 실험방법은 PFC이 형성되는 것으로 관찰되는 것이 IgM 항체생성 세포(직접 PFC) 만 관련되는 실험방법이다. IgG항체 생성세포는 상기의 방법으로는 용혈반을 형성하지 않고, 반응계에 적당히 희석한 항마우스 IgG항혈청을 첨가 후 보체를 작용시키면 용혈반을 형성하게 된다(간접PFC). Cunningham의 방법으로는 반응 후에 직접 항혈청을 혼합하고, Jerne의 방법에서는 적당히 희석한 항마우스 IgG항혈청 2㎖를 plate에 첨가하고, 37℃, 30분 후, 보체를 첨가한다.

IgG항체생성세포수 = 간접 PFC − 직접 PFC

3 PFC수는 마우스의 주령, 근교계에 따라 상당한 차이가 있고, 면역 후의 시기에 따라서도 큰 변동이 있다. 면역하지 않은 마우스에서도 직접 PFC가 10^6개의 세포당 2~3개 검출되는 일이 있지만, 면역 후에는 수천개에 달하게 된다. IgM에 의해서 PFC형성은 통상 4일째에 최대로 되고, 이후 급감한다. IgG항체생성에 의한 PFC은 7~10일 째에 걸쳐서 최대치를 나타낸다.

4 Jerne의 방법으로는 PFC의 형성으로 나타나는 plate는 저온 습실에서 수일간 보존가능하다.

참고문헌

1 Chunningham, A. J. : Large number of cell in normal mice produce antibody components of isologous erythrocytes. Nature 252, p.749(1974)

2 Jerne NK, Nordin AA, Henry C : The agar plaque technique for recognizing antibody producing "cell-bound antibodies", C Wister Institute Press, Philadelphia. p109(1963)

3 藤原道夫, 成内秀雄, :抗體生產細胞の 檢出法, "新インパ 球機能檢索法" 改訂4版, 矢田純一, 原道夫編, 中外醫學社. p.435(1990)

③ 보체의 제조법

개 요

일반적으로 몰모트나 또는 토끼의 혈청을 보체원으로 사용한다. 그러나, 이들 혈청중에는 자연

항체나 세포독성 등의 물질이 포함되어 있는 것이 많아서, 이들을 제거하지 않으면 않된다. 이것은 SRBC를 이용하여 흡수 제거할 수 있으며, 이렇게 함으로써 면역관련 실험용 보체로 사용하는 데 보다 완벽을 기할 수 있다.

시약 및 기구

- 몰모트(250~300g)
- 50㎖ 멸균된 주사기
- 15㎖(2.0×10cm) 마개있는 tube
- 마취용 ether
- 수술가위
- 마스크
- 수술고정대
- 비닐 or 고무장갑
- 얼음
- 원심기
- SRBC
- HBSS(혹은 RPMI-1640)

실험방법

1. 미리 몰모트로부터 채혈 후 혈청을 분리해 둔다.
2. SRBC를 용기로부터 흡수할 보체의 1/3~1/2량의 RBC를 취한다.
3. SRBC를 400g×15분 원심분리하고 상층을 버린다.
4. SRBC를 대량의 HBSS로 3~4회 세척한다.
5. 최후 세척후 BSS를 전부 뽑아내고, 세척된 SRBC상에 보체를 가해서 SRBC를 재부유시킨다. 이것을 flask로 옮겨서 flask를 다량의 얼음으로 냉각시킨다. 얼음이 flask의 목높이 이상으로 넘치지 않도록 주의한다.
6. 혼합액을 얼음 중에서 20분간 반응시킨다. SRBC를 부유상태로 하기 위해서 때때로 flask를 회전 시킨다.
7. 원심관 그대로 400×g 15분간 원심한다, 4℃ 상태로 유지한다. 보체를 다른 원심관으로 옮기고, SRBC를 완전히 제거하기 위해서 한번 더 원심한다.
8. 빙냉한 그대로 보체를 소분한다. 가능한한 cold room에서 작업한다. Alcohol dry ice에서 동결시켜 −70℃에서 보존한다.
9. 경험상, 10배 희석해도 충분한 보체활성을 나타내므로 몰모트 혈청은 희석한다. 그러나, 30~40배 희석에서도 충분한 보체활성을 나타내는 것도 있기 때문에 보체역가를 검정한다. −70℃에서 보존해도 보체활성은 조금씩 저하하기 때문에 사용하기 전에 보체가의 검정은 정기적으로 행하도록 한다.

(2) 로셋트 형성세포

원 리

항원인 적혈구와 항체를 만드는 세포 및 세포친화성 항체 (cytophilic antibody)는 접착한 세포 등의 표면에 접촉하면 흡착해서 로셋트를 형성한다.

재 료

- 원심분리기
- 현미경
- 슬라이드글라스 등 PFC의 방법에 준한다.

방 법

1 반응계의 준비 : 비장세포 부유액에는 죽은세포의 파편 등을 함유하고 있기 때문에 이것들을 제거하기 위해서 1000rpm, 3분간 원심해서 상청액을 제거한 후 빙냉한 Eagle액 1㎖에 재부유시켜, 모세관 피펫트로 세포를 잘 분산해 둔다.

2 **1**에서 준비한 세포부유액 한방울과 50% SRBC부유액 한방울을 1㎖ Eagle액에 넣고 잘 혼합해 둔 후, 빙수 중에 1~2시간 정치 한다.

3 반응의 관찰 : 시험관을 파라필름으로 막고 상하를 거꾸로 방향을 천천히 바꾸면서 1~2분간 흔들어 준다(이때 강하게 흔들면 로셋트형성에 문제가 발생할 수 있다). 이 액을 1방울 슬라이드글라스판에 떨어뜨리고 커버글라스를 덮어서 현미경으로 관찰한다. 림프구 세포에 적혈구가 4개 이상 부착한 것을 RFC형성 양성으로 인정하고 센다. 이것의 정량적인 방법은 혈소판 상에서 세어서 계산식에 따라 산출한다.

고 찰

1 RFC형성에는 IgG, IgM 등의 항체를 생성하는 임파구계가 관여한다. 더욱이 그의 일부분은 PFC을 형성한다고 한다. 또한 항원친화성인 수용기(recepter)를 표면에 갖기 위해 로세트를 만드는 세포도 있다. 그 외에 대식세포 등도 적혈구를 흡착하지만 이 성질은 항체가 공존할 때 강하다.

2 정상마우스의 임파계 세포에서는 SRBC에 대해서 RFC형성은 적지만, 면역을 유발하면 그 수가 증가한다. 또 면역한 세포의 취급은 살아있는 상태로 유지하고, 세포로부터 새로운 항체생성과 항체의 분비를 억제함으로써 혈구응집을 방지하기 위해서 저온상태에서 시행한다.

2) 임파구 증식 활성 (Lymphoproliferation (LP) Assay, Mitogen assay)

개요 및 원리

Nowell(1960)에 의해 Phaseolus vulgaris로부터 분리된 lectin성분 phytohemagglutinin(PHA)이 정상 임파구를 활성화시킬수 있음이 발견된 후로 lectin에 의한 임파구 증식반응은 임파구의 항원에 의한 활성화 및 증식에 대한 연구모델로 많은 연구가 이루어졌다. lectin과 같이 mitosis를 유발시키는 물질을 mitogen이라 부르며 mitogen에 의한 임파구 활성화 및 증식은 항원에 의한 임파구 활성화 및 증식을 연구하는데 이용될 뿐 아니라 증식 결과는 세포성면역반응 결과와 잘 일치하므로 화학물질의 세포성 면역반응에 대한 영향 연구에도 이용되고 있다(Lang et al., 1993). 대개의 경우 96 well culture plate를 이용하여 LP assay를 수행하며 B-, T-세포 특이적 mitogen을 사용하여 B-, T-세포를 선택적으로 활성화, 증식시킬 수 있다. 일반적으로 mitogen 처리후 54시간 후 ^{3}H-thymidine을 18시간동안 pulse 시킨 후 세포수확기를 사용하여 DNA를 유리섬유에 수확한 후 방사능을 측정하는 표준방법이 널리 사용된다. 그러나 최근 96 well beta counter가 개발되어 96 well culture plate에 세포를 배양, 방사능 표지하고 세포의 DNA를 96 well cell harvester로 수확하여 직접 이를 96 β-counter에서 한번에 방사능 측정을 할 수 있게 되었다.

시약 및 기구

- Mice, rat splenocyte suspension or human PBMC(2×10^6/mℓ in RPMI1640 + 10 % FBS)
- 96 well culture plate
- Concanavalin A(for mouse, rat, human T-cell)
- Phytohemagglutinin(for mouse, rat, human T-cell)
- Lipopolysacchride(for mouse B-cell)
- Heat-inactivated Staphlococcus aureus cells(for human B-cells)
- Salmonella typhimurium mitogen(for rat B-cells)
- Cell harvester
- Glass fiber filter
- Scintillation vial(5mℓ)
- Scintillation cocktail
- Beta counter
- ^{3}H-thymidine
- Multi channel pipette
- 이산화탄소 배양기

실험방법

1 마우스, 랫트, 사람 임파구를 분리하여 RPNI1640 + 10% FBS 배지에 2×10^6/mℓ로 세포수를 조정한다.

2 Multi-channel pipette을 사용하여 100$\mu\ell$씩 96 well plate에 분주한다.

3 원하는 mitogen 농도의 2배가 되도록 mitogen 용액을 배양액에 준비한다(이는 동물종, mitogen batch 및 여러 조건에 따라 달라지므로 최적 농도를 먼저 구해야 함).

Concanavalin A(for mouse, rat, human T-cell) : 1.0μg/mℓ

Phytohemagglutinin(for mouse, rat, human T-cell) : 6μg/mℓ

Lipopolysacchride(for mouse B-cell) : 100μg/mℓ

Heat-inactivated Staphlococcus aureus cells(for human B-cells) : 10μg/mℓ

Salmonella typhimurium mitogen(for rat B-cells) : 10μg/mℓ

4 이산화탄소 배양기에서 54시간동안 배양한다.

5 Cell harvester를 사용하여 glass fiber filter에 수확한다.

6 Filter를 sictillation vial에 넣고 약 1시간 동안 뚜껑을 연채로 방치하여 수분을 증발시킨다.

7 Scintillation cocktail 2mℓ을 넣는다.

8 방사능을 계수한다.

시 약

1 본 실험전에 반드시 최적의 mitogen 농도를 구해야 하며 최적농도 전후 농도(3개 dose)를 선택해 서 실험을 수행한다.

2 Quadriplicate로 실험한다.

3 Mitogen 농도가 0인 그룹을 포함해 mitogen에 의한 증식여부를 판단한다.

참고문헌

1 Nowell, P.C. : Phytohemagglutinin: An inhibitor of mitosis in cultures of normal human leukocytes. Cancer Research 20, p.462(1960)

2 Lang, D.S., Meier, K.L. and Luster, I. : Comparative effects of immunotoxic chemicals on in vitro proliferative responses of human and rodent lymphocytes. Fund. Appl. Toxicol. 10, p.2(1993)

2. 대식세포 활성

1) 일산화질소 (Nitric oxide) 생산 측정방법

개요 및 원리

대식세포는 탐식작용 외에 분비작용, 항원제시작용, 살균작용 등 광범위한 기능을 가지는 면역계의 중요한 역할을 담당하는 세포이다. 대식세포는 여러 가지 자극에 의해 활성화되어 다양한 종류의 물질을 분비하고, 감염과 염증 등 생체반응을 조절하는 역할을 한다. 본 실험방법에서는 마우스 대식세포주인 RAW 264.7을 이용한 일산화질소(NO)의 생산 측정법에 대해서 소개한다. 일산화질소는 수용액 중에서 매우 불안정하여 곧바로 안정한 아초산이온(NO_2^-, nitrite)이나 초산이온(NO_3^-, nitrate)로 산화된다. 따라서 본 실험방법은 생산된 NO가 산화된 형태인 NO_2^-를 측정하여 간접적으로 NO생산을 측정한다.

시약 및 기구

- 96well plate
- 혈구계산판
- 15㎖ tube
- ELISA reader
- Tip
- Autoclave
- Naphthylethylendiamine dihydrochloride(Sigma N-9125)
- Sulfanilamide(Sigma S-9251)
- H_3PO_4
- $NaNO_2$
- RPMI 1640(GIBCO BRL 15240-062)
- Fetal Bovine Serum(PAA Lot. NO. 07111)[*1]
- 2-Mercaptoethanol(Sigma M-6250)
- Trypan Blue(GIBCO BRL 15250-061)
- LPS(Sigma L-2630)
- IFN-γ(Pharmingen 19301 T)
- Sodium bicarbonate($NaHCO_3$, Sigma S-6297)
- 항생제(GIBCO BRL 15240-062)
- MEM(mimimum essential medium, GIBCO BRL 11360-070)

시약 및 조제

1 Greiss 시약

    A : naphthylethylenediamine dihydrochloride in D.W. : 0.2g/200㎖(D.W)

    B : 1% sulfanilamide in 5% H_3PO_4 : H_3PO_4(85%) 10㎖, H_2O 160㎖, sulfanilamide 1.7g

2 $NaNO_2$ 표준액 : $NaNO_2$(FW=69.00)를 2mM로 만든다.

3 RPMI 1640 배지

① RPMI powder(1ℓ용)를 조심스럽게 1ℓ의 증류수에 넣는다.[*3]

② Sodium bicarbonate($NaHCO_3$)를 첨가한다(2g/ℓ).

③ 항생제(antibiotic-antimycotic)를 100배 희석해서 넣는다(100배 농축액일 경우).

④ 최소한 1시간 정도 stir한다(충분히 녹을 때까지).

⑤ 충분히 녹은 후 용액에 CO_2 gas로 bubbling하여 CO_2가 용해되도록 한다.[4]

⑥ 이 용액을 여과 멸균한다.[5]

⑦ 배지를 사용할 때는 FBS(10%)와 2ME(50μM)를 넣어서 사용한다.[6]

⑧ 4℃에서 보관한다.

실험방법

1 세포준비

① RAW 264.7을 RPMI1640(10% FCS, 2ME) 배지에서 키운다.

② RAW 264.7을 10㎖ 피펫으로 피펫팅해서 모은다.[7]

③ 4℃, 1200rpm에서 10분간 원심침전시킨다.

④ Washing medium[8]으로 2번 더 washing한 후 RPMI-1640(10% FCS, 2ME)에 적당량 희석한다.

⑤ 그중 일정량을 떠서 trypan blue 용액에 희석시켜 세포수를 counting 한다.[9]

⑥ 이렇게 counting된 세포를 96well plate에 well당 5×10^4개를 넣고(100μl인데 실험조건에 따라 양은 달라질 수 있다), 2시간 동안 37℃, 5% CO_2 배양기에서 배양을 하여 배양 plate에 부착시킨다.

⑦ 두 시간 후에 일산화질소 생성을 촉진 또는 억제하는지 알고자 하는 시료를 조건에 맞게 RPMI 1640(10% FCS, 2ME) medium에 희석하여 첨가하여 48시간 배양한다.[10]

⑧ 48시간 후 배양 상층액 100μl을 떠서 새로운 96well plate에 옮긴 다음 Greiss 시약을 이용하여 생성된 일산화 질소의 양을 측정한다.

2 NO 측정법

① ● well에 증류수를 100μl씩 넣는다. ○ 부분은 측정하고자 하는 배양 상층액을 넣는다

② 첫 ● well에는 증류수 100μl를 더 넣는다.

③ Standard solution(2mM)의 농도는 32μM에서부터 0.25μM까지 2배씩 단계별 희석한다. 즉, 첫 well 증류수 200μl에서 6.4μl를 덜어내고 거기에 standard solution(NaNO$_2$, 2mM)을 6.4μl 넣고 섞은 다음 100μl를 취하여 다음 밑의 well에 있는 증류수 100μl와 섞는다. 이 과정을 다음 well로 반복하여 2배씩 계단 희석한다.

④ 그리고 다른 well은 알고자하는 조건의 sample을 100μl씩 떠서 넣는다.

⑤ 각 well의 100μl에 Greiss 시약(A용액+B용액)을 100μl 동량 첨가하여 10분간 반응 시킨다.

⑥ 10분 후에 550nm에서 흡광도를 측정한다.

⑦ NO_2^-의 농도는 sodium nitrite를 $32 \mu M$에서부터 $0.25 \mu M$까지 2배씩 단계별 희석하여 얻은 표준곡선과 비교하여 계산한다.

고 찰

1 특정한 회사의 제품에 구애받지 말고, 가능하면 여러 회사의 제품 중에서 자신의 실험에 적합한 제품을 고른다.

2 A와 B시약은 사용직전에 1:1 volume으로 섞어서 사용한다.

3 RPMI 1640은 powder 상태이기 때문에 날리지 않도록 주의한다.

4 원래의 색은 배지에 첨가된 phenol red에 의해 붉은색을 띄지만 CO_2 gas가 용해되면 주황색으로 변하는데, 이 때 bubbling을 멈추면 된다.

5 여과전에 500㎖ 병을 Autoclave 하여 준비해 놓는다. 여과멸균은 판매되고 있는 bottle top filter를 이용하는 것이 편리하다.

6 Fetal Bovine Serum이 10%되게, 2-mercaptoethanol이 $50 \mu M$되게 첨가하여 사용한다.

7 약하게 부착되어 있으므로 가벼운 pipetting으로도 쉽게 떨어진다.

8 Washing medium은 멸균된 MEM을 사용한다 : 만드는 법은 RPMI 1640 배지를 만드는 것과 동일하다. 단, 항생제, FBS, 2ME를 첨가할 필요는 없고 멸균된 NaOH 용액으로 pH를 조정한다.

9 $180\mu\ell$(배지) : $20\mu\ell$(세포 희석액) → 5배 희석된 것 중에서 $20\mu\ell$ 떠서 $20\mu\ell$의 Trypan blue 용액으로 희석시킨다 ⇒ 총 10배 희석됨.

$$\text{cell수} \times \text{희석배수} \times 10^4/m\ell = 1m\ell \text{당 세포의 개수}$$

10 이때 반드시 LPS($1\sim10\mu g/m\ell$) 또는 IFN-γ($1\sim10$ng/$m\ell$)를 첨가하는 대조군을 설정하여 실험군과 비교한다.

2) 탐식능

개요 및 원리

대식세포, 다형핵백혈구, B-cell 등의 식세포가 면역응답에서 세균, 바이러스의 감염예방과 그리고 염증반응에 중요한 역할을 담당하고 있는 것으로 알려져 왔다. 이들 세포는 상당한 양의 생리활성물질을 생산해서 생체의 항상성 유지에 중심적 역할을 한다. 복강세포, 비장세포, 폐내세포, 골수세포에 존재하는 이들 식세포가 생체내에서 세포간 상호작용을 어떻게 하고 있는지 해석하고, 면역조절 물질에 의한 이들의 활성 즉 탐식능을 관찰하고 작용 메카니즘을 규명하는 일은 식품분야에서 필히 다루어야할 영역이다. 탐식능을 측정하는 방법은 candida균을 이용하는 방법으로 yamamura 등이 1977년에 처음으로 소개한 이례 많은 연구자들에 의해 변형 개발되어 왔으며, 본 절에 소개하는 탐식능측정법은 1984년 小松가 개량개발한 방법이다.

시약 및 기구

- ■ 시약
  - ─ 동일계의 마우스의 혈청
  - ─ *Cadida parapsilosis* : 96 well plate(V형)
  - ─ CO_2 incubator
  - ─ 마우스(8∼10주령) BALB/C
  - ─ 인산완충 생리식염수
  - ─ RPMI-1640 및 10% FBC RPMI-1640
  - ─ 한천배지(Sabrourand agar, Difco Co.)
  - ─ 0.85% 등장생리식염수, 0.2% 저장생리식염수, 0.4%생리식염수
  - ─ Petri dish(직경 9cm)

- ■ 복강내 침출세포(Peritoneal exudative cells: PEC) 준비
  - ─ 냉각된 HBSS 혹은 PBS 3㎖정도의 량을 주사기를 이용해서 복강투여 후 맛사지 한다.
  - ─ 복강 피부 부위만 가위로 절개 벗겨낸다.
  - ─ 복부에 작은 구멍을 내고 spoid로 복강 속의 용액을 회수해서 모은다.
  - ─ 1,200RPM, 5분간 원심해서 상층은 버린다. 세포를 세어서 8×10^3cell/㎖ 혹은 1.2×10^4로 조정한다
  - ─ 혼입된 적혈구는 빙냉 0.2% 저장식염수처리로 파괴 제거한다(0.1㎖의 원심침전 세포에 피펫으로 0.2% 저장식염수 1∼2㎖를 가한 다음 잘 혼화한다. 15초 후 등장의 2배 농도 용액 동량을 재빨리 가해서 잘 혼합한다. 등장용액을 더 첨가해서 1,200rpm, 5분간 원심분리해서 상층을 버린다).
  - ─ RPMI-1640 배양액으로 3회 세척 후 세포를 세어서 8×10^3cell/㎖ 혹은 1.2×10^4cell/㎖로 조정한다.

- ■ *Candida parapsilosis*균 준비 : *candida parapsilosis*균은 sabouraud's dextrose agar 사면배지에서 1∼2개월 간격으로 계대배양해서 4℃에서 냉장보관 후 사용할 수 있다.

- ■ *C. parapsilosis*균의 배양과 균수조정 : *C. parapsilosis*균의 배양는 sabouraud's dextrose broth 배지에 접종하여 2일간 배양한다. PBS로 2회 세척(1,500rpm, 10min)하여 methylen blue 염색후 8×10^3cell/㎖로 조정한다.

- ■ 탐식되지 않은 생균수 측정용 평판배지 준비 : Sabouraud's dextrose agar 배지로 준비한다.

실험방법

1 멸균소독된 96well V-bottomed tray 1 well에 *C. Parapsilosis*균 조정액(8×10^3cell/㎖) 50㎕, 복강침출세포액(8×10^3 혹은 8×10^4) 50㎕, 10% 동일계 신선한 혈청 50㎕를 넣는다. 마지막에 RPMI-1640 배양액을 가해서(50㎕) 총량이 200㎕가 되도록 채운다.

2 37℃, 5% CO_2 배양기에서 3시간 배양한다.

3 각 well의 배양액을 잘 혼화해서 50㎕를 뽑아서 미리 준비한 생균수 측정용 평판배지에 옮긴다.

④ 37℃에서 24~48시간 배양한다.

⑤ 살아있는 C. parapsilosis의 colony을 센다.

⑥ Candidacidal activity의 계산식 : 탐식된 균수＝초기첨가생균수－colony형성균수

※면역증강제를 첨가할 경우에는 탐식살균수가 무첨가에 비해 2~4배 정도 높게 나타난다고 한다.

고 찰

① 96well tray는 바닥이 V형인 well을 사용한다. 세포와 *C. parapsilosis*의 접촉이 용이하며 탐식 조건을 양호하게 한다.

② 본 탐식반응은 보체의 부경로가 관여하는 것으로 보고되고 있다. 동일계의 신선한 혈청을 사용함으로써 분명한 탐식능을 확인할 수 있고 혈청을 불활성화 시키면 탐식효과의 유의성을 기대할 수 없다.

참고문헌

① Yasuhiro, K., Naohiko, O., Chiyuki A : On the Method of Candidacidal activity of Peritoneal exudate cells in mice. 炎症, 8, p.379(1984)

② Yamamura, M, et al. : J. Immunol. Meth. 14, p.19(1977)

③ Nozawa, R., et al. : Cell Immunol. 53, p.116(1980)

3. 호중구 활성

1) Myeloperoxidase (MPO) 활성

개요 및 원리

MPO는 PMNs과립에 존재하는 heme단백질로 정상 PMNs의 microbicidal 활성을 위해 매우 중요하다. MPO는 H_2O_2의 존재하에서 o-tolidine, o-dianisidine, guaiacol, 4-aminoantipyrine 등의 기질을 산화시키며, 이로 인한 색깔의 변화를 이용하여 MPO활성을 정량적으로 측정할수 있다.

시약 및 기구

- Spectrophotometer(510nm), 기록계
- 1.7mM H_2O_2 : 매일 준비, 1mℓ 30% H_2O_2 ＋ 99mℓ H_2O_2 → 0.3% H_2O_2

  1mℓ 0.3% H_2O_2 ＋ 49mℓ H_2O_2 → 1.7mM H_2O_2

- 세포 sonicate(protein 0.1mg/mℓ)

- 1.5% triton X-100
  - 2.5mM 4-aminoantipyrine(Sigma A4382)

      810mg phenol(Sigma P3653)을 40㎖ 증류수에 녹임

      25mg 4-aminoantipyrine을 첨가함

      암소(실온)에서 보관
  - Horse peroxidase 또는 purified MPO(Calbiochem 475911)를 standard로 사용

실험방법

1 각 cuvette에 1.3㎖ 4-1minoantipyrine/phenol과 1.5㎖의 1.7mM H_2O_2를 넣고 3~4분 방치한다.

2 Basal rate을 잡은 후, cuvette 에 0.1㎖의 triton X-100과 0.1㎖ 세포 sonicate 또는 standard을 넣고 신속히 혼합한다.

3 기록계로 510nm에서의 흡광도의 변화를 4~5분간 기록한다.

4 A510/min을 읽는다.

5 U/mg cell protein = (A510/min)/0.1mg cell protein × 100

6 Standard 의 linear regression에 따라 미지의 MPO양을 계산한다. Y=mX+b

고 찰

MPO의 통상값은 0.5~1.0ug/10^7 PMNs이다. Spectrophotometry difference에 따라 2~3ug/10^6 PMNs의 차이가 생긴다.

참고문헌

1 Klebanoff, S.J. : Myeloperoxidase-mediated cytotoxic system. In : the recticuloendothelial system, vol.2, edited by A.J. Sbarra and R.r. Strauss, Plenum Press, NY, p.279(1989)

2) 박테리아 살해능 (Microbicidal activity)

(1) 박테리아 탐식능 (Phagocytosis)

개요 및 원리

탐식작용이란 세포가 입자를 먹어치우는 것을 말한다. 입자가 세포벽에 붙어 있는지 세포내로 들어갔는지를 구별하는 것은 용이하지 않다. 박테리아나 zymosan에 대한 탐식능을 조사하는 경우 입자의 부착, 소화, 분해상태를 구별하지 않는다. 여기서는 세포 부착성 박테리아를 측정하여 탐식능을 정량화한 방법에 대해 소개한다.

- 37℃ incubator, Rotating rack, Low-speed centrifuge(150g, 4C), 56℃ Water bath, beta-scintillation counter

- 0.5N NaOH(0.5㎖/tube), 3% acetic acid(0.2㎖/tube), 0.85% saline(0.5㎖/tube)

- Stop/wash 용액(8㎖/tube) : 89㎖ HBSS 즉 Ca^{++} and Mg^{++}, 10㎖ FCS, 1㎖ 0.2M sodium fluoride

- Scintillation fluid(Aquasol, NEN, NEF-934)

- Labeled bacteria : Heat-killed bacteria. Stock culture를 20㎖ TSB에 접종하여, 0.15㎖의 50uCi [^{14}C]amino acid 또는 [^{14}C]uracil (50 μ Ci)과 함께 37℃에서 overnight incubate한다. 배양액을 45분 동안 끓인후, HBSS(with Ca^{++}와 Mg^{++})로 2번 세정하여 분산시킨다. 계수하여 2.5×10^{8}/ ㎖로 조정한다.

실험방법

1 Time table을 작성해둔다. 모든 튜브의 반응개시와 종료는 15초 간격으로 진행하며, 반드시 반응개시와 종료시간을 미리 작성해둔 time table에 기록한다.

2 통상 반응 시간은 0, 5, 10, 20, 30분이다.

3 각 incubation time마다 소정 반응시간에 해당하는 튜브를 duplicate로 준비한다.

　　　0.5㎖ cells(초기 농도, 5×106/㎖)

　　　0.1㎖ serum(만약 bacteria are not opsonized)

　　　0.3㎖ HBSS with Ca^{++} and Mg^{++}(0.4㎖ if bacteria are opsonized)

4 Phagocytic incubation

① 15초 간격으로 ^{14}C-labeled bacteria 0.1㎖씩 각 튜브에 넣고 뚜껑을 닫는다. 즉시 rotator로 옮겨서 일정시간 흔들어 준다(Time table에 기록하는 것을 명심할 것). Standard용으로 bacteria 0.1㎖을 scintillation vial에 보존하는 것을 잊지 않도록 할 것.

② Time table에 따라 stop/wash 용액 2㎖를 넣고 다시 뚜껑을 닫고 혼합하여 on ice로 둔다.

③ 모든 튜브를 rotator에서 꺼낸 후, zero time tube에 stop/wash용액을 넣고 ^{14}C-labeled bacteria 0.1㎖을 넣는다.

5 Ingested and cell-associated bacteria 의 분리

① 모든 튜브를 즉시 150g(4℃)에서 5분간 원심분리한다.

② 상층을 주의깊게 덜어낸 후, stop/wash용액 3㎖를 넣는다(5㎖ syringe 사용). 절대 voetex하지 않도록 한다. 150g에서 5분간 원심분리한다.

6 PMNs과 부착성 박테리아의 용해

① 상층을 제거한다. 0.5N NaOH 0.5㎖를 모든 튜브에 넣는다(standard용 튜브에도 넣는다). 뚜껑을 닫고 vortex한 후 37℃ incubate에서 overnight 둔다.

② 튜브와 바이알을 56℃ 항온조에서 적어도 3시간 둔다. PMNs가 완전히 용해되었는지 확인한다(뜨는 입자가 없어야 한다).

③ 모든 튜브와 바이알에 3% acetic acid 0.2㎖를 첨가하여 중화시킨다.

7 계수(counting)

① 모든 튜브에 0.85% saline 0.5㎖를 넣고, standard애는 0.2㎖을 넣고 혼합한다.

② Scintillation vial에 Aquasol 10㎖씩 분주한다.

③ 각 실험 튜브로부터 11㎖씩 채취하여 해당 scintillation vial에 분주한다. 충분히 혼합한다.

④ Standard는 0.1㎖ bacteria, 0.2㎖ saline, 0.5㎖ NaOH, 0.2㎖ acetic acid, 10㎖ Aqualsol로 되어 있다.

⑤ Vial을 2분씩 counting 한다.

⑥ 남아있는 시료를 같은 방법으로 scntillation vial에 분주하여 한 번더 counting 한다.

8 계산

% uptake/cell-associated bacteria＝[Experimental tube cpm×(1.0㎖＋residual volume)]/standard cpm

Phagocytic index＝[%uptake/cell－associated bacteria]/100×＃bacteria added/＃PMNs added

고 찰

정상 %uptake는 bacteria:cell이 10:1일 때 약 45-55%정도이다. 500:1인 경우, %uptake는 약 8～10%이다.

참고문헌

1 Root, R.K., Isturiz Ellman, L., and Frank, M.M : Bactericidal and and opsonic properties of C4-deficient guinea pig serum. J. Immunol., 109, p.477(1972)

(2) Zymosan 탐식능

개요 및 원리

탐식능을 정확히 조사하기 위해서는 박테리아 등의 입자가 세포표면에 부착되어 있는지 세포 내부로 들어갔는지를 구별할 필요가 있다. Opsonized zymosan의 경우 현미경관찰로 쉽게 구별할 수 있다.

기구 및 시료

- Cytocentrifuge, Rotatin tube rack, 37℃ incubator, Light microscope
- Serum opsonized zymosan: $5×10^8$/㎖(10:1 particle/PMN에 해당). Opsonized zymosan의 최대량은 혈청 5mg/㎖이다. 너무 많은 zymosan/㎖은 혈청 C3b를 감소시키며, 불충분한 opsonization의 원인이 된다.
- 2mM NEM(Sigma 3876)를 PBS로 조제한다.
- 0.25M sucrose (0.1mM EDTA, 5uM colchicine, 1% BSA)

- 고정액 : 9:1(v/v) ethanol:formalin
- 2% methyl green (aqueous, Sigma F7252)
- HBSS(Ca^{++}, Mg^{++})
- 22% albumin

방 법

1 12×75mm 튜브(3개씩/sample)에 다음을 분주해 놓는다.

0.5㎖ PMN(초기농도, 10×10^{6}/㎖)

0.4㎖ HBSS(Ca^{++}, Mg^{++})

2 37도에서 5분간 incubate한 후 0.1㎖ opsonized zymosan을 첨가하여 뚜껑을 닫고 소정시간 회전시킨다(보통, 1, 5, 10, 15분).

3 각 시간마다 시험관으로부터 0.1㎖을 채취하여 0.1㎖ 차가운 NEM와 혼합한 후 얼음 위에 방치한다.

4 소정 시간마다 모든 튜브에서 sampling이 끝난 후, zero time sample을 준비한다(opsonized zymosan을 첨가하자마자 0.1㎖을 취하여 NEM과 혼합한다).

5 Sucrose 용액 2㎖을 모든 튜브에 분주한다. 이하의 실험은 실온에서 진행한다.

6 세포를 slide에 얹은 후 cytocentrifuge한다. 통상, 0.3㎖ sample을 500rpm에서 5분간 cytospin한다. 세포의 부착율을 높이기 위해서는 22% albumin을 한방울 떨어뜨린 후 cytospin 해준다.

7 Slide를 건조시킨 후, ethanol/formalin용액으로 고정한다.

8 Staining 한다 : Methyl green, 5분, 세정, Fast green, 5분, 세정, 건조

9 입자수/세포를 현미경하에서 계수한다.

고 찰

탐식능의 정상범위는 3~5 zymosan/PMN이다.

참고문헌

1 Jandle, R.C., Andre-Schwartz, J., Borges Bois, L., Kipnes, R.S., McMurrich, B.J., and Babior, B.M. : Termination of the respiratory burst in human neutrophils. J. Clin. Invest., 61, p.1176(1978)

2. 기타 면역세포 활성

면역세포의 일부(subpopulation)는 종양세포 또는 바이러스에 감염된 세포를 살해(용해)시키는 작용 즉, cell-mediated cytotoxicity를 보인다. 대표적인 것으로 자연살해세포(natural killer(NK) cells)이 있다. cell-mediated cytotoxicity 즉, 작동세포(임파구)가 표적세포(종양세포)를 용해시키는 능력을 측정함에 있어서 보통 Cr 유리법(4-hr Cr-Release Assay)을 시행한다. 그 원리는 방사성 동위원소 Cr-51을 labelling 시킨 표적세포와 작동세포를 혼합하여 반응시킨 다음 그 상층액에 유리된 Cr-51의 양을 측정하여 % Cytotoxicity를 산출하는 것이다.

1) 자연살해세포 활성(NK cell activity) 측정

1 세포배양액 : 배양액은 RPMI 1640(Rosewell Park Memorial Institute 1640; Gibco)에 20mM HEPES buffer, 2mM L-glutamine(Gibco), 100ug-100IU/mℓ penicilline-streptomycin(Gibco), 10% FBS(Fetal Bovine Serum; Gibco)를 첨가하여 사용한다.

2 표적세포 준비 : 마우스의 경우 보통 YAC-1 lymphoma세포, 사람의 경우 K562 myeloid leukemia세포를 표적세포로 사용한다.

① 표적세포를 배양액 1mℓ에 10^7개의 비율로 부유시킨다

② 방사선 동위원소 sodium chromate Na_2CrO_4(New England Nuclear, Boston, Mass. , U.S.A) 100 ~200 μCi를 가한다.

③ 37℃ water-bath에서 45분간 가끔 흔들어 주면서 incubation한다.

④ 5% FBS-HBSS(cold)로 3회 세척한 후 $5 \times 10^3 \sim 1 \times 10^4$cells/mℓ의 농도로 세포배양액에 재부유시켜 사용한다. 이때 세포생존율이 95%이상 되게 한다.

3 작동세포 준비

① 작동세포는 사람의 경우 말초혈액 임파구, 마우스의 경우 비장 임파구를 보통 사용한다.

② 임파구는 Histo-paque solution(specific density=1.077)을 이용한 density gradient 법으로 분리한다.

③ 말초혈액 임파구 분리 : 채취한 말초혈액을 HBSS(Hank's balanced salt solution)으로 1/2로 희석하여 Ficoll-paque solution(specific density=1.077)위에 중첩시킨 다음, 400g에서 40분간 원심한다. 원심분리 후 중간층에 위치한 임파구를 Pasteur pipette으로 분리하여 HBSS로 3회 세척한 후 세포 배양액에 재부유시켜 실험에 필요한 농도로 조정한다.

④ 마우스 비장 임파구 분리: 마우스를 희생시킨 후 복부를 절개하고 비장을 채취한다. 차가운

HBSS 로 비장을 세척한 후 20㎖의 HBSS(cold)가 담긴 petri-dish에서 멸균된 blades으로 세분 절편하여 비장내 세포를 부유시킨다. 이 비장세포 부유액을 30㎖ cap tube에 옮겨 얼음 위에 2분간 세워두어 조직 파편이 가라앉게 한 다음 Histo-paque solution 위에 중첩시켜 위에서와 같은 방법으로 임파구를 분리한다.

4 작동세포와 표적세포의 혼합 및 반응

① 작동세포(임파구)와 표적세포의 혼합비율은 25:1, 50:1, 100:1 등으로 한다.

② 필요한 농도로 조정된 작동세포 100㎕를 96-well microplate의 각 well에 분주한다.

③ Cr-51이 labelling된 표적세포(10^5cells/㎖) 100㎕씩 각 well에 혼합한다.

④ Microplate를 37℃ 5% CO_2 incubator에서 4시간 incubation 한다.

⑤ Incubation 후 microplate를 500g에서 10분간 원심한 후 상층액 100㎕씩 취하여 5㎖ tube에 담는다.

⑥ Gamma-counter로 Gamma 선량을 측정한다.

⑦ 작동세포의 세포독성(% cytotoxicity)을 다음 식에 의하여 산출한다.

$$\% \text{ Cytotoxicity} = \frac{\text{cpm ER-cpm SR}}{\text{cpm MR-cpm SR}} \times 100$$

ER(experimental release) : 시험군의 상층액 100ul의 방사선량

SR(spontaneous release) : 작동세포가 들어 있지 않고 표적세포만 들어 있는 대조군의 상
층액 100㎕의 방사선량

MR(maximal release) : 표적세포(10^4cells/100 ㎕)에 Triton X-100 1%용액 100 ㎕을 가하
여 얻으며 표지된 방사능의 95% 이상이 되게 한다. SR은 MR의 10% 이내
가 되게 한다.

2) LAK (Lymphokine-activated killer) 세포활성측정

개 요

임파구를 lymphokine 또는 lymphokine inducer와 함께 배양하면 활성화되어 cell-mediated cytotoxicity 가 증가한다. 활성화된 임파구 즉 LAK 세포의 활성 측정도 NK세포 활성 측정과 같은 방법으로 할 수 있다.

실험방법

1 LAK세포의 생성

① 배양액 10㎖에 비장세포 $1\sim2\times10^6$cells/㎖의 농도로 T30 culture flask에 넣는다. 50~500unit의 IL-2 혹은 lymphokine inducer 를 가하여 37℃, CO_2-incubator에서 3-5일 동안 배양한다. 세포배 양액은 RPMI 1640에 HEPES buffer, L-glutamine, FBS, penicilline-streptomycin, 2-mercaptoetha nol(5×10^{-5}M), Na-pyruvate(1×10^{-3}M), nonessential amino acid(1%)을 첨가하여 사용한다.

② 배양에서 얻은 LAK세포를 회수하고 HBSS로 3회 세척하여 작동세포로 한다.

2 LAK세포의 활성 측정

① LAK세포의 cytotoxicity를 앞에서 와 같이 4hr CR-Release Assay로 측정한다. 혹은 18hr Uridine-Release assay로 측정한다. 이 때는 chromium 대신에 iodo-deoxyuridine으로 표적세포를 labelling하여 사용한다.

3) 동종이계 이식편에 대한 세포성 면역반응(Graft vs. Host Reaction) 측정

개 요

생체의 세포성 면역반응을 측정하는 하나의 방법으로서, 동종이계 면역세포(allogenic lymphocytes)를 이식하였을 때 일어나는 면역반응을 측정할 수 있다.

실험방법

1 수용체(recipient)로 hybrid mouse를 사용한다. 보통 BDF1(C57BL/6×DBA/2) 마우스를 사용한다.

2 이식편으로는 parent의 임파구를 사용한다. 보통 C57BL/6 마우스의 비장세포를 사용한다. 즉, 비장세포를 1×10^{7}개/0.2㎖/마우스씩 syngeneic인 BDF1 마우스 임파구를 이식한다.

3 7일 후 비장을 적출하여 무게를 재고 체중과의 비율을 고려하여 spleen index를 계산한다.

$$\text{Spleen index} = \frac{\text{allogenic(spleen weight/body weight)}}{\text{syngeneic(spleen} \sim \text{weight/body} \sim \text{weight)}}$$

제 3 절 | 면역항체, 보체, 사이토카인 분석

1. 응집반응 (Hemagglutination)

개 요

적혈구(RBCs)에 발현되는 혈액형 항원에 대한 항체 또는 적혈구의 화학적 항원에 반응하는 항체를 측정하는 간이법으로 다음과 같이 실시한다.

실험방법

1 RBC 준비

① A, B, O group red cell에 식염수를 넣고 원심분리한 후, 상층액을 제거하는 과정을 3번 반복하여 세척한다.

② 적혈구가 2~5% 정도 되도록 식염수를 넣고 재혼합한다.

2 RBC(항원을 흡착하기 위한 $CrCl_3$ 처리법)

($CrCl_3$ 방법은 간단하면서도 저렴하여 많이 이용되는 방법이다.)

① Human O^+ RBC를 PBS로 5번 세척하여 packed RBCs를 얻는다.

② 최종 working 농도(1 : 500 w/v)로 신선한 $CrCl_3$용액을 준비한다.

③ Packed RBCs 100 $\mu\ell$와 항원시료(1~10mg/$m\ell$)가 첨가된 $CrCl_3$ 200$\mu\ell$를 혼합한다.

④ PBS로 RBCs를 세척하고 PBS-BSA-dextrose buffer 3$m\ell$로 재혼합한다.

3 혈액 항원

① 10개의 tubes를 한 세트(set)로 3세트(set)의 glass tube를 준비한다.

② 각 세트(set)마다, serum sample을 단계별로 2배씩 희석하여 9개의 튜브를 만든다. 0.25$m\ell$ saline+0.25$m\ell$ serum으로부터 시작한다.

③ 각 세트(set)의 10번째 tube는 0.25$m\ell$의 saline만 넣고 autoagglutination의 대조군으로 잡는다.

④ 각 세트(set) 별로 0.25$m\ell$의 A, B, O RBCs를 넣는다.

⑤ 잘 섞어서 실온에 1시간동안 방치한다.

⑥ Cell을 원심분리하여 hemolysis를 관찰하고, 튜브를 부드럽게 흔들어서 agglutination clump를 읽는다.

4 기타 항원

① 96well U-bottomed plate에 antibody 또는 antiserum을 serial dilution 한다. buffer와 serum을 25$\mu\ell$부터 시작한다.

② antigen coated RBCs 25$\mu\ell$을 넣는다.(RBC suspension을 1:10 dilution 하여 사용한다.)

③ plate를 plastic film으로 덮고, 잘 섞어서 실온에 1~2시간 방치한다.

④ microtiter plate carrier에서 200×g 로 3분간 원심분리한후 agglutination을 읽는다.

5 간이법

① Round bottom 96-multiwell plate, 8 channel multi-pipet, 2% SRBC/PBS 용액, 혈청시료를 준비

② #1-(A-H) well에 PBS 100$\mu\ell$를 넣고, 나머지 모든 well에 PBS 50$\mu\ell$씩을 분주해 놓는다.

③ #1-(A-H) well에 혈청 시료 50$\mu\ell$를 각각 넣고 8 channel multi-pipet로 가볍게 피펫팅한다.

④ #1-(A-H) well에서 50$\mu\ell$를 취하여 #2-(A-H) well에 넣고 피펫팅한다.

⑤ #2-(A-H) well에서 50$\mu\ell$ 취하여 #3-(A-H) well에 넣고 피펫팅한다.

⑥ 같은 요령으로 serial dilution을 실시한후 마지막 12-(A-H)에서 나오는 50$\mu\ell$를 버린다.

⑦ 미리 PBS로 세정해둔 2% SRBC 50$\mu\ell$를 #12 well부터 시작해서 모즌 well에 분주한다. 이때 는 절대 피펫팅을 하지 않는다. 전체 plate를 수평으로 돌리는 듯이 흔들어서 혼합한다.

⑧ 30분간 실온에서 방치한후 응집여부를 관찰한다. 뿌옇게 흐려진 상태가 응집/침전 반응이 일 어난 상태이며, 빨간 점으로 명확히 보이는 것은 응집반응이 일어나지 않은 상태이다.

⑨ 데이터는 titer값으로 읽어주는데, 즉 희석배율을 2의 reciprocol로 나타낸다.

예) titer값: 즉 응집이 일어난 well의 번호로부터 dilution ratio 값을 읽는다. 시료 #B-7에서 응집이 관찰되는 경우, 응집가(agglutination titer)는 $2^6 \times 50 = 3200$이 된다.

2. 용혈반응 (Hemolytic assay)

혈청중 보체성분(complement component C1-C9)수준을 검사하는데 활용된다. 시료중 보체 의 희석배율에 따라 보체의 cascade반응을 조절할수 상태를 이용하는 원리이다.

시약 및 기구

- 혈청시료
- SRBC
- anti-SRBC(IgG)
- 1M $MgCl_2$
- 0.3M $CaCl_2$
- NaCl
- Na,5,5-diethyl barbiturate
- 5,5-diethyl barbituric acid
- Complement fixation diluent(CFD)
- Plastic round-bottom tubes(5$\text{m}\ell$)

- 항온조(37℃) Spectrophotometer
- Conductive meter
- Centrifuge

실험방법

1 CFD 준비

① 85g NaCl, 3.75g Na,5,5-diethyl barbiturate를 1.4 ℓ의 증류수에 녹인다.

② 5.75g 5,5-diethyl barbituric acid를 70℃의 뜨거운 증류수 50㎖에 녹인다.

③ 위의 2가지 용액을 섞어서 실온에서 식힌 다음 1M MgCl₂ 5㎖와 0.3M CaCl₂ 5㎖를 첨가한다.

④ 증류수로 정확히 2L를 맞춘다.

⑤ CFD를 사용하기 전에 증류수로 5배 희석하고 pH를 7.5로 맞춘다.

2 감작 적혈구 준비

① CFD처리한 적혈구 1㎖을 용혈이 완전히 제거될 때까지 150g에서 10분간 원심분리 한다.

② 10% 적혈구의 1㎖에 동량의 미리 희석한 anti-SRBC 을 섞는다.

③ 실온에서 15분 반응시킨다.

3 보체수준 분석

① Test할 serum을 CFD로 1:40 희석한다.

② 10개의 tube(T1-T10) 에 희석된 serum을 10㎕부터 시작해서 100㎕까지 10㎕씩 늘려가면 넣고 나머지는 CFD로 200㎕를 채운다. Negative control(T0)은 50㎕의 EA와 950㎕의 CFD를 넣고, positive control(T100)은 50㎕의 적혈구와 950㎕ 증류수를 넣어 준비한다.

③ T1-T10까지의 tube에 50㎕의 적혈구를 넣고 , CFD 750㎕를 넣는다.

④ 모든 튜브를 항온조에 넣고 37℃에서 30분간 반응시킨다.

⑤ 200g에서 15분간 (4℃) 원심분리한후 415nm에서 흡광도를 읽는다.

4 단일보체성분 분석

① Test할 serum을 CFD로 1:40 희석한다.

② 10개의 tube(T1-T10) 에 희석된 serum을 10㎕부터 시작해서 100㎕까지 10㎕씩 늘려가면 넣고 C2 deficient serum을 최종 희석농도 1:40이 되도록(최종 volume 1㎖에 25㎕)넣고 CFD로 200㎕가 되도록 맞춘다.

③ T1-T10까지의 tube에 50㎕의 EA를 넣고, CFD 750㎕를 넣는다. Negative control(T0)은 50㎕의 EA, C2 deficient serum 25㎕와 925㎕의 CFD를 넣고, positive control(T100)은 50㎕의 EA와 950㎕의 증류수를 넣어 준비한다.

④ 모든 튜브(T0-T100)를 항온조에 넣고 37℃에서 30분간 반응시킨다.

⑤ 200g에서 15분간 (4℃)원심분리한 후 415nm에서 흡광도를 읽는다.

참고문헌

[1] Campbell, D.H., Garvey, F.S., Cremer, N.E. and Sussdorf, D.H. : Methods in Innunology, 2nd edn. W.A. Benjamin, New York(1970)

[2] Kuby, J. : Immunology, 2nd edn. W.H. Freeman, New York(1994)

[3] Lachmann, P.J., Hobart, M.J. and Aston, W.P. : In Immunochemistry(ed.Weir, D.M.) Blackwell, Oxford(1973)

[4] Mayer, M.M. : Complement and complement fixation. In Experimental Immunochemistry (eds Kabat and Mayer). Thomas, Springfield, IL(1961)

3. ELISA

개요 및 원리

항원항체 반응을 이용하여 항원, 항체를 측정하는 면역측정법 중에서 효소표시항체를 이용한 방법의 대표적인 것이 ELISA(ehzyme-linked immunosorbeat assay)방법이다. ELISA방법에서 널리 이용되는 방법이 sandwich법이라고 불리는 것으로 부착된 항체(1차) (또는 항원)에 측정하고자 하는 항원(또는 항체)을 결합시키고, 다시 효소표시 항체(2차)를 이용하여 검색, 정량화하는 방법이다. ELISA방법의 장점은 비교적 간단하고, 재현성이 높다는 것이다. 이 방법은 충분히 확립된 방법으로 1차 항체와 2차 항체를 어떻게 선정하느냐에 따라서 광범위하게 이용 가능한 측정법이다. 여기에서는 주로 사이토카인을 측정하는 방법에 대해 설명하였다. 각 사이토카인에 대한 1차 및 2차 항체는 이미 여러회사의 제품이 나와 있으므로 실험목적에 따라서 선택하되, 2차 항체는 반드시 biotin이 부착된 것을 사용하는 것이 이 방법을 이용하는 전제조건이다.

시약 및 기구

- Plate
- ELISA reader
- $NaHCO_3$
- NaCl
- Na_2HPO_4
- KCl
- PBS solution
- Tween 20
- Citric acid(Sigma C-0909)
- H_2O_2

- First antibody
- Secondary antibody(biotinylated antibody)
- Avidin-peroxidase(sigma Cat. NO. A-3151)
- BSA(Bovine Serum Albumin, sigma Cat. NO. A-7030)[*1]
- Azino-bis(Sigma A-3219)
- KH_2PO_4
- $NaHCO_3$

시약조제

1 Coating buffer : 0.1M $NaHCO_3$(pH 8.2), 4℃ 보관

2 PBS Solution : 80g NaCl, 11.6g Na_2HPO_4, 2g KH_2PO_4, 2g KCl/H_2O 10L ; pH 7.0

3 PBS/Tween : Tween-20/PBS (500㎕/1000㎖)

4 Substrate buffer : Azino-bis 0.15g, citritic acid(0.1M) 9.605g/H_2O 500㎖(pH 4.35)
  미리 충분한 양을 만들어서 -20℃에서 보관한다.

실험방법

1 Coating buffer에 first antibody 2㎍/㎖의 농도로 희석해서 ELISA용 96well plate에 well당 50㎕씩 분주한 후 4℃에서 over night 정지한다.[*2]

2 PBS/Tween으로 well을 2번 세척한다.[*3]

3 킴와이프스에 물기가 없이 깨끗이 털어 낸다.

4 well에 3% BSA/PBS를 200㎕씩 분주한 후 2시간 동안 실온에 두어 Blocking시킨다.

5 2시간 후에 well을 PBS/Tween으로 3번 세척한다.

6 측정하고자 하는 항원이 포함된 용액을 3% BSA/PBS에 적당량 희석해서 100㎕씩 분주한다.

7 4시간 동안 실온에서 정치 한 후에 PBS/Tween으로 4번 세척한다.

8 biotinylated second antibody를 3% BSA/PBS로 1㎍/㎖되게 희석해서 100㎕씩 well에 분주한 후 1시간 동안 실온에서 정치한다.

9 PBS/Tween으로 well을 6번 세척한다.

10 Avidin-peroxidase를 3%BSA/PBS로 1㎍/㎖농도가 되도록 희석한 후 well에 100㎕씩 분주한다.

11 1시간동안 실온에 둔다.

12 PBS/Tween으로 well을 8번 세척한다.

13 ABTS 기질용액에 H_2O_2를 1000배 희석[*4]해서 well에 100㎕씩 분주하고 405nm에서 흡광도를 측정한다.

고 찰

1 이때 사용하는 BSA는 단순히 blocking용이기 때문에 가능한 저급의 저렴한 제품을 사용하는 것이 바람직하다. 또, BSA대신 저렴한 FBS 또는 Skim milk를 구입하여 PBS에 10%되게 희석

하여 사용하여도 아무런 문제가 없다.

2 Coating을 위해서 overnight 할 때 증발을 막기 위해 꼭 비닐 랩으로 싸서 보관한다. 그리고, 항체의 농도는 제품에 따라서 적정량이 다르므로 반드시 예비실험을 통하여 최소량만을 사용하는 것이 좋다.

3 Well을 씻어 낼 때는 세척병에 PBS/Tween을 담아서 well에 뿌리고 털어 낸다. 그 후 마지막엔 well에 물기가 남지 않도록 킴와이프스에 깨끗하게 털어 낸다.

4 ABTS 기질 용액에 H_2O_2를 희석할 때는 사용 바로 직전에 한다.

5 흡광도를 측정하기전 plate는 빛에 노출되지 않도록 알루미늄 호일로 차단 한다. 그리고, 측정 시간은 빠른 경우는 10~20분만에 발색이 시작될수도 있고, 늦는 경우는 1시간 이상 걸릴 수도 있으니, 눈으로 보아서 발색이 되면 측정하는 것이 좋다. 이때 일정한 시간 간격으로 측정하면서, 대조군과 실험군 사이의 O.D. 값이 최대일 때 측정치를 사용하면 된다.

6 다음은 현재 시판되고 있는 사이토카인 측정용 항체를 소개한 것이다. 현재 저자가 사용하는 것은 PharMingen회사 제품으로, 다른 회사에서도 동일한 사이토카인 측정용 항체가 판매되고 있으니, 카탈로그를 구입하여 비교하는 것이 좋다. 최근에는 비교적 저렴한 가격의 제품이 판매되고 있으니 충분히 조사한 후에 구입하는 것이 바람직 하다. 그리고, 제품 중에는 1회용으로 약 100개의 시료만을 측정할 수 있는 것들이 나와있지만, 가능하면 다음과 같이 따로 구입하는 것이 경제적이라고 생각된다. 왜냐하면 따로 구입하여 쓸 경우에는 그보다는 약 10배 정도의 더 많은 시료를 측정하는 것이 가능하기 때문이다. 단지, 처음에 구입할 때 3가지종류 모두를 구입하여야 하고, 가격이 만만치 않다는 것이 단점이다. 따라서, 비슷한 실험을 하는 사람끼리 나누어서 구입하는 것도 고려해볼만 하다. 여기에 소개되지 않은 사이토카인도 물론 측정용 제품이 판매되고 있다.

표 27-1 Pharmingen 회사의 사이토카인 측정용 시판항체

cytokines	1st antibody (coating)	2nd antibody (biotinylated)	standard
IL-2	18161D, 0.5mg	18172D, 0.5mg	19211T, 10ug
IL-4	118191D, 0.5mg	18042D, 0.5mg	19231V, 5ug
IL-10	18141D, 0.5mg	18152D, 0.5mg	19281V, 5ug
IFN-γ	18181D, 0.5mg	18112D, 0.5mg	19301T, 10ug
TNF-α	20031D, 0.5mg	18122D, 0.5mg	19321T, 10ug
IL-3	18011D, 0.5mg	18022D, 0.5mg	19221T, 10ug
IL-5	18051D, 0.5mg	18062D, 0.5mg	19241T, 10ug
IL-6	18071D, 0.5mg	18082D, 0.5mg	19251T, 10ug
IL-12	20011D, 0.5mg	18482D, 0.5mg	19361V, 5ug

제4절 알레르기 실험

1. 즉시형과민증 반응

개요

즉시형과민증의 발증에는 IgE항체가 주된 역할을 담당하고 있다. 총 IgE 항체 또는 특이 IgE항체의 정량은 배양액 중의 IgE은 최근 monoclonal 항체를 이용한 radioimmuno assay(RIA), engyme-linked immunosorbent assay((ELISA)법으로 가능하고, 사람 혈청중의 IgE 항체의 측정은 RIST, RAST, MAST법을 이용해서 일반적으로 행해지고 있다. 그러나 생물활성을 함유한 IgE 항체의 검출과 정량의 수단으로 간편성과 용이성으로 인해서 PCA(passive cutaneons anaphylaxis reaction)반응과 P-K(prausnitz-Küstner)반응이 현재도 많이 활용되고 있는 실정이다.

1) Passive cutaneons anaphylaxis (PCA) 반응

원리

피부와 조직의 비만세포(호염기구)에 IgE항체가 수용체(Fcε receptor-Ⅰ)를 통해서 결합하는 상태가 될 때, 대응하는 항원이 투여되면 이것들이 세포막 상에서 항원항체 반응의 결과, Fcε receptor-Ⅰ에서 가교형성이 일어나고, 과립속에 쌓여있던 화학전달 물질인 히스타민, 루코트리엔, 세로토닌 등이 방출되어 혈관에 투과성이 항진되고 평활근이 수축되는 특징을 보여 아니필락시스 반응이 나타난다.

정상동물의 피부내 항체를 주사해서 즉 수신감작시키고, 일정시간 지난 후에 항원과 색소 (ebans blue)을 정맥주사하면 항체 결합부위내 혈관에 투과성이 항전되어 색소가 혈관 밖으로 누출되어 청색의 반점이 관찰된다. 이것이 수신피부 아나필락시스 반응(passive cutaneons anaphylaxis reaction(PCA반응))이다.

몰모트의 피부를 이용한 이종항체를 검출하는 방법과 동종 동물의 피부를 이용해서 동종의세포에만 결합성을 갖는 항체검출을 목적으로 하는 경우가 있다. 상당히 예민한 반응으로써, 특히 동종피부의 PCA반응은 아주 미량의 항체를 검출할 수가 있다(수십 ng단위까지 가능). 즉시형 알레르기에 중요한 IgE항체는 동종의 세포에만 친화성을 갖는 항체로써(homocytotrophic antibody), 마우스, 랫드 등의 실험동물에서는 동종의 동물을 이용한 PCA반응에서 검출된다. 다만, 마우스의 IgE항체는 Mota 등의 연구에서 랫드의 피부에도 감작이 되고, IgG₁ 항체는 랫드 피부에 결합해서 즉시 분리되고 만다. 즉, 감작시간을 2시간 이상으로 하면 IgE항체만 검출되는 것으로 알려져 있고, 그 이후 마우스의 IgE 항체 검출에는 거의 랫드를 사용한 PCA반응을 시행하고 있다.

시약 및 재료

- 시료 : 마우스 혈청
- 랫드 : 200g 전후의 SD계 랫드(실험군과 대조군의 시료는 반드시 동일한 랫드의 피부로 비교한다)
- 항원액 : 100mg/mℓ 0.3mℓ
- 에반스블루-액 : PBS에 0.5% 되도록 용해해서 여과한다.
- 주사기 : 피내주사용(1mℓ의 27G 멸균된 주사기)
       정맥주사용(1mℓ의 26G 혹은 27G의 멸균된 주사기)
- 전기 털깎기
- 쥐 고정대
- Ether(마취용)
- 양성대조의 혈청을 적당히 희석한 것(0.3mℓ).

실험방법

1 시료를 일정한 배율로 희석한다. 0.3mℓ량으로 멸균 PBS를 이용해서 1:10부터 1:320까지 희석해 둔다.

2 랫드를 에테르로 가볍게 마취해서 고정대에 등을 위로 향하게 해서 고정한다.

3 등의 털을 조심스럽게 상처가 입지 않도록 깎는다.

4 매직으로 주사할 부위를 표시한다. 한 마리의 등에 양쪽으로 각각 7점을 표시해서 2줄 7열로 피내 주사할 수 있다.

5 시료를 피내에 0.1mℓ씩 주사한다. 희석 농도가 짙은 쪽에서 옅은 쪽으로 주사한다.

6 시료의 내피 주사가 종료하면, 반드시 1점에 양성대조 시료를 주사해 둔다.

7 내피주사 후 랫드를 고정대에서 풀고 cage에 넣어서 3~6시간 둔다.

8 항원(10mg/mℓ) 0.3mℓ과 0.5% Ebans blue액 2.7mℓ을 혼합해서 1mℓ을 랫드의 꼬리정맥에 주사한다.

9 주사 후 5~10분 경과하면 반응양성부에 청색의 반점이 나타나서 30분에 거의 최고에 이른다. 직경 5mm 이상의 반점을 양성으로 한다. 양성의 반점 중에서 최고의 희석배수가 항체가 된다.

10 랫드의 경우는 청색반점이 잘 관찰되지만, 어떤 경우에는 명료하지 못할 때가 있다. 이때는 랫드를 마취 후 피부를 완전히 벗겨서 껍질 안쪽을 관찰한다.

고 찰

1 시료는 정확하게 피내에 주사하고 피하에 주입되지 않도록 한다.

2 랫드의 정맥주사는 꼬리의 측면을 알코올로 잘 소독하면 오염도 방지하고 혈관확장으로 정맥

이 잘 보여 주사하기 용이하다.

❸ 랫드는 SD계나 wister계 어느 것도 괜찮으며 8~9주령의 것이 가장 좋은 것으로 알려져 있다. 피내주사에서 야기주사까지 시간은 2~3시간이 가장 좋고, IgE항체의 피부 비만 세포의 접착 시간은 1~2주 정도 지속되는 것으로 알려져 있다. 동족의 피부를 감작하는 항체의 IgG₁에서는 짧게 5~6시간이다.

참고문헌

❶ 多田富雄, 外：日本免疫學會編. "免疫實驗操作法" Ⅶの I 日本免疫學會方法小委員會出版. p.533(1972)

❷ Garvey JS, et al：Antibody-mediated hypersensitivity. "Methods in Immunology" Addison-Wesley Publishing Co. p.451(1977)

2. 지연형 과민증 반응

개 요

지연형과민증(delayed type hypersensitivity, DTH)반응에 관여하는 세포는 Tc(cytotoxic T cells)와 TDTH이고 이들세포를 활성화, 증식, 억제하는 세포로 대식세포, Th(helper T cells), Ts(superssor T cells)가 있다. 세포성 면역반응이고 혈중항체는 관여하지 않는다. 반응은 강하지만 야기항원이 접촉해서 24~48시간 후에 최대로 되기 때문에 지연형이라고 한다. DTH의 발현에는 T세포가 방출하는 사이토카인이 방아쇠로 되어 생체의 사이토카인 네트워크가 된다. 지연형과민반응을 조사하는 방법은 몰모트에 BCG생균을 이용하는 피부반응, 마우스의 접촉과민증, 마우스의 footpad reaction 등이 있으나 여기에서는 footpad reaction법을 소개한다.

1) 마우스의 Footpad reaction 실험

원 리

먼저 Tc 혹은 TDTH 세포가 항원과 직접접촉 하든지, 혹은 항원제시세포를 통해서 정보를 전달받아, Tc, TTDH 세포를 활성화시킨다. 이 세포들이 다시 한번 항원과 접촉하면 직접적으로 장해를 받기도 하고, 혹은 혈관투과성 인자(vascular permeability factor), 대식세포주유저지인자(macrophage migration inhibitory factor), 대식세포주유인자(macrophage chemotactic factor), 호중구유주화인자(neutrophil chemotactic factor) 등 다양한 종류의 림포카인을 방출해서 혈관의 투과성을 높이고, 호중구와 마크로파지의 집적에 의해서 발적, 충혈, 괴사가 야기된다.

시약 및 재료

- 마우스 : BALB/c계 6~8주령
- 항원액의 조제 : SRBC(sheep red blood cell)를 PBS로 3회 세척하고, 10^9/㎖농도로 조절해 둔다.
- 주사침 : 26G
- 두께측정용 Microcaliper : 다이알식 0.01mm 눈금

실험방법

1 마우스의 감작 : SRBC 항원액(10^9/㎖ 농도) 0.2㎖를 복강내에 주사한다.

2 감작성립까지는 5일을 필요로 한다.

3 야기항원의 주사 : SRBC 항원액(10^9/㎖ 농도) 0.04㎖를 뒷다리의 발바닥에 피내주사 한다. 이 때, 주사침은 26G를 사용한다. 발바닥의 중앙에 피내에 침을 꽂고 액을 주입하면 발바닥 전체가 부풀어 오른다.

4 반응치의 측정 : 족척반응은 마우스의 발바닥 두께를 측정해서 1/100mm 단위로 표시한다. 측정기구와 측정자의 습관에 따라 측정치에 차이가 있기 때문에 측정자의 숙련이 필요하다. DTH은 야기항원(SRBC)주사 24, 48, 72시간 후에 측정(족척반응두께)한다. 항원을 주사한 다리의 반대측의 항원을 주사하지 않은 발바닥 두께를 대조군 반응치로 한다.

$$\text{Foot pad swelling index} = \frac{\text{족척반응두께} - \text{대조군 반응두께}}{\text{대조군 반응두께}}$$

고 찰

1 족척의 두께 측정에는 숙련된 기술이 필요하다. 정상 발바닥의 좌우두께를 반복측정해서 동일수치가 나올 때까지 연습한다.

2 주사할 부위는 발바닥의 중앙부위의 약간 함몰한 곳이다.

2) 아나필락시스

개 요

감작한 동물에 항원을 투여 하면 극열한 쇼크증상을 일으켜 죽음에 이를 수 있다. 이것을 아나필락시스(anaphylaxis)라고 한다. 알레르기-Ⅰ형 반응에 속하는데, 여기서는 몰모트(guinea pig) 수신 아나필락시스에 관해서 소개한다.

시약 및 재료

- 체중 200~300g의 몰모트
- 항혈청
- 1% 항원용액
- 히스타민(1mg/㎖)주사기
- 탈지면
- 핀셋트
- 샤레 등

실험방법

1 동물의 감작 : 항체가 만들어진 동물에 행하면, 아라필락시스에서는 항체생성의 개체에 따라 차이가 있어서 일정한 결과를 얻는데 어려움이 있다. 여기서는 일정량의 항혈청을 정맥, 복강내주사 등으로, 야기주사 24~36시간 전에 투여해서 동물을 감작한다.

2 야기주사 : 경부를 절개, 경정맥을 통해서 항원의 유효량을 주사 (1% 단백용액 0.1~0.5㎖) 한다.

결과 및 관찰

정상동물을 대조로 해서 증상을 관찰하고, 증상이 일어날 때 까지 시간을 기록한다. 중요한 증상은 다음과 같다. 불안상태, 털이 선다, 눈의 빛깔이 변한다, 코를 부빈다, 호흡불규칙, 호흡곤란, 경련, 체온저하, 사망, 등

3) Arthus 현상

개 요

감작된 토끼에 반응하는 항원을 피내에 주사하면 5~6 후부터 주사부위에 부종, 발적, 괴사가 일어난다. 24시간 후에 결과를 판정한다. 이것은 생체내에서 면역복합체에 의해서 일어나는 알레르기-Ⅲ형 반응에 속한다.

시약 및 재료

- 토끼 : 항원주사 하루 전에 복부의 털을 깎아 둔다.
- 항원
- 주사기 : G27 혹은 G26
- 알코올탈지면

■ 매직

■ 토끼고정대

■ 전기 털깍기 등

실험방법

1 감작되는 토끼의 항체가로부터 항원농도를 결정하지만 일반적으로 사람혈청 항원의 경우는 항혈청 그대로 사용한다.

2 토끼의 피부를 알콜로 소독하고 중앙선으로부터 3cm이상 밖으로 상호 약 6cm이상 떨어진 장소에 항원의 0.1, 0.3㎖를 피내에 주사한다.

3 대조로써 반대측의 두 곳에 생리식염수 0.1, 0.3㎖를 피내주사하고, 주사부위에 매직으로 작게 표시한다.

4 반응은 주사 후 3~4시간부터 시작되고, 24시간 후에 결과를 판정한다.

결과 및 고찰

부종, 발적, 심한 충혈, 출혈, 괴사가 일어나며, 결과의 기록은 사진으로 찍던지, 반응의 영역을 자로 직경을 측정하여 표시한다.

토 의

토끼의 털은 피부가 상처를 입지 않토록 조심해서 깍는다.

참고문헌

1 Ha, T. Y., and Rhee, H. K. : Effect of inosiplex on cellular and humoral immune response. J. Kor. Soc. Microbiol. 1, p.57(1981)

2 Nakamura RM, Tokunaka T : Non-H-2-linked difference in delayed-type hypersensitivity in mice. Immunol Lett 2 : p.87(1980)

3 日本免疫學會編 : "免疫實驗操作法 A" 前田印刷, 金澤(1976)

4 多田富雄, 他 : 日本免疫學會編. 免疫實驗操作法Ⅶの Ⅰ, 日本免疫學會方法小委員會出版. p.533 (1972)

28 안전성 평가를 위한 독성시험법

제1절 일반독성시험

1. 단회투여 독성시험

개 요

단회투여 독성시험이라 함은 시험물질을 실험동물에 단회투여(24시간 이내의 분할 투여하는 경우도 포함)하였을 때 단기간 내에 나타나는 독성을 질적·양적으로 검사하는 시험을 말한다.

방법(조작)

1 실험동물 : 시험동물은 2종 이상으로 하고 그 중 1종은 설치류 (랫드, 마우스, 또는 햄스터), 1종은 토끼를 제외한 비설치류 (개 등)이어야 하며, 비설치류의 경우 반복투여독성시험의 적정용량 설정을 위하여 실시하는 예비시험을 단회투여 독성시험으로 인정할 수 있다. 적어도 1종에 대하여는 암·수 모두에서 조사하며, 군당 동물수는 시험결과를 해석할 수 있는 충분한 수로 한다.

2 투여경로 : 투여경로는 원칙적으로 임상적용경로로 한다. 경구투여는 원칙적으로 강제투여로 하고, 통상 투여전 일정시간 동물을 절식시킨다.

3 용량단계 : 용량단계는 설치류의 경우 개략의 치사량을 구하기에 적절한 단계를 설정하고, 비 설치류의 경우는 독성증상을 명확히 관찰하기에 적절한 단계를 설정한다.

4 관찰기간 : 관찰기간은 통상 2주간으로 하되, 명확한 증상이 지속되거나 사망이 지연될 때는 그 이상으로 한다.

결 과

1 개략의 치사량 : 서로 다른 용량에서 관찰된 동물의 생사 및 독성증상으로부터 판단되는 최소 치사량을 의미하며, 비설치류는 독성증상을 명확하게 관찰할 수 있는 용량을 구하여도 된다.

2 일반증상의 매일 관찰기록

3 시험기간 중 3회 이상의 체중 측정기록

4 관찰기간 종료 후 육안적 해부소견

5 육안적 이상소견이 관찰된 장기 · 조직에 대하여 필요시 병리조직학적 검사

고 찰

단회투여 독성시험은 대개 생체분석 방법이 확립되기 이전에 개발 초기에 수행되므로, 단회투여 독성시험에서 독성동태시험을 동시에 실시하는 것은 대체적으로 불가능하나, 필요한 경우 추후 의 분석을 위해 혈장 시료를 채취하여 단회 투여독성시험이 완료된 후에 추가적인 저장할 수도 있으며, 이때에는 채취된 생체시료에서의 분석물질에 대한 안정성 자료가 필요하다. 또한 독성시 험결과에 대해 문제점이 제기될 경우 단회투여 독성동태시험을 수행할 수도 있다. 단회투여 독 성동태시험결과는 제제의 선택 및 시험물질의 노출속도와 노출기간을 예측하고 다음 단계의 독 성시험에서 적절한 용량 단계를 선택하는데 도움이 될 수 있다.

참고문헌

1 식품의약품안전청 : 일반독성시험 표준작업지침서(I), 서울, p.395(1999)

2 식품의약품안전청 : 의약품 등의 독성시험기준, 식품의약품안전청고시 제1999-61호(1999)

2. 반복투여 독성시험

개 요

반복투여독성시험이라 함은 시험물질을 시험동물에 반복투여하여 중 · 장기간 내에 나타나는 독 성을 질적, 양적으로 검사하는 시험을 말한다.

방법(조작)

1 실험동물 : 시험동물은 2종 이상을 사용하여야 하며, 그 중 1종은 설치류, 1종은 토끼를 제외한 설치류로 하고, 설치류는 1군에 암·수 각각 10마리 이상, 비설치류는 암·수 각각 3마리 이상으로 한다. 중간도살 및 회복시험을 수행하는 경우는 이를 위해 필요한 수를 추가한다.

2 투여경로 : 투여경로는 원칙적으로 임상적용경로로 한다.

3 투여기간 : 투여기간은 임상시험기간 및 의약품으로서의 임상사용 예상기간에 따라 정하며, 시험물질투여는 1일 1회 주 7회 투여함을 원칙으로 한다. 3개월 이상의 반복투여독성시험을 수행하는 경우는 용량설정과 초기독성검사를 위하여 이에 앞서 보다 단기의 반복투여독성 시험을 수행한다.

표 28-1 임상 1상 및 임상 2상 시험을 위한 반복투여독성시험의 최소 투여기간

임상시험기간	최소 투여기간	
	설치류	비설치류
단회투여	2-4주(주1)	2-4주(주1)
~2주	2-4주(주1)	2-4주(주1)
~1개월	1개월	1개월
~3개월	3개월	3개월
~6개월	6개월	6개월
6개월 이상	6개월	만성(주2)

(주1) 단기사용(1주 이내) 또는 생명을 위협하는 질환치료를 목적으로 하는 생물공학 의약품의 경우, 2주 반복투여 독성시험을 수행할 수 있다.

(주2) 비설치류에 있어서는 12개월의 반복투여 독성시험을 고려한다.

표 28-2 임상 3상 시험 및 신약허가를 위한 반복투여독성시험의 최소 투여기간

임상시험기간 또는 임상사용예상기간	최소 투여 기간	
	설치류	비설치류
~2주	1개월	1개월
~1개월	3개월	3개월
~3개월	6개월	3개월
3개월 이상	6개월	만성·(주2)
임상사용 예상기간에 상관없이 특히 필요하다고 인정되는 경우(주3)	6개월	만성(주2)

(주2) 비설치류에 있어서는 12개월의 반복투여 독성시험을 고려한다.

(주3) 시험물질이 고도의 체내 축적성, 비가역적인 독성의 발현, 투여기간의 장기화에 의해 현저히 증가하는 특성을 가진 경우

4 용량단계 : 용량단계는 적어도 3단계의 시험물질 투여군으로 하고, 최대내성용량 및 무해용량 등을 포함하여 용량반응관계가 나타날 수 있도록 설정한다. 대조군은 음성 대조군과 필요에 따라 비투여 대조군, 양성대조군을 둔다.

결 과

1 일반증상, 체중, 사료 섭취량, 음수섭취량 : 모든 시험동물에 대하여 일반증상을 매일 관찰하고, 정기적으로 체중 및 사료 섭취 량을 측정하며, 필요한 경우 음수섭취량을 측정한다. 측정빈도는 다음과 같이 정한다.

① 체중 : 투여 개시 전, 투여 개시 후 3개월까지는 적어도 매주 1회, 그 후에는 4주에 1회 이상 측정한다.

② 사료섭취량 : 투여 개시 전, 투여 개시 후 3개월까지는 적어도 매주 1회, 그 후에는 4주에 1회 이상 측정한다. 단, 시험물질을 사료에 혼합하여 투여할 경우에는 매주 1회 측정하며, 설치류의 경우에는 개별 또는 군별로 측정할 수 있다.

③ 물 섭취량 : 필요에 따라 측정하며 측정시 횟수는 사료섭취량 측정방법에 준한다.

2 혈액검사 : 설치류는 부검(중간도살군도 포함)시에 채혈한다. 비설치류는 투여 개시전과 부검시에, 1개월을 초과하는 시험에서는 투여기간 중에 적어도 1회 채혈하여 검사한다. 검사는 원칙적으로 모든 시험동물에 대하여 행할 수 있으나, 실시상의 이유로 각 군의 일부 동물에 한하여 행할 수도 있다. 혈액학적검사 및 혈액생화학적 검사 항목 중 가능한 한 많은 항목에 대하여 실시하는 것이 바람직하다. 통상 실시되고 있는 검사항목은 다음과 같다. 검사항목은 시험물질의 특성에 따라 적절한 항목을 선정하되, 국제적으로 널리 사용되는 항목과 검사방법을 고려하여 선정한다.

① 혈액학적 검사 : 적혈구수, 백혈구수, 혈소판수, 혈색소량, 헤마토크리트치, 백혈구백분율, 혈액응고시간, 망상적혈구수 등

② 혈액생화학적검사 : 혈청(혈장)단백질, 알부민, A/G비, 혈당, 콜레스테롤, 트리글리세라이드, 빌리루빈, 요소질소, 크레아티닌, 트란스아미나제(AST, ALT), 알칼리포스파타제, 염소, 칼슘, 칼륨, 무기인 등

3 요검사 : 설치류는 각 군마다 일정수의 동물을 선정하여 투여기간 중 1회 이상, 비설치류는 각 군 전부에 대하여 투여 개시전과 투여기간 중 1회 이상 요검사를 실시한다. 검사에는 요량, pH, 비중, 단백질, 당, 케톤체, 빌리루빈, 잠혈, 침사 등과 같은 항목이 자주 선정된다.

4 안과학적 검사 : 설치류에서는 투여기간 중 적어도 1회, 각 군마다 일정수의 동물을 선정하여 안과학적 검사를 실시한다. 또한 비설치류에서는 투여 전 및 투여기간 중 적어도 1회 각 군 모두에 대하여 안과학적 검사를 실시한다. 검사는 육안 및 검안경으로 실시하고 전안부, 중간부광체 및 안저의 각각에 대하여 실시한다.

5 기타 기능검사 : 필요에 따라 심전도, 시각, 청각, 신기능 등의 검사를 실시한다.

6 병리조직학적 검사 : 생존 및 사망한 모든 동물의 장기무게를 측정한다. 원칙적으로 측정하여야 할 장기는 심장, 간장, 폐, 비장, 신장, 부신, 전립선, 고환, 난소, 뇌 및 하수체이고, 폐, 타액선, 흉선, 갑상선, 정낭, 자궁에 대하여도 측정하는 경우가 많다. 설치류는 고용량군 및

대조군에 대하여, 비설치류는 모든 시험군에 대하여 병리조직학적 검사를 실시한다. 다만, 설치류에서 육안 소견 상 용량에 따른 변화가 인정되거나 고용량군에서 관찰 소견 상 필요하다고 인정되는 경우 기타 용량군의 해당 장기·조직에 대하여 병리조직학적 검사를 실시하되, 원칙적으로 검사하여야 할 장기·조직은 다음과 같다. 다만, 육안소견 등의 판단에 의해 적절히 삭감 또는 추가할 수도 있다. : 피부, 유선, 림프절, 타액선, 골 및 골수(흉골, 대퇴골), 흉선, 기관, 폐 및 기관지, 심장, 갑상선 및 부갑상선, 혀, 식도, 위 및 십이지장, 소장, 대장, 간장 및 담낭, 췌장, 비장, 신장, 부신, 방광, 정낭, 전립선, 고환, 부고환, 난소, 자궁, 질, 뇌, 하수체, 척수, 안구 및 그 부속기, 기타 육안 병변이 관찰된 장기·조직 등.

7 확실중독량 및 무독성량 산출 : '확실중독량'이라 함은 시험동물에 투여하였을 때 독성이 나타나지 않는 최대용량을 말한다. '무독성량'이라 함은 시험물질을 시험하였을 때 독성이 나타나지 않는 최대용량을 말한다.

8 투여기간 중 빈사동물이 발생할 경우, 더 많은 소견을 얻기 위하여 도살하는 사를 위한 채혈을 행하는 것이 바람직하다. 먼저 충분한 임상적 관찰을 수행한 후 가능하다면 혈액검사를 위한 채혈을 행하고 부검을 수행한다. 기관·조직의 육안적 관찰, 병리조직학적 검사를 행하는 것 외에 필요에 따라서 장기무게를 측정하고 그 시점에서의 독성변화정도를 관찰한다.

10 투여기간 중 사망하는 경우 즉시 부검하는 것을 원칙으로 한다. 장기·조직의 육안 관찰 외에 필요에 따라 장기무게의 측정, 병리조직학적 검사를 수행함으로써 사망원인과 그 시점에서의 독성변화정도를 관찰한다.

고 찰

반복투여독성시험에서 투여방법 및 동물종은 가능한 한 시험물질의 효능 및 약물동태학적 원리에 근거하여 선택되어야 하나, 동물 및 사람에서의 약물 동태학 자료가 대체적으로 입수가능하지 않은 시점인 초기 연구에서는 어려움이 있을 수 있다. 반복투여독성시험 계획에 적절히 독성동태시험이 포함되는 것이 바람직하다. 즉, 적절한 용량군에서 투여와 투여사이의 기간 또는 보통 14일간 수행되는 첫 단계의 반복투여독성시험기간 중에 적당 횟수의 생체시료를 채취하여 최고혈장농도(C_{max}), 최고혈장농도에 도달하는 시간(T_{max}), 특정시간에서의 혈장농도(C_{time}) 및 혈중농도-시간 반응곡선하면적(AUC)등을 산출할 수 있다. 다음단계의 반복투여독성시험 계획은 첫 단계에서 실시한 반복투여독성 시험결과 및 독성동태 시험결과에 의해 제안된 투여계획에 따라 수정될 수 있다. 진행된 독성시험결과를 해석하는데 문제가 있을 경우에는 생체시료의 채취횟수를 적절히 변경할 수 있다.

독성변화의 회복 및 지연 독성을 검토하기 위해 회복군을 두어 시험하는 것이 바람직하다.

참고문헌

1 식품의약품안전청 : 일반독성시험 표준작업지침서 (I). 서울, p.403(1999)

2 식품의약품안전청 : 의약품 등의 독성시험 기준, 식품의약품안전청고시 제1999-61호(1999)

제 2 절   피부독성시험

식품(생물공학 및 유전자재조합 식품포함)에 의한 피부독성 가능성은 식품성분에 의한 알레르기 반응의 이차적 반응으로 야기되는 것이 대부분이며 식품중의 오염화학물질, 식품첨가물 등에 우발적 또는 의도적으로 피부 또는 점막에 직접 노출되어 나타나는 접촉성 피부반응 결과에 의한 피부독성 및 점막 자극 가능성도 있다. 앨러지 유발가능에 의한 피부반응은 항원성 시험에 의하여 평가하므로 본 장에서는 직접접촉에 의한 피부독성평가 및 점막자극성에 대하여 기술하기로 하였다.

1. 피부 일차자극시험

개 요

유해물질에 우발적 또는 의도적으로 사람의 피부에 접촉 가능성이 있는 것에 대해서 건강한 암수의 성숙한 백색 토끼(체중 2.5~3.5Kg) 6마리를 이용하여 토끼의 피부에 접촉후 국소적으로 나타나는 자극성을 검토하는 시험으로 투여방법은 되도록 임상투여 상황에 준하여 실시한다.

실험준비

1 실험개시 약 24시간 전에 토끼의 등부위 피부의 털을 전기 제모기 (날크기 : 40~30)로 토끼의 피부에 상처가 나지 않도록 깎는다.

2 가로 세로 약 10cm씩 되도록 면도를 하여 상처 없는 건강한 피부를 만든다.

3 토끼의 제모된 등피부를 좌우로 나누어 좌를 투여구획 우를 대조구획, 또는 좌를 대조구획 우를 투여구획으로 하고, 투여구획과 대조구획의 건강피부 또는 찰과피부가 서로 대각선으로 분포하도록 구분하여, 2.5×2.5cm의 건강 (비찰과)피부 2개소와 찰과피부 2개소로 한다.

4 찰과 피부는 일반적으로 주사기 바늘 끝을 이용하여, 표피는 손상되나 진피는 손상되지 않도록 피가 나지 않는 정도로 찰과상을 입혀서 만든다.

검체 투여 방법

1 검체 투여 방법은 건강피부 2개소 찰과피부 2개소에 가로 및 세로 각각 5cm 정도의 범위에 높이 약 1mm의 울타리를 접착시킨다.

2 피검약물이 고체인 경우 울타리 내부의 가로 세로 2.5cm의 투여구획 피부 부과에 0.5g의 피검약물을 적용 후 가아제 3겹을 덮고 생리식염수를 가해 피검 약물과 피부가 잘 접촉할 수 있도록 한다.

3 액상과 반고체상의 피검약물의 경우에, 피검약물의 0.5㎖나 0.5g중 일부를 피부에 도포하고 나머지를 가제에 적용한 후 피부에 부착할 수도 있다.

4 가제의 위에 피검약물의 증발을 막기위해 침투성이 없고 반응성이 없는 고무 또는 플라스틱으로 덮는 폐쇄 패취를 한다.

5 대조구획은 생리식염수나 기제를 동일한 방법으로 폐쇄 패취를 한다.

고찰 및 성적평가

1 관찰 방법과 판정기록

① 피검 약물 적용 24시간 경과후 폐쇄 패취를 제거하고, 피검 약물이 잔류하지 않도록 증류수나 생리식염수로 가볍게 씻어낸다.

② 제거 30분 후, 약물투여 후 24시간, 72시간째에 도포 국소 부위의 홍반, 부종, 출혈, 가피형성 등의 변화를 육안으로 관찰한다. 홍반과 가피형성 및 부종의 출현은 염증 반응을 근거하여 판정하는 것으로 홍반은 육안으로 또한 부종은 가벼운 촉진을 병행하여 판정한다.

③ 피부 반응의 정도는 투여 후 24시간 및 72시간, 즉 패취 제거 직후 및 48시간에 표 28-3에 의하여 채점하여, 표 28-4에 기록한다.

표 28-3 피부반응의 판정기준

1) 홍반과 가피의 형성

홍반이 전혀 없음	0
아주 가벼운 홍반(육안으로 겨우 식별할 정도)	1
분명한 홍반	2
약간 심한 홍반	3
심한 홍반(홍당무 색의 발적)과 가벼운 정도의 가피형성(심부손상)까지	4
최고점	4

2) 부종형성

부종이 전혀 없음	0
아주 가벼운 부종(육안으로 겨우 식별할 정도)	1
가벼운 부종(뚜렷하게 부어 올라서 변연부가 분명히 구별될 경우	2
보통의 부종(약 1mm 정도 부어 올랐을 경우)	3
심한 부종(1mm 이상 부어오르고 노출부위 밖에까지 확장된 상태)	4
최고점	4

표 28-4 피부반응 평점표

군 피부반응 적용부위 관찰시간 성 체 중	대 조 군								투 여 군							
	홍반 · 가피				부 종				홍반 · 가피				부 종			
	비찰과		찰과		비찰과		찰과		비찰과		찰과		비찰과		찰과	
	24	72	24	72	24	72	24	72	24	72	24	72	24	72	24	72
1																
2																
3																
4																
5																
6																
소 계																
평균 (소계/6)																
평균의 합 계																
1차피부자극지수*																

※ 1차피부자극지수 = 평균의 합계/4

2 성적평가

① 피부 반응을 평점화하여 약물투여 후 24시간과 72시간 때의 홍반 평점과 부종 평점을 더해서 평균치를 산출하고, 이 수치를 PII (Primary Irritation :일차자극지수)라하고 이 값을 구한다.

② PII값에 의해 일차자극성의 강도를 다음 피부일차 자극표에 의해 구분하여 평가한다.

③ 피부반응을 평점화하여 1차피부자극지수를 구하고 그 값으로부터 피부자극성을 평가한다. 이 때 시험물질의 자극성은 1차피부자극지수외에도 시험기간 중에 관찰된 일반증상 등을 고려하여 평가하여야 한다. 토끼의 평가에서 사람에게로의 외삽은 강한 자극성과 비자극성에 대해서는 정확한 예측이 가능하지만 약한 자극성 물질에서는 예측에 절대적 기준이라 단정할 수 없음을 참고로 하여 최종평가를 하여야 한다.

1차피부자극지수	구 분
0.0~0.5	비자극성
0.6~2.0	약한 자극성
2.1~5.0	중등도 자극성
5.1~8.0	강한 자극성

참고 문헌

1 식품의약품안전청 : 일반독성시험 표준작업지침서 (I). 서울, p.493(1999)
2 식품의약품안전청 : 의약품 등의 독성시험기준, 식품의약품 안전청고시 제1999-61호(1999)

2. 안점막 자극시험을 위한 토끼 안구검사법 및 검체 투여 방법

개 요

점막피부에 접촉 가능성이 있는 것에 대해서 건강한 암수의 성숙한 백색 토끼(체중 2.5~3.5Kg) 6마리를 이용하여 토끼의 안점막에 접촉 후 국소적으로 나타나는 안 자극성을 검토하는 시험으로 투여방법은 되도록 실제 접촉 상황에 준하여 실시한다.

실험방법

1 토끼 안구검사법

① 시험개시 약 24시간 전에 토끼의 좌우 안구의 각막, 결막, 홍채 등의 병변상태를 검사한다.

② 육안적 검사로 불충분한 상태라고 판단되면 확대경 또는 slit lamp으로 검사를 하거나하여 0.5~2% sodium fluorescein 용액을 점안하여 건강한 좌우 양안을 갖는 토끼를 실험동물로 한다.

2 검체 투여량 및 투여방법

① 시험물질이 액체인 경우의 투여량을 0.1㎖로 한다.

② 시험물질이 고체 또는 과립상의 경우에는 미세 분말화하고, 투여량은 0.1g으로 하거나 미세분말을 용기에 가볍게 충진한 후 0.1㎖로 한다.

③ 시험물질이 분사제의 경우는 실험동물이 눈을 뜬 상태로 유지하고 눈으로부터 10cm 거리에서 1초 동안 1회 분사한다. 분사 전후에 용기의 무게를 측정하여 분사된 양을 계산한다. 펌프 스프레이의 경우는 다른 용기에 분사액을 모아 그중 0.1㎖를 취하여 액체시료와 같은 방법으로 실험한다.

④ 각 동물의 아래 눈꺼풀을 당겨 컵모양을 형성시키고, 검체 0.1㎖를 conjunctival sac에 점적하고 약 1초간 눈을 감은 상태로 유지시켜 검체의 손실을 막는다. 9마리중 3마리는 20~30초 후 미온생리식염수(주사용 또는 점안용)로 1분간 세척하고 나머지 6마리는 세척하지 않는다.

⑤ 검체를 투여하지 않은 다른쪽 눈을 대조로 한다.

⑥ 시험물질이 실험동물에 고통을 일으킬 것으로 예상되는 경우는, 점적에 앞서 국소 마취를 할 수 있다. 국소 마취제의 종류와 농도는 시험물질의 반응에 영향을 미치지 않아야 하므로 프로토콜 책임자의 신중한 판단에 의해 선택한다. 대조도 동일하게 마취한다.

3 안점막 자극시험시 매일의 관찰방법 및 판정기록 및 성적평가

① 관찰 방법과 판정기록

표 28-5 투여군의 평가표

투여군 :　　　　투여물질 :　　　　　　　　　　　관찰일 : 투여일로 부터

동물 번호	각막 병변 (A×B×5)	홍채병변 (A×5)	결막 병변 (A+B+C)×2	총 점 (최대 110)
1				
2				
3				
4				
5				
6				
M. O. I.				

표 28-6 대조군의 평가표

대조군 :　　　　투여물질 :　　　　　　　　　　　관찰일 : 투여일로 부터

동물 번호	각막 병변 (A×B×5)	홍채병변 (A×5)	결막 병변 (A+B+C)×2	총 점 (최대 110)
1				
2				
3				
M. O. I.				

㉠ 시험물질을 적용 후 1시간째에 투여후의 토끼의 눈주위, 안구 및 행동을 관찰한다.

㉡ 적용 후 1, 2, 3, 4, 7일째에 각막의 혼탁 및 혼탁된 각막의 범위, 홍채의 반응, 결막의 발적, 부종 및 배출물 유무등의 변화를 육안적으로 관찰하고 0.5~2%의 sodium fluorescein 용액을 점안하여 각막의 손상부위를 명확히 관찰한다.

㉢ 안구 병변의 등급은 병변기준에 의하여 채점하고 표 28-5 및 표 28-6에 기록한다.

안구 병변의 등급

1 각막

① 혼탁 : 안구의 혼탁의 정도(가장 농후한 지점으로 판정)

(1) 화농이나 혼탁이 없음 ·· 0

(2) 혼탁이 분산 혹은 밀집되어 있음(정상적인 투명성이 약간 둔화된 것과는 다름) 홍채의 말단이 명확히 관찰됨 ··· 1

   (3) 반투명한 부분이 쉽게 식별됨. 홍채의 말단이 약간 불명확함 ································· 2

   (4) 진주 색깔을 나타냄. 홍채의 말단이 관찰 안됨. 동공의 크기가 가까스로 관측됨 ···· 3

   (5) 각막이 불투명(혼탁 때문에 홍채가 관찰 안됨) ··· 4

② 혼탁된 각막의 범위

   (1) 1/4이하(그러나 0은 아니다) ·· 1

   (2) 1/4이상 1/2미만 ··· 2

   (3) 1/2이상 3/4미만 ··· 3

   (4) 3/4이상 1까지 ··· 4

      $A \times B \times 5$ 최대치 = 80

2 홍 채

① 반응치

   (1) 정상 ·· 0

   (2) 현저한 주름의 형성, 출혈 종창, 각막 주위에 중등도의 충혈(이상과 같은 단독 혹은 혼합),

      홍채는 빛에 대해 반응함(둔한 반응은 양성) ··· 1

   (3) 홍채는 빛에 대해 반응 없음. 출혈, 현저한 조직 파괴

      (이상과 같은 증상의 일부 혹은 전부) ·· 2

      $A \times 5$ 최대치 = 10

3 결 막

① 발적 (안검 결막, 안구결막에 한함. 각막, 홍채 제외)

   (1) 혈관은 정상 ·· 0

   (2) 몇몇 혈관은 명확한 충혈 ··· 1

   (3) 넓은 선홍색 색조, 각각의 혈관은 식별하기 어렵다 ··· 2

   (4) 육류의 적색(엷은 선홍색) ··· 3

② 결막 부종

   (1) 부풀지 않음(종창) ·· 0

   (2) 정상보다 약간 종창(순막 포함) ··· 1

   (3) 안검의 부분적 외진을 동반한 분명한 종창 ··· 2

   (4) 눈이 반쯤 감길 정도의 안검의 종창 ··· 3

   (5) 눈이 반 이상 감길 정도의 안검의 종창 ··· 4

③ 배출물

   (1) 배출물 없음 ·· 0

   (2) 약간의 배출물(정상동물의 내부 눈꼬리에서 관찰되는 작은 양 제외) ····················· 1

   (3) 속눈썹과 눈꺼풀을 적시는 배출물 ·· 2

   (4) 눈 주위의 상당 부위와 속눈썹과 눈꺼풀을 적시는 배출물 ································· 3

      $(A+B+C) \times 2$ 최대치 = 20

1 관찰결과의 판정은 각각의 판정일 각 마리 총점 [0~110점 범위, The Individual Index of Ocular Irritation (IIOI)]의 합을 마리수로 나눈 평균 값인 Mean Index of Ocular Irritation (MIOI), 관찰기간중 MIOI의 최대값인 The Index of Acute Ocular Irritation (IAOI)및 Day-7 IOI(Individual ocular irritation index : 7일째의 각각 동물의 득점)등의 값으로 안점막자극성의 강도를 안점막자극표에 의해 구분하여 평가하며, 평가치의 조건이 표에 만족되지 아니하면, 평가구분에 1단계 약하게 한다.

2 단일농도만 실시하여 자극성이 인정된 경우는 농도와 자극반응의 관계를 조사하여 무작용 농도를 명확히하여 사람에의 위험성을 유추하여 평가하는 것이 바람직하다.

3 안점막 자극표

평 가 구 분	평 가 치		
	IAOI	MIOI	Day-7 IIOI
무자극물	0~5	0(48시간 후)	
경도자극물	5~15	≤5(48시간 후)	
자 극 물	15~30	≤5(4일 후)	
중등도자극물	30~60	≤20(7일 후)	≤30(6마리 토끼 전부) ≤10(6마리 중 4마리이상)
중강도자극물	60~80	≤40(7일 후)	≤60(6마리 토끼 전부) ≤30(6마리중 4마리 이상)
강도자극물	80~110		

참고문헌

1 식품의약품안전청 : 일반독성시험 표준작업지침서 (I). 서울, p.497(1999)

2 식품의약품안전청 : 의약품 등의 독성시험기준, 식품의약품안전청고시 제1999-61호(1999)

3. 인체 첩포 시험법 (Human patch test)

개 요

인체 첩포시험은 외용제로 사용되는 화장품 등 화학물질의 안전성을 평가하는 시험법으로 다른 시험법이 동물을 이용하는데 반해 인체를 직접 사용하는 것이 윤리적으로 충분히 고려된 상태에서 수행되어야 한다. 그래서 동물실험자료가 사람에게 외삽이 가능한지 여부를 판정 가능하게 하며, 인체위해도를 직접 평가할 수 있다. 그리고, 피부과 전문의 또는 연구소 및 병원, 기타 관련기관에서 5년 이상 해당시험 경력을 가진 자의 지도하에 수행되어야 한다.

실험방법의 원칙

1 단회투여

2 최소 15~30분에서 매시간 마다 증가시켜 4시간까지 관찰

3 약한 자극성은 24시간 폐쇄첩포가 필요

4 처치후 24, 48, 72시간에 점수를 매김.

방법(조작)

1 피시험자의 선정 : 피시험자는 18세 이상으로 임산부, 수유부 및 시험물질에 민감도를 보이거나 피부환자는 제외되어야 하며 이때 선별은 피부과 전문의 등 전문가에 의한다.

2 투여량 설정에서 수용액(0.2㎖)은 희석하지 않고 사용하고, 고형분의 경우는 적은 량(0.2g)을 사용하고 증류수 등을 용매로 사용한다. 용매 사용시에는 용매대조군을 사용하여야 한다. 이때 투여 농도 및 용량은 원료에 따라서 사용시 농도를 고려해서 여러 단계의 농도와 용량을 설정하여 실시하는데 원칙적으로 투여량은 $50 \sim 100 mg/cm^{22}$가 이상적이다.

3 인체 첩포 시험의 대상은 30명(한쪽 성이 1/3이 넘지 않도록 할 것) 이상을 대상으로 한다.

4 시험물질적용 : 시험물질은 적당한 부위에 적용(상완부가 권고)하여야 하며, 가제 패드를 포함하는 occulsive chamber를 주로 사용(주로 25mm Finn chamber권고)한다. 모든 대상자에게 동일한 적용부위을 적용되도록 하며, 첩포 기간동안 patch가 고정되도록 테이프로 고정시킨다.

5 관찰 : 원칙적으로 첩포 24시간 후에 패치를 제거하고 제거에 의한 일과성의 홍반의 소실을 기다려 관찰·판정한다.

6 시험결과 및 평가 : 홍반, 부종 등의 정도를 피부과 전문의 또는 이와 동등한 자가 판정하고 평가한다.

7 시험이 금지되는 경우들

① *In vitro* 또는 *in vivo*에서 자극을 나타내는 경우

② *In vitro* 또는 *in vivo*에서 부식성을 나타내는 경우

③ 강산이나 강염기의 성격을 가진 구조/물리·화학적인 특징을 갖는 경우

④ 호흡기에 과민/감각성을 나타내는 경우

⑤ 시험조건에서 단회투여를 나타내는 경우

⑥ 유전독성·생식·발생독성·발암성을 나타내는 경우

고 찰

1 다음의 피부자극 평가표에 의하여 피부자극을 평가한다.

점 수	반 응
0	무반응
1	약한 양성 반응(약한 홍반, 첩포부위의 건조도)
2	중증의 양성반응(눈에 띄는 홍반또는 건조)
3	강한 양성반응(수종 형성를 동반하는 강하고 넓은 범위의 홍반)

2 시험결과는 표로 작성하여 각각의 개체군과 24, 48, 72시간의 반응점수와 다른 임상적인관찰 자료가 포함되어 나타나야 한다.

3 시험 목적이 급성노출시 피부자극 여부를 판단하는 것을 감안하여 최종 판단을 하여야 한다.

참고문헌

1 식품의약품안전청 : 일반독성시험 표준작업지침서 (I), 서울, pp.507-510(1999)

2 식품의약품안전청 : 의약품 등의 독성시험기준, 식품의약품안전청고시 제1999-61호(1999)

4. Alamar blue를 이용한 세포독성 평가법

개 요

본 시험은 *in vitro*시험법의 일환으로 세포독성을 평가하는 방법이다.

시험방법

1 동물유래 세포 10^5 cells/mℓ를 200μℓ씩 96 well plate에 넣는다.

2 시험물질(일반적으로 배지에 녹여 사용)을 well에 각 농도별로 200μℓ를 넣는다.

3 37℃ 5% CO_2에서 24시간(또는 48시간) 동안 반응시킨후 시험물질을 제거하고 HBSS로 세척한다.

4 Alamar blue용액(HBSS로 20배 희석) 200μℓ를 넣는다.

5 2~3시간 동안 37℃ 5% CO_2(일반적으로 배양기)에서 반응시킨다.

6 ELISA reader로 570nm, 630nm에서 O.D값을 측정한다.

결과 및 고찰

1 대조군에 대한 %를 데이타로 사용한다.

2 Pharm(Pharmacological calculation program)의 Litchfield & Wilcoxon test를 이용하여 IC_{10}, IC_{20}, IC_{50}, IC_{80}값을 구한다.

참고문헌

1 식품의약품안전청 : 일반독성시험 표준작업지침서 (I), 서울, p.506(1999)

2 식품의약품안전청 : 의약품 등의 독성시험기준, 식품의약품안전청고시 제1999-61호(1999)

제 3 절 유전독성시험

식품 등의 유전독성을 평가하기 위하여 박테리아를 이용한 복귀돌연변이 시험, 포유류 배양세포를 이용한 염색체이상 시험 및 설치류를 이용한 소핵시험을 실시한다. 단, 시험물질의 특성 및 시험의 실시목적 등을 고려하여 과학적으로 명확한 사유가 인정되는 경우에는 그밖에 국제적으로 공인된 동일 목적의 유전독성 시험법으로 대체할 수 있다.

1. 박테리아를 이용한 복귀돌연변이시험

개 요

박테리아를 이용한 복귀돌연변이 시험법은 한 개 혹은 여러 개 DNA 염기쌍의 치환, 첨가 또는 결실을 포함하는 점 돌연변이를 검출하기 위해 히스티딘 영양요구성 균주인 *Salmonella typhimurium*과 *Escherichia. coli* 변이주를 사용한다. 세균을 이용한 복귀 돌연변이 시험법의 원리는 시험균주가 피검 물질 처리로 생성된 복귀 돌연변이에 의해 필수 아미노산을 생합성하는 세균의 기능적 능력을 복구하는 돌연변이를 검출하는 것이다. 일반적으로 사용되는 시험법 종류는 평판법, 전배양법, fluctuation법 그리고 현탁법이다. 기체나 증기 상태의 검체를 검색하기 위한 변형된 시험이 있다. 비록 이 시험에서 양성인 많은 화합물들이 포유동물의 발암원인 경우라도 그 연관성은 절대적이지 않다. 그것은 비유전독성 기전이나 세균세포에는 없는 기전으로 작용하기 때문에 이 시험법에 의해서는 검색되지 않는 발암원이 있을 수 있다.

시험물질 조제

고형의 시험물질은 적절한 용매에 녹이거나 현탁시키고, 일정농도로 희석되어야 한다. 액상의 시험물질은 시험계내에 직접 첨가되거나 처리하기 전에 희석 될 수 있다. 시험물질은 사용시 제조되어야 한다. 수용성인 경우 사용하는 용매는 주사용 증류수나 생리식염수를 사용하고 기타 대부분의 화합물은 DMSO(dimethyl sulfoxide)에 용해된다. 단 시험물질과 화학반응을 일으키지 않는 것을 선택한다. 투여 용량은 경우에 따라 최초 용매로 희석하여 사용하며, 반응 시험관에 첨가되는 양은 $100\mu\ell$를 초과 할 수 없다. 시험에 사용되는 농도는 *Salmonella typhimurium* TA100 에 대한 예비 독성시험결과에 기초하여 선택하며, 최고 농도는 침전이나 용해도에 문제가 없는 범위에서 균주의 치사율이 50~90%인 농도로 한다. 또한 세포독성은 복귀 집락수의 감소, 기본 성장 균층의 투명성에 의해서도 검색될 수 있다. 물질의 세포독성은 대사활성계 존재 하에서 변화될 수 있다. 수용성인 비세포독성 물질에 대해 권장하는 최고농도는 5mg/plate 또는 $5\mu\ell$/plate이다.

시약 기구 및 균주

1 시약 기구

① 시약 : 대사활성계(S9mix)는 Aroclor1254 또는 phenobarbital 등의 효소 유도 물질을 처리해서 제조된 미토콘드리아 분획(S9)에 보조효소가 포함된 것이다. 미토콘드리아 분획은 일반적으로 S9mix 조성중 5~30% v/v 범위내의 농도로 사용되며 사영 직전에 조제해야 한다. 예 : S9 10%, NADP 4mM, glucose-6-phosphate 5mM, KCl 6H$_2$O 33mM, MgCl$_2$ 68mM, dissolve in 0.05M ice cold sodium phosphate buffer pH7.4), Bacterial growth medium 및 양성대조물질(균주 참조)

② 초자 및 기구 : 60mm petri dish, 10mℓ disposable glass tube, 250mℓ culture bottle, clean bench, vortex mixer, shaking incubator, incubator

2 균주 : 균주는 37℃에서 성장(약 10^{9}세포/mℓ)의 후기 지수 성장기 또는 초기 정지기까지 키워야만 한다. 후기 정지기의 균주는 사용하지 않는다. 즉 실험에 사용되는 배양체가 높은 역가의 생균을 포함하는 것은 필수적이다. 역가는 생장곡선에 대한 축적된 대조군 자료나 평판법에 의한 생균수 측정을 통한 각 분석 수치로부터 얻을 수 있다.

3 균주 종류 : Salmonella typhimurium TA1535; TA1537; TA98; TA100의 4개 균주 또는 E. coli WP2 uvrA, E. colii WP2 uvrA(pKM101)를 사용한다.

4 균주 확인 : 각 균주는 성장을 위한 영양 요구성이 각 냉동 저장 균주(S. typhimurium 균주의 경우 히스티딘, E.coli 균주의 경우 트립토판)에 대해 확인되어야 한다. 또한 각 균주의 유전자형 특성들도 확인되어야 한다. 즉 적절한 R-factor 플라스미드들의 존재 유, 무 [TA98, TA100, WP2 uvrA(pKM101) 그리고 WP2 uvrA(pKM101) 균주에서의 ampicillin 내성, 특징적 돌연변이의 존재 (예, crystal violet에 대한 민감도를 통한 S. typhimurium내의 rfa 돌연변이, 자외선 조사에 대한 민감도를 통한 E. coli내의 uvrA 돌연변이 또는 S. typhimurium내의 uvrB 돌연변이. 균주들은 실험실의 축적된 대조군 자료로부터 예상되는 빈도 범위내 그리고 문헌에 보고된 적절한 범위내의 자연발생적 복귀 돌연변이 집락수를 얻어야 한다.

4 배지 : 적은 수의 세포분열을 위해 적절한 최소 한천(예, Vogel-Bonner 최소 배지 E와 포도당을 포함)과 히스티딘과 비오틴 또는 트립토판을 포함하는 분주용 한천이 사용된다.

4 대조군 : 대사활성계의 유, 무에 관계없이 사용한 균주-특이적 양성 및 음성(용매 또는 담체) 대조물질을 사용한다.

① 양성대조군

양성대조군	용량	균주
2-Nitrofluorene	1.0μg/plate	S. typhi TA 98
Sodium azide	1.5μg/plate	S. typhi TA 100. TA1535
ICR191	1.0μg/plate	S. typhi TA 1537
Mitomycin C	1.0μg/plate	S. typhi TA 102
2-Aminoanthracene	0.5-1.0μg/plate	모든 균주; 대사활성화법

② 음성대조군 : 시험물질 조제에 사용한 용매 또는 담체를 음성대조군으로 사용한다. 선택된 용매에 의해 유발되는 세포독성이나 돌연변이 유발성 효과가 없음을 나타내는 축적된 대조군 자료가 없다면, 무처리 대조군으로 사용한다.

시험절차

1 시험 물질의 처리 : 평판법의 경우, 대사활성이 없는 경우에 일반적으로 시험 용액 0.05㎖ 또는 0.1㎖, 신선한 세균 배양체(약 108 살아있는 세포 포함) 0.1㎖ 및 멸균된 완충액 0.5㎖을 중층 한천 2.0㎖과 섞는다. 대사활성화의 경우 대활성 혼합물 0.5㎖, 중층 한천 2.0㎖, 세균 및 시험물질/시험 용액을 섞는다. 각 시험관의 내용물을 섞은 뒤 최소 한천 평판의 표면 위에 붓는다. 배양하기 전에 중층 한천을 굳힌다. 전배양법의 경우, 시험물질/시험 용액은 시험 균주(약 10^8 살아있는 세포 포함)와 멸균한 완충액(대조군) 또는 대사활성계 0.5 ㎖를 함께 20분 이상 30~37℃에서 전배양한 후, 중층 한천과 섞어 최소 한천 평판 표면에 붓는다. 일반적으로 시험물질/시험용액의 0.05㎖ 또는 0.1㎖, 세균 0.1㎖ 그리고 S9-mix 또는 멸균된 완충액 0.5㎖을 중층 한천 2.0㎖과 혼합한다. 시험관은 진탕기를 이용해서 전배양 동안 공기순환이 되어야만 한다. 각 용량마다 시험관 3개가 1조로 사용한다.

2 배양 : 모든 평판은 37℃에서 48~72시간 동안 배양한다. 배양 후 평판 당 복귀 집락수를 계수한다.

결과 및 고찰

결과 자료는 평판 당 복귀 집락수로서 나타낸다. 음성(용매대조군, 만약 사용되었다면 비처리 대조군) 및 양성대조군 평판에서 복귀 집락수도 계수한다. 양성 판정은 대사활성계 존재 유, 무에 관계없이 최소 한 개 이상의 균주에서 한 개 이상의 농도에서 평판 당 복귀 집락수의 재현성 있는 증가가 필요하다. 시험결과를 평가하는데 있어 보조적으로 통계적 방법들이 사용될 수 있다. 그러나 통계적 유의성이 양성반응에 대한 유일한 결정요소가 되지는 않는다.

참고문헌

1 Ames, B.N., McCann, J. and Yamasaki, E. : Methods for Detecting Carcinogens and Mutagens with the Salmonella/Mammalian-Microsome Mutagenicity Test, Mutation Res., 31, p.347(1975)

2 Maron, D.M. and Ames, B.N. : Revised Methods for the Salmonella Mutagenicity Test, Mutation Res., 113, p.173(1983)

3 Gatehouse, D., Haworth, S., Cebula, T., Gocke, E., Kier, L., Matsushima, T., Melcion, C., Nohmi, T., Venitt, S. and Zeiger, E. : Recommendations for the Performance of Bacterial Mutation Assays, Mutation Res., 312, p.217(1994)

4 Kier, L.D., Brusick, D.J., Auletta, A.E., Von Halle, E.S., Brown, M.M., Simmon, V.F., Dunkel, V., McCann, J., Mortelmans, K., Prival, M., Rao, T.K. and Ray, V. : The Salmonella Typhimurium/Mammalian Microsomal Assay: A Report of the U.S. Environmental Protection Agency Gene-tox Program, Mutation Res., 168, p.69(1986)

2. 포유동물 배양세포를 이용한 염색체 이상 시험

개 요

in vitro 염색체이상 시험법은 배양된 포유동물 세포 내에 염색체의 구조적 이상 또는 수적이상을 유발하는 물질을 확인하는 것이다. 구조적 이상은 염색체 또는 염색분체의 2가지 형태가 있다. 대부분의 화학적 유전독성물질에 의해 유도된 이상은 염색분체형이지만 염색체형 이상도 또한 일어난다. 수적 이상을 유도하는 잠재성을 화학물질에 의해서 염색체의 배수성 증감이 일어난다. 염색체 이상은 많은 인간 유전질환의 원인이며, 체세포의 발암유전자와 암억제 유전자내에서 염색체 돌연변이 및 관련된 손상으로 일어나는 변화는 인간과 실험동물의 암 유도에 관여한다는 상당한 증거가 있다.

시험물질 조제

1 일반사항 : 고형의 시험물질은 적절한 용매에 녹이거나 현탁시키고 필요한 경우 세포에 처리하기 전에 희석되어야 한다. 액상의 시험물질은 실험계 내에 직접 첨가되어지고 또는 처리하기 전에 희석될 수 있다. 시험물질은 사용시 조제되어야 한다.

2 용매의 종류 및 투여량 : 용매는 시험물질과 화학적 반응을 일으키지 않는 것으로 선택하며, 종류에 따라 배양물에 처리할 수 있는 양은 다음과 같다.

멸균생리식염수(수용성인 경우)	10%
DMSO	0.5%
에탄올	1.0%
1% CMC Na	0.1%

3 시험물질의 농도 : 시험에 사용되는 농도는 배양세포에 대한 예비 독성시험결과에 기초하여 선택하며, 최고 농도는 침전이나 용해도에 문제가 없는 범위에서 세포증식 억제률이 50% 저지되는 농도로 한다. 예비독성시험 절차는 다음항에 기술한다. 수용성인 비 세포독성 물질에 대해 권장하는 최고농도는 5mg/plate 또는 5$\mu\ell$/plate이다.

4 대사활성화 : 가장 흔히 쓰이는 것은 Aroclor 1254 또는 phenobarbital과 naphyoflavone의 혼합물과 같은 효소-유도 물질을 처리한 설치류의 간으로부터 얻어진 보조효소가 포함된 미토콘드리아 분획물(S9)이며, 염색체이상시험의 경우 S9혼합물은 배양액의 30% 정도 사용한다.

시약·기구 및 세포배양

1 시약 및 기구 : 세포배양배지(세포의 종류에 따라 선택, 예 : Minimum essential medium), 방추사저해제(colcemid , colchicine), Hypotonic solution(0.075M KCl), 5% Giemsa stainning, Fixer(Methanol : Glacial acetic acid 3 : 1), CO_2 incubator, shaking incubator, Microscope, counter

2 세포 배양

① 일반 사항 : *in vitro* 염색체이상 시험은 사람세포를 포함해서 다양한 확립된 세포주 또는 일차 세포배양들이 사용될 수 있다(예 : Chinese Hamster 계 : CHO, CHL, V79; 사람 말초 림프구. 사용된 세포는 배양액에서의 생장능력, 핵형의 안정성, 염색체 수, 염색체 다양성과 염색체 이상의 자발 변이 빈도에 대한 자료가 있어야 한다. 또한 사용하기 전에 마이코플라스마 (Mycoplasma spp.) 등의 오염에 대한 검사가 있어야만 하고, 만약 오염된 세포주는 사용하지 않아야 한다.

② 배양 : 확립된 세포주는 1×10^5 의 밀도로 5㎖의 배양배지 희서한 후 60mm 배양접시에 접종되어 37℃ 5%의 CO_2 공급되는 습윤한 배양기에서 48시간 배양 후 사용한다. 림프구의 경우는 항응고제(예 : heparin)로 처리된 전혈 또는 건강한 재료로부터 분리된 림프구는 유사분열 유발제(예 : PHA; ph ytohemagglutinine)를 포함한 배양배지에서 5㎖의 배양관에서 37℃ 24시간 배양후 사용한다. 림프구의 경우는 배양 중에 가끔 흔들어 준다.

실험방법

1 예비독성시험 : 배양세포에 대사활성계 비존재하에서 시험물질을 배양액에 처리할 수 있는 최고농도로부터 공비 1/2로 5단계로 희석하여 세포 배양물에 24, 48, 72시간 노출시킨다(시험물질 처리 시간은 세포주기의 1.5배로 정한다). 24시간 후 10% formalin으로 세포를 고정시키고, 5% 김자염색 후 무처리군 또는 용매대조군과 세포의 상태를 비교하여 50% 증식억제 농도를 구한다.

2 본 시험

① 절차 : 예비시험에서 구한 50% 증식억제 농도를 최고 농도로 하고 공비 1/2로 3단계 농도로 시험한다. 시험물질 처리 후 24, 48시간의 2시간 전에 방추사 저해제(예, colcemid 또는 colchicine)로 처리하고, 세포를 수거하여, 공기 건조법으로 염색체 표본을 제작하고 염색하여 중기 세포들을 배율 1000배의 현미경하에서 염색체의 구조 및 숫적 이상에 대해 분석한다. 대사활성화계 존재하의 경우는 세포는 3~6시간 동안 시험물질에 노출되어져야 하고, 처리후 신선한 배양액으로 교체한 후 18시간 후에 수거되어야만 한다.

② 염색체 표본의 제작 : 수거된 세포를 1000g에서 5분간 원심분리하여 얻은 세포 펠렛에 미리 37℃ 수조에서 가온된 0.075M hypotonic을 5㎖ 넣고 파스퇴르 피펫으로 잘 현탁하여 37℃ 수조에서 30분간 배양한 후, prefixation으로 fixer 0.5㎖을 넣고 현탁한후 원심분리하고, 얻은 세포 펠렛에 fixer 5㎖ 로 3회 세척한 후 습윤한 깨끗한 슬라이드에 파스퇴르 피펫으로 1~2방울 세포 현탁액을 떨어뜨려 현미경으로 검경하면서 세포밀도를 조절한다.

③ 대조군 : 양성대조군은 시험계의 노출 수준에서 재현성과 민감도를 나타내는 기본 변이 이상의 검색 가능한 증가를 줄 것으로 기대되는 알려진 염색체이상 유발 물질을 사용해야 한다. 양성대조군 농도는 효과가 명백한 용량이 선택되어야 하지만 관찰자가 표시된 슬라이드를 쉽게 확인할 수 있어서도 안된다. 양성대조군 예를 표로 나타내었다.

처리배지 내에 용매만으로 구성되고 물질 처리군과 같은 방식으로 처리된 음성대조군은 매

수거 시기에 대해 포함시킨다. 또한, 선택된 용매에 의해 유발되는 독성이나 변이유발 효과가 없음을 나타내는 축적된 대조군 자료가 없다면, 비처리 대조군만이 사용되어야 한다.

대사활성조건	Chemical and CAS No.
외인성 대사활성계의 비존재	Methyl methanesulphonate [CAS No. 66-27-3]
	Ethyl methanesulphonate [CAS No. 62-50-0]
	Ethylnitrosourea [CAS No. 759-73-9]
	Mitomycin C [CAS No. 50-07-7]
	4-Nitroquinoline-N-Oxide [CAS No. 57-57-5]
외인성 대사활성계의 존재	Benzo(a)pyrene [CAS No. 50-32-8]
	Cyclophophamide(monohydrate) [CAS No. 50-18-0(CAS No. 6055-19-2)]

결과 및 고찰

1 일반 사항 : 양성대조군과 음성대조군을 포함해서 모든 슬라이드는 현미경하 분석에 앞서 각기 code화 한다. 고정 과정에서 종종 염색체 손실로 중기 세포 일부의 손실을 유발할 수 있기 때문에, 세포는 모든 세포 유형에 대해 염색체수 ±2와 같은 동원체의 수를 포함하고 있는 것을 택한다. 적어도 100개의 잘 퍼진 세포 중기상을 시험물질 농도 당 계수 한다. 구조적인 염색체 이상(chromosome: gap, break, exchange; chromatid: gap, break, exchange) 염색체과 숫적 이상(polyploidy: 배수성: 핵내 배가)을 기록한다. 한 세포당 여러 종류의 이상을 가지고 있다하더라도 이상세포 한 개로 계수한다.

2 판정 : 염색체 이상을 갖는 세포 수의 재현성 있는 증가 또는 농도-의존적 증가와 같은 양성의 결과를 결정하는 여러 가지 기준이 있다. 통계적인 유의성이 양성반응에 대한 유일한 결정요소가 되는 것은 아니다. 일반적인 평가 기준은 다음과 같다

이상세포의 평균 출현율 (gap 포함)	판정
5% 미만	음성(-)
5% 이상 10% 미만	의양성(±)
10%이상 20% 미만	양성(+)
20% 이상 50% 미만	양성 (++)
50% 이상	양성 (+++)

참고문헌

1 Evans, H.J. : Cytological methods for Detecting Chemical Mutagens. In : Chemical Mutagens, Principles and Methods for Their Detection, Vol. 4, Hollaender, A. (ed.) Plenum Press, New York and London, p.1(1976)

2 Ishidate, M.Jr. and Sofuni, T. : The In Vitro Chromosomal Aberration Test Using Chinese Hamster Lung(CHL) Fibroblast Cells in Culture. In: Progress in Mutation Research, Vol. 5, Ashby, J. et al., (Eds.) Elsevier Science Publishers, Amsterdam-New York-Oxford, p.427 (1985)

3 Galloway, S.M., Armstrong, M.J., Reuben, C., Colman, S., Brown, B., Cannon, C., Bloom, A.D., Nakamura, F., Ahmed, M., Duk, S., Rimpo, J., Margolin, G.H., Resnick, M.A., Anderson, G. and Zeiger, E. : Chromosome aberration and sister chromatid exchanges in Chinese hamster ovary cells : Evaluation of 108 chemicals. Environ. Mol.. Mutagen., 10, (suppl. 10), p.1(1987)

4 Scott, D., Galloway, S.M., Marshall, R.R., Ishidate, M. Jr., Brusick, D., Ashby, J. and Myhr, B.C. : Genotoxicity under Extreme Culture Conditions. A report from ICPEMC Task Group 9. Mutat. Res., 257, p.147(1991)

3. 설치류를 이용한 소핵시험

개 요

In vivo 소핵시험은 일반적으로 설치류와 같은 동물에 시험물질을 투여한 후 일정 시간에 채취한 골수 및 말초혈액세포에서 채취되는 적혈구의 분석을 통해, 시험물질에 의해 유발되는 적아구세포의 염색체 혹은 유사분열기구에 대한 손상을 검출하는데 사용된다. 소핵시험의 원리는 적아세포(erythroblastoid)의 염색체 단편 또는 유사분열기구의 손상으로 남겨진 염색체 조각이 소핵이 된다. 한편 골수의 적아구세포는 다염성 적혈구로 분화되어 말초로 이행될 때 주핵들은 탈핵하게 되는데 이때 소핵은 핵이 없는 세포질에 남게되어 관찰이 용이하다. 또한 골수세포내의 성숙된 정염성적혈구와 미성숙 다염성적혈구(신생 DNA의 합성이 많은)의 비율도 분석의 최종지표로서 사용한다.

in vivo 소핵시험은 생체외 시험에 비하여 시험물질의 물질대사, 약물동태 그리고 DNA 수복과정의 요소들을 포함하는 장점이 있다. 그러나 시험물질 혹은 그 대사체가 표적 조직에 도달하지 못할 것이라는 증거가 있다면, 이러한 시험법을 사용하는 것은 적절치 못하다.

실험동물

1 동물종의 선택 : 골수세포가 이용될 때는 마우스(ddY, ICR)나 랫드(SD)가 권장된다. 말초혈액이 이용될 때에는 마우스가 권장된다. 그러나 비장이 소핵을 형성한 적혈구를 제거하지 못하는 종들이나 염색체이상을 유발하는 인자를 검출하는데 적당한 민감성을 나타내는 종들이라면 어느 포유동물종이든 사용될 수 있다. 보통 실험용으로는 젊고 건강한 동물(adult)이 사용

된다. 연구를 시작함에 있어서 동물의 체중 변화는 최소화되어야 하며 각 성별에 따른 평균 체중의 20%를 초과해서는 안 된다.

2 사육조건 : 동물실험실의 온도는 22℃이어야 한다. 비록 상대습도가 최소 30% 이상, 실내를 청소하는 동안 외에는 70%를 넘지 않으면 좋으나 적정 습도는 50~60%를 유지하는 것이 좋다. 조명은 인위적으로 12시간씩 명암을 조절해야 한다. 사료는 실험용 사료를 공급하며 식수는 자유로이 공급한다. 동물들은 개별로 또는 같은 성끼리의 소규모 집단으로 나눠 사육되어야 한다.

3 군 분리 : 동물은 무작위로 대조군과 처리군으로 구분된다. 최소 5일 동안 동물들을 실험실 조건에서 적응 시킨다. 사육상자의 배치에 따라 생길 수 있는 영향을 최소화하기 위한 방식으로 배열되어져야 한다. 처리군과 대조군은 성별 당 최소한 5마리의 동물들을 배치한다. 만약 연구를 수행할 때 동일한 노출경로를 사용하여 동일한 동물 종에 대해 독성에 있어서 성별에 따른 실질적인 차이가 없음을 입증한 유용한 자료가 있다면, 그때는 단일 성으로 하는 시험으로도 충분할 것이다. 예를 들어 어떤 의약품의 경우 사람 노출이 성 특이적인 경우에 시험은 그에 알맞은 성의 동물만으로 수행할 수 있다.

시험물질 조제

1 일반사항 : 고형의 시험물질은 적절한 용매에 용해하거나 현탁시켜, 동물에 투여하기 전에 일정농도로 희석한다. 액상의 시험물질은 직접 또는 투여 전에 희석하여 투여될 수 있다. 보관의 적합성을 제시하는 안정성 자료가 없으면 시험물질은 사용직전 제조된 것으로 해야 한다.

2 용매 : 용매는 사용되는 용량수준에서 독성효과를 나타내지 말아야 하며, 시험물질과 화학적 반응이 의심되지 않아야 한다. 만약 잘 알려진 용매가 아닌 다른 것을 사용할시에는 그것들의 적합성을 제시하는 참고자료도 제공되어야 한다. 가능하다면 수성용매의 사용이 우선적으로 고려되어야 한다.

3 대조군 : 각 시험에는 병행실시한 양성과 음성(용매) 대조군이 각군별로 포함되어야 한다. 시험물질 처리를 제외하고는 대조군의 동물들은 처리군의 동물들과 동등한 방식으로 다루어져야 한다. 양성대조군은 노출량에서 기본값 이상으로 증가할 것으로 예상되는 *in vivo* 소핵이 형성되어야 한다. 양성대조군은 시험물질과 투여 경로가 다를 수도 있고 단지 1회만 투여한 후 시료채취를 하여도 된다. 양성대조물질의 예는 다음과 같다.

Chemical and CAS No.
Ethyl methanesulphonate [CAS No. 62-50-0]
Ethyl nitrosourea [CAS No. 759-73-9]
Mitomycin C [CAS No.50-07-7]
Cyclophosphamide(monohydrate) [CAS No. 50-18-0 (CAS No. 6055-19-2)]
Triethylenemelamine [CAS No. 51-18-3]

음성대조군은 시료 채취시간마다 포함되어야 한다. 또한 선택된 용매에 의해 유해하거나 변이원적인 효과가 유발되지 않는다는 축적된 또는 발표된 대조군 자료가 없다면 무처리 대조군도 포함시킨다.

시험절차

1 투여 일정 : 어떠한 표준 처리일정(예, 24시간 사이로 1, 2회 혹은 그 이상의 처리)도 권장되어 진 것은 아니며 예비시험의 결과에 따라 조절 할 수 있다. 일반적인 방법으로는 다음 두 방식으로 수행될 수 있다.

① 시험물질로 1회 투여후 골수표본이 최소한 2번 취해지는데 처리 후 24시간 48시간에 채취한다.

② 매일 2회 이상의 투여할 경우에는(예, 24시간 간격으로 2회 이상 투여) 골수 표본은 마지막 처리 후 18~24시간 사이에 한번 채취하고, 말초혈액의 경우에는 마지막 처리 후 36~48시간 사이에 한번 채취한다.

2 투여 용량 : 이용 가능한 적절한 자료가 없어 용량 설정 연구를 수행할 경우에는 본시험에서 사용되어지는 것과 같은 동물 종, 동물 계통, 성별, 처리 요법을 이용하여 같은 실험실에서 수행되어야 한다. 만약 독성이 있다면, 처음 표본추출시기에 3개의 처리용량수준이 사용된다. 이러한 용량수준은 최고용량으로부터 독성이 매우 적거나 없는 범위까지 포함해야 한다. 후에 행하는 표본추출 시기에는 단지 최고 처리용량의 사용이 요구된다. 최고 처리용량은 같은 처리요법에 근거를 두어 더 높은 처리용량이 치사를 예상하게 하는 독성의 징후를 나타내는 용량으로써 정의 내린다. 낮은 비독성 용량에 특이적인 생물학적 활성을 지닌 물질(호르몬과 유사분열인자 같은)은 처리용량 설정기준에서 제외되고, 사례별 근거로 평가되어야 한다. 또한 최고 용량은 골수에서 독성의 몇몇 징후를 만들어내는 용량으로서 정의 내릴 수 있을 것이다(예, 골수 혹은 말초혈액에서 전체 적혈구 가운데 미성숙 적혈구의 비율 감소).

3 투여 방법 : 경구 투여 또는 복강에 주사한다. 다른 노출경로는 과학적으로 인정되면 수용할 수 있다. 1회에 투여할 수 있는 최대용량은 시험동물의 크기에 좌우된다. 부피는 동물 체중 100g당 2㎖를 넘지 않아야 한다. 보통 고농도에서 독성효과를 나타내는 자극성 물질이나 부식성 물질을 투여 용량을 최소화하여야 한다.

4 골수의 채취 : 골수세포는 일반적으로 도살후 즉시 대퇴골이나 경골로부터 얻는다. 일반적으로 세포는 대퇴골이나 경골을 적출하여 주사기에 충전한 소혈청으로 세척하여 얻은 다음 원심분리(1000g, 3분)하여 슬라이드에 도말하고 Giemsa 염색하여 1000배 배율에서 관찰한다. 말초혈액은 꼬리정맥이나 다른 적절한 혈관으로부터 얻어진다. 혈액세포는 초생체 상태로 즉시 염색되거나 도말 표본이 만들어진 후 염색한다. DNA 특이적 염료(예, acridine orange나 Hoechst 33258 plus pyronin-Y[11])의 사용은 DNA 특이적 염료가 아닌 것의 사용과 관련된 위양성(false positive) 영향을 제거할 수 있다.

결과 및 고찰

각 동물에 대해 500개의 적혈구(미성숙+성숙 적혈구)를 민지 계수하여 적혈구 가운데 미성숙 적혈구의 비율을 결정하고, 양성대조와 음성대조의 슬라이드를 포함해 모든 슬라이드는 현미경 분석전에 개별적으로 코드화 되어야한다. 소핵의 출현률은 개체당 최소 2000개의 미성숙 적혈구에서 소핵이 계수된다. 적절한 통계 처리를 한다. 통계적인 유의성이 양성반응임을 결정하는 유일한 요소가 되지는 않는다.

참고문헌

1 Heddle, J.A. : A Rapid in vivo Test for Chromosomal Damage, Mutat. Res.,18, p.187(1973)

2 Schmid, W. : The Micronucleus Test, Mutat. Res., 31, p.9(1975)

3 Mavorim, K.H., Blakey, D.H., Cimino, M.C., Salamone, M.F. and Heddle, J.A. : The In vivo Micronucelus Assay in Mamalian Bone Marrow and Periphral Blood. a report of the U.S. Environmental Protection Agency Gene-Tox Programe, Mutat. Res., 239, p.29(1990)

4 Hayashi, M., Morita, T., Kodama, Y., Sofuni, T. and Ishdate, M. JR. : The Micronucleus Assay with Mouse Peripheral Blood Reticulocytes Using Acridine Orange-Coated Slides. Mutat. Res., 245, p.245(1990)

제 4 절 발암성 시험 (마우스 및 랫드)

개 요

발암성 시험은 체외로부터 섭취되는 물질의 발암성을 평가하고자 하는 시험 중의 하나로 물질의 발암성을 알아내기 위해 시험동물을 이용하여 18-24개월간 시험물질을 투여한 후 병리학적 검사를 하게 된다. 따라서 무엇보다도 장기간 사육과 투여하는 동안 시험동물 및 사육환경의 관리가 매우 중요하다. 또한 만개 이상의 조직 표본과 발생한 각종 결과의 자료는 체계적인 방법으로 관리하여야 한다. 다음은 발암성 시험이 진행되는 동안 절차와 고려해야 할 점들을 기술한 것이다.

발암성 시험 후보물질의 선정

발암성 시험을 수행하여 발암성의 유무를 확인할 필요성이 있는 물질을 결정하는 것으로 발암성 시험 수행의 합당성을 부여할 수 있도록 충분한 검토가 필요하다. 물질에 따라 발암성 시험이 필요한 경우를 다음과 같이 분류할 수 있다.

1 각종 유전독성 시험 등의 결과에서 발암성이 의심되는 경우

2 세대 교체가 빠른 조직에 손상을 주거나 세포분열에 영향을 주는 등의 생물학적 작용을 나타내는 경우

3 임상적으로 장기간 사용되는 의약품의 경우 : 임상적으로 6개월 이상 계속 사용되는 경우는 화학구조, 약리작용, 다른 독성 시험의 결과로부터 발암이 예측되지 않는 결과에 있어서도 발암성 시험을 실시할 필요가 있다.

발암성 시험의 후보물질에 해당 물질

의약품에는 발암성이 예측되는 화학물질인 의약품과 임상적으로 장기간 투여되는 의약품이 해당되며, 농약 및 일반 화학 물질의 경우에는 농약에 관해서는 만성 독성 시험과 발암성 시험과의 약제 투여기간이 동일하기 때문에 양자의 병합 시험이 행해지는 일이 많다.

그 외에도 식품 및 식품 첨가물 그리고 기타 공업 제품이 해당된다.

실험동물

1 시험동물의 선택

2 시험동물의 적정 연령 : 발암성 시험의 개시시의 주령은 특별히 정해져 있지는 않지만, 설치류(랫드나 마우스)의 발암성 시험의 경우 이유 후 가능한 빠른 시기에 개시하는 것이 바람직하다. 검역이나 순화기간을 고려하여 보통 6주령 정도에서 시작하여 이유 후 8주 이상을 넘어서는 안된다.

3 시험동물의 수 : 시험의 감도와 정확도의 정도에 따라 사용하는 동물수가 다르다. 설치류의 경우 각 군의 동물수를 암·수 각 50마리이거나 그 이상으로 한다. 비설치류를 사용할 경우에는 실험군과 대조군에 암·수 각 3마리 이상으로 설정한다.

투여방법

발암성 시험은 2년간 시험물질을 투여해야 하므로 물질의 안정성은 물론 투여 방법의 용이성을 고려해야 한다. 따라서 시험물질의 특성에 따라 투여방법을 선택해야 하며 특히 시험동물의 폐사률을 고려해야 한다. 경구 투여방법으로는 사료를 통한 투여, 음수를 통한 투여, 위관(gavage)을 이용한 강제투여가 있다.

투여 용량군

3개의 용량군과 대조군으로 구성된다.

1 최고 용량군 : 물질에 의한 수명을 유의하게 단축시키지 특이한 독성을 유발하지 않는 최대 용량으로 정한다.

2 중간 용량군 : 최고 용량군과 최저 용량군의 용량과 종양발생의 상관관계를 파악할 수 있는 용량으로 정한다.

3 최저 용량군 : 실제 사람에게 노출되는 농도나 그에 외삽 가능한 낮은 농도로 설정한다. 일반적으로 최고 용량의 1/20~1/40으로 한다.

4 대조군

투여기간

강력한 발암물질을 이용하는 발암실험의 경우와는 달리, 발암성 시험은 시험물질에 의한 독성으로 판단되는 병변이 나타나지 않는 투여농도에서 발암성 여부를 판단한다. 또한 물질이 인체에 노출되는 기간과 암이 발생하기까지 오랜 기간이 요구됨을 고려하여 발암성 시험에서는 시험동물의 수명에 가까운 기간동안 시험물질을 투여하게 된다.

1 랫드 : 랫드에서는 24개월 이상 30개월 미만의 기간동안 투여한다.

2 마우스 및 햄스터 : 마우스 및 햄스터에서는 18개월 이상 24개월 미만의 기간동안 투여한다.

3 동물의 사망률이 낮은 경우에도 시험기간은 랫드에서는 30개월, 마우스 및 햄스터에서는 24개월 넘지 않는다.

4 비설치류의 경우는 시험물질에 따라 약간씩 차이가 있다.

시험기간 중의 관찰

1 임상 증상의 관찰 : 일반 사육관찰은 사망한 동물이나 빈사상태의 동물을 조기에 발견하여 시험동물의 손실을 막기 위한 관찰이다. 임상 관찰은 시험동물을 케이지 밖에 꺼내어 놓고 촉진이나 육안으로 시험물질에 의해 발생하는 임상 소견을 관찰하는 것으로 매주 1회 이상 실시

한다. 특별 임상관찰은 시험물질에 의한 독성이 최대로 나타나고 있다고 여겨지는 시점에서 임상 관찰을 매일 하는 경우로 의미하며, 기능 관찰은 시험동물의 운동성, 외부자극에 대한 반응성 등을 관찰하는 것으로 시험물질의 중추신경계 또는 말초신경체에 영향을 끼치는 지를 파악하고자 하는 관찰을 뜻한다.

2 사료 및 음수 소모량의 측정 : 시험물질을 사료 또는 음료수에 혼합하여 투여하는 경우에는, 투여기간 중 개체별 또는 군마다 사료 또는 음료수의 소비량을 13주까지는 주 1회, 그 후 는 4주에 1회 측정하고, 이들 측정값으로부터 시험물질의 섭취량을 산출한다.

3 시험동물의 체중 측정 : 체중의 변화는 동물의 상태를 추정하기 위한 적절한 지표가 됨으로 모든 동물의 체중을 13주까지는 주 1회, 그 후는 4주에 1회 측정한다.

4 혈액학적 검사 : 검사시기는 시험물질에 따라 달리 설정될 수 있으며 검사 항목은 다음과 같다.

혈액학적 검사	조혈계의 독성
Red blood cell cound	Reticulocyte count
Hemoglobin concentration	Bone marrow cytology
Hematocrit	
Mean corpuscular volume	
Mean corpuscular hemoglobin	
Mean corpuscular hemoglobin concentration	
Platelet count	
Prothrombin time, activated partial thromboplastin time	

혈액생화학적 검사

1 혈액생화학적 검사로는 다음과 같은 항목이 추천된다.

      Potassium

      Sodium

      Glucose

      Triglyceride

      Cholesterol

      Total protein

      Albumin

      Blood Urea Nitrogen

      Total Bilirubin

      Chloride

2 다음 간장과 관련한 효소 중 2개 항목 이상 검사되어야 한다.

      Alkaline phosphatase

      Alanine aminotransferase

      Aspartate aminotransferase

      Sorbitol dehydrogenase

Gamma glutamyl transpeptidase

Lactic dehydrogenase

3 시험물질이 검사항목의 결과에 영향을 끼치는 것으로 의심된다면 다음 검사가 수행되어져야 한다.

Calcium

Phosphorus

Fasting triglyceride

Hormone

Methemoglobiin

Choline esterase

요검사

검사시기는 시험물질에 따라 달리 설정될 수 있으며 검사 항목은 다음과 같다.

침사

Volume

Osmotic pressure

Specific gravity

pH

Protein

Glucose

Blood in urine

안검사

ophthalmoscope 또는 동등의 기기를 이용하여 검사하며 검사시기는 주로 시험물질 투여 전과 투여 후 1년과 최종 부검전에 행한다.

병리조직학적 검사

시험 기간 중에 희생된 동물을 포함하는 모든 동물을 부검하면서 장기의 무게를 측정하고 검경 방법에 따라 병리조직학적 관찰을 행한다. 병리학적 검사는 각 장기에 따른 각종 병변의 형태를 정확하게 인식해 그 의미를 부여하는 것이다. 발암성 시험의 평가는 각 동물에 대한 소견에 따라 결정되며 병리학적 검사의 우열, 병리학적 진단의 정확함의 정도에 따라 성적의 평가가 현저하게 좌우된다. 따라서 병리학적 검사는 동물실험에 경험이 많은 병리전문가 또는 그의 지도하에서 숙련된 기술자에 의해 실시되어야만 한다.

발암성 시험에서의 조직표본 검경의 특이 사항

병리조직학적 검경은 일반 병리조직학적 관찰과 같으나 발암성 시험에서 고려해야 할 사항

1 최고용량군과 대조군의 모든 개체에 대해서 행한다.

2 최고용량군과 대조군과의 사이에서 종양발생빈도에 차이가 인지된 기관, 조직의 경우에는 다른 시험군에 대해서도 해당되는 기관, 조직의 병리조직학적 검색을 행한다.

3 실제로 행해지는 발암성 시험에서는 검체에 발암원성이 없을 것을 목적으로 하는 경우도 있다.

4 비발암성 또는 미약한 발암성의 인정이 이론적으로 매우 곤란한 작업인 것을 고려하면 전군과 전동물에 대한 병리조직학적 검색을 해놓는 것은 평가에 도움이 된다.

종양의 진단기준

1 발암성 시험에서 시험동물의 분류 및 각 종양의 진단기준에 대하여 통일적인 견해가 얻어지지 않는 면들이 많으며, 이러한 문제들은 병리조직학적 판독을 담당하는 사람들을 괴롭히는 원인이 될 수 있다.

2 기본적으로는 사람에 대한 종양분류는 동물에 적합하며 진단기준에 대해서도 사람과 동물 사이에서 본질적으로 다른 것은 없다.

3 감별진단

① 종양이 병리조직학적·진단을 할 때에 고려해야할 가장 큰 사항은 비종양성 변변 특히 과형성과의 감별로서 병리전문가에 따라 진단기준이 다를 수도 있다.

② 현미경으로 보이는 정도의 작은 결절이라도 주위를 압박하는 상이 보이면 종양의 부류에 넣는 경우도 있고, 명확하게 종양이라고 판단할 수 있는 병변과 이형성을 고려하여 판단하는 경우도 있다. 어떠한 경우라도 그 나름대로의 평가는 가능하다.

③ 진단의 근거를 명확히 나타내는 것이 중요한다.

④ 악성종양과 양성종양의 감별에 있어서도 이상과 유사한 문제가 있을 수 있다.

⑤ 동물의 악성종양에서는 주위에로의 원격전이가 명확하지 않는 예도 적지 않다.

⑥ 악성인 것의 근거로서 조직구조이형, 세포이형이 고려되는 외에 병리전문가의 경험에 의한 경우가 있다.

⑦ 이것이 진단을 흐리게 하는 원인이 된다고 하나, 이러한 경우에 있어서도 진단기준을 명확하게 기재해 놓기만 하면 제 3자에 의한 객관적 평가도 가능하게 되며, 무의미한 혼란을 막을 수가 있다.

병리조직학적 검경 순서

검경 순서로는 대조군, 고용량군, 다른 용량군의 순번으로 검경하는 방법과 맹경법의 2가지가 있다.

1 개체별 병변의 간과를 최대한 피하기 위해서도 우선 용량군의 순번에 검경을 해야만 한다.

2 맹검법이 추천되는 것은 화학물질투여와 어떤 병변과의 관련이 의심되고 그것을 검토하도록 하는 경우만이다.

참고 문헌

1 식품의약품안전청 : 세포병리시험 표준작업지침서 (Ⅲ), 서울, p.127(1999)

2 식품의약품안전청 : 의약품 등의 독성시험기준, 식품의약품안전청고시 제1999-61호(1999)

제5절   중기 발암성 시험 및 암예방 시험

1. 위암 시험법

랫드를 이용한 위암 시험법은 짧은 기간 동안에 경제적으로 화학물질의 위암의 수식 효과를 검색하는 데 그 목적이 있다.

1) 랫드 전위부암 시험법 (MNNG-NaCl, Hyp./Pap/SCC)

개 요

본 검색법은 1990년 일본 국립의약품식품위생연구소 병리부의 Masao Hirose 박사의 방법을 충북대학교 수의과대학 김대중 박사 등이 변형하여 발한 시험방법이다. 5주령 Wistar계 또는 F344계 수컷 랫드를 이용하여 랫드의 전위부의 과형성 등의 전암 병변과 함께 유두종, 편평상피세포암종 등의 종양을 조기에 유발하는 시험방법이다.

시료조제

위발암물질로 MNNG를 체중 kg당 150㎎용량으로 조제한다.

시약 및 기구

- *N*-methyl-*N*-nitrosoguanidine (MNNG, CAS No. 70-25-7, Sigma 12,994-1, 미국)
- 과포화생리식염수 용액

방법(조작)

1 실험동물의 선택 : 5주령 Wistar계 또는 F344계 수컷 랫드를 수령하여 1주일 정도 적응과정을 거친 후 실험에 사용하는 것이 좋다.

2 전위부 발암물질의 선택 : 위발암물질로는 MNNG를 체중 kg당 150㎎을 2회 강제 경구투여(실험 시작 0, 2주에)하고, 과포화 식염수 용액을 마리당 1㎖를 실험 시작 후부터 3주까지 3주간 동안 3~4일 간격으로 강제 경구 투여한다.

3 실험군의 종류 : 실험 군은 적어도 세 군으로 나눈다. 일반적으로 제 1군은 위암 유발물질인 MNNG를 투여한 후 실험 3주부터 17주간 이상 사료 또는 음수로 시험물질을 투여하여 선위부 발암의 수식효과 유무를 확인한다. 제 2군은 MNNG 와 포화생리식염수만을 경구투여 하며, 실험 전기간동안 기초사료를 급이 한다. 제 3군은 MNNG와 포화 생리식염수을 투여하는 대신에 용매 대조군으로서 제1군과 같이 시험물질만을 3주부터 17주간 이상 연속으로 투여한다.

4 시험물질 투여 : 시험물질은 실험 1, 3군에 실험 3주부터 20주까지 17주간 동안 사료, 음수 또는 강제 경구 투여의 방법으로 투여하는 것을 원칙으로 한다.

5 실험동물의 수 : 종양의 발생빈도를 주로 한 통계학적 확률상의 두 군간의 비교를 위하여 적어도 각 군당 20~30마리가 적정하다.

6 시험기간의 결정 : 본 시험법에서의 시험기간은 원칙적으로 20주간으로 하나 종양의 최종 유발 단계까지 보고자 할 경우는 연장도 가능하다.

7 생물학적 지표(End-point biomarker) : 본 시험법에서 적용하는 생물학적 지표는 랫드 전위부의 전암성 병변인 과형성(hypeplasia), 종양성 병변인 유두종(papilloma) 및 편평상피세포암종(squamous cell carcinoma)로 분류한다. 전위부의 과형성 병변 가운데는 다시 정도에 따라 저, 중, 고등도의 병변으로 단계를 나눌 수 있으며, 조직학적 기준에 따라서 기저층 과형성과 단순 과형성으로 분류할 수 있다.

결과 및 고찰

전위부의 조직병리학적 병변에 대한 발생빈도에 대하여는 X^2-검정 및 병변의 정도별 cumulative X^2-검정을 실시한다. 현재까지 주로 선위부 시험법으로 개발되어 왔으나, 전위부 시험법은 발생빈도에 대한 통계학적 검정 이외에 발생개수에 대한 통계학적 검정은 다병소성으로 인하여 불가능한 점이 있으나, 병변의 정도별 각 군간의 cumulative X^2-검정을 통하여 이를 보완할 수 있다.

참고문헌

1 Kim, D.J., Ahn, B., Han, B., Tsuda, H. : Potential preventive effects of Chelidonium majus L. (Papaveraceae) herb extract on glandular stomach tumor development in rats treated with N-methyl-N'-nitro-N-nitroso-guanidine(MNNG) and hypertonic sodium chloride. Cancer Lett., 112, p.203(1997)

2 Kim, D.J., Park, B., Lee, J.S., Tsuda, H., Furihata, C. : Enhanced quinone reductase(QR) activity correlates with promotion potential of diethyl maleate(DEM) in rat forestoamch and glandular stomach carcinogenesis initated with N-methyl-N'-nitro-N-nitrosoguanidine(MNNG). Cancer Lett., 137, p.193(1999)

2) 랫드 선위부암 시험법 (MNNG, PAPG)

개 요

본 검색법은 1990년 일본 아이치 암센터연구소 실험병리부 Masae Tatematsu박사와 충북대학교 수의과대학 김대중 박사 등이 공동으로 개발한 방법이다. 5주령 Wistar계 수컷 랫드를 이용하여 랫드의 pepsinogen 1 항체를 이용하여 토끼에서 만든 항체를 이용하여 면역조직화학적 방법으로 검색하는 방법이다.

시료조제

위발암물질인 MNNG를 체중 kg당 150mg 용량으로 조제한다.

시약 및 기구

- N-methyl-N'-nitrosoguanidine(MNNG, CAS No. 70-25-7, Sigma 12,994-1, 미국)
- 과포화식염수 용액

방 법

1 실험동물의 선택 : 5주령 Wistar계 수컷 랫드를 수령하여 1주일 정도 적응과정을 거친 후 실험에 사용하는 것이 좋다. 전위부 종양만을 관찰할 목적인 경우는 F344도 좋으나, 선위부의 PAPG나 종양을 유발할 목적인 경우는 Wistar계를 사용하는 것이 바람직하다.

2 선위부 발암물질의 선택 : 조제한 MNNG을 2회 강제 경구투여(실험시작 0, 2주에)하고, 과포화 식염수 용액을 마리당 1㎖를 실험 시작 후부터 3주까지 3주간 동안 3-4일 간격으로 강제 경구 투여한다.

3 실험군의 종류 : 실험군은 적어도 세 군으로 나눈다. 일반적으로 제1군은 위암 유발 물질인 MNNG를 투여한 후 실험 3주부터 17주간 이상 사료 또는 음수로 시험 물질을 투여하여 전위부 발암의 수식효과 유무를 확인한다. 제2군은 MNNG와 포화생리식염수만을 경구투여하며, 실험 전기간동안 기초사료를 급이한다. 제3군은 MNNG와 포화생리식염수을 투여하는 대신에 용매 대조군으로서 제 1군과 같이 시험물질만을 3주부터 17주간 이상 연속으로 투여한다.

4 시험물질 투여 : 시험물질은 실험 1, 3군에 실험 3주부터 20주까지 17주간 동안 사료, 음수 또는 강제 경구 투여의 방법으로 투여하는 것을 원칙으로 한다.

5 실험동물의 수 : 각 실험군의 적정한 동물의 수는 전위부의 종양을 지표로 하는 시험법과는 달리 각 군당 12내지 15마리 정도면 충분하다.

6 시험기간의 결정 : 본 시험법에서의 시험기간은 원칙적으로 20주간으로 하나 종양의 최종 유발 단계까지 보고자 할 경우는 연장도 가능하다.

7 생물학적 지표(end-point biomarker) : 본 시험법에서 적용하는 생물학적 지표는 랫드 선위부의 전암 병변으로 PAPG라고 하는 펩시노젠 1 변이유문선(Pepsinogen 1 altered in pyloric glands)을 현미경 시야에서 면역조직화학적 염색 을 통하여 정상 변이유문선의 수가 1,000개 당 몇 개인가를 측정하여 백분율로 나타낸다. H & E 염색 소견상으로 조직학적 병변을 구별 하 수는 없으므로 일반적인 조직염색은 무의미하다.

결과 및 고찰

선위부의 No. of PAPG(%)는 각 군간의 평균과 표준오차를 가지고 P<0.05 수준에서 통계학적 유의성을 갖는 경우에 촉진(enhancement) 또는 억제(inhibition)의 표현을 쓴다. 실험군 전체에 대하여 분산분석을 한 후, 다시 실험 제1군과 제2군 사이의 t-검정을 한다.

현재까지 주로 선위부 시험법으로 활용가치가 있다. 그러나, 종양발생단계에서의 발암 억제 또는 촉진의 결과를 도출하기 위한 시험법으로는 아직 미흡하며, 특히 암예방 연구 목적으로 사용하 기에는 적어도 1년 이상의 기간이 필요하다.

2. 간암 시험법

1) 랫드 간암 시험법 (DEN-PH)

개 요

랫드를 이용한 간암 시험법은 짧은 기간 동안에 경제적으로 화학물질의 간발암성 유무를 검색하 는 데 그 목적이 있다.

시료조제

간발암물질인 DEN을 체중 kg당 200mg용량으로 조제한다.

시약 및 기구

Diethylnitrosamine(DEN, CAS No. 55-18-5, N0756, Sigma N 0756, 미국), 수술도구, 생리식염수

방 법

1 실험동물의 선택 : 5내지 6주령 수컷 F344계 랫드를 크게 세 군으로 나눈다. 각 군당 마리수 는 15내지 20마리 내외이다.

2 실험군의 종류 : 실험군은 적어도 세군으로 나눈다. 일반적으로 제1군은 간발암물질인 DEN을 투여한 후 실험 3주째에 2/3 간 부분 절제술 (two-third partial hepatectomy; PH)을 시행하고 실험 2주부터 실험 8주까지 6주간 시험물질을 투여한 군이며, 제2군은 DEN+PH만을 시행하

며, 제3군은 간발암물질 대신에 생리식염수만을 투여한 후 간부분 절제술을 시행한 후 제1군과 같이 시험물질을 투여한 군이다.

3 간발암물질의 투여 : 조제한 DEN을 복강내로 투여한다. DEN의 투여는 실험 제1, 2군에만 투여한다.

4 간 부분절제술 시행 : 실험 3주째에 간부분 절제술을 시행한다. 간부분 절제술은 실험 제1, 2, 3군 모두에 시행한다.

5 시험물질 투여 : 시험물질은 실험 1, 3군에 실험 2주부터 8주까지 6주간 동안 사료, 음수 또는 강제 경구 투여의 방법으로 투여하는 것을 원칙으로 한다. 시험물질이 화학적 방법이 아닌 물리적 요인이거나 노출의 조건이라면 적절한 폭로 조건을 유지하여도 무방하다. 통상적으로 발암의 억제 또는 촉진의 결과를 도출하거나 용량 반응을 알고자 하는 경우에는 적어도 적절한 농도 차이를 알 수 있는 두 가지 또는 세 가지의 아군을 설정하는 것이 바람직하다. 시험물질의 투여 또는 폭로 농도를 설정하고자 할 경우 예비실험결과나 문헌 정보를 참고하여 정할 수 있다.

6 시험기간의 결정 : 본 시험법에서의 시험기간은 원칙적으로 8주간으로 한다.

7 생물학적 지표(end-point biomarker) : 본 시험법에서 적용하는 생물학적 지표는 랫드 간 절편으로부터 GST-P 표준항체를 이용한 면역조직화학적 염색을 실시 한다. (GST-P 면역 염색법 참조) GST-P 양성 반응을 보이는 병소(foci)나 결절(nodules)의 단위면적당 개수(No./cm^2) 및 면적(area/cm^2)으로 표시한다. 일반적으로 GST-P 양성증식소의 크기는 지름이 0.2mm 이상의 것을 자동영상 분석기를 이용하여 측정한다.

결과 및 고찰

GST-P 양성증식소의 통계학적 분석 : 각 군간의 평균과 표준오차를 가지고 $P < 0.05$ 수준에서 통계학적 유의성을 갖는 경우에 촉진(enhancement) 또는 억제(inhibition)의 표현을 쓴다. 실험군 전체에 대하여 분산분석을 한 후, 다시 실험 제 1군과 제 2군 사이의 t-검정을 한다. 간발암 시험법의 민감도(positive rate : No. positive/ No. examined(%))를 알아보면 현재까지 검색한 물질 수가 291가지이며, 이중 이 검색법으로 촉진(간발암 촉진 가능 물질)인 경우가 117건으로 약 40%(117/291)이다.

참고문헌

1 Ito, N., Hasegawa, R., Imaida, K., Hirose, M., Shirai, T., Tamano, S. and Hagiwara, A. : Medium-term rat liver bioassay for rapid detection of hepatocarcinogenic substances. *J. Toxicol. Pathol.*, 10, p.1(1997)

2 Moore, M.A., Tsuda, H., Tamano, S., Hagiwara, A., Imaida, K., Shirai, T., Ito, N. : Marriage of a medium-term liver model to surrogate markers - a practical approach for risk and benefit assessment. Toxicol. Pathol., 27, p.237(1999)

2) 마우스 간암 시험법 (21day, 36주, DEN)

개 요

본 검색법은 1995년 일본 국립암센터연구소 실험병리 및 화학요법부 Hiroyuki Tsuda박사와 충북 대학교 수의과대학 김대중 박사 등이 공동으로 개발한 방법이다. 5내지 6주령의 마우스에 비하여 생후 11일령 또는 21일령의 마우스 간장은 증식성 반응이 예민하여 각종 화학발암물질에 대한 생물학적 반응이 민감하다고 알려져 있다. 마우스에서 DEN의 표적장기는 일반적으로 간장과 폐이므로 간장이외에 폐의 발암수식효과를 검증할 수도 있는 장점이 있다.

시료조제

간발암물질로는 DEN을 체중 kg당 20mg 용량으로 조제한다.

시약 및 기구

Diethylnitrosamine(DEN, CAS No. 55-18-5, N0756, Sigma N 0756, 미국)

방 법

1 실험동물의 선택 : 생후 11일령이나 21일령(이유 직후)의 암·수 B6C3F$_1$ 마우스를 실험에 사용한다. 생후 21령의 B6C3F$_1$ 마우스를 사용하고자 할 경우는 모체 C57BL/6J에 임신한 상태로 분양 받아서 사용하는 것이 일령을 맞추기에 적절하다.

2 간발암물질의 선택 : 조제한 DEN을 복강내로 1주일에 1회씩 총 3회 투여한다. DEN의 투여는 실험 제1, 2군에만 투여한다.

3 실험군의 종류 : 실험군은 적어도 세 군으로 나눈다. 일반적으로 제1군은 간발암 물질인 DEN을 투여한 후 실험 3주부터 30주간 동안 사료 또는 음수로 시험물질을 투여하여 간발암의 수식 효과를 확인한다. 제2군은 DEN만을 투여한 후 실험 전기간동안 기초사료를 급여한다. 제3군은 간발암물질을 투여하는 대신에 용매 대조군으로서 제1군과 같이 시험물질만을 3주부터 30주간 연속으로 투여한다.

4 시험물질 투여 : 시험물질은 실험 1, 3군에 실험 3주부터 33주까지 30주간 동안 사료, 음수 또는 강제 경구 투여의 방법으로 투여하는 것을 원칙으로 한다.

5 시험기간의 결정 : 본 시험법에서의 시험기간은 원칙적으로 33주간으로 하나 종양의 최종 유발 단계까지 보고자 할 경우는 연장도 가능하다.

6 생물학적 지표(end-point biomarker) : 본 시험법에서 적용하는 생물학적 지표는 마우스 간 절편으로부터 TGF-α 표준항체를 이용한 면역조직화학적 염색을 실시하거나, H&E염색 후 간의 증식성 결절(hypeplastic foci), 간세포선종(hepatocellular adenoma, HA), 간세포암종(hepatocellular carcinoma, HCC) 등에 대한 조직병리학적 병변에 대한 발생빈도 및 발생개수에 대한 통계학적 분석을 시행한다.

참고문헌

1 Tsuda, H., Iwahori, Y., Hori, T., Asamoto, M., Baba-Toriyama, H., Kim, D.J., Kim, J.M., Uehara, N., Iigo, M., Nobuo Takasuka, N., Murakoshi, M., Nishino, H., Kakizoe, T. : Chemopreventive potential of α-carotene against mouse liver and lung tumor development : comparison with β-carotene and α-tocopherol. In. Food Factors for Cancer Prevention. Ohigashi, H., Osawa, T., Terao, J., Watanabe, S., Yoshikawa, T. (eds.), Springer Verlag-Tokyo, Tokyo, p.529(1997)

3. 대장암 시험법

1) 랫드 대장암 시험법 (AOM, 8주 또는 12주, ACF 시험법)

개 요

랫드를 이용한 대장암 시험법은 대장암 촉진 또는 억제 유무를 검색하는 데 유용하다.

본 검색법은 1987년 당시 미국 American Health Foundation의 R.P. Bird 박사에 의해 최초로 개발되었으며, B.S. Reddy 박사에 의해서 많은 연구성과를 통하여 화학적 암예방후보물질을 찾기 위한 시험법으로 널리 활용되고 있는 시험법이다.

시료조제

대장발암물질로는 AOM을 체중 kg당 15mg용량으로 조제한다.

시약 및 기구

Azoxymethane (AOM, CAS No. 25843-45-2, Sigma A 9517, 미국)

개 요

1 실험동물의 선택 : 5주령 F344계 수컷 랫드를 수령하여 1주일간 적응과정을 거친 후 실험에 사용하는 것이 좋다. 실험에 사용하기에는 초기 평균체중이 약 150g 전후가 좋다.

2 대장발암물질의 선택 : 조제한 AOM을 매주 1회씩, 2회 또는 3회 두경부 피하투여 (실험 시작 0, 1주에 혹은 0, 1, 2주에)하며 최종 대장발암물질을 투여한 후 1주일간 휴지기간을 둔다.

3 실험군의 종류 : 실험군은 적어도 세 군으로 나눈다. 일반적으로 제 1군은 대장암 유발물질인 AOM을 투여 후 실험 2주 또는 3주부터 5내지 6주간 사료 또는 경구로 시험물질을 투여하여 대장암 전암병변으로 생각되는 마리당 대장 이상선와소 (aberrant crypt foci of colonic mucosa/colon: ACF) 및 대장 이상선와(aberrant crypts of colonic mucosa/colon: AC)의 총수를 각 실험군간에 비교하여 대장발암 의 수식효과 유무를 확인한다. 제2군은 대장암유발물질인 AOM을 경구투여하며, 실험 전기간동안 기초사료를 급이한다. 제3군은 대장암유발물질인 AOM을 투여 하는 대신에 용매대조군으로서 제1군과 같이 시험 물질만을 2주 또는 3주부터 5내지 6주간 연속으로 투여한다.

4 시험물질 투여 : 시험물질은 실험 1, 3군에 실험 2 또는 3주부터 8주까지 5내지 6주간 사료, 음수 또는 강제 경구 투여의 방법으로 투여하는 것을 원칙으로 한다.

5 실험동물의 수 : 각 실험군의 적정한 동물의 수는 대장의 종양을 지표로 하는 시험법과는 달리 각 군당 12내지 15마리 정도가 적합하다.

6 시험기간의 결정 : 본 시험법에서의 시험기간은 원칙적으로 8주간으로 하나, 경우에 따라서는 12주까지 연장하여 대장이상선와소(ACF) 검색법을 시행할 수 있다.

7 생물학적 지표(end-point biomarker) : 본 시험법에서 적용하는 생물학적 지표는 랫드 대장암 전암병변으로 대장이상선와소 및 대장이상선와에 대한 마리당 평균 개수를 측정하여 각 군간의 통계학적 유의성 여부를 확인한다. 대장의 ACF검색법 을 위하여 발암물질 투여 후 8주에 부검을 실시하여 대장(직장과 결장을 포함하여)을 적출하여 10% 중성완충 포르말린으로 고정한다. 고정이 끝난 대장을 펼쳐 2.5% 메틸렌블루로 염색을 하여 대장이상선와소(total numbers of aberrant crypt foci, ACF) 및 대장이상선와(total numbers of aberrant crypts, AC)의 총수를 현미경 시야에서 측정한다.

결과 및 고찰

미국 국립암연구소의 암예방프로그램 등에서 공식적으로 인정되어 가장 많이 활용되는 시험법이다. 마우스 시험법에 비하여 랫드 시험법은 시험의 간편성과 정확성 면에서 검증이 된 시험법이다.

참고 문헌

1 Bird, R.P.: Observation and quantification of aberrant crypts in the murine colon treated with a colon treated with a colon carcinogen; preliminary findings. Cancer Lett., 37, p.147(1987)

2 Tsuda, H., Sekine, K., Nakamura, J., Ushida, Y., Kuhara, T., Takasuka, N., Kim, D.J., Asamoto, M., Baba-Toriyama, H., Moore, M.A., Nishino, H., Kakizoe, T.: Inhibition of azoxymethane initiated colon tumor and aberrant crypt foci development by bovine lactoferrin administration in F344 rats. Adv. Exp. Med. Biol., 443, p.273(1998)

2) 랫드 대장암 시험법 (AOM, 40주, Tumor 시험법)

개 요

상위항목에서 이미 언급한 시험법을 1996년 일본 국립암센터연구소 H. Tsuda박사와 충북대학교 수의과대학 김대중 박사팀이 변형 발전시킨 40주 단축 실험법(3회 투여)이다.

시료조제

대장발암물질로는 AOM을 체중 kg당 15mg 용량으로 조제한다.

시약 및 기구

Azoxymethane(AOM, CAS No. 25843-45-2, Sigma A 9517, 미국)

방 법

1 실험동물의 선택 : 5주령 F344계 수컷 랫드를 수령하여 1주일간 적응과정을 거친 후 실험에 사용하는 것이 좋다. 실험에 사용하기에는 초기 평균체중이 약 150g 전후가 좋다.

2 대장발암물질의 선택 : 제조한 AOM을 매주 1회씩 2주간에 걸쳐 3회 두경부 피하투여(실험 시작 0, 1, 2주)에 하며 최종 대장발암물질을 투여한 후 1주일간 휴지기간을 둔다.

3 실험군의 종류 : 실험군은 적어도 세 군으로 나눈다. 일반적으로 제1군은 대장암 유발물질인 AOM을 투여후 실험 3주부터 37주간 사료 또는 경구로 시험물질을 투여하여 대장암 전암병 변 으로 생각되는 마리당 대장 이상선와소(aberrant crypt foci of colonic mucosa/colon, ACF) 및 대장 이상선와(aberrant crypts of colonic mucosa/colon, AC)의 총수를 각 실험군 간에 비 교하여 대장발암의 수식 효과 유무를 마리당 종양발생빈도 및 발생 개수로 확인한다. 제2군 은 대장암 유발 물질인 AOM을 경구투여하며, 실험 전기간 동안 기초 사료를 급이한다. 제3 군은 대장암유발물질인 AOM을 투여하는 대신에 용매 대조군 으로서 제1군과 같이 시험 물질 만을 3주부터 37주간 연속으로 투여한다.

4 시험물질 투여 : 시험물질은 실험 1, 3군에 실험 3주부터 40주까지 37주간 사료, 음수 또는 강 제 경구 투여의 방법으로 투여하는 것을 원칙으로 한다.

5 실험동물의 수 : 각 실험군의 적정한 동물의 수는 대장이상선와소를 전암병변의 지표로 하는 8주 또는 12주 시험법과는 달리 각 실험군은 적어도 25마리 내지는 35마리 정도가 필요하며, AOM만 투여한 제2군의 대조군은 36마리 내지 40마리 정도가 되도록 설계하는 것이 소장과 대장의 종양발생빈도 및 종양발생개수에 대한 통계학적 유의성 검증에 적합하다.

6 시험기간의 결정 : 본 시험법에서의 시험기간은 원칙적으로 40주간으로 하나, 경우 에 따라서 는 2주내지 6주의 범위 안에서 연장하여 실험을 할 수도 있으나, 대장발 암물질에 의한 동물 의 건강 등의 이유로 인하여 장기간 생존이 어려울 수 있다. 본 시험법의 AOM투여 횟수를 2 회로 단축할 경우는 실험 2주부터 실험 52주까지 시험 물질을 투여하여야 한다.

7 생물학적 지표(end-point biomarker) : 본 시험법에서 적용하는 생물학적 지표는 랫드 대장암 전암병변으로 대장이상선와소 및 대장이상선와에 대한 마리당 평균 개수를 측정하여 각 군간의 통계학적 유의성 여부를 확인하는 것을 포함하여, 소장과 대장의 종양발생빈도 및 발생개수를 기록하여 각 군별로 정리하여 통계학적 유의성을 검정한다.

8 대장 ACF검색법 : 대장의 ACF검색법을 위하여 발암물질 투여후 40주에 부검을 실시하여 대장(직장과 결장을 포함하여)을 적출하여 10% 중성완충 포르말린으로 고정한다. 고정이 끝난 대장을 펼쳐 2.5% 메틸렌블루로 염색을 하여 대장이상 선와소(total numbers of aberrant crypt foci, ACF) 및 대장이상선와(total numbers of aberrant crypts, AC)의 총수를 현미경 시야에서 측정한다.

9 종양발생빈도 및 발생개수 측정 : 실험 시작후 20주 이후에는 소장상부의 종양괴의 압박에 의한 담관폐쇄로 인한 황달 또는 빈사상태, 혹은 돌발적으로 사망하는 예가 있으므로 빈사 또는 사망 동물에 대하 여는 주의하여 그 사망 원인을 밝히는 것이 좋다. 부검시에 적출한 소장 및 대장에 대하여 10% 중성완충 포르말린으로 고정한 다음, 육안관찰을 시행한 후 H & E 염색으로 조직병리학적 검사를 실시한다. 병변은 장점막의 과형성(hyperplasia), 선종(adenoma), 선암종(adenocarcinoma) 등으로 분류한다. 선암종의 경우 점막고유층을 포함하는 하방으로의 침윤 또는 침입, 혹은 병변의 분화 정도를 감안하여 통계학적 유의성 검증을 실시한다.

참고문헌

1 Bird, R.P. : Observation and quantification of aberrant crypts in the murine colon treated with a colon treated with a colon carcinogen: preliminary findings. Cancer Lett., 37, p.147(1987)

2 Tsuda, H., Sekine, K., Nakamura, J., Ushida, Y., Kuhara, T., Takasuka, N., Kim, D.J., Asamoto, M., Baba-Toriyama, H., Moore, M.A., Nishino, H., Kakizoe, T.: Inhibition of azoxymethane initiated colon tumor and aberrant crypt foci development by bovine lactoferrin administration in F344 rats. Adv. Exp. Med. Biol., 443, p.273(1998)

3) 마우스 대장암 시험법(DMH, 12주, ACF 시험법)

개 요

마우스를 이용한 대장암 시험법은 랫드를 이용한 시험법에 비하여 적은 시료를 가지고 대장암 촉진 또는 억제 유무를 검색하는 데 유용하여, 화학적 암 예방 물질을 찾기 위한 시험법으로 활용되고 있으나 최근에는 그 활용 예가 적은 시험법이다.

시료조제

대장발암물질인 1,2-DMH를 체중 kg당 20mg 용량으로 조제한다.

시약 및 기구

1,2-dimethylhydrazine(1,2-DMH, CAS No. 306-37-6 Sigma D 0741, 미국)

방법

1 실험동물의 선택 : 5주령 B6C3F$_1$계 수컷 마우스를 수령하여 1주일간 적응과정을 거친 후 실험에 사용하는 것이 좋다.

2 대장발암물질의 선택 : 1,2-DMH를 매주 2회씩, 실험 시작 후 3주간 연속적으로 두경부 피하 투여하며 최종 대장발암물질을 투여한 후 2주일간 휴지기간을 둔다.

3 실험군의 종류 : 실험군은 적어도 세 군으로 나눈다. 일반적으로 제 1군은 대장암 유발물질인 DMH를 투여후 실험 5주부터 7주간 사료 또는 경구로 시험물질을 투여하여 대장암 전암병변으로 생각되는 마리당 대장 이상선와소(aberrant crypt foci of colonic mucosa/colon, ACF) 및 대장 이상선와(aberrant crypts of colonic mucosa/colon, AC)의 총수를 각 실험군 간에 비교하여 대장발암의 수식 효과 유무를 확인한다. 제2군은 대장암유발물질인 DMH를 경구투여하며, 실험 전기간동안 기초사료를 급이한다. 제3군은 용매 대조액만을 투여 한 군으로 제1군과 같이 시험물질만을 5주부터 7주간 연속으로 투여한다. 실험 시작 후 12주에 부검을 실시한다.

4 시험물질 투여 : 시험물질은 실험 1, 3군에 실험 5주부터 12주까지 7주간 사료, 음수 또는 강제 경구 투여의 방법으로 투여하는 것을 원칙으로 한다.

5 실험동물의 수 : 각 실험군의 적정한 동물의 수는 대장의 종양을 지표로 하는 시험법과는 달리 각 군당 12내지 15마리 정도가 적합하다.

6 시험기간의 결정 : 본 시험법에서의 시험기간은 원칙적으로 12주간으로 대장이상 선와소 (ACF) 검색법을 시행할 수 있다.

7 생물학적 지표(end-point biomarker) : 본 시험법에서 적용하는 생물학적 지표는 랫드 대장암 전암병변으로 대장이상선와소 및 대장이상선와에 대한 마리당 평균 개수를 측정하여 각 군간의 통계학적 유의성 여부를 확인한다. 대장의 ACF검색법 을 위하여 발암물질 투여후 8주에 부검을 실시하여 대장(직장과 결장을 포함하여)을 적출하여 10% 중성완충 포르말린으로 고정한다. 고정이 끝난 대장을 펼쳐 2.5% 메틸렌블루로 염색을 하여 대장이상선와소(total numbers of aberrant crypt foci, ACF) 및 대장이상선와(total numbers of aberrant crypts, AC)의 총수를 현미경 시야에서 측정한다.

참고문헌

1 Bird, R.P. : Observation and quantification of aberrant crypts in the murine colon treated with a colon treated with a colon carcinogen; preliminary findings. Cancer Lett., 37, p.147(1987)

2 Kim, J.M., Araki, S., Kim, D.J., Park, C.B., Takasuka, N., Baba-Toriyama, H., ota, T., Nir, Z., Khachik, F., Shimidzu, N., Tanaka, Y., Osawa, T., Uraji, T., Murakoshi, M., Nishino, H., Ysuda, H.: Chemopreventive effects of carotenoids and curcumins on mouse colon carcinogenesis after 1,2-dimethylhydrazine initiation. Carcinogenesis, 19, p.81(1998)

4) 마우스 대장암 시험법 (AOM, 30주, Tumor 시험법)

개요

마우스를 이용한 대장암 시험법은 랫드를 이용한 시험법에 비하여 적은 시료를 가지고 대장암 촉진 또는 억제 유무를 검색하는 데 유용하다.

시료조제

대장발암물질인 AOM를 체중 kg당 10mg 용량으로 조제한다.

시약 및 기구

Azoxymethane(AOM, CAS No. 25843-45-2, Sigma A 9517, 미국)

방법(조작)

1 실험동물의 선택 : 5주령 ICR계(또는 SWR/J계) 수컷 마우스를 수령하여 1주일간 적응과정을 거친 후 실험에 사용하는 것이 좋다. 마우스는 계통간의 대장발암 감수성이 다르므로 품종을 선택할 때에 주의를 하여야 한다.

2 대장발암물질의 선택 : 조제한 AOM을 매주 1회씩, 실험 6주내지 8주까지 연속적으로 복강으로 투여한다.

3 실험군의 종류 : 실험군은 적어도 세 군으로 나눈다. 일반적으로 제1군은 대장암 유발물질인 AOM을 투여 하루 전부터 실험종료 시점인 실험 30주까지 사료 또는 경구로 시험물질을 투여하고 대장 종양에 대한 병리조직학적 검사를 한다. 대장 소장과 대장의 종양발생빈도 및 발생개수를 기록하여 각 군별로 정리하여 통계학적 유의성을 검정한다. 제2군은 대장암 유발물질인 AOM만을 투여하고, 실험 전 기간동안 기초사료를 급여한다. 제3군은 대장암 유발물질인 AOM을 투여하는 대신에 용매 대조군으로서 제1군과 같이 시험물질만을 실험시작 하루 전부터 종료시점인 실험 30주까지 연속으로 투여한다. 실험 시작 후 30주에 부검을 실시한다.

4 시험물질 투여 : 시험물질은 실험 1, 3군은 AOM 투여 하루 전부터 실험종료시까지 30주 동안 사료, 음수 또는 강제 경구 투여의 방법으로 시험물질을 투여하는 것을 원칙으로 한다.

5 실험동물의 수 : 각 실험군은 적어도 25마리 내지는 35마리 정도가 필요하며, AOM만 투여한 제2군의 대조군은 36마리 내지 40마리 정도가 되도록 설계하는 것이 소장과 대장의 종양발생

빈도 및 종양발생개수에 대한 통계학적 유의성 검증에 적합하다.

6 시험기간의 결정 : 본 시험법에서의 시험기간은 원칙적으로 40주간으로 하나, 경우에 따라서 는 2주내지 6주의 범위 안에서 연장하여 실험을 할 수도 있으나, 대장발암물질에 의한 동물 의 건강 등의 이유로 인하여 장기간 생존이 어려울 수 있다. Wakabayashi박사의 ·보고에 의하 면 AOM단독 투여군의 대장 종양발생빈도가 50%, 마리당 종양발생개수가 1.79개이다.

7 생물학적 지표(end-point biomarker) : 본 시험법에서 적용하는 생물학적 지표는 소장과 대장 의 종양(선종 및 선암종) 발생 빈도 및 마리당 종양 발생개수를 기록하여 각 군별로 정리하 여 통계학적 유의성을 검정한다.

8 종양발생빈도 및 발생개수 측정 : 실험 후반부에는 소장상부의 종양괴의 압박에 의한 담관폐 쇄로 인한 황달 또는 빈사상태, 혹은 돌발적으로 사망하는 예가 있으므로 빈사 또는 사망 동 물에 대하여는 주의하여 그 사망 원인을 밝히는 것이 좋다. 부검시에 적출한 소장 및 대장에 대하여 10% 중성완충 포르말린으로 고정한 다음, 육안관찰을 시행한 후 H & E 염색으로 조 직병리학적 검사를 실시한다. 병변은 장점막의 과형성(hyperplasia), 선종(adenoma), 선암종 (adenocarcinoma) 등으로 분류한다. 선암종의 경우 점막 고유층을 포함하는 하방으로의 침윤 또는 침입, 혹은 병변의 분화 정도를 감안하여 통계학적 유의성 검증을 실시한다.

결과 및 고찰

소장과 대장의 조직병리학적 병변에 대한 발생빈도에 대하여는 X^2-검정 및 병변의 정도 별 cumulative X^2-검정을 실시한다.

참고 문헌

1 Kim, J.M., Araki, S., Kim, D.J., Park, C.B., Takasuka, N., Baba-Toriyama, H., Ota, T., Nir, Z., Khachik, F., Shimidzu, N., Tanaka, Y., Osawa, T., Uraji, T., Murakoshi, M., Nishino, H., Ysuda, H. : Chemopreventive effects of carotenoids and curcumins on mouse colon carcinogenesis after 1,2-dimethylhydrazine initiation. Carcinogenesis, 19, p.81(1998)

2 Fukutake, M., Nakatsugi, S., Isoi, T., Takahashi, M., Ohta, T., Mamiya, S., Taniguchi, Y., Sato, H., Fukuda, K., Sugimura, T., Wakabayashi, K. : Suppressive effects of nimesulide, al selective inhibitor of cyclooxygenase-2, on azoxymethane-inudced colon carcinogenesis in mice. Carcinogenesis, 19, p.1939(1998)

5) 형질전환 실험동물 발암성 시험법 : Min 마우스 대장암 시험법
($Apc^{Min/+}$C57BL/6J male mice, 10주, 장의 선종)

개 요

Min 마우스($Apc^{Min/+}$C57BL/6J, 수컷 마우스)를 이용한 사람의 가족성 용종증 모델과 유사한 대장암 시험법은 마우스를 이용한 시험법에 비하여 적은 시료를 가지고 단기간에 대장암 억제 유무를 검색하는 데 유용하다. 본 검색법은 기존의 마우스의 DMH에 의한 대장암 유발은 주 2회 또는 3회씩 오랫동안 발암유발기간이 소요되나, 이를 단축하고 특히 COX-2 선택적 억제제 작용이 있는 암예방물질을 검색하기에 적합하도록 고안되었다.

실험동물

4주령 C57BL/6J-$Apc^{Min/+}$ 수컷 마우스(Jackson Laboratory, Bar Harbour, ME, 미국)

방 법

1 실험동물의 선택 : 4주령 마우스를 주문하여 5주령 정도에 실험에 사용한다.

2 실험군의 종류 : 실험군은 적어도 세 군으로 나눈다. 일반적으로 제1군은 Min 마우스에 실험 시작부터 10주간까지 약 18주령 이내에서 사료 또는 경구로 시험 물질을 투여하고 소장과 대장 종양에 대한 육안적으로 크기와 개수를 측정하고, 병리조직학적 검사를 한다. 소장과 대장의 종양발생빈도 및 발생개수를 기록하여 각 군별로 정리하여 통계학적 유의성을 검정한다. 제2군은 Min 마우스에 실험 전기간동안 기초사료(AIN-76A basal diet)를 급이한다. 실험 시작 후 10주에 부검을 실시한다. 제3군은 C57BL/6J계의 동일 산자의 수컷 마우스에 기초사료 또는 시험물질을 투여한다.

3 시험물질 투여 : 시험물질은 실험 1, 2군은 AOM투여 하루 전부터 실험 종료시까지 10주 동안 사료, 음수 또는 강제 경구 투여의 방법으로 시험물질을 투여하는 것을 원칙으로 한다.

4 실험동물의 수 : 각 실험군은 적어도 20마리 내지는 30마리 정도가 필요하며 소장과 대장의 종양발생빈도 및 종양발생개수에 대한 통계학적 유의성 검증에 적합하다.

5 시험기간의 결정 : 본 시험법에서의 시험기간은 원칙적으로 10주간으로 하나, 경우에 따라서는 2주 범위 안에서 연장하여 실험을 할 수도 있다.

6 생물학적 지표(end-point biomarker) : 본 시험법에서 적용하는 생물학적 지표는 소장과 대장의 종양(용종성 선종, adenomatous polyp) 발생빈도 및 마리당 종양 발생개수를 기록하여 각 군별로 정리하여 통계학적 유의성을 검정한다.

7 종양발생빈도 및 발생개수 측정 : 부검시에 적출한 소장 및 대장에 대하여 10% 중성완충 포르말린으로 고정한 다음, 육안 관찰을 시행한 후 H&E 염색으로 조직병리학적 검사를 실시한다. 병변은 장점막의 용종성 선종(adenomatous polyp)이다.

소장과 대장의 조직병리학적 병변에 대한 발생빈도에 대하여는 X^2-검정 및 병변의 정도별 cumulative X^2-검정을 실시한다. 본 시험법은 마우스 시험법은 검색하고자 하는 시험물질의 양이 비교적 적은 경우에 적합하다.

참고 문헌

1 Oshima, M., Dinchuk, J.E., Kargman, S.L., Oshima, H., Hancock, B., Kwong, E., Trzaskos, J.M., Evans, J.F., Taketo, M.M.: Suppression of intestinal polyposis in Apc⊿716 knockout mice by inhibition of cyclooxygenase 2 (COX-2). Cell, 87, p.803(1987)

2 Ushida, Y., Sekine, K., Kuhara, T., Takasuka, N., Iigo, M., Tsuda, H.: Inhibitory effects of bovine lactoferrin on intestinal polyposis in the Apc (Min) mouse. Cancer Lett., 134(2), p.141(1998)

4. 유선암 시험법

1) 랫드 유선암 시험법 (DMBA or MNU, 8-10주, Slice 시험법)

개 요

랫드를 이용한 DMBA(경구투여)나 MNU(복강내 투여)를 이용한 유선암 시험법중 비교적 단기간에 유선암 촉진 또는 억제 유무를 whole-mount slice 법으로 유선의 terminal end bud(TEB)를 검색하는 데 유용하다. 본 검색법은 많은 연구성과를 통하여 화학적 암예방물질을 찾기 위한 시험법(8~10주)으로 널리 활용되고 있는 시험법이다.

시료조제

유선발암물질인 DMBA를 체중 200g 당 10mg용량으로, 또는 MNU을 체중 kg당 50mg 용량으로 조제한다.

시약 및 기구

- 7, 12-dimethylbenz[a]anthracene (DMBA, CAS No. 57-97-6, Sigma D 3254, 미국)
- N-methylnitrosourea (MNU, CAS No. 684-93-5, Sigma N 4766 미국)

실험방법

1 부검전 사전준비

① 동물 : 부검 하루 전에 꼬리에 표지를 하고, 체중을 측정한다. 부검할 동물을 부검실에 옮겨놓고 음수와 사료를 공급한다.

② BrdU(100mg/kg bw)를 동물 마리 수를 계산하여 미리 50㎖ 원심 튜브에 달아 놓는다.

③ 일반 수술준비물(부검자 수에 따라 준비) : 가위, 유구 및 무구 핀셋, 연필 또는 볼펜, 부검차트, 고무장갑 및 마스크, 킴와이프, 장기용 접시(접시에 여과지를 놓고 부검 당일 생리식염수로 적신다.)

④ 세척액 및 고정액 통 준비 : 세척용 생리식염수통, 중성포르말린 고정통

⑤ 주입용, 고정용 용액 : 생리식염수, 중성포르말린

⑥ 장기 다듬기 및 유선고정 준비물 : 다듬기용 나이프, 유선용 여과지(10×15cm)

⑦ 냉동조직 채취준비물 : 액체질소, 동결용 바이알(멸균하여 알루미늄 호일에 싸서 보관)

⑧ 부검용지 : 체중측정용지, 장기 무게 측정용지, 부검용지

⑨ 기타 : 저울(체중용, 장기 무게용), 사체보관용 검정 비닐, 이산화탄소(봄베 확인할 것)

2 실험동물의 선택 : 5주령 SD계 암컷 랫드를 수령하여 2주일간 적응과정을 거친 후 실험에 사용하는 것이 좋다. 실험에 사용하기에는 생후 50일령(약 7주령)에 시작한다.

3 유선발암물질의 선택 : DMBA를 체중 200g당 10mg씩 경구 투여하거나 MNU를 체중 kg당 50mg씩 실험 시작 시에 1회 복강투여하며 투여한 후 1주일간 휴지기간을 둔다.

4 실험군의 종류 : 실험군은 적어도 세 군으로 나눈다. 일반적으로 제 1군은 유선암 유발물질인 DMBA나 MNU를 투여후 실험 1주(8주령)부터 7내지 9주간 사료 또는 경구로 시험물질을 투여하여 유선암 전암병변인 TEB의 면적을 각 실험군간에 비교하여 유선발암의 수식효과 유무를 비교한다. 제 2군은 유선암 유발물질인 DMBA를 경구투여하거나(MNU를 복강 내로 투여함), 실험 전기간동안 기초사료를 급이한다. 제3군은 유선암 유발물질인 DMBA(MNU)를 투여하는 대신에 용매 대조군으로서 제1군과 같이 시험물질만을 1주 부터 7내지 9주간 연속으로 투여한다.

5 시험물질 투여 : 시험물질은 실험 1, 3군에 실험 1주부터 8주 또는 10주까지 7내지 9주간 사료, 음수 또는 강제 경구 투여의 방법으로 투여하는 것을 원칙으로 한다.

6 실험동물의 수 : 각 실험군의 적정한 동물의 수는 TED의 면적을 지표로 하는 8주 또는 10주 시험법은 각 실험군은 15마리 정도가 필요하며, 유선발암물질을 투여한 제2군의 대조군은 15마리 정도가 되도록 설계하는 것이 통계학적 유의성 검증에 적합하다.

7 시험기간의 결정 : 본 시험법에서의 시험기간은 원칙적으로 8내지 10주간으로 한다. 12주 이상 실험을 연장 할 경우는 종양의 발생이 진전되어 실험에 적합하지 않을 수 있다.

8 생물학적 지표(end-point biomarker) : 본 시험법에서 적용하는 생물학적 지표는 랫드 유선암 전암병변으로 TEB에 대한 단위 면적당 평균 면적을 측정하여 각 군간의 통계학적 유의성 여부를 확인하는 것을 포함한다.

9 유선 whole mount slice법

① 부검 순서

㉠ 피부를 박피한 후 유선을 절제하고 유선을 전개하여 여과지에 붙여서 중성 완충 포르말린에 24시간 고정한다.

㉡ 부검후 절제한 유선조직에 대한 다듬기를 하여 조직카세트에 담는다. 이때 조직이 보통 크므로 두 부분으로 나누어 예(C01-동물번호①-A, B)로 표기한다.

㉢ 자동조직처리기를 이용하여 순차적인 에탄올 탈수과정을 거친다(70%, 80%, 90% 알코올 각각 1시간, 무수알코올 1시간씩 3회 교환한다.).

㉣ 아세톤에서 24시간 동안 탈수를 진행한다(2회 교환).

㉤ 자동조직처리기를 이용하여 크실렌에서 2시간씩 3회 교환한다.

㉥ 최종적으로 파라핀용액(약 60℃)에서 1.5시간씩 2회 교환한다.

㉦ 파라핀 포매기를 이용하여 굳힌다.

㉧ 100μm 두께로 절편을 만든 후 조직카세트에 넣어 조심스럽게 크실렌으로 이동하고 알코올 함수과정을 거친 후 헤마톡실린에 10분간 염색한다.

㉨ 조직을 수세하고 염색을 빼기 위한 과정으로 1% acid alcohol에 1분간 둔다.

㉩ 조직이 푸른 빛을 보일 때까지 약 10분간 수세한다.

㉪ 탈수과정을 거친 후 크실렌에서 5분간식 3회 교환해 준다.

㉫ 크실렌 용액안에서 두 장의 슬라이드글라스 사이에 조직을 이틀간 압박한다

㉬ 발삼용액으로 커버글라스와 함께 봉입한다.

② 종양조직의 처리 : 유선종양조직은 일반적인 처리절차를 거쳐 H & E 염색을 하여 현미경으로 검경한다.

참고문헌

1 Russo, J., Gusterson, B.A., Rogers, A.E., Russo, I.H., Wellings, S.R., Zwieten, J.V. : Comparative study of human and rat mammary tumorigenesis. Lab. Invest., 62(3), p.244(1990)

2) 랫드 유선암 시험법(MNU, 25주, Tumor 시험법)

개 요

랫드를 이용한 MNU(복강내 투여)를 이용한 유선암 시험법 중 유선암 촉진 또는 억제 유무를 종양발생단계에서 검색하는 데 유용하다. 본 검색법은 많은 연구성과를 통하여 화학적 암예방물질을 찾기위한 시험법(25주)으로 널리 활용되고 있는 시험법이다.

시료조제

유선발암물질인 MNU를 체중 kg당 50mg용량으로 조제한다.

시약 및 기구

N-methylnitrosourea(MNU, CAS No. 684-93-5, Sigma N 4766, 미국)

방 법

1 실험동물의 선택 : 5주령 SD계 암컷 랫드를 수령하여 2주일간 적응과정을 거친 후 실험에 사용하는 것이 좋다. 실험에 사용하기에는 생후 50일령 (약 7주령)에 시작한다.

2 유선발암물질의 선택 : 조제한 MNU를 체중 kg당 50mg씩 실험 시작 시에 1회 복강투여하며 투여한 후 1주일간 휴지기간을 둔다.

3 실험군의 종류 : 실험군은 적어도 세 군으로 나눈다. 일반적으로 제1군은 유선암 유발물질인 MNU를 투여후 실험 1주(8주령)부터 24주간 사료 또는 경구로 시험물질을 투여하여 유선암 총수를 각 실험군간에 비교하여 유선발암의 수식효과 유무를 마리당 종양발생빈도 및 발생개수로 확인한다. 제2군은 유선암 유발물질인 MNU를 복강내로 투여하고 실험 전기간동안 기초 사료를 급여한다. 제3군은 유선암 유발물질인 MNU를 투여하는 대신에 용매 대조군으로서 제1군과 같이 시험 물질만을 1주부터 24주간 연속으로 투여한다.

4 시험물질 투여 : 시험물질은 실험 1, 3군에 실험 1주부터 25주까지 24주간 사료, 음수 또는 강제 경구 투여의 방법으로 투여하는 것을 원칙으로 한다.

5 실험동물의 수 : 각 실험군의 적정한 동물의 수는 TED의 면적을 지표로 하는 8주 또는 10주 시험법과는 달리 각 실험군은 25마리에서 30마리 정도가 필요하며, 유선 발암물질을 투여한 제2군의 대조군은 30마리에서 35마리 정도가 되도록 설계하는 것이 통계학적 유의성 검증에 적합하다.

6 시험기간의 결정 : 본 시험법에서의 시험기간은 원칙적으로 25주간으로 한다.

7 생물학적 지표(end-point biomarker) : 본 시험법에서 적용하는 생물학적 지표는 랫드 유선암 선종, 선암종 대한 종양 발생빈도 및 마리당 종양발생 개수에 대하여 각 군간의 통계학적 유의성 여부를 확인하는 것을 포함한다.

8 부검

① 부검 및 조직처리 순서 : 앞에 기술하였음.

② 종양조직의 처리 : 앞에 기술하였음.

참고 문헌

1 Russo, J., Gusterson, B.A., Rogers, A.E., Russo, I.H., Wellings, S.R., Zwieten, J.V. : Comparative study of human and rat mammary tumorigenesis. Lab. Invest., 62(3), p.244(1990)

3) 랫드 유선암 시험법(DMBA, 20주, Tumor 시험법)

개요

랫드를 이용한 DMBA (경구투여)를 이용한 유선암 시험법중 유선암 촉진 또는 억제 유무를 종양발생단계에서 검색하는 데 유용하다. 본 검색법은 많은 연구성과를 통하여 화학적 암예방물질을 찾기위한 시험법(20주)으로 널리 활용되고 있는 시험법이다.

시료조제

유선발암물질인 DMBA를 체중 200g당 10mg 용량으로 조제한다.

시약 및 기구

7,12-dimethylbenz[a]anthracene(DMBA, CAS No. 57-97-6, Sigma D3254, 미국)

방법

1 실험동물의 선택 : 5주령 SD계 암컷 랫드를 수령하여 2주일간 적응과정을 거친 후 실험에 사용하는 것이 좋다. 실험에 사용하기에는 생후 50일령(약 7주령)에 시작한다.

2 유선발암물질의 선택 : DMBA를 체중 200g당 10mg씩 경구투여하며 투여한 후 1주일간 휴지기간을 둔다.

3 실험군의 종류 : 실험군은 적어도 세 군으로 나눈다. 일반적으로 제1군은 유선암 유발물질인 DMBA를 투여후 실험 1주(8주령)부터 19주간 사료 또는 경구로 시험 물질을 투여하여 유선암 총수를 각 실험군간에 비교하여 유선발암의 수식효과 유무를 마리당 종양발생빈도 및 발생개수로 확인한다. 제2군은 유선암 유발물질인 DMBA를 경구로 투여하고 실험 전 기간동안 기초사료를 급이한다. 제3군은 유선암 유발물질인 DMBA를 투여하는 대신에 용매 대조군으로서 제1군과 같이 시험물질만을 1주부터 19주간 연속으로 투여한다.

4 시험물질 투여 : 시험물질은 실험 1, 3군에 실험 1주부터 20주까지 19주간 사료, 음수 또는 강제 경구 투여의 방법으로 투여하는 것을 원칙으로 한다.

5 실험동물의 수 : 각 실험군의 적정한 동물의 수는 TED의 면적을 지표로 하는 8주 또는 10주 시험법과는 달리 각 실험군은 25마리에서 30마리 정도가 필요하며, 유선 발암물질을 투여한 제2군의 대조군은 30마리에서 35마리 정도가 되도록 설계하는 것이 통계학적 유의성 검증에 적합하다.

6 시험기간의 결정 : 본 시험법에서의 시험기간은 원칙적으로 20주간 이상으로 한다.

7 생물학적 지표(end-point biomarker) : 본 시험법에서 적용하는 생물학적 지표는 랫드 유선암 선종, 선암종 대한 종양 발생빈도 및 마리당 종양발생 개수에 대하여 각 군간의 통계학적 유의성 여부를 확인하는 것을 포함한다.

결과 및 고찰

유선의 조직병리학적 병변에 대한 발생빈도에 대하여는 X^2-검정 및 병변의 정도별 cumulative X^2-검정을 실시한다. 본 시험법은 유선암 유발물질로서 DMBA를 사용한 시험법으로 종양의 발생을 주로 하는 시험법이다.

참고 문헌

1 Russo, J., Gusterson, B.A., Rogers, A.E., Russo, I.H., Wellings, S.R., Zwieten, J.V.: Comparative study of human and rat mammary tumorigenesis. Lab. Invest., 62(3), p.244(1990)

5. 다장기 시험법 (랫드)

1) 랫드 다장기 시험법 (DMD, 36주)

개 요

랫드를 이용한 화학발암물질을 조합하여 주요장기에 대한 발암 수식효과 여부를 판단하는 시험법으로 유용하다. 본 검색법은 일본 나고야시립대학교 의과대학 Nobuyuki. Ito교수가 개발한 중기 시험법의 하나이다. 그 이후 많은 연구성과를 통하여 좀 더 화학적 암예방 물질을 찾기 위한 시험법(28~36주)으로 널리 활용되고 있는 시험법이다.

시료조제

다장기 발암물질인 DEN을 체중 kg당 100mg 용량으로 조제한다. DHPN은 0.1%로 음수에 희석한다.

시약 및 기구

- Diethylnitrosamine(DEN, CAS No. 55-18-5, Sigma N 0756, 미국)
- *N*-methylnitrosourea(MNU, CAS No. 684-93-5, Sigma N-4766, 미국)
- 2,2'-dihydroxy-di-*N*-propylnitrosamine(DHPN, CAS No. 53609-64-6, Nakarai Tesque사 일본)

방 법

1 실험동물의 선택 : 5주령 F344계 수컷 랫드를 수령하여 1주일간 적응과정을 거친 후 6주령을 실험에 사용하는 것이 좋다.

2 다장기 발암물질의 선택 : 다장기 발암을 유발하기 위하여 실험자는 실험목적에 맞는 화학 발
암물질을 선택하여야 한다. DMD는 간발암물질인 DEN, 위와 폐, 대장 등의 발암물질인
MNU, 폐와 갑상선 등의 발암물질인 DHPN을 선택하여 실험을 한다.

3 실험군의 종류 : 실험군은 적어도 세 군으로 나눈다. 일반적으로 제1군은 조제한 DEN을 실험
시작시에 1회 복강내로 투여하며, 그 후에 4회 복강내 (실험 5일, 8일, 11일, 14일째)로 투여
하고, 희석된 DHPN을 실험 1주부터 3주까지 2주간 음수로 투여한다. 발암물질 최종 투여후
1주간 휴지기간을 가진후 실험 4주부터 20주 내지 32주간 정도 사료 또는 경구로 시험물질을
투여하여 각 장기별 종양 발생 빈도와 발생개수를 각 실험군 간에 비교한다. 제2군은 다장기
발암물질인 DEN, MNU, DHPN 등을 실험 제1군과 같은 방법으로 투여하고 실험 전기간동안
기초사료만을 급이한다. 제3군은 다장기 발암물질을 투여하는 대신에 용매 대조군 만을 투여
하고 제1군과 같이 시험물질만을 4주부터 실험 종료시까지 연속으로 사료나 경구로 투여한
다.

4 시험물질 투여 : 시험물질은 실험 1, 3군에 실험 4주부터 28주내지 36주까지 24주간 또는 32
주간동안 사료, 음수 또는 강제 경구 투여의 방법으로 시험물질을 투여하는 것을 원칙으로
한다.

5 실험동물의 수 : 각 실험군의 적정한 동물의 수는 각 실험군은 적어도 25마리 내지 는 35마리
정도가 필요하며, 다장기 발암물질 투여군인 DMD 투여군(제2군)의 대조군은 36마리 내지 40
마리 정도가 되도록 설계하는 것이 각 장기의 종양발생 빈도 및 종양발생개수에 대한 통계학
적 유의성 검증에 적합하다.

6 시험기간의 결정 : 일반적으로 발암의 최소 유발 기간으로 28주 내지 32주 정도를 경과하여야
주요 장기의 발암빈도를 유지할 수 있다.

7 생물학적 지표(end-point biomarker) : 본 시험법에서 적용하는 생물학적 지표는 랫드 각 장기
의 종양발생빈도 및 발생개수 등을 각 군간의 통계학적 유의성을 검정한다. 종양발생 장기는
간장, 갑상선, 폐 등의 장기이다.

8 대장 ACF 검색법 : 대장의 ACF 검색법을 위하여 발암물질 투여 후 40주에 부검을 실시하여
대장(직장과 결장을 포함하여)을 적출하여 10% 중성완충 포르말린으로 고정한다. 고정이 끝
난 대장을 펼쳐 2.5% 메틸렌블루로 염색을 하여 대장이상 선와소(total numbers of aberrant
crypt foci, ACF) 및 대장이상선와(total numbers of aberrant crypts, AC)의 총수를 현미경 시
야에서 측정한다.

9 종양발생빈도 및 발생개수 측정 : 부검시에 적출한 간장, 갑상선, 폐, 소장 및 대장에 대하여
10% 중성완충 포르말린으로 고정한 다음, 육안관찰을 시행한 후 H & E 염색으로 조직병리학
적 검사를 실시한다. 갑상선의 병변은 여포세포 과형성, 여포세포 선종, 어포세포 신암종 등
이며, 간장의 경우는 과형성 결절(hypeplastic nodules), 간세포선종(hepatocellular adenoma),
간세포암종(hepatocellular carcinoma) 등의 병변이 있다. 장 병변은 장점막의 과형성
(hyperplasia), 선종(adenoma), 선암종(adenocarcinoma)등으로 분류한다. 선암종의 경우 점막
고유층을 포함하는 하방으로의 침윤 또는 침입, 혹은 병변의 분화 정도를 감안하여 통계학적
유의성 검증을 실시한다.

참고 문헌

1 Kim, D.J., Han, B.S., Ahn, B., Hasegawa, R., Shirai, T., Ito, N., Tsuda, H. Enhancement by indole-3-carbinol of liver and thyroid gland neoplastic development in a rat medium-term multiorgan carcinogenesis model. Carcinogenesis, 18, p.377(1997)

2 Fukushima, S., Hagiwara, A., Hirose, M., Yamaguchi, S., Tiwawech, D., Ito, N. Modifying effects of various chemicals on preneoplastic and neoplastic lesion development in a wide-spectrum organ carcinogenesis model using F344 rats. Jpn. J. Cancer Res., 82, p.642(1991)

6. 다장기 시험법 (마우스)

1) 마우스 다장기 시험법 (DMD, 34주)

개 요

마우스를 이용한 화학발암물질을 조합하여 주요장기에 대한 발암 수식효과 여부를 판단하는 시험법으로 유용하다. 본 검색법은 일본 국립암센터연구소 실험병리 및 화학 요법부 Hiroyuki. Tsuda박사와 충북대학교 김대중 박사팀이 공동으로 개발한 중기 시험법의 하나이다.

시료조제

DEN을 체중 kg당 10mg으로 조제하고, MNU는 음수에 120ppm의 농도가 되도록 희석하고, DMH를 체중 kg당 20mg 용량으로 조제한다.

시약 및 기구

- Diethylnitrosamine(DEN, CAS No. 55-18-5, Sigma N 0756, 미국)
- *N*-methylnitrosourea(MNU, CAS No. 684-93-5, Sigma N 4766, 미국)
- 1,2-dimethylhydrazine(1,2-DMH, CAS No. 306-37-6, Sigma D 0741, 미국)

방 법

1 실험동물의 선택 : 생후 10일령 B6C3F1계 암·수컷 마우스를 모체(C57BL/6계 암컷을 C3H계 수컷과 교배하여 임신 20일령에 입수함)와 함께 암수 구분 없이 사육하며, 생후 11일령의 신생 마우스의 복강내로 DEN을 먼저 투여한다.

2 다장기 발암물질의 선택 : 다장기 발암을 유발하기 위하여 실험자는 실험목적에 맞는 화학 발

암물질을 선택하여야 한다. DMD는 간발암물질인 DEN, 위와 폐, 대장 등의 발암물질인 MNU, 마우스 대장 발암물질인 DMH을 선택하여 실험을 한다.

3 실험군의 종류 : 실험군은 적어도 세 군으로 나눈다. 일반적으로 제 1군은 조제한 DEN을 실험시작시에 2회 복강내로 투여하며(생후 11일 및 32일), 희석한 MNU는 4주령부터 9주령까지 5주간 음수로 투여하고, DMH는 주 2회씩 4주령부터 9주령까지 5주간 동안 피하로 투여한다. 11주령부터 34주령까지 23주간 사료 또는 경구로 시험 물질을 투여하여 각 장기별 종양발생 빈도와 발생개수를 각 실험군간에 비교한다. 제 2군은 다장기 발암물질인 DEN, MNU, DMH등을 실험 제1군과 같은 방법으로 투여하고 실험 전기간동안 기초사료만을 급이한다. 제 3군은 다장기 발암물질을 투여하는 대신에 용매대조군만을 투여하고 제 1군과 같이 시험물질만을 11주령부터 실험종료시(34주령)까지 23주간 연속으로 사료나 경구로 투여한다.

4 시험물질 투여 : 시험물질은 실험 1, 3군에 11주령부터 34주령까지 23주간 동안 사료, 음수 또는 강제 경구 투여의 방법으로 시험물질을 투여하는 것을 원칙으로 한다.

5 실험동물의 수 : 각 실험군의 적정한 동물의 수는 각 실험군은 적어도 20마리 내지는 25마리 정도가 필요하며, 다장기 발암물질 투여군인 DMD 투여군(제2군)의 대조군은 20마리 내지 30마리 정도가 되도록 설계하는 것이다.

6 실험기간의 결정 : 본 시험법에서의 시험기간은 원칙적인 기간은 정하기 곤란하다. 일반적으로 발암의 최소 유발 기간으로 30주 내지 36주 정도를 경과하여야 주요 장기의 발암빈도를 유지할 수 있다.

7 생물학적 지표(end-point biomarker) : 본 시험법에서 적용하는 생물학적 지표는 마우스 각 장기의 종양발생빈도 및 발생개수 등을 각 군간의 통계학적 유의성을 검정한다. 종양발생 장기는 간장, 갑상선, 폐, 대장, 신장 등의 장기이다.

8 대장 ACF검색법 : 대장의 ACF검색법을 위하여 발암물질 투여후 40주에 부검을 실시하여 대장(직장과 결장을 포함하여)을 적출하여 10% 중성완충 포르말린으로 고정한다. 고정이 끝난 대장을 펼쳐 2.5% 메틸렌블루로 염색을 하여 대장이상 선와소 (Total numbers of aberrant crypt foci; ACF) 및 대장이상선와 (Total numbers of aberrant crypts; AC)의 총수를 현미경 시야에서 측정한다.

참고문헌

1 Kim, D.J., Takasuka, N., Kim, J.M., Sekine, K., Ota, T., Asamoto, M., Murakoshi, M., Nishino, H., Nir, Z., Tsuda, H. Chemoprevention by lycopene of mouse lung neoplasia after combined initiation treatment with DEN, MNU and DMH. Cancer Lett., 120, p.15(1997)

2 Kim, D.J., Han, B.S., Ahn, B., Hasegawa, R., Shirai, T., Ito, N., Tsuda, H. Enhancement by indole-3-carbinol of liver and thyroid gland neoplastic development in a rat medium-term multiorgan carcinogenesis model. Carcinogenesis, 18, p.377(1997)

부 록

부록 14-a. 실험동물의 생물학적 지표

1) 마우스의 생물학적 자료

체중 : 수컷	20~40g
체중 : 암컷	20~40g
체표면적	10.5(wt. in grams)
수 명	1.5~3 year
사료소비량	15g/100g/day
음 수 량	15mℓ/100g/day
번식시기 : 수컷	50 day
번식시기 : 암컷	50~60d ays
임신기간	19~21d ays
체 온	36~37℃, 36.5~38.0℃
심 박 수	500~600 beats/min
호 흡 수	84~230/min
염색체수	40
성주기(암컷)	4~5 days

2) 랫드의 생물학적 자료

체중 : 수컷	450~520g, 300~800g
체중 : 암컷	250~320g, 250~400g
체표면적	10.5(wt. in grams)⅔
수 명	2~3.5 year
사료소비량	10g/100g/day
음 수 량	10~12mℓ/100g/day
번식시기 : 수컷	65~110 days
번식시기 : 암컷	65~110 days
임신기간	21~23 days
체 온	38~39℃, 35.9~37.5℃
심 박 수	320~480 beats/min 250~450 beats/min
호 흡 수	85~110/min
1회 호흡량	0.6~2.0mℓ, 1.6(1.5~1.8mℓ)
염색체수	42
성주기(암컷)	4~5 days

3) 햄스터의 생물학적 자료

체중 : 수컷	85~130g
체중 : 암컷	95~150g
체표면적	260cm^3(125g)
수　명	18~24 months
사료소비량	10~12g/100g/day
음 수 량	8~10ml/100g/day
번식시기 : 수컷	10~14 weeks
번식시기 : 암컷	6~10 weeks
임신기간	15~16 days
체　온	37~38℃
심 박 수	250~500/min
호 흡 수	35~135/min
1회 호흡수	0.6~1.4ml/kg
염색체수	44
성주기(암컷)	4 days

4) 기니피의 생물학적 자료

체중 : 수컷	900~1200g
체중 : 암컷	700~900g
체표면적	720cm^3(850g)
수　명	4~5 years
사료소비량	6g/100g/day
음수량	10ml/100g/day
번식시기 : 수컷	600~700g(3~4mo)
번식시기 : 암컷	350~450g(2~3mo)
임신기간	59~72 days
체온	37.2~39.5℃
심박수	230~380/min
호흡수	42~104/min
1회 호흡량	2.3~5.3ml/kg
염색체수	64
성수기(암컷)	15~17 days

5) 토끼의 생물학적 자료

체중 : 수컷	2~5kg
체중 : 암컷	2~6kg
수 명	5~6 up to 15 years
사료소비량	5g/100g/day
음 수 량	5~10mℓ/100g/day
번식시기 : 수컷	6~10 months
번식시기 : 암컷	5~9 months
체 온	38.5~39.5℃
심 박 수	205~235/min
호 흡 수	30~60/min
1회 호흡량	4~6mℓ/kg
염색체수	44
성주기(암컷)	29~35 days

부록 14-b.　오염경로와 방지책

오염원	오염경로	방지책
조작, pipetting, 분주 등	· 무균처리 안된 작업대, 장비 · 배양용기 입구 근처로 배지가 넘친 경우 · 피펫 다루는데 미숙 · 열린 배양용기 바로 위에서 손이나 기구를 들고 있는 행위	· 가능한 clean bench 안에서 조작 · 실험자의 손, 실험복 등 청결 유지
용액	· 살균이 제대로 안된 용액, 배지 사용 · 더러운 공간에서 보관 · 반복사용으로 인한 오염, 기회증가	· 세포배양에 사용할 용액은 별도 공간에 보관 · 일정횟수 이상 사용 후에 폐기 또는 재멸균하여 사용
유리기구, screw caps	· 저장중 포자, 먼지 침착 · 불충분한 멸균	· 문이 달린 cabinet에 보관 · 사용전 알코올 램프나 70% ethanol로 살균
기구, 기기, pipette	· 저장중 포자, 먼지 침착 · 불충분한 멸균	· 문이 달린 cabinet에 보관 · 사용전 알코올 램프나 70% ethanol로 살균
Culture flask, media bottle	· 저장중 포자, 먼지 침착 · 불충분한 멸균	· 문이 달린 cabinet에 보관 · 사용전 알코올 램프나 70% ethanol로 살균
실내공기		· 가능한 air curtain 보관 · air shower시설이 되어 있는 장소 확보
작업대	· 저장중 포자, 먼지 침착 · 불충분한 멸균	· 가능한 clean bench 안에서 조작
작업자	· 피부, 머리카락, 옷 등에서 · 유래되는 먼지 · 잡담, 기침, 재채기 등	· 실험자 교육 · 실험자 청결유지
Hood	· 표면에 미생물 저장 · 포자	· 정기적인 hepafilter 교환
Incubators	· 손상된 hepafilter · 작업부위에서 용액 spillage	· 정기적인 incubator청소 및 70% ehtanol로 처리

부록 14-c. 각종 동물의 배합사료의 영양소 함유량

(American Association for Laboratory Animal Sci., 1969)

	마 우 스	랫 드	토 끼
사료섭취량(g/day)	4~6	12~15	150
물섭취량(㎖/day)	6	35	300
조단백질(%)	16~20	16~20	15
조지방(%)	3~12	5.0	3~5
가용무기질소물(%)	45~55	45~55	45~55
무기질			
칼슘(%)	0.5	0.6	필요량 미정
인(%)	0.5	0.6	필요량 미정
칼륨(%)	0.2	0.2	필요량 미정
식염(%)	0.5~1.0	0.5	0.7
마그네슘(%)	0.05	0.05	3.0
철(mg/kg)	25	25	필요량 미정
망간(%)	5	5	7
동(mg/kg)	미량	미량	필요량 미정
요오드	미량	미량	필요량 미정
코발트	0.005	0.005	필요량 미정
아연(%)	500IU/kg	12,000IU/kg	필요량 미정
비타민			
A	18	300	필요량 미정
D(IU/kg)	40IU/kg	20mg/kg	7mg/kg
E	1	0.1	불필요
K(mg/kg)	3	4	필요량 미정
B_1(mg/kg)	4	4	불필요
B_2(mg/kg)	1	0.4	필요량 미정
피리독신(mg/kg)	30	15	200
니코틴산(mg/kg)			불필요
판토텐인산(mg/kg)	8.5	10	
판토텐산칼슘(mg/kg)	불명	불명	필요량 미정
엽산(mg/kg)	340	250	필요량 미정
비오틴(r/kg)	1.0	1.0	필요량 미정
코린(g/kg)	10~100	0.3	불명
이노시톨(mg/kg)			불명
파라아미노			불필요
안식향산	5	5	불필요
시아노코발라민(r/kg)	불요	불요	불필요
C(mg/kg)			

부록 14-d. 실험동물의 혈액학적 수치 I

종	적혈구수 $\times 10^{12}/L$	Hb g/L	PCV ℓ/L	혈소판 $\times 10^{13}L$	총백혈구 수 $\times 10^9/L$	중호성백혈구 $\times 10^9/L$	림프구 $\times 10^9/L$	혈액량 (mℓ/kg)
마우스	9.1 7.9~10.1	110~145	0.35~0.46	600~1200	5.0~13.7	0.4~2.7	7.1~9.5	70~80
랫드	5.4~8.5	115~160	0.37~0.49	450~885	4.0~10.2	1.3~3.6	5.6~8.3	50~65
햄스터	7.5 5.0~9.2	168 146~200	0.5 0.46~0.52	300~570	7.6 5.0~10.0	1.5~3.5	6.1~7.0	65~80
기니픽	5.2 4.8~5.9	110~140	0.43 0.37~0.46	450~630	3.8~13.5	2.6 2.0~3.1	6.4~7.5	65~90
토끼	6.5 4.5~8.5	94~175	0.40 0.31~0.50	468 180~750	4.0~13.0	3.0~5.2	2.8~9.0	57~65

부록 14-d. 실험동물의 혈액학적 수치 II

종	체온 (℃+0.5)	평균 호흡수	평균 심박수	평균일일 음주 소비량	일일 뇨배설량	일일 추천 급여량	소화 가능한 단백질 (%)
마우스	37.5	138 (94~106)	470 (325~780)	3~7mℓ	1~3mℓ	3~6g	12
랫드	37.0	92 (70~115)	350 (250~450)	20~45mℓ	10~15mℓ	10~20g	12
햄스터	39.0	77 (35~135)	332 (250~500)	8~12mℓ	6~12mℓ	7~15g	16
기니픽	39.0	86 (42~104)	280 (230~380)	12~15mℓ/100g BW	15~75mℓ	20~35g *Vit C 공급	25~30
토끼	39.0	40 (32~60)	260 (130~325)	80~100mℓ/kg BW	50~90mℓ/kg BW	75~100g	14

부록 14-e. 실험동물의 임상 생화학적 기준치 Ⅰ

종류	Glucose mmol/L	Urea mmol/L	Total Cholesterol mmol/L	Potein			AST U/L	ALT U/L	Alkaline phospha-tase U/L
				Total g/L	Albumin g/L	Globulin g/L			
마우스 (CD-1)	15.00 9.71~ 18.6	16.07 12.14~ 20.6	1.89 1.27~ 2.84	51 42~ 60	28 21~ 34	22 18~82	139 55~ 251	95 28~184	67 28~94
마우스 (CF-1)	14.46 9.10~ 20.48	14.99 8.57~ 20.0	3.49 2.72~ 4.16	60 54~ 65	35 30~ 40	24 18~31	177 30~ 314	143 76~208	167 67~ 303
마우스 (B6C3F₁)	17.3 7.6~ 26.0	7.85 4.3~ 13.5	2.29 1.53~ 3.63	52 47~ 60	30 26~ 34	22 17~29	43 0~111		207 46~ 289
랫드 (Wistar)	4.71~ 7.33	11.42~ 19.28	1.20~ 2.38	63~ 86	33~ 49	24~39	39~92	17~50	39~216
랫드 (F-344)	4.21~ 20.04	7.85~1 9.99	0.54~ 2.22	60~ 78	34~ 43	24~35	56~ 436	108~ 375	147~ 399
랫드 (CD)	5.55~ 16.71	9.28~2 2.13	1.18	59~ 79	28~ 44	26~39	39~ 262	110~ 274	46~ 264
햄스터 (100g)	3.84 3.61~ 4.07	18.33 14.9~2 1.5	5.42 4.71~ 6.13	67 64~ 73	35 32~ 37		79 53~ 124	35 21~50	13 8~18
기니픽 (500~ 800g)	5.12 4.94~ 5.29	16.67 15.35~ 17.99		52 48~ 56	25 24~ 27		47 46~48	41 38~45	70 66~74
토끼	2.78~ 5.18	10.21	0.14~ 1.86	64	27		47	79	120

부록 14-e. 실험동물의 임상 생화학적 기준치 II

종	sodium mmol/L	potassium mmol/L	Chloride mmol/L	Bicarbonate mmol/L	Phoshorus mmol/L	Calcium mmol/L	Magnesium mmol/L
마우스 (CD-I)	143~150	3.8~ 10.0	96~111		2.68~ 3.62	2.77~ 3.02	
마우스 (CF-1)	139~157	4.8~8.9	104~119		2.91~ 4.65	2.25~ 2.89	
랫드 (Wistar)	141~450	5.2~7.8	99~114		1.99~ 3.77	2.67~ 3.43	1.07~ 1.28
랫드 (F-344)	139~150	3.9~7.5	82~99		2.47~ 5.62	2.47~ 3.32	
랫드 (CD)	139~150	3.6~8.4	84~99		2.42~ 5.62	2.47~ 3.22	0.66~ 1.79
햄스터 (100g)	128~145	4.9~5.1	94~99	30~2.9	1.71~ 2.13	2.60~ 3.09	0.91~ 1.03
기니픽 (500~800g)	122~125	4.7~5.3	92~97	22~24	1.71~ 1.72	2.40~ 2.67	0.97~ 1.01
토끼	141	5.3	85~ 105.3	47		1.46~ 3.60	

부록 14-f. 동물세포배양용 배지의 조성

Components	Dulbecco's Modifified Eagle(mg/L)	MEM α (mg/L)	Minimum Essential (MEM) (mg/L)	RPMI 1640 (mg/L)
INORGANIC SALTS				
$CaCl_2$ (anhyd.)	200.00	200.00	200.00	
$Ca(NO_3)_2 \cdot 4H_2O$				100.00
$Fe(NO_3)_3 \cdot 9H_2O$	0.10			
KCl	400.00	400.00	400.00	400.00
$MgSO_4$ (anhyd.)	97.67	98.00	98.00	48.84
NaCl	6400.00	6800.00	6800.00	6000.00
$NaHCO_3$	3700.00	—	2200.00	2000.00
$NaHPO_4$ (anhyd.)				800.00
$NaH_2PO_4 \cdot H_2O$	125.00	140.00	140.00	
OTHER COMPONENTS				
D-Glucose	4500.00	1000.00	1000.00	2000.00
Glutathion(reduced)				1.00
Lipoic Acid		0.20		
Phenol Red	15.00	10.00	10.00	—
Sodium Pyruvate	110.00	110.00		
AMINO ACIDS				
L-Arginine		25.00	9.00	200.00
L-Arginine · HCl	84.00	127.00	126.00	
L-Asparagine(free base)				50.00
L-Asparagine · H_2O		50.00	13.00	
L-Aspartic Acid		30.00	13.00	20.00
L-Cystine · 2HCl	63.00	31.00	31.00	65.00
L-Cystine · HCl · H_2O		100.00		
L-Glutamic Acid		75.00	15.00	20.00
L-Glutamine	—	292.00	—	300.00
Glycine	30.00	50.00	8.00	10.00
L-Histidine (free base)				15.00
L-Histidine HCl · H_2O	42.00	42.00	42.00	
L-Hydroxyproline				20.00
L-Isoleucine	105.00	52.00	52.00	50.00
L-Leucine	105.00	52.00	52.00	50.00
L-Lysine · HCl	146.00	73.00	72.50	40.00

부록 14-f.(계속)

L-Methionine	30.00	15.00	15.00	15.00
L-Phenylalanine	66.00	32.00	32.00	15.00
L-Proline		40.00	12.00	20.00
L-Serine	42.00	25.00	11.00	30.00
L-Threonine	25.00	48.00	48.00	20.00
L-Thyptophan	16.00	10.00	10.00	5.00
L-Tyrosine	—	—	—	—
L-Tyrosine · 2Na · 2H$_2$O	104.00		52.00	29.00
L-Tyrosine(disodium salt)		52.00		
L-Valine	94.00	46.00		20.00

VITAMINS

L-Ascorbic Acid		50.00		
Biotin		0.10		0.20
D-Ca pantotoenate	4.00	1.00	1.00	0.25
Choline Bitartrate			—	
Choline Chloride	4.00	1.00	1.00	3.00
Folic Acid	4.00	1.00	1.00	1.00
i-Inositol	7.20	2.00	2.00	35.00
Niacinamide	4.00	1.00	1.00	1.00
Para-aminobenzoic Acid				1.00
Pyridoxine HCl	4.00			1.00
Pyridoxal HCl	—	1.00	1.00	
Riboflavin	0.40	0.10	0.10	0.20
Thiamine HCl	4.00	1.00	1.00	1.00
Vitamin B$_{12}$		1.40		0.005

RIBONUCLESIDES

Adenosine		10.00		
Cytidine		10.00		
Guanosine		10.00		
Uridine		10.00		

DEOXYRIBONUCLEOSIDES

2′ Deoxyadenosine		10.00		
2′ Deoxycytidine HCl		11.00		
2′ Deoxyguanosine		10.00		
Thymidine		10.00		

부록 14-g. 임상실험동의서

본인은 시험물질(시험물질명)에 관한 연구의 목적, 방법, 기대효과, 가능한 위험성, 타 치료방법의 유무 및 내용 등에 대하여 충분히 설명을 듣고 이해하였습니다. 또한 본 연구에 동의한 경우라도 언제든지 철회할 수 있음을 확인하였습니다.

이에 본인은 자유로운 의사에 따라 본 임상연구에 참가함을 동의합니다.

년   월   일

시험 참가자

성명 : _____ (인)

주소 : _____

전화 : _____

(보호자 또는 대리인이 서명하는 경우)

성명 : _____ (인)

시험참가자와의 관계 : _____

성명 : _____ (인)

주소 : _____

본인은 본 임상시험의 취지, 목적, 시험과정, 위험요인에 대해 소상히 상기지원자에게 설명해 주었음을 확인합니다.

년   월   일

임상시험책임자 / 담당자 : _____ (인)

부록 14-h. 피해자 보상에 대한 규약

제 1 조 목 적
본 기관은 시험물질에 관한 임상연구의 실시 과정에서 발생하는 임상연구 피험자의 신체손상 등을 보상하기 위하여 본 규약을 재정합니다.

제 2 조 보상의 원칙
1) 연구소는 임상연구 과정에서 임상연구용 시험물질의 투여에 따른 이상반응으로 발생하는 피험자의 신체손상(사망 포함)에 대하여 보상합니다.
2) 위 보상은 신체손상의 원인이 임상약품의 투여로 인하여 발생한 경우에 한하여 이루어집니다.
3) 일시적 통증 또는 쉽게 치료될 수 있는 정도의 손상에 대하여는 연구실시 의뢰기관에서 그에 대한 적절한 치료가 이루어질 수 있도록 치료비를 지급하며, 이외의 다른 손해보상은 이루어지지 않습니다.
4) 본 규약에 따른 손해 보상금의 지급은 지속적이고 불구가 될 수 있을 정도의 심각한 손상에 한하여 이루어집니다.

제 3 조 보상절차
1) 제2조 제(4)항의 신체손상이 발생하는 경우, 환자 또는 환자의 가족 대표자는 위 손상이 시험물질 투여로 인한 것
2) 위와 같은 청구가 있을 경우, 임상시험 의뢰기관은 환자 또는 가족 대표자(이하 "환자"라고 합니다)와 환자의 신체손상이 임상시험 물질의 투여에 따른 것인지의 여부와 보상액수 및 그 방법에 대하여 협의하여야 합니다.
3) 보상의 수준은 신체손상의 성격, 정도 및 그 지속성을 고려하여 우리 나라 법률상 유사한 신체손상에 대하여 일반적으로 지급되는 손해 보상액에 준하여 이루어집니다.
4) 임상시험 의뢰기관과 환자간의 보상에 관한 협의가 이루어지지 않을 경우, 임상시험 의뢰기관과 환자는 상호 합의하에 지정하는 전문가의 의견에 따라 보상 여부 및 보상액을 결정할 수 있습니다. 이 경우, 환자는 별도로 보상에 관한 민사소송을 제기하지 아니하며, 보상 여부 및 그 액수는 위 전문가가 제시하는 의견에 따라 최종적으로 결정됩니다.
5) 환자는 전문가의 의견을 구하지 아니하고, 직접 임상시험 의뢰기관에 대하여 민사소송을 청구할 수 있습니다.

제 4 조 보상하지 않는 신체손상
임상시험 의뢰기관은 다음 신체손상에 대하여는 보상하지 않습니다.
1) 임상시험(의뢰)기관이 제공한 임상시험물질이 아닌 다른 의약품으로 인하여 발생한 신체손상
2) 환자의 부주의에 의하여 발생한 신체손상
3) 임상연구 실시기관이 연구소와의 합의된 내용에 위배하여 투여하거나 치료하는 과정에서 임상연구 실시기관의 고의나 중과실로 인하여 발생한 신체손상. 이 경우 환자는 당해 임상연구 실시기관에 대하여 손해보상을 청구하여야 합니다.
4) 임상시험물질의 효과나 효능으로 인하여 혜택을 제공받지 못하였다는 이유로 환자가 요구하는

손해보상은 보상하지 않습니다.

본 임상시험 의뢰기관은 환자가 임상연구에 의하여 신체손상이나 불이익을 받지 않도록 최대한 주의할 것이며, 만일 환자에 대하여 어떠한 신체 손상이 발생하는 경우에는 위 각 규정에 따라 성실히 피해자 보상에 임할 것을 약속합니다.

년   월

시험의뢰자 서명 : _____

부록 14-i. 임상증상에 대한 기록용지 양식(WHO)

	Grade 0	Grade 1	Grade 2	Grade 3	Grade 4
Hematologic(adults)					
Hemoglobin(g/100mℓ)	$\geq$ 11.0	9.5~10.9	8.0~9.4	6.5~7.9	< 6.5
Leucocytes(10^3/mm^3)	$\geq$ 4.0	3.0~3.9	2.0~2.9	1.0~1.9	< 1.0
Granulocytes(10^3/mm^3)	$\geq$ 2.0	1.5~1.9	1.0~1.4	0.5~0.9	< 0.5
Platelets(10^3/mm^3)	$\geq$ 100	75~99	50~74	25~49	< 25
Hemorrage	None	Petechia	mild blood loss	gross blood loss	Debilitating blood loss
GastroIntestinal					
Bilirubin	$\leq$ ×n*	1.26~2.5×n	2.6~5×n	5.1~10×n	> 10×n
SGOT/SGPT	$\leq$ 1.25×n	1.26~2.5×n	2.6~5×n	5.1~10×n	> 10×n
Alkaline phosphatase	$\leq$ 1.25×n	1.26~2.5×n	2.6~5×n	5.1~10×n	> 10×n
Qral	none	Soreness/ erythema	erythema, ulcers, can eat solids	ulcers, requires liquid diet only	Alimentation not possible intractable vomiting
Nausea/vomiting	none	Nausea	transient vomiting	vomiting requiring therapy intolerable requiring therapy	Hemorrhagic dehydration
Diarrhea	none to 3BM/d	transient <2/days or 3-4BM/d	tolerable but > 2/days or 4 or more BM/d	intolerable requiring therapy	
Renal, bladder					
BUN or blood urea	$\leq$ 1.25 ×n	1.26~2.5×n	2.5~5×n	5~10×n	> 10×n
Creatinine	$\leq$ 1.25 ×n	1.26~2.5×n	2.6~5×n	5~10×n	> 10×n
Proteinurea	none	1+, <0.3g/100mℓ	2~3+ 0.3~1.0g/ 100mℓ	4+, >10g/100mℓ	neprotic syndrom
Hematuria	none	microscopic	Gross	gross+clots	Obstructive uropathy

부록 14-i. (계속)

Pulmonary	none	mild symptom	exertional dyspnea	dyspnea at rest	Complete bed rest required
Fever-Drug	none	fever < 38℃	fever < 38℃ ~ 40℃	fever < 40℃	fever with hypotension
Allergic	none	edema	Bronchospasm no parenteral therpy required	Bronchospasm parenteral therpy required	Anaphylaxis
Cutaneous	none	erythema	dry desquamation, ulceration	moist desquamation ulceration	Exfoliative dermatitive, mecrosis requiring surgical intervention
hair	none	minimal hair loss	moderate, patchy alopecia	Complete alopecia but reversible	Nonreversible alopecia
Infection (specify site)	none	minor infection	moderate infection	major infection	major infection with hypotension

Cardiac

Rhythm	none	sinus tachycardia > 110 at rest	unifocal pvc atrial arrhythmia	Multifocal pvc	Ventricular tachycardia
Function	none	asymptomatic, but abnormal cardiac sign	transient symptomatic drysfunction, no therapy	Symptomatic dysfunction responsive to therapy	Symptomatic dysfunction nonresponsive to therapy
Pericarditis	none	minor infection	moderate infection	major infection	Tamponade surgery required

Neurotoxicity

state of consciousness	alert	transient lethargy	somnolent < 50% of weaking hours	somnolent < 50% of weaking	coma
Peripheral	none	paresthesias and/or decreased reflexes	severe paresthesias and/or mild weakness		Paralysis

부록 14-i. (계속)

Constipation	none	mild	moderate		Distention and vomiting
Pain[++]	none	mild	moderate	severe	Intractable

Ocular

conjuctivitis	none	tolerable not requiring therapy	tolerable not requiring therapy	intolerable requiring	

n*= upper limit of mormal

Constipation[+] dose not induce constipation resulitng from narcotics

Pain[++] only treatment-related pain is cosidered, not disease-related pain.

The use of narcotics may be helpful in grading pain depending upon the tolerance level of the patient

부록 14-j. 방사선 실험시 주의점

1) 실험준비시 주의점

1. 우선 사용하고자 하는 방사성 물질의 특성과 피해에 대해 알고 있어야 한다. 어떤 방사성 동위원소를 사용할 것인지 시료의 형태가 액체인지 고체인지 알고 있어야 한다. 또한 그 동위원소가 β방사체인지, γ방사체인지, 아니면 β, γ 모두 방출하는지 또한 "약한" 정도인지 "강한" 정도인지 알고 있어야 한다. ^{3}H과 ^{14}C는 약간 β방사체이고 ^{32}P는 강한 β방사체이다.

2. 방사성 동위 원소를 취급하는 범위를 실험실내에서 최소한의 구역내로 제한하라. 작업에 필요한 장소의 범위는 될 수 있는 한 작게 하여 오염발생의 피해를 최소로 하도록 한다. 간편한 방법중의 하나는 흡수지가 부착된 스테인리스 스틸판을 사용하는 것이다. 흡수지는 매일 교환하도록 한다. 만약 방사성 물질이 기체 상태이거나 미세한 분말상태이면 취급시 반드시 후드 내에서 다루어야 한다. ^{32}P나 다른 강한 β방사체를 사용시 취급하는 사람과 방사성 시료 사이에 차단을 하고 작업을 하는 것이 좋다. 가장 가격도 경제적이고 편리한 차단 재료는 plexiglas이다.

   고에너지 방사성 동위원소에 가까이 접근하는 것을 피한다. ^{3}H ^{14}C 또는 ^{32}P는 별로 방사선 장해를 초래하지 않는다. 그러나 정도의 차이는 있으나 RI는 방사선 정해를 초래하게 됨을 잊어서는 안 된다. γ-선을 내는 화합물이나 고에너지 β^-선을 내는 화합물을 사용하는 실험을 할 때는 아크릴 판이나 납으로 적절히 차단을 하여야 한다.

3. 사용하고자 하는 실험기구에 "방사성"이라는 표시를 하며, 실험장비를 최소한 사용하도록 하여 방사성 오염을 최소한으로 줄인다. 사용할 모든 용기와 기구들은 "방사성 물질" 표기 ("radioactive" 테이프를 사용)를 사용해야 한다. 실험을 할 때에는 방사성 물질의 이동횟수가 최소가 되도록 미리 계획하며 폐기해야 할 방사능 오염물질의 양을 최대한 줄여야 한다. 시료, 방사성 동위원소, 사용기구 등은 방사성 실험이 끝나는 대로 즉시 정리하고 처분한다. 적은 양의 방사성 동위원소가 묻은 용기는 건조되기 전에 물에 담가 지정된 세척대에서 잘 씻어야 하며 세척액 속에 넣어 두어서는 안 된다.

4. 방사성 물질 사용 후의 폐기물을 버리기 위해서는 두 종류의 용기가 필요하다. 하나는 "액체 방사성 폐기물" 용기로서, 액체상태의 폐기물을 버리는 데에 쓰이고, 또 다른 하나는 "고체 방사성 폐기물" 용기로 흡수지나 깨진 실험기구 등을 버리는 데 쓰인다. 액체상태의 폐기물을 그냥 하수도에 버리거나 고체상태의 폐기물을 쓰레기통에 버리는 일은 절대 금해야 한다.

5. 실험당사자나 실험실 주위에서 일하는 다른 사람들에게도 절대로 방사성 오염이 되지 않도록 해야 한다. 인체 내로 흡수된 방사성 물질은 가장 피해를 준다. 방사성 물질을 사용하는 실험실에서는 필름뱃지나 포켓선량계가 부착된 소정의 실험복을 반드시 착용하고 샌달 같은 것은 착용을 금해야 한다. 방사성 오염 정도를 측정하는 부착된 소정의 실험복을 반드시 착용하고 비닐장갑 또는 고무장갑을 끼고 작업을 하며, 방사성 물질이 담겨 있는 용기는 집게로 집도록 한다.

6. 방사성 오염 정도를 측정하는 개인 배지를 달아서 오염정도를 체크한다. 실험실에는 항상 휴대용 G-M 계측기를 비치해 두고, 방사성 용액을 엎질렀거나 오염이 되었을 경우에 계측할 수 있도록 해야 한다. 뿐만 아니라 정기적으로 작업대 주위, 손, 의복 등을 정기적으로 계측해 본다.

7. 개수대는 되도록 한쪽 면에 배치시켜 실험기구나 장비들이 많이 오염되지 않도록 해야 한다.

8. 모든 방사성 물질은 표시를 잘해서 유리용기 안에 저장해야만 한다. 표시에는 실험자 이름, 동위원소 종류, 화합물의 형태, 방사능 총량, 비례방사능량, 측정한 날짜가(specific activity), 측정날

짜 등을 표시해야만 한다.

9. 만약 임신 중이거나 임신 예정이면 방사성 동위원소를 사용하기에 앞서 특별한 주의가 요구된다.

2) 실험시 주의점

1. 실험실에서 사용하는 대부분의 방사성 물질은 대사성이 강해서 흡입이나 접촉에 의해 쉽게 몸 안으로 들어갈 수 있다. 고에너지 동위원소를 취급할 때는 되도록 가깝게 접하지 않는 것이 좋다. 방사성 물질을 흡입하지 말고 fume 후드 안에서 작업하도록 한다.

2. 절대 입으로 빨지 말아야 하며 피펫충전기(pipetting-filler)을 이용하도록 한다. 항상 파이펫 벌브나 자동 파이펫 기구를 사용해서 파이펫팅 하도록 하라. 시약병으로부터 직접 파이펫팅 하지말며, 사용하지 않은 시약이라 하여 다시 stock 용액에 넣어서는 안 된다.

3. 방사성 물질이 오염된 유리기구나 실험기구 등은 오염이 안된 기구들과는 항상 따로 보관하도록 한다. 오염이 된 비이커나 플라스크는 따로 다른 개수대에 비치하거나, 다른 개수용기에 담아둔다. 실험이 끝난 직후에는 곧 비누와 물로 사용했던 기구를 깨끗이 씻어두도록 한다. 만약 물에 녹지 않는 물질이 사용되었다면 acetone 같은 유기용매로 우선 씻은 다음, 비누와 흐르는 물로 충분히 씻어낸다. 방사선 물질이 묻은 파이펫은 물을 가득 채운 용기에 충분히 담가 둔다.

4. 실험실이 방사성 물질로 오염되는 것을 최소한으로 하도록 하라. 반드시 일회용 흡수지를 작업대 위에 깔고 작업을 하며, 실험 후에는 방사성 물질이 남아 있지 않도록 하라. 방사성 물질이 남아 있는 곳에 박테리아나 곰팡이가 번식하면 방사는 표지가 된 물과 이산화탄소 가스가 생겨 좋지 않다. 방사성 물질 용액이 조금 엎질러졌으면 흡수지로 닦아낸 다음, 물로 충분히 닦아낸다. 닦아낼때도 꼭 장갑을 끼도록 한다. 닦아낸 흡수지는 "고체 방사성 폐기물" 용기에 버리도록 한다. 그런 후 방사성 물질이 충분히 제거되었는지 G-M 계측기로 계측한다.

5. 방사성 물질에 피부가 직접 닿지 않도록 한다. 만약 피부에 엎질렀으면 곧 씻어내야 한다. 잘못 해서 상처가 났거나, 부주의로 방사성 물질을 흡입을 했거나, 방사성 용액을 다량으로 엎질렀을 때는 방사성 물질 관리 담당자에게 알린다.

6. 방사성 물질이 오염된 유리기구나 작업대를 완전히 깨끗이 한 후에 장갑을 벗고, 비누와 따뜻한 물로 손을 충분히 씻어낸다. G-M 계측기로 실험자의 손이나 의복, 작업대 부근에 아직 방사성 물질이 남았는지 계측해 본다. 200cpm 이상 계측되는 곳은 일반적으로 높은 방사능 수치이므로 담당자에게 신고한다.

부록 15-a. 한국인의 상용식품의 식이섬유소 함량

종류	식 품	Dietary fiber	
		Dry %	Wet %
곡류 및 곡류제품	백미(일반형)	1.1	0.9
	현미	3.2	2.8
	보리쌀	11.0	9.9
	찹쌀	1.1	0.9
	밀가루(중력분)	4.2	3.7
	국수	2.5	2.2
감자류	감자	5.7	1.3
	고구마	8.8	2.3
두류	대두(노란콩)	23.2	20.4
	두부	15.7	2.3
	콩나물	31.7	3.3
채소류	배추	26.3	1.1
	무	26.2	2.5
	당근	29.5	3.2
	오이	18.7	0.7
	부추	27.3	2.5
	상추	32.1	1.9
	도라지	39.9	4.4
	고사리	53.1	3.4
과일류	사과	11.0	1.5
	배	13.7	1.6
	참외	11.8	1.1
	귤	15.3	1.0
	딸기	18.8	1.6
	포도	0.9	0.1
버섯류	느타리버섯	42.4	3.9
	표고버섯	48.8	6.1
	석이버섯	60.9	52.9
해조류	미역(생것)	39.3	4.8
	김	34.7	31.4
	다시마(생것)	56.7	3.2
	파래	20.8	3.4
	곤약	84.3	2.8

부록 16-a. 성인 남자의 혈장 아미노산 농도

1) Tryptophan이 없는 시료

	Amino acid	Con.(μmol/L)
1	taurine	38.475
2	urea	1647.0
3	hydroxyproline	522.25
4	serinre	62.95
5	glutamic acid	22.9
6	α-aminoadipic acid	5.9
7	proline	69.625
8	glycine	117.675
9	alanine	349.625
10	α-aminobutyric acid	7.85
11	valine	166.925
12	cystine	4.425
13	methionine	23.25
14	cystathione	2.75
15	isoleucine	62.825
16	leucine	110.975
17	tyrosine	48.05
18	β-alanine	14.4
19	phenylalanine	45.475
20	β-aminoisobutyric	6.6
21	ethanolamine	16.3
22	ammonia	111.5
23	ornithine	79.075
24	lysine	123.125
25	1-methylhistidine	3.15
26	histidine	47.925
27	3-methylhistidine	20.45
28	anserine	1.75
29	arginine	52.15

2) Tryptophan이 포함된 시료

	Amino acid	Con.(nmol/40$\mu\ell$)
1	taurine	19.825
2	urea	239.6
3	serinre	125.375
4	glutamic acid	71.775
5	glycine	269.075
6	citrulline	413.775
7	alanine	16.75
8	α-aminobutyric acid	14.3
9	valine	167.125
10	methionine	27.6
11	isoleucine	97.925
12	leucine	129.975
13	tyrosine	63.475
14	phenylalanine	58.7
15	ethanol+amminia	93.425
16	lysine	209.275
17	histidine	138.4
18	tryptophan	156.175
19	3-methylhistidine	17.175
20	arginine	58.4

부록 16-b. 실험동물(흰쥐)의 혈장아미노산 농도

	Amino acid	Con. (nmol/40μl)
1	phosphoserine	5.6
2	taurine	48.5
3	urea	1332.325
4	serinre	139.45
5	glutamic acid	25.025
6	α-aminoadipic acid	5.875
7	proline	88.275
8	glycine	205.8
9	alanine	237.925
10	citrulline	41.4
11	α-aminobutyric acid	12.825
12	valine	90.175
13	methionine	26.65
14	cystathione	1.75
15	isoleucine	53.55
16	leucine	80.1
17	tyrosine	45.425
18	β-alanine	7.7
19	phenylalanine	33.5
20	β-aminoisobutyric	3.7
21	ethanolamine	31.225
22	ammonia	81.075
23	allohydroxylycine	14.075
24	ornithine	73.05
25	lysine	333.55
26	1-methylhistidine	8.125
27	histidine	61.1
28	3-methylhistidine	3.475
29	arginine	69.025

부록 16-c. 요소측정 data

BUN(mg/dl)	명칭	원인질환 및 병태		검색
0~10	낮은치	임신* 저단백식 간부전 강제 다뇨(mannitol이뇨, 요붕괴 등)		상태의 검토
10~15	참고범위			
15~25	일과성 질소혈증	A. BUN의 과잉생산 1. 단백대량섭취 2. 체조직의 붕괴	고단백식, 절식, 조칼로리식, 당뇨병, 아시도시스, 고열, 암 이것에 탈수증**, 빈혈***	수일 후 재검 PSPclearance시험 원질환의 검토
25~50	지속성 질소혈증	B. BUN의 배설장애 1. 핍뇨 2. 신장기능장애 (특히 조직붕괴 항 진도 합병)	이 합병하여 촉진 조기 기상시, 요로 폐쇄, 반사 성 핍뇨, 수술 후 핍뇨, 신기능의 경도 저하, 고혈압, 통풍, 다발성 골수종, amyloidosis, 혈색소요증, 이뇨약, 항생제 복용	원질환의 검토 PSPclearance시험
50~100		신부전(전요독증기) 간경변증(복수 다량) 광범한 암		
100~400		신부전(요독증)		

*태아에 N을 빼앗긴다. 임신 6개월 이후 5mg/dl까지 낮아져서 이것이 8~9개월까지 계속되고 그 후 약간 증가되어 7~9mg/dl가 된다.

**장시간 격심한 운동, 심한 발한, 격심한 설사, 구토, 화상(중증), Addison병, 위장질환, 장폐 쇄, 복막염, 위장 출혈, 내장출혈, 폐렴

***심장병, 외과 수술 후

부록 18-a. 식품의 콜레스테롤 함량

음식	콜레스테롤(mg/100g)
유제류와 난류	
우유, 전유	15
우유, 2% 지방	7
우유, 1% 지방	4∼5
산양유	10
버터	230
치즈	
프랑스산 크림치즈	70
체더	70
카테지	15
덴마크산	80
네덜란드산	70
팔마산	90
스틸톤	120
요구르트, 저지방	5
계란, 전란, 생것 or 삶은것	250∼400
계란, 난황, 생것 or 삶은것	1000∼1200
계란, 난백	0
육　류	
베이컨	
날것, 살코기와 지방	60
튀긴것, 살코기와 지방	80
갈은것, 살코기와 지방	75
소고기, 생것	
살코기와 지방	65
살코기만	60
소고기, 조리된 것	
살코기와 지방	80
살코기만	80
돼지고기, 생것	
살코기와 지방	70
살코기만	70
돼지고기, 조리된것	
살코기와 지방	110
살코기만	110
닭고기	
생것, 지방이 적은 부위	60∼70
생것, 지방이 많은 부위	100∼110
끓인것, 지방이 적은 부위	70∼80
끓인것, 지방이 많은 부위	110
구운것, 지방이 적은 부위	75

부록 18-a. (계속)

구운것, 지방이 많은 부위	120
칠면조	
생것, 지방이 적은 부위	50
생것, 지방이 많은 부위	80~85
구운것, 지방이 적은 부위	60~70
구운것, 지방이 많은 부위	100
간(송아지), 생것	370
소시지(소고기)	
생것	40
튀긴것	40
소시지(돼지고기)	
생것	45
튀긴것	50
살라미	80
어패류	
지방이 적은 어류	
대구	
생것	50
구운 것 or 찐것	60
(북대서양)대구	
생것	60
찐것	75
넙치	
생것	50
찐것	60
서대	60
지방이 많은 어류	
청어	70
고등어	80
연어	40~70
송어	80
참치	65
갑각류	
게	100
가재	150
보리새우	200
새우	200
연체동물	
홍합	100
굴	50
가리비	40

부록 18-b. 식품의 지방산 분포

분류	식품	C4:0~C12:0	C14:0	C14:1	C16:0	C16:1	C18:0	C18:1	C18:2 (ω6)	C18:3 (ω3)	C20:0	C20:1	C20:2~ C20:4 (ω3)	C20:4 (ω6)	(EPA) C20:5 (ω3)	C22:0	C22:1	C22:5 (ω3)	C22:5 (ω6)	C22:6 (ω3)
곡류 및 전분류	귀리	—	0.01	—	0.93	0.01	0.08	1.93	2.13	0.11	0.03	—	—	—	—	—	—	—	—	—
	마카로니	φ	φ	·	0.48	—	0.02	0.19	1.07	0.06	φ	0.01	—	—	—	—	—	—	—	—
	메밀	φ	0.01	—	0.36	0.00	0.05	0.80	0.74	0.12	0.04	—	—	—	—	—	—	—	—	—
	밀, 통밀	φ	φ	—	0.50	φ	0.03	0.33	1.39	0.10	φ	0.01	—	—	—	—	—	—	—	—
	밀가루, 중력분	—	φ	—	0.39	—	0.02	0.15	0.86	0.05	φ	0.01	—	—	—	—	—	—	—	—
	보리	φ	0.01	—	0.53	φ	0.03	0.17	0.86	0.05	φ	0.01	—	—	—	0.01	0.02	—	—	—
	비스킷	0.30	0.57	0.07	2.51	0.13	1.11	5.05	0.96	0.18	0.04	0.09	—	—	—	0.01	0.04	—	—	—
	수수	—	—	—	0.48	—	0.06	1.12	1.50	0.05	—	—	—	—	—	—	—	—	—	—
	식빵	—	—	—	0.41	0.01	0.23	1.18	1.10	0.27	0.18	0.04	—	—	—	0.01	0.02	—	—	—
	쌀, 백미	—	—	—	0.13	—	0.01	0.25	0.29	0.01	—	—	—	—	—	—	—	—	—	—
	쌀, 현미	φ	0.02	—	0.58	0.01	0.05	0.89	0.96	0.04	0.02	0.01	—	—	—	0.01	φ	—	—	—
	쌀밥, 백미	φ	0.01	—	0.14	φ	0.01	0.11	0.17	0.01	φ	—	—	—	—	φ	φ	—	—	—
	쌀밥, 현미	φ	0.01	—	0.25	φ	0.02	0.39	0.42	0.02	0.01	0.01	—	—	—	0.01	φ	—	—	—
	오트밀	—	0.02	—	1.21	0.02	0.10	2.60	2.87	0.16	0.04	0.01	—	—	—	0.04	—	—	—	—
	옥수수(팝콘)	—	φ	—	0.17	φ	0.02	0.21	0.43	0.02	0.01	—	—	—	—	—	—	—	—	—
	옥수수(생것)	3.00	φ	—	0.40	0.01	0.06	0.91	2.12	0.03	0.01	0.01	—	—	—	φ	φ	—	—	—
	율무	—	—	—	0.61	—	0.10	2.21	1.63	0.09	—	—	—	—	—	0.03	—	—	—	—
	조	—	—	—	0.35	—	0.18	0.60	2.63	0.20	—	—	—	—	—	—	—	—	—	—
	찹쌀, 백미	—	0.01	—	0.33	—	0.03	0.46	0.61	0.03	—	—	—	—	—	0.01	—	—	—	—
	찹쌀, 현미	—	—	—	0.13	—	0.02	1.07	1.12	0.08	φ	—	—	—	—	0.01	φ	—	—	—
	감자	—	φ	—	0.02	φ	φ	φ	0.03	0.01	φ	φ	—	—	—	φ	φ	—	—	—
	고구마	φ	φ	—	0.02	φ	φ	φ	0.05	0.01	φ	φ	—	—	—	φ	φ	—	—	—
	토란	φ	0.03	—	0.03	φ	φ	0.01	0.05	0.01	φ	φ	—	—	—	φ	φ	—	—	—

부록 18-b. (계속)

채소류	C4:0~C12:0	C14:0	C14:1	C16:0	C16:1	C18:0	C18:1	C18:2 (ω6)	C18:3 (ω3)	C20:0	C20:1	C20:2~ C20:4 (ω3)	C20:4 (ω6)	C20:5 (EPA) (ω3)	C22:0	C22:1	C22:5 (ω3)	C22:5 (ω6)	C22:6 (ω3)
가지(생것)	0	0	—	0.01	—	0.01	0	0	0	0	0	0	0	—	0	0	—	—	—
고비(생것)	—	0	—	—	—	0.01	0.01	0.03	0.02	—	—	—	—	—	0.01	0	—	—	—
고사리(생것)	—	—	—	0.03	—	0	0.01	0.05	0.02	—	—	—	—	—	0.01	0	—	—	—
깻잎(생것)	—	0.01	—	0.10	—	0.01	0.01	0.14	0.22	—	—	—	—	—	—	—	—	—	—
냉이(생것)	—	—	—	0.19	—	0.07	0.03	0.02	0.49	—	—	—	—	—	—	—	—	—	—
달래(생것)	—	0.01	—	0.16	—	0	0.10	0.06	0.09	—	—	—	0	—	0.01	0	—	—	—
당근(생것)	—	—	—	0.02	—	0	0	0.12	0.01	0	0	0	—	—	0	0	—	—	—
도라지(생것)	—	—	—	0.05	—	0	0.01	0	0.01	0	0	0	—	—	0	0	—	—	—
마늘	0	0	0	0.01	0	0	0	0.02	0	0	0	0	0	—	0	0	—	—	—
무	0	0	—	0.01	—	0	0	0	0.01	0	0	0	—	—	0	0	—	—	—
무청	—	0.01	0	0.01	—	0.03	0.07	0	0.02	0	0	0	—	—	0	0	—	—	—
미나리(생것)	—	—	—	0.20	0	0	0	0.18	0.28	0	0	0	0	—	0	0	—	—	—
배추	0	0	—	0.01	—	0.01	0.01	0.11	0.02	0	0	0	—	—	0	0	—	—	—
부추(생것)	0	0	—	0.10	0	0	0.03	0.01	0.16	0	0	0	0	—	0	0	—	—	—
상추	—	—	—	0.01	—	0	0.01	0.03	0.04	0	0	0	—	—	0	0	—	—	—
셀러리	—	0	—	0.01	0	0.01	0.02	0.11	0	0	0	0	—	—	0	0	—	—	—
숙주(생것)	—	0.03	—	0.11	—	0.01	0.01	0.02	0.13	0	0	0	—	—	0.01	0	—	—	—
시금치	—	—	—	0.02	—	0.02	0.02	0.18	0.06	0	0	0	0	—	0	0	—	—	—
쑥(생것)	0.01	0	—	0.21	—	0.01	0.01	0.07	0.32	0	0	—	—	—	0.02	0	—	—	—
쑥갓(생것)	—	—	—	0.07	—	0.01	0.03	0.13	0.14	0	0	—	—	—	—	0	—	—	—
씀바귀(생것)	—	0.01	—	0.15	—	0.04	0.10	0.30	0.28	0	0	—	—	—	—	0	—	—	—
아욱(생것)	—	0	—	0.35	—	0	0	0	1.90	0	0	—	0	—	0.02	0	—	—	—
양배추	0	0.01	—	0.01	—	0	0	0.01	0	0	0	—	—	—	—	0	—	—	—

부록 18-b. (계속)

		C4:0~C12:0	C14:0	C14:1	C16:0	C16:1	C18:0	C18:1	C18:2 (ω6)	C18:3 (ω3)	C20:0	C20:1	C20:2~C20:4 (ω3)	C20:4 (ω6)	C20:5 (EPA) (ω3)	C22:0	C22:1	C22:5 (ω3)	C22:5 (ω6)	C22:6 (ω3)
채소류	양상추(생것)	—	—	—	0.02	—	ø	ø	0.04	0.03	—	—	—	—	—	ø	—	—	—	—
	양파	ø	—	—	0.01	ø	ø	ø	0.03	ø	ø	ø	—	—	—	ø	—	—	—	—
	연근	ø	ø	ø	ø	ø	ø	ø	—	ø	ø	ø	ø	—	—	ø	ø	—	—	—
	오이	—	ø	—	0.02	ø	ø	ø	0.01	0.01	ø	ø	ø	—	—	ø	ø	—	—	—
	우엉(생것)	—	—	—	0.06	—	—	0.01	0.15	0.06	ø	ø	—	—	—	ø	—	—	—	—
	취나물(생것)	ø	—	ø	0.03	—	—	—	0.03	0.04	ø	ø	—	—	—	ø	—	—	—	—
	케일(생것)	—	0.01	—	0.14	—	0.02	0.13	0.13	0.35	—	ø	—	—	—	0.01	—	—	—	—
	콩나물(생것)	ø	—	—	0.21	ø	0.07	0.28	0.94	0.20	0.01	ø	ø	ø	—	ø	ø	—	—	—
	토마토	ø	ø	—	0.02	—	ø	0.01	0.03	0.01	—	ø	ø	—	—	ø	ø	—	—	—
과일류	감, 단감	ø	ø	—	0.02	0.01	0.00	0.03	ø	0.02	—	ø	ø	—	—	ø	—	—	—	—
	곶감(말린것)	ø	0.01	ø	0.21	ø	0.05	0.18	0.25	0.31	ø	ø	—	—	—	—	—	—	—	—
	귤	ø	ø	—	0.01	ø	0.01	0.02	0.01	ø	—	ø	ø	—	—	ø	—	—	—	—
	금귤	0.01	—	—	0.15	ø	0.03	0.17	0.33	0.74	—	ø	ø	ø	—	ø	—	—	—	—
	딸기	ø	ø	—	0.01	ø	0.01	0.02	0.06	0.04	—	ø	—	—	—	ø	—	—	—	—
	레몬	ø	ø	ø	0.04	—	0.01	0.02	0.06	0.03	—	ø	—	—	—	ø	—	—	—	—
	배	ø	ø	—	0.05	ø	0.01	0.01	0.06	0.08	—	ø	—	—	—	0.01	—	—	—	—
	사과	ø	ø	—	0.01	ø	0.01	ø	0.02	ø	—	ø	ø	—	—	ø	—	—	—	—
	살구	—	—	—	0.05	—	0.01	0.01	0.10	0.03	—	ø	—	—	—	ø	—	—	—	—
	자두	—	0.01	—	0.23	—	0.04	0.08	0.52	0.10	—	ø	ø	—	—	ø	ø	—	—	—
	참외	—	—	—	0.09	ø	0.01	0.03	0.09	0.09	—	ø	—	—	—	ø	—	—	—	—
	포도	ø	ø	—	0.02	ø	ø	0.01	0.02	0.01	—	ø	—	—	—	ø	ø	—	—	—
	키위	—	ø	—	0.02	ø	0.01	0.05	0.05	0.18	—	ø	ø	ø	—	—	—	—	—	—

부록 18-b. (계속)

분류		C4:0~C12:0	C14:0	C14:1	C16:0	C16:1	C18:0	C18:1	C18:2 (ω6)	C18:3 (ω3)	C20:0	C20:1	C20:2~C20:4 (ω3)	C20:4 (ω6)	(EPA) C20:5 (ω3)	C22:0	C22:1	C22:5 (ω3)	C22:5 (ω6)	C22:6 (ω3)
난류	계란	0.00	0.03	—	2.16	0.32	0.69	4.06	1.51	0.00	—	0.00	—	0.17	—	—	—	—	—	0.05
	계란, 난황	—	0.08	φ	6.37	0.91	2.18	11.06	3.40	0.08	0.03	0.10	0.08	0.43	—	—	—	0.03	—	0.46
	메추리알	—	0.06	0.01	2.61	0.47	0.98	4.00	1.08	0.03	0.01	0.03	0.01	0.13	—	—	—	0.02	—	0.04
	오리알	—	0.05	—	3.25	0.48	0.68	6.44	0.54	0.04	—	—	—	0.34	—	—	—	—	—	—
유지류	돼지기름	—	1.91	0.29	25.25	3.53	11.53	40.50	9.34	0.67	0.19	0.57	—	0.29	—	—	—	—	—	—
	들기름	0.00	0.00	—	6.15	0.00	1.78	15.09	12.77	61.01	—	—	—	—	—	—	—	—	—	—
	마아가린	2.79	1.52	—	22.77	0.00	6.95	38.01	12.64	1.55	—	—	—	—	—	—	—	—	—	—
	면실유	0.00	0.71	—	20.19	0.66	2.54	18.79	53.18	0.00	0.55	0.45	—	—	—	0.18	—	—	—	—
	미강유	—	0.18	—	14.91	0.18	1.55	38.18	33.27	1.27	—	—	—	—	—	—	—	—	—	—
	버터	5.57	9.31	—	24.89	1.28	9.44	22.05	2.38	0.00	—	—	—	—	—	—	—	—	—	—
	샐러드드레싱	—	—	—	2.30	0.07	0.88	15.87	12.09	3.38	0.14	0.35	—	—	—	0.14	0.14	—	—	—
	소기름	0.76	2.85	0.67	24.35	3.14	16.74	40.90	3.14	0.29	0.29	0.38	—	—	—	—	—	—	—	—
	쇼트닝	4.54	4.54	0.28	19.20	4.82	6.43	29.89	5.30	0.85	0.76	6.91	—	—	—	0.38	6.05	—	—	—
	옥수수기름	0.00	0.00	—	10.11	0.00	1.77	24.73	54.04	0.39	—	—	—	—	—	—	—	—	—	—
	참기름	0.00	0.00	—	9.37	0.00	3.33	31.94	48.57	0.38	—	—	—	—	—	—	—	—	—	—
	채종유	0.00	0.00	0.31	5.01	0.31	1.49	56.86	22.54	8.85	—	—	—	—	—	—	—	—	—	—
	콩기름	0.00	0.00	—	9.81	0.00	3.43	19.79	50.37	6.14	—	—	—	—	—	—	—	—	—	—
두류	강남콩(말린것)	φ	—	—	0.20	0.01	0.02	0.17	0.28	0.51	φ	φ	—	—	—	φ	—	—	—	—
	녹두(말린것)	—	—	—	0.10	—	0.03	0.02	0.31	0.12	0.03	—	—	—	—	0.01	—	—	—	—
	대두(말린것)	—	0.02	—	1.93	0.02	0.53	3.55	8.67	1.82	0.03	0.03	—	—	—	0.03	—	—	—	—
	대두(생것)	—	0.01	—	0.90	0.01	0.25	1.46	2.60	0.46	0.02	0.01	—	—	—	0.02	—	—	—	—
	동부(말린것)	—	—	—	0.77	—	0.10	0.34	1.34	0.80	—	—	—	—	—	0.09	—	—	—	—

부록 18-b. (계속)

	C4:0~C12:0	C14:0	C14:1	C16:0	C16:1	C18:0	C18:1	C18:2(ω6)	C18:3(ω3)	C20:0	C20:1	C20:2~C20:4(ω3)	C20:4(ω6)	C20:5(EPA)(ω3)	C22:0	C22:1	C22:5(ω3)	C22:5(ω6)	C22:6(ω3)
두부	—	φ	—	0.38	—	0.11	0.67	1.63	0.28	0.01	—	—	—	—	0.01	—	—	—	—
두유	—	φ	—	0.21	φ	0.11	0.40	0.87	0.12	0.01	0.01	—	—	—	0.01	—	—	—	—
볶은콩(말린것)	—	φ	—	0.22	0.01	0.02	0.06	0.38	0.17	φ	φ	—	—	—	0.01	—	—	—	—
완두콩(말린것)	—	φ	—	0.19	φ	0.07	0.43	0.59	0.09	0.01	0.01	—	—	—	φ	φ	—	—	—
완두콩(생것)	φ	φ	—	0.04	φ	0.01	0.03	0.07	0.01	φ	φ	—	—	—	φ	φ	—	—	—
잠두(말린것)	φ	φ	—	0.19	—	0.02	0.32	0.61	0.04	0.01	0.01	—	—	—	—	—	—	—	—
콩가루	—	—	—	1.94	—	0.65	3.74	9.03	1.38	—	0.10	—	—	—	—	—	—	—	—
깨 참깨(말린것)	—	φ	—	4.30	0.10	2.88	18.75	22.27	0.15	0.29	0.10	—	—	—	—	—	—	—	—
도토리	0.00	φ	—	0.46	0.01	0.05	1.58	0.50	0.04	0.00	—	—	—	—	—	—	—	—	—
땅콩(말린것)	—	0.00	—	4.82	0.00	1.39	18.53	17.44	0.00	0.60	1.04	—	—	—	—	—	—	—	—
밤(생것)	—	—	—	0.02	—	0.03	0.04	0.04	—	0.02	0.00	—	—	—	—	—	—	—	—
아몬드	—	0.00	—	2.89	0.25	0.62	30.35	10.99	0.00	0.00	0.00	—	—	—	—	—	—	—	—
은행(생것)	—	0.01	—	0.09	0.06	0.02	0.27	0.35	φ	0.02	φ	0.01	—	—	—	—	—	—	—
잣(말린것)	—	0.00	—	3.01	0.00	1.30	15.77	27.54	0.10	0.21	0.70	—	—	—	—	—	—	—	—
금귤	20.63	5.93	—	2.98	0.13	1.08	2.03	0.66	0.00	0.34	—	—	—	—	—	—	—	—	—
피칸	0.00	0.00	—	4.23	0.21	1.86	42.90	17.00	0.86	0.00	—	—	—	—	—	—	—	—	—
해바라기씨(말린것)	—	—	—	3.56	—	1.97	10.10	37.14	0.37	—	—	—	—	—	—	—	—	—	—
호두(말린것)	—	0.00	—	2.48	0.00	1.74	8.82	42.51	4.29	0.00	0.00	—	—	—	—	—	—	—	—
호박씨(말린것)	0.21	0.56	—	11.34	—	4.96	1.23	15.79	15.59	—	—	—	—	—	0.77	—	—	—	—
닭고기	—	0.02	—	0.51	0.14	0.14	0.90	0.32	0.02	0.01	0.01	—	0.01	—	—	—	—	—	—
닭, 간	—	0.01	φ	0.39	0.03	0.31	0.38	0.24	—	—	0.01	0.02	0.12	0.04	—	—	0.02	—	—
돼지고기	—	0.17	—	1.59	0.28	0.59	3.10	0.36	0.01	0.00	0.00	—	0.00	—	—	—	—	—	0.18

부록 18-b. (계속)

종류	C4:0~C12:0	C14:0	C14:1	C16:0	C16:1	C18:0	C18:1	C18:2(ω6)	C18:3(ω3)	C20:0	C20:1	C20:2~C20:4(ω3)	C20:4(ω6)	C20:5(EPA)(ω3)	C22:0	C22:1	C22:5(ω3)	C22:5(ω6)	C22:6(ω3)
돼지, 간	—	φ	—	0.27	0.01	0.44	0.21	0.27	0.01	—	φ	0.03	0.30	0.01	—	—	0.05	—	0.08
돼지, 갈비	—	0.16	—	2.65	0.33	1.22	4.99	0.62	0.00	—	0.00	—	0.00	—	—	—	—	—	—
돼지, 삼겹살	—	0.18	—	3.26	0.29	1.74	5.43	1.21	0.07	—	0.11	—	0.00	—	—	—	—	—	—
베이컨	0.08	0.58	φ	9.01	1.13	4.90	16.31	3.05	0.29	0.07	0.36	0.11	0.11	—	—	—	—	—	—
소고기	—	0.21	—	1.64	0.31	0.69	3.18	0.15	φ	—	0.01	—	0.01	—	—	—	—	—	—
소 간	—	0.02	—	0.33	0.05	0.53	0.41	0.20	0.01	0.01	0.01	0.13	0.17	0.01	—	—	0.03	—	0.01
소 갈비	—	0.45	—	3.84	0.44	2.40	6.41	0.40	0.00	—	0.00	—	0.00	—	—	—	—	—	—
소 꼬리	φ	1.00	0.75	9.17	3.50	2.42	22.13	1.25	—	—	0.17	0.04	0.04	—	—	—	—	—	—
소 양지머리	—	0.53	—	4.76	0.65	2.29	8.76	0.45	0.00	—	0.00	—	0.01	—	—	—	—	—	—
소 우둔	0.01	0.47	0.23	3.63	0.91	1.56	6.58	0.37	0.03	0.05	0.03	—	—	—	—	—	—	—	—
소시지	0.02	0.32	0.02	5.39	0.64	2.91	10.04	2.75	0.16	0.03	0.21	0.11	0.07	—	—	—	—	—	—
양고기	0.02	0.35	0.04	3.51	0.29	2.41	5.39	0.56	0.16	—	0.01	0.01	0.04	—	—	—	—	—	—
오리고기	φ	0.13	0.03	5.47	0.80	2.04	12.98	3.72	0.13	—	0.16	0.01	0.08	—	—	—	—	—	—
토끼고기	φ	0.16	0.01	1.29	0.19	0.40	1.06	1.01	0.13	—	0.01	0.01	0.14	—	—	—	—	—	—
햄	—	0.11	—	1.58	0.21	0.75	2.53	0.66	0.00	—	0.00	—	0.00	—	—	—	—	—	—

부록 18-b. (계속)

	C4:0~C12:0	C14:0	C14:1	C16:0	C16:1	C18:0	C18:1	C18:2 (ω6)	C18:3 (ω3)	C20:0	C20:1	C20:2	C20:3~ C20:4 (ω3)	(EPA) C20:5 (ω3)	C22:0	C22:1	C22:5 (ω3)	C22:5 (ω6)	C22:6 (ω3)
개다래이	—	0.03	φ	0.30	0.05	0.12	0.20	0.02	0.01	φ	0.01	φ	0.03	0.08	—	0.01	0.01	0.01	0.31
가자미	—	0.01	—	0.05	0.03	0.01	0.04	—	φ	0.00	φ	—	—	0.02	—	0.00	—	—	0.03
갈치	—	0.86	—	3.22	0.92	0.79	4.81	0.13	0.09	0.00	0.11	—	0.15	0.77	—	0.00	0.03	—	1.33
게(통조림)	—	0.02	—	0.16	0.11	0.07	0.18	0.03	0.02	—	0.03	—	0.06	0.21	—	0.02	—	—	0.19
고등어	—	0.52	—	2.64	0.69	0.65	2.98	0.22	0.14	0.00	0.38	—	0.11	1.03	—	0.00	—	—	2.84
굴	—	0.05	—	0.20	0.05	0.04	0.11	0.02	0.01	φ	0.03	φ	0.06	0.16	—	φ	0.01	—	0.09
꽁치	—	1.19	—	1.96	0.55	0.33	0.85	0.26	0.23	0.00	2.47	—	0.06	1.03	—	3.02	φ	—	1.97
대구	—	φ	—	0.04	0.01	0.01	0.03	φ	φ	0.00	0.03	φ	0.01	0.04	—	φ	—	—	0.07
도미	—	0.04	—	0.28	0.09	0.08	0.31	0.00	0.01	0.00	0.00	—	0.02	0.06	—	0.00	—	—	0.19
동태	—	φ	—	0.02	—	—	0.01	φ	0.00	0.00	φ	—	—	0.02	—	0.00	—	—	0.02
멸치(말린것)	—	0.27	—	0.58	0.25	0.13	0.11	0.02	0.01	0.04	0.00	—	0.02	0.12	—	0.00	—	—	0.12
미꾸라지	—	0.02	—	0.20	0.10	0.04	0.21	0.15	0.02	0.00	0.02	—	0.02	0.03	—	0.00	0.04	—	0.11
민어	—	φ	—	0.05	0.02	0.01	0.04	φ	0.00	0.00	0.00	0.01	—	0.01	—	φ	—	—	0.02
문어	—	φ	—	0.04	0.00	0.02	0.01	φ	—	—	0.01	φ	0.02	0.04	—	φ	0.01	—	0.07
방어	—	0.71	—	2.61	0.87	0.76	2.36	0.19	0.10	0.03	0.50	—	0.16	0.90	—	0.31	0.31	—	1.78
병어	—	0.20	—	1.05	0.19	0.22	1.16	0.03	0.04	0.00	0.05	—	0.06	0.18	—	0.00	—	—	0.61
복어	—	φ	—	0.01	φ	φ	0.01	φ	—	φ	φ	—	φ	φ	—	φ	φ	φ	0.01
삼치	—	0.15	—	0.84	0.27	0.19	1.12	0.07	0.05	0.00	0.05	—	0.03	0.22	—	0.00	—	—	0.66
새우(살)	—	0.02	—	0.10	0.05	0.05	0.10	0.02	0.01	—	0.01	—	0.06	0.18	—	0.01	0.04	—	0.15
숭어	—	0.03	—	0.25	0.11	0.07	0.49	0.13	0.01	0.00	0.04	—	0.01	0.02	—	0.00	—	—	0.12
아나고	—	0.54	—	1.92	0.94	0.32	3.46	0.14	0.09	0.00	0.24	—	0.01	0.70	—	0.10	—	—	1.32
어묵	—	0.09	—	1.51	0.19	0.85	2.55	0.79	0.03	0.04	0.03	0.02	0.01	0.02	—	—	0.01	—	0.05
연어	—	0.34	—	0.80	0.42	0.25	1.47	0.05	0.03	0.03	0.53	0.01	0.11	0.49	—	0.49	0.20	—	0.82
오징어	—	0.01	—	0.06	0.00	0.01	φ	0.00	0.00	0.00	0.01	—	—	0.03	—	0.00	—	—	0.09
임연수	—	0.63	—	2.02	1.52	0.19	4.04	0.17	0.13	0.00	0.49	—	0.20	1.32	—	0.32	—	—	1.04
잉어	—	0.11	φ	0.88	0.35	0.16	1.60	0.82	0.15	φ	0.17	0.01	0.06	0.16	—	0.05	0.05	—	0.29

어패류

부록 18-b. (계속)

식품	C4:0	C6:0	C8:0	C10:0	C10:1	C12:0	C14:0	C14:1	C16:0	C16:1	C18:0	C18:1	C18:2 (ω6)	C18:3 (ω3)	C20:0	C20:1	C20:2~ C20:4 (ω3)	C20:4 (ω6)	(EPA) C20:5 (ω3)
분유 (전지분유)	0.94	0.58	0.34	0.72	0.07	0.82	2.56	0.29	6.79	0.41	2.75	6.23	0.60	0.05	0.02	0.05	—	0.02	—
분유 (탈지분유)	0.02	0.01	0.01	0.01	φ	0.02	0.06	0.01	0.15	0.01	0.06	0.13	0.02	φ	φ	φ	—	φ	—
아이스크림 (유지방12%)	0.58	0.33	0.17	0.34	0.03	0.38	1.17	0.12	3.06	0.17	1.33	2.68	0.28	0.03	0.01	0.02	—	—	—
연유, 가당	0.28	0.17	0.10	0.07	—	0.18	0.78	0.10	2.40	0.14	1.21	2.19	0.22	0.12	—	—	—	—	—
연유, 무가당	0.26	0.17	0.10	0.22	0.02	0.26	0.82	0.10	2.04	0.13	0.75	1.78	0.10	0.02	0.01	0.02	—	0.01	—
요구르트	0.12	0.07	0.04	0.08	0.01	0.09	0.30	0.03	0.79	0.05	0.29	0.67	0.05	0.01	φ	0.01	—	φ	—
우유	—	—	—	0.09	—	0.09	0.29	—	0.79	0.05	0.33	0.74	0.08	φ	—	0.00	—	0.00	—
우유·한국 (지방3.25%)	0.11	0.06	0.04	0.08	—	0.09	0.33	0.05	0.85	0.07	0.39	0.82	0.07	0.05	—	—	—	—	—
우유·한국 (지방1%)	0.03	0.02	0.01	0.03	—	0.03	0.10	0.01	0.26	0.02	0.12	0.25	0.02	0.01	—	—	—	—	—
우유·외국 (지방3.3%)	0.11	0.06	0.04	0.08	—	0.09	0.34	—	0.88	0.08	0.40	0.74	0.08	0.05	—	—	—	—	—
우유·외국 (지방2%)	0.06	0.04	0.02	0.05	—	0.05	0.19	—	0.50	0.04	0.23	0.43	0.04	0.03	—	—	—	—	—
우유·외국 (지방1%)	0.03	0.02	0.01	0.03	—	0.03	0.11	—	0.28	0.02	0.13	0.24	0.02	0.02	—	—	—	—	—

부록 19-a. ICP 식품분석법의 적정시료량

시료	평취량(g)	비고
곡류 및 그제품	10~20	밥, 국수, 우동등은 수분이 많은 것은 40g
종실류	2~5	밤 20g
감자, 고구마	20	
당류	10~20	회화접시의 직경 9cm이상
과자류	10~20	과자, 엿 등은 과자류에 준함
버터	10~20	
두류	5	
된장, 두부	10	
어패류(살만)	10	
어패류(뼈째)	2~5	건조물도 여기에 속한다.
난황, 난백, 어란	10	난백은 큰접시를 사용, 난황은 혼식회화가 가능
수조육	10	습식회화
우유, 크리임	20	
분유, 치이즈	2~5	
엽채류	10~20	녹색엽체는 10g
기타야채	20	
건조야채	10~20	
과실류	20~40	건조물은 10g
버섯류	20	단 송이버섯과 같이 Cark 심히 적은 것도 있다
해조류	2	Fe이 너무 많은 것에 주의
효모	2	
코코아	2~5	
기호음료수	40	

부록 19-b. 최근 10년간 국내 학술지(한국영양학회지, 한국식품영양과학회지)에 발표된 사람과 동물의 SSA 또는 ICP을 이용한 무기질 농도 data

1) 사람의 혈청(AAS 이용)

연번	Human sample size	Ca	Zn	Serum Mg	P	Cu
1	19명	2.53±1.39(mmol/L)	51.73±15.16(mmol/L)	1.55±0.29(mmol/L)		
2	30명	8.9±0.5(per dl)		2.1±0.8(per dl)	3.3±0.6(per dl)	
3	6명(31~40세)		99.57±22.32(μg/dl)			110.57±19.68(μg/dl)
	20명(41~60세)		83.43±22.78(μg/dl)			118.17±37.71(μg/dl)
	7명(61~70세)		92.80±21.61(μg/dl)			1118.00±17.88(μg/dl)
	7명(21~40세)		72.00±14.96(μg/dl)			142.33±39.64(μg/dl)
4	35명		116.62±32.18(μg/dl)			88.00±22.89(μg/dl)

2) 사람의 뇨(AAS 이용)

연번	Human number	Ca	Zn	Urine Mg	P	Cu	Na	K
1	19명	96.08±46.78 24(hr mg/g.ar)	247.29±92.91 24(hr mg/g.ar)	76.05±31.26 24(hr mg/g.ar)				
2	30명	80.4±24.0 (per day)		64.8±35.3 (per day)	399.0±161.1 (per day)			
5	96명		0.43±0.17 (mg/day)			0.0442±0.015 (mg/day)		
6	6명	127.8±38.0					4995.8±k1050.1 (mg/day)	1.447.4±357.1 (mg/day)
7	Yong-30명						184.6±9.6 (mEq)	40.5±3.05 (mEq)
	Middle-Aged -62명						2246±9.8 (mEq)	53.3±2.34 (mEq)

3) 동물의 혈청

| | | | | Serum | | | | | |
연번	Animal	Ca(mg/dl)	Mg(mg/dl)	Na	K	P(mg/dl)	Cu(μg/ml)	Fe(μg/ml)	Zn(mg/ml)
1-A	암쥐 10 Y	9.09±0.83	2.14±0.02						
	A	8.06±0.36	2.13±0.05						
2-A	각 10 Y	110.94±10.70		3011.75±31.84	269.33±41.48	69.13±5.48			
	A	134.30±19.32		3678.00±10.00	420.65±15.00	77.90±0.99			
		(ppm)		(ppm)	(ppm)	(ppm)			
3-A	암쥐12 Y	10.55±1.13							
	A	9.09±0.83							
4-A	각 10 FY	11.95±1.06							
	FA	11.78±0.74							
	MY	13.38±0.91							
	MA	12.02±3.54							
	Y-M(4week)	13.35±0.35	2.43±0.11						7.38±0.27
5-A	Y-F(4week)	11.95±0.82	2.65±0.29						5.52±1.95
각 10	4-M(10month)	11.44±2.43	2.28±0.16						6.37±1.12
	A-F(10month)	11.91±0.80	2.83±0.41						5.12±2.19
6-A	숫쥐 10	7.29±0.10							
7-A	9	8.54±0.82				8.68±0.91			
8-A	숫쥐 6	10.74±0.42	2.78±0.07			7.11±0.30	1.33±0.09	2.66±7.1	1.06±0.04
9-A	각 10 M							2.63±0.91	(μg/mℓ)
	F							3.60±1.11	
10-A	암쥐 8 Y-M	20.27	44.67rpm						5.51ppm
11-A	A-M	16.54	60.05ppm						5.45ppm

Serum

연번	Animal	Ca(mg/dl)	Mg(mg/dl)	Na	K	Mn	Cu(μg/ml)	Fe(μg/ml)	Zn(mg/ml)	Se
12-I	숫쥐							79.0(μg/dl)		2.6(μg/dl)
13-I	숫쥐		1.81(μg/dl)				52.33(μg/dl)	84.60(μg/dl)	82.75(μg/dl)	
14-I	숫쥐	9.78	2.01							
15-I	숫쥐					12.6ppm				0.58ppm
16-I	숫쥐 (plasma)		13.44ppm				0.31ppm			0.58ppm
	숫쥐 (plasma)		15.70ppm				0.39ppm			0.34ppm
							1.21ppm			
							0.63ppm			

-A : AAS 사용 / -I : ICP 사용

4) 동물의 변과뇨(AAS 사용)

연번	Animal	Urine				Fecal			
		Ca	P	Na	K	Ca(μg/g)	P	Na	K
		(mg/100gB.W)	(mg/100gB.W)	(mg/100gB.W)	(mg/100gB.W)				
1	각 10 Y	0.06±0.01	70.27±2.32	1.45±0.02	5.62±0.04	41.66±7.32			
	A	0.04±0.01	59.21±0.83	2.19±0.01	4.18±0.43	27.60±6.09			
2	각 10 Y					19.48±1.12	3.94±0.01	0.69±0.01	1.47±0.01
	A					13.61±0.20	4.70±0.09	0.45±0.01	1.00±0.01
						(mg/100gB.W)	(mg/100gB.W)	(mg/100gB.W)	(mg/100gB.W)
4	각 10 Y					65.23±13.15			
	A					89.11±5.86			
						118.83±19.18			
						87.85±26.52			

5) 동물의 조직 (AAS 사용)

연번	Animal	Liver					Kideny					Spleen
		Ca(μg/g)	Fe(μg/g)	P	Na	K	Ca(μg/g)	P	Na	K	Fe(μg/g)	Fe(μg/g)
1 각 10	Y A	20.69±2.44 23.35±2.34										
2 각 10	Y A	18.71±0.23 12.35±0.48 (mg/100gB.W)		3330.000 ±240.42 3023.50 ±301.94 (mg/100gB.W)	559.16 ±27.73 1760.68 ±211.32 (mg/100gB.W)	2606.40 ±22.89 1760.68 ±211.32 (mg/100gB.W)	12.40±1.25 11.33±1.18 (mg/100gB.W)	2382.00 ±379.01 2637.50 ±53.03 (mg/100gB.W)	922.63 ±83.99 713.97 ±112.66 (mg/100gB.W)	1748.80 ±263.62 1481.44 ±6445 (mg/100gB.W)		
3 각 12	암쥐 Y 암쥐 A	49.44±3.75 55.20±7.23					107.00±10.20 191.13±17.29					
4 각 10	암쥐 FY FA MY MA	46.06±14.95 46.37±7.37 73.75±9.93 44.86±6.06					65.23±13.15 89.11±5.86 118.83±19.18 87.85±26.52					
8	각 6											
9 각 10	M F											213.3 ±16.9
10	각 8	20.8±1.6					0.45±0.02				56.63 ±13.71 72.11 ±16.32	178.05 ±31.07 106.99 ±30.47

부록 22-a. 24시간 회상법 조사지 기록의 예

대상자 No.		성명			일시		
식사	식사 시간	식사 장소	음식명	재료명	목측량	중량 (g)	식품 코드
식전							
아침 식사	9 : 30	집	시리얼	콘플레이크 (농심 켈로그)	1컵		
			우유	서울우유	1컵		
			딸기	딸기	중 5개		
간식							
점심 식사	12 : 40	학교식당	보리밥		1공기		
				쌀	90%		
				보리	10%		
			미역국		1대접		
				미역	5숟가락		
				쇠고기	2젓가락		
			고등어무조림	고등어	중 1토막		
				무우	5cm x 5cm 2개		
			시금치나물	시금치	5젓가락		
				기름	약간		
			배추김치	배추김치	5쪽		
간식	4 : 15	학교매점	콜라	코카콜라	1캔		
	7 : 30	불고기식당 (한국식당)	흰밥	쌀밥	1공기		
			시래기국		1대접		
				시래기			
				된장			
저녁 식사			쇠고기불고기	쇠고기불고기	1인분		
			야채	상추	중2장		
				깻잎	중2장		
				고추	대1개		
			총각김치	총각김치	2쪽		
			커피	인스턴트	1잔(종이컵)		
간식							

- 비타민이나 그 외 영양제를 드십니까? 예_____아니오_____
- 영양제를 드신다면 그 종류는 무엇입니까? ① 복합비타민제 ② 철분제 ③ 기타 (   )
- 영양제를 드신다면 상표는 무엇입니까? _____
- 영양제를 드신다면 하루에 몇 번 드십니까? _____

부록 22-b. 식사기록지 양식의 예

- 3일간의 식사는 평상시 그대로의 식사여야 합니다.
- 식사량은 가정용 기구의 단위를 사용하거나 크기를 대, 중, 소로 나누어 기록하세요.
- 토막(조각)일 경우는 가능하면 가로 x 세로 x 두께(cm)로 기록하세요.
- 구입한 간식은 상품명을 기록하세요.

대상자 No		성명		일시		
식사	음식명	재료명		섭취량(목측량)	중량(g)	식품 Code
아침						
점심						
저녁						
간식						
건강식품(종류, 섭취량)						
영양보충제(종류, 섭취량)						

부록 22-c. 식품섭취빈도 조사지의 예

식품 및 음식명	섭취빈도	1일(회)			1주(회)			한달 (회)		1년	거의 안먹음	비고	전산처리용
		3회	2회	1회	4-5회	2-3회	1회	2-3회	1회	4-7회			
곡류	1. 쌀밥												1
	2. 잡곡밥 (현미,보리,콩,팥 등)												2
	3. 인스턴트면 (라면,사발면,비빔면 등)												3
	4. 밀가루면 (우동,자장면,칼국수,수제비 등)												4
	5. 빵류(식빵,케이크 등)												5
	6. 떡류(떡복이,떡국 포함)												6

자료 : 우리나라 국민건강영양조사 (1998)

부록 22-d. 한국인 영양권장량 7차 개정(2000년)

	연령	체중 kg	신장 cm	에너지 kcal	단백질 g	비타민A µg RE	비타민D µg	비타민E mg α-TE	비타민C mg	비타민B₁ mg	비타민B₂ mg	나이아신 mg NE	비타민B₆ mg	엽산 µg	칼슘 mg	인 mg	철분 mg	아연 mg
영아	0~4(개월)*	5.6	58	500	15(20)	350	5(10)	3	35(50)	0.2(0.3)	0.3(0.4)	2(3)	0.1(0.2)	60(100)	200(300)	100(200)	2(6)	2(4)
	5~11(개월)	9.3	73	750	20	350	10	4	35	0.4	0.5	5	0.4	70	300	300	8	4
소아	1~3(세)	14	92	1200	25	350	10	5	40	0.6	0.7	8	0.5	80	500	500	8	6
	4~6	19	111	1600	30	400	10	6	50	0.8	1.0	11	0.6	100	600	600	9	8
	7~9	27	127	1800	40	500	10	7	60	0.9	1.1	12	0.8	150	700	700	10	9
	10~12(세)	38	144	2200	55	600	10	8	70	1.1	1.3	15	1.1	200	800	800	12	12
남자	13~15	54	162	2500	70	700	10	10	70	1.3	1.5	17	1.4	250	900	900	16	12
	16~19	64	172	2700	75	700	10	10	70	1.4	1.6	18	1.5	250	900	900	16	12
	20~29	67	174	2500	70	700	5	10	70	1.3	1.5	17	1.4	250	700	700	12	12
	30~49	68	170	2500	70	700	5	10	70	1.3	1.5	17	1.4	250	700	700	12	12
	50~64	68	168	2300	70	700	10	10	70	1.2	1.4	15	1.4	250	700	700	12	12
	65~74	64	167	2000	65	700	10	10	70	1.0	1.2	13	1.4	250	700	700	12	12
	75이상	60	166	1800	60	700	10	10	70	1.0	1.2	13	1.4	250	700	700	12	12
여자	10~12(세)	38	144	2000	55	600	10	8	70	1.0	1.2	13	1.1	200	800	800	16	10
	13~15	51	158	2100	65	700	10	10	70	1.1	1.3	14	1.4	250	800	800	16	10
	16~19	54	160	2100	60	700	10	10	70	1.1	1.3	14	1.4	250	800	800	16	10
	20~29	54	161	2000	55	700	5	10	70	1.0	1.2	13	1.4	250	800	800	16	10
	30~49	55	158	2000	55	700	5	10	70	1.0	1.2	13	1.4	250	700	700	16	10
	50~64	57	157	1900	55	700	10	10	70	1.0	1.2	13	1.4	250	700	700	12	10
	65~74	54	154	1700	55	700	10	10	70	1.0	1.2	13	1.4	250	700	700	12	10
	75이상	52	152	1600	55	700	10	10	70	1.0	1.2	13	1.4	250	700	700	12	10
임신	전반			+150	+15	+0	+5	+0	+15	+0.3	+0.3	+1.0	+0.5	+250	+300	+300	+4**	+3
	후반			+350	+15	+100	+5	+2	+15	+0.4	+0.4	+2.0	+0.5	+250	+300	+300	+8**	+3
수유				+400	+20	+350	+5	+3	+35	+0.4	+0.5	+4.0	+0.6	+100	+400	+400	+2	+6

부록 22-e. 외국인의 영양권장량

1) FAO/WHO의 RDA (1988)

연령	비타민 A retinol 당량 (µg RE) 남	여	연령	철분 (mg) 남	여	연령	엽산 (µg) 남	여	연령	비타민 B12 (µg)
유유아			유유아			유유아			유유아	
0~3개월	350		3개월~1세	1.1		0~3개월	16		0~1세	0.1
3~6개월	350					3~6개월	24			
6~12개월	350					6~12개월	32			
소아			소아			소아			소아	
1~4세	400		1~2세	0.6		1~6세	50		1~4세	0.5
4~6세	400		2~5세	0.7		6~12세	102		4~10세	0.9
6~10세	400		6~12세	1.2		12~16세	170		1세 이상	1.0
10~12세	500		12~16세	1.8	2.0					
12~15세	600									
15~18세	600	500								
성인	600	500	성인	1.1	1.1 (월경기 2.4)	성인	200	170		
						임산부	370~470		임산부	1.4
						수유부	270		수유부	1.3

주) 철분은 흡수된 철분양으로 제시했음

부록 22-e. (계속)

2) 미국인의 RDA (1989)

무기질

연령	체중(kg) 남/여	열량(kcal) 남/여	단백질(g)	Ca(mg)	P(mg)	Mg(mg) 남/여	Fe(mg) 남/여	I(μg)	F(mg)	Zn(mg) 남/여	Cu(mg)	Cr(mg)	Mn(mg)	Se(μg) 남/여	Mo(μg)
유아															
0~6개월	6	650	13	400	300	40	6	40	0.1~0.5	5	0.4~0.6	0.01~0.04	0.3~0.6	10	15~30
6~12개월	9	850	14	600	500	60	10	50	0.2~1.0	5	0.6~0.7	0.02~0.06	0.6~1.0	15	20~40
1~3세	13	1,300	16	800	800	80	10	70	0.5~1.5	10	0.7~1.0	0.02~0.08	1.0~1.5	20	25~50
4~6세	20	1,800	24	800	800	120	10	90	1.0~2.5	10	1.0~1.5	0.03~0.12	1.5~2.0	20	30~75
7~10세	28	2,000	28	800	800	170	10	120	1.5~2.5	10	1.0~2.0	0.05~0.2	2.0~3.0	30	50~100
청소년															
11~14세	45/46	2,500/2,200		1,200	1,200	270/280	12/15	150	1.5~2.5	15/12	1.5~2.5	0.05~0.2	2.0~5.0	40/45	75~250
15~18세	66/55	3,000/2,200		1,200	1,200	400/300	12/15	150	1.5~2.5	15/12	1.5~2.5	0.05~0.2	2.0~5.0	50/50	75~250
19~24세	72/58	2,900/2,200		1,200	1,200	350/280	10/15	150	1.5~2.5	15/12	1.5~2.5	0.05~0.2	2.0~5.0	70/55	75~250
25~50세	79/55	2,900/2,200		800	800	350/280	10/15	150	1.5~4.0	15/12	1.5~2.5	0.05~0.2	2.0~5.0	70/55	75~250
51~ 세	77/55	2,300/1,900		800	800	350/280	10/10	150	1.5~4.0	15/12	1.5~2.5	0.05~0.2	2.0~5.0	70/55	75~250
임산부		+300		1,200	1,200	320	30	175		15				65	75~250
수유부(-6개월)		+500		1,200	1,200	355	15	200		19				75	75~250
수유부(-12개월)		+500		1,200	1,200	344	15	200		16				75	75~250

비타민

연령	A(μRE)	D(μg)	E(mga-TE) 남/여	K(μg) 남/여	B₁(mg) 남/여	B₂(mg) 남/여	나이아신(mgNE) 남/여	B₆(mg) 남/여	판토텐산(mg)	비오틴(μg)	엽산(μg) 남/여	B₁₂(μg)	C(mg)
유아													
0~6개월	375	7.5	3	5	0.3	0.4	5	0.3	2	10	25	0.3	30
6~12개월	375	10	4	10	0.4	0.5	6	0.6	3	15	35	0.5	35
1~3세	400	10	6	15	0.7	0.8	9	1.0	3	20	50	0.7	40
4~6세	500	10	7	20	0.9	1.1	12	1.1	3~4	25	75	1.0	45
7~10세	700	10	7	30	1.0	1.2	13	1.4	4~5	30	100	1.4	45
청소년													
11~14세	1,000/800	10	10/8	45/45	1.3/1.1	1.5/1.3	17/15	1.7/1.4	4~7	30~100	150/150	2.0	50
15~18세	1,000/800	10	10/8	65/55	1.5/1.1	1.8/1.3	20/15	2.0/1.5	4~7	30~100	200/180	2.0	60
19~24세	1,000/800	10	10/8	70/60	1.5/1.1	1.7/1.3	19/15	2.0/1.6	4~7	30~100	200/180	2.0	60
25~50세	1,000/800	5	10/8	80/65	1.5/1.1	1.7/1.3	19/15	2.0/1.6	4~7	30~100	200/180	2.0	60
51~ 세	1,000/800	5	10/8	80/65	1.2/1.0	1.4/1.2	15/13	2.0/1.6	4~7	30~100	200/180	2.0	60
임산부	800	10	10	65	1.5	1.6	17	2.2			400	2.2	70
수유부(-6개월)	1,300	10	12	65	1.6	1.8	20	2.1			280	2.6	95
수유부(-12개월)	1,200	10	11	65	1.6	1.7	20	2.1			260	2.6	90

1) 미국에서 보통의 환경에 살고 있는 정상인이 매일 섭취하는 권장량으로 표시
2) 성인의 표준체중은 미국후생성의 국민 영양조사에 있어서의 중간치를 취했음

부록 22-e. (계속)

3) 영국인의 RDA (1991)

연령	열량 (kcal)	단백질 (g)	무기질											
			Ca (mg)	P (mg)	Mg (mg)	Na (mg)	K (mg)	Cl (mg)	Fe (mg)	Zn (mg)	Cu (mg)	Se (μg)	I (μg)
남자													
0~3개월	545	12.5	525	400	55	210	800	320	1.7	4.0	0.2	10	50
4~6개월	690	12.7	525	400	60	280	850	400	4.3	4.0	0.3	13	60
7~9개월	825	13.7	525	400	75	320	700	500	7.8	5.0	0.3	10	60
10~12개월	920	14.9	525	400	80	500	700	500	7.8	5.0	0.3	10	60
1~3세	1,230	14.5	350	270	85	500	800	800	6.9	5.0	0.4	15	70
4~6세	1,715	19.7	450	350	120	700	1,100	1,100	6.1	6.5	0.6	20	100
7~10세	1,970	28.3	550	450	200	1,200	2,000	1,800	8.7	7.0	0.7	30	110
11~14세	2,220	42.1	1,000	775	280	1,600	3,100	2,500	11.3	9.0	0.8	45	130
15~18세	2,755	55.2	1,000	775	280	1,600	3,500	2,500	11.3	9.5	1.0	70	140
19~50세	2,550	55.5	700	550	300	1,600	3,500	2,500	8.7	9.5	1.2	75	140
50~59세	2,550	53.3	700	550	300	1,600	3,500	2,500	8.7	9.5	1.2	75	140
60~64세	2,380	53.5	700	550	300	1,600	3,500	2,500	8.7	9.5	1.2	75	140
65~74세	2,330	53.5	700	550	300	1,600	3,500	2,500	8.7	9.5	1.2	75	140
75세 이상	2,100	53.5	700	550	300	1,600	3,500	2,500	8.7	9.5	1.2	75	140
여자													
0~3개월	515	12.5	525	400	55	210	800	320	1.7	4.0	0.2	10	50
4~6개월	645	12.5	525	400	60	280	850	400	4.3	4.0	0.3	13	60
7~9개월	765	13.7	525	400	75	320	700	500	7.8	5.0	0.3	10	60
10~12개월	865	14.9	525	400	80	350	700	500	7.8	5.0	0.3	10	60
1~3세	1,165	145	350	270	85	500	800	800	6.9	5.0	0.4	15	70
4~6세	1,545	19.7	450	350	120	700	1,100	1,100	6.1	6.5	0.6	20	100
7~10세	1,740	28.3	550	450	200	1,200	2,000	1,800	8.7	7.0	0.7	30	110
11~14세	1,845	41.2	800	625	280	1,600	3,100	2,500	14.8	9.0	0.8	45	130
15~18세	2,110	45.0	800	625	300	1,600	3,500	2,500	14.8	7.0	1.0	60	140
19~50세	1,940	45.0	700	550	270	1,600	3,500	2,500	14.8	7.0	1.2	60	140
50~59세	1,900	46.5	700	550	270	1,600	3,500	2,500	8.7	7.0	1.2	60	140
60~64세	1,900	46.5	700	550	270	1,600	3,500	2,500	8.7	7.0	1.2	60	140
65~74세	1,900	46.5	700	550	270	1,600	3,500	2,500	8.7	7.0	1.2	60	140
75세 이상	1,810	46.5	700	550	270	1,600	3,500	2,500	8.7	7.0	1.2	60	140
임신부	+200	+6	+0	+0	+0	+0	+0	+0	+0	+0	+0	+0	+0
수유부													
0~1개월	+450	+11	+550	+440	+50	+0	+0	+0	+0	+6.0	+0.3	+15	+0
1~2개월	+530	+11	+550	+440	+50	+0	+0	+0	+0	+6.0	+0.3	+15	+0
2~3개월	+570	+11	+550	+440	+50	+0	+0	+0	+0	+6.0	+0.3	+15	+0
3~4개월	+570	+8	+550	+440	+50	+0	+0	+0	+0	+6.0	+0.3	+15	+0
4~6개월	+570	+8	+550	+440	+50	+0	+0	+0	+0	+2.5	+0.3	+15	+0
6개월 이상	+550	+8	+550	+440	+50	+0	+0	+0	+0	+2.5	+0.3	+15	+0

부록 22-e. (계속)

4) 캐나다인의 RDA (1990)

연령·성·세	열량 (kcal)	비타민 B₁ (mg)	비타민 B₂ (mg)	나이아신 (NEb)	n-3 다불포화 지방산ᵃ(g)	n-6 다불포화 지방산(g)
0~4(개월)	600	0.3	0.3	4	0.5	3
5~12(개월)	900	0.4	0.5	7	0.5	3
1	1,100	0.5	0.6	8	0.6	4
2~3	1,300	0.6	0.7	9	0.7	4
4~6	1,800	0.7	0.9	13	1.0	6
7~9 남	2,200	0.9	1.1	16	1.2	7
여	1,900	0.8	1.0	14	1.0	6
10~12 남	2,500	1.0	1.3	18	1.4	8
여	2,200	0.9	1.1	16	1.1	7
13~15 남	2,800	1.1	1.4	20	1.4	9
여	2,200	0.9	1.1	16	1.2	7
16~18 남	3,200	1.3	1.6	23	1.8	11
여	2,100	0.8	1.1	15	1.2	7
19~24 남	3,000	1.2	1.5	22	1.6	10
여	2,100	0.8	1.1	15	1.2	7
25~49 남	2,700	1.1	1.4	19	1.5	9
여	2,000	0.8	1.0	14	1.1	7
50~74 남	2,300	0.9	1.3	16	1.3	8
여	1,800	0.8c	1.0c	14c	1.1c	7c
75~ 남	2,000	0.8	1.0	14	1.0	7
여	1,700	0.8c	1.0c	14c	1.1c	7c
임신(부가량)						
제1기	100	0.1	0.1	0.1	0.05	0.3
제2기	300	0.1	0.3	0.2	0.16	0.9
제3기	300	0.1	0.3	0.2	0.16	0.9
수유(부가량)	450	0.2	0.4	0.3	0.25	1.5

a. polyunsaturated fatty acids(PUFA)　　b. 나이아신 당량

c. 이 양 이하로는 섭취하지 말 것.　　d. 적당한 운동을 할 것.

부록 22-e. (계속)

5) 프랑스인의 RDA (1981)

연령	열량 (kcal)	단백질 (g)	무기질				RE (μg)	D (μg)	E (IU)	비타민						C (mg)
			Ca (mg)	Mg (mg)	Fe (mg)	I (mg)				B_1 (mg)	B_2 (mg)	NE (mg)	B_6 (mg)	엽산 (μg)	B_{12} (μg)	
유유아																
1~3세	1,360	22~40	600	100	10	0.07	400	10~15	5~7	0.7	0.8	9	0.8	100	1	35
4~6세	1,830	55	700	150	10	0.09	600	10	10	0.8	1.0	12	1.4	300	2	50
7~9세	2,190	66	700	150	10	0.09	600	10	10	0.8	1.0	12	1.4	300	2	50
남자																
10~12세	2,600	78	900	200	10	0.09	800	10	15	1.2	1.2	14	1.6	300	3	60
13~15세	2,900	87	1,000	350	15	0.14	1,000	10	15	1.5	1.5	18	2.2	400	3	80
16~19세	3,070	92	1,000	350	15	0.14	1,000	10	15	1.5	1.5	18	2.2	400	3	80
성인	2,700	81	800	350	10	0.12	1,000	10	15	1.5	1.5	18	2.2	400	3	80
여자																
10~12세	2,350	71	900	200	10	0.09	800	10	15	1.2	1.2	14	1.6	300	3	60
13~15세	2,490	75	1,000	350	18	0.14	800	10	15	1.3	1.3	15	2.0	400	3	80
16~19세	2,310	69	1,000	350	18	0.14	800	10	15	1.3	1.3	15	2.0	400	3	80
성인	2,000	60	800	350	18	0.12	800	10	15	1.3	1.3	15	2.0	400	3	80
임산부																
임신 1~3개월	+100	+10~20	1,000	400	20	0.14	1,200	15	15	1.8	1.8	20	2.5	800	4	90
임신 4~9개월	+250	+10~20	1,000	400		0.14	1,200	15	15	1.8	1.8	20	2.5	800	4	90
수유부	+500	+20	1,200	400	20	0.14	1,400	15	15	1.8	1.8	20	2.5	500	4	90

1) 보통의 노동을 하는 성인용
2) 1~3세의 단백질 권장량은 연령에 따라 일정한 범위에서 변함.

부록 22-e. (계속)

6) 대한인의 RDA (1987)

연령·성	신장(cm)	체중(kg)	열량(kcal)	단백질(g)	Ca(mg)	P(mg)	Fe(mg)	I(μg)	A(μgRE)	A(IU)	D(μg)	E(mgαTE)	B1(mg)	B2(mg)	나이아신(mgNE)	B6(mg)	B12(μg)	엽산(μg)	C(mg)
영아																			
0~개월	57	5.1	115/kg	2.6/kg	400	250	7	30	420	1,400	10.0	3	0.3	0.3	4.0	0.3	0.5	40	35
3~개월	63	7.2	100/kg	2.4/kg	400	250	7	35	420	1,400	10.0	3	0.3	0.3	5.0	0.4	0.5	40	35
6~개월	71	8.9	95/kg	2.2/kg	500	330	10	40	400	2,000	10.0	4	0.4	0.5	6.0	0.5	1.0	50	35
9~개월	74	9.7	100/kg	2.0/kg	500	330	10	50	400	2,000	10.0	4	0.4	0.5	7.0	0.5	1.5	60	35
1~세	91	13.0	1,300	30	500	500	8	65	400	3,000	10.0	5	0.6	0.7	9.0	0.8	2.0	100	45
남자																			
4~세	112	19.0	1,700	35	500	500	8	85	500	4,000	10.0	6	0.8	1.0	11.0	1.0	2.5	200	45
7~세	128	27.0	2,050	45	600	600	10	105	600	5,000	10.0	8	0.9	1.1	13.0	1.2	3.0	300	45
10~세	143	36.0	2,300	55	700	700	12	115	700	5,500	10.0	10	1.0	1.3	15.0	1.5	3.0	400	50
13~세	162	50.0	2,550	70	800	800	15	130	850	6,500	10.0	12	1.1	1.4	17.0	2.0	3.0	400	50
16~세	170	60.0	2,650	75	800	800	15	135	850	6,500	10.0	12	1.2	1.5	18.0	2.1	3.0	400	55
20~세	170	62.0	[2,400/2,750/3,250]	70	600	600	10	[120/140/165]	800	6,500	5.0	12	[1.1/1.3/1.5]	[1.3/1.5/1.8]	[16.0/18.0/21.0]	2.0	3.0	400	60
35~세	167	62.0	[2,300/2,650/3,100]	70	600	600	10	[115/135/155]	850	6,500	5.0	12	[1.0/1.3/1.4]	[1.3/1.5/1.7]	[15.0/18.0/20.0]	2.0	3.0	400	60
55~세	164	62.0	[2,000/2,300/2,700]	70	600	600	10	[100/115/135]	850	6,500	5.0	12	[0.9/1.0/1.2]	[1.1/1.3/1.5]	[13.0/15.0/18.0]	2.0	3.0	400	60
70~세	162	59.0	[1,800/2,100]	65	600	600	10	[90/105]	800	6,200	5.0	12	[0.9/1.0]	[1.1/1.3]	[13.0/15.0]	1.8	3.0	400	45
여자																			
4~세	110	18.0	1,550	35	500	600	8	80	500	4,000	10.0	6	0.7	0.9	10.0	1.0	2.5	200	45
7~세	128	25.0	1,700	45	600	500	10	85	600	5,000	10.0	8	0.8	1.0	11.0	1.2	3.0	300	50
10~세	144	37.0	2,000	55	700	700	16	100	700	5,500	10.0	10	0.9	1.1	13.0	1.5	3.0	400	50
13~세	156	48.0	2,050	65	700	700	18	105	750	6,000	10.0	10	0.9	1.1	13.0	1.8	3.0	400	55
16~세	158	51.0	2,000	60	700	700	18	100	750	6,000	10.0	10	0.9	1.1	13.0	1.7	3.0	400	60
20~세	158	52.0	[1,950/2,050/2,250]	60	600	600	15	[100/105/115]	750	6,000	5.0	10	[0.9/1.0]	[1.1/1.2]	[13.0/13.0]	1.7	3.0	400	60
35~세	156	52.0	[1,850/1,950/2,150]	60	600	600	15	[95/110]	750	6,000	5.0	10	[0.8/0.9/1.0]	[1.0/1.1/1.2]	[13.0/13.0]	1.7	3.0	400	60
55~세	152	52.0	[1,650/1,750]	60	600	600	10	[85/95]	750	6,000	5.0	10	[0.7/0.8]	[0.9/1.0]	[13.0/14.0]	1.7	3.0	400	60
70~세	150	52.0	[1,600/1,700]	60	600	600	10	[80/85]	700	5,500	5.0	10	[0.7/0.8]	[0.6/1.0]	[11.0/12.0]	1.7	3.0	400	60
임신전기			+150	+10	+200	+200	*	+10	+100	+800	+5.0	+2	+0.1	+0.1	+1.0	+1.0	+1.0	+40	+10
임신후기			+300	+20	+500	+500	*	+15	+400	+3,000	+5.0	+3	+0.2	+0.3	+2.0	+2.0	+1.0	+20	+20
수유기			+300	+20	+500	+500	*	+25	+400	+3,000	+5.0		+0.2	+0.3	+3.0	+3.0	+1.0	0	+40

1) 지방 열량비는 30%를 넘지 않는다.
2) 동물성 단백질은 1세 이하의 유아에게는 2/3 이상으로 한다.
3) 임신부, 수유부의 철분 섭취량은 20~50mg으로 한다.
4) 엽산은 Conjugase로 효소처리한 후 Lact. Casei로 미생물 정량을 한 값임.
5) 輕·中·重은 생활활동 강도의 정도를 나타냄.

부록 22-e. (계속)

7) 한국인의 RDA (1988)

무기질 group: Ca, Fe, Zn, Se, I / 비타민 group: A, D, E, B_1, B_2, 나이아신, C

연령·성	체중(kg) 남	체중(kg) 여	열량(kcal) 남	열량(kcal) 여	단백질(g) 남	단백질(g) 여	지방 열량비	Ca(mg)	Fe(mg) 남	Fe(mg) 여	Zn(mg)	Se(μg)	I(μg)	A(μgRE)	D(μg)	E(mgαTE)	B_1(mg) 남	B_1(mg) 여	B_2(mg) 남	B_2(mg) 여	나이아신(mgNE) 남	나이아신(mgNE) 여	C(mg)
유아 −6개월	6.7	6.2	120/kg		2−4/kg		45	400	10		3	15	40	200	10	3	0.4		0.4		4		30
−12개월	9.0	8.4	100/kg		2−4/kg		30−40	600	10		5	15	50	200	10	4	0.4		0.4		4		30
1−세	9.9	9.2	1,100	1,050	35	35		600	10		10	20	70	300	10	4	0.6		0.6		6		30
2−세	12.2	11.7	1,200	1,150	40	40		600	10		10	20	70	400	10	4	0.7		0.7		7		35
3−세	14.0	13.4	1,350	1,300	45	45		800	10		10	40	70	500	10	6	0.8		0.8		8		40
4−세	15.6	15.2	1,450	1,400	50	45		800	10		10	40	70	500	10	6	0.8		0.8		8		40
5−세	17.4	16.8	1,600	1,500	55	50		800	10		10	40	70	750	10	6	0.9		0.9		9		45
6−세	19.8	19.1	1,700	1,600	55	55		800	10		10	50	120	750	10	7	1.0		1.0		10		45
7−세	22.0	21.0	1,800	1,700	60	55		800	10		10	50	120	750	10	7	1.0		1.0		10		45
8−세	22.8	23.2	1,900	1,800	60	60		800	10		10	50	120	750	10	7	1.1		1.1		11		45
9−세	26.4	25.8	2,000	1,900	65	60		800	10		10	50	120	750	10	7	1.1		1.1		11		45
10−세	28.8	28.8	2,100	2,000	65	65		1,000	12		15	50	120	750	10	8	1.2		1.2		12		50
11−세	32.1	32.7	2,200	2,100	70	65		1,000	12		15	50	120	750	10	8	1.3		1.3		13		50
12−세	35.5	37.2	2,300	2,200	70	70		1,000	12		15	50	120	750	10	8	1.3		1.3		13		50
소년 13−세	42.0	42.4	2,400	2,300	75	75	25−30	1,200	15	20	15	50	150	800	10	10	1.6	1.5	1.6	1.5	16	15	60
16−세	54.2	48.3	2,800	2,400	90	80		1,000	15	20	15	50	150	800	5	10	1.8	1.6	1.8	1.6	18	16	60
성년 18−세(極輕)	63	53	2,400	2,100	70	65	20−25	800	12	18	15	50	150	800	5	10	1.2	1.1	1.2	1.1	12	11	60
(輕)			2,600	2,300	80	70		800	12	18	15	50	150	800	5	10	1.3	1.2	1.3	1.2	13	12	60
(中)			3,000	2,700	90	80		800	12	18	15	50	150	800	5	10	1.5	1.4	1.5	1.4	15	14	60
(重)			3,400	3,000	100	90		800	12	18	15	50	150	800	5	10	1.7	1.6	1.7	1.6	17	16	60
(極重)			4,000	−	100	−		800	12	−	15	50	150	800	5	10	2.0	−	2.0	−	20	−	60
45−세(中)			2,700	2,400	80	75		800	12	12	15	50	150	800	10	12	1.2	1.2	1.2	1.2	12	12	60
60−세(中)			2,500	2,100	80	75		800	12	12	15	50	150	800	10	12	1.2	1.2	1.2	1.2	12	12	60
70−세(輕)			2,000	1,800	70	60		800	12	12	15	50	150	800	10	12	1.0	1.0	1.0	1.0	12	12	60
80−세			1,600	1,400	60	55		800	12	12	15	50	150	800	10	12	1.0	1.0	1.0	1.0	10	10	60
임산부(−6개월)			+200	+200	+15	+15		1,000	28	28	20	50	175	1,000	10	12	1.8	1.8	1.8	1.8			80
임산부(7−개월)			+200	+200	+25	+25		1,500	28	28	20	50	175	1,000	10	12	1.8	1.8	1.8	1.8			80
수유부			+800	+800	+25	+25		1,500	28	28	20	50	200	1,000	10	12	2.1	2.1	2.1	2.1			100

부록 22-e. (계속)

8) 일본인의 RDA (1994)

연령	신장추계 기준치(cm) 남	여	체중추계 기준치(kg) 남	여	열량(kcal) 남	여	단백질(g)	지방열량 비율(%)	칼슘(g)	철분(mg) 남	여	비타민 A(IU) 남	여	비타민 B_1(mg) 남	여	비타민 B_2(mg) 남	여	나이아신(mg) 남	여	비타민 C(mg)	비타민 D(IU)
0~ (개월)					120/kg		3.0/kg	45	0.5	6	6	1,300	1,300	0.2	0.2	0.3	0.3	4			
2~ (개월)					110/kg		2.4/kg	45	0.5	6	6	1,300	1,300	0.3	0.3	0.4	0.4	6			400
6~ (개월)					100/kg		2.8/kg	30~40	0.5	6	6	1,000	1,000	0.4	0.4	0.5	0.5	6			
1	80.2	79.1	10.57	10.07	960	920	30			7	7	1,000	1,000	0.4	0.4	0.5	0.5	6	6.8		
2	89.6	88.4	12.85	12.36	1,200	1,150	35			7	7	1,000	1,000	0.5	0.5	0.7	0.6	8	9		
3	97.6	96.4	15.00	14.57	1,400	1,350	40			8	8	1,000	1,000	0.6	0.6	0.8	0.7	9	10	40	
4	104.7	103.6	17.12	16.74	1,550	1,500	45		0.5	8	8	1,000	1,000	0.6	0.6	0.9	0.8	10	11		400
5	111.2	110.2	19.34	18.97	1,650	1,550	50			8	8	1,200	1,200	0.7	0.6	0.9	0.9	11	11		
6	117.2	116.2	21.70	21.25	1,700	1,600	55		0.6	9	9	1,200	1,200	0.7	0.7	1.0	0.9	12	12		
7	123.0	121.9	24.40	23.5	1,800	1,650	60		0.7	9	9	1,200	1,200	0.7	0.7	1.0	0.9	13	12		
8	128.6	127.5	27.42	26.60	1,900	1,750	65		0.8	9	9	1,500	1,500	0.8	0.7	1.0	0.9	14	13		
9	133.9	133.2	30.69	29.95	1,950	1,750	70		0.9	10	10	1,500	1,500	0.8	0.8	1.1	1.0	15	14		
10	139.2	139.7	34.34	34.23	2,020	1,950	75		0.9	10	10	1,500	1,500	0.9	0.8	1.2	1.1	15	15		
11	145.4	146.5	38.73	39.28	2,200	2,100	75		0.8	12	12	1,500	1,500	0.9	0.9	1.2	1.2	16	15		
12	153.0	151.6	44.31	43.92	2,350	2,250	80		0.8	12	12	1,800	1,800	1.0	0.9	1.3	1.2	17	15		
13	160.5	154.7	50.39	47.60	2,550	2,300	85	25~30	0.7	12	12	1,800	1,800	1.1	0.9	1.4	1.3	17	15		
14	166.0	155.5	55.69	50.38	2,650	2,300	90		0.7	12	12	1,800	1,800	1.1	0.9	1.5	1.3	18	15		
15	169.3	157.4	59.62	52.08	2,700	2,250	90			12	12	1,800	1,800	1.1	0.9	1.5	1.2	18	14		
16	171.0	158.0	61.93	52.92	2,750	2,200	90			12	12	2,000	1,800	1.1	0.8	1.5	1.2	18	14		
17	171.9	158.3	63.15	52.95	2,700	2,150	80		0.7	12	12	2,000	1,800	1.0	0.8	1.4	1.2	17	13	50	
18	172.3	158.5	63.53	52.53	2,700	2,100	75			12	12	2,000	1,800	1.0	0.8	1.4	1.1	17	13		
19	172.3	158.5	63.53	51.93	2,600	2,050	70			12	12	2,000	1,800	1.0	0.8	1.3	1.1	16	13		
20~29	171.3	158.1	64.69	51.31	2,550	2,000	70			10	12	2,000	1,800	1.0	0.8	1.3	1.1	15	12		
30~39	170.8	157.3	66.62	54.02	2,500	2,000	70	20~25		10	12	2,000	1,800	0.9	0.7	1.2	1.1	14	12		400
40~49	168.8	155.9	66.19	55.49	2,400	1,950	70		0.6	10	12	2,000	1,800	0.9	0.7	1.2	1.0	14	12		
50~59	165.9	153.0	63.66	53.95	2,300	1,850	70			10	12	2,000	1,800	0.8	0.7	1.1	1.0	14	12		
60~64	163.4	150.6	61.12	51.28	2,100	1,750	60			10	12	2,000	1,800	0.8	0.7	1.1	1.0	14	12		
65~69	162.1	149.1	59.28	49.23	2,100	1,700	60			10	12	2,000	1,800	0.8	0.7	1.1	1.0	14	12		
70~74	160.7	147.6	57.28	47.69	1,850	1,600	60			10	12	2,000	1,800	0.8	0.7	1.1	1.0	14	12		
75~79	159.3	146.1	57.28	45.83	1,800	1,500	65			10	12	2,000	1,800	0.8	0.7	1.1	1.0	14	12		
80~	157.3	143.9	52.85	43.67	1,650	1,400	65			10	10	2,000	1,800	0.8	0.7	1.1	1.0	12	12		

「일본인의 영양권장량」(표)의 부대사항

1. 부록표 III-8-1~III-8-4에 표시된 영양권장량은 개인에게 그대로 적용해야 하는 수치는 아님.
2. 생활활동강도의 판별에 대해서는 부록표 III-8-6 「일상생활에서 본 구분(기준)」을 참조하기 바람. 또한 생활활동강도가 「(가벼움)」에 해당하는 자는 일상생활활동 등의 내용을 바꾸든지 운동을 부가함으로써 별표 I의 생활활동강도 「II(중등도)」에 상당하는 열량을 소비하는 것이 바람직함.
3. 식염의 섭취량은 총체대로 하루에 10g 이하로 하는 것이 바람직함.
4. 비타민 E(α-tocopherol 당량)는 성인남자 8mg, 성인여자 7mg을 섭취하는 것이 바람직함.

부록 22-e. (계속)

9) 인도인의 RDA (1989)

연령 및 직종	체중 (kg)	열량 (kcal)	단백질 (g)	지방 (g)	칼슘 (mg)	철분 (mg)	비타민 A(μg) retinol	비타민 A(μg) β-carotene	비타민 B_1 (mg)	비타민 B_2 (mg)	나이아신 (mg)	비타민 B_2 (mg)	비타민 C (mg)	엽산 (μg)	비타민 B_{12} (μg)
유유아 0-6개월	5.4	108/kg	2.05/kg		500		350	1,200	55μg/kg	65μg/kg	710μg/kg	0.1	25	25	0.2
6-13개월	8.6	98/kg	1.65/kg				400		50μg/kg	60μg/kg	650μg/kg	0.4	40	30	0.2-1.0
소아 1-3세	12.2	1,240	22	25	400	12	400	1,600	0.6	0.7	8	0.9	40	40	0.2-1.0
4-6세	19.0	1,690	30	22		18	600	2,400	1.0	1.0	11			60	
7-9세	26.9	1,950	41	22		26	600		1.0	1.2	13	1.3			0.2-1.0
남자 10-12세	35.4	2,190	54	20	600	34	600	2,400	1.1	1.3	15	1.6	40	70	
여자 10-12세	31.5	1,970	57			19			1.0	1.2	13				
남자 13-15세	47.8	2,450	70	20	600	41	600	2,400	1.2	1.5	16	2.0	40	100	0.2-1.0
여자 13-15세	46.7	2,060	65			28			1.0	1.2	14				
남자 16-18세	57.1	2,640	78		500	50	600	2,400	1.3	1.6	17	2.0	40	100	
여자 16-18세	49.9	2,060	63			30			1.0	1.2	14				
남자 성인 가벼운 일	60	2,425	60	20	400	28	600	2,400	1.2	1.4	16	2.0	40	100	1
중등도의 일		2,875							1.4	1.6	18				
힘든 일		3,800							1.6	1.9	21				
여자 성인 가벼운 일	50	1,875	50		400	30	600	2,400	0.9	1.1	12	2.0	40	100	1
중등도의 일		2,225							1.1	1.3	14				
힘든 일		2,925							1.2	1.5	16				
임신부	50	+300	+15	30	1,000	38	950	3,800	+0.2	+0.2	+2	2.5	40	400	1
수유부 0-6개월	50	+550	+25	45	1,000	30			+0.3	+0.3	+4	2.5	80	150	1.5
6-12개월	50	+400	+18						+0.2	+0.2	+3				

찾아보기

가

가스크로마토그래피 257
가열 시험 466
가이거 - 뮬러 계측 109
간암 시험법 635, 637
감압농축기 241
건식 284
검사계획 82
겉보기 소화율 443
겔여과법 247
견갑골 아랫부위 395
경구 당부하검사 511
계대배양 68
고비중지단백(HDL) 247
고속액체크로마토그래프 301
고지단백혈증 499
고지단백혈증 분류 검사 499
골다공증 535
골밀도 81
골밀도 측정 537
광전증배관 101, 104
교육프로그램(NCEP) 246
국립보건원(NIH) 246
국제혈액표준위원회 492
굴절류 측정기 451
균질화 65
극성용매 314
근위부 요 산성화능 527
글루카곤 측정 519
글루코오스 산화효소법 458
글리코겐 155
기관배양 68

나

네오쿠프로인 실험 161
노모그램 393
녹말 156

다

다색화분광기 284
다장기 시험법 651, 653
단백뇨 시험 461
단백질 정성 192
단백질 효율 61
단백질 효율비 422
단핵구 분리 560
단회투여 독성시험 603
담즙산 430
당뇨 455, 508
당부하 검사 510
대식세포 분리방법 568
대장암 시험법 640, 641, 643
데시케이터 294
동결법 74
동위원소 356
동종이계 이식편 589
들뜨기원 282
들뜬상태 282
등전점 193

라

라디오주파수 282
라이코펜 306

레티놀 301
레티놀 결합 단백질 408
렌덤화완전블락설계 77
로셋트 형성세포 575
뢰러지수 394
리그닌 175
리파아제 435

마

마우스 면역세포 562
마이크로솜 234
마취제투여 57
맹검관 203
면역글로불린 463
면역분석 121
면역비탁법 269
면역세포 분리 557
면역형광법 136
면역화학법 247
모세관현상 179
무균 조작법 72
무지방조직량 419
미생물 제어조건 52
미토콘드리아 234
밀도계측기 116

바

바닥상태 282
박층 크로마토그래피 235
박테리아 살해능 583
박테리아 탐식능 583
반감기 96
반데르발스 힘 240
반복투여독성시험 604
발암성 시험 627
방사능 계측기 100
방사능 단위 98
방사능면역 분석법 132, 136

방사선 동위원소법 94, 364
배경 방사능 116
배지 70
베타카로틴 306
변성과정 226
보체고정법 136
보체의 제조법 573
복강 당부하검사 512
복귀돌연변이시험 617
복부 395
복합스핑고지질 251
분광광도계 161, 301, 310
분광학적 방법 364
분광흡광계 218
분배 크로마토그래피 179
분주 73
불용성 식이섬유 169
뷰렛법 197
비극성 용매 314
비단백 질소 202
비만모델 551
비만유전자 발현 측정법 554
비만지수 391
비불꽃 원자흡광법 283
비장세포의 분리 562
비정량적 식품섭취 빈도조사법 402
비체중 391
비타민 A 301
비타민 B_1 324
비타민 B_{12} 341
비타민 B_2 325
비타민 B_6 327
비타민 C 344
비타민 E 316
비타민 K 320
빌리루빈 429, 453, 503

사

사구체여과율 526

사료섭취량 체중측정법 551
사육관리 52
사이아노코발라민 341
산성 세제 계면 활성제법 173
산화제 203
산화형 비타민 C 347
삼두근 395
삼중수소 95
상대체중 391
상승식 전개법 179
색소광 106
생물가 421
생물검정 49
생체전기저항법 398
선도가닥 226
선별검사 408
선위부암 시험법 634
설포살리실산(sulfosalicylic acid)시험 465
세망세포 492
세포 분획분리법 365
세포막 234
세포배양 68
세포배양 시설 69
셀룰로우즈 175
소광 105
소수성 233
소수성 결합 233
소용돌이 혼합기 160
소핵시험 623
소화관 이동속도 444
소화율 443
속도침강법 64
수소결합 233
수용성 식이섬유 170
수중체중법 395
수침구속 유발법 548
순상 column 313
순응도 81
습식 284
시스테아민 유발법 549

시안 341
시험관 원심농축기 252
시험디자인 79
식사기록법 400, 401
식사력 조사법 400, 403
식사섭취 조사법 400
식사일지법 401
식이섬유 167
식품교환표 403
식품군 섭취패턴 405
식품섭취 빈도조사법 402
식품섭취 빈도법 400
신장-체중 지수 390
신장-체중표 390
신체계측 390
실측법 400, 401
실험동물 50
실험동물시설 53
심장박동 측정법 419
심장학회(AHA) 246
쌍극자 240
쌍극자 상호작용 240

아

아나필락시스 599
아미노산 가 61
아미노산 전용분석기 187
아밀라제 433
아세톤체 453
아포지단백질 270
안구검사법 611
안전성의 평가 86
안점막 자극시험 611
알레르기 실험 596
알칼로이드 192
알파카로틴 306
암모늄 배설 측정 528
암예방 시험 632
액체비중계 451

액체섬광계측 101

액체섬광계측기 115

에너지 평형실험법 419

에너지대사 413

염산-에탄올 547

염색체 이상 시험 620

엽산 333

영양밀도 지수 405

영양소 섭취량 환산 404

영양소 적정 섭취비율 405

영양판정 387

옆중심선 부위 395

요 산성화능 527

요 희석능 526

요비중계 451

요소 424

요오드 146, 157

용존 산소 369

용해도 179

용혈반응 591

용혈반형성세포 측정 570

우로빌리노겐 450, 453

우로빌린 450

우로크롬 450

원심분리기 241

원심분리법 63, 247

원위부 요 산성화능 528

원자방출분광법 282.

원자선 282

원자화 285

원자흡광광도계 284

원자흡광광도계법 284

원자흡수분광법 284

위궤양 모델 545

위암 시험법 632

유도결합 플라즈마 방출분광법 285

유도결합플라스마 원자 방출분광법 282

유도체화방법 182

유리 라디칼 반응 306

유리 스핑고지질 255

유미뇨 450

유선암 시험법 646, 648, 650

유효성 평가 85

은거울 반응 149

응집반응 590

응집법 136

이눌린 제거율 525

이동상 179, 240

이두근 395

이온결합 233

이온선 282

이온크로마토그래피 187

이중표식 수분출납법 419

이중표집법 78

인도메타신 유발법 546

인슐린클램프 515

인체 첩포 시험법 614

인체실험 75

일산화질소 생산 측정방법 577

임상시험용 시험물질 92

임파구 증식 활성 576

임파구 활성 570

자

자발성 고혈압 532

자연살해세포 활성측정 587

자외선분광광도법 197

자체방사선기록법 116

잠혈 437

잠혈반응 453

장골 윗부분 395

장단지 가운데부위 395

저비중지단백(LDL) 247

적혈구 수 490

적혈구 체적의 평균치 490

전기영동 263, 247

전기적인력 240

전위부암 시험법 632

접소광 106

정맥 당부하검사 511
정지상 179, 240
제단백방법 181
조지방 313
조직배양 68
종이 크로마토그래피 179, 235
주사전자현미경 446
주형 DNA 226
중성 세제 계면 활성제법 172
중성원자 282
중합효소 연쇄반응 226
즉시형과민증 반응 596
지단백질 가수분해효소(lipoprotein lipase) 248
지방뇨 450
지방조직무게측정법 552
지연형 과민증 반응 598
지용성 비타민 301
지지체 179
진동자세기 282
질소평형 423

차

참소화율 443
채혈법 59
철 결핍성 빈혈 491
체지방량 394
체질량지수 392
초고속 원심분리 263
초산 유발법 550
초음파 81
초저비중지단백(VLDL) 247
총식이섬유 169
총질소 478
총질소 정량 478
최외각전자의 전자전이 285
축출 228
췌장 관류법 523
침전 228, 192, 247

카

카로티노이드 306
카르니틴 356
카우프지수 394
캘리퍼 394
컬럼 크로마토그래피 257
케토스테로이드 정량 476
케톤뇨 시험 474
코발라민 341
콜레스테롤 산화효소 244
콜레스테롤 에스터레이즈 244, 274
콜린 351
쿼틀렛지수 392
크레아티닌 제거율 525
크레아틴 426
크로모플라스타 234
크립토산틴 306
클로로플라스트 234
킬레이트 적정법 294
킬레이트 화합물 294

타

탐식능 580
통계분석 방법 85
투여반응 시험 407, 408
트리클로로초산법 469
트립신 434
티오크롬형광법 324

파

판토텐산 336
펙틴 177
펩신 432
펩타이드(peptide) 결합 194
평형 밀도 기울기 원심분리법 64
평형실험법 419
포도당 산화효소 153, 163

포르피린 450
폰더럴지수 393
폴라로그래프 381, 382
표준관 203
표지효소 365
플라스미드 분리 214
피리독신 327
피부 일차자극시험 608
피부두겹집기 395
피험자의 동의서 89

화학소광 106
환원당량 156
환원제 296
환원형 비타민 C 347
회전 증발기 252
효소결합면역흡착분석법 136
효소중량법 167
흡광 광도계 281
흡착제(고체 지지체) 235
희석소광 107

하

합성과정 226
항궤양제 545
항비만물질 551
항산화제 306
항생제 213
항원 121
항응고제 240
항체 121
항체생산세포의 검출 570
해동 72
해부 61
헤마토크리트 490
헤모글로빈 487
헤미셀룰로우즈 175
헤페스-체스(Hepes-Ches) 완충액 334
혈당 측정 513
혈소판 응집능 497
혈중 요소 204
혈중 중성지방, 콜레스테롤 측정법 553
형광학적 방법 364
형질전환 213
형질전환 실험동물 발암성 645
호중구 분리 559
호중구 활성 582
호흡상 414
호흡상법 416
혼탁도 450

A

AAS 284
abdomen 395
ACAT 274
ACF 638
Acid phosphatase 371
acyl-CoA 274
adenosine-5-diphosphate(ADP) 248
agarose gel 217
agglutination test 136
Alamar blue 616
Alanine aminotransferase 507
alcohol 침전법 177
alkali lysis method 214
Alkaline Phosphatase 540
alkaloid 192
ALT 507
amino acid score 61
ammonium molybdate 366
ampicillin 213
amyloglucosidase 167
annealing 226
antibody 121
antigen 121
AOAC법 167, 327
AOM 638, 643
Apolipoprotein 270
apparent digestibility 443

Arthus 현상　600
ASAC　356
ascending method　179
ascorbic acid　313, 344
Aspartate aminotransferase　506
AST　506
atom line　282
atomic absorption spectrophotometer　281, 284
atomic absroption spectrometer　284
Atomization　285
ATP　248
autoradiography　116

B

Bence-Jones 단백검사법　471
Benedict　145
Benedict법　455
Bertrand법　157
BHT　313
bicep　395
bicine-imidazole　380
bilirubin　429
bioassay　49
Bioelectrical impedance analysis　398
biological assay　49, 355
Biological Value　421
Bligh & Dyer법　233
blood urea nitrogen　204
BMI　392
boiling method　214
Bradford 법　462
Bradford의 방법　198
BUN　204
B임파구 분리　565

C

Calibrated 튜브　267
Catalase　373, 380

cell culture　68
cell fractionation　365
cellulose　167, 175
ceramide　255
Chelate　294
chemical quenching　106
cholesterol acyltransferase　274
cholesterol esterase　244, 274
cholesterol oxidase　244
choline　278, 351
choloroplasts　234
chromogen　244, 268
chromogenic oxygen　513
chromoplasta　234
chromosomal DNA　215
chromosomal DNA fragment　215
chylomicron remnants　499
chylomicrons　499
chyluria　450
chyolmicron　263
cobalt　341
color quenching　106
column chromatography　313
complement fixation test　136
competent cell　211
compliance　81
creatine　480
Creatine phosphokinase　500
crude fat　313
Cryptoxanthin　307
Cunningham법　570
cyanide　341
cyanmethemoglobin　488
cyanocobalamin　341
Cyanogen bromide　324
Cytochome c oxidase　368

D

D-gluconolactone　163

DDS 406

Defined media 70

dehydroascorbic acid 347

DEN 637

DEN-PH 635

denaturation 226

densitometer 116, 270, 272

DEPC용액 230

DFL 스핑고지질 255

diacetyl monoxime 207, 425

Diazo 324, 503

Diazotization 법 473

diet record method 400, 401

dietary diary 401

Dietary diversity score 406

dietary history method 400, 403

digestibility 443

digitonon 368

dihydrolutidine 250

dihydroxyacetone phosphate(DAP) 248

dilution quenching 107

Dipstick 시험 467

dithiothreitol 344

DMBA 650

DNA 213

DNA중합 226

DNS 151

dose-response test 407

double labeled water method 419

double sampling 78

Douglas bag 416

Drabkins 시약 487

DVS 406

E

E. coli cell 211

earm free 52

ECD 검출기 321

EDTA 314

EGR 활성계수 409

electrochemocal detector 355

electrophoretic mobility 268

ELISA 136, 268, 593

enzymatic digestion 214

enzymatic-gravimetric method 167

enzyme-linked immunosorbent assay 136

erythrocyte glutathione reductase 409

Esbach test 469

ESPA 248

Euglobulin lysis level 494

excitation source 282

excited state 282

Exton법 465

F

Facilities 69

factorial method 419

FAD 325, 326

fecal energy 419

Fecal occult blood 437

Fehling 145

fibrin 268

filed desorption mass spectrometry 355

Fiske & SubbaRow 366

fiske-subbarow법 296

flameless atomic absorption 283

flavin adenine dimucleot ide 325, 326

flavin mononucleotide 326, 325

fluorescence methods 364

FMN 325, 326

Folch법 233

Folin-Wu 208, 480

Folin-Wu 제단백액 481

food diary 401

Food frequency method 400, 402

Food group intake pattern 405

Footpad reaction 실험 598

formaldehyde-agarose 전기영동법 232

Fouchet 시험법 472
Fredrickson의 분류법 264
free RNase 230
free sphingolipid 255
Friedewald 공식 80
fruit 405
furfural 159

G

GC-MS 351
Geiger-Muller Counting of Radioactivity 109
Gel diffusion 122, 136
GLDH 206
gluconolactone 456
Glucose 6-phosphatase 369
Glucotest 456
glutamate dehydrogenase 206
glutaraldehyde 446
Glutathione peroxidase 381, 383
glycerol kinase(GK) 248
glycerol phosphate oxidase(GPO) 248
glycerol-1-phosphate(G-1-P) 248
glycogen 155
Gmelin 시험법 472
GMFVD 405
GOT 506
GPT 507
grain 405
gross energy 419
ground state 282, 285
GSH 381, 409
GSSG 381, 409
guaiac test 437
gums 167

H

H$_2$O$_2$ 248, 383
half-life 96

Harpenden 캘리퍼 397
HDL 263
heart rate method 419
Heat shock 213
height-weight table 390
Heller 윤환시험법 466
Hemagglutination 590
Hematocrit 490
hemicellulose 167, 175
Hemocytometer 74
Hemolytic assay 591
Hepes 완충용액 277
Hepes-Ches 333
High-Pressure Liquid Chromatography 240
homogeniger 241
HPLC 181, 240, 301
HPLC용 column 314
human experiment 75
Human patch test 614
Hydrazine 349
hydrometer 451
hydroperoxide 381

I

ICP 281
ICSH 492
IDF 169
IDL 263
Illuminator(red-filter) 267
immunoassay 121
Immunoelectrophoresis 130
immunofluorescence test 136
Index of nutritional quality 405
Indophenol 347
Inductively coupled plasma-atomic emission spectrometry 281, 285
INQ 405
insoluble dietary fiber 169
intake balance method 419

ion line 282
Ion-exchange chromatography 187
ionic strength 192
IRB 76

J

Jerne의 방법 571

K

Kaup index 394
kiliani reaction 245
kjedahl flask 289
kjeldahl 421, 422
Kjeldahl-Nessler법 202, 208, 478

L

laboratory animals 50
lactate dehydrogenase 374
LAK 세포활성측정 588
Lambert-Beer 공식 302, 307
Lange 397, 474
Latex 응집법 269
LB/ampicillin 배지 213
LBS Agar 441
LDH 활성 375
LDL 263
lean body mass 419
Lignin 167, 175
lipase 435
lipiduria 450
Lipoprotein lipase 264
Lipoprotein(a) 268
Liquid scintillation counting 100
Liquid scintillation spectrophotometer 331
Lloyd 시약 482
Lycopene 307
Lymphokine-activated killer 588

lysosome 251

M

MACS를 이용한 면역세포 분리 561
marker enzyme 365
Mass spectrometric assay 355
meat 405
medial calf 395
MES-TRIS buffer 167
metabolizable energy 419
Microbicidal activity 583
microcytosis 379
microsome 234
midaxillary 395
mitochondria 234
MNU 648
mobil phase 240
molybdenum blue 296
mRNA 231
Myeloperoxidase 활성 582

N

N Balance 423
N,N,N′,N′-tetramethyl-p-phtnylene-diamine 368
N-ethylmaleimide 344
Na-K-ATPase 366
NADH 374
NADPH 381
NAME 533
NAR 405
NBT 377
NDF 172
Nessler 시약 202, 203
neutral detergent fiber 172
Nitric oxide 577
Nitric oxide 합성저해제 533
nitroblue tetrazolium 377
nitrogen-phosphorus 355

NK cell activity 587

non-obese diabetic 508

non-protein-nitrogen 202

nondigestible oligosaccharide 167

Northern hybridization 방법 231

NPN 202, 204

Nutrient adequacy ratio 405

nutritional assessment 387

Nylander법 455

Nylon wool 565

o-dianisidine 513

O-Phenanthroline 비색법 298

o-toluidine 513

ortho-phthalaldehyde(OPA) 255

osazone 349

oscillator strength 282

Osmium tetroxide 446

oxygraph 368

p-aminoacetophenone비색법 324

p-hydroxyben-zenesulfonate 244

p-nitrophenol phosphate 371

PAGE 380

pantothenic acid 336

partition chromatography 187

Passive cutaneons anaphylaxis 반응 596

pCEH 274

PCR 226

pectin 167, 177

PEG 438

PER 423

PER test 61

peroxidase 163, 244, 248

Phagocytosis 583

Phenolphthalein 시약 428

phorbol ester(일명 PMA 또는 TPA) 278

phosphatidic acid 278

phosphatidyl choline 278

phospholiase C 276

Phospholipase D 278

phytosphingosine 255

PIP₂ 277

plasmid DNA 211

Plasmid preparation 214

plasminogen 268

PLC 276

PLP 330

point quenching 106

polyacrylamide gel electrophoretograms 380

polyacylamide gel electrophoresis in sodium dodecyl sulfate 270

polychrommator 284

polyethylglycol 438

polymerase chain reaction 226

Ponderal index 393

porphyrin 450

post-column 방식 187

primary culture 68

primer 226

protease 167

Protein efficiency ratio 61, 422

Proteinuria 461

pUC-8 213

pyridoxal 5´-phosphate 330

pyridoxine 327

pyrogallol 313

pyrophosphatic 325

Quenching 105

Quetelet's index 392

quinoneimine dye 244

radiochemical methods 355, 364

Radioimmunoassay 132, 136

radioimmunological assay 336

randomized complete block design 77

RDR 408, 409

refractometer 451

Reitman-Frankel 506

Relative dose response 408

Relative weight 391

respiratory quotient 414, 416

restriction enzyme 222

Retinol 301

retinol-binding protein 408

R_f 값 179, 237

R_f(Rate of flow) Value 237, 239

RF-검출기 184

RIA 132, 136, 336

riboflavin 326

RNA 117

Roberts 시험 464

Rochelle염 151

Rothera-길천번 475

Rőhrer index 394

S

saponifi-cation 249

scanning electron microscope 446

screening 408

SDF 170

SDS-PAGE 270

semi-prep HPLC용 column 314

Shake 법 473

Shay 결찰 동물모델 545

Shevky and Stafford법 470

silver mirror test 149

simple or nonquantitative food frequency
  questionnaire 402

sodium azide 385

solid phase extraction 313

soluble dietary fiber 170

Somogyi 제단백 208

SPE tube 314

Spectrophotometer 329

spectrophotometric methods 364

speed vac 252

sphinganine 255

sphingolipid 251

sphingosine 255

stationary phase 240

Streptozotocin 509

subscapular 395

supporting medium 179

suprailiac 395

T

t-Butyl hydroperoxide 383

Tamm-Horsfall mucoprotein 463

taq polymerase 226

TCA 330

TDF 169

tetramethyl ammonium hydroxide 438

thermal equivalent 416

thiamin 324

thiamin pyrophosphate 407

thigh 395

thin layer chromatography 235

thiochrome형광법 324

thiosemicarbazide 207

Thymol blue 438

Tissue-type plasminogen activator 495

TLC 235, 313, 314

TMAH 438

TMPD 368

Tollen 반응 149

total cobalamin 341

total dietary fiber 169

TPP 407

Transaminase 505

Transformation 213

transketolase 407

transmethylation 258
tricep 395
trichloroacetic acid 330, 469
tritium 95
true digestibility 443
TSK gel phenyl-5PW HPLC column 274
TSKgel phenyl-5PW 274
Tumor 시험법 640
Töpfer 시약 428
T세포 분리 563

U

UK활성 385
Urea 424
urease 204
Urease-GLDH 법 206
urinary energy 419
urinometer 451
urobilin 450
urobilinogen 450
urochrome 450
UV illuminator 219
UV 검출기 302, 313, 321
UV-Visible 가변 검출기 184

V

Vanado- molybden산 흡광광도법 296
vegetable 405
Vitamin B_1 324
VLDL 263

W

waxes 167
weighing method 400, 401
Weight/height ratio 391
Western immunoblot법 136
witt 여과장치 293

Z

Zak-Henly법 245
Zuntz-Schumburg 표 417
Zymosan 탐식능 585

기타

α-carotene 307
β-carotene 307
β-Hydroxybutyrate 검사 517
γ선 계측 115
λ DNA/HindIII cut 217
o-디아니시딘 163
1차 배양 68
2,6-dichlorophenol indophenol 347
2.3 butanedione monoxime 425
24-hour recall method 400
24시간 회상법 400
4-aminopantipyrine 244
5′-adenylic acid 325

식품영양실험핸드북 -영양편-

2000년 10월 23일 초판 인쇄
2000년 10월 30일 초판 발행

지 은 이 • 한국식품영양과학회

발 행 인 • 김 홍 용

펴 낸 곳 • **도서출판 효 일**

주   소 • 130 - 823 서울특별시 동대문구 용두2동 238 - 7

전   화 • 02) 928 - 6643~5

팩   스 • 02) 927 - 7703

홈페이지 • www.hyoilco.co.kr

등   록 • 1987년 11월 18일 제 6-0045 호

값 55,000 원 (전2권)

ISBN 89 - 8489 - 007 - 3